# 全方位 〔全新增訂版〕
## 育兒教養  聖經

### 育兒博士給0-18歲孩子的
### 健康照護、心理關懷、學習建議

## Dr. Spock's Baby and Child Care : 9th Edition

班傑明·斯波克 Benjamin Spock, M.D. ——— 著
羅伯特·尼德爾曼 Robert Needlman, M.D.

哈潑、武晶平 ——— 譯

# 各界推薦分享

「看了新書的介紹，心裡覺得，哇！這真的是聖經！」

　　—Enzou《陪伴是給孩子最好的禮物》部落格格主、親子天下嚴選部落客


「本書為美國權威小兒醫師寫給父母的育兒大寶典，從生理到心理，從養育到教育，從有形到無形，堪稱縱橫美國兒科醫學六十年的經典之作。」

　　—小雨麻 作家暨知名親子部落客


「育兒醫學專家的用心，全方位呵護寶寶健康的發展！」

　　—王宏哲 天才領袖感覺統合兒童發展中心執行長


「作者細膩剖析了孩子不同階段的身心發展樣貌，也分析了大人的心理狀態並提出最佳建議，讓閱讀者在文字中得到同理感受，對於與孩子最密切的父母及教育人員而言，此書提供了最適切的支持力道。」

　　—鄭玉玲 臺北市立南海實驗幼兒園園長

「以前學生時我們翻字典學字詞意義；而現在為人母，我想這本書就是育兒的字典了！它能從知識的層面傳授給新手父母有關育兒的一切，和左鄰右舍的媽媽經是截然不同的經驗。很適合想一探育兒究竟的父母使用！」

—鍾欣凌(粉紅豬) 藝人

「父母也需要學習，育兒之父——斯波克的經驗與智慧使您在教養孩子的路上倍感安心！」

—許登欽 財團法人恩主公醫院兒科主治醫師

「我在翻閱這本書時，看到好多值得鼓掌的說法，例如Dr. Spock鼓勵家長要相信自己也相信孩子，兼顧家庭中每一位成員的需求，以及強調親子交流的珍貴性。的確教養這件事沒有完美或唯一正確作法，在每一個困難之處，都要去考量各種可能原因，做出最佳判斷與回應。本書的可貴之處在於，每一個照顧或教養問題，書中都列出各種可能原因幫助家長進一步觀察與釐清；每一個發展階段，書中也提醒可能出現的嬰幼兒行為與能力表現，讓家長對寶寶的成長有合理的期待。除此之外，還有許多清單與專業意見，幫助家長在照顧與安排活動時，能有原則可依循不至於手忙腳亂。

這本書除了提供最新的育兒知識之外，字裡行間也充滿作者溫暖的特質。對沒睡飽的、想哭的、充滿挫折與困惑的新手父母來說，Dr. Spock就像一位睿智的爺爺，在你顛簸的育兒路上給你信心與支持。只要在這個過程中，父母掌握自己的教養核心精神，也尊重孩子的特質，什麼問題都可以克服。Welcome to parenthood!」

—黃馨慧 臺北護理健康大學嬰幼兒保育系主任

# 建立身心靈健全的照顧之道

《全方位育兒教養聖經》最早為斯波克（Benjamin Spock）醫師於 1945 年出版。本書與時推進，作不同的修訂，目前第 9 版由 Robert Needleman 醫師更新及改編，在第 9 版問世之時，全世界出版已超過 5 千萬本，被公認為影 20 世紀最可信賴的育兒手冊，影響到人們的心靈，入選《時代週刊》「影響 20 世紀人類思想的 10 本書」。生命的意義在於創造宇宙繼起的生命，新生兒呱呱著地開始，為父母親帶來喜悅及希望。 但是，父母親也是普通人，多數父母親尚未準備好，而本書如同一盞生命的明燈，正在您的前方指引您並且幫助您，什麼是正確的新世代育兒之道。

全書分六大部分，第一部分為孩子的成長照顧，包括衣食住行的指引，父母親如何與嬰兒的互動，不同年齡成長的對應，教導正確知識，有助成長健康的人格，重要的細節如自嬰兒開始，每日在戶外 2 至 3 小時活動有助紅潤的臉頰及良好的食慾。第二部分為飲食與營養，告訴您正確的健康觀念，母乳的好處及哺乳形成的模式，6 個月後的飲食，斷奶後每日仍可哺乳 1 至 2 次至 2 歲，建立健康的飲食習慣，多食全穀類、蔬果，2 歲後減少高脂肪、肉類及乳製品，有助遠離疾病。第三部分為健康和安全，將兒童自新生兒至成長階段預防意外傷害、預防注射及最常見疾病的說明，以深入淺出的方式予以表達。在醫療問題方面，父母和醫師均應瞭解，有些時候，無論雙方多麼坦誠，多麼努力配合，仍然無法融洽相處，最好公開承認這點，另起爐灶，尋求醫病間合適人選，所有醫護人員，均應明白他們不可能適合所有的人，也應豁達接受這事實。

　　第四部分為培養精神健康的孩子，父母是孩子的夥伴，孩子需要什麼，在龐雜的社會中如何教養孩子，教導兒童的不同性，許多正面的理想，尋求的價值超越自身的需求，合作，仁愛，誠實，體恤不同，成長過程中相互幫助，增加彼此的信心。第五部分為常見發育和行為問題，生活中許多事情讓父母親擔心，嫉妒，發脾氣，罵人，咬人，傷心，吮指甲，口吃，大小便自理，尿床，睡眠問題，肥胖與營養，飲食失調，過動兒，憂鬱症等林林總總的問題，本書均有明確的討論指引。第六部分為學習與學校。新生兒來到這世上，透過學習及腦部的發展，逐漸成長，本書告訴父母親，父母親的問題是不能認同兒童看世界與成人是有所不同的。在認知發展的過程中，兒童不是成人的縮小，兒童看世界，基本上與大多數成人不同。在兒童認知期間，兒童可能比較自我中心，不易改變，較具理想化，父母親應思考兒童的特殊須求。透過不同的學習方式，懷孕期及新生兒即開始學習，嬰兒期的學習，經由接觸、眼看、移動、嗅覺、聽到、味覺等途徑開始學習之路。周歲的學習，親子之間藉由書本、圖形、朗讀、遊戲等互動。學齡前的學習培育未來多方面的才能，強調原創性，獨立，合群，配合兒童的性向。學校使兒童對事情發生興趣，進一步有學習的動機，瞭解世界。

　　本書偏重心靈的成長、人格的健康，健全的人格有助明日更美好，世界更和諧。木馬文化出版社引進此書，全書立論正確，譯筆通暢，易讀，確是一本深具人格發展兼具學習特色的健康指引。為目前最佳的兒童醫學引導。父母，醫護工作同仁閱讀此書，有助更進一步提昇正確健康觀念，保障身心健康，邁向康莊大道。


台北振興醫院小兒科主任級醫師　湯仁彬

# 面對孩子，不再迷惘─
# 頂尖醫師和您一起陪伴孩子成長

從事校園心理衛生工作多年，在學校及診所接觸過許多形形色色的孩子，大部分孩子轉介到我這來，往往都是因為嚴重的行為或情緒問題，造成老師班級經營的困擾，或是影響了孩子在校園中的人際適應、課業表現等等。幾年的臨床經驗下來，我發現許多孩子問題的根源是在家庭，可能是家庭結構、親職互動、疾病因素或是其他原因等等，這些因素彼此交互影響下，此時一旦學校未能立即合宜的處遇及介入，或是出現其他的壓力與衝突時，孩子的問題就這麼爆發了。每當有機會和父母親討論孩子的教養問題時，家長總是對孩子的狀態有滿腹的疑惑與不解，當面對孩子的失序行為與情緒反應時，爸媽更顯驚慌失措，不知道該用什麼樣的態度與方式回應，最後往往落得兩敗俱傷的下場。雖然不少孩子的問題在專家的介入後可獲得改善，但我深信此刻有更多家長、老師、輔導人員仍受困於孩子複雜交錯的問題當中，亟需一個完整的觀點與具體的建議，讓我們在面對孩子時，知道發生了什麼事，我們又該怎麼辦。

儘管目前坊間相關的親職書籍琳瑯滿目，但仔細深入閱讀後，我總覺得缺乏一本觀念精闢、統整清楚、架構明確、深入淺出並能讓讀者快速上手的育兒書籍。然而這樣的缺憾，在拜讀完斯波克醫師的著作後，頓時煙消雲散。

班傑明・斯波克（Benjamin M. Spock）醫師是享譽國際的美國小兒科醫師，嚴謹的醫學專科訓練及臨床心理學背景，讓他在面對孩子的問題時，能以宏觀的視野，整合身心多元的深入角度來理解孩子所面臨的困擾與處境。

在數十年的行醫生涯中，斯波克醫師在醫學與心理學的整合架構下，結合多年第一線的實務經驗，為我們鉅細靡遺地整理出孩子從出生到各個成長階段，所面臨各項重要的發展議題、生心疾病、教養方式與介入策略的具體原則，凡是父母親急欲想要了解、並且勢必會碰到的各式教養問題，在本書中都有清楚而詳盡的說明。

本書除了兒童常見疾病的診斷和治療外，更重要的目的是協助家長們學習如何與孩子相處、面對孩子的困擾。對於許多在教學現場的老師與輔導人員來說，本書也提供了許多具體的處置建議與立論邏輯，讓我們能夠以更務實穩健的角度、理解包容的態度，陪伴孩子一起走過。這是一本值得信賴、廣受推薦的好書，適合每一位關心孩子的讀者好好用心咀嚼。

于寧身心診所、黃偉俐身心診所臨床心理師　陳品皓

# 致謝

## 羅伯特・尼德爾曼

您正在閱讀的這本《全方位育兒教養聖經》是由班傑明・斯波克著，最早出版於 1945 年。書籍面世時曾引起了育兒革命，同時也改變了當代人的生活。那一代的兒童正是我們這一代的祖輩，或許正是您的父母。因此從某種意義上來說，您可能是「斯波克的孩子」，像我就是。

斯波克博士溫暖又明智的建議到今天依然適用。其中很大的原因是因為這本書隨著時間不斷改進。當具有開創性的女權主義者格洛麗亞・斯泰娜姆（Gloria Steinem）告訴斯波克博士，他有性別歧視的思想時，他接受並做出改變。當高膽固醇、高脂肪飲食帶來健康危害並為眾人所知時，斯波克也欣然接受了素食，因此一直活到 94 歲。

去世之前，斯波克跟天才兒科醫師史蒂芬・派克（Steven Parker）一起撰寫了《全方位育兒教養聖經》第七版。史蒂芬是對我影響最大的老師之一。所以當我修訂《全方位育兒教養聖經》第八版時，我由衷感謝斯波克博士和派克博士。當然我也感謝其他參與此書的醫生、父母和孩子，是他們讓這本書變得如此豐富、準確、及時並充滿智慧，這份感激一直長存心中。

為了本書第九版，我請教了各領域裡的多位專家，包含孕產專家瑪喬麗・格林菲爾德（Marjorie Greenfield）、母乳哺餵專家瑪麗・奧康納（Mary O'Connor）、牙齒護理專家詹姆斯・科茲克（James Kozick）、傳染病專家阿卜杜拉・戈瑞（Abdullah Ghori）和納絜・阿布噶禮（Nazha Abughali）、環

境健康專家萊拉・邁科迪（Leyla McCurdy）、性學專家亨利・Ng（Henry Ng），以及協助母親和孩子們就醫的愛琳・惠普爾（Erin Whipple）。雖然我負責完成這個版本的修訂，但卻是這些專家、朋友和同事們充實了這一版的《全方位育兒教養聖經》。

我要感謝西蒙&舒斯特公司（Simon and Schuster）的編輯米奇・紐丁（Micki Nuding）和瑪姬・克勞福德（Maggie Crawford），還要特別感謝斯波克博士多年的代理人羅伯特・萊斯徹（Robert Lescher），他現在也是我的代理人。而與斯波克博上結婚共同生活了 25 年，並與他一起撰寫了好幾版《斯波克育兒經》的瑪麗・摩根（Mary Morgan）則為我們提供了大量的指導和巨大的支持。寫書就像養育孩子，是一種信念的彰顯。瑪麗，謝謝你對我充滿信任。

最後，我要感謝我的家人。我要感謝我的女兒格蕾絲為生活帶來了歡樂和創造力；感謝妻子卡蘿給我的愛、包容和極強的判斷力。如果沒有妳，我很可能不會展開這個計畫，更不用說完成它了。

致父親愛倫和母親格洛麗亞・尼德爾曼。你們是我的啟蒙老師，也是最好的老師。

第九版序

羅伯特・尼德爾曼

《全方位育兒教養聖經》一直都是一本具有不變信念和永恆價值的書,同時也是一本與時俱進的書。它的第一版誕生於一個快速發展和樂觀主義的年代。而第九版的問世則恰逢經濟混亂的時代。那些遭到失業打擊或失去房屋抵押贖回權的家庭正感到風雨飄搖,而其他令人恐懼的損失也近在咫尺。同樣地,全球環境似乎也受到了威脅。暴風雨的烏雲遮蔽了天空,人們很難看到前方的光明。然而養育孩子仍然是一件使人充滿希望的事。父母都希望孩子健康茁壯地成長,孩子們也懷著同樣的期待。這些都是強大的力量,這種力量將改變世界。

當你即將哺育孩子,保護他們,幫助他們為將來做好準備時,我希望《全方位育兒教養聖經》第九版可以成為你的好幫手。它提供的不是一成不變的法則,而是值得信賴的資訊,關於孩子、關於成長和發展,也關於不同年齡的生理、智力和情感需要的內容。整本書都經過重新審讀和修訂,包括有關營養、免疫、環境健康、自閉症、先天性心臟病以及其他最新知識。書中的資訊也做了更新和擴充。

人們越來越深刻地意識到,培養一個健康的孩子最重要的工作就是為他們的成長創造健康的環境。輕率而鋪張的消費行為威脅著我們的環境,對孩子也沒有好處。這本書盡可能地反對物質主義,因此你在書中看不到太多推薦最新玩具和新式用品的內容。你可能會注意到這一版的內容比前一版少。但不必擔心,重要的內容全都包含在內,而且比以往的版本更容易查找。

　　和孩子們一樣，書籍在不斷變化中還是會保有原來的特質。從變化的角度來說，你可能會注意到格蕾絲・尼德爾曼（Grace Needlman）繪製的新插圖。她是一個很有才華的年輕藝術家，也是我的女兒。她很小的時候就會畫畫，並且從來沒有停止過努力，現在已經拿到了耶魯大學藝術學士學位。我非常高興能與你們分享她的天賦。

　　就像插圖一樣，這本書的措辭也進行了很大幅度的變更。但我希望像斯波克博士那樣，依舊以清楚、溫和又充滿支持的口吻與你談話。本書的核心理念和以往一樣——最重要的是你對孩子的愛。除此以外，如果你聽取那些對你有用的建議，那麼你也不會錯到哪兒去。

　　最後是關於用語的一點說明。本書提到的許多問題，我都建議父母向孩子的醫師諮詢一下。我指的不僅僅是兒科醫師或家庭醫師，還包括為孩子提供醫療護理的執業護理師。「醫師」能更快地提供幫助。另外你會注意到有些部分標有「斯波克的經典言論」字樣，那是為提醒讀者注意而標示，也有一些地方會看到「我」的字樣，那便表示我本人，即羅伯特・尼德爾曼（Robert Needlman）。

# 目錄

## Part1　孩子在一年年長大

## Part2　飲食和營養

# Part3　健康和安全

## Part4　培養精神健康的孩子

## Part5　常見的發育和行為問題

# Part6　學習與學校

前言

# 相信你自己和寶寶

## 相信你自己

**其實，你懂得很多**。你的家庭正在經歷成長和變化。雖然你想盡力成為最好的父母，但最佳父母的標準並不總是那麼清楚。無論你到哪裡尋求幫助，都將會有專家告訴你該怎麼做。不過問題就在於，這些專家通常並不認同彼此的見解。這個世界已經與 20 年前大不相同，過去的答案很可能已經不再正確。

你不必把鄰居的話句句當真，也不要被專家的忠告嚇倒。你要勇於相信自己的常識。只要你泰然處之，相信自己的直覺，遇到事情時多和朋友、家人、醫生或護士商量，那麼撫養孩子就不是那麼困難的事。知道如何把尿布包得舒適服貼、定時增加固體食物雖然重要，

但事實告訴我們，父母給予孩子的疼愛比那些更重要百倍。當你抱起孩子，幫他換尿布、洗澡、餵奶、向他微笑的時候，他都會感覺到他屬於你，你也屬於他。雖然一開始難免有些手忙腳亂，但這種交流也非常珍貴。

對各種育兒法研究得越多，人們就越發肯定，父母憑著慈愛的天性為孩子所做的事情都是最好的。當父母建立起自信，依循自然天性照顧寶寶時，就會收到最好的效果。即使出點差錯，也比追求完美而過分緊張好得多。

要知道孩子不但能從父母正確的言行中學習，還會從父母不盡如意的行為中獲得經驗。寶寶哭鬧時，如果你不總是立刻作出反應，那麼他就能學會如何自己安慰自己。當

你對學步兒失去耐心的時候（所有父母都難免這樣），孩子便會知道你也是有情緒的，他還能看到你如何調整這些壞情緒。孩子有一種內在的動力，這種力量促使他們不斷成長、發現、體驗、學習，讓他們學會如何跟別人相處。許多教育方法之所以成功，就是因為順應了這種強大的驅動力。所以當你努力相信自己的時候，別忘了，也要相信你的寶寶。

**如何學會做父母。** 書籍和講座對解答具體問題和普遍疑慮的確有所幫助。但父母們並不是透過這兩種方式來學習照顧寶寶的，也不是按照它們的指導來安排孩子的生活。每位父母的基礎知識都來自童年，來自他們父母自身的養育方式。這也是小時候玩「辦家家酒」時一再被印證的。一個在隨和的環境中長大的孩子，他很可能成為一名隨和的家長。相反的，嚴厲雙親養大的孩子很可能成為較為嚴厲的父親或母親。我們都會在某些方面和自己的父母相似，對待孩子的方式尤其如此。當你和孩子說話的時候，可能會忽然發現你的父母也曾對你說過同樣的話，連語氣和用詞都一模一樣！每個父母都有這樣的經歷，

你也一樣。即使現在還沒發生，將來也一定會有。

想想自己的父母。他們做的哪些事情在你現在看來是正確、有好處的？哪些做法又是你絕對不想效仿的？想一想，是什麼塑造了你現在的樣子，你又想成為什麼樣子的家長。這樣的自我審視將幫助你理解並相信自己為人父母的本能。

你會發現，自己在撫育孩子的過程中慢慢學會了如何做父母。你會發現，你能夠熟練地幫孩子餵奶、換尿布、洗澡，還會給孩子拍背、幫他打嗝。對於這些照料，你的寶寶也總是表現出滿意的樣子。孩子的這些表現會帶給你信心，讓你充滿慈愛之情。這都將成為你和孩子間的感情基礎，你們會慢慢建立起牢固、彼此信任的親子關係。但你不能指望這些感覺立刻就能發生。

所有父母都希望影響自己的孩子，但許多人卻驚訝地發現，其實父母和孩子間是相互影響的。從身為父母的經歷與孩子身上，父母們不僅學到許多東西，對自己本身與世界的理解也會更進一步。和許多人一樣，你也將會感覺到，為人父母是人類不斷成長和走向成熟最重要的一步。

## 培養孩子的目標

認清你的目標。在這個變幻莫測的世界，很多不確定的因素還在不斷出現，因此，我們有必要問自己：培養孩子的目標是什麼？良好的學業成績是我們對孩子的最高期望嗎？跟別人保持融洽關係的能力是否更為重要？你希望孩子鋒芒畢露，在競爭激烈的社會中取得成功，還是希望他們能夠與人合作，在某些時候為了他人的利益放棄自己的渴望？我們要把孩子培養成什麼樣的大人，才能使他們成為既幸福又富有創造性的社會成員呢？

這些問題都切中了教養的核心精神。在養育孩子時便必須做出各種選擇。為了找到最適合孩子的方案，你最好在每次做決定前都退後一步，把以上這些難以回答的問題先仔細考慮清楚。許多父母成天在教養細節中疲於奔命，卻從未想釐清以上這些教養前提。我希望我的經驗能幫助你釐清自己的想法，弄清楚生活中什麼才是最重要的。這個明確的認識將引導你在培育孩子時作出正確的選擇。

## 父母也是普通人

父母也有自身的需要。許多育兒書籍包括本書，都太強調孩子的需要，說他們需要愛，需要理解，需要耐心，需要持之以恆的呵護，需要嚴格地管教，需要保護，需要友誼等。當讀到教導自己該怎麼做的內容時，父母難免有時會覺得身心俱疲。這些指導讓他們有了這樣的誤解：父母就應該無欲無求，除了孩子以外，他們不該擁有自己的生活。於是他們自然會以為那些維護兒童利益的書籍把所有責任都歸於父母。

為了公平地對待父母，這本書將以同樣的篇幅來闡述父母的實際需要，比如他們在家內外的煩惱、他們的疲憊、他們需要的讚賞（哪怕只是偶爾說他們做得不錯）。養育孩子的過程充滿艱辛：準備合適的飲食、洗衣服、換尿布、把屎把尿、勸架擦淚、聽孩子講難懂的故事、參與他們的遊戲、閱讀那些對成年人來說毫無趣味的書籍、逛動物園和博物館、指導家庭作業、在忙於家務或收拾庭院時放下忙碌來滿足孩子急切的求助、在疲勞的晚上參加學校會議等等。

事實就是這樣，養育孩子是一項漫長而艱苦的工作。它的回報無法

即時顯現，還常得不到應有的認可。然而父母跟孩子一樣都只是普通人，也都很脆弱。

當然父母們不是因為想當英雄才養育孩子的。他們養育孩子是因為愛。當回想起童年被父母疼愛，就更希望好好養育自己的孩子。親自撫育孩子雖然辛苦，但看著他們成長為得體的大人，多數父母都會認為這是一生中最大的滿足。不管從哪個角度看，養育孩子都是一件富有創造性、充滿成就感的事。與之相比，世俗的物質成就便顯得黯然失色。

不必要的自我犧牲和過度勞神。面對為人父母的新責任時，許多向來認真的人都會覺得自己肩負著使命，必須放棄所有自由和快樂。對於這些人來說，這不僅是現實的需要，還是原則上的必然。甚至有些人完全身陷其中，忘了其他興趣和愛好。即使他們能夠偶爾抽空出去放鬆一下，心裡的愧疚也會讓他們難以盡興。他們會讓朋友覺得掃興，反過來說，朋友也會使他們感到不快。久而久之，他們會厭倦這種囚徒似的生活，忍不住在潛意識裡怨恨孩子。

對許多父母來說，全心呵護新生兒很正常。但一段時間過後（一般來說是 2～4 個月）你的注意力就應該重新擴展到孩子以外的事務上。尤其要注意與伴侶保持深刻且親密的關係。請擠出一些時間與你的伴侶或其他重要的人在一起。不要忘了用目光交流，別忘了彼此微笑，更不能忘記表達你心中的愛意。要盡量爭取足夠的時間和精力來維持夫妻生活。要記住，父母親密深切的關係是孩子學會與他人維持緊密關係的最佳途徑，也是孩子成年後仿效的最佳範例。所以讓孩子加深（而不是限制）你和伴侶間的關係，將是你為他所做最有價值的事之一。良好的夫妻關係對你也有很大的好處。

## 天性與培養

你有多大的控制力？我們常從育兒書籍中得到這種印象：孩子長成什麼樣子完全取決於父母。只要教子有方就能培養出好孩子。所以如果鄰居家的小男孩在各方面都無可挑剔，那麼這個鄰居就會覺得自己很了不起。相反的，如果你的孩子晚一點才學會說話？或愛發脾氣，這一切都是你的錯。

其實並非完全如此。有的寶寶天生性格急躁，所以很難被安撫，容易恐懼或魯莽，讓父母難以應付。如果運氣不錯，你的寶寶可能會性格溫和，與你情投意合。但如果運氣不佳，那麼孩子的性格可能與你的期待和個人風格相反。這時你就得學習一些技巧來幫助孩子盡可能往最健康的方向發展，也讓自己平穩度過育兒時期，不至於被搞得失去理智。比如你可能需要學習如何安撫腸痙攣的寶寶（儘管你從來都不希望用上它），或者如何引導過度拘謹的寶寶嘗試一個小小冒險。

但是，僅僅掌握技巧還是不夠。首先，你必須接受孩子天生的特質。雖然身為家長的你比任何人都更有影響力來塑造孩子的個性，但也無法完全掌控。孩子需要真正被人接納的感覺，只有這樣才能和父母一起努力，越來越能掌控自己的情緒。

**請接受你眼前的孩子。**在人們的想像中，性格溫和的夫婦適合生養天性敏感細膩的孩子，但對於一個精力旺盛、執拗任性的寶寶，很可能完全沒有心理準備。無論他們多愛孩子，都會發現自己常感到不知所措，無從應對。相反的，有些夫婦或許能夠輕鬆應付一個充滿活力的小傢伙，卻對安靜、喜歡沉思的孩子感到非常失望。

每對父母都不可能訂做一個自己理想的寶寶，再聰明的父母也不一定能理智地承認這點。他們也會有不合理的期待，而且無法避免低落的情緒。當孩子大一點的時候，可能他會讓我們在無意間聯想起曾為我們帶來麻煩的某位兄弟姐妹或長輩。一個女孩可能與她的阿姨性格相仿，而這位阿姨總是惹是生非，女孩的母親也許沒有意識到這正是自己經常生氣的原因。一位父親可能對兒子的懦弱性格非常不滿，這種情緒很可能與他自己童年克服害羞的痛苦經驗有關，但他也許完全沒有想過其中關連。

你對孩子的期待和渴望是否適合他與生俱來的天賦和性情，這將影響著你和孩子能否順利地扮演各自的角色。比如說，如果你長期因為孩子不是數學天才或體育健將而感到失望，或者你逼迫孩子做他天生就不擅長的事，那你們的關係一定會出現問題。從另一方面來說，如果你接受孩子本來的樣子，那麼你們共同的生活一定會融洽很多，孩子也會在充分接納自己的環境中漸

漸成長。

**你能讓孩子變得更聰明嗎？** 答案是可以，也是不可以。專家認為一般來說，人的智力水準約有一半是由基因決定的，另一半則由其他因素決定，比如營養、疾病以及其他負面因素，當然還有成長經驗。我們這裡討論的是能透過智商測試評估的智商。當然還有其他無法測試的智商，比如人際關係智商（包括理解他人、做一個好聽眾的能力等）、運動智商和音樂智商。這些智商幾乎同時由基因和經驗決定。

人的基因為大腦發育提供了一個藍圖，而大腦結構的細節則由個人經歷填補完整。基因會指揮神經細胞移動到大腦的不同區域，並定下連接大腦不同區域的主幹道。個人經歷和學習活動則影響著單個神經細胞間的連接，這形成了執行思考程式的微型電路。比如當一個孩子學習英語的時候，大腦語言區的某些連接就會變得更加有力。而與其他語言（比如漢語）相關的專門連接則會因缺少使用而逐漸消失。

基因影響著一個人接受某種知識或技能的速度，因此不同的人掌握相同的東西便有不同的難易程度。所以基因決定人類在某方面的才能（比如決定孩子成為數字天才還是公關高手）。基因還限制了人類獲得成就的大小。我曾經在少年棒球聯合會待了一個夏天，但一個球也沒打中。如果有足夠的練習和教練指導，或許我能把棒球學好。但那卻要付出非常巨大的努力，而且我覺得自己壓根就對棒球沒有天分。在音樂夏令營裡我就開心多了。

經歷（比如擊球訓練）影響著大腦的發展，但大腦又在極大程度上決定了孩子的喜好，進而決定了他將選擇哪種人生。聰明的父母會幫助孩子發掘和培養自身的才能，並讓他們了解每一個人都有侷限，這種侷限也必須得到尊重。

**神童？** 學習固然可以改變大腦的物理結構，但這並不意味著我們能夠（或應該）透過持續不斷的刺激和教育去創造一個神童。當孩子覺得開心、放鬆、精神集中並主動參與的時候，學習才會有最佳效果。如果被冷漠、排斥和不近人情的氣氛壓抑著，那樣的學習也是行不通的。所以用識字卡片來教育嬰兒的效果實在是微乎其微。

能讓嬰兒真正樂在其中的經歷才是最棒的。要想讓寶寶從中受益，那就必須要對他是有意義的體驗。

比如當孩子微笑、大笑、自言自語或張著明亮的大眼一眨一眨的時候，你便知道這種體驗對他來說是有意義的。小寶寶並不明白父母在說什麼，但有人跟他們說話對他們來說的確意義重大！

許多產品在推銷時都聲稱經過「科學證明」，當某個產品強調可以使寶寶更加聰明時，那他們就算不是欺騙，至少也是誇大其詞。

## 不同家庭的差異

培養孩子並沒有唯一的正確之道，許多不同的方法都有效。同樣的，也沒有哪種家庭類型是最好的。孩子可以在各種家庭裡成長茁壯，雙親、單親、與祖父母或養父母一起、同時擁有兩個父親或兩個母親，或者生活在一個大家族當中都是好的。我希望這本書貫穿著這種多樣性，但為了簡潔好讀，所以我統一使用人們最熟悉的說法：「父母」。

非典型一父一母模式的家庭常會遭遇特殊困難。他們必須面對偏見，很難找到能夠包容他們的群體。所以他們必須做出更多努力才能保證讓孩子接觸到各種類型的

人，以便獲得全面的成長體驗。比如在同性戀組成的家庭中，家長必須制訂一些計畫讓孩子可以接近兩種性別的成年人。如果孩子是從國外收養的，那麼父母就應該讓他接觸出生地的文化。如果父母雙方都忙於工作，那就要考慮怎樣才能讓孩子獲得歸屬感。做個好家長意味著要為孩子的需求做考量，這一點在所有家庭都一樣。

**全球流動性。**有些家長生活在遠離自己成長環境的國家。離開自己熟悉的一切：家庭、語言、文化、國土會讓他們覺得緊張，尤其涉及撫養孩子時更是如此。父母小時候需要的重要環境和事物在新的地方根本沒有，所有的規則看起來都不同。在家鄉被認定為好父母的標準在這裡甚至可能被看成是對孩子的忽略或虐待。難怪做父母的經常會對自己沒有自信、憂心忡忡或是憤怒不已。

**彈性是成功的關鍵。**家庭當然必須堅守自己的文化價值觀念，但同時也要參與主流社會生活。完全切斷自己文化根源的父母常會發現，由於失去價值觀的牽引而感到無所依托。而那些試圖建造一堵圍牆來

隔絕外界對家庭影響的父母則可能發現，最終不是強勢文化破牆而入，就是他們的孩子破壁而出。要想獲得成功，孩子可能必須學會在家裡和在學校使用兩種不同的語言，還要在兩套社會規則間來回轉換。父母要在孩子往來穿梭不同世界時找到支持他們的方法，在堅持傳統的同時也要接納新鮮事物。

**特殊的挑戰。**有些孩子比其他孩子更難撫養。有特殊健康需求和發展需求的孩子會對父母提出特殊要求（**請參閱第 651 頁**）。那些容易反應激烈和相處不易的孩子需要特殊的撫養技巧，患有嚴重疾病的孩子也是。經濟條件差、沒有安全住所、缺少健康飲食及學校不佳等問題當然會讓父母和孩子感到苦惱。過去的經歷也會成為一種障礙。成年人可以回想一下自己兒時經驗的場景。如果小時候有過一段艱難的經歷，如果父母特別嚴酷，如果他們不得不克服情緒問題或成癮問題，那麼你將更能體會要學習更好的方法來撫養孩子會有多麼困難。

你可以做出自己的選擇。來自不同生活背景、面對各種困難的父母都可以找到智慧和勇氣，為孩子提供成長所需的一切。反過來，他們的孩子又把這些美好品質回饋給這個世界。

PART **1**

# 孩子一年年長大

寶寶出生之前

0～3個月

4～12個月

12～24個月

2周歲

3～5歲

6～11歲

12～18歲

# 1 寶寶出生之前

## 孩子在成長，父母也在成長

**胎兒的發育。** 從受精卵長成一個新生兒要經過許多神奇的變化！大多數女性都是在最後一次月經後五週左右發現自己懷孕的。這時胚胎已經有了內層細胞、中層細胞和外層細胞。內層細胞將長成大部分的內臟器官，中層細胞會長成肌肉和骨骼，外層細胞則會長成皮膚和大腦。大約五週以後，主要器官便已基本成形。胎兒看上去開始像個小人兒了，但是他只有大概 5 公分那麼長，重量也只有 9.5 克左右。

孕期的第 4 或第 5 個月（孕期剛好過半的時候）是一個轉捩點。你會頭一次感覺到寶寶在活動。如果還沒做過超音波檢查，那麼寶寶這些輕微的伸手臂踢腿很可能是你感覺到的最早證明，告訴你真的有個小生命在你身體裡生長著，這是多麼令人激動的時刻啊！

妊娠進入最後 3 個月，大約 27 週左右，這時胎兒的主要變化就是長大，長大，再長大。胎兒的身長會增加 1 倍，體重會長到原來的 3 倍。大腦的發育還會更快。隨之而來的還有一些新動靜。孕期的第 29 週，胎兒會被突然的聲響驚動。但是如果那種聲音每 20 秒鐘出現一次，那麼胎兒不久就會忽略它。這種反應叫作適應性，是胎兒出現記憶的證明。

要是某種悅耳的聲音（比如你朗讀詩歌的聲音）反覆出現，胎兒很可能也會記住。與陌生人的聲音相比，出生後的寶寶會更願意聆聽母親的聲音。所以如果選一段你十分

喜愛的音樂在孕期的後 3 個月裡反覆播放，那麼無論出生前後，你的寶寶都會喜歡它。毫無疑問，寶寶的學習從出生前就開始了。但這並不意味著你要特意在孕婦裝裡塞入識字卡片。還沒有證明顯示刻意教導會促進胎兒的學習。相反的，自然的刺激（比如你的嗓音和身體的節奏）才是對胎兒發育最有「營養」的因素。

**懷孕的複雜感受。**有一種對母性的理想描述是這樣的：當得知就要有個孩子時，每個女性都會感到狂喜。她們會在整個孕期快樂地幻想關於寶寶的一切。在孩子誕生之後，她們也會快樂而自然地投入母親的角色。愛的感覺會在瞬間迸發，而且強烈得難以分割。

但這只是懷孕的其中一個面向。幾乎每位懷孕的女性都會有一些負面的情緒。早期，噁心和嘔吐的情況可能輕微也可能十分嚴重。原本寬大的衣服會變得緊繃。原本合身的衣服早已穿不上。靈活的準媽媽還會發現自己的身體變得不像從前那般活動自如了。

對第一次懷孕的女性來說，這意味著無憂無慮的青春歲月即將終結。與社會的連結及家庭預算都必須精打細算。在你有了一兩個孩子以後，想多要一個孩子也許不令人意外。但是在任何一次懷孕的某些時候，準媽媽的情緒都可能出現低潮。可能是因為寶寶不在預料之中，也可能夫妻剛好有矛盾，又或者家裡有人患上嚴重疾病時正好懷孕。有時也可能沒有明確原因。

本來充滿熱情的母親可能突然變得憂心忡忡，她懷疑自己是否有足夠的時間、精力和感情去照顧另一個孩子。這種內在的疑慮有時也會來自丈夫，因為當妻子越來越全神貫注於孩子時，他覺得被忽略了。無論哪種情形，其中一方的憂慮很快會使另一方也感到沮喪。隨著產期的接近，對孩子的期盼也日益增強，妻子和丈夫會越來越無力給予對方足夠的關注和照顧。

這些反應並不是無法避免，但即使是最優秀的父母也很難避免這些困擾，這些都是懷孕期間複雜反應的一部分，純屬正常，而且在絕大多數情況下都是暫時的。在寶寶真正到來之前，盡早克服這些情緒問題可能會讓育兒變得容易一些。而在懷孕期間不曾經歷負面情緒的父母也可能在寶寶誕生後開始面對，因為此時正是積蓄的情感被照顧孩

寶寶出生之前

0〜3個月

4〜12個月

12〜24個月

2周歲

3〜5歲

6〜11歲

12〜18歲

子的辛勞磨損殆盡的時候。

**父親的孕期感受。**妻子的懷孕會給丈夫帶來不同的感受。比如增強了對妻子的保護意識，享受到婚姻中的另一種快樂，或是對自身的繁育能力（男人總是多少會擔心這點）倍感驕傲，又或者陶醉在幸福的期盼中。丈夫們也可能出現一定程度的焦慮，這種情況非常普遍，尤其是那些童年時成長不太順利的丈夫更會懷疑：「我能否成為孩子的好父親？」

此外，他們還會有一種深層的失落感，就好像孩子發現母親又懷孕時會覺得被拋棄了一樣。這種心理常導致對妻子亂發脾氣、晚上更常和朋友在一起，或對其他女性表現得比較輕佻。這些反應都是正常的，但對伴侶卻是有害無益。你的妻子正處在生命中一個完全陌生階段的起點，她需要更多的支援。如果丈夫能說出自己的真實感受，那麼負面情緒（比如焦慮和嫉妒）反而容易慢慢退去，好的感覺（比如興奮和親密）也會漸漸恢復。

說來令人難過，懷孕會讓一些男人變成感情上或身體上的受虐者。如果你覺得面臨著威脅或覺得擔心，或你曾受過傷害或被迫接受性

行為，那麼你和寶寶就應當尋求幫助。你可以跟自己的醫生談一談，或撥打社工團體的求助電話（**更多關於家庭暴力的內容，請參閱第551頁**）。

**來自丈夫的支持。**近幾十年以來，人們對丈夫在孕產期的定位逐漸發生了變化。過去人們很難想像丈夫會去閱讀嬰幼兒護理書籍。如今父親在養育孩子方面的責任幾乎是毋庸置疑的（儘管實際上仍是妻子承擔大部分的工作）。在寶寶出生之前，丈夫也扮演著更加積極的角色。準爸爸會陪著妻子到醫院做常規檢查，一起參加產前輔導班，還會在體力上給予充分的協助。他們已經不再是被排除在外的孤獨旁觀者了。

**對孩子的愛意會慢慢出現。**許多夫妻對於懷孕的感覺都是欣喜而驕傲的，但要讓他們對一個抱都沒抱過的孩子產生愛意還是有些勉強。愛是難以捉摸的，而且因人而異。有些父母在第一次透過超音波看到胎兒心臟跳動的時候就感到了愛意。但也有些人要到第一次胎動的時候才會確實地感受到真有個小寶寶在成長，感情也才漸漸滋長。

還有些父母甚至要等到開始照顧孩子時，才會產生憐愛之情。愛上寶寶並沒有一個固定的「正常」時間。如果你的慈愛之心和依戀之情不如想像中那麼強烈，那也不必感到內疚。愛的感覺可能如期而至，也可能姍姍來遲。無論如何，該來的時候它就會出現，99%的情況都是這樣的。

就算懷孕期間的心情一直不錯，期盼之情也與日俱增，但到了孩子出生的時候，美好的感覺也會減退，初為父母的人尤其如此。他們以為一下子就能對自己的骨肉產生認同，對小嬰兒投以排山倒海般的親情，彼此如膠似漆、難分難捨，除了疼愛別無其它。然而許多實例證明，這種感覺在第一天甚至第一週都不會產生。而正常的負面情感卻常常突然出現。原本充滿慈愛的父親或母親可能一下子認為生養孩子是個錯誤，但同時又對這種想法感到愧疚！建立感情的過程通常很緩慢，要等到透支的體力和緊張情緒恢復後，親情才能完全建立。這段時間的長短因人而異，沒有固定期限。

多數人都知道期待生男孩或生女孩是不明智的，寶寶的性別很可能與你期待相反，但這其實也沒那麼嚴重。因為如果不在腦海中幫寶寶設定一個男孩或女孩的形象，我們就很難想像並愛上一個尚未出生的胎兒。所以這是產前形成依戀之情的最初步驟。即便對孩子最期待的父母難免也會對性別有所偏好。

其實就算不能如願，父母們多半也都做了充分的準備好好疼愛寶寶。所以盡情享受對孩子的各種想像吧，就算在產前檢查或孩子出生後發現寶寶不是你預想的性別也不必覺得歉疚。

## 產前護理

**懷孕之前**。計畫懷孕之前最好先找醫生諮詢一下。如果你有某些健康方面的顧慮，或者對生殖問題、遺傳問題有疑問，就更應該提早詢問醫生。只要有可能懷孕，就要服用葉酸。懷孕之前的 3 個月或更早，你就可以每天服用複合維生素，或含有 400 微克葉酸的營養補充劑，這可以幫助降低嚴重脊髓缺陷的風險。

這段時間你還要避免接觸可能對生長中胎兒造成影響的有害環境，避開二手菸和工業污染。不要食用

汞含量偏高的水產品，比如鱸魚和箭魚。可以選擇農場養殖的鱒魚、野生的太平洋鮭魚、沙丁魚、鳳尾魚。農場養殖的鮭魚可能含有其他毒素和抗生素，不適合孕婦食用。如果你的工作需要接觸化學製品、動物，要向醫生詢問一下懷孕期間可能存在的風險。若你想了解更多資訊以度過健康孕期，那我建議你閱讀醫學博士瑪喬麗·格林菲爾德的《斯波克懷孕指南》或《職業女性孕期手冊》（The Working Woman's Pregnancy Book）。

**做好產前護理。** 產前檢查其實也是夫妻雙方為了孩子健康而建立夥伴關係的一種過程，也有助你評估選擇哪種分娩方式。有些簡單的方法可以大大提高孩子和你的健康，其中包括：服用孕期維生素、戒菸戒酒、檢測血壓等。定期檢查可以及時發現傳染病等問題，並且在胎兒受到危害之前治療。即使在孕期快結束的時候才開始產前檢查，你和寶寶也將從中受益。

在孕期的前 7 個月裡，產前檢查是每個月 1 次，第 8 個月開始轉為兩週 1 次，之後則增加為每週 1 次。透過檢查你會得到許多實用的建議，比如如何緩解晨吐、如何監測體重、如何運動等。這些檢查也是確保懷孕正常、及時發現並處理傳染病和其他不良情況的最佳途徑。現在，產前超音波檢查在很多國家都被列入常規程式。尤其是對父親來說，即使只有顆粒粗大的黑白超音波圖像也會讓胎兒看上去更加真實生動。此外你還可以因此得知孩子的性別。

在許多國家，孕婦在選擇產前護理人員時有很大的彈性空間，包括產科醫生、家庭醫生、助產護士、持證助產士（不是護士），以及非職業的助產士。你必須仔細評估你想採取哪種方式分娩。產科醫生幾乎都在醫院裡接生孩子，非職業助產士通常會幫助產婦在家中分娩。建議你可以先考慮以下幾個問題：你是否喜歡醫生或助產士並信任他們？他們能否傾聽你的意見並給予清楚的建議？負責產前檢查的醫生能否協助你分娩？如果不能，你是否相信其他醫生也能為你提供良好的醫療護理？醫院和產科能否接受你的醫療保險？

**你想採取哪種分娩方式？** 在家還是醫院？自然分娩還是無痛分娩？分娩過程是由丈夫或伴侶陪同，還是受過培訓的專業人士（產

寶寶出生之前

0～3個月

4～12個月

12～24個月

2周歲

3～5歲

6～11歲

12～18歲

婦護導員）輔助，又或者由一位家人和產婦護導員共同陪伴？躺著分娩或蹲著分娩？母嬰同室還是讓新生兒在育嬰室多待一段時間？儘早回家還是晚一點出院？諮詢護士還是諮詢哺乳專家，又或者同時諮詢？

沒有哪種方式適合所有女性，也沒有哪種方法明顯有利於胎兒。選擇時要考慮個人需求，盡量實現你理想中的分娩過程，同時又得對意外狀況有所準備，靈活處理才恰當。現在生孩子比過去任何年代都來得安全，但仍然有些因素是無法預知的，請多諮詢多看書。上文提到的產科醫生瑪喬麗‧格林菲爾德著作的《斯波克懷孕指南》介紹了所有重要的事項，而且簡單易懂，是一本可以獲取實用知識的好書。

**產婦護導員。**產婦護導員是指經過培訓，分娩全程為產婦提供不間斷支援的女性。她們會幫助準媽媽找到最舒服的姿勢和動作，借助按摩和其他經過驗證有效的技巧來降低產婦的緊張情緒。經驗豐富的產婦護導員通常可以幫助心慌意亂、不知所措的產婦恢復信心。

產婦護導員不僅對新手媽媽們很有幫助，對新手爸爸們也大有裨益。很少有丈夫能像她們那樣有效撫慰妻子的疼痛和憂慮，更何況他們自己還正處於焦慮中。產婦護導員解放了新手爸爸，讓他們可以用親切支持的態度陪伴妻子，而不至於像個教練一樣發號司令。大多數新手爸爸都覺得產婦護導員的服務讓他們獲得支持而不是被取代。

近年來有許多針對產婦護導員的研究，這些研究證實，產婦護導員減少了剖腹產的機率和硬膜外麻醉的使用。（儘管硬膜外麻醉有時是一種幸運，但還是存在風險，比如可能導致嬰兒發燒。而一旦發燒，新生兒就必須使用好幾天的抗生素。）你可以透過北美產婦護導員組織（Doulas of North America）的網站 www.dona.org 了解更多資訊。

**對陣痛和分娩的心理反應。**每個女人對陣痛和分娩所帶來的疼痛反應不同。有些人因為自己可以不依賴藥物而感到驕傲，也有人從一開始就認為脊髓硬膜外聯合麻醉術是為她們而存在的。對部分產婦而言，陣痛是一種可以忍受也會被遺忘的疼痛體驗。但也有人認為那是一種令人震撼的經歷，也是一段相

當艱難的過程。有些人可以在數小時的時間內隨著每一次宮縮用力推動胎兒。但也有一些人會因此覺得灰心，希望醫生用產鉗將孩子拽出或施行剖腹產。還有些筋疲力盡的產婦甚至對陪伴的丈夫大吼大叫，要求他們立刻滾出產房不準回來。有的新手媽媽立刻就能感受到對嬰兒的慈愛，但也有些產婦在聽說孩子一切正常後只想好好睡上一會。不論是哪一種，大多數人最終都會成為偉大而慈愛的母親。

所以如果陣痛和分娩的過程比你想像的困難，那麼心情不好甚至感到歉疚都是正常的。如果你一直希望自然分娩，但最終施行了剖腹產，那麼你很可能會認為自己應該受到責怪（其實根本不是這樣），或者認為寶寶會因為手術而受到長期傷害（幾乎沒有這種情況）。許多父母都會擔心，如果在最初的幾小時或幾天中與孩子分開，親情將會永遠被阻隔。這種觀念也不正確。親情，也就是孩子和父母彼此愛上對方的過程是在幾個月而不是幾小時之內建立起來的。

## 為寶寶選擇醫生

**兒科醫生、家庭醫生，還是職業護理員。** 早在懷孕期間，你就可以考慮為寶寶找一位醫生或職業護理員（nurse practitioner）。找誰合適呢？怎樣才能看出他能否勝任呢？或許你已經見過有經驗的家庭醫生了，那麼你選擇起來就會比較簡單。有的父母跟輕鬆隨意的醫生相處得很好，也有人願意接受詳盡嚴格的指導。你可能信任經驗豐富的老醫生，也可能青睞受過先進專業訓練的年輕醫生。在尋找一位合適的醫生前最好先跟其他父母聊一聊。產科醫生和助產士往往也能推薦不錯的人選。

職業護理員是經過註冊的護理人員，他們受過專門的訓練，在許多時候可以勝任醫生的工作。職業護理員是在醫生的指導下工作的，而醫生的參與程度則各不相同。一般來說，醫生在處理複雜疾病時會比職業護理員更有經驗，而職業護理員則有更多時間為寶寶作詳細的檢查，他們還能提供很好的預防及保健服務。要是有人強烈推薦，我會毫不猶豫地聘請一位職業護理員。（為了方便起見，下文裡同時指稱

寶寶出生之前

0～3個月

4～12個月

12～24個月

2周歲

3～5歲

6～11歲

12～18歲

兩者時將統稱為「醫生」。）

**增進了解的諮詢。**如果這是你的第一胎或你要搬到新的地方去，那麼我強烈建議你在預產期的前幾週向選定的醫生做一次諮詢。面談最能了解一個人的特質，看看他是否能使你心情舒暢地傾吐心中想法。你會從這種產前諮詢中了解到許多知識，離開時你對孩子的醫療護理問題就會有基本概念了。

到達諮詢地點時，請留意那裡的工作人員和辦公環境，看看他們是否讓人感到自在又有禮？孩子在候診室裡是否有事可做？那裡有圖畫書嗎？他們能否讓孩子感到友善親切呢？

你可以向工作人員諮詢一些很具體的問題，比如診所裡有多少醫生和職業護理員？如何用電話聯繫？如果孩子在他們下班後感到不適該怎麼辦？白天出現緊急情況時怎麼辦？診所接受哪種醫療保險？醫療費用如何？診所與哪家醫院合作？他們可以花多少時間為孩子作全身檢查？（現在一般平均時間是 15 分鐘左右，若能花費 20～30 分鐘那就非常充足了。）

和醫生談話時請商討重要的事情，以便充分了解彼此觀念是否吻合，比如他們對母乳哺育的看法，當孩子經歷痛苦的醫療過程時你能否陪伴等等。你也可以問他們一些沒有嚴格定義的醫療問題，比如母嬰同床是否合理，或者如何訓練孩子排便等。注意自己諮詢時的感受。如果你覺得自在舒暢，對方能夠認真傾聽，你也沒有感到匆促，那很可能你已經找到了合適人選。如果不是，那你可能得再走訪一下其他診所。

**母乳哺育的產前諮詢。**如果你還沒有決定母乳哺育還是用配方奶餵養，那麼找你的醫生或職業護理員諮詢將會大有幫助，也可以向哺乳顧問預約一次產前諮詢。你也可以參加大型診所或醫院開設的母乳哺育培訓班。多了解一些知識可以幫助你輕鬆地作出決定。如果決定採用母乳哺育，產前諮詢會讓你預先了解可能出現的困難，還可以讓你提前做好準備（有關母乳餵養內容，請參閱第 209 頁）。

## 準備回家

**多找些幫手。**在你照顧寶寶的最初幾週裡如果有人幫忙，那你無論如何都要嘗試一下。這時如果丈

寶寶出生之前

0～3個月

4～12個月

12～24個月

2周歲

3～5歲

6～11歲

12～18歲

夫能夠全職陪護，將會給妻子帶來莫大安慰。事必躬親會讓你身心俱疲，也會讓你和孩子陷入措手不及的狀態。一想到要照顧無助的嬰兒，大多數充滿期盼的父母都會感到有些恐懼。如果你也有這種感覺，並不意味著你做不好，或非得找個護士教你怎麼做。如果你實在覺得慌亂，找個合得來的親戚幫你一把，可能會讓你輕鬆學到很多經驗。在這方面，孩子的父親不一定有太大的幫助，也許他自己還比你更緊張而不知所措呢。

如果你和母親相處得不錯，她可能是比較理想的人選。如果你覺得母親很專橫，仍然把你當小孩看待，那最好別跟她同住。你會希望孩子的成長由你們來決定，你可能還想證明你們有能力把孩子照顧得很好。所以最好找個照看過小孩的人來幫忙，但最重要的是找個你認同的人。

你可以考慮請幾個星期的家庭服務員或產婦護導員。產婦護導員專門在分娩時為產婦提供幫助（**請參閱第 36 頁**）。越來越多產婦護導員在產後幾週內也提供護理服務。如果經濟能力有限，也可以請人每週來一兩次幫忙做做家務，或照看

幾個小時的孩子，你就可以抓緊時間休息一下或出去走走。最好找一個能夠隨叫隨到（而且支付得起的）的幫手，這是最實際的。

**上門訪視。**對於住院時間較短的產婦和嬰兒，許多醫院和健康機構都會在寶寶回家後的一兩週內安排護士上門或來電探訪。這種探訪常令人感到安心，甚至非常重要，因為有些醫學問題比如黃疸，在孩子回家之前並不會出現。探訪護士同時也能充分地解答有關母乳哺育的各種問題，或協助安排哺乳期的諮詢服務。

**探望者。**孩子的出生會讓親戚朋友接踵而至。來多少人才不算太多呢？對於這個問題你最有發言權。在照顧新生兒的最初幾週，你會感到疲憊不堪，因此來訪者會消耗你很多體力。這時最好把來訪者限定在你真正想見的少數人之內。多數人都能理解這種做法。

大多數探望者都想抱抱孩子，有可能會搖晃孩子，還會沒完沒了地跟孩子講話。有些孩子可以承受這種逗弄，但有些孩子則一點也無法忍受，大多數孩子介於二者之間。所以你要隨時注意孩子的反應，如

果覺得寶寶可能感到緊張或有些厭煩，就別再讓人逗他了。關心你和孩子的親朋好友並不會因此覺得你失禮。來訪的小孩尤其容易攜帶使新生兒嚴重患病的病毒。因此在最初的三、四個月要讓寶寶與年幼的表哥表姊或其他親戚保持安全距離。如果他們一定要接觸小寶寶，那就確保他們事先已好好洗手。

**把家裡布置好。**如果你們的房子可能使用了含鉛塗料，那就有必要將剝落的油漆除去，再把裸露風化的地方重新粉刷，但是自己動手用熱氣槍或磨砂機清除並不安全，那些細小的鉛末和蒸氣會增加你體內的鉛含量，也會影響寶寶的健康。專業除鉛儘管花費稍高，但卻會更安全。有關鉛的更多內容（**請參閱第 355 頁**）。

如果你們用的是井水，那麼提前進行細菌和硝酸還原酶的檢測便很重要。井水中的硝酸鹽會使嬰兒的嘴唇和皮膚發藍。你也可以諮詢當地相關部門。另外，井水中不含氟化物，所以你要和醫生討論氟化物的補充問題（**請參閱第 384 頁**）。

## 解決兄弟姊妹的困惑

**再次懷孕應該如何向孩子解釋。**如果孩子的年齡已經大到能夠明白你的意思（1 歲半左右），那麼提前讓他知道就要有一個小弟弟或小妹妹會很有幫助。這樣一來他便可以逐漸習慣這個狀況。當然你必須根據孩子不同的成長階段來調整你的解釋，但是再多解釋都不能真正讓他準備好迎接一個需要照顧的嬰兒活生生出現在家裡的情景。你應該適時跟他提起新弟弟或新妹妹的到來，嬰兒會睡在哪裡，照看嬰兒的過程中他能做些什麼，你還要不斷讓他知道你像原來一樣愛他。不要對新生兒表現出過分的熱情，也不要指望孩子會對寶寶熱情。當你體型開始發生變化的時候，你便已經度過了最容易流產的懷孕初期，這時便可以開始跟孩子談論這些話題了。

新寶寶的到來應該盡可能不要影響到大孩子的生活，如果大孩子一直都是家裡的獨生子女，那就更要注意這一點。請特別強調那些固定不變的事物。你可以說：「那些你最喜歡的玩具還是你的，我們還是會去公園裡玩，我們還是可以做些

寶寶出生之前

0
～
3
個
月

4
～
12
個
月

12
～
24
個
月

2
周
歲

3
～
5
歲

6
～
11
歲

12
～
18
歲

特別的遊戲，我們也還會有固定的時間可以待在一起。」

**提早作出改變。**如果家裡的大孩子還沒有斷奶，就不要等到他已經覺得被新寶寶取代的時候再斷奶，最好在分娩前幾個月就斷掉，這樣他會更容易接受。如果想把他的房間騰出來給新寶寶用，最好提前幾個月就讓他搬到新房間去。這樣他會覺得這是一種進步，他已經長成大孩子了，不至於覺得是新寶寶把他擠出自己的地盤。如果想給他換一個大一點的床，同樣必須提前行動。如果他快上學了，那麼可能的話最好在新寶寶出生前幾個月就送他去。那種被入侵者逐出家門的感覺最容易讓孩子對上學產生抵制情緒。但如果他已經在學校裡適應得很好，這意味著他在家庭之外也有某種社會生活，這將會緩解他在家裡的敵對情緒。

**產期與產後。**有些父母希望在母親分娩時，年長的孩子可以在場。他們認為這樣能夠加強家庭的凝聚力。但其實觀看母親經歷痛苦的分娩過程可能會讓孩子非常難過，會覺得那是一件非常可怕的事。即使是大一點的孩子也會因此感到心神不安，就算是最順利的分娩過程也必然要有艱難的努力和流血。對母親來說，僅僅分娩這一項任務就已經夠難應付了，根本無暇顧及在場孩子的感受。所以，孩子不必進入產房，只要待在附近，他就會感到自己也是局內人。

分娩後，當每個人都心懷喜悅、倍感安心時，就可以讓年長的孩子看看嬰兒。可以鼓勵他摸摸小寶寶，跟小寶寶說說話，幫助做一些像是遞尿片之類的簡單工作。讓他感到自己是家庭中不可或缺的一分子，他的到來是受人歡迎的。可以讓他隨心所欲地來看寶寶，但不要在他不情願時強迫他來。

**帶新生兒回家。**產後的母親回到家後通常十分忙碌。她的身體疲倦，而且滿腦子都是寶寶。父親為了幫助妻子也會忙得團團轉。如果大孩子在場就會有被排除在外的感覺，也許還會不悅地想：「哼，這都是因為那個小嬰兒。」

如果可以，最好能讓大孩子暫時離開。也許等一個小時後，你們把嬰兒和行李都安置好，母親終於可以輕鬆躺在床上的時候，那大孩子就可以回來了。母親可以擁抱他，跟他聊天，把全部的注意力都放在他身上。孩子更喜歡實實在在的獎

賞，所以要是能帶份禮物送給家裡的大孩子就更好了。無論是他自己的玩具娃娃還是好玩的新玩具，都可以幫助他消除那種被遺忘的感覺。你不必總是問他：「你喜歡小妹妹嗎？」當他準備好時就會主動提及小寶寶的話題。如果他的言語不那麼熱情，甚至懷有敵意，你也不要感到吃驚。

事實上，大多數年長的孩子在最初的幾天都可以好好與嬰兒相處。一般要到幾個星期之後，他們才會意識到競爭關係的存在。嬰兒也要在幾個月之後才會搶他們的玩具，讓他們心煩。（請參閱第 569 頁，有更多關於如何幫助年長孩子與寶寶相處的內容）。

## 你用得到的物品

**提前購置必需品。**有些父母直到孩子出生後才意識到什麼都沒有準備。有些地方的人們認為提前準備嬰兒用品會對懷孕不利。所以他們可能不想冒不必要的風險。

但提前把物品準備好的好處是可以減輕後續負擔。當你開始親自照顧孩子的時候，大多數母親會感到疲憊不堪，而且容易洩氣。即使是買包尿片這樣的小事也會變成一種巨大的壓力。

**你真正需要什麼？**即使你不想把每件事都提前準備好，那麼分娩前至少也要在手邊準備一些必需品。接下來的內容可以幫助你決定哪些東西需要提前買，哪些東西可以晚一點再買（或者不必買）。至於購買什麼品牌，我建議你查閱一下相關產品的最新安全性、耐用性和實用性的資訊。

## 1 備忘清單：提前準備的東西

✓ 一個有安全認證的兒童汽車安全座椅（**請參閱第 334 頁**）。

✓ 一個嬰兒床、搖籃、嬰兒睡籃或同睡床。即使寶寶晚上跟你一起睡，白天也需要一個打盹的地方。

✓ 幾條溫暖舒適的棉質床單，一個塑膠床罩，兩、三個布襯墊。

✓ 幾條包裹嬰兒用的棉質小毯子，再準備一條保暖用的厚毯子。

✓ 幾件 T 恤或連身嬰兒服。如果天氣較涼，就要準備兩、三件嬰兒連褲睡衣（sleepers）。

寶寶出生之前

0～3個月

4～12個月

12～24個月

2周歲

3～5歲

6～11歲

12～18歲

✓ 紙尿褲或尿片，或預定尿布服務（**請參閱第 69 頁**），擦拭用品。（尿片的用處很多，即使你選擇了一次性的紙尿褲，最好也要另外準備一些尿片。）

✓ 如果你打算採用母乳哺育，就要準備哺乳內衣以及（必要的話）吸奶器（**請參閱第 234 頁**）。

✓ 兩、三個塑膠奶瓶和奶嘴，若你不打算採用母乳哺育，就要多準備幾個奶瓶，和充足的奶粉。

✓ 一個布質的嬰兒揹巾（注①）或背包式揹帶（注②）。

✓ 一個可以把尿片、濕巾、藥膏、可折疊的塑膠墊子和各種育兒用品分別放置的媽媽包。

✓ 一個電子體溫計和附有球形抽氣囊的嬰兒吸鼻器。

**汽車安全座椅。**乘車的時候，寶寶必須隨時待在汽車安全座椅裡，哪怕是從醫院回家的路上也不例外。最安全的地方是後排座椅的中間位置。前排副駕駛的位置之所以特別危險，是因為正在充氣的安全氣囊可能嚴重傷害到嬰兒或兒童，甚至導致死亡。

嬰兒汽車座椅主要分為兩種。一種是可以變成嬰兒提籃的兩用型座椅。另一種則可以在孩子長到一定年齡（至少要 12 個月以上，同時體重超過 9 公斤）以後轉過來朝前安置。無論選購那種座椅都要確認是否有符合政府安全標準的標章。要選擇用帶子固定孩子的座椅，不要用有擋板或欄杆的座椅。盡量購買新的汽車安全座椅，家裡使用多年的座椅可能無法提供有效的保障，因為塑膠會隨著時間推移而逐漸老化。經過一次事故的座椅就算看上去很好，也可能經不起第二次碰撞（**請參閱第 334 頁**）。

大多數汽車安全座椅都很難正確安裝。因此如果可以，最好請持證的兒童安全座椅檢查員教你如何安裝。許多醫院和消防隊都提供免費的汽車座椅服務安裝服務（有關汽車安全座椅的詳細資訊，**請參閱第 334 頁**）。

**睡覺的地方。**也許你想買一個既漂亮又昂貴，還有絲綢襯裡的嬰兒搖籃，但你的寶寶可不在乎這個，他只需要四周的妥善保護讓他免於滾下床，鋪墊要柔軟又堅實。

注①：即 baby sling，布製，用於把嬰兒揹在背上或托在胸前。

注②：即 front-pack baby carrier，類似背包將嬰兒揹於胸前或背後的揹帶。

床面堅實非常重要，過於柔軟的床墊容易讓寶寶面朝下的時候窒息（雖然為了避免嬰兒在床上發生危險應該讓他仰臥，但有時他還是免不了面朝下翻過身）。有輪子的嬰兒搖籃在初期會比較方便。有時家裡還收藏著年代久遠的搖籃。其實在最初的幾個月裡，在一個硬紙盒子或抽屜裡鋪上質地堅實、大小合適的墊子也可以給寶寶當床使用。

同睡床就像一個三面附有護欄的大盒子，可以直接安裝在你的床邊，開口向內。這樣你不用起身就可以照顧寶寶，這在母乳餵養階段尤其方便。為了保證安全，一定要把同睡床與大床銜接牢靠，否則孩子可能會卡在床邊的縫隙。也許你打算讓孩子跟你一起睡。（**具體的優缺點分析請參閱第64頁。**）

許多父母在一開始時都傾向使用嬰兒床。為了安全起見，嬰兒床護欄的板條間距不能超過6公分，床兩頭的鏤空圖案同樣不能超過6公分寬。小床應該配有溫暖舒適的床墊和能夠防止兒童打開護欄的機械鎖扣。圍欄的最高處與床墊可以調校的最低處間至少要有66公分的距離。小心鋒利的邊角，拐角處的木條如果伸出1.5公釐以上也要特別小心。這個長度足以把衣服勾住，進而可能拽住或勒住寶寶。嬰兒床必須非常堅固，床墊要緊貼著床頭和床尾的擋板。1975年以前生產的嬰兒床通常使用含鉛油漆，只有把漆全部刮掉才能保證安全。如果你要購買新的嬰兒床，請注意包裝上的標識，確保它符合國家安全標準。對於別人用過的、大孩子留下來的，或是家傳的嬰兒床，就得自己好好把關。

你的寶寶不需要枕頭，也不該給他用枕頭。同樣最好別把填充玩具放在嬰兒床或搖籃裡，因為寶寶並不會特別注意甚至喜愛它們，更別說還有造成窒息的可能。（**關於睡眠和睡眠安全的更多資訊，請參閱第63頁。**）

**換洗用品。**幫嬰兒洗澡可以用廚房的洗滌槽、塑膠盆（準備一個帶寬邊的，你可以把手臂撐在上面）、洗碗盆，或浴室的洗臉池。噴水龍頭可以像迷你噴頭一樣妥善沖洗嬰兒頭髮，還能讓他覺得溫暖開心。市售的塑膠浴盆通常標有水位刻度，非常實用也不貴。

沐浴用水溫計不是必需品，但它可能會讓缺少經驗的父母安心。無論如何一定要用手試一試水溫。水

溫不能過熱，溫水就可以了。另外千萬別在孩子還在水裡的時候往盆裡或池裡倒水，除非你能保證水溫恆定。熱水器的溫度應該設定在48.9℃以下以免燙傷。

你可以在矮桌子或浴室的檯子上幫寶寶換尿片、穿衣服，也可以在書桌上操作。設有防水墊、安全帶和儲物架的尿片檯價格不菲，以後也很難作為他用，但使用起來確實很方便。有些款式可以折疊，有些會附帶一個洗澡盆。無論你在什麼地方幫寶寶換尿片（除非在地上操作），都要隨時用一隻手扶著他。安全帶很好用，但仍然不可因此而大意。

**座椅、搖籃和學步車。**有一種傾斜的塑膠座椅用起來十分方便，它的安全帶可以將寶寶固定，方便你帶寶寶到任何地方，寶寶坐在上面可以看見周圍的一切。有一些嬰兒汽車安全座椅也可以這樣使用。但它的基座必須比座椅大，否則當孩子活動的時候座椅可能會翻倒。還有一些布製的座椅可以隨著嬰兒的運動而移動。當你把孩子放在任何一種座椅上，再把他們放在操作檯或桌上的時候一定要特別注意，因為孩子的活動很可能使座椅一點

一點地挪向邊緣，然後摔下去。

嬰兒座椅常常被過度使用，因為放進椅子裡的寶寶比較容易照看，但是這樣一來，嬰兒就會缺少身體接觸。大人必須不時把嬰兒抱起來餵奶和安撫。塑膠嬰兒座椅並不是照料孩子的最好工具。孩子在布製嬰兒揹巾或背包式揹帶裡會更加開心和安全，你的雙手可以騰出來，肩上的壓力也會減輕一些。

年幼的寶寶通常比較好動，搖籃可以非常有效地讓他們安靜下來。當然布質揹巾也能發揮同樣效果。但相比之下，搖籃能讓你稍作休息。我認為寶寶不會真的對搖籃上癮，但讓寶寶在過長時間下進行令人恍惚的搖晃很可能沒什麼好處。

嬰兒學步車是導致孩子受傷的主要原因（**請參閱第 123 頁**）。除了可以提供短暫的愉悅外並沒有其他好處，危險卻顯而易見。大人不該讓孩子使用學步車。現在有些廠商開始生產固定式學步車，它們能彈起、旋轉或搖動，還附有供寶寶娛樂的玩具，而且相對安全。如果你使用的是輪式學步車，建議你換成固定式學步車。

**嬰兒推車、嬰兒車和揹帶。**如果你要帶寶寶逛街或去做其他事

情，嬰兒推車將會非常方便，而且對那些脖子能夠穩穩挺起的寶寶也最合適。新生兒和較小的寶寶則比較適合布製揹巾，讓他們可以一抬頭就看見父母的臉，還能聽到父母的心跳。傘柄折疊式嬰兒推車比較便於在公車和轎車上攜帶，但必須牢固可靠。那些結合嬰兒汽車安全座椅和嬰兒推車功能的產品非常誘人，下車時你可以很容易把它變成推車，即使寶寶睡著了也不必弄醒他們。但是它們不像折疊類產品那樣便於攜帶。另外要提醒的是，應該注意隨時用安全帶將孩子固定在推車中。

四輪推車（嬰兒車）就像有輪子的睡籃。如果你打算在最初幾個月帶著孩子長時間散步，那麼使用它們會讓你行動更為便利，但這種嬰兒車並不是必備的。當寶寶長大一些，柔軟的胸前揹巾已經無法使用的時候，你就可以選擇背包式揹帶。這些揹帶通常製作精美複雜，配有金屬支架和底部夾層帶，這些設計可以幫助你更輕鬆地揹起大一點的孩子或已經開始學步的孩子。孩子可以越過你的肩膀看到前面，可以跟你聊天，玩你的頭髮，還可以把頭靠在你的脖子上酣然入睡。

**遊戲圍欄**。許多父母和心理學家都反對把孩子關在圍欄當中，他們擔心這會限制孩子的探索精神和求知欲望。但我知道有很多孩子每天都會待在圍欄中長達幾個小時，這並不影響他們最終成為興致勃勃、精力充沛的探索者。寶寶還小的時候把他們放在搖籃或嬰兒床裡比較安全。但一旦他們會爬了，在你做其他事情的時候就要把孩子放在可以安全玩耍的限定區域之內，這對父母來說真是既安全又便利。有些護欄可以折疊，大小也便於旅行攜帶，探訪親友的時候更是方便。它們適合體重 13.6 公斤或身高 86 公分以下的嬰兒使用。

如果你決定要使用遊戲圍欄，那麼從孩子 3 個月大的時候開始，就要每天把他放在裡面待一會兒。每個孩子的情況都不一樣。有些可以在圍欄中玩得很好，有些則很難適應。如果等到孩子會爬的時候（6～8 個月）才開始，遊戲圍欄就會變得像個監獄，孩子一進去就會不停地哭鬧抗議。

**寢具**。聚丙烯腈纖維製成的毯子，或者聚酯棉混紡的毯子都比較容易清洗，而且不易引起過敏。用針織品來做嬰兒的包巾或寢具也很

方便，因為它們比較容易包裹住站立的寶寶，睡覺時蓋在孩子身上也很容易緊密裹住。但要確保沒有過長的線頭會纏住寶寶手指或腳趾，也沒有大洞會把孩子卡在裡面。毯子要夠大，以便塞進嬰兒床的墊子下面。如果寶寶睡在羊絨連身睡衣裡就不用蓋毯子了，除非房間裡非常冷。若要讓寶寶感覺舒適，房間裡的溫度就不宜過高。

棉毯子雖然不是最暖和的，但也可以用來包裹嬰兒，防止他們踢掉被子。對那些只有被人抱著才感到安全、才能入睡的寶寶，棉毯也可以用來裹緊他們。

你可能還會需要一個塑膠床罩。新床墊附的塑膠罩子不行，因為尿液遲早都會滲入氣孔發出難聞的味道。布質的床墊可以讓空氣在床單下面循環流動。要準備 3～6 個這樣的布墊子，具體數量取決於你多久清洗一次。上面有一層法蘭絨的防水床單也可以達到相同作用。但千萬不要用類似乾洗店的那種薄塑膠袋取代真正的床墊，萬一孩子的頭纏在裡面可能導致窒息。

另外還要準備 3～6 條床單。它們必須平整地服貼在床上，不至於掀起來，以免發生窒息。床單最好是純棉的。棉質床單容易清洗，乾得快，就算尿濕了也不會發黏。

**衣著。**根據法律規定，從嬰兒到 14 歲孩子穿的所有睡衣都必須為防火材質。身為父母必須要閱讀每一件衣物上的洗滌說明，了解如何保持其阻燃特性。還要查看洗滌劑包裝上的說明，保證經過防火處理的織物洗過後仍然安全可靠。

要記住，寶寶在第一年裡會長得很快，一定要買寬大一點的衣物。除了尿片以外，其他的衣物最好一開始就按 3～6 個月的大小來購買，不要按照新生兒的大小或「初生號」買。

在穿著方面，嬰兒或大一點的孩子不一定要穿得比大人多，甚至可以比大人穿得少一點。比如一件實用的睡衣，孩子既可以夜裡穿，也可以白天穿。跟袖口連在一起的連指手套（用於防止孩子抓傷自己）既可以把袖口封上，也可以打開把手露出來。穿上長睡袍就不用擔心孩子把被子踢掉了。短睡衣可以在天熱時穿。睡衣可以準備三至四件，如果你不能保證每天洗衣服，那就請再多買幾件。

貼身內衣有 3 種類型：套頭式的、側開口的，還有連體式的，也

寶寶出生之前

0～3個月

4～12個月

12～24個月

2周歲

3～5歲

6～11歲

12～18歲

就是從頭上套下，在褲襠處扣扣子的那種，如圖 1-1。讓小嬰兒穿側開口的衣服會比較容易穿脫。

圖1-1

如果房間不是很冷，那麼厚度適中的短袖衣服就足夠了，或者在褲襠處扣扣子的連體衣也很貼身保暖。讓孩子穿起來最舒服的是純棉服裝。一開始就要買一歲孩子穿的，如果實在太大，那就買半歲的。至少要準備三至四件，如果你不用洗衣機或烘乾機，那麼多買兩三件會更加方便。把衣服上的標籤剪掉，才不會傷到孩子的脖子。

有彈力的衣服無論白天穿還是晚上穿都很實用。要經常檢查褲腿裡面，那裡可能會沾黏頭髮，這些頭髮會纏住嬰兒的腳趾頭，讓孩子感覺疼痛不適。套頭衫的保暖性很好。選購時一定要買領口寬鬆或肩上開口的，鈕扣一定要結實牢靠。也可以選用領口後面帶有拉鏈，領口大小可以調整的套頭衫。

在大人感覺比較寒冷、需要戴帽子的天氣裡，如果外出記得給嬰兒戴一頂聚丙稀腈纖維或純棉的帽子。在寒冷的房間睡覺時，也應該給嬰兒戴上帽子。夜裡給嬰兒戴的帽子不能太大，因為孩子睡覺時經常會移動，太大的帽子容易蓋住他的臉。在暖和的天氣裡不用給孩子戴帽子，大多數嬰兒也不喜歡戴。不要給嬰兒穿毛線的鞋子和長襪，至少要等到他能坐起來，在比較冷的房間裡玩耍的時候再給他穿。嬰兒穿上外出的衣物會顯得比較有精神，但其實並沒有這個必要，更何況這將會給孩子和大人都增添麻煩。如果嬰兒能夠接受的話，就幫他戴一頂遮陽的帽子，用帶子繫在脖子上。（**關於鞋子的內容，請參閱第 108 頁。**）

孩子長得很快，有些父母會發現，其實不一定要另外添購衣物，可以讓孩子穿別人穿過但保存良好的衣服，或者穿家裡大孩子留下來的，這都是不錯的辦法。但是請留

意靠近臉部和手部的蕾絲花邊是否有破損，大人都難免會被它們劃傷，更何況孩子。幫小女孩綁髮帶會讓她看起來很可愛，但綁得太緊或讓寶寶覺得不舒服就會有害處。最重要的是要小心鬆動的鈕扣和容易被孩子吞掉的裝飾物，並小心絲帶和細繩，因為它們可能會纏住孩子的手臂或脖子。

**護膚品和藥物。**任何溫和的香皂都可以用來幫孩子洗澡。不要使用液體的嬰兒沐浴乳和除臭香皂，它們可能會引起皮膚過敏。除了最髒的地方，其他部位只要用水清洗就完全足夠了。有種不流淚洗髮精可以避免對嬰兒眼睛造成刺激。洗澡時可以用棉花球擦拭寶寶眼睛。嬰兒潤膚乳雖然塗上去感覺滑潤，孩子也喜歡那種按摩的感覺，但並不是必須的，除非寶寶皮膚乾燥才會需要。現在有很多父母開始喜歡使用不添加顏料和香精的護膚霜或潤膚乳，這些產品通常比一般的嬰兒產品更便宜。

寶寶潤膚油多數是用礦物油製作的。這些潤膚油對於乾燥或正常的皮膚很好，對患有尿布疹的皮膚也很好。但是礦物油本身可能會使某些寶寶長出輕微的皮膚疹。

不要使用嬰兒滑石粉，因為滑石粉一旦被吸入體內會損害肺部。以玉米澱粉為主原料的爽身粉較安全。

有一種藥膏含有羊毛脂和礦物油成分，可以在寶寶患了尿布疹的時候保護皮膚。這種藥膏通常是管狀或罐裝的。凡士林也很有效，但可能會弄髒衣服。

嬰兒專用的指甲刀都是鈍刃的。很多父母都發現嬰兒指甲刀比一般的指甲刀更好用，也不容易傷到寶寶。我更推薦使用指甲銼刀，因為它不會弄破孩子的手，而且銼刀也不會留下鋸齒形狀的邊緣，避免孩子抓傷自己。

請準備一個體溫計，萬一寶寶生病了可以用來測量體溫。電子體溫計使用起來快速、準確、方便，而且更安全。新型的電子耳式體溫計準確性稍差一些，但也貴很多。老式的水銀體溫計則是很不安全。如果你還有這種老式體溫計，千萬不要隨便將它扔進垃圾箱，你可以撥電話給環保局相關部門諮詢有關妥善處理水銀體溫計的資訊，或將它直接交給醫生。

兒童專用的吸鼻器附有球形氣囊。如果孩子感冒流鼻涕影響喝奶，可以用吸鼻器方便吸掉鼻涕。

寶寶出生之前

0～3個月

4～12個月

12～24個月

2周歲

3～5歲

6～11歲

12～18歲

**餵奶用具。**如果你打算母乳哺育，那麼除了你自己，很可能就不需要其他東西了。不過很多哺乳的母親也會準備一個吸乳器（**請參閱第 234 頁**）。手動吸乳器通常比較慢，使用起來也較費力。好一點的電動吸乳器很貴，但你也可以考慮從醫藥商店租用。很多醫院也提供低價出租吸乳器的服務。如果你要用吸乳器，請準備一些（至少三至四隻）塑膠瓶子來儲存母乳，還要準備與它們相配的奶嘴。有關乳墊、哺乳內衣、乳頭保護罩，以及其他一些用品的描述，請參閱母乳餵養部分（**第 209 頁**）。

如果你決定以奶瓶的方式哺育孩子，那至少得準備 9 個 240 毫升的瓶子。一開始你每天需要 6～8 個瓶子幫寶寶哺餵奶水。塑膠瓶子不易破碎，就算不小心把奶瓶掉到地上也沒關係。另外你還要準備一個奶瓶刷。至於水和果汁（最初幾個月不需要），大部分父母比較喜歡用 120 毫升的瓶子來裝盛。可以多買幾個奶嘴，這樣萬一在使用時不小心弄壞了還有備用的。市面上有各式各樣專為不同功能設計的奶嘴，但是目前還沒有科學證明能證實那些廠商所標榜的功效。有的奶

嘴比較耐煮、耐磨，也更耐撕扯。但不管如何一定要遵照使用說明更換奶嘴。

如果你家的自來水可以安全飲用，那就不需要特別幫奶瓶消毒。反之則要妥善消毒。（**關於消毒的內容請參閱第 241 頁**）。

你不必幫寶寶的奶瓶加熱。雖然大多數寶寶都喜歡喝常溫的奶水，但如果他們可以接受，涼奶水其實無害。在鍋子裡倒入熱水來加熱奶水很好用。如果你家的熱水供應不可靠，也可以準備一個電動溫奶器。請用手腕內側來測試奶水溫度。千萬不要在微波爐裡加熱寶寶的奶瓶，因為即使經微波爐加熱後的奶瓶摸起來還是涼的，但裡面也可能有非常滾燙的區域，而且使用微波爐時，塑膠奶瓶還可能釋放一種叫做 BPA 的有毒化學物質。

小圍兜可以防止口水流到衣服上。嬰兒或大一點的孩子常會把固體食物弄得到處都是，在這種情況下，他們就需要一個大圍兜，可以是塑膠的、尼龍的，或者厚絨布做的（也可以是混合材料的），最好是沿著底邊有一個口袋，以便接住掉下來的食物，雖然大人看了可能會覺得不太愉快。你還可以用厚絨

布做的圍兜幫寶寶擦臉。當然，前提是圍兜上還有乾淨的地方。

**安撫奶嘴**。如果你決定使用安撫奶嘴，有三、四個就很足夠了。把棉花或紙團塞到奶瓶嘴裡充當安撫奶嘴的做法很危險，因為這些東西很容易散開，留下的小碎片有窒息的危險。

寶寶出生之前

0～3個月

4～12個月

12～24個月

2周歲

3～5歲

6～11歲

12～18歲

寶寶出生之前

0～3個月

4～12個月

12～24個月

2周歲

3～5歲

6～11歲

12～18歲

# 2 新生兒：0～3 個月

## 愉快地照顧寶寶

**前 3 個月的挑戰。**從懷孕到分娩所經歷的敬畏、震驚、解脫以及疲憊的感覺一旦減輕，你就會發現照顧孩子是一項工作量巨大的任務。雖然感覺很美好，但畢竟是一件苦差事。主要原因在於小寶寶所有最基本的生活技能：吃飯、睡覺、排泄以及保持體溫，都必須完全仰賴父母。你的寶寶無法隨時告訴你他的需要，你得完全靠自己去領悟什麼時候該做什麼。

很多父母會發現，他們的所有精力都集中在照顧嬰兒上。寶寶餓了的時候餵他，吃飽了就停下來，讓寶寶在白天多一點時間保持清醒，在晚上多睡一些，還要幫助寶寶適應這個明亮而又喧鬧、比子宮裡有著更多刺激的世界，並在這個世界裡感到自在。有些嬰兒似乎能夠迅速跨越這些挑戰。也有些嬰兒要花一段時間進行艱難的調整和適應。但是到兩三個月大的時候，大部分嬰兒（和他們的父母）都能熟悉最基本的環境，探索就要開始了。

**放鬆心情，愉快地照顧寶寶。**當你聽說孩子總是要求你給予關注（醫生也會這麼說）的時候，可能會覺得孩子來到這個世界上就是為了折騰大人的，他們要不是撒嬌爭寵，要不就是耍賴欺騙。實際上並不是這樣。儘管孩子們偶爾會有很多要求，但他們生來就是通情達理的，都是可愛值得疼愛的小寶貝。

當你覺得孩子的確是餓了的時候，不要不敢餵奶給他。因為就算你誤解了他的意思，他頂多也就是拒絕喝奶罷了。不要不敢愛他，不

敢喜歡他。每個嬰兒都需要大人對他微笑，和他說話，跟他玩耍，還有溫柔又深情的愛撫。這些交流對他來說就像維生素和熱量一樣重要，也正是這些交流將他塑造成對人有愛心、對生活充滿熱情的人。得不到關愛的孩子長大後將成為對人冷漠無情、遇事無動於衷的人。

對於孩子的要求，只要你覺得合理，只要你不會因此成為他的奴隸，就不必猶豫不決，不敢滿足他。在最初的幾週裡，孩子哭都是因為他覺得不舒服，也許是餓了，或者是消化不良，也可能是累了，或感到緊張。一聽到他哭你就覺得不安，就想去安慰他。這種反應源於天性，也完全正常。孩子需要的可能正是抱一抱，搖晃搖晃，走動走動。

理智地善待孩子不會把孩子寵壞，況且，孩子也不會一下子就被寵壞，孩子的壞毛病都是逐漸養成的。只有當父母不敢運用自己的常識去管教孩子，當他們心甘情願成為孩子的奴隸，並且鼓勵孩子變成奴隸父母的主人時，孩子才會真正被寵壞。

父母都希望自己的孩子能養成健康的好習慣，能夠與人和諧相處。

其實孩子自己也希望這樣，他們很願意按時吃飯，也想學會良好的餐桌禮儀。你的寶寶還將根據自己的需要養成一定的睡眠習慣。儘管他們的大便有時規律，有時不規律，但這些都是順應自己的身體狀況。當孩子大一點開始懂事的時候，就可以告訴他應該在哪兒排大便了。他遲早會願意與家人一樣，只要給他一點引導就可以了。

**嬰兒並不脆弱。**一提到第一個孩子，有些父母可能會說：「我總是擔心會不小心傷到他。」其實用不著擔心，你的孩子其實比你想像的結實。抱孩子的方法很多，即使你不小心讓他的腦袋猛地向後仰了一下，也還不至於會傷到他。他的顱骨上面那塊軟軟的區域（囟門）由一層像帆布一樣結實的薄膜覆蓋著，並不會輕易受傷。

多數嬰兒只要穿著足量衣服的一半，他們的體溫調節系統就能完善地工作。嬰兒有很好的免疫能力，可以抵禦大多數細菌的侵襲。當全家人都罹患感冒的時候，他往往是病得最輕的一個。如果他的頭被什麼東西纏住了，他會本能地努力掙扎和呼救。如果沒吃飽，他就會哭鬧著還要吃。如果光線太刺眼，他

就會不停地眨眼，還會表現得煩躁不安，要不就乾脆把眼睛閉上。他知道自己需要多少睡眠，所以一定會睡那麼多。對於這樣一個什麼也不會說，對這個世界一無所知的小人兒來說，他已經把自己照顧得相當好了。

## 身體接觸和親情反應

**寶寶在撫愛中茁壯成長。**出生以前，寶寶不僅得到母親的關懷、溫暖和營養，還參與母親的各種身體活動。世界上許多地方的嬰兒從出生起就被母親用各式各樣的布製揹巾從早到晚地揹在身上。當母親為日常工作忙碌的時候，他們也分享著母親的一切運動，比如買菜做飯、耕田種地、紡線織布、打理家務等。在夜裡，他們還和母親睡在一起，只要一哭就能吃到母親的奶。他們不僅能夠聽到母親的聲音，還能感覺到母親說話和唱歌時的振動。在一般情況下，孩子稍大一點就會改由他們的姊姊一天到晚揹在背上。在這些國家，孩子哭鬧得反而比較少，嘔吐和焦躁的情況也不那麼常見。

然而，科技與進步卻讓我們想出許多新鮮的法子來疏遠母親和嬰兒的距離。孩子才剛一出生就被抱到育嬰室裡由別人照料，讓父母覺得自己似乎不能勝任照顧孩子的工作。很多嬰兒被用配方奶餵養，於是母親和寶寶就失去了哺乳這個最密切接觸的機會。對我們來說，把嬰兒放在固定的嬰兒床裡似乎是件很自然的事。我們甚至還發明了一種座椅可以連同孩子一起直接固定在嬰兒車上，於是父母連碰都不用碰一下，就能很快把孩子安置好。這些都與我們最成功的古老做法恰恰相反。事實上，不管嬰兒、孩子或大人受到傷害、侮辱，或感到悲傷的時候，我們都應該給他們一個緊緊的擁抱。

嬰兒和父母都對身體接觸有著強烈的要求。身體上的接觸會促使大腦釋放激素（嬰兒和父母的大腦都是這樣）。它們能夠加強放鬆和快樂的感覺，還能減輕疼痛感。比如當作常規篩查的醫生刺破新生兒腳跟的時候，如果讓母親緊緊地摟著孩子，他們哭得就沒那麼凶。如果早產兒每天都能與父母有肌膚相親的接觸，那他們就會成長得更好。

**早期的接觸和親情反應。**當分娩後不久的母親獲准和自己的寶寶

寶寶出生之前

0～3個月

4～12個月

12～24個月

2周歲

3～5歲

6～11歲

12～18歲

待在一起的時候，那些出於慈愛而自然流露的舉動真讓人著迷。她們不光只是看著寶寶，而且還會花很長的時間用自己的手指輕輕撫觸孩子的四肢、身體和臉蛋。整體看來，那些有機會這樣接觸寶寶的產婦更容易跟孩子建立感情，這種影響甚至會持續數月，她們的寶寶也將會更積極地給予回應。

兒科醫生約翰·肯內爾（John Kennell）和馬索·克勞斯（Marshall Klaus）透過類似的觀察引入了「親情反應（bonding）」這個詞彙，用來描述父母和新生兒之間實現天然聯繫的過程。他們的研究帶來了一個不可思議的結果：全美國的醫院都鼓勵新手媽媽與她們的寶寶同室而居。在一些較開明的醫院裡，甚至會讓健康的新生兒出生後就馬上擦拭乾淨，然後放在母親的胸口，這些新生兒便會努力地找到乳頭，經常就是這樣開始了吸吮。

但是親情反應也曾被廣泛地誤解，還帶來了很多不必要的擔憂。有些父母甚至一些專業人士會認為如果親情反應在最初的 24～48 小時內還未出現的話，那就再也不會出現了。其實事情並不是這樣。親情反應總會隨著時間推移逐漸出現，但是並沒有一個確定的期限。父母就算與收養的孩子之間也會在任何年齡出現親情反應。親情反應就是父母和孩子間那種相互關聯又彼此擁有的感覺，是一種很強大的力量。儘管有時現實情況迫使父母不得不與他們的寶寶分開，親情反應還是會發生。早產兒經常會被放進塑膠的嬰兒保溫箱裡接受隔離看護，而且往往一待就是幾個月，但他們的父母仍然可以透過觀察孔觸摸自己的寶寶。

**親情反應以及重新投入工作。**現今大部分產婦分娩後不久就要重新回到工作崗位。經濟上和事業上的需要都給女性帶來了巨大的壓力。要找個值得信賴的人照顧孩子很不容易。除此之外，母親們還經常會感到難過。因為她們覺得自己正在失去寶寶生命中珍貴的前幾個月接觸，她們還會擔心過早的分離會帶給寶寶不利影響。

哪怕白天由別人照顧，寶寶也會跟父母形成強烈的情感聯繫。在早晚短暫相處時分、週末和夜間給孩子充滿關愛的照料就足以加強這種情感聯繫。

寶寶出生之前

0～3個月

4～12個月

12～24個月

2周歲

3～5歲

6～11歲

12～18歲

### 斯波克的經典言論

在科技不發達的傳統社會裡，撫育孩子的方法比較自然。我認為，和他們的做法相比，我們的父母可以因此對自己的方法有更好的認識。那麼，如何追求自然呢？對此，我得出了以下結論：

- 如果父母願意自然分娩，也希望和嬰兒住在一起，那醫院就應該提供這樣的機會。
- 寶寶出生以後，父母應該抱著他們的孩子親暱相處一小時。如果沒有條件和孩子住在一起，就更應該這樣。
- 鼓勵母乳哺育。護士、醫生和親屬更要鼓勵母親這麼做。
- 避免採取吊瓶餵奶（注①）的方式，除非你別無選擇。比如生了雙胞胎的母親沒有幫手，每次餵奶只能給其中一個寶寶用吊瓶。
- 無論在家，還是帶孩子出門的時候，父母都應該盡量用布揹巾揹著寶寶，少用兒童座椅。如果能用讓孩子緊貼在父母胸前的揹帶就更好了。

注①：不用手支撐就能幫寶寶餵奶的特殊奶瓶。這種奶瓶方便雙胞胎或多胞胎父母，可以固定在車座或嬰兒手推車上。

但是很多新手媽媽都過早地收斂了感情，因為她們已經開始為必須說再見的時刻做準備。雖然這是一種自我保護的自然反應，但還是會造成母親的心理負擔，也會對親子關係帶來負面影響。

當你確定返回工作崗位的時間後，要盡量聽從心裡的感受。如果你可以延長產假，即使將損失一部分收入，但最後也會因為這個選擇而感到欣慰。大約到孩子4個月大的時候，這時多數媽媽對於重返工作崗位的決定都會感覺好很多，因為她們已經享受了和孩子真正聯繫在一起的時光。

### 初期的感受

**感到恐懼。** 很多初為父母的人都會發現自己很焦慮，也很疲憊。他們因為孩子的哭鬧而擔心，為每一個噴嚏和每一點皮膚疹子而憂慮。他們會踮著腳尖走進寶寶的房間，看看他是不是還在呼吸。父母在這個時期的過度保護很可能是一種本能反應。這是大自然確保新手父母認真扮演各自角色的一種方式。所以過分關注可能是一件好事。不過幸運的是，這種反應將會

逐漸消失。

**沮喪感。**剛開始養育孩子的時候，你可能會感到信心不足。這是一種十分正常的感覺，第一次養育孩子的人尤其如此。你可能也說不清楚到底哪裡出了問題，但就是覺得自己動不動就想哭。你還可能會覺得某些事情很不對勁。

這種鬱悶的感覺會出現在孩子出生後的幾天或幾週內。最常見的就是產婦剛從醫院回到家裡的那段時間。並不是繁重的家務把新手媽媽壓倒，問題的根源在於她的感受。她感到從此以後既要負責全部的家務，又要面對一份完全陌生的責任，也就是照顧孩子的生活和安全。那些過去每天上班的女性很可能會開始懷念同事的陪伴。另外，產後的生理變化和激素變化也會在某種程度上影響母親的情緒。

如果你開始感到沮喪、灰心，就盡量在前一兩個月讓自己別太勞累。要讓自己不時從長時間照顧孩子的工作中跳脫出來，如果孩子特別愛哭，就更要抽空放鬆一下。你可以去散散步或去戶外運動一下，可以找些從來沒做過的事或以前沒有完成的事做一做，比如寫作、繪畫、縫紉和手工製作等。這些事情

既有創造性，又能讓人感到滿足。你還可以去看看好朋友，或者約你的好友來看看你。這些活動都能幫你打起精神。一開始可能什麼事情也不想做。但一旦你說服自己去做了，感覺就會好得多。不光是你，這對寶寶和家人也很重要。

你也可以跟伴侶談一談你的感受，同時做好傾聽的準備。由於孩子占據了所有的關注，所以新手爸爸常常會有一種被拋棄的感覺。這時候父親們就會在感情上表現得很消極，或者在母親們最需要支援的時候變得愛發牢騷、愛挑剔。儘管這不是有益的反應，但卻是很自然的現象。而每當感到無助的時候，母親們就會生氣、悲傷、沮喪，這當然只會把情況弄得更糟。如果夫妻雙方想要避免這種惡性循環，那麼最有效的辦法就是談一談。

如果有那麼幾天你提不起情緒，或者心情越來越差，可能正受著所謂的產後憂鬱症的折磨。「寶寶所帶來的不快」一般到 3 個月左右就會消失，而產後憂鬱症會一直持續下去。有 10%～20%的產婦會患上真正的產後憂鬱症。在很少的情況下，這種問題會發展得比較嚴重，有的產婦甚至會因此自殺。如果你

或你的伴侶情緒波動很大，請務必馬上找醫生諮詢。如果是產後才開始出現這種情況，那就要更加注意。沒有人知道產後憂鬱症的確切病因，但是曾有過強烈憂鬱表現的女性更容易患上這種疾病。

這不是你輕易就能說清楚的問題，所以需要專業人士幫助。你可以先和醫生談一談，他可以協助推薦專業精神科醫師或心理諮商師。令人安慰的是，產後憂鬱症是可以治癒的。交談療法和抗抑鬱的藥物都有很好的效果。任何一位新手媽媽都不應該獨自承受這個問題。

**最初幾個星期丈夫的感受。**有時候丈夫對妻子和孩子會有一種很矛盾的感情，這種感情會在妻子懷孕期間、陣痛和分娩的忙亂階段，以及回到家之後出現。丈夫應該想到，他的情緒遠不如妻子的心情那麼緊張和混亂，尤其在突然回到家裡的那段時間。她的內分泌正經歷著強烈的變化。如果這是她生的第一胎，那麼可能更無法控制自己的焦慮情緒。在一開始的時候，所有嬰兒的到來都意味著對母親體力和精神的挑戰。

以上這些總結出一點就是，大多數女性在這個時期都需要丈夫的大力支援。她們需要有人幫忙照顧新生兒和家裡的大孩子，還需要有人幫助打理家務。此外，她們還需要耐心、理解、認可和關愛。有時候，如果妻子累了或心情不好，她就沒有心思對丈夫的努力表示認可和感謝，所以丈夫可能會覺得自己的工作反而更加複雜。妻子甚至會變得挑剔或愛發牢騷。但就算這樣，當丈夫的若能認識到自己的角色有多麼重要時就不會去計較，反而會更加投入地扮演那個重要的支持者角色。

## 分娩後的夫妻生活

懷孕、陣痛和分娩過程可能會（在一段時間裡）影響許多夫妻的性生活。在孕期快要結束時，性生活可能會不舒服，至少會因為體形上的變化而變得難以進行。分娩以後通常會有一段時間感到不適，因為你還需要一段時間調節才能恢復到產前的狀態。你的身體也需要時間來適應激素的變化、辛苦的勞動、睡眠的缺乏，以及照料新生兒的勞累。性生活可能被擠壓得一連幾天、幾個星期，甚至幾個月才進行一次。

這段時間也可能是男人性慾不佳的時期，因為他們覺得很累。對有些男人來說，妻子在他們心中的身分已經從情人變成了孩子的母親，這種想法讓他們很難把對方和性慾聯結起來，於是產生各種深層的情感矛盾。

如果你明白自己的性生活需要時間慢慢恢復，就不會因為眼前短暫的缺乏而感到過分在意。另外，你們不應該因為性生活的中斷而中斷一切親密連結。反而要經常互相擁抱、親吻，說句浪漫的話，充滿欣賞地看著對方，或出其不意地送上一束花。

既要做一對成功的父母，又要成就美滿的婚姻，重要的訣竅之一就是要在為人父母和生活的其他方面之間取得平衡。幾乎所有父母都會在不久以後恢復正常的性生活。最重要的是，即使在照顧新生嬰兒最忙亂的時期，他們也沒有忘記對彼此的愛戀之情。他們總是有意識地透過語言、撫觸來表達這種愛意。試試下面的方法吧：朗誦一首詩給對方聽，一起去散散步（不要帶孩子），互相做做按摩，一起靜靜地冥想，一起安靜地吃頓飯，經常擁抱和親吻對方等等。

## 照料孩子

**和善地對待寶寶。** 無論什麼時候，只要你和孩子在一起，就要平靜而和善地對待他。當你幫寶寶餵奶、幫他拍嗝、幫他洗澡、穿衣服、換尿片、抱著他，或者只是在房間裡陪他坐著的時候，他都會感覺到你們之間的深厚情意。當你緊緊地抱著他、跟他說話時，當他覺得你認為他是世界上最好的孩子的時候，你對他的愛都會促進他的精神成長。這種作用如同乳汁會促進他的骨骼發育一樣。這就是為什麼我們成年人跟孩子說話時，都會本能地使用稚嫩的口氣，還會對他們比手畫腳，就連那些高傲又孤僻的大人也會不自覺地這麼做。

我不是說只要孩子醒著，就得喋喋不休地跟他說個沒完，也不必不停地抱著他搖來搖去或逗他玩。那樣反而會讓孩子覺得疲累，長期下來還可能會讓他覺得緊張。跟孩子在一起的時候，你可以靜靜地待著。當你靜靜抱著他的時候，一股舒服的暖流就會傳遍你的手臂。當你看著他的時候，臉上就會流露出喜愛而慈祥的表情。當你和他說話的時候，你的聲音也會變得柔和。

寶寶出生之前

0～3個月

4～12個月

12～24個月

2周歲

3～5歲

6～11歲

12～18歲

這種溫柔、隨和的陪伴才是對孩子和你最有幫助的。

**新生兒的感官。** 寶寶一出生，他的所有感官就在工作著（實際上，出生前就已經開始工作了），只是程度上的不同。寶寶的觸覺與對運動的感覺都已經發育得很好了。這可以解釋為什麼懷抱、包裹和搖動會對他產生這麼好的安撫作用。新生兒已經有了很好的嗅覺。在出生之前，嬰兒們就能覺察到羊水裡的氣味，而且從很早開始，他們就能記住母親的味道。

新生兒能夠聽到聲音，只不過他們的大腦在處理代表聲音的神經信號時速度比較慢。所以如果你對著寶寶的耳朵小聲說話，他會在幾秒鐘後才作出反應，因為他在尋找聲音的源頭。由於內耳發育的結構，嬰兒們比較容易聽到高音的聲響，也較喜歡又慢又悅耳的說話聲，那正是父母對他們說話的自然方式。

嬰兒也能看到東西，但嚴重近視。他們的眼睛在 23～30 公分的距離內聚焦最好，差不多就是喝母乳時母親的臉和他之間的距離。你能看出嬰兒什麼時候正在看你，如果你慢慢往左右移動你的臉，他的眼睛就會跟著轉。嬰兒喜歡看別人的臉。嬰兒的眼睛對光線非常敏感，在正常照明的房間裡，他們會一直閉著眼睛，當光線暗下來的時候，就會把眼睛睜開。

**寶寶是獨特的個體。** 照顧過不止一個孩子的父母都知道，新生兒有自己的個性。有的孩子非常安靜，有的則比較容易興奮。有的孩子吃飯、睡覺和排便都很規律，也有些孩子不那麼規律。有些孩子可以承受很多刺激，有些則需要更安靜柔和，並且不那麼令人緊張的環境。當嬰兒警覺起來的時候會睜著眼睛，顯出聚精會神的表情，那是他們在接受周圍世界的信息。有的嬰兒可以長時間保持這種靈敏的接受狀態，一次可以長達幾分鐘。有的嬰兒則是一會兒警覺，一會兒昏昏欲睡，再過一會兒又心煩意亂。照顧寶寶的時候，你會知道應該如何幫助他保持警覺的狀態。你可以跟他說話，撫摸他，或者和他玩耍，但是不要過度。寶寶也會越來越有經驗，他會讓你知道他什麼時候想多玩一會兒，什麼時候已經玩夠了。這時候，你們就會像一個團隊一樣配合得很有默契。這個過程將會在幾週或幾個月內完成。

## 餵養和睡眠

**母乳哺育還是配方奶餵養？**這是你的第一個餵養決定，在作出這個決定之前你必須要仔細認真考慮。母乳哺育顯然對寶寶的健康更好，對大腦的發育可能也更好。但你還要考慮哪種方式對你來說比較舒服。不要被恐懼絆住手腳，不要擔心失敗，也不要擔心家人或朋友的反對。

許多女性選擇配方奶的原因在於，她們打算盡快重新開始工作。但是從醫學角度上看，哪怕時間很短的母乳哺育也比完全沒有要來得好。而且母乳哺育通常可以在你回到家時持續下去，即使是恢復工作或學業也沒有問題。許多崇尚母乳哺育的女性表示，用自己的身體餵養孩子有一種無與倫比的親密感。我知道很多選擇配方奶餵養的女性很想了解或也渴望那種感覺。如果你發現自己因為母乳哺育而感動，那麼請一定要聽從自己內心的聲音。關於母乳餵養和配方奶餵養的方法和原因，還有很多內容要說明，所以每一種餵養方式都另設了專門的章節介紹。

**餵養對寶寶意味著什麼。**你可以想像一下寶寶出生後的第一年，他醒來就會開始哭鬧，因為他餓了想喝奶。當你把乳頭放進他嘴裡的時候，他可能急得直發抖。喝奶對他來說是一項十分緊張又費力的體驗，他可能會渾身冒汗。如果你中途停止餵奶他會大哭大鬧。等他吃夠了就會滿足地搖搖晃晃，然後進入夢鄉。即使在他睡著時有時也像在做著喝奶的夢。他的嘴巴做出吸吮的動作，表情看起來充滿喜悅。

所有這一切都說明了一個事實，那就是喝奶是寶寶極大的享受。他透過哺餵的人，形成了他對人的最初印象，他也透過喝奶的過程獲得了關於生活的早期概念。你幫寶寶餵奶的時候可以抱著他，對他微笑，跟他說話。這時你就是在養育他的身體、頭腦和精神。如果進展順利，餵奶對你和寶寶來說都是美好的事情。有的寶寶從一開始就表現良好。有的寶寶則需要幾天的適應才能慢慢學會喝奶。如果餵奶的問題持續一兩週也不見好轉，那麼即使有家人和有經驗的朋友幫忙也無濟於事，你最好還是找專業人士尋求幫助（請參閱第 672 頁）。從第 192 頁開始還有很多關於餵奶的

寶寶出生之前
0～3個月
4～12個月
12～24個月
2周歲
3～5歲
6～11歲
12～18歲

內容：比如逐漸養成按時喝奶的習慣、掌握合適的餵奶量等等。

**區分白天和黑夜。**孩子似乎很樂意在白天多睡覺，而他清醒的時間則大部分在夜裡。對於這個問題不必大驚小怪。嬰兒不太在乎是白天還是黑夜，只要自己有奶吃，有人抱，身上暖和又乾爽，就什麼都無所謂了。反正他在子宮裡的時候就很暗，根本沒有機會去適應晝夜的變化。

為了解決這個問題，我要給所有父母同樣建議：白天多陪孩子玩耍，天黑後餵奶時一定要把他餵飽，而且盡量不要逗他玩。千萬不要在晚上還把他叫醒餵奶，除非孩子的身體狀況要求你必須這樣做。要讓他從很小的時候就知道，白天是有趣的時間，而夜晚是無聊乏味的。這樣一來，到了2～4個月時，大多數嬰兒都能調整自己的生活規律，白天睡得少，晚上睡得多。

**孩子一天該睡多少時間？**父母們經常會問這個問題。當然，能回答這個問題的只有嬰兒自己。有的嬰兒似乎需要很多睡眠，有的則少得驚人。只要孩子吃得滿意，感覺舒服，能呼吸到新鮮空氣，睡覺的地方涼爽，就隨他去吧，讓他想睡多少就睡多少。

只要吃得飽，消化好，大多數嬰兒在前幾個月裡總是吃完就睡，睡醒又吃。但也有少數嬰兒從一開始就非常有精神，不愛睡覺，這並不是什麼問題。如果你的孩子是這樣的情況，也不需要採取任何措施。

隨著孩子慢慢長大，他醒著的時間就會越來越長，白天睡得也會越來越少。你很可能會在某一天的傍晚第一次發現這個現象。再過一段時間，他在白天的大部分時間就不怎麼睡覺了。每個嬰兒都會養成自己的睡眠習慣，每天都會在同樣的時段裡保持清醒。

**睡眠習慣。**許多嬰兒都容易養成喝完奶就上床睡覺的習慣。也有的孩子晚上喝完奶後非常願意與人交流。你可以幫助孩子養成一個最適合全家人作息時間的習慣。

新生兒在哪兒都能睡著。到了三、四個月的時候，最好能讓他習慣在自己的床上睡覺，不要別人陪伴（除非你打算讓孩子和你一起睡很長一段時間）。這是預防以後出現睡眠障礙的辦法之一。如果孩子睡覺前希望大人抱著他搖來搖去，就可能在幾個月，甚至幾年內都想得到這種享受。在夜裡醒來的時

候，也要求同樣的待遇。

　　嬰兒既能適應一個安靜的家，也能習慣一個有著正常噪音的家。所以在一開始的時候根本沒有必要踮著腳尖走路，也沒有必要竊竊私語。對嬰兒和大一點的孩子來說，如果他們習慣了一般的家庭噪音和說話的聲音，那麼通常都能在客人的說笑聲中、音量中等的廣播或電視聲中睡得很好。哪怕有人走進房間他也不會醒來。但也有一些孩子對聲音非常敏感，一點小聲響也會讓他們嚇一大跳。如果周圍很安靜，他就會表現得很高興。如果你的寶寶是這種特質，那就應該在他睡覺的時候保持安靜，不然他就會不停地被驚醒和哭鬧。

　　**和寶寶一起睡。** 專家們對此看法經常不太一致，有的支持也有的反對。我認為這是個人選擇的問題。在全世界許多地方的寶寶都和父母睡在一起。如果父母經常睡得很沉或正在使用藥物、毒品或酒精，就有可能在翻身時壓到寶寶，導致寶寶窒息。但是我想對大部分父母來說，這種事情發生的可能性非常小。倒是有種更常見的情況是父母因為總擔心身邊的嬰兒，所以整晚都睡不好覺。沒有證據顯示與

嬰兒一起睡會影響寶寶的生理或精神健康，你完全可以按照自己認為合適的方式進行。如果你決定要和寶寶一起睡，那就一定要遵循後文的睡眠安全提示。

　　只要父母不走遠，能夠保證孩子一哭就能聽到，那麼從嬰兒出生的那一刻開始，就可以讓他獨自在房間裡睡覺。在這種情況下，你可以買個價位合宜的嬰兒監聽器來監聽孩子的情況。如果你想讓孩子在你的房間睡，2～3 個月的時候正好合適，因為這時他已經可以整夜不醒，也不再需要太多照顧了。到了 6 個月的時候，如果孩子幾乎都在父母的房間裡睡覺，那他就會開始依賴這種方式，不願意在別的地方睡覺了。到時候你再想讓他改變習慣到另一個獨立的房間裡睡覺當然不是不可能，但就很困難了。

　　**仰臥還是俯臥？** 這個問題曾經引起激烈的爭論。但是現在沒有人再爭論了。如今的宣導口號是「睡覺要仰臥」。只要沒有什麼身體上的特殊狀況，所有嬰兒睡覺時都應該採取仰臥的姿勢（面朝上）。僅僅是把睡覺姿勢由俯臥改為仰臥的這一個簡單的做法，就讓嬰兒猝死症（SIDS）的發生機率減少了

50%。對大多數嬰兒來說，如果他們還沒有適應另一種睡姿，那麼其實很容易就可以採取仰臥的姿勢。側臥的姿勢也不像仰臥那麼安全，因為側臥的嬰兒常常會翻過身來趴著睡。所以，從一開始就應該讓孩子仰臥著睡覺。那些總是面朝上躺著的孩子有時會把頭的後部壓平，所以在寶寶醒著的時候，你可以看著他，讓他肚子朝下趴一會兒。這是緩解這種情況的好辦法。

### ☐ 備忘清單：睡眠安全提示

✓ 一定要讓嬰兒仰臥著睡覺（面朝上），除非醫生建議他採用別的姿勢。

✓ 拿開有絨毛的柔軟毯子、枕頭、填充玩具，以及其他布製物品，它們會增加窒息的危險。

✓ 要用有安全認證的搖籃、同睡床、嬰兒床。如果有疑問，可以找一個像《消費者報告》這樣的著名檢測服務品牌，或透過美國消費品安全委員會（the U.S. Consumer Product Safety Commission）的網址 www.uspsc. gov 查證。

✓ 不要給寶寶穿得或蓋得太多，太熱會增加嬰兒猝死症的機率。

✓ 不要讓孩子吸二手菸，間接吸菸會增加嬰兒猝死症的機率，還會帶來其他危害。

### 哭鬧和安撫

**寶寶為什麼哭？** 這是個相當重要的問題，如果你是第一次照顧孩子，這個問題就更重要了。嬰兒的哭鬧跟大一點的孩子不同，這是寶寶唯一的表達方式，所以含義很多，不僅是因為疼痛或者傷心。然而隨著寶寶的成長，哭鬧就不是什麼大問題了，因為大一點的孩子就不那麼愛哭，而且父母也漸漸知道孩子的需要，不必那麼擔心了。

但是在最初的幾個星期裡，莫名其妙的問題還是會不斷鑽進你的腦海：他是不是餓了？是不是尿濕了？他是不是哪裡不舒服？是不是病了？是消化不良嗎？還是覺得寂寞了？父母很難想到孩子會因為疲勞而哭鬧。然而，這恰恰是孩子哭鬧的最常見原因之一。

有時候問題很好解決，但是也有很多哭鬧沒那麼容易解釋。事實上，一直到幾個星期大的時候，幾乎所有嬰兒（尤其是第一胎的寶寶）都會進入一個煩躁不安的時

寶寶出生之前

0～3個月

4～12個月

12～24個月

2周歲

3～5歲

6～11歲

12～18歲

期。雖然我們可以幫這個時期命名，但卻無法對它準確地作出解釋。如果這種哭鬧只在傍晚或下午有規律地出現，那麼可能是由腸痙攣引起的。腸痙攣有時跟腹脹和排氣有關。如果寶寶一到白天或晚上的某個時間就會哭鬧，我們只能嘆口氣對自己說，在這個階段他就是一個煩躁型的孩子。有的孩子哭起來異常激烈，而且又踢又踹，有人把這樣的孩子叫做驚厥型嬰兒（與「運動機能亢進症」不同，後者又稱過動兒，通常是用來描述大孩子的行為表現）。

即使是健康的嬰兒也會在前 3 個月內出現煩躁和無法安慰的哭鬧。這種情況一般會在前 6 週變得越來越嚴重，然後逐漸減弱。和美國的嬰兒相比，那些工業較不發達國家的孩子出現煩躁的階段普遍較短，但也會出現。從出生到大約 3 個月的這段時間，嬰兒的神經系統和消化系統都還沒有成熟，尚處於適應外界環境的時期。但也有些嬰兒比其他嬰兒更難適應這個過程。

最讓父母頭疼的莫過於面對一個哭鬧不止、無法安撫的小嬰兒。所以一定要記住，寶寶最初幾週的過度哭鬧只是暫時現象，並不意味著什麼嚴重的問題。如果你很擔心（誰能不擔心呢），就請醫生幫你的寶寶仔細檢查一下，也好撫平你的疑慮。如果需要還可以再檢查一次。另一個需要牢記的問題就是，想透過搖晃孩子來止住哭鬧的做法非常危險。這一點非常重要，值得反覆強調。（**更多內容關於哭鬧到無法安撫的嬰兒，比如腸痙攣，請參閱第 95 頁。**）

**找出原因。** 人們曾經認為好母親都能區分孩子的不同哭聲，而且知道如何做出反應。但是在現實生活中，就算是非常出色的父母也無法光靠哭聲來分辨不同的原因。所以他們會針對不同情況，試著做出不同反應來推測孩子哭鬧的原因。這裡有一些可能的原因提供參考：

● 是因為餓了嗎？不管你是按照固定時間餵奶，還是根據孩子的需要餵奶，都會逐漸了解孩子的生活規律。比如在一天當中，他什麼時候可能會想多吃一點，什麼時候會早早地醒來等待用餐。有些孩子根本不會形成規律的習慣，那就更難推測他在什麼時候需要什麼了。比如孩子一天中的最後一頓飯只吃了平時的一半，那他就很可能在一個小時後醒來

哭鬧，而不是像往常一樣 3 個小時後才睡醒。當然，有時孩子雖然比平時吃得少很多，卻還是會一直睡到下一次喝奶的時間。可是，如果孩子吃得和平時一樣多，不到 3 個小時卻醒來哭鬧，就不太可能是饑餓引起的了。

- 他想吸吮手指或奶嘴嗎？對嬰兒來說，就算喝不到母乳或配方奶，吸吮的動作本身也是令人感到安慰的。如果你的孩子煩躁不安又確實吃飽了，那麼可以給他一個橡皮奶嘴，或鼓勵他吸吮自己的手指頭。大多數嬰兒在最初幾個月都會舉起手指吸吮著玩，然後會在 1～2 歲的某個時候自己改掉這個習慣。早期的吸吮不會形成對奶嘴的長期依賴。

- 孩子是因為飯量增加了，所以原來的定量不夠吃？或者因為母親的奶水變少了，所以吃不飽？嬰兒的飯量不會一下子就超過原來的定量。如果奶水不夠，他就會一連幾天比平時花更多的時間吸吮母乳，或每次吃配方奶時都把瓶子喝得乾乾淨淨，然後還繼續四處張望，似乎想再喝一點。他還會比平時醒得更早，但不會太早。在大多數情況下，他會在連續好幾天餓得提前醒來之後，才會開始在喝完奶後哭鬧。

- 他需要讓人抱抱嗎？小嬰兒特別需要有人抱一抱、搖一搖，當他在身體上感到安全時才會平靜下來。有的孩子在被緊緊裹著，或被包在溫暖舒適的毯子裡，手臂無法活動的時候，便能感到安慰，進而緩解哭鬧。包裹和搖動之所以會有這種舒緩情緒的作用，可能是因為它們重新創造了子宮裡那種熟悉的感覺。白雜訊（注①），像是吸塵器的聲音、收音機的靜電聲，或父母發出的噓噓聲也有類似的舒緩作用。

- 孩子是否因為排泄而哭鬧？大多數嬰兒似乎不太在乎這些，尤其是小嬰兒。但也有些寶寶對此比較挑剔。檢查一下尿片，該換就換。如果他用的是布尿片，就要檢查一下安全別針，看看孩子是否被扎著了。雖然這種情況十分少見，但還是得檢查一下確保萬無一失。另外還要看看是否有頭髮或線頭纏住他的手指或腳趾。

- 是消化不良嗎？有些孩子消化奶

---

注①：白雜訊，功率譜密度在整個頻率範圍內均勻分布的雜訊。

水的能力比較差,所以每次喝完奶以後都會哭鬧一兩個小時,因為這時胃腸正在消化奶水。所以如果是母乳哺育,母親就應該考慮改變一下自己的飲食。比如減少奶類或咖啡的攝取。如果孩子喝的是配方奶,那麼可以請教一下醫生,看看是否有必要改餵其他奶粉。有些研究發現,改用能降低過敏反應的配方奶可以減少嬰兒的哭鬧。但也有一些專家認為,若沒有出現其他的過敏反應,比如皮膚疹,或家族性食物過敏,就不應該採用這種辦法。

● 是否因為胃灼熱?多數孩子都會嘔吐,有些比較嚴重。當奶水從胃裡湧上來時,有的孩子會感到疼痛,因為胃酸會刺激食道(從胃到口腔的管道)。由於胃灼熱而哭鬧的孩子在喝完奶以後會立刻嘔吐,這時候奶還停留在胃裡。在這種情況下,即使你已經幫孩子拍過背順過氣,也還是得要試著再拍一拍讓他打嗝。如果這種哭鬧經常出現,那就應該跟醫生討論這個問題,醫學上把這種問題稱為胃食道逆流症,也就是 GERD。(**詳細內容請參閱第110頁。**)

● 孩子是不是生病了?有時候孩子哭鬧是因為他們覺得不舒服。一般來說,孩子生病之前都會變得愛發脾氣,到後來才會發展出生病的明顯症狀。除了哭鬧以外,還有一些症狀可以提醒你孩子病了。比如流鼻涕、咳嗽、腹瀉等。如果孩子不僅僅哭得十分傷心,還有其他生病的症狀,或者整體的精神狀態、行為舉止及神情氣色上都和平常不一樣,那就得幫他測量一下體溫,還要打電話給醫生尋求幫助。

● 他是不是被寵壞了?雖然大一點的孩子可能被寵壞,但你可以放心,在最初的幾個月裡,寶寶不會只因為被慣壞而哭鬧。一定是有什麼事讓他心煩了。

● 他是不是太累了?有些小嬰兒似乎生來就不會安安穩穩地入睡。他們每次到了該睡覺的時候就會變得緊張。因為他們在入睡前總會出現某種低落的情緒,所以才會哭鬧。有些孩子哭起來不顧一切,聲嘶力竭。不過最終他們會逐漸或突然停止哭鬧,酣然睡去。當年幼的寶寶受到不同往常的刺激時,醒的時間就可能很長。這時他們可能會變得緊張又急躁,非但

不會輕易入睡，反而可能很難睡著。如果父母或陌生人想透過逗他和說話來哄他高興，那只會讓情況變得更糟。因此，如果你的寶寶在該睡覺的時候哭鬧，而且奶也吃過了，尿片也換好了，你便可以推測他是累了，然後帶他去睡覺。如果他還是哭個不停，你可以試著讓他自己獨自待上幾分鐘（或是你可以承受的時間），讓他有機會自己平靜下來。

還有些孩子在過度疲勞以後，可以在輕緩的運動中很快安靜下來。比如推著他在搖籃裡前後搖晃，在嬰兒車裡搖晃、抱在你的懷裡或揹著他慢慢走動。在昏暗的房間裡效果會更好。嬰兒偶爾會反常地緊張，遇到這種情況，你也可以試著抱著他走一走或者搖一搖。在這方面，嬰兒搖籃有時很好用。有些父母會把孩子放在嬰兒座椅上，再把座椅放在烘乾機上然後啟動機器。烘乾機的聲音和震動也可以讓孩子感到安慰。但我建議一定要確保把孩子捆紮得安全又牢靠，還要用膠帶固定好座椅，以免它因為震動而滑落到地板。但是你不能總是用這種方式幫助孩子入睡。這樣容易讓孩子越來越依賴，他們往後還會不

斷要求你提供這些待遇。（**請參閱第 95 頁，了解更多腸痙攣、難以安撫的嬰兒的內容。**）

### 備忘清單：安慰嬰兒哭鬧的提示

✓ 餵奶，或者給他一個橡皮奶嘴。
✓ 換尿片。
✓ 抱起來，裹緊了搖一搖，晃一晃（絕不要震動）。
✓ 製造一些白雜訊（吸塵器的聲音、收音機的靜電聲、噓聲）。
✓ 把房間的光線調暗，減少對孩子的刺激。
✓ 靜下心來，告訴自己寶寶很好，而且你已經把能做的都做了。休息一下，也讓寶寶有機會自己平靜下來。

### 尿片的使用

**幫寶寶清潔。**換下濕尿片的時候，不必幫孩子沖洗。你可以用棉球或者毛巾蘸著清水擦拭，也可以用紙巾蘸著嬰兒洗液擦拭，還可以用濕紙巾。在商店購買現成的濕紙巾十分方便，但它們可能含有香精或其他化學成分，有時還會引起尿布疹。幫女寶寶清潔的時候一定要

記得由前往後擦洗。幫男寶寶換尿片的時候請先拿另一塊尿片搭在他的生殖器上，等你一切就緒的時候再拿開。這樣就不至於在還沒幫他包好尿片時被尿了一身。別急著把尿片包上，讓寶寶的皮膚在空氣中晾一晾對他們很有幫助。換完尿片後一定要用肥皂和清水把手清洗乾淨，這樣可以預防病菌的傳播。

**何時換尿片？** 大多數父母都會在把孩子抱起來餵奶時換一次尿片，放回床上之前再換一次。忙碌不堪的父母們發現，如果每次餵奶時只換一次尿片（通常是在餵奶之後）可以節省時間。如果使用的是尿布，還能減少清洗尿布的麻煩，因為孩子經常會在喝奶時排便。大多數嬰兒對濕尿片都沒什麼反應，但也有些孩子對此極為敏感，需要更常替換。如果孩子身上蓋得很暖和就不會覺得濕尿片涼。潮濕的衣物只有在暴露於空氣中才會變涼，因為水分蒸發會帶走熱量。

**拋棄式紙尿片。** 現在大多數父母都會選用拋棄式紙尿片，不僅因為方便，還因為紙尿片可以吸收更多尿液。拋棄式紙尿片的吸濕性很好，看上去比較乾爽。但即使是這樣，也還是要像棉製尿布一樣勤換。如果你選擇了尿布服務，那麼使用棉製尿布的費用和購買紙尿片的費用相差不大。當然在家親自清洗尿布可以節省一部分開支，但這得付出更多勞力。有些家庭為了減少木頭紙漿的消耗，也為了減少製造垃圾，可能會傾向選擇棉製尿布。不過現在一次拋棄式紙尿片的廠商多半已改進了技術，紙尿片對環境的危害已被降低到不高於棉製尿布了。

吸收能力超強的新型紙尿片偶爾會出現破裂，裡面會漏出一些凝膠狀的顆粒（它們是用來吸收液體的材質）。有些父母誤以為這種材料是用來殺菌的，甚至擔心會引發皮膚疹，事實上它們對寶寶並沒有什麼危害。

**棉製尿布。** 如果你選擇了尿布服務，那麼你每週都會收到他們寄來的一包乾淨尿布。如果你選擇自己準備尿布自己清洗，那你至少需要幾十條尿布。雖然你可以因此省下一些錢（購買尿布的花費還不到尿布服務價格的一半），但未來每天都必須投入許多時間和精力去清潔這些尿布。很多父母喜歡褲型可固定的尿布。這種尿布通常會用魔

鬼氈固定在腰部。如果你喜歡老式尿布，使用時就要注意兩件事情：第一，要在最容易尿濕的地方墊得厚一點。第二，不要把孩子的兩腿之間塞得滿滿的，這樣會讓兩條腿叉太開，對孩子來說很不舒適。

以正常身長的嬰兒來說，你可以用普通大小的正方形尿布或長方形尿布，按照下頁圖示折疊：首先折成 3 層的長條狀，如圖1-2。

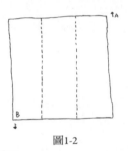

圖1-2

然後從一端折起 1/3。這樣就會有一半尿布是 6 層，另一半則是 3 層，如圖1-3、圖1-4。男孩的身體

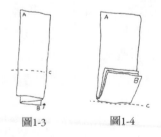

圖1-3　　　　圖1-4

前半部需要雙倍的厚度。如果女孩是趴著行動（不是指睡覺的時候，而是玩耍時），那麼較厚的一端也

要放在前半部。如果女孩仰臥活動，那就把厚的那端放在身體後半部。別別針的時候，要先把兩根手指伸到尿布和孩子中間，以免扎傷

圖1-5

孩子，如圖1-5。使用前可以先把別針在肥皂上戳一戳潤滑一下，這樣會更容易穿透尿布。

過去的父母還會讓孩子穿上防漏尿褲，避免床單被尿濕（也為他們自己減少麻煩）。現在的尿布則是用高科技透氣材料製成的，可以讓更多空氣在寶寶臀部流通（這點可以真正緩解潮濕不適，進而減少尿布疹）。但它們並不是百分之百防水，所以還是會有一點滲漏。解決這個問題的辦法就是使用兩塊尿布。你可以把第二塊尿布圍在寶寶的腰上，像繫圍裙那樣，然後再用別針固定。你還可以把它疊成長條狀，順著第一塊尿布的中央墊著以加強防漏。

**尿布的洗滌。**請準備一個附有蓋子的提桶，裝滿水，只要尿布一

寶寶出生之前

0～3個月

4～12個月

12～24個月

2周歲

3～5歲

6～11歲

12～18歲

換下來就馬上放進去。然後在每 4.5 公升的水裡加入半杯硼砂或漂白劑，這樣就能有效去除污漬。換下沾有糞便的尿布時，要先用刮刀把糞便刮到便池裡，或用手抓住尿布（一定要抓牢），在廁所裡用水龍頭沖洗。每次洗完尿布的時候都要把尿布桶仔細刷洗一遍（當然，如果你選擇了尿布服務，那只要把尿布連同上面的汙物一齊放入他們提供的塑膠桶裡就可以了。尿布服務公司會取走塑膠桶，留下一大袋乾淨的尿布）。

尿布可以放在洗衣機或洗衣盆裡清洗，但要使用溫和的肥皂或洗滌劑（先把肥皂溶解），先漂洗 2～3 遍。漂洗的次數要看水是否已經變清，孩子的皮膚是否比較敏感。如果孩子的皮膚不太敏感，那麼基本上沖洗兩遍就可以了。但如果發現孩子常患尿布疹，那就要格外注意。至少在皮膚疹出現的時候要採取特別照護。或許還需要定期採取特別照護（**請參閱第 113 頁**）。

如果尿布（或別的衣物）變硬了，吸濕能力下降，或者被肥皂裡的沉積物弄得發黃（就像澡盆裡的墊子一樣），你可以用淨水器把衣物軟化，去除那些沉積物。但不要使用衣物柔軟精，因為它會在衣物上留下一層保護膜，因而降低尿布的吸水性。

## 排便

**胎便。**出生後的一兩天內，嬰兒會排出一種黏稠的黑綠色糞便，稱之為胎便。胎便之後，孩子的糞便才會逐漸變成棕色和黃色。如果嬰兒在第 2 天結束前都還沒有排便，那就應該盡快向醫生報告。

**胃結腸反射。**許多寶寶一喝完奶很快就會想排便，因為胃裡裝滿食物後會對腸道產生從上到下的刺激。這種連帶反應叫做胃結腸（也就是 gastrocolic，其中 gastro 是指胃，colic 則是腸）反射。在最初的幾個月裡，這種胃結腸反射最為活躍。喝母乳的嬰兒更是如此，每一次喝完奶都會排便。比較麻煩的是，有些嬰兒只要一喝奶就會用力地排便。雖然什麼都排不出來，但他還是不斷用力。只要含著乳頭就會不停地用力，以至於連奶都沒辦法喝。在這種情況下，你可以先停下來等待 15 分鐘，先讓孩子的腸道穩定下來，再試著餵奶。

寶寶出生之前

0～3個月

4～12個月

12～24個月

2周歲

3～5歲

6～11歲

12～18歲

**喝母乳的寶寶。**母乳餵養的寶寶每天排便的次數可能很多，也可能很少。在前幾週裡，多數嬰兒一天都要排好幾次大便，有的甚至每次喝完奶以後都要排便。大便顏色一般都是淺黃色的，可能很稀，呈麵糊狀或小顆粒狀，也可能帶有黏液。這時的糞便通常不會很硬。

在 2～3 個月的時候，許多哺餵母乳的嬰兒排便次數會明顯減少，發生這種變化的原因在於母乳非常容易消化，所以沒有多少剩餘的東西可以形成大便。從此以後，有的孩子開始一天只排一次大便，還有的隔天才排一次，甚至更少。那些從小就認為人類必須每天排便的父母對此要放輕鬆，只要孩子的感覺良好就沒有什麼好擔心的。喝母乳的寶寶通常兩三天排便一次或更少，大便也會比較軟。

**喝配方奶的寶寶。**用配方奶餵養的嬰兒最初每天會排便 1～4 次（也有些嬰兒每天排便多達 6 次）。隨著寶寶不斷長大，每天排便的次數就會逐漸減少到 1～2 次。喝配方奶的嬰兒排出的大便通常都呈糊狀，淺黃色或棕黃色。但有些嬰兒排出的大便總像炒得很嫩的雞蛋一樣（凝塊中夾雜著稀狀物質）。如果寶寶的大便很好（軟而不稀），而且並沒有不舒服的表現，體重增長也很正常，那就不必太在意排便的次數和顏色。

喝配方奶的嬰兒最常見的排便障礙就是便祕，這個問題我們將會在第 422 頁討論。還有些喝配方奶的嬰兒，他們前幾個月的大便總是呈現稀散、綠色的凝乳狀。如果孩子的大便總是有點稀，但是他看起來很好，體重增長也正常，而且醫生並沒有發現孩子有什麼問題，那麼大便太稀的問題就可以忽略。

**排便困難。**有的孩子排便次數不多，兩三天後他們就開始經常用力，看起來好像排不出大便。但大便排出來以後還是軟的。這種情況不算便秘，因為大便並不是又乾又硬的。這個問題的根源在於孩子的協調性不好。很可能孩子的其中一組肌肉用力向外推，但另一組肌肉卻在往裡收，所以儘管用力了半天，卻沒有什麼效果。但隨著孩子神經系統的發展，問題將會漸漸得到解決。

有時候可以在每天的飲食裡加入 2～4 匙的李子醬或濾過的李子汁，這可以幫助寶寶增加排便次數。即使寶寶還不需要固體食物你

73

也可以這樣做。這種情況其實根本不用服藥，最好不要使用塞劑或者灌腸劑，否則孩子的腸道可能會對它們產生依賴。還是用李子或李子汁來解決這個問題吧。

**大便的變化。**現在你知道了，即使嬰兒的大便總是跟別的孩子有點不一樣，但只要他們感覺良好就沒有什麼問題。但如果孩子的大便產生了很大的變化，那可能意味著出現問題，應該向醫生說明情況。舉例來說，無論是喝母乳的嬰兒還是喝配方奶的嬰兒，他們的大便都可能是綠色的。如果大便總是綠色的，孩子也很好，那就沒有什麼好擔心的。但如果他們的大便原來是糊狀的，後來變成了塊狀，有點稀散，而且排便次數也有所增加，那可能是孩子的消化系統有問題，或腸道出現了輕微的感染。如果孩子的大便變得很稀，顏色發綠，排便次數頻繁，大便的氣味也產生變化，那就幾乎可以斷定孩子的腸道發炎，只是程度輕重的不同而已。

一般說來，排便次數的增減和大便狀態的變化要比大便顏色的變化更為重要。暴露在空氣裡的大便可能會變成棕黃色或綠色，這一點都不重要。

孩子腹瀉時，大便裡經常會帶有黏液，這就表示腸道發炎。類似的症狀也可能出現在消化不良的時候。這種黏液可能來自消化道的上部（比如罹患感冒的寶寶或健康新生兒的喉嚨和氣管）有些嬰兒在出生後的前幾週也會產生很多黏液。

如果在孩子的食物裡加入一種新蔬菜（平常幾乎不吃的蔬菜），當它隨著大便排出來的時候會有一部分看起來和剛吃下去一樣。如果還引起類似發炎的症狀，比如帶有黏液的腹瀉，那麼下次就應該少給孩子吃這種蔬菜。如果沒有發炎的跡象，那就可以繼續給他吃同樣的分量，甚至可以逐漸增加一些，直到孩子的腸胃適應這種蔬菜，能更好地消化它為止。另外需要提醒的是，甜菜會讓寶寶的大便完全變成紅色。父母不須因此感到驚慌。

大便上的血絲通常都是因為大便過於乾燥導致肛裂出血。出血本身並不要緊，但還是應該找醫生諮詢，以便迅速治好便祕。

大便裡大量帶血的現象很少見。如果有，原因很可能是腸道畸形、嚴重腹瀉或腸套疊（**請參閱第 421 頁**）。遇到這種情況應該馬上諮詢醫生，或馬上把孩子送到醫院。

寶寶出生之前

0～3個月

4～12個月

12～24個月

2周歲

3～5歲

6～11歲

12～18歲

# 洗澡

**什麼時候洗澡？**多數寶寶在洗過幾個星期的澡以後就會喜歡上洗澡。所以，洗澡的時候不要著急，要和孩子一起享受這種樂趣。在最初的幾個月裡，幫孩子洗澡的最佳時間是在上午餵奶之前。其實在任何一次餵奶之前都可以，但絕不要在餵奶後，因為這個時候的孩子應該睡覺。等到孩子適應了一日三餐時，就可以把洗澡時間改到午餐前或晚餐前。等孩子再大一點，如果他吃完晚餐以後可以玩一會兒，那麼改成晚餐後幫他洗澡會更好一些。如果他的晚餐吃得很早，那在晚餐後洗澡就更好了。洗澡的地方溫度要適宜，如果有必要甚至可以在廚房裡洗澡。

**海綿浴。**雖然有人習慣每天都要泡個澡或洗個海綿浴，但實際上，只要孩子的屁股周圍和嘴巴周圍都很乾淨，那麼你可以一週才幫他洗一兩次全身浴。在不洗全身浴時，你可以用海綿幫他擦洗一下墊尿片的部位。新手父母沒有經驗，剛開始使用浴盆的時候一定會非常緊張。因為小寶寶看起來是那麼無助，他的四肢柔弱，身體濕滑，尤其抹完肥皂後就更滑了。另外嬰兒剛開始在盆子裡洗澡時也會感到很不自在，因為他在浴盆裡無法得到很好的支撐。所以你可以先用海綿幫他擦洗幾週，等到孩子感到安全以後，再把他放到盆子裡洗澡。如果你願意的話，還可以多等一段時間。大多數醫生都建議，在嬰兒的臍帶沒有乾燥脫落前不要進行盆浴。這樣做是有道理的，但就算臍帶真的沾濕了也沒有什麼關係。

用海綿幫嬰兒擦洗的時候，可以把他放在桌子上，也可以放在你的大腿上。你可能會需要先將一塊防水材質的布料鋪在嬰兒身體下。如果是硬面的桌子，上面應該先鋪好墊子（比如大枕頭、折疊起來的毯子、被子等），這樣一來嬰兒就不會那麼容易翻滾了，嬰兒通常很害怕翻滾。頭和臉要用溫水和毛巾擦洗。每週用肥皂洗一兩次頭髮就可以了。在需要的地方或必要時，可以用毛巾或手幫他輕輕抹上一點肥皂。然後用乾淨的毛巾把他身上的肥皂擦乾淨，至少擦上兩遍。要特別注意擦洗有褶皺的部位。

**為盆浴作準備。**開始洗澡之前，一定要把需要的東西都放在手

邊。如果忘了拿毛巾，那你就只好抱著濕淋淋的嬰兒去拿了。記得把手錶摘掉，再紮上一條圍裙，以免弄髒衣服。然後準備好下列物品：

● 肥皂

● 浴巾

● 毛巾

● 必要時用來擦鼻子和耳朵的脫脂棉

● 潤膚露

● 襯衣、尿片、別針和睡衣

你可以在臉盆、廚房的洗滌槽，或塑膠浴盆裡幫寶寶洗澡，如圖1-6。有些浴盆裡會有海綿襯墊，有助於固定孩子，讓他保持適當的姿勢。

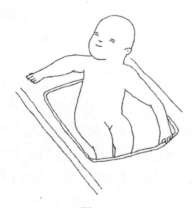

圖1-6

用普通的浴缸幫寶寶洗澡時，大人往往會累得腰酸背痛。所以為了讓自己舒適一點，你可以把洗碗盆或小浴盆放在桌子上，或其他比較高的東西上面，就像理髮師那樣。你也可以坐在凳子上，在廚房的洗滌槽裡幫寶寶洗澡。

洗澡水的溫度應該和體溫差不多（32.2℃～37.8℃）。溫度計可以讓缺乏經驗的父母感到安心，但其實不用溫度計也可以。記得每次都要用你的手肘或手腕來測試水溫，水溫應該要感覺溫暖舒服而不是覺得燙。一開始要用少量的水，3～5公分的水深即可。當你確定能夠穩妥抱著孩子的時候，就可以多加一些水了。為了防滑，你可以在幫孩子洗澡的時候，把毛巾或尿片搭在澡盆的四周。

**幫寶寶洗澡。**抱住孩子，讓他的頭枕在你的手腕上，再用同一隻手的手指牢牢抓住他的上臂。先用一條柔軟的毛巾幫孩子洗臉，不用肥皂。然後幫他洗頭髮，每週只要用一兩次肥皂就可以了。

抹完肥皂後用一條濕毛巾把頭上的肥皂泡沫擦掉，記得至少要擦洗兩遍。毛巾不要太濕，否則肥皂水就會流進孩子的眼睛裡產生刺痛感（也可以考慮使用嬰兒專用的洗髮精，它們通常不像一般洗髮精那樣刺激眼睛）。然後你就可以用毛巾

或手幫孩子清洗其他部位了，比如身體、手臂和腿。女寶寶的大陰唇中間要輕輕地擦洗。（請參閱第80頁，了解割除包皮的陰莖和未割除包皮的陰莖的清洗方法。）擦肥皂的時候，擦在手上要比擦在毛巾上省事得多。如果孩子的皮膚比較乾燥，那就盡量不要使用肥皂，一週用個一兩次就夠了。

如果你覺得緊張，怕把寶寶掉到水裡，可以把他抱在大腿上，或放在桌子上抹肥皂。然後再用雙手把他抱緊，放到浴盆裡沖洗，如圖1-7。沖洗之後再用一條柔軟的浴巾擦乾。擦乾時要輕沾不要揉搓。如果嬰兒的臍帶還沒有完全脫落，那麼洗過盆浴之後一定要用棉球把它徹底擦乾。

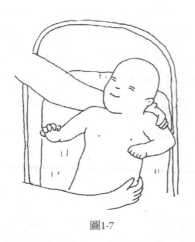

圖1-7

潤膚乳液。洗完澡幫嬰兒塗潤膚乳液的時候很好玩，嬰兒也喜歡。但是在多數情況下根本沒有必要幫孩子塗潤膚乳液。如果寶寶的皮膚乾燥或有點尿布疹，那麼塗抹一點潤膚乳液有一定的好處。但嬰兒護膚油和礦物油要少用，因為它們有時會引起輕微的皮膚疹。一定不要使用含有滑石成分的嬰兒爽身粉，它們一旦被吸進身體裡，就會給肺部帶來危害。用純玉米澱粉製成的嬰兒爽身粉同樣好用，而且更加安全。

## 身體各部分

皮膚。新生兒可能會長各種斑點和疹子，其中大多數都能自行消失，或者淡得幾乎看不出來。然而有的疹子的確是某些疾病的徵兆，因此如果寶寶長了不常見的疹子，一定要向醫生諮詢。（更多關於疹子包括尿布疹和胎記的內容，請參閱第84頁及113頁。）

耳朵、眼睛、口腔和鼻子。嬰兒只需要清洗外耳和耳道的入口處，耳道的裡面不要洗，也不要用棉花棒（這只會把耳屎推得更深），用毛巾就可以了。耳屎是在

寶寶出生之前

0～3個月

4～12個月

12～24個月

2周歲

3～5歲

6～11歲

12～18歲

耳道裡形成的，它的作用是保護和清潔耳道。眼淚會不停地沖刷眼睛（不只在寶寶哭的時候）。這就是為什麼在眼睛健康的時候並不需要用眼藥水沖洗眼睛。口腔通常不需要特別的護理。

鼻子有個非常好的自潔系統，可以保持清潔。鼻腔的內壁長滿了看不見的絨毛，它們會不停地把黏液順著鼻腔向下疏導，最後匯集到多毛的鼻孔。這時鼻涕就會刺激嬰兒的鼻子，讓嬰兒打噴嚏，或用手把鼻涕揉出來。洗完澡幫嬰兒擦身體時可以先把乾掉的鼻涕弄濕，再用洗臉毛巾的一角輕輕把它擦出來。如果擦鼻子時嬰兒表現得很不耐煩，那就沒必要費力和他較勁了。

有些時候，尤其是房間裡有暖氣的時候，嬰兒的鼻孔裡會積存很多乾掉的鼻屎，它們會擋住呼吸道的一部分，進而影響嬰兒正常呼吸。在這種情況下，每次吸氣都會讓嬰兒的胸肋下緣向裡收縮。這時大一點的孩子或成年人都會改用嘴呼吸，但多數嬰兒都不會張嘴呼吸。

**指甲。**在寶寶睡著時幫他剪指甲最方便。指甲刀比指甲剪好用。建議可以用指甲銼把指甲磨平，這樣當寶寶揮舞小手的時候就不會被尖利的邊緣劃傷小臉。指甲銼不會夾到他的指尖。如果你可以一邊銼著寶寶的指甲一邊唱歌，那麼剪指甲這項乏味的日常工作就會變得很有樂趣了。

**那個軟軟的地方（囟門）。**嬰兒頭頂上那個柔軟部位是顱骨還沒有密合的地方。囟門的大小因人而異。如果孩子的囟門比較大也不必擔心，它絕對比較小的囟門密合得晚。有些孩子的囟門在 9 個月的時候就已經密合了，也有些寶寶直到兩歲囟門才會完全閉合。囟門閉合的時間通常是在寶寶 12～18 個月的期間。

父母們都怕碰到這個軟軟的部位，擔心會有危險。其實這種擔心根本沒有必要。囟門是由一層像帆布一樣結實的薄膜覆蓋著，一般的觸摸並不會傷到嬰兒。光線好的時候，你還能看見囟門的搏動，其頻率介於呼吸頻率和心跳頻率之間。

**肚臍的癒合。**嬰兒一出生，醫生就會將臍帶結紮，並且在靠近嬰兒肚子的那一端把它剪斷。剩下的一小截臍帶會逐漸萎縮，最後從身上脫落。這個過程通常會在兩到三個星期結束，但也有些嬰兒需要更長的時間。

臍帶脫落以後會留下一個稚嫩的傷口，這需要幾天或幾週才能完全癒合。這個傷疤必須隨時保持潔淨和乾燥，以免感染。如果保持乾燥，上面就會長出一塊硬痂，這是為了發揮保護作用，在傷口完全癒合後硬痂才會脫落。肚臍不需要遮蓋，這樣會更容易乾燥。臍帶脫落以後，嬰兒就可以進行盆浴了。洗完澡以後要馬上用毛巾的一角將它擦拭乾燥。如果你喜歡用棉球或棉花棒也可以。在傷口完全癒合之前都要這麼做。臍帶脫落的前幾天，肚臍可能會出血或有液體滲出，這種現象可能會一直持續到臍帶脫落、傷口完全癒合為止。如果尚未癒合的肚臍硬痂被衣物刮掉了，可能會滲出一兩滴血。不必擔心，這點血對嬰兒完全沒有任何影響。

為了不弄濕肚臍，應該把尿片固定在嬰兒的肚臍下方。如果尚未癒合的肚臍傷口變得潮濕，而且有膿水流出，那就必須更加認真地保護它，不要再讓尿片浸濕它。另外還得每天用棉花棒沾酒精清洗肚臍周圍有皺褶的地方。如果傷口癒合得很慢，幼嫩傷口可能會變得凹凸不平，長出所謂的「肉芽」，這沒有什麼關係。發生這種情況時，醫生可能會使用一種保持乾燥和促進癒合的藥物。

如果肚臍和周圍的皮膚變得發紅，或者流出有臭味的膿水，或兩種症狀同時出現，那很可能表示發生感染，應該立刻和醫生聯繫。因為這種感染可能會發展成十分嚴重的問題。

**陰莖。**包皮是嬰兒出生時包裹在陰莖頭部（龜頭）的套狀皮膚。包皮前端的開口足以讓嬰兒把尿排出去，但是又小得足以保護陰莖口（尿道）不患尿布疹（**請參閱第435頁，陰莖末端的疼痛**）。孩子慢慢長大，包皮通常都會和龜頭脫離，而且變得更有彈性。這個過程通常需要3年的時間，包皮的彈性也會發展得比較充分。有些孩子需要的時間會更長一些，甚至要等到青春期的時候包皮才會具有充分彈性。但是你不需要擔心這個問題。只要經常清洗陰莖，即使清洗的時候不把包皮翻起，也可以讓陰莖保持乾淨和健康。

在嬰兒包皮末端看見白色蠟狀物質（包皮垢）是很正常的。包皮垢是由包皮內側的細胞分泌出來的，是包皮和龜頭間的天然潤滑劑。

**包皮環切術**。對陰莖施行包皮環切術就是把包皮割掉，讓陰莖頭暴露在外。包皮環切術已經在世界各地施行至少 4000 年了。對猶太人和穆斯林而言，割除包皮具有重要的宗教意義。在有些國家則是一個青春期的儀式，象徵著一個男孩已經成年。

在美國，割除包皮通常是出於別的原因。有的父母擔心如果孩子不割包皮，他心裡可能會不舒服，因為自己看起來跟割過包皮的父親、哥哥不一樣。很多醫生認為，雖然經常清洗似乎可以和割除包皮一樣有效預防感染，但是包皮垢在包皮下面的正常積累有時也會導致輕微發炎或感染。科學家們曾經認為，如果丈夫沒有割過包皮，那麼妻子罹患子宮頸癌的可能性會增大，但現代研究已經否定了這點。不割包皮的男孩在兒童時期比較容易罹患膀胱炎或腎炎。不過現在大多數醫生都認為，沒有醫學證據顯示包皮環切術非做不可，近十年來，接受這種手術的人數也在逐漸減少中。

如果你想切除包皮，就應該知道它是一個相對安全的手術。但是在這個過程中也會有風險，比如失血或感染，但通常都很容易治癒。包皮環切術會有明顯的疼痛，所以現在很多醫生會使用局部麻醉（打麻醉針）或以別的方式緩解疼痛。也有一些醫生會讓嬰兒先喝些糖水，這樣也能緩解一點疼痛。在猶太人的傳統裡，嬰兒做手術時會吸住一塊浸過酒的布。

一般說來，嬰兒會在手術後的 24 小時之內從緊張狀態中恢復。但如果你的寶寶感到不舒服的時間超過了 24 小時，或者不停地滲血，或是在陰莖出現腫大的狀況，那就要馬上告訴醫生。如果在換尿片的過程中一連幾次都發現一滴或幾滴血，那表示只是陰莖上的某一塊小硬痂被碰掉而已。

**陰莖的護理**。不管孩子是否做過包皮環切術，養成良好的生殖器衛生習慣從出生那天起就很重要。這是孩子個人衛生習慣的一部分。

如果嬰兒沒有做包皮環切術，那麼每次洗澡時都要幫他清洗陰莖。不必特別清潔包皮，只要輕輕把外面清洗一下，就能去除多餘的包皮垢。有些父母可能希望包皮和龜頭能夠盡量清潔。那麼你可以把包皮輕輕地拉起來，直到覺得有阻力的時候為止，然後清潔包皮的下方。千萬不要把包皮強行往後拉，因為

寶寶出生之前

0～3個月

4～12個月

12～24個月

2周歲

3～5歲

6～11歲

12～18歲

這樣不僅會疼痛，還可能導致感染或其他併發症。隨著時間增長，包皮自然就會變得有彈性了。

嬰兒做了包皮環切術以後，在傷口癒合之前要經常更換尿片。這樣可以減少由尿液和大便導致的感染。在傷口癒合期間內（大約一週）要遵照醫生的建議，照護好嬰兒的陰莖，請仔細了解如何使用繃帶，如何洗澡擦乾，如何使用潤膚露或護膚油等。等傷口癒合以後，你就可以像對待其他部位一樣清洗陰莖了。

男寶寶的陰莖勃起是很常見的。通常發生在膀胱裡充滿了尿液的時候，有時甚至看不出明顯的原因，寶寶的陰莖也會勃起。這完全不需在意。

## 溫度、新鮮空氣和陽光

**室溫。** 18℃～20℃的室溫最適合體重在 2.5 公斤以上的小寶寶進食和遊戲。這跟大一點的寶寶和成年人的需求一樣。體重較輕的寶寶不太容易控制自己的體溫，所以要特別注意保暖，還要幫他們多穿幾層衣服。對於特別小的寶寶來說，父母的愛撫和擁抱可以幫助他們控制體溫。另外，請注意避開空調或暖氣的冷熱氣流。

在寒冷的季節裡，室外空氣的濕度非常小。這樣的空氣在室內升溫後，就像一塊乾海綿，吸收皮膚和鼻子裡的水分。鼻子裡的黏液就會因此乾結，使寶寶呼吸困難，並可能降低他們對傳染病的抵抗能力。任何增加濕度的辦法對寶寶都有幫助，比如在屋裡擺放一些植物、在暖氣上放一小盆水，或者使用加濕器（**請參閱第 394 頁**）。請記住，室內溫度越高，空氣就會越乾燥。

缺乏經驗的父母出於本能的擔憂和呵護，通常不敢為寶寶提供充足的清涼空氣，其實是把這個問題看得太嚴重了。這些父母總是在很高的室溫下把寶寶包裹得過於嚴實。在這種情況下，有的小寶寶甚至在冬天也會起痱子。另外，溫度過高還有可能導致嬰兒猝死。

**寶寶應該穿多少衣服？** 正常的寶寶和成年人一樣擁有良好的體溫調節系統，只要不讓寶寶包裹太多衣服和被子，他的體溫調控系統就能正常運轉。嬰兒和大一點的寶寶都是胖乎乎的，需要的衣服比大人少。但大多數孩子的問題總是穿得過多，而不是穿得太少，這對他們

並沒有好處。一個人如果總是穿得太多，他的身體就會失去適應溫度變化的能力，也就更容易著涼。所以整體來說，寧可給孩子少穿一點，也不要多穿。不要以為寶寶的小手應該總是熱乎乎的，於是就想讓他多穿些衣服。多數孩子在穿著得當、冷熱適中的時候，手心總是涼的。你可以摸摸孩子的手臂、腿或是脖子，藉此判斷他是不是穿夠了。還有個最好的辦法就是看孩子的臉色。當孩子感覺冷的時候，臉上就沒有了紅潤，而且還會哭鬧。

在寒冷的天氣裡，有必要幫孩子戴一頂暖和的帽子，因為大部分熱量是從頭部散發掉的。在極冷的天氣裡，睡覺時給孩子戴的帽子應該是用聚丙烯腈織維成的，這樣即使滑到孩子的臉上，也還是可以透過帽子的氣孔呼吸。

給嬰兒穿領口較小的套頭衫和襯衣的時候要記住，他的頭不是圓形而是橢圓形的。先把套頭衫挽成環狀，然後套到孩子的後腦勺上，再從前面往下拉。在經過前額和鼻子的時候要把衣服向外撐開。當孩子的頭套進去以後，再把他的手臂伸進去。脫衣服的時候，要先把孩子的手臂從袖子裡退出來，再把衣服挽成環狀搭在他的肩膀上，接著托起這個環的前半部分，掠過他的鼻樑和前額，此時這個環的後半部分還留在脖子的後方，最後再把衣服向後脫下來。

**實用的被子。**嬰兒在比較涼的房間裡（16℃～18℃）睡覺時，最好使用聚丙烯腈織維的毯子或睡袍，不僅保暖性很好，還很耐洗。編織而成的披巾（knitted shawl）要比紡織毯子更貼身，也更容易包裹，所以在孩子睡醒後用來包裹孩子十分方便。另外，編織的披巾比毯子薄，更容易根據需要的溫度來準確調整厚度。不要使用沉重的被子，像是質地較硬的棉被。在暖和的房間或天氣裡（22℃左右），給嬰兒用薄棉被就足夠了。所有的毯子、被子和床單都應該大一點，以便把它們牢靠地塞到床墊下，這樣就不會脫落散開，也不會有窒息的風險。

**新鮮空氣。**空氣溫度的變化有利於增強嬰兒適應冷熱變化的能力。冬季在室外停留的時候，銀行職員罹患感冒的可能性比伐木工人大得多，因為伐木工人已經習慣了這種溫度。一直住在溫暖房間裡的嬰兒往往臉色蒼白，食慾不好。其

實體重達到 3.6 公斤的寶寶只要在溫度 16℃ 以上就可以抱到室外。濕度比較大的空氣比同樣溫度的乾燥空氣要寒冷得多，風是最寒冷的。即使氣溫較低，體重達到 5.5 公斤的寶寶在有陽光的避風處也會感到很舒適。當然也還是要穿戴得冷暖適宜才行。

如果你住在城市裡，沒有空地讓孩子玩耍，可以用嬰兒車推著他到戶外。如果你習慣了用嬰兒揹帶把孩子揹在胸前或者身後，那麼隨著孩子漸漸長大，對你也會有許多好處。寶寶會很願意被你這樣親近地揹著，他可以向四處張望，也可以睡覺。如果你喜歡揹著孩子到戶外活動，也有時間進行這樣的活動，那你們出去活動的機會越多越好。

**日光和日光浴。** 我們的身體需要陽光來合成維生素 D。但是即便寶寶無法在充滿陽光的房間或戶外活動，他們仍然可以從配方奶或維生素滴劑（**請參閱第 205 頁**）裡攝取維生素 D。但是另一方面，太陽光也讓寶寶暴露在紫外線（UV）中，而紫外線在若干年後可能會誘發皮膚癌。小寶寶尤其容易受到傷害，因為他們的皮膚很薄，所含的黑色素也相對較少。黑色素能夠抵禦紫

### 斯波克的經典言論

每天在室外活動兩三個小時對寶寶的身體很有好處（對成年人也一樣）。在室內開著暖氣的季節尤其需要出門活動筋骨。我生長在美國東北部，還在那裡開業擔任兒科醫生。在那裡，大多數盡責的父母都認為每天讓孩子在戶外活動兩三個小時是理所當然的。孩子們喜歡在戶外活動，這些活動讓他們臉蛋紅潤、胃口大開。所以我不得不相信這種傳統做法的好處。

外線的侵害，所以膚色較深的寶寶比較安全，膚色較淺的寶寶比較容易受到紫外線傷害。海灘上、游泳池周圍和小船上尤其危險，因為紫外線不僅會從空中向下輻射，也會被水面反射而上。

皮膚科醫生會建議兒童和成年人使用防曬用品，比如防曬霜或防曬乳液，防曬係數至少要 15。對陽光敏感的人應該使用係數更高的防曬用品。防曬用品也適用於嬰兒。如果寶寶要在陽光下待上幾分鐘，還是應該幫他遮擋一下，比如戴一頂寬邊帽子，質地要能阻隔太陽光才好，另外還要穿上長衣長褲。即

使已經做足了防護，白皮膚的寶寶也不應該在游泳池旁邊坐太長的時間，因為水面反射的光線容易造成傷害。（有關防曬的更多內容，請參閱第 344 頁。）日光浴（也就是暴露在紫外線當中，把皮膚曬成棕褐色的活動）對任何年齡的人來說都是不健康的。

## 新生兒的一般注意事項

**胎記**。幾乎所有小寶寶出生時都有一塊或幾塊胎記。對於看慣這種情況的醫生來說，如果胎記沒有明顯的醫學問題並隨著時間消失，醫生也許不會特意對父母說。所以如果你有什麼問題，一定要主動向醫生詢問。

- **鸛咬斑和天使之吻**。很多嬰兒在出生時，脖子後面都會有一片不規則的紅色區域，這個位置的胎記稱為「鸛咬斑」。如果長在眼皮上就稱為「天使之吻」，還有的長在兩道眉毛之間。這些胎記其實是一些毛細血管群，是嬰兒在子宮裡的時候，受到母親激素刺激所形成的。多數胎記都會逐漸消失（但是「鸛咬斑」可能會一直存在），所以不必採取什麼措施。

- **鮮紅斑痣**。在孩子的太陽穴、臉蛋或身體的其他部位，可能會出現顏色深紅表面平滑的斑塊。這些斑塊有的能夠消失，尤其是那些顏色比較淺的，但有的卻可能會永遠存在。現在醫學可以使用鐳射對那些較大的永久性斑塊進行治療。不過類似的皮膚疹偶爾也會與其他的疾病有關。

- **青色斑記**。這些青色的斑塊過去被稱為蒙古斑，在不同國籍的寶寶身上都可能出現，尤其是那些膚色較深的孩子。這種胎記通常出現在臀部，但也可能分散在其他部位。它們只不過是過多的色素沉積在皮膚表層而已，兩年之內幾乎都會完全消失。

- **痣**。痣有大有小，有光滑的，也有長毛的。所有的痣，尤其在它們開始長大或者顏色發生變化的時候都應該找醫生檢查。雖然少數的痣以後會有癌變的可能，但多數的痣都是良性的，不過如果它們具有潛在的危險性，也許是影響美觀，也許容易受到衣服摩擦而感到不適，那就可以考慮透過手術切除。

- **草莓血管瘤和海綿狀血管瘤**。草

莓血管瘤一般都在寶寶 1 歲以內出現，這是很常見的。生出草莓血管瘤的地方先會是一片蒼白，然後就會隨著時間逐漸凸起，變成一塊深紅色的斑塊，看起來很像草莓光亮的表面。這種斑塊通常長到一年左右就停止生長，然後開始萎縮，最後會逐漸消失。一般來說，50%的草莓血管瘤在孩子 5 歲時都會完全消失。70%在孩子 7 歲之前都能消退。到了 9 歲的時候，幾乎 90%都能消退。但有些特殊情況下，鐳射治療或手術切除還是有必要的，不過最好還是讓它自然消退。可以向你的醫生詢問有關問題。海綿狀血管瘤是一種比較大，又紅又紫的痣。它是由皮膚深處大量血管的膨脹所引起的。這種痣會自己完全消失。當然如果有必要，也可以透過手術去除。

- **吸吮性水皰。**一些小寶寶的嘴唇、雙手和手腕上一出生就有水皰。這是小寶寶在子宮裡吸吮手指所造成的。有一些小寶寶的嘴唇中間也可能因為吸吮而產生白色的乾燥小皰。水皰有時會自動剝落。吸吮性水皰不需要特殊治療就會隨著時間消退。

**手指和腳趾發青。**許多新生兒的手和腳看起來都有點發青，尤其是他們覺得冷的時候。有些白皮膚的嬰兒在沒穿衣服時，渾身都會出現發藍的斑紋。這些身體的顏色變化都是因為皮膚的血液迴流減慢造成的，並不是疾病的徵兆。小寶寶的嘴唇有時也會發青。有時孩子的牙齦或嘴巴周圍發青，是血液含氧量降低的訊號，如果同時伴有呼吸困難或者進食困難，那就可以更加肯定作出判斷。如果你發現寶寶出現這種症狀，應該立刻諮詢醫生尋求協助。

**黃疸。**許多新生兒都會出現黃疸，他們的皮膚和眼睛會顯出淡淡的黃色。這種黃色來自一種稱為膽紅素的物質，它是紅血球細胞分解之後產生的。通常這些膽紅素會被肝臟吸收，然後隨著糞便排出體外（這時大便的顏色會發黃或顯出棕色）。但是新生兒的肝臟尚未發育成熟，腸的蠕動在最初的幾天也不是很有力，所以膽紅素就仍然留在血液中，讓皮膚看上去發黃。

輕微的黃疸十分常見，幾天以後就會自動消失，也不會引起什麼問題。但有些罕見的情況下，當膽紅素生成得過快，或者肝臟反應過慢

的時候，膽紅素的數值就可能上升到比較危險的程度。只要用一滴血就可以輕易檢測出膽紅素的數值，使用特殊光照（幫助膽紅素分解）的治療方式可以將膽紅素控制在安全範圍之內。如果你的孩子在出生後第一週似乎有些發黃，那就得請醫生檢查一下。

有時候，黃疸會一直持續到出生後的第 1 週或第 2 週。這種情況通常發生在母乳哺育的嬰兒上。有的醫生建議在一兩天之內完全停止母乳哺育。有的醫生則建議繼續哺乳，甚至主張增加餵奶的次數。兩種做法都能讓嬰兒有所好轉。只有在很少的情況下，持續不退的黃疸才是慢性肝病的徵兆，這必須透過特殊的檢查來診斷。

**呼吸問題。**剛做父母的人常常會擔心新生兒的呼吸，因為它經常是不規律的，而且有時還會緩慢得讓人很難聽到或看不出來。還有些父母第一次聽到寶寶輕微的鼾聲也會擔心。實際上這兩種情況都是正常的。當然如果孩子的呼吸讓你擔心，向醫生諮詢一下總是好的。

**臍疝。**肚臍的表皮痊癒以後，在肚皮深處的肌肉層，也就是臍帶血管通過的地方仍然存在著一個開口。當孩子哭的時候，可能會有一小部分的腸子被擠到這個洞裡（臍環），讓肚臍出現某種程度的外凸，這就稱為臍疝。如果臍環很小，臍疝的凸起不大於一個豌豆，那麼臍環就會在幾週到幾個月內密合。如果臍環很大，肚臍的凸起部位可能比櫻桃還大，那就需要幾個月甚至幾年才能密合。

以前的人曾經認為在肚臍上壓一枚硬幣可以防止肚臍凸出，再用一條膠帶黏緊，就可以讓臍環早一點合攏，事實上這種做法完全沒有任何作用。你不可能不讓寶寶哭鬧，而且即使寶寶不哭不鬧也於事無補。臍疝跟其他的疝氣不同，它幾乎不會帶來什麼危害，而且會隨著時間好轉。如果孩子在 6～8 歲臍疝仍然比較大，而且沒有縮小的跡象，可能就需要手術治療了。在極少數情況下，臍疝的位置會長出一個硬鼓鼓的腫塊。這種情況就要立即就醫（但這是非常非常罕見的案例）。

**乳房腫脹。**許多寶寶，無論是男孩還是女孩，都會在出生後的一段時間裡出現乳房腫脹的現象。有的孩子乳房裡還會流出一點奶水來。（過去人們把這叫做巫婆奶，

我也不知道這種叫法是怎麼來的。）腫脹的乳房和流出的奶水其實都是激素透過母親子宮影響到寶寶的結果。對此不必採取任何措施，因為腫脹一定會隨著時間消退。不要去擠壓或按摩孩子的乳房，因為這樣會對它們過度刺激，還可能導致感染。

**陰道排出物。**女嬰出生時，陰道經常會流出一些黏稠的白色液體。這是因為母親的激素所引起的（與導致嬰兒乳房腫脹的激素相同），這個狀況不用治療就會自行消失。在出生頭幾天，許多女嬰可能還會排出一點帶血的分泌物。這與月經相似，是由於出生後母親的激素在嬰兒體內消退所引起的。這種現象通常會持續一兩天。如果第一週過後孩子仍然排出帶血的分泌物，就應該讓醫生檢查一下。

**隱睾。**在一定比例的新生男嬰中，會有 1 或 2 個睾丸不是待在陰囊（正常情況下裝著睾丸的袋狀結構）裡，而是停留在上面的腹股溝甚至小腹中。很多隱睾會在孩子出生後很快降落到陰囊中。

人們很容易誤認為睾丸沒有降落。其實睾丸最初是在小腹中形成，在孩子出生前不久才降落到陰囊裡。與睾丸相連的肌肉可以把睾丸迅速拉回到腹股溝裡，甚至可以把它們拉回到小腹中。這是為了在這個部位受到撞擊或摩擦的時候保護睾丸免於受傷。有很多男孩的睾丸只要受到一點刺激就會馬上縮回去。甚至在脫衣服時，冷空氣對皮膚的刺激就足以讓睾丸縮回到小腹裡。檢查陰囊的時候，睾丸也常常會因為受到刺激而消失。所以父母不應該只是因為經常看不到睾丸，就認為它們沒有降落下來。找到它們的最佳時機就是在孩子洗熱水澡的時候。隨時都能在陰囊中找到睾丸的情況雖然比較少見，但其他情況也不需要做什麼治療。快到青春期的時候，它們就一定會停留在陰囊裡了。

如果男孩到了 9～12 個月大的時候，仍有 1 或 2 個睾丸從未出現在陰囊裡，那就應該帶他去找兒科醫生檢查。如果 1 或 2 個睾丸真的還沒有降落，那麼透過手術可以解決這個問題，睾丸的功能也不會受到損傷。

**驚嚇和發抖。**新生兒在聽到較大的聲響，或者被突然挪動位置時都會受到驚嚇。有的嬰兒對此尤其敏感。當你把這些寶寶放在一個堅

硬的平面上時，他們就會突然抽動手臂和腿，身體也可能隨著輕輕晃動。這種突然的變化足以讓一個敏感的嬰兒嚇一大跳，然後驚恐地哭起來。他們還會討厭洗澡，因為洗澡的時候只被鬆鬆地托著。他們必須被父母抱在大腿上，再用雙手將他們抓牢，再放進浴盆裡沖洗。在整個洗澡過程中，父母都要隨時抱緊孩子，而且動作要緩慢。隨著寶寶逐漸長大，這種不安的狀況就會被慢慢地克服。

● **發抖**。有的嬰兒會在出生後的前幾個月出現發抖的狀況。他們的下巴可能會顫抖，手臂和腿也會抖動。在嬰兒激動的時候，或者剛脫下衣服感到涼意的時候，這種狀況特別明顯。這種顫抖通常不必擔心，這只不過是嬰兒的神經系統仍然稚嫩的表現之一。這種情況會隨著時間消失。

● **抽搐**。有些嬰兒偶爾會在睡覺時抽搐，也有些嬰兒抽搐得很頻繁。這種現象通常也會隨著嬰兒的成長而消失。但如果你抓住寶寶四肢時，他抽搐得更厲害，那就可能是心臟病或腦部疾病突然發作的徵兆。你可以向醫生諮詢，以確保孩子一切正常。

寶寶出生之前

0～3個月

4～12個月

12～24個月

2周歲

3～5歲

6～11歲

12～18歲

# 3 寶寶生命的頭一年： 4～12 個月

## 一個充滿新發現的階段

**頭一年的新發現。**如果說生命裡前 3 個月的主要任務是讓身體各個系統都平穩地運轉起來，那麼 4～12 個月就是一個充滿新發現的階段。寶寶們開始認識自己的身體，也開始學著控制自己人人小小的肌肉。他們開始探索這個物質世界，並且體會原因和結果之間的基本關係。此外，他們還能逐漸看懂別人的情緒，預測自己的行為將會招來別人怎樣的反應。這些重要的發現引導著寶寶走向語言的開端。有的寶寶在過第一個生日之前就開始了語言的發展，而有些寶寶這方面會發展得比較晚。

**轉捩點的意義。**醫生總是注重那些明顯的轉捩點，比如翻身、獨坐、站立和行走等。一個很晚才學會這些技能的寶寶的確可能存在發育問題。但即使是在健康的寶寶中，這些方面的發展也會有早有晚。學會這些技能的具體時間並不十分重要，重要的是那些發展代表孩子跟他人感情發展的轉捩點，比如別人對他微笑的時候他也報以微笑，別人對他講話的時候他就會傾聽，透過觀察父母的表情來判斷一種新的情況是否安全，以及察看父母是高興還是不高興。儘管父母不太可能像關注坐、站立、走那樣按順序追尋這些情感能力的發展情況，但他們往往也能察覺到這些交際能力轉捩點的出現。

除了發育的時間問題，還要注意小寶寶的行為發展特質。有的孩子喜歡坐在一旁觀察，雖然他們看到

了所有事物，卻幾乎不做什麼反應。有的寶寶則是非常活躍，迫不及待地採取行動，但又很快失去興趣。有的寶寶好像對每一個微小的變化都保持著敏感度。有的寶寶則天生對周圍狀況不太在意。有的寶寶很嚴肅，有的則很活潑。寶寶生來便是如此，這些都是他們完全正常的行為方式，但是這些特質需要父母對他們給予不同的引導。（**更多關於性格特質的內容，請參閱 445 頁「孩子需要什麼」一節。**）

你可以參考一些生長發育對照表，看看孩子是否在對應的時間做了他「應該」做的事。這 15 年來，我一直不願意把這樣的成長時間表放在這本書裡。主要是因為每個孩子的成長模式都與別人不同。有的寶寶可能在整體力量和協調性方面發展得非常快（可以說是小寶寶中的運動健將），但是在用手指做精細動作或說話方面可能發展得比較慢。那些後來在學校裡表現很傑出的孩子，也可能在一開始學說話的時候進展得非常緩慢。同樣的，能力一般的孩子在早期發育方面也可能表現出眾。

我認為過分注重早期發展的各項指標在什麼時候完成，一味拿自己

的孩子和「平均標準」比較，對孩子不公平。孩子的發展總會有飛躍和下滑。而下滑往往預告著另一次的飛躍。所以當孩子出現小小退步時，父母不必過分在意。沒有證據顯示讓孩子早早學會走路、說話，對他們的發展有真正長遠的好處。寶寶需要一個能夠提供成長機會的環境，而不是強迫他成長的環境。

**自閉症。** 就在這本書開始印刷的時候，美國兒童裡患有自閉症和自閉症相關障礙的機率大約是 1%，而且可能還在增加。年輕的父母一定聽說過自閉症這種疾病，許多人還可能認識這樣的孩子。從第 663 頁開始，你可以看到有關自閉症的更多內容。在這裡，你必須學會識別一些需要進一步檢查的危險訊號。當寶寶 4 個月大的時候，他應該很愛跟你「說話」。也就是說，他會看著你的臉，聽你的聲音，並且用自己的聲音和興奮的面部表情作出回應。到 9 個月的時候，他應該會咿咿呀呀地發出各種像語彙一樣的聲音。一歲的時候，他應該開始會用一隻手指指著有趣的事物讓你看。15 個月大的時候，他應該至少會說一個有意義的語彙。如果你有些擔心，可以和孩

子的醫生或當地的兒童發展機構談一談。透過早期檢查，越來越多患有自閉症的孩子都能在與人的聯繫、交流和更多的滿足感中成長。

## 照顧你的寶寶

**陪伴而不嬌慣。** 寶寶玩耍的時候不要讓他離開父母（有兄弟姐妹陪伴也可以），這樣孩子就可以隨時看見他們，向他們發出聲音，還能聽見父母跟他說話，或者偶爾讓父母告訴他某個東西的玩法。但是沒有必要讓他長時間坐在父母的大腿上，也不必總是抱著他逗他玩。父母的陪伴會讓孩子覺得高興，還能從中受益。但是，他還得學會自己做事。剛成為父母的人往往欣喜若狂，所以在孩子醒著的時候總是抱著他或逗他玩。這樣一來，孩子就會對這種方式產生依賴，還可能向父母要求更多關照。

**能看的和能玩的。** 在 3～4 個月的時候，他們就開始喜歡色彩鮮艷又會動的東西，但他們還是最喜歡看人和臉。在室外，他們會饒有趣味地看著樹葉和影子。在室內，他們會仔細研究自己的手和牆上的圖片。在他們開始抓東西的時候，你

可以買一些色彩鮮艷的玩具掛在小床邊的欄杆上。要掛在他們抓得到的地方，不要掛在正好對著寶寶鼻子的地方。你也可以用硬紙板做一些活動道具，糊上色紙，掛在天花板或吊燈上，讓它們輕輕地旋轉。你還可以把湯匙或塑膠杯等適合的家庭用品掛在孩子抓得到的地方。（請務必注意把繩子弄短一點，別讓它們變成安全的危機，勒住寶寶。）所有這些玩具都很好，但是永遠不要忘記，人的陪伴比什麼都重要。這一點絕對有助於寶寶的成長，也是寶寶的最愛。

**關於電視：** 如果電視開著，嬰兒會一直盯著它看，這並不是良好的發展跡象，這種娛樂會消耗嬰兒的精力。他很容易就會依賴電視給他的刺激，而失去一些天生的探索動力。給寶寶一套塑膠杯組，一些積木或一本硬紙書，他們就可以想出 50 種有創意的玩法。而讓他坐在電視機前，他就只能做一件事。

要記住，不管孩子拿著什麼東西，最後都會把它放到嘴裡。孩子在半歲左右，最大的樂趣就是擺弄東西，然後往嘴裡放，比如塑膠玩具（專門為這個年齡的嬰兒製作的）、撥浪鼓、固齒器、布製的動

寶寶出生之前

0
～
3
個
月

4
～
12
個
月

12
～
24
個
月

2
周
歲

3
～
5
歲

6
～
11
歲

12
～
18
歲

物玩偶和娃娃,以及家庭用具(要保證放進嘴裡是安全的)等。不能讓嬰兒接觸塗有含鉛油漆的物品或傢俱,也不能讓他們玩會被咬成碎塊的塑膠玩具,更不能讓他們玩尖銳的東西、小玻璃球以及其他容易導致窒息的小物件。

## 餵養和發育

**餵養決策。** 寶寶第一年的餵養是個特別重要的話題,所以我們安排了獨立的章節(從第 191 頁開始)。這裡只談一些基本的問題。美國兒科醫學會倡導母親們至少要在前 12 個月進行母乳餵養。儘管如此,6 個月的母乳餵養也足以為寶寶提供大部分的天然營養。哪怕母乳餵養的時間很短,也總比不餵母乳來得好。

嬰兒配方奶是由牛奶或大豆製成的。配方奶與母乳的成分並沒有明顯的差別,儘管專家們不同意這種說法。家裡自製的牛奶和低鐵配方的牛奶通常都不能提供充足的營養。請不要讓 12 個月以下的寶寶喝牛奶,更何況關於牛奶的營養價值還存在著許多爭議。(**關於配方奶粉請參閱第 239 頁,關於乳製品請參閱第 239 頁。**)

大多數父母都會在寶寶 4 個月左右幫他們添加固體食物,從含鐵麥片開始,然後逐漸加入蔬菜、水果和肉類。比較推薦的做法是在增加一種新食物之前先觀察一週左右,看看你的孩子是否已經接受了前一種食物,是否沒有出現胃部不適或皮膚疹。不要著急,與出生一年後嚐到的新食物相比,寶寶更容易接受那些在這個時間之前曾經嘗試過的食物。

**進餐時的表現。** 對很多父母來說,哄孩子吃飯可能很困難,因為寶寶喜歡拿著食物玩耍。把南瓜到處亂扔,對著豆子戳來戳去,這都是寶寶發現物質世界的重要途徑。同樣的,逗弄和激怒父母也是他們了解人際關係的重要方法。父母要和他們分享樂趣,但是應該設定適當的限制。你可以說:「用手抓薯泥沒關係,但如果拿來亂丟的話,你就不能繼續吃飯了。」如果你和寶寶離開餐桌時都很高興,那就表示這頓飯吃得不錯。如果進餐時你常常感到緊張、憂慮、生氣,那就應該做一些改變了。向寶寶的醫生諮詢一下,可以幫助你做些調整。

9 個月前後,小寶寶會表現出一

些獨自進餐的傾向。他想自己拿湯匙，如果你想餵他吃飯，他會把頭扭向另一邊。這種行為常常是嬰兒形成自我意識的最初訊號，這個過程將在接下來幾年裡全面展開。（順便提一下，解決搶湯匙的一個好方法就是給寶寶一支湯匙讓他隨意使用，這時你就可以用另一支湯匙把燕麥粥實實在在地餵進他嘴裡。）

**發育。**4個月左右的寶寶體重大概會比他們出生時增加1倍，1歲時會增加2倍。醫生們通常會把孩子的體重、身高和頭圍指標做成圖表，還會設出每個年齡的平均數值和正常範圍。這些圖表或許讓人很安心。健康的發育狀況畢竟是個好現象，證明你的孩子飲食允足（但不是過多），而且身體的其他系統也發育良好。但是有時候，我必須勸告父母，不要過分關注那些數字。個子高未必就好。另外，在生長曲線上處於第95個百分點只能證明這個寶寶將來很有可能是班上個子最高的孩子之一，除此之外證明不了太多事情。

## 睡眠

**睡眠習慣。**很多成年人都有自己覺得舒服的睡眠習慣。我們喜歡合適的枕頭，被子也要鋪成某種特定的形式。寶寶也一樣。如果他們養成了只有大人抱著才睡覺的習慣，那可能會成為讓他們入睡的唯一辦法。

反過來說，如果孩子學會了自己入睡，他們就可以在半夜醒來時獨自入睡，進而為父母免去許多無法成眠的夜晚。所以我建議，一旦寶寶三、四個月大了，你就可以試著在他醒著的時候把他放到床上，讓他學著自己入睡。如果他在夜裡醒來時能夠重新入睡，那麼你將感到十分欣慰。（**更多關於不肯睡覺嬰兒的內容，請參閱第131頁。**）

**早醒。**有的父母喜歡天一亮就起床，和他們的寶寶一起享受清晨時光。但如果你更喜歡賴床，那也可以訓練寶寶晚點起床，或至少在早晨能夠愉快地待在床上。到了六個月大左右，大多數的小寶寶都喜歡在寧靜的早晨，大約五六點之後才起床。然而大多數父母已經養成了一種習慣，就是即使睡著也會聽著寶寶的動靜。他們會在寶寶發出

第一聲嗚咽的時候立刻從床上跳起來，不給寶寶重新入睡的機會。結果父母可能會發現，孩子已經兩三歲了，父母還是要在早上 7 點以前起床。另外，如果孩子習慣了每天一大早就有人這麼長時間地陪著他，那他以後就會不斷向父母要求這種待遇。

**睡袍和連身睡衣。**到了第 6 個月，當寶寶可以在嬰兒床裡爬來爬去的時候，大多數父母會發現讓他們穿上睡袋或連身睡衣睡覺會比較好，因為期待寶寶老老實實地睡在毯子裡實在不切實際（他們總是可以從被子裡爬出來）。睡袍的形狀就像能包住腳的長睡衣，還有袖子。很多睡袍還可以隨著孩子長大調整身長和肩寬。嬰兒連身睡衣的形狀就像工作褲或滑雪服，兩條褲腿是分開的，也能把腳包上。（腳底可能會由結實的防滑材料製成。）選擇拉鏈可以從脖子到腳一路拉到底的最為方便。要經常檢查腳套裡面，因為那裡可能黏有毛髮，會纏住嬰兒的腳趾引起疼痛。

如果屋裡很暖和，你只穿一件棉質襯衫就不冷，或者睡覺時蓋一條棉毯子就覺得很溫暖舒服的話，那麼孩子在這樣的房間睡覺時，他的睡袍或連身睡衣頂多和棉毯一樣厚就行了。如果房間裡比較冷，成年人要蓋一條厚羊毛毯子或腈綸毛毯才覺得暖和，那寶寶就要穿厚一點的睡袍或睡衣，再加蓋一條毯子。

**睡眠的變化。**到了 4 個月左右，許多小寶寶通常是在夜裡睡覺，中間可能會醒來 1～2 次。白天他可能還會小睡兩三次。快到 1 歲的時候，大多數小寶寶白天睡覺的次數會減少到 2 次。每個寶寶的睡眠時間總量不同。有的孩子一天總共只睡 10～11 個小時，有的則多達 15～16 個小時。睡眠時間的總長度會在一年後逐漸減少。

9 個月左右，許多很能睡的寶寶就會開始保持清醒並且要求受人關注了。差不多在這個時候，寶寶會發現，一個用布蓋住的玩具或其他物體雖然看不見了，但其實仍然存在。心理學家把這個智力上的突破稱作「物體恆存概念」。從小寶寶的角度來看，這意味著視覺感受不到的東西不再被意識排除。（當你不再能輕易地把東西拿走的時候，就應該明白寶寶正在形成「物體恆存概念」。所以即使你把東西藏在身後，寶寶仍然會尋找。）

同樣的情形也會在半夜出現。如

果寶寶醒來時發現只有自己，他會知道即使看不見你，你也在附近，他可能會哭著要你陪著他。

有時候只要簡單地說一句「睡覺囉」就可以讓寶寶重新入睡。但有的時候，你得把寶寶抱起來，讓他再次確信你真的就在他身邊。如果你在他睡熟之前把他放回去，他就有機會練習自己重新入睡。

**睡眠問題。** 許多寶寶都有入睡困難和無法保持良好睡眠狀態的問題。這些問題通常是由輕微的疾病引起的，比如感冒或耳朵發炎，但有時可能會在炎症消退後持續很長時間。解決問題的第一步就是讓寶寶重新養成在自己小床上入睡的習慣。一開始爸爸媽媽可以陪在旁邊，之後就可以讓他逐漸獨立起來。睡前有個舒適的習慣會比較容易，比如講故事、做祈禱、親吻寶寶等等。

整天上班的父母有時會發現，寶寶很難在傍晚時入睡。同時，我也經常聽到這樣的抱怨：「我 7 點鐘到家，他 8 點鐘睡覺，我們幾乎沒有時間在一起相處。」這讓我忽然想到，雖然嬰兒失眠對某些人來說是個問題，但對另一些父母來說卻是解決相處時間不足的天然途徑。

不過如果可能，父母最好還是改變一下自己的日程安排。

## 哭鬧和腸痙攣

**正常的啼哭和腸痙攣。** 所有的嬰兒都有哭鬧和焦躁的時候，而且往往比較容易找出原因。「哭鬧和安撫」部分的內容（從第 65 頁開始）也適用於一歲以內的小寶寶。哭鬧的問題在寶寶 6～8 週大前會越來越嚴重。但值得感謝的是，這段時間之後就會逐漸減少。到三、四個月的時候，大多數寶寶每天總共只會哭鬧一個小時左右。

但對有的寶寶來說，無論慈愛又慌亂的父母怎麼做，他們都會哭個不停，一小時又一小時，一星期又一星期地持續下去。腸痙攣的判定標準是：連續 3 個星期以上，每星期超過 3 天，每天 3 小時以上無法安撫的哭鬧。現實生活中，如果一個健康的孩子無緣無故地哭鬧、尖叫或情緒激動，而且比正常情況下持續的時間長得多，就可以認定是嬰兒腸痙攣。腸痙攣就是指來自腸子的疼痛，但是我們還不清楚這是不是引起嬰兒哭鬧的根本原因。

腸痙攣的寶寶似乎會出現兩種不

寶寶出生之前

0～3個月

4～12個月

12～24個月

2 周歲

3～5歲

6～11歲

12～18歲

同的哭鬧。有的嬰兒會在晚上某特定時間裡哭鬧，通常是 5～8 點。這些孩子白天大部分時間都心平氣和，也很容易安撫；然而隨著夜晚的來臨，麻煩就開始了。他們會開始大哭不止，有時候還很難安撫，而且一哭就是好幾個小時。這裡浮現了一個問題：到底傍晚發生了什麼事讓他們如此焦躁？舉例來說，如果是消化不良，那麼在一天當中的任何時候他們都可能哭鬧，而不僅僅在晚上。另外一些嬰兒不論白天晚上都會不停地哭鬧。其中有些孩子看上去還會顯得很緊張，似乎戰戰兢兢的。他們的身體總是無法完全放鬆，很容易因為一點聲響，或任何快速的位置變化而受到驚嚇或開始哭鬧。

## 應對嬰兒腸痙攣

面對一個焦躁、亢奮、腸痙攣或易怒的寶寶，父母總是非常頭疼。如果你的孩子患有腸痙攣或者容易激動，那麼一開始抱起他的時候他可能停止不哭了，但幾分鐘過後，他會比之前喊叫得更厲害。他的手臂會胡亂揮舞，一雙小腿又蹬又踹。他不僅拒絕安撫，看起來還好像因為你努力安撫他而讓他更生氣。這些反應對你來說很痛苦。你會覺得對不起他，至少在剛開始的時候一定會有這種感覺。然後，你可能會越來越覺得自己不夠稱職，因為你無法緩解他的痛苦。時間一分一秒過去，他會表現得越來越生氣，漸漸地你會覺得他根本無視於你的努力，然後忍不住耐心盡失，發起火來。但是跟一個小嬰兒生氣會讓你覺得慚愧，於是你又會竭力地壓抑這種情緒。這會讓你比任何時候都精神緊繃。

你可以試著做一些事來改善這種情況，但是我認為，你首先應該做的是向自己的情緒妥協。當無法讓寶寶安靜下來時，所有的父母都會感到擔心、沮喪、畏懼和自責。多數人還會感到內疚。如果面對的是第一個孩子，那就更容易會有這樣的感覺，就好像孩子的哭鬧是父母的錯（其實並不是這樣）。另外，大多數父母還會生寶寶的氣，這也很正常。這時應該讓自己休息一下。寶寶大哭大鬧，你的反應很激動也不是你的錯。這只能證明你真的很愛寶寶。否則你也不會如此沮喪。

寶寶出生之前

0～3個月

4～12個月

12～24個月

2周歲

3～5歲

6～11歲

12～18歲

**絕不要用力搖晃嬰兒**。在無計可施的情況下，絕望和憤怒會讓某些父母用力地搖晃孩子，想讓他們停止哭鬧。但是結果往往會造成嚴重的永久性大腦損傷，甚至導致死亡。這真是一種悲劇。所以，在你的忍耐力到達極限之前，在你還沒想過要用力搖晃孩子來解決問題的時候，就得先尋求幫助。你可以先向寶寶的醫生諮詢。另一個重要的問題是，一定要叮囑其它照顧寶寶的成年人，確保他們都知道用力搖晃寶寶非常危險。

**醫學診斷**。如果寶寶患有腸痙攣，首先要做的就是讓醫生幫他檢查，看看他的哭鬧是否有什麼明顯的病理原因。如果寶寶的身體基本上正常，各方面的發展也都正常，而且做過仔細的身體檢查，那就更讓人放心了。有時候找醫生覆診也很有必要。（發育不正常的腸痙攣嬰兒就有必要進行全面徹底的醫學診斷。）

如果確定寶寶的問題就是腸痙攣，那你就可以鬆一口氣了，因為得過腸痙攣的孩子長大後會和其他孩子一樣快樂、聰明，也一樣會擁有健康的身體。對你來說，關鍵就是要以充分的信心和良好的精神狀態去面對接下來的幾個月。

**幫助寶寶**。首先，請你再次查看第 65 頁上應對哭鬧的備忘清單。在醫生認可的前提下，你還可以嘗試幾種解決嬰兒腸痙攣的方法。雖然所有方法都會在某些時刻奏效，但是哪一種方法都不能解決所有問題。這些方法包括：在兩次餵奶的間隔給寶寶一個安撫奶嘴、把寶寶緊實地裹在嬰兒毯裡、用搖籃或嬰兒車輕搖寶寶、把寶寶放在揹巾裡散步、帶著他開車兜風、試試嬰兒鞦韆（多數嬰兒都會對此厭煩，並在幾分鐘之後再次哭鬧）、播放輕柔或低沉的音樂。精神亢奮的寶寶通常在安靜的狀態下反應最好。像是讓房間保持安靜、減少探望者的數量、把聲音壓低、用輕緩的動作觸碰他們、抱著他們時緊緊地摟住、換尿片和洗海綿浴時放一個大枕頭（裹上防水罩）供他們仰臥以防止滾動，或者多數時候都用嬰兒毯把他們包裹起來。你也可以試著：

- **用潤滑油幫寶寶做腹部按摩**：在他腹部放一個熱水瓶（請注意千萬不要過燙，你

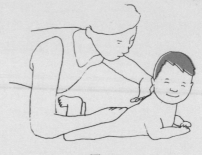

圖1-8

可以把熱水瓶貼著自己的手腕內側，只要不覺得太熱即可。為了更安全一點，請用尿布或毛巾把瓶子包裹起來）。把寶寶橫放在你的膝蓋上，或者橫放在熱水瓶上，然後按摩他的後背，如圖 1-8。

- **更換他喝的東西**：試著換一種配方奶（這個辦法的成功率通常可以達到 50%），或者讓寶寶喝點菊花茶或薄荷茶。如果是母乳餵養，那麼媽媽就別再喝牛奶、咖啡和含有咖啡因的茶，也不要再吃巧克力（這也含有咖啡因）和導致脹氣的食物，比如高麗菜。

如果這些方法都不管用，孩子既不餓也沒有什麼疾病，接下來又該怎麼做呢？我認為，你完全可以把寶寶放到他的小床裡，讓他哭一會兒，看看他會不會自己平靜下來。聽著孩子哭鬧卻什麼也不做非常難受，但實事求是地來看，除了對他的哭鬧視而不見以外，你還能做什麼呢？有的父母會出去散散步，任由孩子哭鬧。有的父母則捨不得離開房間。處理這種情況沒有正確或錯誤的方法，你認為合適就可以。如果過一會兒寶寶還在哭，就再把他抱起來，把每一種方法都從頭再試一遍。

**幫助自己**。很多父母一聽到孩子的哭聲就抓狂，疲憊不堪，如果面對的是第一個孩子，而且長時間跟孩子待在一起，那就更容易出現這種情況了。有一個真正有效的辦法值得嘗試，那就是將孩子放下幾個小時，走出家門散散心。至少兩週一次，如果能夠接受，還可以再頻繁一點。如果父母兩人能夠一起出去走走，效果最好。你可以請一個保姆，或請朋友、鄰居過來幫你照顧孩子一會兒。

你可能跟許多父母一樣，對這種作法猶豫不決。你會想：「為什麼我們要麻煩別人照顧寶寶呢？而且，離開這麼長的時間會讓我們擔心寶寶的狀況。」但是你不該把這樣的休息看成是對自己的恩賜。因為充沛的精力和愉快的心情對你、對寶寶、對伴侶來說都很重要。如果你們找不到任何人幫忙，可以每星期挑一兩個晚上輪流出去走走，見見朋友或者看一場電影。寶寶不需要兩個憂心忡忡的父母同時聽著他哭。另外，也可以試著讓朋友來看你們。要記住，任何能夠幫助你保持心態平衡的事，以及任何能夠避免你對寶寶過分專注的事，最後也將會使寶寶和其他家庭成員受益。還有，儘管有點難以啟齒，但還是一定要叮囑所有照顧孩子的人，絕對不能用力搖晃寶寶。

## ∴娇慣

**父母會把孩子寵壞嗎？**從醫院回到家的前幾週裡，如果孩子在兩次餵奶的間隔裡經常哭鬧，不能安穩的睡覺，那你很自然就會想到這個問題。你一把他抱起來走動，他就（至少是暫時地）停止了哭鬧。一放下，他就重新哭鬧起來。在前6個月裡，你用不著太擔心孩子會被寵壞，這麼小的孩子很可能是因為覺得難受而哭鬧。如果一抱起來就不哭了，很可能是因為抱他的動作分散了他的注意力，也可能因為你抱著他的時候溫暖了他的小肚子，讓他（至少是暫時地）忘記了自己的疼痛，或者忘記了精神上的緊張。

關於娇慣的問題，答案是否定的，關鍵在於1個月大的孩子什麼道理都還不懂。所以很顯然，他還沒有能力做出這麼複雜的思考，期望在一天24小時裡，只要一哭就會有人來照顧他。只有在他懂得這個道理的時候，才有可能說明他被寵壞了。但是我們知道，嬰兒還不可能對事情做出預測，他完全生活在「此時此地」。他也不可能形成這種想法：「好吧，我要把他們的

日子攪得痛苦不堪，直到他們對我有求必應為止。」這種想法正是被寵壞的孩子的另一個重要特點。

嬰兒在這個時期學習的，只是對世界的一種基本信任（或者不信任）感。如果他們的需要能夠得到迅速而又周到的滿足，他們就會覺得這個世界是個充滿慈愛的地方，一個基本上只會發生好事的地方。於是原來那些不好的印象也會很快轉變。著名的精神學家埃理克·埃理克森（Erik Erikson）認為，這種基本的信任感會成為孩子未來性格的核心。也因此對於「嬰兒是否會被寵壞」這個問題的答案便是否定的。等他長大一點，到了能夠理解為什麼他的需要不能馬上得到滿足的時候（可能在9個月左右），才有可能會被寵壞。所以，更重要的問題反而是：「要如何才能養成嬰兒最基本的信任感？」

**6個月以後的娇慣。**等到孩子6個月大的時候，你會變得更加多疑。寶寶到了6個月左右，導致腸痙攣和其他身體不適的原因基本上已經消失了。有些在腸痙攣期間經常被抱著走動的嬰兒，已經習慣了那種不間斷的關注與照顧。所以他們會希望那樣的走動和陪伴能夠一

直繼續下去。

舉一位母親為例，她一刻也忍受不了孩子的哭鬧，所以只要孩子醒著她就會在大部分時間裡一直抱著他。結果到了孩子 6 個月大的時候，只要母親一把他放下，他就會馬上哭起來，還會伸出手臂要母親再把他抱起來。由於孩子太黏人，所以想做家務是不可能的了。這位母親難免會對這種束縛感到不耐。但是她又忍受不了孩子憤怒的哭鬧。孩子很可能感覺到了父母的焦慮和不滿，所以就會提出更多要求。另一位母親的情況則與這個例子相反：當孩子稍一哭鬧，母親就會心甘情願地把他抱起來。即使孩子不哭的時候，母親也會用揹帶整天把他揹在身上。

像這種聽到孩子有一點哭聲就會主動把他抱起；即使孩子並不煩躁，母親也會整天把他帶在身邊的案例跟上文提到的情況非常不同。在許多文化當中，孩子在學會走路之前幾乎不會被單獨放在一邊，這些孩子也並沒有被寵壞。但是讓 6～12 個月大的孩子自己玩上幾分鐘是可以的，讓他等一會兒再享受你的關注也沒什麼問題。要是寶寶還小，那就要盡量滿足他的需要。

如果寶寶大一點，會走路了，或者已經是個大孩子了，那就要讓他明白需要和願望是不同的。他的需要會被滿足，而願望只能在某些時候才會得到滿足。

**怎樣才能不寵壞孩子？**你需要堅強的毅力和一定程度的狠心，才能對孩子說「不」，才能以這樣或那樣的方式為孩子設定限制。為了讓自己保持良好的情緒，你必須牢記，從長遠來看，那些不合理的要求和過分的依賴為孩子帶來的危害最終會大於帶給你的麻煩。這將不利於他們的成長，也會讓他們很難跟外界順利接觸，你的教育和糾正是為了他們長遠的未來著想。

請幫自己制訂一個計畫，如果有必要的話還可以寫在紙上。你必須把家務和其他的事情都緊湊地安排好，讓自己在孩子不睡覺的大部分時間裡都有事情做。做事的時候要盡可能俐落，這樣可以引起孩子的興趣，同時也可以幫自己打氣。如果你是一個小男孩的母親，而他又已經習慣了整天讓人抱著，那麼當他哭著伸出雙臂的時候，你要用溫和但堅決的語氣向他解釋，告訴他這件事和那件事必須要在今天下午做完。雖然他聽不懂你的話，但是

他能理解你的語氣。你必須要能專注地做你的事。第一天的頭一個小時是最難熬的。

如果母親從一開始就有大部分時間不露面也很少說話，那麼孩子會比較容易接受改變。這可以幫助孩子把注意力轉移到別的東西上。有的孩子只要能看見母親，能聽到母親跟他說話，那麼即使不抱起來，他也能很快調整過來。當你給他一個玩具，教他怎麼玩的時候，或者當你決定傍晚和他玩一會兒的時候，就要在他旁邊席地而坐。如果他願意，你可以讓他爬到你懷裡，但是，千萬不要恢復抱著他到處走動的習慣。當你和他一起坐在地板上的時候，如果他感覺到你不會抱著他走動，那麼他就會自己爬開。如果你把他抱起來，那麼只要你想把他放下，他就會開始哭鬧抗議。當你和他坐在地板上時，如果他還是不停哭鬧，你就應該再找一件事讓自己忙起來。

你正在努力嘗試的是幫助孩子鍛鍊面對挫折的忍耐力。每次一點，慢慢來。如果他沒有從嬰幼兒時期（大概 6～12 個月）就慢慢學會忍耐，以後再學就更困難了。

## 身體的發育

**嬰兒首先學會頭部的運動。** 嬰兒都要經歷一個緩慢的過程，才能逐漸學會控制自己的身體，先從頭部開始，然後逐漸向下延伸到軀幹、手和腿。許多早期的運動早已預先設定在大腦裡了。在孩子出生之前，他就知道應該如何吮吸。如果什麼東西碰到了他的臉（比如你的乳頭或者手指）他就會努力地用嘴去碰。用不了幾天，他就能十分熟練地喝奶了。如果你想按住他的頭不讓他動，他馬上就會感到憤怒，而且還會扭動腦袋想要掙脫。（或許這就是嬰兒與生俱來預防窒息的本能。）最晚到一個月大左右，嬰兒就會用眼睛去追蹤物體，還會用手去抓東西。

**學會用手。** 有些嬰兒剛一出生就能隨意地把拇指或其他手指放進嘴裡。懷孕期間的超音波檢查顯示，寶寶在出生前就會吃手指。然而，大多數嬰兒直到兩三個月大的時候，才能有規律地把手放進嘴裡。由於這時嬰兒的小拳頭還攢得很緊，所以通常都要再等一段時間才能單獨含住拇指。

許多嬰兒在大約兩三個月的時候

寶寶出生之前

0～3個月

4～12個月

12～24個月

2周歲

3～5歲

6～11歲

12～18歲

就能一連幾個小時目不轉睛地看著自己的手。他們把手高高舉著，直到突然一下砸在自己的鼻子上。然後，他們會伸出手臂，重來一遍。這便是手眼協調的開始。

手的主要功能是抓住東西和操縱物體。嬰兒似乎事先就知道下一步要學什麼。在他真正能夠抓住一件物體的幾週前，就會好像很想努力地練習抓住物體。在這個階段，如果你把一個波浪鼓放在他手裡，他就會抓住它搖晃。

到了半歲左右，寶寶已經學會如何伸手抓住距離他一個手臂遠的物品。也是大約在這個階段，他還會學著把一個物品從一隻手換到另一隻手上。漸漸地，他就能更加熟練地擺弄物品了。從大約 9 個月大開始，他會很喜歡小心翼翼而又專心致志地撿拾一些小東西，尤其是那些你不希望他們去碰的東西（比如塵土）。

**右撇子還是左撇子。**孩子習慣用哪一隻手一直是個令人迷惑不解的問題。大多數嬰兒在最初的一兩年裡都是雙手並用，而且兩隻手同樣靈活，然後才會慢慢地偏向使用右手或者左手。很少有嬰兒在 6～9 個月大的時候就開始偏愛使用某一隻手。左撇子或右撇子是天生的，大約有 10% 的人習慣使用左手。習慣用哪隻手做事與家族因素有關，有的家庭會有好幾個左撇子，有的家庭則一個也沒有。強迫習慣使用左手的孩子若改用右手會讓大腦出現混亂，因為大腦早已形成了一套不同的工作方式。順帶一提，習慣用右手或習慣左手的現象跟使用左右腿的偏好，以及優先使用哪隻眼睛的情況是相似的。

**學會翻身和滾落的危險。**嬰兒學會控制頭和手臂的年齡各不相同，他們學會翻身、獨坐、爬行和站立的時間就更是因人而異了。這在很大程度上取決於他們的性格和體重。體瘦、結實、精力充沛的孩子總是急於運動，而身體較胖、喜歡安靜的孩子可能希望再等一等。

當嬰兒開始學習翻身時，千萬不要把他獨自放在桌子上，哪怕只是一轉身的時間也不行。因為你無法準確預測他什麼時候就會成功翻過身來。所以最保險的做法是，只要孩子在高處，就要用一隻手扶著他。等寶寶能夠翻身的時候，即使把他放在成人用的大床中間也不安全。別小看這個小寶寶，他翻到床邊的速度快得令人難以置信，所以

許多孩子就從大床上掉到了地上，這將會讓做父母的感到非常內疚。

從床上摔下來以後，如果寶寶立刻大哭起來，然後在幾分鐘之後就停止哭鬧，並且恢復正常，就表示他沒有受傷。如果幾個小時或者幾天以後，你發現他有行為上的變化（比如愛哭、嗜睡、不吃東西等），就要立刻打電話給醫生，向他們說明當時的情況。在大多數情況下你都可以放心，孩子通常都不會有事。如果寶寶失去了意識，哪怕只是很短的時間，你也最好立即帶他就醫。

**獨坐。**大多數孩子在 7～9 個月的時候，不用扶就能坐得很穩。但是在他具備這樣的協調能力之前，可能就已經迫不及待了，如果你拉住他的雙手，他就會試著把自己撐起來。孩子的表現總是讓父母想到一個問題：「再過多久我才能讓他靠著東西坐在嬰兒車裡或者高腳餐椅上呢？」一般說來，最好還是等到他能夠自己穩穩坐上幾分鐘的時候，再讓他靠著東西筆直地坐著。但這並不是說父母不能讓孩子坐著玩耍讓他開心一下，你還是可以讓孩子坐在你的腿上，也可以讓他靠著傾斜的枕頭坐在嬰兒車裡，只要

孩子的脖子和後背挺直就不會有問題。要切記的是千萬不要讓孩子長時間彎著腰坐著。

這也帶出了高腳餐椅的問題。這種椅子能讓寶寶跟其他家庭成員一起坐著用餐，這一點非常好。但是孩子萬一從椅子上掉下來就不是什麼好事了。如果你要使用高腳餐椅，一定要選一個底盤寬大的，這樣才不會容易傾倒。還要記得隨時用安全帶把孩子固定住。絕對不要把孩子單獨留在椅子上。

**拒絕換尿片。**寶寶永遠都學不會的事情之一，就是換尿片和穿衣服時保持安靜躺著不動，因為這完全違背孩子的天性。從學會翻身到 1 歲左右，也就是孩子能夠站著穿衣服的時候，他們會開始憤怒地哭喊、掙扎著不想躺下，就好像那是一種他們從沒聽說過的暴行一樣。

有幾種辦法多少會有點幫助。有的孩子能被父母發出的有趣聲音吸引，有些孩子的注意力可以被一小塊薄脆餅乾或小甜餅轉移。你還可以用一個特別好玩的玩具來吸引他，比如音樂盒或活動玩具，而且只在穿衣服的時候才會特別把它拿出來。在你讓寶寶躺下去之前就應該先分散他的注意力，不要等到他

開始喊叫的時候才去想辦法。

**匍匐和爬行。**匍匐，就是寶寶開始拖著自己的身體在地板上爬。這個進步通常出現在 6～12 個月大的某個時候。爬行，就是他們用雙手和膝蓋支撐起身體到處移動，往往會比匍匐晚幾個月。偶爾也有一些完全正常的嬰兒根本不會匍匐或爬行，他們只是坐在那兒蹭過來蹭過去，直到學會站立為止。

嬰兒匍匐和爬行的方式各式各樣，當他們熟練了之後就會改變方式。有的孩子先學會向後爬，有的則像螃蟹一樣往兩側爬，有的嬰兒直著腿用雙手和腳趾爬行，有的用雙手和雙膝爬行，還有的用一條腿的膝蓋和另一條腿的腳來爬行。爬行速度快的孩子可能走路會晚一些，而爬得比較笨拙或者從來都不爬的孩子卻具備了學走路的動力。

**站立。**雖然有些寶寶精力充沛又善於運動，早在 7 個月的時候就能站立了，但在一般情況下，孩子會在第一年的最後 3 個月裡學會站立。偶爾也會見到 1 歲以後還不會站立的孩子。但是這些孩子在其他方面都表現得很聰明、很健康。他們當中有的胖乎乎的，性情比較溫和。有的雙腿協調性發展得有點慢。只要你的醫生認為他們是健康的，在其他方面發展也都很好，那就不用為這些孩子擔心。

很多孩子在剛開始學習站立時，因為不知道怎麼坐下去，所以常常陷入困境。這些可憐的小傢伙會一直站著，直到累得筋疲力盡而煩躁起來。父母通常會十分同情自己的孩子，不忍心看他受苦，所以會趕緊把孩子從圍欄裡抱出來，讓他坐下。可是孩子立刻就把剛才的疲勞忘得一乾二淨，再一次站起來。這一次，他沒站幾分鐘就哭起來了。在這種情況下，父母能夠採取的最好辦法就是在寶寶坐下的時候，給他一些有趣的東西，或者用小推車推著他多走一會兒。令父母感到安慰的是，孩子會在一週之內學會如何坐下。不知道從哪天開始，他會試著坐下。他會小心翼翼地把自己的屁股往下蹲，等到手臂碰到了下方的坐墊，這時他會猶豫很長的時間，然後「撲通」一屁股坐下。這時他會發現原來摔得並不重，而且他坐的地方也墊得很舒服。

再過幾個星期，寶寶就能學會用手扶著東西來回走動了。先是用兩隻手，然後就用一隻手。這個階段

被稱為「蹣跚學步」。他最後會掌握足夠的平衡能力，什麼也不用扶就能走上幾秒鐘。他的精力太集中，並沒有意識到自己在做一件多麼大膽的事情。這時候，他已經為行走做好了準備。

**走路。**許多原因都決定著寶寶學會獨自行走的時間。其中，遺傳恐怕是最重要的因素，其次就是寶寶的意願、體重、爬行的熟練程度、疾病和負面經歷等。一個剛開始練習走路的孩子如果生病臥床兩週，那麼他很可能會在一個多月或者更長的時間裡不願意再嘗試。如果正在學走路的孩子摔了一跤，也可能會在幾週之內拒絕再次放開雙手獨自行走。

大多數幼兒都是在 12～15 個月學會走路的。有一些強壯而又有熱情的孩子早在 9 個月時就開始走路了。也有許多孩子在 1 歲半，甚至更晚的時候才開始走路。用不著採取任何方法教孩子走路。當他的肌肉、神經和精神都做好準備之後，你想阻止他都不行。學步車並不能幫助孩子提早學會走路，而且還非常不安全。（**相關內容參閱第 123 頁。**）

### ▼ 斯波克的經典言論 ▼

記得曾有一位讓自己陷入困境的母親在孩子學會自己走路以前，總是扶著他走來走去。由於孩子非常喜歡這種「懸浮式」的行走，所以整天都要求母親這樣做。毫無疑問地，這位母親早在孩子感到疲倦和厭煩之前就已經又累又煩了。

**O 型腿、內八字和外八字。**孩子較早開始走路的父母或許會擔心，這會不會讓孩子的腿帶來不良影響。在我們看來，無論孩子自己想做什麼，都是因為他們的身體發展已經有能力承受這種動作了。在練習走路的頭幾個月裡，寶寶有時會形成 O 型腿或鐮刀腿。這種情況既存在於走路較早的孩子身上，也存在於走路較晚的孩子身上。大部分寶寶在剛開始學走路的時候，兩隻腳多少都會有點外八字，但是隨著他們的進步，腳尖會逐漸向裡面合攏。有的孩子一開始會像喜劇演員卓別林那樣，腳尖筆直地分向兩側，而這些孩子後來也只不過有一點輕微的外八字。那些在一開始時兩腳水平朝前的寶寶更容易在以後變成內八字。內八字和 O 型腿

寶寶出生之前

0～3個月

4～12個月

12～24個月

2周歲

3～5歲

6～11歲

12～18歲

常常相伴相隨。

孩子的腿、踝關節、腳的挺直程度都取決於多種因素，其中包括孩子先天的發育模式。有的孩子似乎本來就有長成鐮刀腿的傾向，同時踝關節還容易內翻。體重較重的孩子更容易發展成這種情況。而另一些孩子似乎生來就會長成 O 型腿和內八字。我認為這種情況最容易出現在那些特別活潑、體格健壯的孩子身上。另一個因素可能和孩子習慣把腳和腿放在什麼位置有關。比如，你有時會看到有些孩子的雙腳在踝關節處形成內翻，那是因為他們總是把兩隻腳對著壓在身體下坐著的緣故。

從孩子會站的時候開始，到醫院做例行體檢時，醫生就會觀察孩子的踝關節和腿部發育情況。如果踝關節無力、鐮刀腿、O 型腿或內八字等情況還在繼續發展，就必須採取矯正措施，但是這些情況多數都會隨著時間自行恢復正常。

## 對人的瞭解

**對陌生人反應的變化。**不同年齡的寶寶對陌生人的反應不同。你可以透過觀察這種反應來了解他從一個階段到另一個階段的發展情況。下面的情景就是寶寶 1 歲之前在醫生診療室裡的典型反應：2 個月大的嬰兒幾乎不會注意醫生，當他躺在檢查檯上時，視線會越過醫生的肩膀看著媽媽。4 個月大的寶寶是醫生的最愛，只要醫生對他微笑或對他發出聲音，他就會發出咯咯的笑聲。到了 5～6 個月，寶寶可能已經開始轉變他的想法了。9 個月的時候，他已經肯定地認為醫生是陌生人，應該要感到害怕。當醫生靠近的時候他會停止蹬踹和嘀咕。他的身體會一動也不動，眼神專注地打量著醫生，甚至充滿懷疑。這種反應大約會持續 20 秒。最後他會開始尖聲哭喊。也許是太生氣了，所以往往檢查都結束很長一段時間了，他可能還在哭。

**陌生人焦慮。**9 個月大的嬰兒不但對醫生感到懷疑，任何新鮮和陌生的事物都會讓他產生焦慮。甚至是母親的一頂新帽子也會讓他不安。如果寶寶已經習慣了父親留著鬍子的樣子，那麼剛把鬍子刮乾淨的父親也會讓寶寶緊張。這種表現被稱為「陌生人焦慮」，是一種非常有趣的現象。到底是怎樣的改變，讓你的寶寶從喜歡所有人變得如此多疑，如此自尋煩惱？

寶寶出生之前

0～3個月

4～12個月

12～24個月

2周歲

3～5歲

6～11歲

12～18歲

在 6 個月以前，寶寶就能認出曾經見過的東西（我們之所以知道這一點，是因為他們會用更長的時間盯著這些東西看），但是他們似乎還沒有真正思考，想想那些事物究竟是陌生還是熟悉的。這可能是因為 4 個月寶寶的大腦思維部分（腦外層或稱為大腦皮層）還沒完全聯通。直到 6 個月時，大腦皮層的機能才會漸趨完善。其中一種結果就是，此時寶寶的記憶力會顯著提高。他們能夠清楚分辨熟悉和陌生的事物，而且似乎已經具備了一定的理解能力，能夠明白陌生的事物可能潛藏著危險。從寶寶的反應過程就能觀察到這一點。他一開始會先盯著陌生人看，然後再看看你，又再看看陌生人，最後，過了幾秒鐘之後，他會開始放聲大哭。

到了 6～9 個月大，寶寶變得更聰明了。但是，他們仍然不善於根據過去的經驗來預測接下來將會發生的事。6 個月大的寶寶通常是活在「現在」的。所以當一個陌生人出現在他面前的時候，他不能理解為什麼眼前不是一個熟悉的人，也不能判斷這種情況會帶來什麼好處。他對這種情況無能為力，所以只能抗議和哭鬧。到了 12～15 個月，當怯生的感覺逐漸消失，寶寶就能開始從以往的經歷中吸取經驗，並且對將要發生的事情做出預測。他可能會想：「我不知道這個人是誰，但是過去沒有發生什麼不好的事情，所以我可以應付這個陌生人，也不用恐慌。」

有些寶寶（大約 14%）會對陌生的事物和陌生人表現出明顯的焦慮。當看見意料之外的事物時，即使是很小的嬰兒也會心跳加速，而且在整個兒童時期都會過度謹慎。就拿剛開始學步的寶寶來說，他們在進入一個新環境之前，往往要躊躇很長一段時間。這種性格特質常被稱為「慢熟」。這種性格是天生的，來自寶寶大腦獨特的運作方式，而不是父母早期培養的結果。最重要的是，這並不是一種病，也不需要糾正。

如果你的寶寶在半歲左右，好像對陌生人和陌生的環境異常敏感，就應該避免驚嚇他，要讓陌生人跟他保持一定的距離，直到寶寶對這個人熟悉為止。但是也不要不讓他見陌生人。透過一段時間的反覆接觸，陌生的事物會變得更加熟悉，即使是慢熟的寶寶也會變得更加輕鬆自在。

## 衣物和用品

**鞋子：什麼時候穿鞋？選擇哪種款式？** 在大多數情況下，如果孩子不在戶外行走，就沒有必要讓他穿鞋。在室內，寶寶的腳和手一樣，始終都是涼爽的，所以他不會覺得光著腳有什麼不舒服。換句話說，孩子在 1 歲以內，如果地板不是特別冰冷，那就沒有必要讓他穿毛線織的鞋子或腳套。

等到學會站立和行走以後，在條件適合的環境下，孩子應該盡量光著腳。孩子的足弓最初都是比較平直的，透過站立和行走，足弓和腳踝得到了積極的鍛鍊。只有這樣，足弓才會慢慢拱起來，腳踝也會變得強勁有力。在粗糙不平的地面上行走還能加強對腳部和腿部肌肉的鍛鍊。

當然在寒冷的天氣裡，或者當孩子在室外的人行道、不安全的路面上行走時，就需要穿鞋。但是在兩三歲之前，堅持讓孩子在室內光著腳（或者穿著襪子）活動，或者在暖和的天氣裡讓孩子光著腳在室外、海灘上、沙箱裡或者其他安全的地方行走，也大有好處。

孩子一開始最好穿半軟底的鞋子，這樣更便於小腳丫的活動。購買那些樣子精緻的鞋子實在是浪費錢財。選鞋的關鍵在於鞋子夠大，讓腳趾頭不至於蜷著，但也不能大到穿不住。

孩子的腳成長速度快得驚人，要不了多久鞋子就小到不能穿了，有時候一雙鞋甚至只能穿兩個月。所以父母要養成習慣，每隔幾週就要試一試孩子的鞋，看看是不是還夠大。鞋子的大小不能只容許孩子的腳趾頭伸直，還要再大一些才行，因為孩子走路時，每邁一步，腳趾就會往前擠。當孩子站著不動的時候，鞋尖必須留有足夠的空間。要在孩子把腳伸進去以後，腳趾前面還有半個大拇指甲（約 0.6 公分）的空間。你不能在孩子坐著的時候判斷，因為人站著的時候，腳在鞋子裡占的空間更大。當然，鞋子的寬窄也必須合適。有一種可以調節大小的軟鞋能足足放大一個號碼。鞋底防滑的鞋子很有用，這樣孩子就不至於先學會滑冰才學會走路了。你也可以用粗砂紙把光滑的鞋底打磨得粗糙一些。

只要鞋子合腳，價格便宜的也無妨。孩子通常不會出太多腳汗，所以讓他穿布面膠底鞋也不錯。最初

的幾年裡，寶寶的腳都是圓圓胖胖的，所以低筒的鞋子有時會穿不住，這時高筒的鞋子可能比較方便。但是除此以外，沒有其他原因非要讓孩子穿高筒鞋不可。孩子的腳踝並不需要額外的保護。

**遊戲圍欄。** 從孩子 3 個月開始，遊戲圍欄就會有很大的用處。對於那些十分忙碌的父母來說，它的作用尤其顯著。你可以把遊戲圍欄放在起居室、廚房，或者你工作的房間裡，這樣你就可以一邊做事，一邊近距離看著孩子，同時，孩子又不至於被踩著或跌倒。

當孩子長到能夠站立的年齡，他還可以抓住遊戲圍欄的扶手，而且腳底下還有一個穩固的底座，十分安全。在天氣好的時候，你可以把圍欄搬到門廊裡，讓孩子安全地坐在裡面，觀察周圍的世界。

如果你打算使用遊戲圍欄，最好在嬰兒三、四個月的時候就讓他熟悉這個東西。趁他還沒有學會站立和爬行，也不曾感受到在地板活動的自由自在時，就經常把他放在裡面，否則他會把它當成監獄看待。等他能坐會爬的時候，就會很願意去抓取一公尺以外的東西，還喜歡玩比較大的物品，比如炒菜勺子、

平底鍋、過濾勺等。所以當他對遊戲圍欄感到厭煩的時候，可以讓他坐在嬰兒椅上，或者坐在連桌椅上。不過，給他一些到處爬行的時間對他是很有好處的。

然而即使孩子願意，也不應該讓他一直待在遊戲圍欄裡。他需要一些時間進行探索性的爬行，但這一定要有成年人的看護。每過一個小時左右，你就應該陪他玩一會兒，抱抱他，或者用揹巾把他揹在胸前，帶著他們四處走動。到了12～18 個月，多數孩子在遊戲圍欄裡待的時間會越來越短。

**鞦韆。** 在孩子學會了獨坐，還不會走路的這段時間，鞦韆就派上用場了。有的鞦韆還帶有動力裝置，有的是為了方便在通道上使用而專門設計的，還有的裝有彈簧，能把孩子彈起來。要特別注意的是，彈簧上應該要有罩子，以防手指受傷。否則，彈簧的間隙就不能超過 3 公厘寬。有的孩子會高興地盪來盪去，玩上很長的時間，但也有些孩子很快就玩膩了。玩鞦韆可以避免孩子會爬以後可能導致的很多麻煩，但是也不應該讓寶寶整天坐在上面。他們需要大量的機會爬行、探索、站立和行走。

寶寶出生之前

0～3個月

4～12個月

12～24個月

2周歲

3～5歲

6～11歲

12～18歲

**學步車**。學步車曾經很受歡迎，因為它看起來似乎能幫助孩子早一點學會走路。但實際上，學步車反而會成為寶寶學步過程中的阻礙，因為在學步車裡孩子要做的只是擺動自己的雙腿，根本用不著擔心身體平衡問題。走路需要多種技能，而用過學步車的寶寶可能會為了圖省事，不願意學習走路必須的所有技能。他靠學步車已經玩得很開心了，為什麼還要學習走路這種困難的新花樣呢？

另外，學步車還很危險，曾經使很多孩子受傷。因為它提升了孩子的高度，所以寶寶可以伸手抓取可能對他造成傷害的物品。它也提高了孩子的重心，讓寶寶更容易摔倒。它還讓孩子向前移動的速度達到驚人的水準。孩子使用學步車的時候很容易連人帶車一起順著樓梯滾下去，因而造成嚴重的傷害。類似的先例已經出現過。所以實在應該停止嬰兒學步車的生產。如果你有一輛，那麼最安全的辦法就是把輪子卸下來讓它無法滾動，或者乾脆把它扔掉。

## 1歲以內常見的生理問題

無論孩子的健康狀況發生了什麼變化，都應該馬上找醫生問診。千萬不要自行診斷。因為出現診斷錯誤的可能性太大了。這個篇章裡會提到一些常見的小兒疾病，以及多種病因。討論這些問題的主要目的是在醫生做出診斷以後，幫助父母處理一些孩子常見的小問題，而非希望家長自行診斷。

**打嗝**。在最初的幾個月，大多數寶寶喝完奶以後經常都會打嗝。事實上，在進行產前超音波檢查的時候就能看見胎兒打嗝。到了孕期快結束時，母親甚至能感覺到寶寶在打嗝。打嗝對孩子似乎並沒有什麼影響，所以除了看看他是否需要拍拍後背以外，用不著採取任何措施。如果你非要做點什麼，那就給他喝點熱水，這個辦法有時候能止住打嗝。

**溢奶和嘔吐**。當少量凝結成塊的奶水從寶寶嘴裡慢慢溢出時，那就是溢奶。而當胃裡的食物大量噴射出來，甚至噴出十幾公分遠，那就是嘔吐。

寶寶溢奶是因為關閉胃部入口的肌肉還沒有完全長好。任何增加胃部壓力的事比如慢跑、過分擠壓、

讓寶寶躺下，或僅僅是胃部自身的消化運動，都會導致胃裡的食物向相反方向流動。多數寶寶在最初幾個月都會經常溢奶。有的孩子每次喝奶之後都會溢奶好幾次。有的孩子則是偶爾才有溢奶的情況。有時奶水會從他們的鼻子裡流出來，這並不是什麼可怕的徵兆，只是因為鼻子和口腔是相通的。（如果可以在第一時間把沾有奶漬的床單、尿片和衣服泡在冷水裡，將會比較容易清洗。）

在最初的幾週和幾個月裡，寶寶最容易溢奶。多數孩子到了能夠坐起來的時候就不會再溢奶了。有的孩子則要等到會走以後才能停止。偶爾有些孩子會在幾個月大時才開始溢奶。有時長牙會讓溢奶問題在這段時間裡加重。溢奶雖然會把衣物弄得很髒，也增加不少麻煩，但如果孩子的體重正常增長，也沒有咳嗽、窒息的現象，並且看起來情緒很好，就沒什麼大問題了。

不過嘔吐是另外一回事。在寶寶第一次吐出大量奶水後，新手爸爸和媽媽們一定得要十分警惕，隨時關照孩子的狀況。不過只要這種情況不是經常發生，而且孩子看起來情緒仍然很好，很健康，而且體重增加正常，那就應該不是什麼嚴重的問題。少數孩子每天都會出現一次嚴重的嘔吐，尤其在最初的幾週裡。應該特別注意幫這些孩子拍嗝，但在多數情況下，無論你怎樣更換配方奶、減少餵奶的分量或者幫助他打嗝，溢奶和嘔吐的情況都還是會照樣出現。

如果孩子看起來好像把所有喝下去的奶水都吐了出來，那是否應該馬上再餵他們呢？如果孩子看起來情緒很好就可以不餵，至少也要等到他們非常饑餓的時候再餵。這時孩子的胃可能有點難受，所以請先給他們一點時間平靜下來。要知道，吐出來的東西看上去通常都會比實際上多。也有一些孩子雖然每次喝完奶都會嘔吐，但是他們的體重仍然增長得很正常。

吐出來的奶水是否有酸味或是否凝固都不重要。胃的第一個消化程序就是分泌胃酸。所有在胃裡儲存了一段時間的食物都會變酸。而且胃酸還會使奶水凝固。

孩子喝奶以後輕微的溢奶和偶爾的嘔吐沒什麼可擔心的。那麼，到底什麼時候應該找醫生呢？

● 如果溢奶伴有過敏反應的症狀，比如哭鬧、窒息、全身蜷縮、咳

嗽，或者體重增長減慢等，這些可能是胃食道逆流症的表現（**參閱第 426 頁**）。

- 嘔吐重複發作兩次以上，尤其是那種強烈的嘔吐，或者吐出來的東西呈現黃色或綠色，這表示裡面可能含有膽汁。
- 伴有發燒、行為異常（困倦、不愛活動、易怒等），或者其他生病跡象的嘔吐。
- 不管因為什麼，所有讓你擔心的嘔吐和溢奶現象都應該找醫生諮詢。即使結果證明只是一般常見狀況，為了保險起見，最好還是到醫生那裡診斷一下比較好。

**大便顏色的變化。**幾乎沒有什麼事能像孩子大便顏色的變化那樣讓父母擔心。實際上，不管孩子的大便是褐色、黃色，還是綠色都沒有關係。就像設計師的風格一樣，大便會有很多顏色。說不上哪一種顏色更健康。但是如果孩子的大便變成了黑色（表示大便中可能有大量的血，在通過腸道的過程中變得像瀝青一樣發黑）或者紅色（很可能是血），或者像粉筆一樣發白（表示膽汁可能有問題），就要格外注意了。

**便祕。**便祕是指大便乾燥、堅硬又難以排出的情況。要確定一個嬰兒是否患有便祕，不能光看他每天排便的次數。大便乾燥的時候，大便上偶爾會帶有血絲。這雖然不是什麼罕見的情況，但只要大便上出現血絲，就應該找醫生問診。

剛開始吃固體食物的時候，喝母乳的孩子可能會便祕。很顯然，他的腸道在消化母乳的時候一直很輕鬆，所以不知道如何處理這些不同的食物。他的大便會變得很硬，排便的次數也會減少，而且孩子在排便時還會顯得不太舒服。你可以讓他喝一點糖水（一茶匙砂糖加上 30 毫升的水），也可以餵他喝一點西梅汁、蘋果汁或梨子汁（一開始每次餵 30 毫升，然後慢慢增加），還可以餵一點煮爛的李子泥（一開始每天餵兩茶匙，然後慢慢增加）。有些嬰兒吃了西梅以後會肚子痛，但大多數的嬰兒吃了以後感覺良好。一般來說，便祕只是暫時的。如果這種情況持續的時間超過了一週，就應該找醫生檢查。

喝配方奶的嬰兒也容易便祕。每天加 110 公克水或西梅汁就能好轉。如果這些辦法無法解決問題，就要找孩子的醫生診治。有些父母

認為是嬰兒配方奶粉中的鐵導致了便祕，但研究並沒有證實這一點。所以鐵含量低的配方奶並不能改善便秘。（而且鐵對大腦的發育很重要。）

**腹瀉。**一兩歲以內嬰兒的腸道都很敏感，不僅細菌和病毒會使他們的腸胃不適，某些新的食物、太多的果汁也會讓他們感到不舒服。幸好，這種不舒服通常都比較輕微，也不會帶來嚴重後果。孩子頂多只會比平時多排出兩次比較稀軟的人便，重要的是，孩子仍然很愛玩，也很活潑，排尿的次數則會和平常一樣。如果要說有什麼生病的跡象，那可能會有點鼻塞，以及食慾略為下降而已。通常不需要什麼特別的治療，幾天以後症狀就會逐漸緩解。你可以讓孩子多喝一點水或稀釋的果汁，也或者是把最近新添加的食物暫時取消。

過去對於輕微腹瀉的孩子，通常就是暫停餵食固體食物和配方奶，代之以大量的高糖液體（比如果凍飲料、蘇打水或蘋果汁）。但研究已經發現，這種傳統的止瀉飲食反而會使腹瀉加重，而且還會延長腹瀉時間。所以對於輕微腹瀉的嬰兒，不但要繼續哺餵母乳或者配方

奶，還要堅持正常的飲食。讓他能吃多少就吃多少，這樣對他最好。如果腹瀉持續兩三天以上，即使孩子仍然表現得很健康，也應該向醫生諮詢。（**有關腹瀉和脫水的更多內容，請參閱第 425 頁。**）

**皮膚疹。**如果孩子長了不明類型的皮膚疹，應立刻找醫生診治。皮膚疹通常很難用言語描述，雖然多數皮膚疹並不十分嚴重，但有些的確是某種急需診治的疾病徵兆。

**一般的尿布疹。**多數嬰兒出生幾個月的時候皮膚都比較敏感。由於吸收了水分的尿片會緊貼著嬌嫩的皮膚，進而阻礙了這個區域皮膚的呼吸，所以墊尿片的部位最容易有尿布疹。治療尿布疹的最佳方法就是盡量不讓孩子包尿片，最好的情況是每天能有幾個小時不包尿片。比如孩子解完大便以後，短時間之內不太可能再次排便，就可以利用這個機會，讓皮膚在空氣裡自然風乾。此時可以把一塊尿片疊起放在寶寶的臀部下方，或者把他放在一大塊防水墊子上。要盡量讓尿片固定在孩子身下（儘管如此，寶寶們也還是有可能會尿在外面，所以要在手邊準備一些紙巾）。此外，還要讓房間裡的空氣暖和一

寶寶出生之前

0～3個月

4～12個月

12～24個月

2周歲

3～5歲

6～11歲

12～18歲

點，盡量少觸碰患處。幾乎所有嬰兒都會不時地患上幾處尿布疹。如果不太嚴重，而且疹子來得快去得也快，就不必特別治療，只要常在空氣裡晾一晾就可以了。

孩子患尿布疹時，千萬不要用肥皂清洗患處，因為肥皂會讓尿布疹變得更加嚴重。要用清水洗，不要用濕巾擦拭。你可以在孩子的皮膚上塗一層厚厚的凡士林，或者塗上任何一種護臀霜來保護。孩子患尿布疹的時候，尿布服務公司會用特殊的方法清洗尿布。如果你自己清洗尿布，也可以在最後一次漂洗的時候加入半杯白醋。

念珠菌引起的尿布疹會出現淺紅色的斑點。這些斑點常常聚集在一起，形成一片發紅的硬塊，硬塊的邊緣也會出現斑點。在包尿片的區域，皮膚的褶皺裡總是鮮紅色的，突出的地方則會有鮮紅色的斑點。治療方法就是請醫生開一些抗菌的藥膏敷用。帶水皰或有膿的皮膚疹（特別是伴有發燒症狀的，甚至不發燒的）很可能是細菌引起的，應該找醫生診治。

**腹瀉引起的皮膚疹。**腹瀉時，有刺激性的大便有時會在肛門周圍引起很痛的皮膚疹，屁股上也可能長出又紅又亮的疹子。治療的方法就是尿片一髒就立即更換（這可不是一件容易的事），然後清洗患處。如果出疹子的部位很疼，無法擦拭。那你可以抱著孩子在水龍頭下面用溫水沖洗他的小屁股，然後用毛巾吸乾水分，再擦上一層厚厚的乳膏（哪種牌子都可以）加以保護。要是這種辦法還是沒辦法發揮效用，那就把尿片拿開，讓包尿片的皮膚接觸空氣。有時候只要嬰兒還在腹瀉，似乎就沒有什麼特別有效的改善辦法。幸好只要腹瀉一好，這種皮膚疹就會自動痊癒了。

**臉部皮膚疹。**最初幾個月裡，嬰兒的臉部可能會出現多種輕微的皮膚疹。這些皮膚疹很難確切地命名，但是十分常見。粟粒疹是微小發亮的白色丘疹，周圍皮膚一點也不紅，看上去就好像是皮膚上的小珍珠。出現這種情況是因為寶寶皮膚裡的油脂腺正在分泌油脂，但是他們皮膚上的通道尚未打開，所以油脂只能聚集在皮膚下面。再過幾週或幾個月，油脂腺的排泄管打開了，油脂自然就排出去了。

有些嬰兒的臉上或者前額上會出現幾個小紅點或光滑的丘疹，看上去很像痤瘡，實際上也就是，它們

稱為「新生兒痤瘡」。這是因為寶寶在子宮裡受到母親激素的影響。這種痤瘡可能會持續很長一段時間，讓父母大傷腦筋。但過一段時間它們便會自動消失，也會再次出現。各種藥膏似乎都起不了什麼作用，不過這些紅點最終都會消失。

毒性紅斑是由一些帶斑點的紅色斑塊組成，直徑為 6～12 公厘，有的疹子頂端還有白色的小包。在膚色較深的寶寶身上，這些斑塊的顏色可能發紫。它們在嬰兒的臉面部或身上的不同部位都可能出現。雖然我們不知道這種常見的皮膚疹是什麼原因引起的，但是一旦它們消失，就不會再出現了。大一點的膿皰或者丘疹可能帶有炎症，應該立即向醫生反應。

**頭上和身上的疹子。**天氣開始變熱的時候，嬰兒就會長痱子，通常都是在肩膀和脖子上。痱子是由很小的成片粉紅色丘疹組成的，周圍會有一些斑塊。這些斑塊在皮膚較白的孩子身上是粉紅色，而在深色皮膚的孩子身上則會呈現出紅色或發紫的顏色。斑塊乾燥以後，患處的皮膚看起來就會有些發黑。痱子通常都會先出現在脖子周圍。情況嚴重的時候，還會向下蔓延到胸部和後背，向上蔓延到耳朵周圍和臉部，但是嬰兒通常都不會太在意。你可以每天用脫脂棉沾小蘇打溶液（在一杯水中兌一茶匙小蘇打）幫孩子輕拍幾次。另一種治療方法是在患處撒一些玉米澱粉製成的嬰兒爽身粉。（我們不再主張讓孩子用滑石爽身粉，因為它會刺激肺部。）痱子通常不需要治療就會自己消失。更重要的是要讓孩子保持涼爽。在炎熱的天氣裡，不要害怕讓孩子脫衣服。沒有證據顯示，小時候不穿衣服的孩子長大以後就會變成裸體主義者。

● **脂漏性皮膚炎。**通常會在頭皮上形成一塊塊黃色或者發紅的硬痂，看上去油油的。脂漏性皮膚炎也會出現在臉部，還會出現在包尿片的部位，以及身體的其他部位。你可以先用乳膏將硬痂軟化，再用溫和的去頭皮屑洗髮精清洗，然後把剝落下來的痂皮刷掉。在用洗髮精清洗之前，不要用乳膏泡太久。藥用洗髮精和處方藥也會有所幫助。脂漏性皮膚炎通常很少會持續到6個月後。

● **新生兒膿皰疹。**這是一種皮膚的細菌性感染。通常不太嚴重，但是會傳染，所以應該迅速找醫生

診治。皮膚上會先出現一種非常嬌嫩的小水皰，裡面有淡黃色的液體或白色的膿，周圍的皮膚會發紅。小水皰很容易破裂，然後留下一小塊鮮嫩的破傷。嬰兒身上的這種傷口不像大孩子那樣很快就能結出厚痂。新生兒膿皰疹通常會在容易潮濕的部位出現，比如尿片區的邊緣、腹股溝、腋下。還會形成新的疹塊。你可以讓孩子敷用非處方的消炎藥膏，還可以讓患處通風晾一晾。不要讓衣服和被子遮住出疹子的地方，如果有必要可以把室溫調節得比平常高一點，防止孩子著涼。醫生開的消炎藥膏通常都能很快地解決問題。在孩子生病期間要把所有的尿片、床單、內衣、睡衣、毛巾和浴巾都徹底清洗消毒。可以按照消毒包裝上的說明，或用一般漂白水洗滌的效果也很好。

**口腔疾病。**以下為常見問題：

● **鵝口瘡。**是一種常見的輕度口腔念珠菌感染，看上去好像一片奶垢黏在口腔內側、舌頭或者上顎。和奶垢不同的是，它很難擦掉。一旦真的擦掉了，露出來的皮膚就會輕微出血，看起來還會有點紅腫。患了鵝口瘡的孩子會覺得疼痛，喝奶的時候也不舒服。所有的嬰兒都可能患鵝口瘡，這跟衛生習慣沒有任何關係。雖然治好以後還有可能復發，但是開點處方藥，用指尖抹在鵝口瘡上，一天幾次，通常就可以把它治好。如果不能及時得到藥物治療，就應該在喝奶之後再讓孩子喝 15 毫升的水。水可以把嘴裡的奶沖洗乾淨，讓鵝口瘡得不到足夠的養分，無法進一步發展。不要把牙床內側的白色誤認為是鵝口瘡，那是牙齒即將長出來的地方。這個部位的皮膚顏色一般都是蒼白的。許多父母因為一直保持著高度警覺，所以有時會把這種正常的白色當成鵝口瘡。

● **牙床和上顎的囊腫。**有些嬰兒的牙床頂端會出現一兩個像白色小珍珠一樣的囊腫。你可能以為那是孩子正在長牙，但是它們太圓了，而且用湯匙碰上去也沒有響聲。類似的囊腫還經常會前後移動出現在上顎的隆起處。這些囊腫並沒有什麼大礙，最後也都能自動消退。

更多有關長牙的內容，可參考第

382 頁。

**眼疾。**很多嬰兒剛出生幾天，眼睛就有輕微的發紅。這可能是因為淚腺尚未發育成熟，進而出現部分阻塞引起的。這種情況不需要治療，通常都會自動好起來。其它可能病症如下：

● 淚腺阻塞。另一種輕微的慢性瞼緣炎可能出現在最初的幾個月裡。很多嬰兒會染上這種疾病，最常見的是一隻眼睛患病。染病後眼睛特別容易流淚，尤其在颱風的天氣裡。白色分泌物會在眼角或者順著眼瞼聚積起來。孩子睡醒時，這些分泌物會把眼簾黏在一起。這種情況是淚腺阻塞引起的。淚腺從內眼角的小孔先通向鼻子，再順著眼窩邊緣向下通向鼻腔。當淚腺出現部分阻塞的時候，眼淚就無法得到及時的疏導，便會在眼睛裡聚集起來，然後順著臉頰流下去。因為眼淚沒辦法把眼睛清潔乾淨，所以經常會受到輕微的感染。一般治療方法就是在使用醫生處方的眼藥膏或眼藥水的同時，對淚腺輕輕按摩，促使其通暢。這點醫生會告訴你該怎麼做。

淚腺阻塞的情況十分常見，不是什麼嚴重的問題，也不會讓眼睛帶來危害。這種症狀可能會持續好幾個月。即使不去管它，通常也能自己好起來。如果過了一年還不見好轉，那麼眼科醫生就會用一種很簡單的方法疏通淚腺。眼瞼黏在一起的時候，你可以用乾淨的手指沾水輕輕塗在黏有分泌物的部位，也可以用乾淨的毛巾沾上溫水（水不能太熱，因為眼部的皮膚對溫度十分敏感）後塗擦，把乾硬的分泌物泡軟後眼睛就能睜開了。另外，淚腺阻塞並不會引起眼球感染。

● 結膜炎。眼瞼處有一條透明組織，眼白處也覆蓋有一層這樣的組織。結膜炎就是這些組織發炎了，導致眼白看起來有些充血或變成粉色。通常還會有黃色或者白色的膿液從眼睛裡分泌出來。這時應該馬上找醫生診治。

● 內斜視。如果嬰兒的眼睛總是內斜或外斜，那絕對是異常狀況。但如果他只是偶爾出現，那在多數情況下，通常到了 3～4 個月時，眼睛就會恢復正常。但就算是短暫的斜視，也應該告知醫生。嬰兒的眼睛有時看起來好像斜視還有另一個原因，就是當他

們看著手裡東西的時候，由於手臂很短，所以必須把眼睛往中間用力聚合（鬥雞眼）才能看清楚。所以他們只是把眼睛正常地聚在一起，只不過大人聚合的程度不像他們那樣誇張罷了。孩子的眼睛也不會就這樣固定下來。父母經常詢問在嬰兒床上方懸掛玩具是不是有害，因為孩子看著它們的時候有時會出現眼睛內斜。把玩具懸掛在孩子鼻子的正上方是不對的，但是把它掛在 30 公分以外，或者更遠的地方就完全沒有問題。（**有關安全問題的內容，請參閱第 331 頁。**）

如果你懷疑孩子的眼睛是否端正，建議可以幫他作個眼部檢查。因為斜視如果長時間得不到治療，就會逐漸失去視覺功能，所以一定要盡早想辦法讓孩子正常地使用它。當兩隻眼睛不能協調地聚焦到一個物體上的時候，就會分別看到不同的影像，這時孩子就會看到疊影。這種感覺十分混亂，而且很不舒服。所以，大腦就會自動忽視和壓抑其中一隻眼睛的視覺。幾年以後，大腦也就沒有能力去處理來自那隻受壓抑眼睛的視覺資訊了。最後無論做什麼努力，這隻眼睛都將

會失明。如果斜視的時間太長，就不可能恢復那隻眼睛的視力。這種情形被稱做「弱視」。

眼科醫生的工作就是馬上讓弱視的眼睛恢復工作。一般的方法就是長時間讓孩子在那隻健康的眼睛上蒙一塊布。醫生也可能會幫他配一副眼鏡，進一步促使雙眼協調工作。然後就是決定是否需要動手術。有時候必須連續做好幾個手術才能獲得滿意的效果。

**呼吸道疾病。** 嬰兒經常打噴嚏，但除非他同時還流鼻涕，否則打噴嚏並不足以證明這個孩子感冒了。打噴嚏最常見的原因是灰塵，或者鼻孔裡聚集的鼻涕乾燥後產生了刺激。

● 呼吸嘈雜會出現在一些小寶寶身上。雖然通常都不怎麼嚴重，但只要孩子的呼吸出現雜音，就應該找醫生檢查。有不少嬰兒都會從鼻子後方發出微弱的呼嚕聲。這種聲音很像大人的呼嚕聲，不同之處在於，嬰兒的呼嚕聲是在醒著的時候發出來的。這似乎是因為他們還沒有學會控制自己的軟顎，長大一點就會好轉。導致呼吸嘈雜的常見原因是喉部四周的軟骨尚未發育完全，所以

在寶寶吸氣的時候，軟骨就會上下拍動發出聲音，醫生把這稱為「喘鳴」。這種聲音聽起來好像嬰兒被憋住了一樣，其實他們可以一直那樣呼吸下去。在多數情況下，喘鳴都是在嬰兒用力呼吸的時候才產生的，比如罹患感冒的時候。當他們安靜下來或者睡覺時，喘鳴通常就會消失。趴著的時候也會好一些。如果你的孩子有喘鳴，就一定要找醫生看一看，一般可能不需要什麼治療。比較輕微的喘鳴會隨著孩子長大而逐漸消失。

但對於大一點的嬰兒或者孩子來說，突然出現的呼吸嘈雜就跟各種慢性呼吸道疾病完全不同了。那可能是由於哮吼、哮喘或者其他感染所引起的，必須馬上醫治（**請參閱第404頁**）。

● **嬰兒摒息症**。有些嬰兒在希望落空的時候會因憤怒而暴躁。他們會大聲哭鬧，接著摒住呼吸，臉色發青。第一次發生這種情況的時候，一定會把父母嚇得不知所措（這些孩子平常往往都是情緒愉快的）。但是你可以放心，沒有人會因為摒氣而被憋死。最嚴重的情形也就是孩子因為停止呼吸的時間很長，進而失去了知覺。然後他的身體又會自動恢復控制，重新開始呼吸。少數孩子可能會因為摒住呼吸的時間太長，不僅憋得失去了知覺，還可能突然出現抽搐。還是那句話，這種情況雖然看起來可怕，但其實並沒有真正的危險。

也有些嬰兒在受到驚嚇或者突然感到疼痛的時候會先哭幾聲，然後昏過去。這是嬰兒摒息症的另一種形式。

要把所有呼吸暫停的症狀都告訴醫生，這樣他們才能確定孩子的健康是不是有什麼問題。一旦確診沒有問題，也就沒什麼可擔心的了。有時候，嬰兒摒息症也會發生在貧血的孩子身上。在這種情況下，鐵劑治療可降低發作頻率。當孩子開始哭鬧的時候，你可以鼓勵他做點別的事情，試著轉移他的注意力，但這種方法並不一定總是有用。嬰兒摒息症並不危險，一般來說，等孩子到了上幼兒園的年齡就會自然消失了。記住這一點你或許會覺得安心一些。

寶寶出生之前

0～3個月

4～12個月

12～24個月

2周歲

3～5歲

6～11歲

12～18歲

寶寶出生之前

0～3個月

4～12個月

12～24個月

2周歲

3～5歲

6～11歲

12～18歲

# 4 學步期寶寶：12～24 個月

## 周歲寶寶為什麼這樣

**自我意識。** 1 周歲是一個令人興奮的年齡。寶寶的許多方面都發生變化：吃飯、運動方式、對世界的理解、想做的事情、對自己和他人的感覺等。1 周歲以前，他們又小又無助，你可以想把他們放在哪兒就放哪兒，讓他們玩你覺得合適的玩具，餵他們你認為最好的食物。在大部分時間裡，他們都願意聽從你的擺佈，而且心悅誠服地全盤接受。但現在，寶寶 1 歲了，一切都變得複雜了。他們似乎已經意識到，在以後的生活中，自己不再是任人擺佈的嬰兒，而是有著獨立思想和自我意願的小人兒了。

有人把孩子 2 歲左右的這段時期叫做「麻煩的 2 歲」。當孩子到了 15～18 個月，他的行為就會表現出他正朝著「麻煩的 2 歲」方向發展。與其說 2 歲是具有挑戰性的年齡，不如說那是一個美妙的、令人激動的年齡。當你提出一個並不吸引他的建議時，孩子會覺得必須堅持自己的決定。這是天性讓他這麼做的。這就是所謂「個性化」過程的開始。孩子開始變成一個有獨立思想的人了。於是，他和你之間那段甜蜜和諧的時光在某種程度上結束了，因為他想變成自己希望的樣子，就要擺脫你對他的控制了。

所以他會用語言或者行動對你說「不」，甚至對喜歡做的事情也是如此。有人把這種現象稱為「反抗癖」。但是，你靜下來想一想，如果他從來都不說「不」又會發生什麼情況呢？如果他從來都不反對你

的意見，就會變成一個順從的「機器人」，也就永遠都不會從嘗試和錯誤中吸取經驗了。要知道，勇敢的嘗試和犯錯是學習的最佳途徑。經過這些，孩子每時每刻都在成長。他會變得越來越聰明，越來越有能力自己做一些決定。

從這個階段開始，孩子就想離開父母獨立行動了。這可能會有點痛苦，你會覺得好像被孩子拋棄了，更何況你很難放棄對他的控制。但是，這種獨立性對孩子的成長是絕對必要的。所以儘管寶寶曾經給了你一段無條件信任的特殊親情關係，你也不得不向它告別。你將要迎接一種更複雜的親情關係，跟這個「新人」好好建立關係吧。

**獨立與合群。**寶寶會變得更有依賴性，同時又更有獨立性。這句話聽起來似乎很矛盾（它當然是矛盾的），但寶寶就是這樣！有個 1 歲寶寶的家長向我抱怨：「每次我一走出房間，他就開始哭叫。」其實這並不意味孩子正在養成一種壞習慣，而是證明他正在長大，證明他已經可以意識到自己有多麼依賴父母。雖然這種依賴性會讓父母感到不便，但卻是一個好兆頭。與此同時，他也會變得更加獨立，越來越

越渴望自己做事，渴望探索新的地方，還願意和不熟悉的人交朋友。

我們來觀察一下當父母洗碗的時候，一個剛學會爬的寶寶會有什麼樣的表現。他先是拿一些鍋碗瓢盆高興地玩一陣子。等他玩夠了，就決定「偵察」一下餐廳。他會在桌椅下面爬來爬去，撿起一點塵土嚐一嚐，然後小心翼翼地爬起來去拉抽屜的把手。再過一會兒，他又會突然爬回廚房，似乎需要有人做伴。有時你可以看得出來，他渴望獨立的欲望占了上風，但也有些時候，他又亟需安全和保護。寶寶在這兩者之間輪換著尋求滿足。

再過幾個月，他就會在自己的試驗和探險中變得更加勇敢和大膽。雖然仍需要父母照顧，但已經不總是這樣了，他的獨立意識正在形成。然而，寶寶的勇氣有一部分是來自對環境的了解，當他需要安全和保護的時候，就會希望立即得到滿足。

獨立意識不僅源自於自由程度，也來自於安全感。有些人可能曲解了這個問題。他們會把孩子長時間單獨留在一個房間裡，任憑孩子哭鬧著要求陪伴也不予理睬，想用這種方法來「訓練」孩子的獨立。但

是父母如此強烈地灌輸這種意識，只會讓孩子覺得這個世界是個討厭的地方。長久下來，反而會進一步強化他的依賴性。

由此可見，1 歲左右的孩子正處於十字路口。給他機會，他就會逐漸變得更加獨立，比如更願意跟陌生人來往（不管是成年人還是孩子）、更加自立、更加開朗。9 個月時那種強烈的怕生感已經消失了。如果他被管得很嚴，遠離別的孩子，而且習慣父母的陪伴，那麼他就需要更長的時間才能學會跟陌生人來往。最重要的是，要讓 1 歲的孩子與主要照顧者建立一種牢固的依戀關係。有了這種堅實的感情依靠以後，與人交往的能力就會自然形成。

**探索的熱情。**1 歲的孩子是天生的「探險家」。他們會去搜索每一個角落和每一個縫隙，會用手指去撥弄傢俱上的浮雕，會搖動桌子或者任何沒被固定的物體。他們可能想把每一本書都從書架上抽出來，想爬到他上得去的任何東西上，還會把小東西裝進大東西裡，又試圖把大東西裝到小東西裡。總之，他們想要探索所有事物，好把這新鮮有趣的一切都弄個明白。

和許多事物一樣，孩子的好奇心也是一把雙面刃。一方面來說，這就是寶寶的學習方式。他必須弄清楚他的世界裡每一件東西的大小、形狀和可動性，並在進入下一個發展階段之前，檢驗自己的能力。這就如同孩子上中學之前，要先經過小學階段的各年級一樣。孩子這種不斷的探索證明他的頭腦很聰明，精神也很愉快。

但從另一方面來看，這對你來說是一個非常疲勞的階段，你要時刻保持警覺，既要讓孩子自由探索，還得保證他的安全，保證他做的事情對他的成長和發展都有好處。

## 幫助學步期寶寶安全探索

**探索和危險。**寶寶一學會走路，你就應該在每天外出時把他從嬰兒車裡抱出來。不要怕他弄髒衣服，他就是應該把衣服弄髒。找一個用不著你隨時跟著他，他也可以跟其他孩子接觸的地方。如果他撿起一截菸頭，你必須立刻過去把它扔掉，另外給他一個有趣的東西玩。千萬不要讓他抓沙子或泥土吃，這些東西會刺激腸道，甚至可能讓寄生蟲進到他的肚子裡。如果

寶寶出生之前

0～3個月

4～12個月

12～24個月

2周歲

3～5歲

6～11歲

12～18歲

他看見什麼都往嘴裡放，那就給他一塊硬餅乾或一個乾淨的東西讓他咬，讓他的嘴閒不下來。

以上就是這個年齡階段的孩子尋求獨立時常會遇到的危險。雖然把一個體格健壯、會走路的孩子一直「禁閉」在小車裡可以讓他避開許多麻煩，但也會限制他的個性，阻礙他的發展，甚至還會壓抑他的精神發展。

**避免受傷。** 1 歲是個危險的年齡。父母不可能為孩子免除所有的傷害。如果父母總是戒慎恐懼，不讓孩子有機會嘗試，那麼孩子就會變得膽怯和依賴。所有的孩子都難免會有跌倒受傷的時候，那是他們積極玩耍、健康活動的必然經歷。只要你多加小心，採取一些簡單的預防措施，就可以保護孩子免受嚴重的傷害。（相關內容請參閱第331 頁，預防意外傷害。）

**讓寶寶從遊戲圍欄裡出來。** 有的寶寶到了 1 歲半的時候還願意待在遊戲圍欄裡，或者至少能待上一陣子。也有的孩子 9 個月就覺得那是個監獄了。但是大多數孩子都能接受它，而且可以一直在裡面玩到15 個月大左右，一直到他會走路為止。當孩子覺得不耐煩的時候，

就要讓他從圍欄裡出來，這並不是說他一有不耐煩情緒的時候就必須立刻將他抱出來。如果你給他一個新玩具，他可能又會高興地玩上一個小時。遊戲圍欄的侷促感是逐漸顯現出來的。一開始，只有孩子在裡面待的時間太長時才會開始討厭圍欄。但漸漸地，他會越來越快感到不耐煩。再過幾個月，他就會開始表示反抗，在裡面連一分鐘都待不住了。無論在哪種情況下，只要孩子表示在裡面待夠了或顯得不耐，就要讓他出來。

**學步帶還是防走失帶？** 許多剛學會走路的孩子在超市或賣場裡都會自然而然地緊跟著父母，但是也有些特別活潑和喜歡冒險的孩子很容易離開父母視線，讓父母十分緊張。對這些孩子來說，那種能繫在他身上的學步帶或防走失帶就非常實用了。會有人用不贊成的眼光看著你用繩索拴著孩子嗎？有可能。但你應該為此感到憂心嗎？這倒不需要。因為安全才是你的主要目的，不管是什麼東西，只要它能讓孩子在到處探索時覺得安全，同時又能讓你輕鬆、讓孩子高興，那它就是好東西。

寶寶出生之前

0～3個月

4～12個月

12～24個月

2周歲

3～5歲

6～11歲

12～18歲

## 斯波克的經典言論

孩子會走路以後就不適合待在嬰兒床裡了，也不適合放在圍欄裡了，應該讓他在地板上活動。當我跟父母們說這些話的時候，他們會很憂慮地看著我說：「可是我擔心他會弄傷自己。或至少，他會把整個屋子弄亂。」但是，你遲早都要讓孩子出來到處跑，就算10個月的時候不行，到15個月大他會走路的時候也總該放他出來了。即使到了那個時候，他也不會更懂道理或者更容易被管束。無論在什麼年齡開始讓他在房間裡自由活動，你都需要在空間與心態上做調整。所以還不如在孩子準備好的時候，就儘早給他自由。

**幫會走路的孩子布置房間。** 怎樣才能防止1歲的寶寶受傷，並且不讓他們弄壞居家用品呢？首先，你應該整理好可以提供孩子活動的房間，並確保這裡大部分摸得到的物品都可以玩。這樣你就用不著一直告訴他哪些東西不能玩了。（如果你不讓他碰那些伸手就能拿到的東西，孩子就會表現得非常任性，你也會十分惱火。）如果有很多有趣的物品他都能拿到，那就不必費力去碰那些摸不著的東西了。

說得再具體一點，就是要把那些易碎的菸灰缸、花瓶和小裝飾品從矮桌子和架子上拿走，放在孩子搆不到的地方。把珍貴的書籍從書架和書櫃的下層拿開（放一些舊雜誌代替）。把好書緊緊地塞在一起，讓孩子抽也抽不出來。在廚房裡，你可以把各種鍋子和木製的湯匙放在靠近地板的架子上，而把瓷器和食物放在孩子搆不著的地方。你可以在衣櫃下面的抽屜裡放上舊衣服、玩具和其他有趣的東西，讓孩子自己到那裡去探索，讓孩子可以把它們掏空了再填滿，以滿足他的好奇心。

**設定限度。** 只說「不行」是不夠的。即使你已經做好了防範工作，家裡也還是有一些東西是學步期孩子不能碰的。畢竟，桌子上總得有檯燈，他絕對不能扯著電線把它拽下來，也不能把桌子拉翻。他絕不能碰滾燙的鍋子，也絕不能打開瓦斯爐，更不能爬到窗子外面去。

剛開始的時候，僅僅命令孩子「不能碰」是不夠的。光說「不」並不能阻止孩子的行為，至少剛開始的時候不行。在以後的階段，也得要看你的語氣、你強調的次數，

以及你是不是說話算數。只有等他從經驗中懂得那些話的意思，知道你說話算數的時候，你才可以真正透過命令來告訴孩子該怎麼做。不要只是在房子的另一頭用挑戰的口氣命令孩子不要動東西，這種方式會讓他有選擇的餘地。他會對自己說：「我是要當一個懦夫按照他的話去做呢，還是像大人一樣抓住這根電線呢？」千萬記住，孩子的天性會促使他繼續探索，又會在命令面前猶豫不決。所以很可能會出現這樣的情況，他會一邊向那根電線靠近，一邊偷偷地觀察你的反應，看你生氣到什麼程度。更好的做法是，在他前幾次想摸檯燈的時候，你都馬上過去把他拉到房間的另一個地方。你可以同時對他說「不能碰」，讓他慢慢了解這句話的含義。然後，很快給他一本雜誌、一個空盒子，或者另外一件有趣又安全的東西。

假如幾分鐘以後，孩子又想靠近檯燈怎麼辦？你要把他拉走，再次轉移他的注意力，態度要堅決、果斷又溫和。在拉開他的同時說：「不能碰。」在你採取行動的同時加上這句話是為了加強這個行動的作用。你可以陪他坐上幾分鐘，教

他玩一個新玩具。如果有必要，這一次還可以把檯燈放在高處，或者把孩子帶出這個房間。你要溫和但堅決地告訴孩子，檯燈是絕對不能玩的東西，這個問題沒有一點通融的餘地。不要讓孩子有任何選擇的機會，不要和孩子爭論，不要表情憤怒，也不要責備他。這些做法對解決問題都不會有任何幫助，只會讓孩子變得愛發脾氣。

也許你會說：「如果我不跟他說那是頑皮的行為，那他就不會懂。」會的，他能懂。實際上，只要我們以就事論事的態度對待孩子，他們很容易就可以接受教導。當你在房間的另一頭搖著手指命令孩子的時候，他們不明白「不能碰」就是「不可以」的意思，所以你的態度只會讓他們憤怒。他們可能會想冒險嘗試一下，而不是遵從大人的意願。另外，如果你抓住他，面對面地訓斥他，這也沒有什麼幫助。因為你沒有給他一個體面的臺階下，也沒有給他機會讓他忘掉這件事。孩子在這種情況下做出的唯一選擇就是，要不是順從地屈服，要不就是強烈地反抗。

舉一個例子來說，當一個男孩正想靠近熱鍋子的時候，父母不應該

安穩地坐在那兒，用一種不贊成的口氣喊著「別去」，而是立刻跑過去把孩子帶開，這才是父母確實想要阻止孩子時應該採取的辦法，而不是和孩子進行一場意志的較量。

## ▮ 斯波克的經典言論 ▮

我想起一位 T 夫人。她曾經向我訴苦，說她 16 個月大的小女兒蘇茜實在太「頑皮」了。恰恰就在這時，蘇茜蹣跚地走進了房間，她是一個與同齡孩子一樣充滿冒險精神的可愛小姑娘。T 夫人立刻不滿地對她說：「哎，記住了，不要靠近那臺收音機。」其實蘇茜根本就沒有想到收音機。這下可好，這句話正好提醒了她。只見她立刻轉過身來，慢慢地朝收音機走了過去。

當 T 夫人的孩子們先後表現出獨立的願望時，T 夫人都感到十分恐慌。她害怕到時候就再也管不住這些孩子了。但正是由於她的憂慮和不安，才使得她總是為本來不必擔心的事情而擔心。這就像一個學騎自行車的小男孩一樣，當他看到前面的路中間有一塊大石頭的時候，他就先緊張起來，結果就是筆直地朝那塊石頭衝過去。

## ⁛ 1 歲左右的擔心

**害怕分離**。許多寶寶在 1 歲左右，都會產生一種害怕與父母分開的心理。這種心理很正常，跟許多動物一樣都是出自本能。比如小羔羊就是這樣，牠們總是緊緊跟隨在母親身後。一旦和母羊分開，就會低聲咩咩地叫喚。如果沒有這種本能，小羔羊一出生就會走丟。

以人類來說，1 歲左右、開始能夠到處行走的孩子們也會突然產生這種分離焦慮。一些膽大好動的孩子極少表現出分離焦慮，但也有的孩子表現得十分明顯。這種差異不是父母的養育態度所造成的，而是天生性格的反映。你沒有辦法把一個膽小的孩子變成膽大的孩子，但是透過耐心的認同和溫和的鼓勵，還是可以幫助這樣的孩子逐漸建立自信。

18 個月左右，許多一直很快樂的小探索者都會形成一種新的高度依賴性。他們會想像自己跟父母分開時的情形，那種情況是相當令人恐懼的。這個時期的強烈依賴通常會在 2 歲～2 歲半的時候逐漸減退，在那個時候，孩子就會漸漸明白分開之後總是會再次相聚。

寶寶出生之前

0～3個月

4～12個月

12～24個月

2周歲

3～5歲

6～11歲

12～18歲

**恐怖的聲音和景象。** 1 歲的寶寶會一連好幾週對一件事情著迷，比如對電視、電話、天上的飛機等。但請千萬不要忘記，孩子只有透過摸一摸、聞一聞、嚐一嚐，才能對物體有充分的了解。而且作為一個小科學家，他還需要反覆試驗。所以，你應該讓孩子接觸那些既沒有危險又不惹麻煩的物品，還要讓他熟悉這些東西。

在這個時期，我們倔強的小探險家也開始對某些東西產生恐懼了。他會害怕那些突然移動或者突然發出聲音的陌生物品，比如從書裡彈出來的折疊圖片、突然張開的雨傘、吸塵器的聲響、汽笛聲、狂吠的狗、火車，甚至花瓶裡插著沙沙作響的枝條等。

**所有的孩子都有恐懼心理。** 這是發育過程中正常的現象。就連成人也會對不理解的東西感到害怕，何況孩子。孩子到了 2 歲大的時候，害怕的東西就更多了。我建議在幼兒還不能理解這些嚇人的東西前，還是盡量避開它們比較好。如果吸塵器讓孩子心煩，那麼你每次打開它之前都要先跟孩子說一下，還可以讓他看著你如何使用。你也可以抱著他，讓他也試試看。如果

他還是很害怕，就不要在他面前使用吸塵器。對孩子要始終保持耐心，始終充滿憐愛。不要總是想讓他相信，他的恐懼其實毫無道理，因為以孩子的理解程度來看，他的恐懼其實非常合理。

**害怕洗澡。** 在 1～2 歲的時候，寶寶可能會變得非常害怕洗澡。他會擔心在水裡滑倒，害怕把香皂弄進眼睛裡，甚至害怕看見或者聽見污水流進下水道的聲音。可是寶寶需要洗澡，所以你就得想辦法，看看怎樣才能讓他既安全又高興地洗澡。為了不把香皂弄進他的眼睛，你可以用一塊不太濕的毛巾幫他的小臉抹上香皂，再用不滴水的濕毛巾幫他擦洗幾遍。一定要用不刺激眼睛的嬰兒洗髮精。如果寶寶害怕被放進浴缸，也不要強迫他。可以先用一個淺盆讓他試試，如果還是害怕，就乾脆先讓他洗幾個月的海綿浴，直至他重新鼓起勇氣為止。然後你就可以在浴缸裡放上 2～3 公分深的水，開始幫寶寶洗澡了。洗完澡以後記得要先抱走孩子，再拔掉排水的塞子。

**對陌生人的猜疑。** 在這個年齡，寶寶的天性會告訴他，對陌生人要保持警覺、保持懷疑，直到他

寶寶出生之前

0～3個月

4～12個月

12～24個月

2周歲

3～5歲

6～11歲

12～18歲

有機會好好觀察這個人。接著，他就會想和陌生人接近，最後還能跟他交朋友。當然，他是用 1 歲孩子的方式來表達這種意願的。他可能只是站得很近，目不轉睛地盯著陌生人，或者很嚴肅地遞給這個人一件東西，然後再要回去，又或者把屋子裡所有能搬動的東西都堆在客人的腿上。

許多成年人並沒有意識到，當孩子觀察他們的時候不應該去干擾他。大人們總是急於接近孩子，所以問這問那的，而且滿腔熱情。於是因為他們過於主動，孩子反而會立刻退回父母身邊尋求保護。結果，就需要更長的時間才能恢復跟客人友好交往的勇氣。我認為，父母應該事先提醒家裡的客人：「如果你馬上注意這個小傢伙，他就會害羞。如果你暫時不去理他，他就會很快過來和你交朋友。」

等寶寶學會走路時，父母就應該幫他創造大量機會去認識陌生人，比如每星期帶他去幾次商店，多帶他去有其他小朋友的遊戲場所玩。雖然他還不一定願意跟別的孩子一起玩，但有時候他會願意看著別人玩。當他習慣看別人玩，也就是兩三歲的時候，他就會更願意和小朋

友接觸，願意和他們一起玩了。

## 難以應付的行為

**散漫。**有位母親每天都帶著 18 個月大的小男孩步行去食品店。她抱怨，這個小傢伙根本不能好好跟著母親往前走，而是在人行道上晃來晃去，每經過一間房子他都要爬到房子前面的臺階上。越催促他，他就越是不走。母親一罵他，他就朝另一個方向跑了。這位母親擔心孩子可能出現了行為障礙。

其實，這個孩子根本沒有什麼行為問題。反倒有可能被管教出行為問題來。他還沒有大到記住去食品店這件事。天生的本能對他說：「嘿，那邊有個人行道，快過去看看！喔還有，你再看看那些臺階！」每次母親喊他的時候，他都會產生新的衝動，堅持自己的主意。

這位母親該怎麼辦？如果她必須馬上到食品店去，就可以把孩子放在推車裡推著走。但是如果她只是想散散步，就應該空出比一個人出來購物時多 4 倍的時間，讓孩子在路邊好好探索。如果母親只管往前走（當然要慢慢走並偷偷留意孩子狀況）不多干涉，那麼每等一會

兒，孩子就會自動追上來。

**中斷有趣的遊戲。**吃午飯的時間到了，但是你的小女兒還在興致勃勃地挖著土。如果你用一種「你不能再玩了」的語氣對她說：「我們該回家了。」絕對會遭到無情的拒絕。但如果你高興地對她說：「走，我們一起去爬臺階。」她就會產生一種想走的願望。

但如果這個小姑娘那天又累又煩，房間裡也沒有什麼能吸引她的東西，她立刻就會不滿地反抗。在這種情況下，我就會滿不在乎地把她抱進屋裡，即使她又叫又踢我也會這樣做。而且要很自信地把她抱走，就好像你在對她說：「我知道你累了，而且還很不高興，但是該回去的時候就得回去。」不要數落她，因為數落不會讓她認清自己的過錯。也不要和她爭辯，因為她不會改變主意，你只會讓自己灰心喪氣。當一個又吵又鬧、十分生氣的孩子發現自己的父母用不著生氣就知道該採取什麼措施的時候，這個孩子也會從內心得到了安慰。

寶寶非常容易分心，這是個很有利的條件。1歲的孩子會十分迫切地想探索整個世界，以至於根本注意不到從哪兒開始或在哪兒結束。

即使他們正在專心地研究一串鑰匙，你還是可以拿一個空塑膠杯把鑰匙換走。快1歲時，如果孩子開始不願意在飯後洗手擦臉，你可以在托盤上放一盆水，讓他去玩盆裡的水。同時就可以用你的手沾水幫他洗臉。讓孩子分心是一個絕招，聰明的父母會學會利用這一點來引導孩子。

**丟東西。**寶寶快1歲的時候學會了故意丟東西。他會一本正經地靠在高腳椅的椅背上往地下丟食物，還會把玩具一個一個丟到小床外面。但是丟完之後，他就會大哭起來，因為他發現他搆不到這些玩具了。難道這是孩子故意找父母的麻煩嗎？不是。他甚至根本想不到自己的父母，而是陶醉在一種新的技能之中。他很樂意成天玩這種遊戲，就像大孩子迷戀於騎新腳踏車一樣。如果你馬上就把他丟在地上的玩具撿起來給他，他就會明白，這是一種可以兩個人玩的遊戲，他會非常高興。

如果你不想無止境地玩這個遊戲，那你最好不要養成玩具一掉在地上就馬上撿起來的習慣。相反地，你應該在孩子亂丟東西的時候把他放在地板上。如果你不想讓他

從高腳椅上往下亂丟食物，那麼，只要他一丟，就立刻把食物拿走，然後把他放在地板上，讓他自己玩。你可以堅決地說：「食物是拿來吃的，玩具才是玩的。」但是不需要把音量提高。想要透過責罵孩子來制止這種行為不但不會有任何效果，還會讓父母感到挫折。

**鬧脾氣。**幾乎所有孩子 1～3 歲時都會鬧脾氣。一些容易情緒化的嬰兒甚至在 9 個月大就開始了。他們已經意識到自己的需要和獨立性。當遭到阻攔時，他們馬上就能意識到，而且還會感到氣憤。孩子偶爾鬧鬧脾氣不是什麼問題，畢竟有時他們難免會感到沮喪。

很多孩子鬧脾氣都是因為疲勞、饑餓或者環境過於吵鬧（許多發生在賣場裡的壞脾氣就屬於這種情況）。如果孩子鬧脾氣是因為這些原因，父母就可以忽略外在的原因，轉而解決內在的問題。你可以對孩子說：「你累了、餓了，是嗎？那我們回家吃飯睡覺，你就會感覺好多了。」

也有一些鬧脾氣的情況是因為孩子害怕。這種情況總是發生在醫生的辦公室裡。這時候，最好的辦法就是保持鎮定、心平氣和。責罵一個嚇壞了的孩子並沒有任何幫助。

鬧脾氣的情況經常出現在那些容易沮喪的孩子身上，他們不喜歡改變，或者對感官的刺激（比如噪音、動作，衣服摩擦皮膚的感覺等）特別敏感。鬧情緒的問題在那些倔強的孩子身上會持續比較長的時間。一旦他們開始哭鬧就很難停止，不管是在玩耍、練習走路，還是高聲尖叫時。過分的情緒化（比如一天超過 3 次，每次超過 10～15 分鐘）有時也可能是疾病或精神壓力的徵兆，所以最好還是諮詢一下醫生。（**有關孩子鬧情緒的問題以及其他激烈表現的更多內容，請參閱第 579 頁。**）

## 睡眠問題

**睡眠時間不斷變化。**在 1 歲左右，多數寶寶的小睡時間都在不斷變化。有些一直在上午 9 點鐘小睡的孩子到了 1 歲時，要不就是完全拒絕睡覺，要不就是把上午的睡眠時間向後推移。如果上午睡得晚，就要等到下午三、四點鐘才能再睡一覺。這樣一來晚飯後的那一覺可能就省去了。他們也可能下午就不想再睡了。這個時期的孩子每天都

會不一樣，甚至會在一連兩週上午不睡覺以後，又開始在上午 9 點鐘睡覺了。所以，不要過早得出最後結論。你要努力地適應這些不便，要知道，這些情況都是暫時的。如果孩子不想上午睡覺，那就不必非得讓他在午飯前睡一覺。如果寶寶願意靜靜地坐一下或者躺一躺，那可以在大約 9 點鐘的時候把他放到床上，讓他休息一會兒。當然，也有一些孩子不是這樣的。如果在他不睏的時候把他放進小床裡，他會大發脾氣，根本不願意睡覺。

如果孩子在中午以前就睏了，那麼父母就要注意，近幾天要把午飯提前到 11 點半，甚至是 11 點。這樣一來孩子吃過午飯以後，就能好好睡一個長覺，但是情況可能持續不了太久。如果把孩子每天的睡眠減少一次，那無論是在上午還是在下午，孩子都會在晚飯前覺得非常睏倦。

但也千萬不要因此得到這樣的印象，以為所有孩子都會在同一個時期，以同樣的方式放棄上午的睡眠。有的孩子早在 9 個月大的時候，上午就不睡覺了，也有的孩子到了 2 歲都還會渴望上午的那一次睡眠，並且從中受益良多。在孩子的成長過程中，總會有一個階段是睡兩次太多，睡一次又不夠。要想幫助孩子順利地度過這個階段，你可以讓他早點吃晚飯，早點睡覺。

**規律的睡眠儀式。**儘管你必須靈活處理睡覺的問題，但是有一個規律的睡眠儀式是非常必要的。當事情每天都以同一種方式發生的時候，孩子會有一種自在的安全感。孩子的睡眠儀式可以包括講故事、唱歌、祈禱、擁抱和親吻等。關鍵在於，同樣的事情要以大致相同的順序出現。電視、卡通以及吵鬧的遊戲節目會讓孩子興奮得睡不著，這些內容最好不要列入睡眠儀式。（更多關於睡眠問題的內容請參閱第 152 頁。）

### ▶ 斯波克的經典言論 ◀

讓入睡的時間充滿愉快和慈愛。記住，如果你把它變成一項愉快的任務，那麼入睡對於疲憊的孩子來說就是甜美和誘人的。你要營造一種愉悅又不容商量的睡前氣氛。

## 飲食和營養

**1 歲左右的變化。** 在 12～15 個月期間，寶寶的生長通常都會慢下來，食慾似乎也在下降。有些孩子的確比幾個月前吃得少了，這會讓父母非常擔心。但是只要孩子的成長變化跟生長曲線圖基本一致，那父母就大可以放心，因為這證明孩子攝取的營養是充足的。如果孩子看出你希望讓他多吃一點（這麼做並不好），他很可能會吃得更少，好讓你看看到底誰說了算。更好的辦法是每次只給他很少的食物，這樣他就會想要更多，也就不會在意已經吃了多少。你要注意觀察，看看孩子是不是心情愉快，是不是精力充沛，也可以參考生長曲線圖的變化。

寶寶到了 1 歲半左右，許多父母就會希望讓他們斷奶（**請參閱第235 頁**）。如果你不考慮讓孩子飲食排除含乳製品（**請參閱第 239 頁**），那麼飲品的選擇最好還是全脂牛奶。一兩歲的孩子需要全脂牛奶（或全脂豆奶）裡的高脂成分來促進大腦的發育。兩歲以後，最好換成低脂牛奶或者脫脂牛奶，這樣可以降低成年以後罹患心臟病的可

能。（關於維生素、蔬菜和其他營養問題的更多內容，請參閱第 276 頁。關於挑食、偏食以及其他令人擔心的飲食問題的內容，請參閱第 633 頁。）

**飲食是一種後天的經驗。** 對孩子來說，要想逐漸形成一種合理又健康的飲食習慣，就得學會關注自己身體的反應。這些訊息會提醒他們什麼時候餓了，什麼時候吃飽了。要讓孩子相信，只要他們餓了就會有東西吃，但不餓的時候也不會有人強迫他們吃東西。要幫助寶寶學到這些重要的經驗，就應該幫他準備營養而又美味的食物，還要讓他自己決定該吃多少。

**飯桌上的禮儀同樣很重要。** 每一個處在學步期的孩子都會把食物攪來攪去，到處塗抹，他們想用這種行為來試探父母的容忍度。當孩子跨過這個界線的時候（比如亂扔馬鈴薯泥）你就應該堅決又平靜地告訴他，食物是用來吃的。然後讓他離開餐桌，拿一顆球或一個布娃娃讓他扔。當吃飯變成了遊戲，就明顯表示孩子不餓。這時候這頓飯也就該結束了。通常 20 分鐘的用餐時間就已經足夠了。

寶寶出生之前

0～3個月

4～12個月

12～24個月

2周歲

3～5歲

6～11歲

12～18歲

## 如廁訓練

**做好訓練的準備。**大多數 12～18 個月的孩子都還不適合進行如廁訓練，因為他們意識不到什麼時候應該上廁所，或者還無法控制自己的身體，讓它在合適的時間做到收放自如。整體來說，他們還不能理解為什麼一定要坐在馬桶上排便，而不能乾脆拉在尿片上。處於學步期的孩子都會對自己「生產的產品」非常感興趣。他們還不懂得厭惡，也不明白為什麼尿布上的東西一旦沾到身上一點，父母就會顯得那麼慌張。

當然，也有些寶寶很早就開始接受訓練，進而讓其他父母覺得自己的孩子落後了。但是對絕大部分的孩子來說，在 18 個月以前接受過多訓練十分困難，而且效果也不見得令人滿意。有很多孩子要到 2 歲或者 2 歲半的時候才能接受這些訓練。心理學家南森·阿茲瑞恩（Nathan Azrin）和理查德·福克斯（Richar d Foxx）在《用不了一天的如廁訓練法》（ToiletTraining in Less Than a Day）一書中描述了一種方法，教我們使用有效的行為調整技巧。但是這本書的說明太繁複了，如果你不嚴格按照那些說明去做，或者孩子不夠配合，最終就會以失敗告終。

所以，我建議大多數父母還是等孩子長到 2 歲或 2 歲半的時候再訓練。那時候，大部分孩子就都能自己使用馬桶了，也不會弄得一團糟。如果你開始得比較早，但進行得不太順利，我認為你也沒必要擔心會讓孩子造成長期心理傷害（只要你沒有對孩子進行苛刻的懲罰或責罵）。但太早開始如廁訓練，過程中就可能出現更多困難，還可能需要更長的時間才能見效。（**參考本書第 613 頁，有更多關於如廁訓練的內容。**）

**學習上廁所。**絕大部分 1 歲的孩子還不能接受如廁訓練，但是他們可以學著了解馬桶。如果你讓孩子跟著你上廁所，並且準備一個兒童馬桶，那麼孩子可能就會想要坐在上面，甚至還會假裝使用它，因為他會模仿你或其他大人的行為，如圖 1-9。這種早期的興趣就是孩子正在學習上廁所的徵兆。但是這並不意味著他就能夠接受下一步的學習了。如果你給他壓力，即使只是過分地表揚他，也都可能讓他畏縮不前。

寶寶出生之前

0～3個月

4～12個月

**12～24個月**

2周歲

3～5歲

6～11歲

12～18歲

圖1-9

　　便後洗手是學習上廁所的內容之一，而且很多孩子都會很高興，因為他們終於有了正當的理由去玩水和肥皂泡泡了。在你上廁所的時候，應該告訴孩子你正在做什麼。要讓孩子明白那些話的意思，這對他學習上廁所也有幫助。和那些矯揉造作或者委婉的嬰兒用語（比如上大號或者噓噓）相比，我更願意使用簡單的詞語，比如尿尿和大便。透過這樣直截了當的語言，你可以讓孩子知道，上廁所是現實生活的一部分，不是什麼祕密的、難為情的事情，也不是什麼令人激動或者特別神祕的東西。

寶寶出生之前

0～3個月

4～12個月

12～24個月

2周歲

3～5歲

6～11歲

12～18歲

# 5 寶寶2周歲

## 2周歲

**一個混亂的時期。**這並不是真的那麼讓人討厭。雖然沒有人把它稱為「奇妙的2歲」，但那確實是一個非常了不起的階段。在這個時期，寶寶開始認識自我，開始學習如何做一個獨立的人。這是一個語言表達能力和想像力出現突破性進步的時期。但是，他對這個世界的認識畢竟還十分有限，所以在他眼裡，許多事情還是很可怕。

2歲的孩子生活在矛盾之中。他們既獨立又依賴，既可愛又可惡，既慷慨又自私，既成熟又幼稚。他們一隻腳踩在溫暖安逸、充滿依賴的過去，另一隻腳卻已邁進了獨立自主、充滿發現的未來。許多令人興奮的事情不斷發生，無論是對父母還是對孩子，2歲這個階段無疑都是具有挑戰性的。但是，這並不是一個令人討厭的時期，而是一個令人驚異的階段。

**透過模仿學習。**在一個診所裡，一個2歲的小女孩認真地把聽診器的聽筒放在自己胸前的各個部位，同時還把另一端插進耳朵裡，可是她什麼也聽不到，所以做出困惑的表情。在家裡，她會跟著父母到處轉，他們掃地時，她也拿起掃把掃地。他們擦桌子時，她也拿起一塊布擦桌子。他們刷牙時，她也拿起牙刷學著比劃。這一切她都做得極為認真。透過不斷地模仿，小女孩在技能和理解能力上都有了巨大的進步。

孩子會模仿父母的行為方式。比如說，當你對別人彬彬有禮的時

候，2 歲大的孩子也會從中學習到禮貌。父母教 2 歲大的孩子說「請」、「謝謝你」之類的禮貌用語並非不行，但是另一種更為有效的辦法就是，讓他聽到你在恰當的情境下使用這些詞語。（你不能指望立竿見影，但是到了寶寶四、五歲的時候，你在禮貌方面的早期投入一定會有成效。）同樣的道理，孩子如果經常聽到自己的父母使用傷害性或威脅性的語言，往往就會形成類似令人反感的行為習慣。這並不是說，父母決不能互相爭論或者表示不同的意見。然而，即便孩子只是旁觀者，頻繁的爭吵對他們的成長也將有害。

**溝通能力與想像力。** 2 歲大的時候，有的孩子已經可以說出三、四個詞組成的句子了，但也有一些孩子才剛學會把兩個詞語連接在一起。那些只能說一些單字的 2 歲孩子應該去檢查一下聽力和發育狀況。雖然檢查結果很可能並沒有異常，他們很可能只是比較晚說話而已，但也還是建議要做一下檢查比較安心。

想像力是和語言能力是同步發展的。在 2～3 歲這 12 個月中，觀察孩子想像力的逐步發展是一件很美妙的事情。他們會從最初的簡單模仿和實驗逐漸變成實實在在的行為。為了刺激孩子的想像力，你可以讓他們玩積木、玩偶、樂器、舊鞋子、麵團和水等，你能想到的其他東西也可以讓他們玩。要讓孩子接近大自然，哪怕僅僅是在附近的公園裡走走也好。要和孩子一起看圖畫書（**請參閱第 688 頁**），教他使用紙和蠟筆，塗鴉是孩子學習寫字的第一步。

我強烈反對的一件事情就是看電視。即使是高品質的兒童電視節目也會束縛孩子的想像力，因為電視為孩子做好了一切，孩子幾乎不需要付出什麼努力。即使到了 2 歲，電視還是會讓孩子成為被動的娛樂消費者，而不能讓他們學會如何自娛自樂。（**想了解更多關於電視的內容，請參閱第 517 頁。**）

**平行遊戲和共同分享。** 2 歲大的孩子不太會玩在一起。雖然他們喜歡看著彼此玩耍，但是在大多數情況下，他們都喜歡自己玩自己的。這種現象被稱為「平行遊戲」。你沒有必要去教一個 2 歲的孩子學會分享，因為他還沒有準備好要跟別人分享，孩子必須先弄懂一件東西是屬於他的，他才會把它

送出去，並且希望能夠拿得回來。孩子在 2 歲時是否懂得與別人分享，跟他長大後能否成為一個慷慨的人沒有任何關係。儘管如此，2 歲的孩子還是能夠學到出色的遊戲技巧。當你的孩子從小夥伴手裡搶奪玩具的時候，你可以堅定又溫和地從他手裡拿走那個玩具，還給主人，然後很快地用其他好玩的東西吸引他的注意力。有關為什麼他應該學會分享的長篇大論對孩子來說都是白費唇舌。當他理解了分享的概念時，他就會與別人分享了，這通常要等到 3〜4 歲。

## 2 歲小孩的煩惱

**分離的恐懼。**到了 2 歲，有的孩子已經擺脫了對父母的時刻依賴，有的孩子還是經常黏在父母身邊。2 歲大的孩子似乎能夠很清醒地意識到誰能給他安全感，而且還會用不同的方式來表現這一點。有個母親抱怨說：「我 2 歲的孩子好像突然變成了跟屁蟲，只要我們一起出門，她就會緊緊抓住我的襯衫。有人跟我們說話的時候，她就會躲到我的身後去。」2 歲是個很容易令父母產生抱怨的年齡，這也

許只是孩子表現依賴的一種方式（**請參閱第 579 頁**）。孩子也許會因為自己被父母留在某個地方而感到害怕。如果父母其中一方或是家裡的其他成員離開一段時間，或者搬家到一個新的地方，那麼孩子也可能感到不安。當家裡出現變化的時候，聰明的父母都應該考慮到孩子這種敏感的心理。

對於一個十分敏感、依賴性又很強的 2 歲孩子（特別是獨生子女）來說，當他突然必須和一直陪著他的父母分開時，經常會出現以下情況。母親可能突然要外出幾週，也可能是她覺得必須去找一份工作，所以安排一位陌生人來家裡照顧孩子。一般說來，母親不在的時候孩子不會哭鬧，可是等她回來以後，孩子就會緊緊黏在母親身上，而且不讓任何人靠近。每當想到母親會再次離開，他就會變得驚慌失措。

**睡覺時的分離。**孩子對分離的焦慮在睡覺時表現得最為強烈。受到驚嚇的孩子會因為睡覺而表示強烈的抗議。如果母親強行跟他分開，他會害怕地哭上幾個小時。如果母親坐在他的小床旁邊，他會乖乖躺著。但只要母親一起身想往門口走，他就會立刻爬起來。

如果你 2 歲的寶寶已經開始害怕睡覺了，那麼最可靠也是最難實施的辦法就是，放鬆心情坐在他的小床邊，直到他睡著為止。在他入睡以前不要急於悄悄離開。那樣會再一次引起他的警覺，進而讓他更難入睡。這種做法恐怕要堅持幾個星期，但最終都會奏效。如果孩子因為你或伴侶出遠門而受到過驚嚇，那麼在幾週之內都盡量不要再次外出。你要像體貼一個生病的孩子那樣給他特別的關注，要認真尋找孩子準備放棄依賴性的跡象，一點一點地鼓勵他，稱讚他。在他克服恐懼的過程中，你的態度是最有力的助力，隨著時間的推移，這股助力將和成熟的力量一起讓孩子妥善理解並掌控自己的恐懼。

雖然讓孩子晚一點休息或者取消午睡可以讓他更疲勞，進而幫助他入睡，但是這些辦法通常都無法完全奏效。一個驚慌的孩子即使已經筋疲力盡，但也還能堅持幾個小時不睡覺。你必須徹底解決他的煩惱，這才是根本之道。

**擔心尿床。** 當一個孩子在睡前表現出焦慮時，害怕尿床可能也是其中的因素之一。他會不停地說「尿！尿！」或者別的什麼。但是

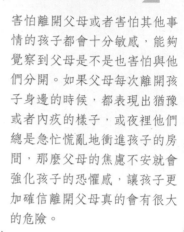

**斯波克的經典言論**

害怕離開父母或者害怕其他事情的孩子都會十分敏感，能夠覺察到父母是不是也害怕與他們分開。如果父母每次離開孩子身邊的時候，都表現出猶豫或者內疚的樣子，或夜裡他們總是急忙慌亂地衝進孩子的房間，那麼父母的焦慮不安就會強化孩子的恐懼感，讓孩子更加確信離開父母真的會有很大的危險。

當媽媽把他帶到廁所以後，他卻只尿幾滴。然後才一回到床上又哭喊著：「尿！尿！」你也許會認為他只是以此為藉口，不想讓母親離開罷了。情況確實如此，但又不僅僅是如此。這樣的孩子確實是在擔心自己會尿床。

因為總是擔心會尿床，所以有時候他們晚上每隔 2 小時就會醒一次。因為這麼大的孩子不小心尿了床以後，父母容易表現出不滿的態度。這會讓孩子認為，如果尿了床，父母就不那麼愛他了，而且還可能離開他。由此看來，孩子害怕睡覺是由兩個原因造成的。如果你的孩子擔心尿床，就要不斷向他保證，尿床沒有什麼關係，即使發生了，你仍然會像以往一樣愛他。

**孩子可能以害怕孤獨為理由牽制父母**。孩子之所以纏著媽媽不放，是因為他對離開媽媽這件事有一種強烈的恐懼。如果他發現媽媽也擔心他的恐懼，總是想辦法安撫他，總想盡力滿足他的要求，那他就會利用這一點來牽制母親。比如有一些 3 歲的孩子非常害怕留在幼兒園裡。父母為了安慰他們，不僅要形影不離地在幼兒園待上好幾天，而且孩子要求他們做什麼他們就會做什麼。過不了多久，你會發現這些孩子開始更加誇張地表現自己不安的心情，因為他們已經學會利用這種手段把父母指使得團團轉。在這種情況下，父母應該說：「我認為你現在已經長大了，不應該再害怕上幼兒園了。你只是希望我聽你的，所以明天開始我沒必要在待在這裡了。」

**如何幫助有恐懼心理的2歲寶寶？**解決孩子的恐懼心理要從實際需求出發。在很多情況下，要看有沒有必要馬上讓孩子克服這種恐懼心理。比如沒有必要讓膽小的孩子立刻和狗交朋友，也沒有必要讓他到深水中練習游泳。因為只要孩子到了敢於做這些事情的時候，他們自然就會去做了。

另一方面，你不應該允許孩子每天晚上都跟父母一起睡覺（除非你已經決定了就是要和寶寶同睡，**請參閱第 64 頁**）。應該哄孩子在自己的小床上睡，因為一旦養成了和父母同睡的習慣，他們就會貪圖那種安逸的感覺而不願意離開了。

孩子開始上幼兒園以後，最好每天都按時讓他上學，除非他表現出極度恐慌。有經驗的老師可以幫助孩子很快投入遊戲，這樣父母就會比較容易離開了。儘管有的孩子不想去幼兒園，但是他遲早還是得去。往後拖延的時間越長，他就越不願意去幼兒園。明智的做法是先考慮一下，是不是溺愛助長了孩子對於離開父母的恐懼心理。這是一項艱難的任務，無法客觀評斷的父母可以向醫生咨詢尋求或其他專家的指導。

**溺愛的原因**。大多數溺愛孩子的父母都是對孩子特別盡心的人。他們常常會產生不必要的內疚感。可能很久以前孩子曾經因為某個事件而面臨危險，比如一次嚴重的感染或受傷。很多父母的恐懼都很難消減。食品安全問題與相關的新聞報導也會讓父母的這種憂慮火上加油。（事實上，有資料顯示，現在

寶寶出生之前

0～3個月

4～12個月

12～24個月

2周歲

3～5歲

6～11歲

12～18歲

的兒童與以前相比要安全得多。）

憤怒和內疚常常是溺愛的潛在因素。父母和孩子有時都會對對方產生反感，還可能會詛咒對方遭受挫折。這是正常的心理現象，但是他們往往害怕承認這個事實，只好憑藉想像來把這些挫折轉嫁到別的事情上，而且還會極力誇大這些事情的嚴重性。所以當這種內疚感消失後，「外在世界非常危險」的感覺也會消失。

你可能也意識到並不是每次生氣都對孩子公平。當然孩子可能真的做了一些調皮、自私的事，但你卻想不出辦法讓他改正，這會讓你很沮喪，甚至懷疑自己能否承擔做父母的責任。這種感覺很容易就會讓你對著孩子大發脾氣，甚至超過他應該承受的程度。這些憤怒有時很難避免，任何好父母都不可能時時刻刻對孩子保持公平。

當然，解決問題的辦法既不是讓父母把所有最生氣的感覺都釋放在孩子身上，也不是允許孩子辱罵父母。父母應該知道，偶爾對孩子產生負面情緒在所難免。父母和孩子要彼此承認這些負面情緒的存在，這樣做是有好處的。如果父母偶爾能向孩子坦白他們有多麼生氣（尤

其是當這種氣憤沒什麼道理的時候），這將會有助於改善氣氛。你也可以經常跟孩子說下面的話：「我知道當我不得不這樣管教你的時候，你是多麼生氣，但有時我也會感到非常生氣……。」

## 難以對付的行為

**抗拒心理。**兩三歲的時候，孩子經常會表現出任性以及其他心理緊張的跡象。其實寶寶可能早在 15 個月大的時候就已經變得難搞又倔強了，所以這並不是什麼新問題。但是，2 歲以後這種情況會變得更加嚴重，表現形式也會常常翻新花樣。一個叫佩特尼亞的小女孩從 1 歲的時候就開始跟父母作對。到了 2 歲半，她竟然也開始跟自己過不去。常常大費周章地作出一個決定，然後又輕易改變主意。儘管沒有人找她的麻煩，甚至有時分明就是她想管束別人，但她也會表現得好像遭到過多約束一樣。她總是堅持按照自己的意願和一貫的方式做事。如果有人想介入她的遊戲，或者想整理一下她的玩具，她就會非常氣憤。

寶寶到了兩三歲的時候，似乎是

天性讓他渴望自己作決定，而且拒絕別人的干涉。但他對這個世界畢竟還沒有太多了解，所以自主決定和反對干涉這兩件事似乎讓他顯得很緊張。所以想和兩三歲的孩子和平相處，可不是一件容易的事。

不要過多干涉，而且如果可能的話，讓寶寶按照自己的速度去做事。當寶寶特別想自己穿衣服或者脫衣服的時候，就讓他自己動動手。洗澡時要幫他留下充足的時間，讓他在澡盆裡玩水。吃飯的時候讓他自己吃，不要催促他。吃飽了以後要讓他離開飯桌。到了該睡覺、該外出散步，或者該回家的時候，要用有趣的事物轉移他的注意力，進而讓他順應父母的安排，不要惹他生氣。你的目的是讓他不要變成一個小暴君，而不是把這個小傢伙累壞。

當父母制定了一些堅決、持久，又合理的規範時，2 歲左右的孩子會表現得最好。關鍵是要仔細篩選這些規範的內容。如果發現自己對孩子說「不行」的時候大大多於「行」，那麼你很可能制定了太多武斷的規矩。

跟一個 2 歲的孩子較量意志勞神費力，應該把這種機會留給一些真正重要的情況。像使用汽車安全座椅這種安全問題顯然很重要，但是在冷天戴手套的問題就沒那麼重要了。（你可以把手套放在衣服口袋裡，當孩子的小手變涼的時候，再拿出來幫他戴上。）

**發脾氣。**幾乎每個 2 歲大的孩子都會不時耍些脾氣。一些身體健康的孩子更是這樣。通常孩子從 1 歲左右（**請參閱第 579 頁**）開始會發脾氣，2～3 歲時達到高峰。這種情況有許多原因：挫敗感、疲勞、饑餓、憤怒、恐懼。那些情緒容易緊張、生性叛逆又對變化敏感的孩子更常會發脾氣。有時候，父母可以感覺到孩子激烈的情緒，不妨透過分散孩子的注意力來緩解這種情緒，比如在適當的時候給他一塊點心，或者離開過於刺激的環境。也有些時候，孩子的脾氣會突然爆發，那麼你唯一能做的就是等待這陣暴風雨自己停息。

在孩子發脾氣時，你最好可以陪在他的身邊，讓他不至於覺得很孤單。同時還應該注意，最好不要輕易對孩子動怒，不要威脅要懲罰他，或者懇求他安靜下來，更不要為了改善事態而操之過急。這些舉動只會讓孩子更頻繁地發脾氣，持

續的時間也將會更長。等事情平息以後，最好把注意力轉移到一個積極的活動上，讓孩子把所有的不快都拋到腦後。像「你能重新振作起來，真不錯」之類的及時表揚可以幫助孩子恢復自尊，還能幫助他在下次發脾氣的時候學會盡快回歸常態。你也要為自己的冷靜和理性喝采，畢竟在 2 歲寶寶情緒爆發時能做到這一點實在非常不容易。

**哭喊。**許多哺乳動物的寶寶都會在需要關心和食物的時候喊叫（想想那些小狗），所以孩子的哭喊很正常，也很普遍，但還是讓人倍感心煩。在寶寶比較小的時候，你除了努力弄清楚他需要什麼之外，基本上別無選擇。但是一旦孩子能說話了，就要盡量讓他說話。要堅定而認真地對他說：「好好說話，哭是沒有用的。」這種方法總會奏效，雖然你可能要一連幾個月不斷重複這樣的話，寶寶最終才會完全接受你的建議。但記住，如果你有時因為克制不住自己而對孩子的哭喊做出讓步（我了解想這麼做的欲望實在太強烈了），那麼未來就會變得更加難以收拾。（**第 600 頁有更多關於孩子的抱怨及其對策的內容。**）

**開始偏愛父母中的一方。**有時，一個 3 歲～3 歲半的孩子在跟父親或母親親密相處的時候，如果另一個人也想加入，他會立刻感到憤怒。其中一部分原因可能是嫉妒。處在這個年齡階段的孩子不但對別人的控制特別敏感，自己也會想命令別人。所以，讓他同時去對付兩個重要的大人，他就會感到勢單力薄。

在這個時期，通常父親都是那麼被認為不受歡迎的人，有時候父親甚至會沮喪的認為自己對孩子來說是一個煞風景的人。其實，父親不應該把孩子的這種反應太當真，也不該因為難過而疏遠孩子。如果他可以經常獨自照顧孩子，那麼除了做一些日常瑣事，比如餵他吃飯或幫他洗澡之外，還能和孩子一起做有趣的遊戲，那麼孩子就會逐漸把父親看成一個風趣又充滿愛心的重要人物，而不是一個「入侵者」。即使父親剛開始接替母親時遭到孩子的拒絕，父親也應該保持愉快的情緒並堅持繼續照顧孩子，同時母親也應該以同樣的態度，欣然、堅定地把孩子交給父親，然後離開。

這樣的輪換可以讓父母雙方都有時間跟孩子一對一獨處。但是，哪

怕孩子表現得十分不合作，全家共處的時間也相當重要。另外，有必要讓孩子（特別是第一個孩子）知道，父母是相愛的，並且十分樂意與對方待在一起。父母的關係也不會因為他的態度而受到影響。

## 飲食和營養

**飲食的變化。** 2 歲的孩子已經能吃很多大人的食物了，但是仍然要提防他被噎住的危險。所以不要讓孩子吃小塊或堅硬的食物，比如花生、葡萄、胡蘿蔔和硬糖果等。如果你讓孩子一直喝全脂牛奶，那可以開始試著改為低脂或脫脂牛奶。大腦的發育速度在孩子 2 歲以後就會逐漸減慢，所以熱量太高的飲食其實沒有必要。而且如果孩子在童年時就養成低熱量的飲食習慣，那將會大大降低他們成年後罹患心臟疾病的風險。孩子通常都無法忍受五、六個小時的吃飯間隔。3 頓正餐和 3 份點心的安排比較合理。最好的零食就是簡單的食物，比如切碎的水果或者全麥餅乾。不論包裝上是否標明是健康食品，都不要給孩子吃加工精緻的食品。

**食物的選擇。** 多數的 2 歲孩子都能輕鬆使用杯子和湯匙，但是在使用刀叉時，他們仍可能需要幫助。雖然很多 2 歲的孩子有時的確需要幫助，但他們往往討厭別人這樣做。為了省事，你可以只幫他們準備那些能用湯匙或用手吃的食物就好。

孩子需要在選擇食物方面多加練習。是吃豌豆還是吃南瓜？小圓麵包裡面要不要加餡？給孩子 1～2 個簡單的選擇就足夠了，如果選擇太多、太複雜，可能讓孩子筋疲力盡，甚至發脾氣。聰明的父母會在每頓飯之間都提供孩子一些可選擇的誘人食品，以保證他無論作出什麼樣的選擇，飲食都是健康的。

在你決定要把什麼樣的食品帶回家時，這種選擇就開始了。要選擇新鮮的蔬菜，不要買洋芋片和高熱量的點心。要選擇水果而不要餅乾和蛋糕。要選擇果汁或者礦泉水而不要碳酸飲料。如果你想讓孩子吃得健康，最好的辦法就是在家裡只儲存健康的食物，把垃圾食品拒之門外。（**第 271 頁有更多關於營養和健康的內容。**）

**偏食及其對策。** 有些 2 歲的孩子每頓飯只想吃吐司起司三明治，還有些孩子只喜歡吃湯麵。通常這

些偏好只會持續幾天，然後就會逐漸淡化。接著孩子又會對別的食物產生偏愛。為了方便行事，你也許會想在某種程度上妥協。連續 5 天把花生醬和果凍當作午餐並沒有太大的危害。只要在早餐和晚餐時，餐桌上還有牛奶、水果或者一些綠色蔬菜，那麼孩子的飲食結構仍然是合理而均衡的。如果你以一週為單位來安排孩子的飲食，而不是天天都規劃，那你也許就會發現，孩子的飲食整體上還是非常均衡的。

很多 2 歲的孩子都養成了跟父母爭奪選擇食物權利的習慣。從孩子的角度來說，他會表現一些讓人心煩的行為，比如不吃東西、挑三揀四、要一些特別的食物、嘔吐，或者發脾氣等。這時候父母通常都會糾纏不休、連哄帶勸、威脅恐嚇，或者乾脆強行餵食。（第 635 頁有更多關於應對這類常見問題的對策。）

## 如廁訓練

**邁向獨立的一步。**在 2～3 歲的時候，大多數孩子都已經學會了上廁所。很多父母迫不及待地盼望著孩子使用尿片的日子能夠早點結束。但是有的父母過於心急，反而會延遲孩子學會獨立上廁所的時間，同時還會增加不必要的壓力。獨立上廁所的訓練是孩子整個學習過程的一部分，而這個過程早在他 1 歲的時候就已經開始了（請參閱第 134 頁），一直持續到幾年後才能徹底完成。那時候，孩子就能掌握排便、擦拭和洗手等一系列流程了。他還會對這種新陳代謝的過程感覺很自在，也會像父母一樣，對這個問題採取一種隱密和低調的態度。如果你可以理解這種學習需要一個漫長的過程，那麼也許就會更願意以自然的速度訓練他上廁所。

（想了解更多關於如廁訓練的內容，包括什麼時候開始、怎樣做的具體建議，請參閱第 613 頁。）

寶寶出生之前

0～3個月

4～12個月

12～24個月

2周歲

3～5歲

6～11歲

12～18歲

# 6 學齡前寶寶：
## 3～5 歲

## 對父母的熱愛

**一個不那麼叛逆的年齡。**3 歲左右的男孩和女孩，感情的發展都達到了一個新階段，他們會覺得父母是非常了不起的人，還希望跟父母一樣。大多數孩子在 2 歲時剛表現出來的那種無意識反扰和敵對情緒，似乎在 3 歲後開始漸趨緩和。

這時，孩子對父母不僅友好親切，而且熱情又溫和。不過儘管孩子很愛父母，但也不會時時刻刻都聽從大人的吩咐，也不會總是表現得十分乖巧。孩子仍然是個有獨立思想的人。儘管有時他們知道自己就要違背父母的意願了，但還是想堅持己見。

在強調 3～5 歲的孩子通常都比較聽話的同時，我還是必須指出 4 歲孩子的一些例外情況。許多 4 歲的孩子開始覺得自己什麼都懂，所以常常出現固執己見、驕傲自大、高談闊論和喜歡挑釁的行為，幸好這種盲目的自信很快就會消失。

**渴望跟父母一樣。**2 歲的時候，孩子迫切地想要模仿父母的行為。如果他們在玩擦地板的遊戲，或者正在用錘子敲打一個假想的釘子，他們的目的就只是要使用拖把和錘子，而不是真正明白為什麼要這麼做。但到了 3 歲，孩子的模仿行為就有了質的變化。現在，他們會渴望成為像父母那樣的人。他們做的遊戲有：上班、做家務（做飯、打掃、洗衣服）和照料孩子（布娃娃或者更小的孩子）等。他們還會假裝開著家裡的轎車外出兜風，或者參加聚會。他們會用父母

147

的衣服幫自己打扮，還會模仿父母的談話、舉止以及特殊習慣。

這些遊戲的意義遠遠大於遊戲本身，它關係到性格的形成。與父母想透過語言教給孩子的東西相比，性格的養成反而更受到孩子對父母行為的理解所影響。於是，孩子最基本的理想和觀念就這樣形成了。也就是說，他們對工作、對人、對自己都有了基本看法。當然，這些看法還會隨著孩子的成熟和懂事被不斷地修正。但他們 20 年以後會成為什麼樣的父母，就是在這個時期學到的。你可以從他對布娃娃的態度上看到這種跡象，他是充滿愛心地對布娃娃說話呢，還是不斷地責怪它？

**性別意識**。正是在這個年齡，小女孩開始更加清楚意識到自己是女性，而且長大以後會成為一個女人。所以她會特別仔細觀察母親，並且總想把自己塑造成母親的模樣，比如，母親如何對待自己的丈夫（是像對待主人和統治者一樣，還是像對待親密的夥伴那樣）。如何對待一般的男性，如何對待女性（像朋友還是像競爭對手），如何對待女孩和男孩（是偏愛某個性別的孩子，還是都喜歡），如何對

待工作和家務（重視繁雜的小事，還是更重視具有挑戰性的工作）。小女孩不可能完全成為母親的翻版，但是她在很多方面肯定都會受到母親的影響。

處在這個年齡的小男孩也會意識到自己將長成一個男人。他會開始模仿父親的樣子，比如父親如何對待妻子和其他女性，如何對待別的男性，如何對待自己的兒子和女兒，如何對待外面的工作和家務。

當然，女孩們也會透過觀察父親而學到很多東西，男孩們也會從母親身上學習。這就是兩性逐漸了解彼此，直到共同生活的過程。孩子也會在某種程度上以生活中其他重要的成年人為榜樣。但是在生命初期的幾年中，父母（特別是跟孩子同性別的家長）將發揮著非常特殊的影響力。

**對嬰兒著迷**。這時的男孩和女孩對於關於嬰兒的任何事都很著迷。他們想知道嬰兒是從哪裡來的。當他們了解到嬰兒來自母親體內，那麼無論是男孩還是女孩，都會急切地想親自實現這種神奇的創造。他們想照料嬰兒，還想愛護嬰兒，就像他們的父母關愛他們一樣。他們會把更小的寶寶當成孩

子，還會花上幾個小時的時間來扮演父親和母親。有時還會將布娃娃當作寶寶。

其實小男孩和小女孩一樣，也會迫切地想在肚子裡孕育孩子，只是人們通常並不了解這點。當父母告訴他們男孩不能生孩子的時候，他們會有很長一段時間都無法置信，他們會想：「我也會生孩子。」因為他們會天真地認為，只要努力盼望什麼事，那件事情就一定會實現。學齡前的小女孩也會有類似心理，她們也許會公開說她們能長出「小雞雞」。與此類似的想法並不表示孩子對自己的性別不滿意，我認為情況剛好相反，這些孩子只是天真相信他們能夠做到任何事情，能成為任何人，能擁有任何東西。

## 對父母的愛戀和競爭感

**願望和擔憂。** 男孩會對母親產生愛戀的感覺，女孩對父親也是這樣。在這個年齡之前，男孩對母親的愛主要源自於類似嬰兒時期的依賴心理。然而到了這個年紀，他會越來越有一種像父親那樣的浪漫想法。4歲的男孩常會堅信長大後會和母親結婚。雖然他不懂結婚是怎麼回事，但是絕對清楚誰是世界上

最重要、最有吸引力的女人。模仿著母親長大的女孩，對自己的父親也開始逐漸產生這種愛慕之情。

這些強烈的、充滿幻想的情感有助於孩子精神上的發展，可以幫助孩子形成對異性的正常情感，還會在未來引導他們走進幸福的婚姻生活。但是，這種傾向造成的另一個結果就是，大多數這個年齡的孩子會產生一種下意識的緊張感。當他特別喜歡某一個人（無論是年輕的還是年長的），就會忍不住想把這個人完全占為己有。因此，當一個4歲左右的小男孩更加清楚地意識到自己對母親有一種占有的欲望時，他也能意識到母親在某種程度上已經屬於父親了。於是無論他多麼喜歡父親、羨慕父親，他都會感到氣憤。有時甚至還會偷偷希望父親迷路回不了家，接著又會對自己這種不忠誠的想法感到內疚。他還會從一個孩子的角度進行推測，認為父親對他也會有和他同樣的妒忌和怨恨。

小女孩對父親也會產生占有的感情。她有時會希望母親出什麼事（儘管在其他方面她很愛母親），這樣她就可以獨占父親了。她甚至會對母親說：「你可以出去長途旅

寶寶出生之前

0～3個月

4～12個月

12～24個月

2周歲

3～5歲

6～11歲

12～18歲

行,我會照顧好爸爸的。」但是,當她想像母親也會妒忌她的時候,她又會感到害怕。仔細想想經典童話故事《白雪公主》裡的情節,你就會發現,那個邪惡的繼母實際上就是這種幻想和擔憂的化身。

因為父母畢竟比他們高得多也強壯得多,所以孩子就會盡力擺脫這些可怕的想法。但是,這些想法會在他們的遊戲和睡夢中透露出來。這些對於同性家長的複雜情感(包括愛慕、嫉妒、恐懼)正是這個年齡的孩子容易做噩夢的根源,孩子常常夢見自己被巨人、強盜、女巫和其他可怕的東西追趕。

**占有欲的消退。**這些強烈的、矛盾的情感會如何發展呢?孩子到了六、七歲時,自然會因為他們不可能獨自占有父親或母親而感到灰心。假想中父母生氣的樣子會使他們產生下意識的恐懼感。這種恐懼心理會把他們心中浪漫的喜悅變成一種反感。從此以後,他們會因為害羞而躲避異性家長的親吻。他們的興趣也會逐漸轉向不受個人情感影響的事情上去,比如上學和運動。他們這時要努力模仿的,是其他同性的孩子,而不再是他們的父母了。

**父母如何提供幫助?** 要幫助孩子度過這個充滿幻想和妒忌的階段,父母可以溫柔地向孩子表明,他們彼此屬於對方,男孩不能獨自占有母親,女孩也不能獨自占有父親。還要讓孩子明白,他們知道孩子有時可能會因此感到憤怒,但他們不會因此而覺得奇怪。

聽到小女兒宣布她要和父親結婚的時候,父親要對這種認可表示愉快,但也要向女兒解釋說自己已經結婚了,等她長大以後可以去找一個同齡的男人結婚。

當父母親密地在一起的時候,他們不必也不該讓孩子打斷他們的談話。他們可以既溫和又堅定地提醒孩子,父母有事要談,同時建議他也去忙自己的事。父母這種機智得體的做法,可以避免在他們表達愛意的時候長期受到孩子的干擾,就像其他人在場他們也會受到影響一樣。但是,如果孩子在父母擁抱和親吻的時候突然闖進房間,也用不著驚慌地跳開。

如果男孩因為嫉妒而對父親粗暴無理,或者因為母親使他產生嫉妒而對她粗野蠻橫,那麼父母一定要堅持和孩子講道理。如果女孩表現得蠻橫無理,母親也應該客氣地對

寶寶出生之前

0～3個月

4～12個月

12～24個月

2周歲

3～5歲

6～11歲

12～18歲

待她。與此同時，父母要想辦法緩解孩子憤怒和內疚的情緒，可以跟他們說，父母理解他有時會對他們感到生氣，同理孩子的憤怒。

如果父親意識到年幼的兒子有時對他似乎有一種下意識的怨恨和恐懼，不必對兒子表現出刻意的溫柔與隨和，也不必因為怕兒子產生嫉妒就假裝不是很愛自己的妻子。這些做法都不能解決問題。事實上，如果兒子覺得父親既不敢做一個堅定的父親，也不敢正常對妻子表示親密，那他就會認為自己過分占有了母親，反而會感到內疚和害怕。孩子也會因此而失去將來做為一個自信父親的信念，而這種信念正是孩子建立自信心必備的心理要素。

同樣，母親也要充滿自信，不受人擺佈，要清楚知道應該在什麼時候堅持主見，還要勇於向自己的丈夫表達親密的情感和愛慕之心。這樣才最有利於女兒的成長。

如果母親對待兒子的態度比對他父親的態度還要隨和與熱情，對兒子來說，生活就會變得複雜。如果母親對兒子的親密感和同情心勝過對丈夫的，也會產生同樣的結果。母親的這種態度會使兒子疏遠父親，而且特別害怕父親。

與這種情況類似的是，如果父親任由女兒擺佈，總是違反妻子的原則，或者與女兒在一起時表現得比和妻子在一起更快樂，這對妻子和女兒都沒有好處。這種態度會影響母女之間應有的親密關係，進而阻礙女兒成長為一個快樂的女人。

## 好奇心與想像力

**強烈的好奇心。**處於這個年齡階段的孩子會想了解他們遇到的任何事情的意義。他們的想像力相當豐富。他們會根據所見所聞的判斷，然後得出自己的結論。他們會把一切事物都跟自己聯結在一起。比如聽到有人提到火車的時候，他們就會想要馬上知道：「我能不能哪天坐一坐火車呢？」當他們聽到有人談到某種疾病的時候，就會想：「我會得那種病嗎？」

**非凡的想像力。**學齡前的孩子是想像大師。當三、四歲的孩子講一個編造的故事時，並不是像成年人那樣在故意說謊。因為他們的想像力生動逼真，所以有時就連他們自己也分不清真實和不真實的界限。這就是為什麼他們特別喜歡聽別人講故事或讀書的原因。這也解

釋了為什麼他們會害怕暴力的電視節目和電影（我們不應該讓他們看那些東西）。

當孩子偶爾編造故事時，你不必批評他或讓他感到內疚。雖然他可能很希望事情會像他說的那樣，但是你只要指出事實並不是那樣就可以了。這樣一來，你就幫助孩子弄清事實和自我想像之間的差別。

有時候，孩子會假想一個時常出現的虛擬朋友，這也是一種正常、健康的想像。孩子會以此來幫助自己進行一次特別歷險（比如讓他勇於單獨走進儲藏室）。但是有時候，長期感到孤獨的孩子每天都會花上好幾個小時來講述這種虛擬朋友或歷險，而不只是把這當成一種遊戲。他似乎認為這個朋友或經歷確實存在。如果你能幫助這樣的孩子跟真正的孩子交朋友，那麼他對虛幻夥伴的需要就會大大降低。

## 睡眠問題

大多數孩子在 4 歲之前就不再午睡了，但是他們仍然需要在下午安靜地休息一會兒。如果每天晚上的睡覺時間大大少於 10 個小時的話，他們一定會感到非常疲憊。

（儘管這個年齡孩子的正常睡眠時間有著很寬泛的標準，從 8 小時到 12 或 13 個小時不等。）早期出現的睡眠問題，比如過分嗜睡或頻繁驚醒，經常會持續到學齡前階段（**請參閱下頁**）。但是，即使是那些睡眠品質一直很好的孩子，在學齡前階段也經常會出現新的睡眠問題。下列如，噩夢和對黑夜的恐懼是這個年齡階段的孩子經常遇到的問題。

前面提到那種正常的占有欲和嫉妒心理，也會導致孩子出現睡眠障礙。如果孩子半夜闖進父母的房間，想要跟父母一起睡，可能是因為（他不會說出這些真實想法）他不想讓父母單獨在一起。如果他得到了允許，最後很可能會把父親從床上擠出去。所以，父母應該毫不猶豫地把他送回他的小床上去，態度要既堅定又和藹。這樣做對大人和孩子都好。

## 3 歲、4 歲和 5 歲時的恐懼感

**幻想中的憂慮。**新的恐懼會突然出現在三、四歲的孩子身上，比如害怕黑暗、害怕狗、害怕消防車、害怕死亡以及害怕瘸腿的人

等。這時孩子的想像力已經發展到另一個新階段，他們已經能夠設身處地地體會別人的遭遇，進而想像出自己並沒有親身經歷過的危險。孩子的好奇心涉及相當廣泛。他們不僅會想知道每一件事情的原因，還會想知道這些事情跟自己有什麼關係。偶然聽到一些關於死亡的事情，他們就想知道什麼是「死亡」。剛有一點模糊的認識以後，他們就會問：「我也會死嗎？」

有些孩子生來就容易對新事物或出乎意料的事物產生焦慮或恐懼。以下這些孩子也更容易產生恐懼感：喝奶和如廁訓練等方面出現困難而感到緊張的孩子、想像力受到可怕故事或電影過分刺激的孩子、沒有足夠機會發展獨立性和外向性的孩子、被父母過度強調「外面」很危險的孩子。這些例子看起來，正是之前那些不安感累積到一定程度，最終才變成了具體的恐懼。

並不是說所有產生恐懼感的孩子都曾被不恰當地對待過。這個世界本來就充滿了孩子不能理解的事物，因此無論你對他們如何愛護和體貼，他們都還是會意識到自己的缺點和脆弱。

**幫助孩子戰勝恐懼。** 作為父母，你可能無法消除孩子想像中的所有恐懼。但你可以教孩子一些有益的方法，讓他知道如何應付以及戰勝這些恐懼。你可以透過減輕緊張感幫助孩子克服一些特殊的恐懼，例如對狗、蟲子、魔鬼的恐懼等。不要讓孩子接觸恐怖電影、嚇人的電視節目。不要因為吃飯問題或夜裡尿床的問題跟孩子發生不愉快。不要先放縱他任性妄為，然後再讓他承認錯誤。你平常就不應該用怪物、員警或魔鬼之類的東西嚇唬他，他想像出來的東西已經夠他害怕了。每天都要幫孩子安排充分的時間出去和小夥伴們一起玩。當孩子在遊戲和活動中投入得越多，他對內心的恐懼就會想得越少。

當孩子對狗、消防車、警察和其他東西懷有恐懼心理的時候，他就會透過有關的遊戲來適應和克服這種恐懼。如果孩子願意做這種緩解恐懼的遊戲，那將會對解決問題有很大的幫助。恐懼能促使我們作出反應。我們的身體會一下子產生大量的腎上腺素使心跳加快，同時也為我們作出迅速反應提供了必要的醣分。這時，我們就能像風一樣迅速逃跑，或者像野獸一樣勇猛搏鬥

寶寶出生之前

0～3個月

4～12個月

12～24個月

2周歲

3～5歲

6～11歲

12～18歲

（趨避反應）。這種「逃跑或搏鬥」會把恐懼消耗掉。相反地，靜靜坐著完全無法緩解恐懼。如果怕狗的孩子能在遊戲中扮演一隻玩具狗的主人，那也許可以減輕他的一部分恐懼。如果你的孩子有著強烈的恐懼心理，或者這種情緒已經影響到日常生活的其他方面，那你應該請教兒童心理專家，尋求他們的幫助。（**更多關於恐懼的內容，請參閱第 593 頁。**）

**害怕黑暗。**如果孩子開始怕黑了，要想辦法幫他排除顧慮。這將取決於你的態度，而不是你的說教。不要拿這件事開玩笑，也不要不耐煩，更不要試圖勸他消除恐懼。如果他想談論這件事，那就讓他說出來。有些孩子願意表達，那就讓他知道你願意傾聽並理解，讓他知道一切都不會有問題。如果他希望在夜裡開著門睡覺，不妨按照他說的做，也可以在房間裡開一盞微弱的燈。這樣只要花極少的費用就能讓他看不見妖魔鬼怪了，不用擔心燈光會影響睡眠，因為跟房間裡的燈光及客廳裡的談話聲比起來，孩子自身的恐懼感才是妨礙睡眠的最大因素。當他的恐懼心理減輕以後，漸漸就又能接受黑暗了。

**害怕動物。**學齡前的孩子通常都會害怕一種或多種動物，即使是從來沒有接觸過小動物的孩子也會這樣。不要把一個膽小的孩子拉到小狗面前來證明不會有什麼危險，這是沒有用的。你越是拉他往前，他越是覺得自己必須往後退。隨著時間過去，孩子慢慢就能自己克服膽怯的心理，開始主動接近小狗。透過自己的努力，孩子反而能夠更快克服膽怯心理，你也不必費力地進行勸說。

**怕水。**千萬不要把一個嚇得哇哇亂叫的孩子強行拉進海裡或游泳池裡，這樣做幾乎得不到什麼好結果。當然，在被強行拉進水裡以後，確實也有少數孩子感到了樂趣，而且馬上消除了恐懼。但在更多時候，這樣做的結果都是適得其反。請記住，孩子雖然害怕，但他終究還是渴望下水，不需要急於一時。

**害怕講話。**孩子在面對陌生人的時候經常會一言不發，等到感覺自在一點的時候才會開口說話。如果一個孩子在家裡能夠正常地交談，但是在幼兒園裡卻一個字也不說，甚至在幾天或幾週之後仍然如此，那他很可能患有選擇性緘默症。（**請參閱第 595 頁。**）

**對死亡的疑問。**關於死亡的各種疑問通常會出現在這個年齡。第一次解釋這個問題的時候，你要盡量顯得自然、隨意，不要顯出害怕的樣子。你可以說：「每個人到了一定的時候都會死。大部分人在很老的時候和病重的時候就會死去，也就是說，他們的身體停止活動了。」你可以利用這個機會談談家裡人對死亡的看法。大部分成年人對死亡都有一定程度的恐懼和不甘願。即使孩子還小，他們也會理解死亡是生命迴圈的一部分。人都有起點，他們開始時很小，然後長大，變老，最後死亡。

要謹慎選擇自己使用的詞語。比如說：「我們失去阿基保爾叔叔了。」這句話就可能讓曾經迷路的孩子心驚膽顫（「失去」和「迷路」在英文裡是同一個詞）。這個年齡的兒童正處在從字面上理解一切的階段。我認識一個孩子，他就是因為聽到別人把死亡說成是「去了我們在天上的家」之後才害怕飛行的。最重要的是，千萬不要把死亡說成是「睡著了」，因為很多孩子會因此而害怕入睡。孩子們也可能會疑惑：為什麼沒有人把阿基保爾叔叔叫醒。

你的解釋越簡單越好，要簡化事實。你可以說死亡就是身體完全停止了活動。花時間去思考這個問題的孩子可能有更多機會去見證死亡，他們會開始理解死亡是這個世界的一部分。

還有一點也很重要，那就是傳達家裡成員對死亡的看法，你可以從宗教或別的角度講解。對於這個話題和其他敏感的事物，家長一定要對孩子提出的問題持開放的態度，並且簡單、如實地回答，但也不要提供超出孩子詢問的資訊。孩子們知道什麼時候解釋會開始變成嘮叨，父母最好還是尊重他們的直覺。重要的問題無法一次討論徹底，但我們未來還是可以找到許多機會加以補充。請記住，要抱著孩子對他說，你們會在一起生活很長很長的時間。（關於幫助孩子理解死亡問題的更多內容，請參閱第552頁。）

## 對受傷和身體差異的憂慮

**為什麼會產生這樣的憂慮？**處於這個年齡階段的孩子會想知道每件事情的原因。他們很容易擔心，也很容易把危險的情況和自己聯結

寶寶出生之前

0～3個月

4～12個月

12～24個月

2周歲

3～5歲

6～11歲

12～18歲

起來。如果他們看見一個瘸腿的人，或者看見一個外表畸形的人，首先就會想知道那個人出了什麼事，然後又會把自己放在那個人的位置上，擔心自己會不會受到類似的傷害。

這個階段也是孩子熱衷於掌握各種運動技能（比如蹦跳、跑步、爬行等）的時期，他們會把身體健全看得十分重要，而受傷就成了一件令人非常難過的事。為什麼一個 2 歲半或 3 歲的孩子看到一塊碎餅乾會那麼難過，還會拒絕接受裂成兩半的餅乾，非要一塊完整的才行呢？原因就在這裡。

**身體和性別的差異。**孩子不僅害怕受傷，還會對男孩和女孩之間自然的差別感到十分不解，為這件事情擔心。如果一個 3 歲的小男孩看見一個沒穿衣服的小女孩，他就會感到十分吃驚，覺得她沒有和自己一樣的「小雞雞」是件很奇怪的事。他可能會問：「她的小雞雞呢？」如果沒有立刻得到滿意的回答，他就會很快得出結論，認為她一定是發生了意外。接著，他就會擔心地想：「這種事也可能會發生在我身上。」當小女孩發現小男孩和自己不一樣的時候，同樣的

誤解也會讓她擔心。她首先會問：「那是什麼？」然後會著急地想：「為什麼我沒有呢？是我出了什麼問題嗎？」這就是 3 歲孩子的思維方式。他們或許會覺得非常難過，甚至不敢向自己的父母詢問。

對於男孩和女孩身體差別的這種憂慮表現在很多方面。我記得有一個不到 3 歲的小男孩，他神情緊張地看著小妹妹洗澡，然後對母親說：「寶寶痛痛。」這是他平常用來表達受傷的用詞。母親一開始聽不懂他在說什麼，直到小男孩鼓起勇氣指了一下，同時又緊張地握住自己的生殖器，母親才明白他的意思。我還記得一個小女孩發現自己和男孩的差別之後非常著急，不斷去脫每個孩子的衣服，想看看他們都是什麼樣子。她這麼做並不是因為頑皮，因為你可以明顯看出她擔心憂慮的樣子，過一會兒，她就開始摸自己的生殖器。還有一個 3 歲半的小男孩，他先是為妹妹的身體感到難過，接著又開始擔心起家裡所有壞了的東西。他竟然緊張地問父母：「這個錫鑄的士兵為什麼壞了？」這個問題真是莫名其妙，因為那正是他前一天打碎的。任何破損的東西似乎都會讓他聯想到自己

會不會受傷。

2歲半～3歲半的正常孩子通常都會對類似身體差異的問題感到疑惑。如果他們產生好奇時無法獲得滿意的答案，那他們很可能會推論出讓自己心煩意亂的結論。所以提前注意這個問題是很有必要的。我們不能等孩子說「我想知道為什麼男孩和女孩不一樣」的時候才做出反應，因為他們根本還沒有能力提出具體的問題。他們可能會提出某個問題，也可能只是圍著中心話題轉來轉去，他們還可能什麼也不說，然後變得憂心忡忡。不要認為這種對性別的好奇心是不健康的。對孩子們來說，提出這類問題就跟其他任何問題一樣平常。你應該允許孩子提出類似的問題，不應該責怪他們，更不應該覺得不好意思作答。那樣反而會引起反效果。孩子會覺得他們的處境很危險，這種誤解正是你應該避免的。

另外，你也不必過於嚴肅，看起來好像是在幫孩子上課一樣。其實問題並沒有那麼難以解決。首先，你可以讓孩子公開說出他們的憂慮，這將有助於問題的解決。你可以說，你知道他可能認為女孩也有小雞雞，但因為出了什麼事就沒有

了。然後你就要以實事求是的態度，用輕鬆的語氣為孩子解釋清楚。你要告訴他們，女孩和女人生來就跟男孩和男人不一樣，她們本來就應該是那樣的。如果你舉幾個熟悉的例子，孩子就會更容易理解。你可以解釋說：小約翰跟父親、亨利叔叔、大衛他們長得一樣，而瑪麗跟母親、詹金斯夫人、海倫她們長得一樣。（請列舉那些孩子最熟悉的人。）

小女孩可能需要更多的解釋才能放心，因為她很可能會看到別人有什麼，自己也想要什麼。（有個小女孩曾經向母親抱怨：「可是他長得那麼特別，我卻這麼平凡。」）在這種情況下，如果能讓她知道母親喜歡自己的樣子，而且父母也喜歡女兒生來的模樣，她就會感覺好多了。這也許還是個好機會，你可以趁機告訴孩子，女孩們長大以後能在體內孕育自己的孩子，她們還有乳房給寶寶餵奶。對於三、四歲的孩子而言，這可是個令人振奮的好消息。

寶寶出生之前

0～3個月

4～12個月

12～24個月

2周歲

3～5歲

6～11歲

12～18歲

寶寶出生之前

0～3個月

4～12個月

12～24個月

2周歲

3～5歲

6～11歲

12～18歲

# 7 入學期：6～11 歲

## 適應外部世界

孩子到了五、六歲就是兒童了。雖然他們和父母的感情仍然非常重要，但是跟以前相比，這時候他們會更加關注其他孩子的言行，變得越來越獨立，甚至還會對父母表示不耐煩。他們對自己認為重要的事情產生了更強的責任感。興趣開始轉向算術、發動機這種與情感無關的事物。總之，他們正在從家庭的保護中解放，成為一個外部世界裡具有責任感的公民。

**自我控制能力**。6 歲以上的孩子開始對某些事情認真起來。就拿他們玩的遊戲來說吧。他們對那些沒有規則的假裝遊戲已經不那麼感興趣了，他們更喜歡那些有規則而又需要技巧的遊戲，比如跳房子、跳繩和電子遊戲。在這些遊戲中，參加的人必須按照一定的順序替換，遊戲的難度也會越來越大，一旦失誤了就要受到處罰，回到起點重新開始。吸引孩子的正是這些嚴格的規則。

這麼大的孩子也開始喜歡蒐集東西了，比如郵票、卡片、石頭等等。蒐集的樂趣在於獲得一種條理和完整性。這個階段的孩子有時候會很喜歡把自己的物品擺放整齊。他們會突然去整理書桌，在抽屜上貼標籤，或者把成堆的書擺放整齊。雖然還不能長時間保持整潔，但是你可以看見這種渴望在一開始的時候有多麼強烈。

**擺脫對父母的依賴**。6 歲以上的孩子在內心深處仍愛著自己的父母，但是他們通常不會表現出來。

他們對其他成年人也會表現得比原來冷淡，不再希望父母只是把他們當成乖孩子般寵愛。他們正在形成個人尊嚴的意識，並且希望別人能把他們當成獨立的人來對待。

為了減少對父母的依賴，他們會更信任外人，願意詢問別人的看法或者向他人學習知識。如果他們所崇拜的老師說紅細胞比白細胞大，他們就會深信不移。就算老師說的不對，父母也沒有辦法改變他們的錯誤認識。但是，孩子並沒有忘記父母教給他們的是非觀念。事實上，正因為對這些教育記得太深了，所以會認為那都是自己創造出來的。當父母不斷提醒孩子應該做什麼的時候，他們就會表現得不耐煩，因為他們已經懂事了，也希望父母認為他們是個有責任心的人。

**不良舉止。**這個階段的孩子會拋開父母使用的文雅語言，去學一些粗俗的話。他們喜歡模仿其他孩子的穿戴和髮型，還經常不綁鞋帶。他們會不顧餐桌上的規矩，不洗手就趴在自己喜歡吃的菜前，大口大口地往嘴裡送，還可能漫不經心地踢著桌腳。回家的時候，他們會把衣服隨手扔在地上，還會用力摔門，或者乾脆不關門。

雖然他們沒有意識到自己的變化，但實際上，他們卻同時做著三件事：第一，開始關注同齡的孩子，開始把他們當成行為模範。第二，他們正在證明自己有更多獨立於父母的權利。第三，因為沒有做什麼有悖於道德的錯事，所以他們也在堅守自己的道德準則。

這些不良的行為和習慣很容易讓父母感到失望，他們會覺得孩子已經忘了自己的精心教導。實際上，這些變化反而證明，孩子已經懂得了什麼是良好的行為舉止，否則就不會費力地去反抗了。等他覺得自己已經能夠獨立的時候，就會重新遵守家庭的行為準則。

並不是說所有這個年齡階段的孩子都是搗蛋鬼。性情溫和的父母教養出來的孩子可能不會表現出明顯的叛逆性。但是其實只要你仔細觀察，也還是可以發現他們在態度上的變化。

那麼你該怎麼辦呢？有些事情不能漠視，孩子每隔一段時間就必須洗澡，在節日裡也應該穿戴整齊。你可以忽視一些雞毛蒜皮小事，但在你認為非常重要的事情上，態度一定要堅決。該洗手的時候就必須讓他們洗手。你可以用一種輕鬆幽

默的方式去要求孩子，挑剔的語氣和蠻橫的態度會讓孩子心生憤怒，進而刺激他們下意識地抵制下去。

## 社會生活

**夥伴的重要性。** 對於孩子來說，能否被同齡孩子接受是一件非常重要的事。班上每個孩子都會知道誰是他們之中人緣最好的人、誰最不討人喜歡。名聲不佳的孩子通常很難交到朋友，所以他們在學校裡大多很孤單，而且不快樂。難怪這個年齡的許多孩子都要花大量時間和精力讓自己合群，哪怕有時得違背家裡的規矩也在所不惜。

妥善地適應環境，妥善地與他人相處，這些對孩子都很重要，對於他們長大後的成年生活也很重要。不能融入群體的孩子常常會在長大後面臨與同事、朋友和家人相處的困難。這並不是說你應該強迫孩子順從，但是也不應該堅持讓孩子始終站在遠離人群的地方。相反地，你的責任在於找到那些認同你們核心價值觀念的群體（不論這些群體是體育隊、俱樂部還是組織鬆散的其他兒童團體），要讓它們強化你教給孩子的那些觀念。

**讓孩子成為善於交際、受歡迎的人。** 要把孩子培養成善於交際、受歡迎的人，以下就是在孩子小時候可以採取的辦法：不要小題大作地數落他們、從1歲開始就讓他們多接觸同齡的孩子、讓他們自由地發展獨立性、盡量不要搬家，也不要讓孩子轉學、盡可能地讓孩子跟其他鄰居孩子交往，讓他在穿戴、說話、玩耍、零用錢和其他方面與周圍的孩子一樣。當然，這並不是說要讓他們效仿附近最差勁的孩子。如果孩子告訴你別的孩子都可以怎樣怎樣，你也不必當真。

如果一個男孩在交友方面遇到困難，最有效的辦法就是讓他轉到教學方法比較靈活的學校或班級。這樣老師就能創造機會，讓他在班級活動中發揮自己的能力。別的孩子就會欣賞他的優點，開始喜歡他。如果一個受同學尊敬的好老師在班上公開表揚這個孩子，也將會提高他在同學當中的地位。如果能夠安排他和一個非常受歡迎的同學同座，或者讓他在活動中和這位同學搭檔，那也將會對他有些幫助。

父母在家裡也可以採取一些辦法幫助孩子與人交往。當孩子帶小夥伴來家裡玩的時候，你要表現得友

好又熱情。你可以鼓勵孩子邀請小朋友來家裡吃飯，還可以做他們認為「高級」的飯菜。當你安排週末旅遊、野餐、短途旅行、看電影和其他活動的時候，還可以邀請孩子喜歡的一個小朋友一起去（這個小朋友不一定是你認可的那個）。孩子跟成年人一樣，也有唯利是圖的那一面，所以他們更容易看到善待他的人身上的優點。

你當然不希望自己的孩子只能用好處換取友誼，這畢竟不會持久。所以，你要做的就是採取措施，幫孩子提供一些機會，讓他能夠加入群體當中。然後他就可以抓住機會和別人建立起真正的友誼了。要知道，這個年齡的孩子有時會因為小團體主義作祟而排斥別的孩子。

**俱樂部和小團體。**這是一個非常喜歡組織小團體的年齡。一幫已經是朋友的小傢伙可能會決定成立一個秘密俱樂部。他們會十分投入地製作會員徽章，商定會議地點（他們很喜歡隱蔽的地方），規劃一系列規章制度。他們可能從來都弄不明白什麼叫做祕密，但這種保密意識也許表現出他們的一種期待。他們可能想證明，如果沒有大人的干涉和其他聽話孩子的妨礙，

他們就能夠主宰自己。

當孩子努力表現成熟的時候，你應該讓他們跟那些有同樣期待的孩子在一起。然後，他們會聯合起來排斥別人或者捉弄別人。對成年人來說，這種行為聽起來似乎很狂妄也很殘忍，但那只是因為我們已經習慣了使用更講究的方式來表達自己的反對意見，而孩子則是憑著本能去組織他們的群體生活。這是我們的文明向前發展的一種動力。然而，這種成黨結派的自然傾向也帶有一定的破壞性，很容易導致殘酷的捉弄，甚至是身體的攻擊。這時就需要父母和老師的介入了。

孩子 11 歲左右就到了上中學的年齡，他們對歸屬感的要求也會變得十分強烈。緊密的夥伴關係或小團體的組織，可以讓他們自主決定接納誰或者排斥誰。好看的外表、運動方面的特長或者學習成績優異、有錢、時髦的打扮、風趣的談吐，所有這些都是被接納的必要條件。如果一個孩子任何條件都不具備，那他就可能被大家完全孤立起來，因而陷入一種孤單又痛苦的境況。一個既有同情心又懂得技巧的教師或輔導員有時能夠幫助孩子改變這種處境。而在上學以外的時

間，心理學家或其他專業人士也可以幫助孩子掌握必要的社交技巧。

**大孩子欺負小孩子。**曾經有一段時間，人們認為大孩子欺負小孩子是正常現象，就像打針一樣，是孩子在童年必須忍受的不愉快經歷之一。但現在我們知道，大孩子欺負小孩子會造成嚴重的傷害。被欺負的孩子經常會表現出胃痛、頭痛以及其他緊張或壓抑導致的現象。他們可能會躲在自己的房間裡，也可能透過憤怒的方式表現出來。大孩子的欺負容易指向最容易受到傷害的孩子，也就是那些幾乎沒有朋友的孩子。對這些孩子來說，受人欺負會在他們每天感到的孤獨感之外再加上恐懼感和恥辱感，這是一種具有嚴重破壞性的混合情緒。

短期來看，欺負人的大孩子似乎處在世界之巔，但是從長遠來看，他們也會受到傷害。因為已經習慣了透過威脅別人來獲得成功，這些孩子很難找到別的方式與他人相處。結果就是，他們經常無法維持人際關係，很難保住工作，也很難逃脫法律問題的糾葛。

解決大孩子欺負小孩子問題的方法就是，不要讓孩子忽略別人的攻擊，或者進行還擊。關鍵不是把孩子訓練成打架能手，而是樹立他的自信心，這樣他就不會那麼容易被人恐嚇了。但是在大多數情況下，保護孩子不受大孩子的欺負，最重要的一點就是在那些容易出現問題的場所加強成年人的監管，比如走廊裡、廁所、運動場等等。

## 在家裡

**工作和家務。**在許多地方，到了上學年齡的孩子都要在家裡的農場、公司、車庫或者工廠工作。過去美國的大多數孩子也是跟著大人們一起工作。只是在最近的 50 年裡，上學才成了孩子們最主要的，或者說是唯一的差事。孩子到了八、九歲時，就要讓他們覺得自己能為家庭做些有意義的事是很棒的。如果家裡沒有公司或企業能讓孩子做事，那麼讓他們做一些家務勞動也很好，他們會覺得自己是很能幹有用的。6 歲的孩子可以擺放碗筷、清理飯桌，8 歲的孩子可以打掃房間、除草，10 歲的孩子就可以做一些簡單的飯菜了。

家務活動是孩子們學會在家庭生活中承擔責任的途徑之一，長大以後，他們也會以同樣的方式參與社

會活動。家務活動常會按照傳統的性別角色來分工（女孩做飯，男孩整理草坪），但是也不必墨守成規。做家務可以幫助孩子們發現自己的潛力。

讓孩子做家務的最好辦法就是對他的要求始終如一又實事求是。既不要容許很多例外情況，也不要讓他沒完成任務就走開。幫孩子分配的任務應該要簡單易行，而且是他力所能及的，如圖 1-10，還得要讓孩子知道這些家務是每天都要做的。

圖1-10

**零用錢和錢財。**孩子通常是透過觀察父母來學習如何處理金錢（跟其他事情一樣）。所以如果你對於消費比較慎重，並且談論自己如何做出花錢的決定，那麼孩子也會試著學習你的做法。大多數孩子都會在六、七歲時開始理解存錢和花錢是怎麼回事，從這段時間開始，你可以每週給孩子一些零用錢。少量的零用錢讓孩子有機會做一些有關錢財的小決定。為了讓這些決定更有意義，父母就必須在忍不住想慷慨解囊，或孩子苦苦哀求的時候，忍住直接掏錢的衝動。孩子必須要有機會去體驗自己選擇的結果。當然，父母仍然應該對這些零用錢的使用方式作出限制。如果你們規定家裡不能有槍，而孩子想用自己攢下的零用錢買一支玩具槍，那麼你們就應該堅持原來的規定。零用錢的數量不是最重要的，關鍵在於這些錢所發揮的作用：既要讓孩子學會如何做決定，也要讓他們學會接受限制。

零用錢不能成為每天做家務的報酬。做家務是家庭成員為家裡的工作付出心力的一種方式。做家務的原因是「因為家裡的每一個人都應該出一分力」。如果孩子拒絕做家務，那麼可以取消一些既有的待遇，包括掌握零用錢的權利。

**家庭作業。**預習功課可以讓孩子學會獨立自主地學習，而複習功課則可以讓孩子練習在課堂上學到的知識。一般來說，那些家庭作業做得比較多的孩子學習成績也比較

好。但是，在一到三年級的時候，孩子每天晚上做作業的時間不應該超過 20 分鐘。五、六年級不應超過 40 分鐘。七到九年級不應超過 2 個小時。如果孩子做作業的時間過長，原因可能是學校規定的家庭作業很多，也可能是因為孩子在學習方面遇到困難，那麼他們花在家庭作業上的時間就會比同學多很多。當家庭作業超過應有的難度時，教師和父母就要一起努力找出問題的原因，同時給孩子提供適當的幫助。（**請參閱第 710 頁，了解更多有關家庭作業的內容。**）

## 常見行為問題

**撒謊。**小一點的孩子犯了錯誤以後，經常為了逃避後果而撒謊。是他們偷吃了那些餅乾嗎？是的，但他們不是故意「偷吃」的，他們只是理所當然地做了那件事情，所以在某種意義上，他們會回答你「沒有」，或許他們真的是這樣認為的。應該要讓他們明白早點承認錯誤，要比撒謊以後讓事情變得更複雜好得多。父母和老師講的教育故事和他們自己的經歷都能幫助孩子懂得這些道理。

大一點的孩子為什麼說謊？無論是成年人還是孩子，有時都會陷入尷尬的境況。在這種情況下，唯一得體的退路就是撒個小謊。這並不值得大驚小怪。但是，如果孩子是為了欺騙而撒謊，那麼父母要問自己的第一個問題就是：孩子為什麼覺得自己非要說謊不可？

孩子不是天生就愛騙人。孩子經常撒謊是因為處在某種過大的壓力之下。作為父母，你的任務就是找到問題所在，然後幫助孩子找到更好的解決辦法。你可以溫柔地說：「你不必對我撒謊。告訴找出」什麼問題，我們一起來看看可以做些什麼。」但是孩子常常不會馬上告訴你實情。從某方面來說，他可能還沒有充分理解自己面臨的情況，無法用語言表達清楚。但是，就算他對自己的憂慮有一些了解，也可能不願意談論自己的問題。幫助他表達自己的感受和擔憂，這需要時間也需要理解。有時候，你可能會需要老師、學校輔導人員、諮詢顧問或其他專業人士的幫助。

偷竊是一個常常與撒謊相伴相生的問題。

**欺騙。**孩子欺騙別人是因為他

們不願意失敗。6歲的孩子會覺得玩遊戲的目的就是要取得勝利。只要名列前茅他們就會歡天喜地，一旦落後就會愁眉苦臉。要瀟灑地面對失敗，他們還需要很多年的學習。最終，孩子們都會明白，如果每個人都遵守規則，那麼大家就能玩得很開心。如果他們能在遊戲中明白這個道理，那絕對比大人的訓導來得深刻。當一群8歲的孩子一起玩遊戲的時候，他們花在討論遊戲方式上的時間會比他們真正玩起來的時間多得多。他們能從這種激烈的討論中學到很多東西。

一開始，孩子們會把遊戲規則看成是固定不變或不可更改的東西。漸漸地，他們關於對錯的看法就會變得更加成熟、靈活。他們會意識到，只要所有的遊戲參與者都願意，那麼遊戲的規則就可以改變。

當然，孩子們也可以從沒有輸贏的遊戲中得到樂趣。你可以在書店和網路上找到很多這樣的遊戲，非競爭性的遊戲可以幫助孩子們認識到，玩遊戲的目的在於獲得快樂，而不是打敗對手。

**強迫症。**很多孩子到了大約9歲的時候，都會表現出相當嚴格和苛刻的傾向，他們經常處於一種繃緊的狀態中。你很可能會想起自己童年時的這種表現，最常見的是要求自己跨過人行道上的每一條裂縫（雖然這種做法一點道理也沒有），但你就是迷信地覺得應該這樣做。類似的例子還有，每隔3根欄杆就摸一下，最後得到某種形式的偶數，以及在進門之前說出幾個特定的字等。如果你認為自己出了差錯，就會嚴格地回到你認為完全正確的地方，重新開始。

強迫症也許是孩子緩解焦慮情緒的一種方式。導致焦慮的其中一個原因，可能是孩子無法承認對父母的敵對情緒。強迫症的潛在動機可能可以下面這個順口溜中窺見一二：「踩上裂縫，媽媽背痛。」有時每個人都會對自己最親近的人產生敵對情緒，但是一想到真的要去傷害他們，他的良心又會十分不安，於是想要擺脫這些念頭。如果一個人的良心變得過分苛刻，那麼即使他已經成功淡化了這些壞念頭，他的良心還是會不斷地攪亂他的情緒。雖然說不清為什麼，但他還是會感到內疚。他會更加小心、更加仔細地去做一些毫無意義的事情，好讓自己的良心得到安慰。比如走在人行道上，每遇上一條裂

縫，他都要跨過去。

孩子在 9 歲時容易產生強迫行為，並不是因為他的思想更加邪惡，而是因為在這個發展階段，他的良知迫使他對自己的要求更加嚴格了。

輕度的強迫行為在 9 歲左右的兒童裡非常普遍，我們多數時候都把它看成正常現象。如果孩子有輕度的強迫行為，比如非要從裂縫上跨過去等，那麼只要他們心情愉快，熱情開朗，在學校表現良好，就用不著擔心。反過來，如果一個孩子在很多時候都有這種強迫行為，比如洗手太勤或者精神緊張、焦慮、孤僻，那就要請教心理醫師了。

**抽搐。**這種抽搐指的是緊張時出現的一些習慣，比如眨眼、聳肩、做鬼臉、扭脖子、清嗓子、抽鼻子、乾咳等。和強迫症一樣，抽搐經常發生在 9 歲左右的孩子身上，但是在 2 歲以上的任何年齡都有可能出現。抽搐的動作往往會快速而頻繁地重複，而且通常都是同一種形式。在孩子面臨壓力時，這種抽搐還會更加頻繁。某種形式的抽搐可能會斷斷續續地持續幾週或幾個月，然後完全消失或被另一種形式的抽搐代替。眨眼、抽鼻子、

清嗓子和乾咳通常都是由感冒引起的。但是感冒好了之後，這些症狀可能會繼續存在。聳肩的起因可能是孩子穿的新衣服比較寬大，總覺得它要掉下來。另外，孩子還可能模仿其他孩子的小動作，尤其會向他們崇拜的孩子學習，但是這些小動作通常都不會持續很久。

抽搐的主要原因似乎在於大腦的發育。但是，心理作用也會導致這種情況發生。抽搐現象經常出現在情緒緊張的孩子身上。他們的父母可能相當嚴格，因此造成過大的心理壓力。有時候父母會過於苛刻，一見到孩子，就會指責或挑剔他們。或者有些父母會以一種比較平靜的方式表現出不贊成的態度，不是把標準守得過高，就是安排過多的校外活動。如果孩子膽子夠大，敢於頂撞大人，那麼內心的壓抑感也許能減輕一些。

即使孩子能夠暫時止住抽搐，這個問題也不是他所能控制的。因為抽搐而訓斥孩子只會讓問題變得更加嚴重。相反的，父母應該盡最大的努力在家庭生活中營造輕鬆、愉快的氛圍，盡量減少嘮叨，同時盡量讓他對學校和社會生活滿意。大約 10 個孩子裡就會有一個存在這

寶寶出生之前

0～3個月

4～12個月

12～24個月

2周歲

3～5歲

6～11歲

12～18歲

樣的抽搐。這些問題通常會隨著善意的忽視而逐漸消失。大約 100 個孩子裡會有一個存在多種抽搐問題，並且持續一年以上。這樣的孩子可能患有妥瑞氏症，應該找醫生檢查。

**體態。**有些孩子好像生來就有一副鬆弛的肌肉和韌帶。不良的體態可能是多種健康問題的反映，最常見的是身體缺乏活動以及長時間蜷縮在電視螢幕前的結果。超重或肥胖可能會加重駝背、內八和平足。也有一些罕見疾病會影響孩子的體態。慢性疾病和慢性疲勞會使孩子意氣消沉，精神不振。體態不好的孩子應該接受全面醫學檢查。

許多孩子都會因為缺乏自信而無精打采。造成這種結果的原因可能是他們在家裡受到的批評太多，學習上遇到了種種困難，或者與別人交往不愉快等等。活潑自信的人會在坐、立、走的姿勢上表現出積極的狀態。父母都希望孩子長得好看，自然就會不斷提醒孩子端正體態。他們會說「注意肩膀挺直」，或者「看在上帝的分上，站直了好不好」。但是，父母過多的督促並不能讓那些駝背的孩子修正他們的體形。

一般說來，效果最好的辦法是讓孩子參加舞蹈班或其他體育課程的肢體訓練，或者接受理療師的肢體矯正治療。但這些地方的氣氛比家裡還要拘束。所以如果孩子願意，父母也能夠表現出溫和友善態度的話，那在家裡更能幫助孩子進行肢體鍛鍊。但是，父母的主要任務還是在精神上給予支持，包括幫助孩子緩解學習上的壓力，促進他們愉快地與人交往，還有讓他們在家裡感到自信和尊重等等。

寶寶出生之前

0～3個月

4～12個月

12～24個月

2周歲

3～5歲

6～11歲

12～18歲

# 8 青春期：12～18 歲

## 雙向道

　　青少年和他們的父母都必須找到一種方法，讓彼此互相適應，也讓彼此都能心情舒暢。這個適應的過程在某些家庭裡進展得十分順利。但也有很多家庭總是矛盾重重，通常都是因為父母忽視了青春期一些正常發育特質所造成的。其實孩子們並不是故意跟父母作對，他們只是想建立自己成年人的身分。

　　青少年面臨著許多考驗。青春期重新塑造了他們的身體，進而改變了他們對自身的感覺，也改變了別人對他們的態度。性衝動既讓人感到喜悅，也帶來了恐懼。我們的社會傳遞的青春期性資訊是矛盾的：一方面極度地崇尚它（那些展示青春性感身體的廣告就是證明），另一方面又把它當成一種危險的力量加以壓制。這種社會氛圍讓青春期的問題變得更加複雜。對許多青少年來說，學校像個溫暖的港灣，也有一些孩子會覺得它像監獄一樣讓人不自在。抽象思維能力的發展讓很多青少年開始質疑社會，他們正準備以成年人的身分進入社會。理想主義可以促使他們向前奮進，但也常常引發暴力行為。

　　面對充滿挑戰或令人煩惱的青少年行為，父母最好能夠提醒自己，他們教給孩子的基本價值觀並沒有消失。儘管他們把頭髮染成了自然界裡看不到的顏色，大多數青少年還是會堅守家庭的核心信念。但是，真正的危險還是存在。冒險的性行為、飲酒和毒品都可能留下長期甚至是永久的不良後果。此外，

許多心理問題也會在十幾歲時開始顯現。因此，你一定要相信孩子能夠走出青春期的迷宮，但你也必須對這一路上的陷阱保持警覺。透過專注於長遠目標（也就是把孩子培養成健康、優質的年輕人），你或許能夠更容易分辨出哪些行為真正值得擔心，哪些行為只不過是暫時讓人有點心煩而已。

做一個青少年眼中的好父母一直以來都是件難上加難的事。一位家長曾經說過：「哎，雖然我沒有孩子小時候認為的那麼出色，但我也不像他青春期時認為的那麼愚蠢啊。」

## 青春發育期

青春發育期意味著青春時期的開始。它指的是一個人在生理成熟和生殖能力形成之前，快速生長和發育的 2～4 年。

首先要強調的是，青春發育期開始的年齡有早有晚，差別很大。大多數女孩都在 10 歲左右開始發育，大約 12 歲半的時候第一次有月經。女孩從 9 歲起就開始發育也沒有什麼不正常的，有的女孩甚至發育得更早。胸部的發育可能要等到 12 或 13 歲才開始。在這種情況下，月經初潮就要等到 14 或 15 歲才會到來。男孩進入青春期的時間通常要比女孩晚上 2 年，大概在 12 歲左右。也有一些健康的男孩要到 14 或 15 歲才開始青春期的發育。青少年每年的體檢都應該包括對青春期發育狀況的評估。如果青春期開始得過早或者過晚，就要找醫生檢查，看看這種發育時間的異常是不是疾病所造成的。

青春期的變化最早發生在大腦的深處。大腦分泌出激素，透過血液迴圈輸送到生殖器官（睪丸和卵巢），使它們進入高度預備的狀態。另一方面，生殖器官也會產生重要的性激素，也就是睪丸激素和雌激素，它們會帶動青春期的其他各項發育。但至於最初到底是什麼指揮大腦開始這種活動的，還沒有人知道確切的答案。遺傳因素、營養條件和整體的健康狀況都會影響青春期開始的時間。在美國，兒童時期營養的改善讓青春期提前了好幾年。然而，這裡面是不是還有其他因素的作用，比如食物裡的農藥或者激素，仍然存在爭議。

**女孩的青春期發育。**讓我們追蹤一下進入青春期的女孩，看看她

們從 10 歲起會出現哪些變化。7歲的時候，她一年會長高 5～7.5公分。8 歲的時候，她的生長速度就會慢下來，大約一年長高 4.5 公分。這時自然界好像「踩了車」。到了 10 歲左右，「車」就會突然鬆開，她會在隨後的兩年中以平均每年 7.5～9 公分的速度迅速增長，體重也由過去的每年平均增加 2.3～3.6 公斤，發展到 4.5～9公斤。她的食慾也會開始明顯地增加，以滿足這種成長的需要。

此外，還有一些其他變化。在青春發育期開始的時候，女孩的乳房就會開始發育。最早可以注意到的就是乳頭下面出現的硬塊。這常常會使父母感到憂心，擔心孩子得了乳腺癌，其實這只是乳房發育的正常開端。在前一年半的時間裡，乳房會發育成圓錐形，等到月經初潮快要來臨的時候，它就會變得豐滿起來，接近半球形。偶爾也會出現一側乳房比另一側早幾個月發育的現象。這種情況很常見，沒什麼好擔心的。發育早的乳房可能會在整個發育期內顯得稍大一些。在少數情況下，這種狀態也可能會永久地持續下去。

乳房開始發育後不久，女孩就會長出陰毛。隨後，腋毛也會開始生長。女孩的臀部也會跟著變寬，皮膚組織也將產生變化。通常會在 12 歲半時第一次月經來潮，這通常被稱作「初潮」。這個時候，她的體形看起來就更像一個女人了。從此以後，她的生長速度就會迅速減慢。在「初潮」後的第一年，她可能只長高 3.8 公分左右，下一年大約長高 2 公分。許多女孩在月經初潮以後的一兩年內，月經週期都不太規律，也不是很頻繁。這並不是生病的症狀，只是因為她的身體在剛開始有月經的時候還沒有發育成熟。

孩子進入青春期的年齡因人而異，因為每個女孩都有自己的發育時間表。即使青春發育期早於或晚於平均年齡，也並不意味著內分泌系統不正常，這只是因為她的體質屬於早發育或晚發育而已。個別的發育時間似乎是一種天生的特質：發育較早的父母比較容易生出發育較早的孩子。反之，發育較晚的父母比較容易生出發育較晚的孩子。即使女孩到了 13 歲還沒有出現青春發育的跡象也不必著急，她的青春期總會開始的，只不過還要再等一段時間罷了。

寶寶出生之前

0～3個月

4～12個月

12～24個月

2周歲

3～5歲

6～11歲

12～18歲

如果青春發育期開始得比平均年齡早或者晚一些，可能會是一件令人煩惱的事。一個 8 歲就開始發育的女孩可能會十分尷尬難為情，因為她發現自己是班上唯一一個人高馬大，有著成年女性身材的女生。老師、父母，以及同齡孩子的反應也會讓她感到迷惑。發育比較晚的女孩也會面臨同樣煩惱。一個到了 13 歲還沒有任何青春期跡象的女孩可能會覺得自己不正常。這時醫生的安慰與說明將會有所幫助。

**男孩的青春期發育。**男孩的青春發育期通常都要比女孩晚兩年開始，在 12 歲左右（女孩通常是在 10 歲左右）。但是，有些發育較早的男孩在 10 歲左右就進入了青春期，還有一小部分男孩的青春期開始得會更早。但也很多較晚發育的男孩從 14 歲才開始青春期的變化，也有少數人甚至更晚。

男孩通常都是先長出陰毛，然後睪丸才開始發育，最後是陰莖開始增大，先是變長，接著變粗。所有這些變化都發生在身體快速生長之前，而且很可能只有本人才知道（這一點跟女孩相反，她們開始發育的早期跡象是乳房的變化，別人很容易看得出來）。此時男孩會越來越關注陰莖的勃起，而且認為周圍的所有人都能注意到這點。

青春期時，男孩的身高會以從前兩倍的速度增長。隨著身高的增長，他們手臂的長度和鞋子的尺寸也在增長，這會讓處於青春發育期的男孩看起來又瘦又高，顯得不太協調。然後肌肉的發育才跟上，讓他們的體形看起來更像一個男子漢。大約與此同時，他們的鬍子和腋毛也會長得更長，而且更加濃密。然後，他們的聲音開始變得粗重又低沉。有的男孩乳頭下面的一小塊區域會增大，還可能變得很柔軟。這都屬於正常現象。還有少數男孩的胸部會增大得比較明顯，甚至大到讓他們感到尷尬和擔心。這種情況在超重的男孩中更為常見。醫生的安慰與說明對他們可能會有幫助。

大概兩年之後，男孩基本上已經完成了身體上的轉變。在接下來的幾年裡，他們還會繼續緩慢地生長，一直到 18 歲左右停止。有些發育較晚的男孩會繼續長高，甚至會一直持續到 20 歲以後。在男孩當中，較早的發育很少會讓人感到煩惱。在短短幾年的時間裡，這些男孩可能會變成班上最高、最健壯

的男生（可是如果出現在 10 歲以前的過早發育情況，就應該進行醫學檢查）。

另一方面，發育較晚的孩子常常會感到心情沮喪。有些晚發育的男孩可能在 14 歲時仍然是個「小矮個兒」。當他看到朋友們大多數都快變成大人了，可能會感到有些自卑。所以，這樣的孩子十分需要父母的勸慰，有時還要找醫生諮詢，以便幫助他們面對這種情況。身高、體格和運動能力的發展在這個年齡顯得十分重要。但有些父母非但不去安慰兒了，告訴他很快就會開始發育，屆時將會猛長二十幾公分，不必急於一時，反而到處尋醫問藥。於是醫生就會讓孩子吃生長激素。這種做法只會讓孩子確信自己真的有問題。的確，不管多大的孩子，只要讓他補充生長激素就能出現青春期的發育現象。然而目前還沒有證據顯示這會讓孩子的心理帶來什麼好處。另外，這些治療還會過早終止骨骼的發育，讓孩子長不到他原本應該達到的身高。只有在非常特別的情況下，當孩子的生長激素分泌得過多或過少的時候，才能在兒童內分泌專家的指導下讓孩子服用激素類藥物。

## 其他健康問題

**體臭。**青春期最早出現的變化之一，就是腋下分泌出大量味道濃重的汗液。有的孩子（還有父母）不曾注意到這種氣味，但卻因此遭到同學們的厭惡。在這種情況下，注重衛生習慣就顯得格外重要。每天都要用肥皂清洗，還要定期使用適合的除臭劑，這樣就可以有效控制這種氣味。

**青春痘。**皮膚在青春發育期會變得更加粗糙，毛孔擴張，還會分泌出比過去多 10 倍的油脂。有些毛孔會被皮脂和老廢的表皮細胞混合物堵塞。這些堵在毛孔裡的細胞角質和油脂遇到空氣以後就會被氧化，因而變黑，也就是黑頭。平時附著在皮膚上的細菌，這時就會鑽進這些擴大的阻塞毛孔裡，因此形成了青春痘。所以，青春痘實際上是一種輕微的感染。

差不多每個人在青春期都會長青春痘。長青春痘並不是因為臉上有污垢。性幻想和自慰行為在青少年中可以說十分普遍，但這些行為也不會引發青春痘。吃巧克力或油炸食品也不是長青春痘的原因。但是，抹在頭髮上的造型劑卻可能在

額頭上引起青春痘。油鍋裡冒出的油煙常會使速食店的店員們長青春痘。很多青少年都很難忍住擠壓青春痘的衝動，但是這樣容易讓問題更嚴重。雖然大多數青春痘都比較小，靠近皮膚表層，但是也有一種生長較深的嚴重粉刺容易在家族中遺傳。這種青春痘就需要治療。

無論醫生使用了什麼樣的特殊方法，都離不開一些普通又有益的預防措施。比如每天精神飽滿地鍛鍊身體，呼吸新鮮空氣，接受陽光的直接照射（要採取必要的防曬措施，防止曬傷）等，都能使皮膚狀況得到改善。另外，早晨和睡前用溫水和溫和的香皂或洗面乳洗臉也是一種好方法。有一些香皂和局部使用的藥物含有 5%～10%的過氧化苯甲醯，不用醫生開處方就能買到。還有很多水質的化妝品（不要使用油性化妝品），在青春痘自然消退的過程中，可以用來掩飾青春痘和斑痕。青春期過後，激素的反應就會逐漸平穩下來，這時青春痘通常都會消失。

如果這些措施都不管用，那就應該借助醫療手段處理。父母應該盡可能地幫助孩子治療青春痘，改善他們的形象和精神面貌，同時也避免留下永久的疤痕。治療處方包括含有過氧化苯甲醯、維甲酸或類似化合物的藥膏或者霜劑。抗生素既可以塗抹在皮膚上也可以每天服用。與避孕藥裡成分相同的激素也可能有幫助。對於最嚴重的青春痘還有更有效的治療方法。

**青春期的飲食。** 鼓勵健康飲食的最好方法就是把優質的食物加到美味、規律的每一餐中。但是，一定要讓孩子決定吃什麼和吃多少，對青春期的孩子來說尤其是如此。青少年正處於生龍活虎又生長迅速的年紀，他們吃得很多，每一餐熱量都不可或缺。你也可以推斷，為了融入群體，孩子們在某種程度上要嘗試同齡孩子喜歡的所有食物。

青春期可不是對孩子飲食大肆評論的時候。如果你試圖干預，孩子可能會覺得，必須選擇你認為他不該吃的東西才能保住面子。事實上，多數青少年很在乎自己的身體，並且急於了解食物和自身感覺之間的因果關係。如果食物不是一個權力較量的「戰場」，那麼十幾歲的孩子可能很願意跟父母一起或向父母學習有關食物的知識。你可能會發現，最好的辦法就是在家裡準備好健康的食物，當孩子張口吃

東西時，你要學習把嘴閉上。

青春期的理想主義經常集中在飲食上。許多青少年都會嘗試素食主義，不是出於健康的考慮，就是出於道德或環境原因。所有這些理由都是正當的，包含乳製品和蛋類的方式並不需要其他營養補充劑就能提供全部營養。不論從長期健康的角度來看，還是從環保角度來看，素食都有很多好處。當然，如果你的孩子就是在素食的家庭環境下成長的，那麼作為一個青少年，他很可能會一時放縱吃下一兩個漢堡。只要你不把這件事看成是世界末日，那就不是世界末日。（**想了解更多關於素食的資訊，請參閱第281頁。**）

在大多數情況下，穀物、蔬菜、水果和瘦肉的健康搭配就是青少年成長的全部需要。生長迅速的青少年需要充足的牛奶或從非牛奶原料中攝取的鈣質。在那些冬季既昏暗又漫長的地區，或者陰雨天氣較多的地區，每天服用10～20微克的維生素D補充劑是很有必要的。

有時候，飲食的改變會帶來潛在的負面影響。當食量突然增加，特別是甜食和鹹味小吃，有時預示著壓力過大或心理抑鬱，還可能伴隨著情緒低迷的體重驟減。另一方面，沒有食慾的現象和害怕「肥胖」的偏見也可能是神經性厭食症的先兆（對於情緒緊張或受到鼓動的青少年來說尤其如此）。如果濫用瀉藥和暴食行為引起了嘔吐，那就要尋求專業人士的幫助（**請參閱第648頁**）。

**睡眠**。隨著青少年的迅速成長，他們對睡眠的需求也會有所增加。一個10歲的孩子平均每晚睡8～9個小時就足夠了，而十幾歲的青少年則平均需要睡上9～10個小時。十幾歲的孩子自然會越來越晚睡，早上也會起得越來越晚。但是，學校一定不允許這麼做，所以儘管他們晚上熬夜熬到很晚，起床的時間一到，也還是得早早起床。一個星期下來，他們會變得十分睏倦（或者脾氣暴躁）。然後，他們就會在星期六那天一覺睡上14個小時，想要補一補自己缺少的睡眠。實際上，這些孩子並沒有得到充足的睡眠。從這個意義上來說，青少年倒跟我們這個極度繁忙社會裡的很多成年人非常相像。睡眠太少可能會造成學習成績欠佳，對父母和兄弟姊妹不耐煩，甚至會出現抑鬱的症狀。要讓繁忙的青少年獲

得充足的睡眠很困難。但對於其中一項主要原因：熬夜看電視，卻相當容易處理。只要對它說「不」就可以了。我自己的感覺是，任何人的臥室裡都不應該擺放電視機。

**鍛鍊身體。**青少年通常都充滿活力，因此似乎沒有必要再提醒他們進行充分的體能鍛鍊。但是在高中階段，學校常常降低對體育課的要求，因而導致學生身體健康狀況的下降。經常的運動可以幫助青少年保持體力，避免肥胖，還能預防憂鬱症。競技運動、舞蹈、武術或者其他體育喜好都是不錯的選擇。但是，體能運動並不是越多越好，過量的運動也許是神經性厭食症的症狀（**請參閱第647頁**）。

## 心理變化

青春發育期的身體變化有著明顯的起止點，但是心理上的變化卻很難劃定一個界線。衡量青少年情感發展狀況的方法之一，就是看看他們在往成年時期發展的過程中，必備的那些心理條件是否已經形成。另一個有效的辦法就是，按照孩子的發育情況，把青春期分成三個階段：早期、中期和晚期。主要的心理情況會隨著各個階段的變化而變化，以下內容對這些情況作了描述。

青春期心理發育的里程碑：

✓ 接受了身體上的新變化。

✓ 形成了對男性或女性的新情感認同。

✓ 適應了同輩和父母之間行為標準和價值觀念的不同。

✓ 確立了自己的道德信念並且表達出來。

✓ 形成了為自己負責的意識。

✓ 顯示出經濟上自我滿足的潛力。

青少年和年輕人面臨的一個核心問題就是，弄清自己要成為什麼樣的人，做什麼樣的工作，以及以怎樣的信念生活。這是一個半有意半無意的過程。在探尋自我的過程中，青少年會試著扮演各種角色：夢想者、漫遊者、憤世嫉俗的人、政客和創業者等。有的青少年似乎一下子就發現了自我，也有些青少年要經歷很長的時間，走很多的彎路才能找到自己的路線。

為了確定自己的身分，實現自我價值，青少年不得不在感情上把自己和父母分離開來。但是，他們畢竟在很大程度上是由父母塑造的，不僅因為繼承了父母的基因，還因

為他們一直都在追隨父母的方式塑造自我。因此處於青春期的他們也必須讓自己擺脫束縛。

**冒險行為。**青少年發展獨立性的一個方式就是冒險。他們很容易低估危險的程度，常常認為自己是堅不可摧的。這些孩子一直這麼順利地走過來，所以會覺得自己未來也會這麼順利地走下去。青少年只能看到真實的現在，看不到假設的未來，所以會把大人的一切合理建議都當成耳邊風。

並不是說所有的冒險都有害。騎自行車長途旅行，或者一小時又一小時地練習滑板騰躍，都是他們在掌握技巧，建立自尊心，同時也在學習如何運用判斷力。

然而，冒險也有不利的一面。一個為了扮酷而開始吸菸的少年最後很可能會對尼古丁上癮。酒精在成年人的圈子裡是被認可的東西，所以青少年要想飲酒實在是太容易了。酒醉也是一種冒險（因為他們不清楚自己能喝多少，你也無法有效地控制他們）當一個喝醉酒的少年置身在車流中時，就很容易導致悲劇的結局。無論對問題少年還是家境優越的青少年，非法使用麻醉品都可能會導致吸毒，還可能因此

染上毒癮。性行為是青少年冒險的另一種方式。美國未婚青少年父母的比例比很多富裕國家都還要高。

父母面臨的挑戰就是幫助青少年理智地去冒險。對於菸、酒、毒品以及不負責任的性行為的危機教育，應該在青春期到來之前就開始。有些小學和初中就開設了這些課程，但是還需要父母的參與。你要明白確立自己的價值觀念，並且言傳身教。另外，不要把孩子放在具有強烈誘惑的環境之下。你可以允許 16 歲的孩子為了辦校刊而工作到很晚，這樣既顯示了你對他的信任，又激勵了他的責任感。但是，如果你整個週末都把一個 14 歲的孩子單獨留在家裡，那就將會招來不理智的冒險。

父母們經常會問到應該如何向孩子講述他們自己在十幾歲時的冒險經歷（通常都與毒品和性有關）。有人擔心孩子們會因此把自己的行為合理化，覺得「我的爸爸媽媽好像根本沒有受到什麼傷害，為什麼我不能嘗試一下呢？」當然，父母沒有任何責任向子女坦承一切，但撒謊也不是解決問題的辦法。最終，真相總會大白，當孩子得知父母曾經對自己撒謊，就會喪失對父

母的信任。導致當他真正需要父母指引的時候，卻完全無法信賴他們。家長的謊言也是一個有力的證明，表示他們對青少年沒有信心。在某種意義上說，對孩子說謊就等於切斷了他最重要的支持來源。讓孩子信任你，要比讓他把你當成一個道德典範重要得多。如果孩子問到了你實在不願回答的問題，那你最好說：「我真的不願意談論這件事情。」

雖然很多青少年都與父母的價值觀十分抵觸，但是幾乎所有人都非常在意父母的看法。要讓孩子知道，你最在乎的就是他的安全。最重要的是，他絕對不能乘坐喝醉酒的人或不完全清醒的人開的車，因為後果可能來得十分突然，而且是永久性的。此外，你希望他遠離酒精、香菸和毒品，因為這些東西也將會帶來傷害。你針對冒險行為的囑咐聽起來真實可靠，所以你的孩子也會比較容易聽得進去，尤其是當你一直以保證安全和保持健康為出發點時，效果更好。

## 青春期早期

**生理和心理的改變。** 從 12 歲到 14 歲，青少年要面臨的重大心理挑戰，就是接受迅速變化的身體（包括自己的身體和同齡夥伴的樣子）。這個時期的身體發育有著巨大的差別。一般來說，女孩要比男孩早發育大約兩年。不僅個子比男孩高，而且興趣也更加廣泛。她們可能會開始去參加舞會，希望別人認為自己有魅力。然而，同齡的男孩這時還只是尚未開竅的孩子，看到女孩就會覺得害羞。在這段時間，比較適合組織不同年齡階段孩子都能參加的活動，以促使他們能地與彼此相處的更好。

處於青春期早期的孩子對自己的身體極為敏感。他們會誇大自己的任何一點缺陷，還會為此而擔心，會覺得所有人都在關注他們的外表。如果一個女孩長了雀斑，她就會認為自己非常難看。哪怕是身上一點特別的反應，或者是一點不舒服的感覺，都會認為自己「不正常」。

因為他們的身體不像以前那樣協調了，可能無法適應這種變化。青少年對自己新產生的情感也會產生這種不適應的感覺。他們會變得十分敏感，被批評時會覺得很傷心。他們一會兒覺得自己是大人，希望

受到別人的重視，一會兒又覺得自己還是個孩子，希望得到別人的關心和照顧。

**友誼。** 在這幾年之內，青少年會經常表現出自己對父母的反感。當夥伴們在場時，這一點表現得尤其明顯。其中一部分原因在於他們正在焦急地尋找和實現自我價值，另一部分原因在於他們存有害羞的心理。他們十分害怕自己會因為父母做的事偏離了一般的行為準則而受到同學們的嘲笑和排斥。

為了確立自我，青少年在青春期早期常常會疏遠自己的父母。這樣一來，他們就會感到非常孤獨。於是會急於尋找一種補償，也就是跟同齡夥伴建立起一種親密的關係。

有時候，一個孩子會發現好朋友身上有跟自己類似的東西，於是更清楚地認識了自己。他可能會說起自己喜歡某一首歌、恨某個老師或者很想得到某一種服飾。他的朋友就會十分驚訝地大聲說他也有完全一樣的想法。兩個人都會為此感到高興，也能感到安慰。於是，兩個人就在一定程度上減輕了孤獨感，也緩解了那種擔心自己很個別不同的焦慮感，還獲得了一種愉快的歸屬感。其中一個原因是，青少年花很多時間在彼此交流，更不用說發簡訊或寫郵件。資訊時代裡，青少年得到的最大好處就是他們可以接觸到更多世界各地志同道合的同齡朋友。

**外表的重要性。** 許多青少年都透過服裝、髮型、語言、歌曲和娛樂等方面盲目追隨同學的風格，來幫助自己擺脫孤獨感。這些風格一定要跟父母那一代人不同。如果這些東西能夠讓父母感到憤怒或震驚，那就更好了。這就是為什麼當父母表示厭惡或反感時很少會有作用的原因。雖然你可以宣布簡單的禁令（比如「家裡不許帶臍環！」），但是很可能會招來一場爭吵，而你則很可能在其中失利。

相反的，如果你能夠控制住自己的第一反應，就能跟孩子理智地交談。比如，你可以指出某種髮型或某種衣著代表一個人與某個小群體的關係（比如光頭黨），而孩子其實並不喜歡這些人。你也可以指出現實生活中的某種限制，比如「你要是穿上那條迷你裙，他們不會讓你進學校的門。」如果可以說服孩子，而不是居高臨下地命令他，那麼你和孩子都是贏家。

另一方面，如果能和處於青春期

寶寶出生之前

0～3個月

4～12個月

12～24個月

2周歲

3～5歲

6～11歲

12～18歲

的孩子開誠布公地交談，最終被說服的可能是你。成年人接受新事物的速度通常都比較慢。曾經讓我們感到驚訝或厭惡的東西很可能以後會被我們欣然接受，孩子們就更不用說了。這一點已經被 20 世紀 60 年代年輕人推崇的長頭髮和牛仔褲證明過了。曾經令學校十分不快的女式長褲，帶螢光的頭髮顏色，以及紋身都是很好的證明。最難做到的還是在保持開放心態的同時堅持自己的核心價值觀念。

**青春期早期的性行為。**大多數處於青春期早期的青少年都會產生性幻想，很多人都會嘗試親吻和愛撫，只有少數青少年會真正去嘗試性交。手淫是很普遍的，隨著家庭教育嚴格程度的不同，它給青少年帶來的罪惡感和羞恥感也不同。無論是不自覺的還是性幻想的反應，生理勃起都會讓很多本來就很害羞的男孩變得更加不自在。另外，大多數男孩都會在睡覺時發生夢遺。有的男孩可以泰然處之，有的則會擔心自己出了什麼問題。

性感受和性嘗試並不總是針對異性。同性戀的問題常常會讓青少年和父母都感到困惑與驚恐。處在青春期早期的青少年通常都無法容忍同性戀。有些青少年可能會悄悄地擔心自己將是同性戀者，所以可能會產生強烈的恐懼感。十三、四歲的青少年有時會觸摸同性夥伴的生殖器，然後擔心自己是同性戀者。其實這種現象並不罕見。有些孩子的確會繼續發展自己最初的同性戀取向，而其他孩子並不會這樣。

這種嚴厲的禁忌使青少年很難對同性朋友表達好感，更不用說談論可能帶有同性戀意味的感情了。感覺敏銳的醫生有時能夠提供相關的知識和安慰。青少年應該有機會談論類似的話題，所以應該讓他們和自己的醫生進行私密的談話。這樣的談話可以在每年的體檢後進行，父母請迴避。同性戀青少年面對著特殊的壓力，需要特別的支援，具體內容將在後續章節裡討論（**請參閱第 182 頁**）。

在家裡，如果孩子有一個寬容的成長環境將會有很大幫助。在這樣的家庭裡，父母可能有不同性傾向的朋友，他們談論同性戀時也會用一種不帶偏見的口吻。這都會向可能正在努力理解自己感情的青少年傳達出一種令人寬慰的資訊。

## 青春期中期

**自由及其限度。**15～17 歲的時候，處於青春期中期的青少年要面對兩大考驗。首先，他們必須適應自己的性慾和在浪漫交往時產生的矛盾情感。其次，他們必須在情感上跟父母分開，認識到自己能夠獨立。帶有依賴性的獨立感是這個過程的一部分，這兩種特點之間的矛盾常常十分激烈。

青少年常常抱怨父母給他們的自由太少。快要成年的孩子堅持自己的權利是很自然的事，父母應該提醒自己，孩子正在改變。但是，父母也不必把孩子的所有抱怨都太當回事。青少年渴望成長，同時也害怕長大。他們對自己的能力還沒有把握，還不能確定自己能否像希望的那樣，成為博學、嫻熟、經驗豐富而又魅力十足的人。但是，他們的自尊心又不允許自己承認這種疑慮。當他們下意識懷疑自己能否成功接受某種挑戰，或者進行某種冒險的時候，很快就會找到抱怨的理由，他們會認為是父母阻礙了他們，而不是自己的恐懼在作祟。

當他們跟朋友談論這件事的時候，就會憤怒地指責、埋怨父母。

當孩子突然宣布要做一件超越常規的事情時，父母可能會懷疑這裡有什麼下意識的動機，因為這和孩子的往常表現相差很遠。比如說，他要在週末和一些朋友（有男孩也有女孩）去野營，而且沒有父母陪同。孩子這樣做可能是在尋找明確的規則和安全感，實際上，他們也可能是在要求父母的制止。他們還可能努力地尋找著證明父母虛偽的證據。如果父母對他們制定的規矩和道德標準表現得不可動搖，孩子就會覺得自己有責任繼續遵守這些規矩和準則。但是，一旦發現父母是虛偽的，就會覺得自己不必聽從父母在道德責任方面的要求，還找到了一個責怪父母的好機會。這也將會破壞孩子心理上的安全感。

**工作和勞動。**在青春期中期，很多青少年都會開始首次從事正式的工作。他們偶爾也會替別人看顧孩子或者整理庭院。一般來說，提供報酬的工作能夠培養孩子的自尊心、責任感和獨立性。工作也能幫助青少年建立社會關係，還能開拓出可能發展為個人事業的一片領域。然而，很多年輕人都在工作上花了太多的時間，以至於沒有時間去社交，也沒有時間做功課。他們

還可能長期過度疲憊，因而脾氣暴躁。很多工作都存在著嚴重的健康和安全隱憂，認識到這一點是非常重要的。類似的情況有時可能需要父母介入，防止孩子的工作變得無法控制。

**性嘗試**。青春期中期，很多青少年都會嘗試各種性體驗。接吻和愛撫最為普遍，口交行為偶有發生（雖然很多青少年都不認為這是「真正的」性行為），還有許多青少年在青春期中期發生了性行為。這時的約會經常是群體性的，有時也會一對一進行。由於戀愛關係退到了彼此吸引和獲得體驗的目的之後，所以這時的愛情通常很短暫。這並不是說青春期中期的愛情都是膚淺或毫無結果的。那些情感體驗（比如喜悅和痛苦，興高采烈和垂頭喪氣）所具有的強度往往是後來更加穩定的生活階段難以相比的。

說實話，在控制青春期中期的性行為方面，父母的能力相當有限。唯一的辦法就是強調節制，類似的教育方案雖然聽起來很不錯，但是是否真的減少了青少年懷孕的數量還不得而知。如果青少年有性嘗試的打算，父母們定下的規矩就無法阻止他們，反而會讓他們的性嘗試顯得更加激動人心，更有吸引力，因為這將突破了那些限制。

父母們應該讓這種交流公開，讓孩子了解父母對婚前性行為的看法，限制不恰當性行為發生的機會（比如不讓少女獨自在外過夜），同時相信他們的孩子能夠負責任地處理這類問題。很多父母都覺得很難跟自己的孩子開口談論性問題。幸運的是，醫生在進行這類談話方面往往受過良好的訓練，他們能夠用一種積極有效的方式幫助父母傳達他們的感受與關切。（**更多對性的討論內容，請參閱第501頁。**）

**同性戀**。對所有青少年來說，青春期都是一個複雜的階段。學校的各種活動和約會都可能讓同性戀青少年強烈感到自己被排除在外，或者覺得自己很異常。這種感覺會讓他們感到苦惱和不愉快。如果你覺得孩子正在性傾向的苦惱中難以自拔，應該讓他有一個地方可以尋求幫助，這一點非常重要。統計數字顯示，在青少年自殺和自殺未遂的事件中，與性傾向有關的事件占了很高的比例。

面對青少年，異性戀父母可能不知道關於性傾向的話題該從何談起。請記住，孩子很可能像你一樣

害怕這個話題，如果突然提出這個問題，他可能會覺得受到了威脅。最好是讓性傾向這個話題變成一個自然而然提起的事，最理想的時機是在孩子進入青春期之前較早的時候。你要注意親戚朋友講的侮辱性笑話和帶有偏見的評論，並且及時表示反對。你要提到人們對同性戀的恐懼，以及為什麼這種情緒就像種族歧視或別的歧視現象一樣是錯誤的。你可以找一些由公開身分的男、女同性戀或雙性戀藝術家創作的書籍、錄影和音樂，或者涉及同性戀問題的作品，帶回家裡。你的這些行動傳達出一個資訊，就是孩子在這個家裡談論自己的性傾向將不會有障礙。那些對此不夠寬容的父母只會關閉談話的通道，加劇孩子的孤立狀態。

有些同性戀青少年很早就了解並且接受了自己的性傾向。也有些孩子則經歷了一個半信半疑的階段。父母可以尋求專業的指導，目的不是改變孩子的性傾向，而是要幫助這些男孩或女孩解決這個問題，盡可能地減少焦慮和羞愧。找一個受人信賴的兒科醫生或者家庭醫生是良好的開端。像同性戀親友會這樣的組織將會提供相關資訊和建議，還會不定期舉辦活動。多數城市和較大的城鎮都有同性戀熱線，可以提供有用的資訊。

## 青春期晚期

**這個年齡面臨的挑戰。** 18～21歲，孩子跟父母之間的衝突開始漸趨緩和。這個階段的主要任務就是選擇事業發展的方向，以及發展一段更有意義、更長久的感情關係。

幾年前，人們曾普遍認為，處在青春期晚期的青年應該準備離開家去上大學，或者找一份工作，開始獨立生活。那些選擇先上大學再讀研究所的青年，也許會把他們的青春期延長到28～29歲或者30歲以後。最近，很多處於青春期末期的青年主動或被迫繼續住在父母家。隨著社會和經濟的變化，這些青年人面臨的挑戰也會發生改變。

**理想主義與創新。** 隨著知識的增加和獨立性的增強，青少年改變世界的願望也在逐漸形成。他們渴望找到新的方法來取代舊的方法，他們要發現新事物，創造新的藝術形式，還要取消專制行為，糾正不合理的現象。大量的科學進步和偉大的藝術作品都是在人們剛剛跨入

寶寶出生之前

0～3個月

4～12個月

12～24個月

2周歲

3～5歲

6～11歲

12～18歲

成年的門檻時創造出來的，他們並非比這個領域的前輩更聰明，當然也不如年長者有經驗。但是，他們勇於挑戰傳統的方式，偏愛新的、尚未嘗試過的事物，而且願意去冒險。這些特點就足以讓他們有所作為了。這常常就是促使世界進步的方式。

**尋找自己的道路。**有時候，年輕人要花上 5～10 年才能找到自己認同的身分。他們不願意像父母那樣承擔一份平凡的工作。相反地，他們會選擇那些反傳統的事物，包含服裝、髮型、朋友和住處等。對他們而言，這些選擇似乎都是表現強大獨立性的證明。但是從自身來看，這些選擇並不代表積極的生活態度，也不代表他們對世界的建設性貢獻。他們總是消極地抗拒著父母的傳統觀念。儘管此時這種爭取獨立的渴望只能透過古怪的外表展示出來。我們也應該看到，那正是他們朝著正確方向邁出的第一步，因為這一步可能會帶他們走向具有建設性和創造性的下一個階段。

有的年輕人因為性格中存在著理想主義和奉獻精神，因此會用簡單又激進的態度來看待事物。比如政治問題、藝術問題，或者其他領域

的問題。這種態度還會持續多年。這個年齡階段在各種傾向的共同作用下，將使孩子們處於一種極端的位置上，當他們第一次看到這個世界令人震驚的不公平時，他們會變得非常尖刻，對偽善的表現冷嘲熱諷，絕不妥協又勇氣十足，甚至願意為此作出犧牲。

幾年後，等他們在情感上獨立起來，而且滿足於這種獨立狀態時，等他們明白該如何在自己選擇的領域裡發揮作用的時候，就會更加包容人類社會的弱點，也更加樂意作出有益的妥協。這並不是說他們變成了容易滿足的保守主義者。其實，很多人依然很激進，還有一些人仍然很尖銳，但是，大多數人都會變得更容易相處和共事。

## 給父母的建議

**要勇於制定規矩。**無論父母是否有道理，青少年註定都會反對或者反抗他們，至少有時候是這樣。首先也是最重要的一點在於，不管和父母如何爭吵，青少年還是需要父母的指導，也希望得到這些指導，哪怕只是嚴格的規定。雖然自尊心不允許他們公開承認這種需

求，但是他們常常會在心裡想：「要是我的父母能像我朋友的父母那樣，替我制定明確的規矩就好了。」他們知道那是父母愛他們的表現。父母既想保護孩子在外面不被誤解，不陷入尷尬的境地，不給人留下錯誤的印象，得到不好的名聲，又想保證孩子不至於因為沒有經驗而遇到麻煩。

**尊重孩子，也要求孩子的尊重。** 這句話並不意味著父母可以武斷、言行不一或者態度蠻橫。青少年的自尊心極強，會對此感到非常憤慨。他們希望父母能夠用對待成年人的態度跟他們討論這些問題。但是，如果爭論的結果是打了個平手，那麼父母一定不要表現得太民主，生怕得罪了孩子似的，甚至覺得孩子的意見可能也是正確的。父母的經驗應該被孩子視為相當重要。最後，父母應該自信地表達自己的觀點，如果合適，還可以提出明確的要求，讓孩子有一種明確又可信的感覺。父母應當表明，他們知道孩子在以後的大多數時間裡將不再和他們在一起，所以孩子只能憑著自己的良知，以及對父母的尊重來做事，而不應該出自父母的限制與規範，或是因為大人一直

盯著他才表現良好。當然，這種態度不一定非得透過語言說出來。

父母一定要問清楚孩子下面這些問題：他們的晚會或者約會什麼時候結束、幾點能到家、要去哪裡、和誰一塊兒去，以及誰來開車等。如果孩子問父母為什麼要問這些，父母可以說，優秀的父母都會對自己的孩子負責。也可以說：「萬一出了什麼事，我們才能知道該到哪裡去打聽，或者去哪兒找你。」父母還可以說：「要是家裡出了什麼緊急的情況，我們希望能夠找到你。」出於同樣的理由，父母也應該告訴孩子他們要去哪裡，什麼時候回來。如果外出的計畫延遲了或者有變化，青少年（和父母）在超過約定時間之前，都應該打個電話回家說一聲。經過孩子的同意，父母就可以再確定一個時間，然後等著孩子回來。這就提醒孩子，父母是真正關心他們的行為和安全。當孩子在家裡舉辦晚會之類的活動時，父母也應該在場。

父母不應該用命令的口氣或盛氣凌人的口吻跟孩子說話。父母和孩子間應該像成年人那樣，進行*互相尊重*的交談。雖然青少年從來都不願意接受父母過多的指導，但這並

寶寶出生之前

0～3個月

4～12個月

12～24個月

2周歲

3～5歲

6～11歲

12～18歲

不意味著他們沒有從談話中受益。

許多父母都會注意到孩子不願意傾聽自己的意見，而他們又願意尊重孩子獨立的願望，於是他們就會小心翼翼地把自己的觀點掩藏起來，並控制自己不去指責孩子的喜好和舉止，生怕孩子覺得父母太守舊或者太難以忍受。其實這種做法是不對的，如果父母能和孩子很隨意地交流會更有幫助。既可以說說自己的觀點，也可以把自己年輕時的一些事情告訴孩子。談話時，父母要像和受尊重的成年朋友談話一樣，而不應該認為自己年紀大，說起話來就像在替孩子制定法律一樣，也不要覺得只有自己的觀點才是正確的。

**處理反抗。**但是很多父母都會問，如果孩子公開拒絕大人的要求，或者默默違抗某種規定時，該怎麼辦？在青春期的前幾年裡，如果孩子跟父母的關係是合理的，同時父母對孩子的規定或限制也是合理的，那麼孩子很少會在重要的事情上表示反對或者反抗，頂多也就是大聲抗議。如果父母覺得自己不能好好管教孩子，在孩子的安全或行為等重要問題上缺乏控制力，那就應該向醫生或專業人士尋求幫助，這樣才能有效地約束孩子。

在接下來的幾年裡，父母可能會支持孩子的決定，雖然這個決定可能違背他們替孩子做出的最佳選擇。比如，有個 17 歲的孩子一心想念藝術學校，但是他的父母卻認為讀醫學院是更好的選擇。在這種情況下，父母應該鼓勵孩子做出自己的決定。即使到頭來證明這是一個錯誤，父母也應該把決定權交給孩子。就算孩子的想法可能和父母的完全不同，也要幫助孩子尋找自己夢想。

一個 20 歲左右的青年反對或違抗了父母的教導，並不意味著那些教導毫無用處。它勢必會幫助那些缺乏經驗的人更全面地觀察問題，就算他們不聽父母的意見，仍然可能做出合理的決定。他們可能具備父母缺少的知識和見解。當然，等到他們進入成年時期的時候就必須做好準備，有時需要拒絕別人的建議，有時又要為自己的決定負責。如果年輕人拒絕了父母的忠告，然後惹了麻煩，那麼這種經歷就會增強他們對父母意見的尊重。但是，他們可能不會承認這一點。

**父母站在關心的角度上。**如果孩子正在做一些看起來很危險或很

愚蠢的事情，應該讓他知道你很擔心，這比光是指責或者制定規則的效果更好。對孩子說「你跟吉姆約會以後看起來總是不太開心」很可能比對她說「吉姆是個混蛋」來得更好。

**安全的約定。**要讓孩子知道，無論何時何地你都會去搭救他，而且你不會問任何問題。雖然聽起來不那麼舒服，但這總要比為他治療醉酒駕車導致的傷痛，或者處理法律問題好得多。青少年也需要保密的醫療服務管道，這樣他們就可以自由地討論那些對父母難以啟齒的問題了。好的醫療服務不會讓青少年變得淫亂，結果反而恰恰相反。

**採取合理的措施預防自殺。**不要把槍放在家裡，這一點最為重要。還有，如果孩子看起來很難過、情緒低落或行為孤僻，如果他對自己過去喜歡的東西失去了興趣，或者成績突然下降，你就要想到憂鬱症的可能性，還要向外尋求幫助。

**運用你的判斷力。**假如父母對於一些問題不知道該說什麼，或者想不出解決的辦法，該怎麼辦呢？例如孩子想參加一個進行到半夜兩點的聚會，這時父母不但可以跟孩子商量，還可以跟其他的父母商量一下。但是，就算你是唯一一持不同意見的父母，也沒有必要覺得自己必須按照別人的方法去做。從長遠來看，只有父母相信自己做的事是正確的，才能做得很出色。

當你考慮是否允許孩子去做一件事情的時候，應該問問自己：這件事安全嗎？合法嗎？它是否會損害你們的核心道德準則？孩子考慮到結果了嗎？他是自願這樣做的，還是因為別人（老師或同齡夥伴）對他施加了太多影響？集中考慮這些問題之後，你就能得出最好的判斷，也能幫助孩子作出相對明智的決定。

**要求文明的舉止和分擔責任。**無論是個人還是團體，青少年都應該對人彬彬有禮。要真誠對待自己的父母、客人、老師，以及一起工作和學習的人。孩子有時會對成年人抱著敵視態度（每當跟他們在一起就會出現衝突）。無論孩子們是否意識到了這一點，這都屬於正常現象。但是不管怎樣，學會控制自己的敵視態度和禮貌待人，對孩子不但沒有害處，反而有很多好處。如果他們彬彬有禮，周圍的成年人

肯定會對他們另眼看待。

　　青少年在家裡應該認真盡到自己的義務。他們可以做些日常的家務活動，還可以做一些額外的工作。這些勞動對他們有很多的好處，不僅讓他們獲得了尊嚴、參與感、責任感和幸福感，還能幫助到父母。

　　但是，你絕不能強迫孩子遵守這些準則，只能在談話時向孩子說明這些道理。就算他們不能始終如一地遵守，也要讓他們清楚知道父母的原則。

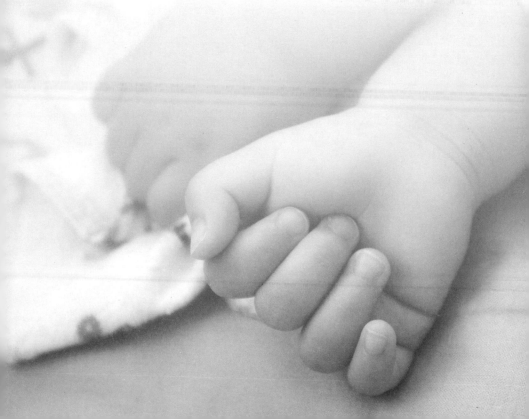

PART **2**

# 飲食和營養

# 1 0～12 個月寶寶的飲食

**餵奶的決定。**你希望幫孩子餵奶，孩子也希望有人幫他餵奶。所以你和孩子都有強烈的本能知道如何做好這項工作。雖然會有許多人告訴你應該怎麼做，比如朋友、家人、媒體，當然還有醫生。聽聽別人的意見當然沒有問題，但是，最後你還是必須按照自己內心或直覺認為最好的選擇去做。你最該聽取的，或許是自己寶寶的意見。

**寶寶其實很了解自己的飲食需求。**寶寶知道自己的身體需要多少熱量，也知道自己的消化系統能夠處理多少食物。所以如果沒吃飽，他很可能會哭著要求再吃一點。相對的，如果奶瓶裡的乳汁超過了他想吃的分量，那他可能就不會再吃了。你只要聽從寶寶的決定就好。當你順應寶寶發出的訊息時，餵奶的效果就是最好的。當他覺得肚子空空的時候，就把他餵飽；當他覺得飽了的時候，就別再繼續餵了。這樣一來，你可以幫他建立自信心，帶給他快樂，培養他對自己身體的重視和對人的信任。

因此，你的主要工作就是理解寶寶發出的飢餓信號。有些寶寶很容易讓人讀懂。他們會在可預知的時間感到飢餓，而且一吃飽就心滿意足。也有些寶寶則不那麼容易判斷。他們會在長短不一的時間間隔後哭鬧，有時是因為飢餓，有時是因為別的地方不舒服。這樣的寶寶對父母的耐心和自信心是一種考驗。如果你覺得自己搞不清楚孩子發出的信號，也請不要自責，你可以向有經驗的朋友和家人尋求幫助，還可以找醫生諮詢。

寶寶的飲食

母乳餵養

配方奶餵養

添加固體食物

營養和健康

重要的吸吮本能。寶寶想喝奶的原因有兩個：首先是因為餓了，其次就是喜歡吸吮的感覺。如果你餵奶，但是沒有提供他們充足的時間吸吮，那麼他們吸吮的渴望就得不到滿足，於是便開始想辦法吸吮別的東西，比如自己的拳頭、拇指、衣物。有的寶寶會覺得這種欲望勝過一切。有些用奶瓶餵奶的寶寶會吃過量，就是因為他們不停吸吮，而奶瓶裡的乳汁總是源源不絕。當他們把胃撐得太滿時，就會嘔吐（嘔出的奶可能顯得特別多）或者排出大量的水稀狀糞便。母乳餵養的寶寶比較少出現這種情況。所以應該讓孩子先攝取分量合適的食物，然後再給他一個安撫奶嘴來滿足吸吮的需求。

## 餵奶的時間

嚴格的時間表。一百年前，專家們告訴家長要按照鐘錶的指示，每 4 個小時幫孩子餵一次奶。據說這種安排可以預防腹瀉，對很多孩子來說效果相當不錯。但是，總有一些孩子很難適應有規律的時間安排。有些寶寶的胃似乎無法容納支撐自己 4 小時不飢餓的乳汁，有些

寶寶在喝到一半的時候就睡著了，急躁不安的寶寶和患有腹絞痛的寶寶也屬於這種情況。儘管他們痛苦地哭鬧，母親還是不敢打破餵奶的時間表，甚至不敢把他們抱起來。這會讓孩子非常難受，父母也同樣感到很難受。隨著配方奶的消毒處理和安全飲用水的普及，嚴重的腹瀉已經不再是經常困擾嬰兒的問題了。但卻是在過了很多年以後，醫生們才開始嘗試建議靈活地幫寶寶餵奶，不受限於時間。

按需求哺乳。1942 年，一位心理學家和一位新手媽媽決定做一個嘗試，如果讓寶寶按照自己的需要喝奶，會有什麼結果。他們把這種方式稱為「按需求哺乳」。他們發現，這個寶寶在出生後的幾天內很少醒來。大約從第二週，也就是母親開始泌乳開始，他就以非常驚人的頻率醒來，每天 10 次左右。出生兩週以後，他的喝奶次數就穩定在每天 6～7 次，但時間間隔非常不規律。直到他成長到 10 週大的時候，基本上已經形成了間隔 2～4 小時的喝奶習慣。

這個勇敢的實驗消除了人們對嬰兒喝奶規律的緊張感。我們現在知道，母乳餵養的寶寶在出生後兩週

內差不多都是每 2 小時喝 1 次奶。也就是說，有些孩子每 3 小時喝 1 次奶，有些孩子則是 1.5 小時喝 1 次。這些形式都是正常的，而且餵奶頻率隨著時間變化也是正常的。

**規律的好處。** 從寶寶的角度來看，最重要的是大多數時候能立刻得到哺餵。之所以說「大多數時候」，是因為大多數寶寶有時都能等一小會兒。但是，當他們不得不長時間（即使是幾分鐘對一個小寶寶來說也是漫長的）飢餓地尖叫時，他們就無法學會信任提供食物的人，還可能感到孤立無援。嚴格的時間表對於飢餓週期十分不確定的寶寶們來說沒有用。但大多數寶寶都能夠調節自己的飢餓週期來適應有規律的餵奶時間。

定時餵奶還可以幫助父母保存體力和精力。這通常意味著要把餵奶次數減少到合理的標準，還要在可預知的時間餵奶。同時，一旦孩子做好了準備，就可以取消夜間的哺餵。如果父母願意把那種不規律「按需求餵奶」方式延長執行幾個月，對孩子的營養也不會造成什麼損害。但是，父母不應該認為自己為寶寶放棄越多，對他就越好，或者覺得只有忽略自己的便利，才能

證明自己是好父母。這些觀念從長遠來看容易產生問題。相反的，父母可以跟孩子一起努力，養成符合每個人需求的餵奶習慣。

**嬰兒的日程安排。** 快滿 1 周歲的嬰兒通常都能安穩地睡上一整夜。雖然有時也會醒來喝奶，但喝完奶之後還能接著睡上一兩個小時。他們每天要喝 3 次正餐，幾次點心，小睡一兩次，然後在一個比較適當的時機正式就寢，通常是在喝完最後一次奶以後。

所有這些變化是如何在短短一年之內發生的？這可不是光靠父母就能辦到的事，而是嬰兒在逐漸延長喝奶的間隔，同時縮短睡眠的時間。隨著嬰兒的成長，他們會自然學會適應全家人的生活節奏。

大多數寶寶都會很快養成定時喝奶和按時睡覺的習慣。有些新生兒似乎在出院時就已經形成了 2～4 小時的喝奶規律。也有些孩子好像形成了自己的作息習慣，當然他們可能需要幾週時間才能把這種習慣固定下來。個子小一點的孩子喝奶次數通常都比大個子的孩子多。哺育母乳的孩子喝奶次數平均比奶瓶哺育的孩子多，因為母乳比配方奶消化得快。所有的孩子都會隨著身

體和年齡的增長，逐漸延長喝奶的間隔。

餵奶的時間間隔可能在 24 小時之內發生變化，但是在前一天和後一天之間仍然會保持一定的一致性。在一天當中的某些時候，寶寶們容易喝得多一點。他們有時還會表現得比較煩躁，可能持續幾個小時，這種情況一般出現在傍晚時分。在這幾個小時裡，母乳哺育的寶寶可能會希望不停地喝奶，一旦被大人放下就會哭鬧。使用奶瓶餵奶的寶寶則可能顯得很餓，很貪心地吸吮安撫奶嘴，但當你給他奶瓶的時候，他也喝不了太多。晚上的哭鬧會逐漸好轉，不過這種情況似乎永遠都不會結束。

等寶寶長到 1～3 個月大的時候，他們自然而然就不需要夜裡的哺餵，因而放棄夜間喝奶的習慣。當到了 4～12 個月的某個時機，他們就會在父母睡覺時保持同樣的睡眠狀態了。

**幫助嬰兒養成規律。**寶寶這些習慣的養成（生活越來越規律，喝奶次數越來越少）在很大程度上都受到父母引導的影響。如果白天孩子喝完奶以後就睡著了，4 個小時以後還沒有醒來，那麼媽媽就應該叫醒他，這就是在幫助孩子培養固定的日間飲食習慣。同樣地，如果孩子喝完奶了，又在睡覺時嗚咽了兩聲，母親也應該先忍耐幾分鐘，不要急於把他抱起來。如果孩子真的醒來哭鬧，可以給他一個安撫奶嘴哄一哄，試試看他能不能再次入睡。這就是在幫助孩子的腸胃適應更長的喝奶間隔。反過來說，如果在孩子剛喝過奶睡下不久，大人一聽見他哭就馬上把他抱起來餵奶，便會助長他養成少量多餐的習慣。

大多數吃得較多的寶寶都能按照一定的時間規律喝奶，而且能夠在出生後幾個月內放棄夜間喝奶的習慣。另一方面，如果嬰兒一開始喝奶的時候無精打采，昏昏沉沉，或者醒著的時候不知疲倦，總是躁動不安（**請參閱第 66 頁**），又或者母親的乳汁還不是很充足，那麼耐心一點對誰都有好處。即使在這種情況下，如果父母能夠慢慢地引導孩子，比如讓喝母乳的孩子每隔 2～3 小時喝 1 次，讓喝配方奶的孩子每隔 3～4 小時喝 1 次，幫助寶寶的飲食漸趨規律，就不必為了應該馬上餵奶還是再等一等而猶豫不決。這樣一來可以減少每天的忙亂，孩子也能早一點養成固定的喝

奶習慣。

白天，如果孩子喝完奶睡了 4 小時還不醒，那就應該把他喚醒。這是引導孩子養成規律喝奶最簡單的辦法。不過用不著催促他喝奶，用不了幾分鐘他就會表現得很飢餓。

但是，如果他喝完奶後才睡 1 小時就又醒了，那也不要一聽到哭鬧就馬上餵奶。因為連他自己也不清楚是否真的餓了。如果寶寶非但不再入睡，反而完全清醒了，而且開始拼命地哭鬧，那就不要再等了，馬上幫他餵奶。

如果孩子每次喝完奶剛睡下不久就會醒來，該怎麼辦？這種情況可能是因為他沒有吃飽。如果他吃的是母乳，那就要多餵幾次。這個辦法可以在幾天之內提高乳汁的分泌量，讓他再喝奶的時候可以多喝到一點，進而延長喝奶的間隔。（母親一定要吃飽喝足，還要充分休息。只有這樣才能分泌出更多乳汁，滿足嬰兒的需要（**請參閱第 224 頁**）。如果孩子喝的是配方奶，那就每次多餵他 30 毫升，看看這樣是不是能延長他喝奶的間隔。

嬰兒需要多長時間餵一次奶？如果寶寶通常都是三、四個小時喝一次奶，卻在兩個或兩個半小時就醒來，而且顯得很餓，這時候餵他就沒有問題。但是，假如他喝奶睡下之後一個小時就醒了，又該怎麼辦呢？如果他在睡覺前喝的和平常一樣多，就不太可能餓得這麼快。他提前醒來的原因更可能是消化不良。你可以幫他拍拍後背，順氣打嗝，也可以餵他喝一點水，或用安撫奶嘴哄哄他，看看這樣能不能讓他得到安慰。不必急著餵奶，但是如果用各種辦法哄了一會兒仍然不管用，還是可以再幫他餵點奶。

即使孩子起勁地吮手指，或者喝奶的時候顯得急不可耐，你也不能斷定他一定是餓了，因為腸痙攣的孩子也會有這兩種表現。嬰兒自己似乎分不清楚肚子難受是飢餓引起的還是腸痙攣引起的。

換句話說，不一定每次孩子一哭就要餵奶。如果他哭的時間不正常，就應該好好分析一下情況。他可能是尿濕了，可能是覺得太熱或者太冷，也可能需要順氣打嗝，還可能需要安慰，或者只是想哭兩聲來釋放一下自己緊張的情緒。如果孩子總是這樣，而你又弄不清楚真正的原因是什麼，那就應該請教一下醫生。（**關於哭鬧的更多內容，請參閱第 65 頁。**）

**半夜餵奶**。最簡單的夜間餵奶原則就是不要主動把孩子喚醒，要等到孩子自己醒來以後把你吵醒。需要夜間餵奶的嬰兒通常都會在差不多淩晨 2 點的時候醒來。在 2～6 個月這個階段，他有時候會一直睡到淩晨 3 點或者 3 點半，要到這時候再餵他。第二天夜裡他可能醒得更晚。他醒來以後，也許會不痛不癢地哭個兩聲，如果你不馬上幫他餵奶，他就能再次入睡。

到了 6～12 個月的時候，嬰兒通常就可以不喝夜裡那頓奶了。他很可能會在兩三天之內就突然戒掉這個習慣。對於喝母乳的嬰兒來說，他可能會在別的時段延長喝奶時間。對於喝配方奶的嬰兒，可以根據他的需要在其他餵奶時間適當地增加分量，以彌補夜間少喝的那一頓。跟白天相比，夜間的哺乳應該在更安靜幽暗的房間裡進行。這樣還能使乳房受到更大的刺激，增加乳汁的分泌量。

**放棄夜間餵奶**。如果嬰兒已經兩三個月了，體重也達到了 5.5 公斤，但還在半夜醒來喝奶，就應該想辦法讓他放棄這次喝奶。不要一有動靜就急忙幫他餵奶，你可以讓他哭鬧一會兒。如果他不但沒有安

靜下來，反而哭得更嚴重了，那就向他表示歉意，然後馬上幫他餵奶。一兩週之後再繼續試著讓他整夜不喝奶。從營養學的角度說，如果一個體重 5.5 公斤的嬰兒白天吃得很好，那就不需要夜間餵奶了。

你或許可以在睡覺前、你方便的時候安排一次餵奶。多數嬰兒到了幾週大的時候，都能相當配合地等到夜裡 11 點再喝奶，有的甚至可以等到半夜。如果你想早一點睡覺，就可以在 10 點鐘，甚至再早一點把孩子叫醒餵奶。如果晚一點餵奶對你更方便，你也可以隨意安排，只要孩子願意睡覺就可以了。

對於那些仍然會半夜醒來喝奶的孩子，最好不要讓他們睡過晚上 10 點或者 11 點的餵奶時間。即使他想繼續睡，也應該把他叫醒了餵奶。等他到了可以少喝一次奶的時候，你會希望他首先放棄半夜的這一次，以便不打擾你的睡眠。

有的孩子雖然已經放棄了半夜喝奶的習慣，但是白天的喝奶時間仍然很不規律。如果他願意在晚上 10 點或者 11 點喝奶，還是應該在這個時候把他弄醒餵奶，這樣至少也算有規律地結束一天的生活。同時，既可以避免孩子在子夜到淩晨

4 點之間醒來喝奶，還能有助於他睡到第二天早晨 5、6 點。

## 吃得飽，長得快

**體重的平均增長。** 如果你清楚知道沒有哪個孩子是按照平均標準成長的，那我們就可以來談一談寶寶的平均標準了。有的孩子天生長得就慢，也有的孩子生來就長得快。當醫生提到平均標準的時候，他們的意思只是說他們把長得快的孩子、長得慢的孩子和成長速度居中的孩子放在一起考量。

嬰兒出生時的平均體重是 3 公斤多一點，3～5 個月會達到 6.4 公斤。這就是說，一般嬰兒的體重會在 3～5 個月之內增長一倍。但是在實際生活中，出生時體重較輕的嬰兒往往長得更快，似乎是為了追趕上其他孩子。而出生時個頭比較大的嬰兒在 3～5 個月之內的體重通常不太容易增長到一倍以上。

一般嬰兒在前 3 個月裡平均每個月會增長將近 0.9 公斤（平均每週 0.19～0.25 公斤。當然，有些健康的嬰兒體重增長也會比較緩慢，而有的則增長得快一些）。然後，嬰兒的生長速度就會慢下來。到了 6

個月以後，平均增長速度就會下降到每個月 0.45 公斤（平均每週 0.125 公斤左右）。在 3 個月期間減慢這麼多，幅度可不小。在第一年的後 3 個月裡，平均增長速度又會下降到每個月 0.3 公斤（平均每週 0.06～0.09 公斤）。第二年，還會下降到每個月只增長 0.23 公斤（平均每週 0.06 公斤）。

你會發現，隨著孩子不斷長大，體重增長的速度會越來越慢，而且還會變得不那麼規律。長牙或者生病會讓孩子好幾個星期沒有胃口，所以他的體重可能幾乎不會增長。等他感覺好一些之後，胃口就會恢復，體重也隨著迅速趕上。

我們不可能根據孩子每週的體重變化得出太多結論。體重增長情況取決於他多久以前排了尿，多久以前排了大便，以及多久以前吃了東西。如果某一天早晨你忽然發現，寶寶上個星期只長了 0.124 公斤，而過去一向都是 0.218 公斤，那也不要馬上斷定孩子沒有吃飽，或者有什麼問題。如果孩子看起來很快樂也很滿足，那不妨再等一個星期看看。也許他會有一次非常迅速的增長，以彌補上一次的短缺。

如果喝母乳的嬰兒每天至少尿

6～8 次，醒時活潑靈活、睡眠狀況良好，而且每個星期的體重都在增長，這就足以表示他的飲食很充足。但是你應該知道的是，當孩子越大，他的體重增長就會越慢。

多久量一次體重？當然了，大多數父母都沒有嬰兒秤，所以只能在醫生那裡量一下孩子的體重。但這通常就已足夠。如果寶寶活潑靈活，表現良好，那麼 1 個月測量一次就可以。多測量幾次除了滿足父母好奇心以外，並沒有別的用處。如果你家裡有嬰兒秤，也不要過於頻繁地使用，每個月測量一次就很足夠了。然而，如果孩子消化不良，總是哭鬧，或者大量嘔吐，那麼經常到醫院測量體重，可能有助於你和醫生找到孩子的病因。比如說，雖然孩子哭得很厲害，但是他的體重增長迅速，那麼這種情況通常都是腸痙攣（**請參閱第 95 頁**），而不是飢餓。

**體重增長緩慢。**許多健康寶寶的體重增長情況也會低於平均速度。嬰兒的體重增長緩慢，不一定表示他們天生屬於成長緩慢的類型。但如果他們總是飢餓，那就是一個很好的證明，表示他們屬於成長快速的類型。有時候體重增長緩慢可能代表孩子生病了。體重增長緩慢的嬰兒應該定期去找醫生檢查一下，以確保身體健康。

偶爾會遇見一些乖巧的孩子，他們雖然體重增長緩慢，但是看起來似乎總是不餓。但是若給他們多吃一些，他們也很願意配合。然後他們的體重就會隨之快速增長。換句話說，並不是所有的嬰兒吃不飽的時候都會哭鬧來提醒大人。

**肥胖的寶寶。**有些人認為胖乎乎的嬰兒很討人喜歡，這種看法很難改變。親戚朋友可能會因為孩子肥胖而對父母大加讚揚，似乎肥胖就證明父母養育有方。有些父母認為孩子肥胖是一種儲備，就像在銀行裡存錢一樣，能夠抵禦未來可能出現的災禍或者疾病。事實當然不是這樣。隨時帶著一身肥肉的寶寶絕對不會比瘦一點的孩子更快樂、更健康。而且，在肥肉相互摩擦的那些部位還很容易患皮膚疹。兒時的肥胖不一定意味著孩子就會終生肥胖，但是，把孩子養得胖胖的，對孩子而言絕不是好事。

**拒絕喝奶。**有時候，4～7 個月大的嬰兒喝奶時會表現得很奇怪。母親很可能會遇到這樣的情況：孩子先是努力地喝了幾分鐘奶，接著

就變得很慌亂，他會猛然鬆開乳頭大哭，好像有什麼地方感到很痛苦似的。他看起來仍然很餓，但當他繼續喝奶的時候，就會更明顯地感到不舒服。不過當他吃固體食物的時候，看起來就很正常。

這種痛苦可能是由長牙引起的。寶寶喝奶時，吸吮的動作會讓本來就疼痛的牙齦充血，因而引起無法忍受的疼痛。既然只有在吸吮一會兒以後才會感到疼痛，那就可以把每次餵奶的時間分成幾段，中間餵他一點固體食物。如果孩子用奶瓶喝奶，可以試著把奶嘴的洞挖得大一點，讓他能在較短的時間內不用費力就把奶喝完。如果疼痛來得很迅速，而且難以忍耐，不妨在幾天之內完全放棄奶瓶。如果孩子能用杯子，那就可以用杯子幫他餵奶。用湯匙也可以。你還可以把大量的奶和麥片或者其他食物拌在一起餵他吃。就算他吃不到原本的量也不必過於著急。

感冒引起的耳部感染會引起顎骨關節疼痛，這時嬰兒吃固體食物時可能感覺很好，卻會拒絕喝奶。有時媽媽在經期時，嬰兒也會拒絕喝奶。這種情況下，你可以每天多餵他幾次，至少幫助他喝一點。擠奶可以緩解乳房腫脹，同時保持乳汁持續分泌。經期一結束，嬰兒和母親都會恢復到正常的狀態。

**寶寶的飲用水。**如果你們的飲用水不含氟，醫生就會幫寶寶開一些含氟的維生素滴劑，或者單獨的氟製劑。（**請參閱第 384 頁了解有關氟元素重要性的內容。**）

有的嬰兒需要特別補充水分，有的則不需要。有人建議在每天兩次餵奶中間讓孩子喝 1～2 次水，每次幾十毫升。實際上並不是十分必要。嬰兒喝的母乳或者配方奶裡的水分就能滿足他們的正常需要了。在孩子發燒時，或在炎熱的天氣裡，尤其是孩子的尿液呈現深黃色，或者顯得特別口渴的時候，就要幫他補充額外的水分。即使孩子平時不愛喝水，在這些情況下他也會喝。有的母親發現在水裡摻入少量的果汁，孩子更愛喝。不過要注意的是，如果你讓孩子喝了較多的水，就一定要繼續餵他正常分量的配方奶或者母乳，只喝水的孩子會生病的。

有很多孩子從一兩週開始，一直到大約 1 周歲，根本不需要特別補充水分。在這個階段，他們比較喜歡有營養的東西，給他喝白開水會

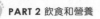
讓他很生氣。如果你的寶寶喜歡喝水，那就一定要讓他喝，每天一次或者幾次。要在兩次喝奶之間餵水，千萬不要在喝奶之前餵。只要他喝了正常分量的配方奶或者母乳，那麼他想喝多少水就可以餵他多少。但他一次很可能喝不到 60 毫升。如果他不想喝水，那也不要強迫他喝。因為這件事讓孩子生氣實在沒有必要。他知道自己需要什麼。

## 變化和挑戰

6 個月後生長緩慢。孩子可能在最初的幾個月裡很喜歡吃固體食物，然後就突然沒了胃口。其中的一個原因可能是，到了 12～15 個月的時候，他的體重增長速度會很自然地減慢。另外，還可能因為長牙而覺得不舒服。有的孩子會在每次用餐時剩下很多固體食物不吃，還有的連母乳和配方奶也不喝了。6 個月以後，有的孩子甚至不讓人

### 試著餵寶寶一些糖水

如果寶寶因為生病而吃得很少，或者天氣很熱，你可能會希望他多喝點水。如果他不願意喝白開水，你可以試著餵他一些糖水。在 1 公升的水裡加入 8 茶匙的砂糖和 1 茶匙的鹽，攪拌到充分溶解即可。如果想要再甜一點，就加上 120 毫克的橘子汁。這種方法對於預防輕度腹瀉引起的脫水很有用。

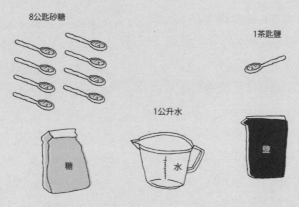

餵。如果你讓他用手抓東西吃，再用湯匙餵他，那麼這個問題往往就能得到解決。

如果寶寶的胃口在 6 個月以後出現了下降的情況，可能就應該轉變為一日三餐的飲食模式了。在睡覺之前，無論孩子喝的是母乳還是配方奶，白天都要實行三餐制。如果用了這麼多辦法，孩子的胃口仍然沒有恢復，那一定要帶他去向醫生諮詢，看看有沒有其他的問題。

**不吃蔬菜。**如果你 1 歲大的女兒突然拒絕她上週還很喜歡吃的某種蔬菜，那就隨她吧。如果你沒有因此大驚小怪，那也許到了下週或下個月的某個時候，她又想吃這種蔬菜了。但是，如果你在她不想吃的時候逼著她吃，只會讓她覺得這種食物是她的敵人。這樣一來，你就把暫時的不喜歡變成了永遠的討厭。如果她連續兩次拒絕吃同一種蔬菜，那就幾週以後再說。

對於父母來說，把孩子幾天前很愛吃的食材買回來，烹調好了，再端到孩子面前，然而這個固執的小壞蛋卻不肯吃，這絕對讓人惱怒。這種時候要想做到心平氣和、避免強求是很困難的。但是，如果你強迫他或者催促他吃，他就會對這種食物更加反感。所以如果某種蔬菜他只吃了一半就不想吃了，那就應該換一種他喜歡的，這是 2 歲孩子經常發生的狀況。這種做法既有用又愉快。你可以充分利用現有的、種類眾多的蔬菜，新鮮的、冷凍的、罐裝的都可以。如果孩子暫時什麼蔬菜都不想吃，只喜歡吃水果，那讓他多吃點水果好了。如果他能吃到足夠的水果、牛奶或者豆漿，還能吃到高品質的穀物，那就不會缺少蔬菜裡的營養。

**1 歲時的食量下降和對食物的挑剔。**到了大約 1 周歲時，嬰兒就會改變對食物的態度。他們開始會對食物更加挑剔，飢餓感也會減退，這一點並不奇怪。如果他們總是像很小的時候那樣吃東西，長身體，那他們很快就會長得像山一樣高大。現在，他們似乎開始研究食物了，他會問自己：「今天想吃點什麼，不想吃什麼？」這與 8 個月前的狀態形成很大的反差。那時候的他們，還不到吃飯時間就已經飢餓難耐了。在父母幫他們繫上圍兜的時候，就已經不耐煩地哇哇叫，還會伸長脖子想吃下每一樣食物。那時候的他們不太在乎吃了什麼，飢餓讓他們顧不了這麼多。

寶寶現在之所以變得如此挑剔，除了感覺不太餓以外還有其他原因。他們已經開始意識到：「我是一個和別人不一樣的，有獨立見解的人。」所以，他們會堅決抵制原來不喜歡的食物。而且他們的記憶力也在增強中。他們或許已經認識到：「這裡的開飯時間很有規律，而且提供食物的時間也很長，我完全可以得到想吃的東西。」另外，長牙時，尤其是前幾顆牙正在生長的時候，孩子的食慾也會大大減退。他們可能一連幾天都只吃正常飯量的一半，有時候甚至一點東西也不吃。

最後一點，可能也是最重要的一點，就是實際上孩子的食慾每天或每個星期都在發生變化。大人們一定可以理解，某天我們會津津有味地喝上一大碗番茄湯，但到了第二天，我們又會覺得什錦蔬菜湯更香。其實，大一點的孩子和嬰兒也是這樣。你之所以看不出 1 周歲以內寶寶的這種食慾變化，是因為他們通常都非常飢餓，所以對任何食物都來者不拒。

**厭倦穀類食品。** 許多孩子從 2 周歲的某個時候起就會厭惡穀類食品。他們尤其不喜歡晚飯時吃這些

東西。不必強求，還有很多食物可以讓他們吃，比如麵包或者通心粉（**更多選擇請參閱第 293 頁**）。退一步說，即使他們在幾週內都拒絕吃穀類食物，也不會有什麼危害。

**站著吃飯和用餐時玩耍。** 1 歲之前，這個問題可能已經很明顯了。它的出現是因為孩子對食物的興趣減弱了，開始更關注各種新的活動，比如到處爬、擺弄湯匙、玩弄食物、弄翻杯子，以及往地上扔東西等。我曾經看過一個 1 歲的孩子，整頓飯的時間都緊靠著椅背，站在座位上讓大人餵食。有時甚至還要讓可憐的大人一手拿著湯匙，一手端著盤子，滿屋子追著餵他。

不好好吃飯只不過是一種表現，這不僅表示孩子正在長大，也證明在吃飯的問題上，大人有時比孩子還要著急。孩子的這種表現給大人帶來很多不便，還讓人惱怒，也容易導致飲食障礙。如果是我，就絕對不會讓這種現象繼續下去。你會發現，孩子通常都是在吃到半飽，或者完全吃飽了以後才到處爬著玩。在他真正飢餓的時候並不會這樣。所以，無論什麼時候，只要他對食物失去興趣，就應該認為他已經吃飽了。你可以把他從椅子上抱

下來，把吃的東西拿走。

你的態度可以十分堅決，但是沒有必要為此跟孩子生氣。如果你把吃的一拿走，孩子就哭著表示還要，好像在說他還沒吃飽，那就再給他一次機會。但是，如果他沒有一點悔過的表現，就別打算過一會兒再餵他。如果他在兩頓飯之間餓得很厲害，你可以適當增加分量，或把下一頓飯的時間提前。如果你總是在孩子不好好吃東西的時候毫不猶豫地拿走食物，那麼飢餓的時候他就會認真主動地吃飯了。

這並不是說你應該指望一個學步期的孩子擁有完美的餐桌禮儀。1歲左右的孩子會有把手指伸進菜裡的強烈欲望，把一點粥放在手心裡擠一擠，或者把灑在托盤裡的　淌牛奶攪來攪去。他並不是不想好好吃飯，他正把小嘴張得大大的準備迎接食物呢。他只是想試一試食物的觸感，所以我不會阻止他。但是如果他想把盤子掀翻，那你就要穩穩地把盤子按住。如果他堅持要掀，你可以暫時把盤子拿開，或者乾脆結束這頓飯。

## 自己吃飯

**早早練習。**孩子多大的時候才能自己吃飯呢？這很大程度上取決於大人的態度。有些寶寶還不到 1歲就能自己熟練地拿著湯匙吃飯了。與此相反，有些對孩子過分保護的父母說，他們 2 歲的寶貝根本不可能自己吃飯。所以，這完全取決於你什麼時候給寶寶機會。多數孩子到了 9～12 個月大的時候，都會表現出想自己使用湯匙的渴望。如果有練習的機會，那麼大多數孩子到了 15 個月就能獨立吃飯了。其實早在 6 個月大時，嬰兒就開始為使用湯匙作準備了，他們可以自己拿麵包，還能用手抓束西吃。然後，到了 9 個月大，當他們能吃塊狀食物的時候，他們就會想一塊一塊地用手抓起來放進嘴裡。那些從來沒有機會自己拿著東西吃的孩子，往往會延緩使用湯匙的時間。

10～12 個月大的孩子可能會很聽話，在父母餵飯的時候，他只想把手放在父親或者母親的手裡。但是多數孩子一著急就會從父母的手裡搶湯匙。你不要把這看成一場爭奪戰，你可以把湯匙交給寶寶，再另外拿一把給自己使用，如圖2-1。孩子很快就會發現，僅僅占有湯匙是不夠的，自己吃飯是一件比較複雜的事情。可能需要幾週的時間，他才能學著用湯匙盛起一點

點食物。要想在往嘴裡運送食物的過程中不把湯匙弄翻，還需要好幾週的時間。

圖2-1

**餐桌上的混亂。**當寶寶厭煩了自己吃東西，開始把食物亂攪亂撒的時候，你就應該把盤子撤到他構不到的地方。但是可以在他面前的托盤上留點肉渣或者麵包渣，讓他拿著它們感受看看。即使他非常努力地練習自己吃飯，也會把吃的東西撒得到處都是。對此，你必須容忍。如果你擔心把地毯弄髒，不妨把一大塊塑膠桌布鋪在孩子的餐椅下面。嬰兒湯匙的頭部又寬又淺，把手也比較短，而且是彎的，相當便於使用，當然你也可以給孩子使用普通的湯匙。

**放棄控制權。**等 1 歲的寶寶能夠自己吃東西了，你就應該完全放手。僅僅給孩子一把湯匙和練習的

機會是不夠的，你還要不斷給他一些理由去實踐。剛開始，孩子的嘗試是因為他想拿著湯匙吃東西。但當他發現那有多困難的時候，如果你繼續俐落地餵他，他可能就會徹底放棄努力了。所以當他能把一點點食物送到自己嘴裡的時候，你應該在剛開始吃飯時（他最餓的時候），讓他自己單獨吃一會兒。這時他的食慾會促使他認真地吃上一陣子。他吃得越好，每次吃飯的時候就越想多吃一會兒。

等他能在 10 分鐘之內把愛吃的飯菜吃乾淨，你就該放手讓他自己吃飯了。這個問題父母們常常處理不好。他們會說：「他現在自己吃麥片和水果沒有問題，但是吃蔬菜和馬鈴薯的時候我還是得餵他。」這種態度有點危險。因為如果孩子能自己吃某一種食物，那他就有能力吃別的食物。如果你不停餵他一些碰都不想碰的食物，就會讓他明顯感到有些食物是他想吃的，有些食物是你想讓他吃的。久而久之，他會對你餵的東西失去胃口。但是如果你妥善安排，從他近期喜歡的食物裡挑選均衡的飲食，而且讓他自己吃。那麼，即使偶爾會在某一頓飯中有些偏食，也完全可以在一

10～12 個月寶寶的飲食

寶寶的飲食

母乳餵養

配方奶餵養

添加固體食物

營養和健康

週裡保持均衡的飲食。

**不要擔心餐桌禮儀。**孩子都希望能更加熟練地獨立吃飯。只要他們覺得自己有能力挑戰，就不會再用手抓飯了，而是用湯匙。然後，他們又會從用湯匙過渡到用叉子。這就像他們見到別人做了什麼困難的事，自己會想試試一樣。

## 維生素、營養補充劑和特別的飲食

**維生素 D**。這種維生素對骨骼、皮膚以及免疫系統的健康都十分重要。此外，它對預防癌症也有幫助。我們可以透過飲食和陽光來獲取維生素 D。如果你生活的地區緯度較高（40 度以上，日照強度比較低），冬季的白天較短，雲量較多，或者天氣比較寒冷，都會降低體內維生素 D 的產生量。如果你使用防曬乳或待在室內的時間過長，也會影響維生素 D 的生成。膚色較深的人更容易缺乏維生素 D，需要增加日照時間。如果母親在懷孕期間缺少維生素 D，生下的寶寶也會缺少維生素 D，早產的嬰兒體內一開始就缺乏維生素 D。這樣的孩子需要必須在飲食中額外添

### 斯波克的經典言論

我一直強調，應該讓孩子在 12～15 個月大的時候就學著自己吃飯，因為這個階段的孩子最喜歡嘗試。如果父母不讓孩子在這個時期學著自己吃飯，那麼等到孩子 21 個月大，當父母宣布「你這個小笨蛋，你該自己吃飯了」的時候，孩子就會抱著消極的態度說：「不，就不！我習慣讓你們餵我，而且，那是我的特權。」所以，這時再想讓他學習用湯匙就沒那麼容易了。事實上，這是孩子整體的是非觀念在作怪，而父母已經失去了黃金時機。但是，你也不要把這件事情看得太嚴重，好像這個階段是唯一可行的時間。不必因為孩子的進步不夠快而著急，更不要強迫孩子學習，因為那只會帶來別的問題。我只是想說，嬰兒願意學習自己吃飯，而且他們學起來也不像多數大人想像的那麼困難。

加維生素 D，以免出現嚴重的問題。

雖然母乳在許多方面具有優勢，但是所含的維生素 D 卻十分有限。母乳哺育的寶寶每天需要增加

10 微克維生素 D，（如果醫生提出建議的話）甚至還要補充更多。非處方的嬰兒維生素滴劑每劑含有 10 微克維生素 D，此外還含有其他維生素。

你只要把滴劑吸到滴管指示線的高度，然後擠到寶寶嘴裡，每天一次即可。使用奶瓶的寶寶只要食慾良好，通常都能從配方奶裡攝取到足量的維生素 D，但是每天一劑嬰兒維生素還是確保萬無一失的安全方法。如果你想給孩子服用超過以上標準的維生素 D，就得跟孩子的醫生談一談，因為過量的維生素 D 可能對身體有害。

**維生素 B12。**以植物性食物為主的人（素食者和嚴格的素食主義者）享有許多健康方面的優勢。如果選擇母乳哺育的母親本身是嚴格的素食主義者，很可能需要服用含有維生素 B12 的複合維生素補充劑。他們的孩子則可以從提供維生素 D 的複合維生素中獲取額外的維生素 B12。斷奶以後，以嚴格素食主義飲食哺育的孩子還需要補充維生素 B12。每天食用蛋類和乳製品的孩子和母親通常可以從飲食中獲取大量的維生素 B12，不必服用營養補充劑。

**其他維生素。**複合維生素滴劑除了含有多種維生素 B 群外，通常還含有維生素 A、D 和 C。嬰兒食用的穀類食品和其他食物通常都會提供足夠的維生素 B 群，水果和蔬菜則可以提供維生素 A 和 C。如果你正在給孩子服用複合維生素，以預防缺少維生素 D 或 B12 的問題，那麼其他的維生素也就包含在內了。維生素的最佳來源（無論對你還是對孩子而言）就是食用多種新鮮（或冷凍）水果和蔬菜，以及其他有益健康的食物。

**鐵。**加鐵的嬰兒配方奶可以提供足夠的鐵。母乳中鐵的含量比較少，但很容易吸收。市面上的嬰兒穀類食品中也常常添加了鐵，一天吃 2～3 次的穀類食物，再配合配方奶或者母乳，通常就能提供足夠的鐵了。如果你的寶寶吃的東西除了母乳，大部分都是家裡製作的食物，那可能還需要添加一些補鐵的滴劑。每天一滴管的嬰兒複合維生素，再加上補鐵製劑，通常就可以滿足孩子對鐵的需求。牛奶提供的鐵十分有限，還會使鐵經由糞便流失。所以，1 歲以內的寶寶不應該只喝牛奶。一歲以後，如果寶寶飲用大量牛奶，就要保證飲食能夠提

供充足的鐵，比如，要包含足夠的肉類成分。寶寶們應該在 12 個月前後進行血液化驗，以測定是否缺鐵，24 個月左右最好最好還要再化驗一次。

**氟化物。**如果你家的飲用水沒有經過加氟處理，建議你另外讓嬰兒補充氟化物。如果孩子飲用的是加了氟的水，那就不必額外補充了。如果你們的飲用水含氟量不到百萬分之 0.6（即 0.6ppm），就要向孩子的醫生諮詢應該幫孩子補充多少氟化物。含有氟化物的維生素滴劑在藥店的非處方櫃檯都有販售，但是一定要注意，氟化物過多也會帶來問題，因此選購滴劑之前一定要得到醫生的許可。

**低脂飲食。**對於嬰兒和 2 歲以下的寶寶來說，選擇低脂肪的飲食方式並不合適。孩子的正常生長和腦部發育都需要一定的脂肪。2 歲以下的孩子還需要脂肪、花生醬和其他堅果油提供的高熱量。食用肉類和全脂乳製品的孩子通常都能攝取足夠的脂肪。我們發現，必需脂肪（**請參閱第 274 頁**）存在於植物油中。標準的北美飲食中脂肪含量都很高。大部分 2 歲以上的孩子（還有我們大部分成年人）若能大幅度減少脂肪的攝取會比較好。但是，嬰兒是個例外。對於 2 歲以下的孩子來說，低脂肪含量的飲食會引起生長方面的問題，還可能導致長期的學習障礙。當然，如果你的寶寶有特殊的醫學性狀況，應該聽從醫生的建議。

寶寶的飲食

母乳餵養

配方奶餵養

添加固體食物

營養和健康

# 2 母乳餵養

## 母乳餵養的好處

**有益健康。**市面上的嬰兒配方奶在進行市場推廣時，總是宣稱採用了哺育寶寶的「科學」配方。然而在近 20 年裡，科學研究已經發現，事實剛好相反：對大多數寶寶來說，母乳要比配方奶更健康。母乳中含有的抗體和其他營養成分可以幫助寶寶抵禦疾病，而且母乳中的鐵對於小寶寶來說非常容易吸收。相比之下，配方奶則必須添加更多的鐵，才能保證寶寶吸收到等量的鐵。母乳中的某些營養成分可能有利於腦部的發育。新的（也很昂貴的）配方奶現在也添加了這類營養成分，但是母乳中富含的各種營養物質，是任何一種配方奶都不可能完全複製出來的。

美國兒科學會建議，母乳哺育至少要持續 12 個月。世界衛生組織則是建議兩年。即使只有母乳哺育一小段時間，也會比完全沒有來得好。

**實用的好處和個人的好處。**從單純的實用觀點來看，母乳哺育不用清洗奶瓶，不用買奶粉運回家再沖調，不用為冷藏操心，也不用幫奶瓶消毒。因此，每週可以節省好幾個小時。如果你要去旅行，更能體會這些方便所帶來的好處了。另外，母乳哺育還會更省錢。

母乳哺育有助於媽媽們在產後減肥（分泌乳汁將會消耗大量的熱量）。寶寶的吸吮會促進催產素的釋放。這種激素可以使子宮收縮到懷孕前的大小。催產素還能讓母親心情愉悅、充滿幸福感。關於母乳

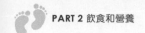

哺育的價值,最有說服力的證據來自哺乳媽媽的親身體會。她們說,因為知道自己為孩子提供了別人無法給予的東西,因而感到了極大的滿足。同時,哺乳的過程也使她們感受到孩子跟自己有多麼親密。

### 斯波克的經典言論

父母們並不是在孩子一出生就覺得自己像父母,並且喜歡當父母,也不一定會立刻就對孩子產生骨肉之情。生第一胎的時候尤其如此。他們完全是在照顧孩子的過程中才變成真正的父母。父母一開始的時候做得越成功,孩子對他們的照顧表現得就越滿足,他們就會越快樂,因而迅速地進入彼此的角色。從這個意義上來說,母乳哺育不僅能奇蹟般地塑造一個年輕的母親,而且能夠迅速加深母子之間的感情。母親和寶寶都會倍感幸福,還會因此而深愛對方。

## 哺乳的感受

**混合哺育。**有少數女性會覺得母乳哺育,因為太不莊重或太像動物的行為而感到心裡不舒服。她們經常擔心失敗,覺得在公共場合餵奶很難為情,或者認為母乳哺育會使乳房變形(**更多相關內容請參閱第 221 頁**)。第一次當媽媽的女性常會擔心做母親將讓她完全改變自己的身分。從這一點上來看,拒絕母乳哺育對她們來說很可能是一種消除疑慮的辦法。這些感覺都是正常的,也都可以理解。有些母親能夠克服這些感覺,也有一些母親則斷定母乳哺育得不償失。是否用母乳餵養這個決定除了母親的本身,誰也無法代替她決定。

父親也會產生複雜的感情。很多人會因為寶寶的到來而感到高興和驚奇,很多人會因為伴侶的哺育能力而感到敬畏不已,也有人會感覺受到了冷落。嫉妒寶寶是父親的正常反應,原因不僅來自母乳哺育,還有母親跟孩子之間那種無比親密的情感依賴。如果父親們能夠記住自己身上有一分更重要的責任,那情況就會好多了。分泌乳汁是一個十分疲勞的過程,而且精神壓力會讓這個過程停止。只要能夠讓新手媽媽的生活過得輕鬆一點,身為父親所做的每一件事都能讓母乳哺育更加順利,包括幫妻子遞上一個枕頭或一杯水,看顧家裡其他孩子,

搖一搖小寶寶，帶他去散步等等。

**性快感**。大多數餵奶的母親都表示在哺餵孩子的過程中有一種彼此深愛和相互聯繫的強烈感覺。有些母親還會感到乳房和外陰部位有類似性興奮時的快感。如果媽媽們不知道這些感覺都是身體對催產素所產生的正常反應，就會對這種感覺產生疑慮。所謂催產素就是在母乳哺育過程中，大腦內部產生的一種激素。在做愛時，妻子的乳房也會溢奶，有些人因此感到尷尬（當然也可能有人因此感到興奮）。由此可見，夫妻雙方坦誠地交流感受非常重要。有時候，跟醫生和哺乳專家討論一下這方面的問題，可以讓父母們感覺比較放心。

**乳房溢奶**。許多哺乳的母親都會有這樣的經歷，當別人的孩子在旁邊餓得哭鬧的時候，她們的乳房也會開始溢奶，這可能會讓她們覺得難堪。但其實這也是完全正常的反應。

## 怎樣正確地看待母乳哺育

**成功的訣竅**。你一定聽說過，有些人想親自哺育孩子卻沒有成功。有時候醫療條件會讓哺乳變得很困難，也有的時候產婦可能得不到良好的指導。但是迄今為止，只要能正確看待這個問題，大部分選擇母乳哺育的母親都能成功。

有 3 個因素可以讓哺奶的情況獲得很大的改善：第一，要遠離配方奶。第二，不要過早氣餒。第三，多給乳房一點刺激。此外我還要補充一點，如果你能找到一個可以提供支持的指導者，那將會有很大的幫助，無論是受過培訓的哺乳顧問，還是有著豐富哺乳經驗的女性都可以。雖然書本可以給你鼓勵，還可以提供一些育兒的理念，但是當你面對困難的時候，什麼也比不上一個經驗豐富的幫手。許多產後護士、助產士和產科醫生都知道誰是最合適的母乳哺育輔導員。如果你是第一次進行母乳哺育，最好找個指導者。這樣你的哺乳過程就會有個很好的開始。

**最初的日子**。分娩一完成就可以自然地開始母乳哺育了。讓新生兒光溜溜地躺在媽媽的肚子上，飢渴的他們通常就會扭動著身體尋找乳房並開始喝奶，他們甚至可以在出生還不到一小時就這麼做。這些寶寶不需要任何人引導，也不需要別人把媽媽的乳頭放進他們嘴裡，

就已經清楚地知道應該怎樣做了。如果不是親眼所見，你可能很難相信一個剛剛離開子宮的嬰兒會有這種尋找食物的本能。很多醫院現在都制定了相關規定，讓所有健康的母親和孩子都有機會體驗這種強大的親子關係。

在孩子出生後幾小時和幾天之內，要盡可能地跟他在一起。最好是一出生就堅持母嬰同室。把孩子抱在胸前可以刺激乳汁分泌，還可以鍛鍊寶寶對肌肉的控制，這對他有效學習喝奶很有幫助。雖然在最初幾天你不會分泌太多母乳，但孩子也不需要太多。一開始，讓寶寶按照自己的意願隨時喝奶就可以了，隨後孩子就會習慣喝奶，你的乳汁也會提供很好的供應量。隨著不斷練習，寶寶銜乳頭和吸吮的動作都會越來越熟練，而他吃得越多，你的母乳也就分泌得越多。

**避免過早使用配方奶。**如果你在嬰兒出生後的前三、四天一直用配方奶餵他，那成功哺乳的機率將會大大降低。因為從奶瓶裡喝奶要比從乳房裡喝奶容易得多，所以，嬰兒通常都會選擇最容易的方法。其實嬰兒和成人一樣懶惰。如果寶寶滿足於奶瓶裡充足的乳汁，就不會費力地去尋找吸吮母乳了。沒有經驗的媽媽可能會認為，嬰兒喜歡奶瓶，不喜歡乳房。實際上並不是這樣。解決這個問題的最好辦法就是盡量不要使用奶瓶。當然，等嬰兒習慣了喝母乳，他的喜好也已經確立後就沒問題了。

**傾聽支持者的建議。**徵求並且聽從那些成功哺乳的朋友和家庭成員的建議。不要讓別人給你洩氣。我們必須提一下這個問題，有的母親想要母乳哺育，但常常遭到親戚朋友的懷疑，當然這些人的本意也是出於關心和同情。他們會說：「你不會是想用自己的奶餵孩子吧？」「你到底為什麼想這麼做呢？」「就你那樣的乳房，我看很難成功。」「你看看你可憐的孩子餓成那樣。難道你都不顧慮孩子，你到底想證明什麼？」溫和一點的評論可能只是出於驚訝，而不懷好意的評論則包含著強烈的嫉妒。到了後來，母乳哺育可能真的出了一點問題，接著便會有朋友勸阻你。所以一旦你選擇了母乳哺育，就要接觸那些支持你的人，多聽他們的建議。你的母親或者婆婆可能會成為你的盟友也可能不會，你也可以跟支持母乳哺育的社區組織聯繫。

**擔心乳汁不足。**有的母親會在乳汁剛開始正常分泌的時候，或者在一兩天以後就感到洩氣，因為她們的乳汁並不多。但是，這絕對不是輕言放棄的時候，你還有一大半成功的機會。

如果你發現自己面臨這種情況，就要確保自己的飲食充足，還要盡可能多休息。關鍵是要每天喝上幾大杯水。沒有足夠的水分，身體就不能產生很多乳汁。（如果你願意，喝果汁也可以，但是不能喝咖啡、茶和其他含有咖啡因的飲料。）即使寶寶一開始似乎對喝奶不感興趣，也要經常把寶寶放在你的胸前。隨著乳房受到不斷增強的刺激，乳汁的分泌就會增加。

剛開始，夜間哺乳對於乳房的正常刺激尤為重要。年幼的寶寶在夜裡會更有精神、更加起勁地喝奶。如果寶寶常常在半夜裡很餓，那你最好在前幾週加強夜間哺乳，因為這對你乳汁的分泌和寶寶的生長發育都是最好的。計畫好時間，爭取白天能多睡一會兒的機會，這樣晚上你才能多起來。一般來說，哺育新生兒的時候，你得習慣值夜班。

如果寶寶喝不了太多母乳，乳汁就會不斷累積，所以餵奶之後很有必要把乳房排空。有的母親會用手擠出乳汁（參閱第234頁），但最簡便的方法還是使用一臺高品質的電動吸奶器（參閱第234頁）。

**孩子的體重好像在減輕，該怎麼辦？**新生兒通常會在出生後一週內減少大約1/10的體重，但是此後他們的體重就會穩定增加。如果你還是擔心，就一定要找醫生或哺乳專家談一談。這樣一來就能確保孩子正在按照自身的需要增加體重，你也會為自己做了所有努力而感到寬慰。如果你已經下定決心採用母乳哺育的方式，那麼專家也會給你指導，幫助你哺餵得更好。

最普通的建議是使用哺乳輔助器，它用一根狹窄的塑膠導管連接乳房和儲奶瓶。當寶寶吮吸乳頭時，他便能吸到儲奶瓶裡的乳汁。採用這個方法後，母親應該用吸奶器清空乳房，以刺激產奶。在哺乳顧問的指導下使用這個哺乳輔助器，可以讓母親產生更多母乳，給孩子充足的營養。

**為什麼有的母親放棄了？**很多母親在醫院時就開始哺乳了，出院後還會再堅持一段時間，但是後來就失去信心並放棄努力。她們說：「我的乳汁不夠。」「我的乳汁好

像不適合孩子的胃口。」「孩子長大了，我的乳汁已經不夠了。」

當然了，工作的壓力可能是哺乳的一大障礙。休完產假還得回去工作，這件事想起來就煩人。正是出於這個原因，很多女性不是從一開始就放棄了母乳哺育，就是半途而廢。然而只要安排妥當、意志堅定，再加上一臺好的吸奶器，堅持母乳哺育基本上還是可行的。很多女性在晚上或者早晨都能堅持哺乳。白天，幫助照顧寶寶的人（或者寶寶的父親）可以用奶瓶裡儲存的母乳餵寶寶。如果母親能在工作的空檔把奶汁吸出來，那就可以把乳汁儲存在奶瓶裡備用了。

**可以為哺乳母親提供幫助的社區組織。**許多醫院現在都有哺乳顧問，為母乳哺育的母親解答疑惑。有些醫院還取得了「母嬰親善醫院」的認證，它們都支持母乳餵養的政策。這些政策包括讓母親和孩子盡可能地待在一起，而且不提供免費的配方奶試用品。如果有可能，你可以找一家這樣的醫院分娩。國際母乳會（The La Leche League）是由成功進行過母乳餵養的母親們組成的團體，她們致力於為缺乏經驗的新手媽媽提供支持

## 斯波克的經典言論

為什麼只有在我們這樣愛用奶瓶餵養孩子的國家裡，才經常出現母乳不足和哺乳失敗的現象呢？因為這些嘗試母乳哺育的母親會覺得自己正在做一件很不平常也很艱難的事。實際上，她們應該明白，那本來就是一件最平常不過的事，她們應該相信自己能跟別人一樣獲得成功。因為沒有足夠信心，她們就會不停質疑自己會不會失敗。母乳哺育是人類在幾千年來得以存續的重要原因。成功進行母乳哺育的方法就是事先預想它會成功，堅持哺餵，遠離配方奶，至少要堅持到母乳分泌比較穩定的時候。

和建議。你可以查閱一下網路，或者向相關部門查詢聯絡方式。國際生育教育協會（The International Childbirth Education Association）的講師們也可以提供幫助，他們通常可以幫你介紹一個哺乳顧問。這些有經驗、有相關知識的顧問都具有國際泌乳顧問協會（the International Board of Lactation Consultants）所頒發的證書。她們幫助過許多面臨

哺乳困難的母親，而且成功的比例高得驚人（經過認證的哺乳顧問可以在自己的名字後面加上這個組織名稱的縮寫 IBOLC）。其他支援母乳哺育的組織可能也會很有幫助。另外還有哺乳媽媽協會（The Nursing Mothers' Council），他們也可以提供這方面的幫助。

## 哺乳模式的形成

**開始泌乳時。** 一開始，乳房分泌的根本不是乳汁，而是一種叫做初乳的液體。儘管數量不多，看起來也很稀薄，但卻含有豐富的營養物質和抗體。

寶寶出生後的第 3 或第 4 天母乳就會開始分泌，這個時候也是許多寶寶變得更容易醒來，也更容易感到飢餓的時候。大自然把一切安排得多麼井然有序，這是眾多例證中的一個。生過孩子的媽媽，或已經能在醫院裡依需求哺育的媽媽，乳汁通常會分泌得早一點。有時候，乳汁會來得十分突然，因為感受強烈，母親甚至可以說出具體的時間，但更多時候乳汁的分泌是一個漸進的過程。

從出生後第 3 或第 4 天開始，大多數母乳哺育的寶寶喝奶的次數每天都會多達 10～12 次（同時寶寶的排便也會變得很頻繁）。寶寶頻繁喝奶並不意味著母乳供應不足。只不過現在的寶寶把全部心思都放在吃喝和生長的重大問題上。也正是在這第一週的後幾天，母親的乳房會受到體內激素最強烈的刺激。在最初的幾天裡，乳房有時會變得過於膨脹，有時又會滿足不了飢餓的新生兒需求。儘管如此，乳汁分泌系統的運轉還是非常良好。

在第 1 週結束的時候，激素的分泌就開始減少了。從此以後，乳汁分泌系統就會根據孩子的需求量來決定乳汁的分泌量。在這個過渡階段（通常是在第 2 週），乳汁可能不太夠用，要等到乳房適應了依照需求生產乳汁的特性之後，情況才會有所好轉。不僅在前兩三週，在以後的幾個月裡，乳汁的分泌量都取決於嬰兒的需求量。換句話說，即使孩子已經好幾個月大了，如果他需要更多的乳汁，乳汁的產量還是可以增加。

**每次餵奶多長時間。** 人們曾經認為，為了不讓乳頭酸痛，一開始最好限定餵奶的時間，等乳頭適應了以後，再把時間逐漸延長。但是

經驗告訴我們，最好還是從一開始就讓嬰兒來決定喝奶的時間。如果寶寶一覺得餓就能喝到奶，而且想喝多長時間就喝多長時間，那麼他們就會不慌不忙地學會銜乳，進而避免咬傷乳頭。一開始就讓孩子盡情地喝奶，這能讓泌乳反射提前發揮作用，否則這種反應就會來得很遲緩。也就是說，新手媽媽們想要母乳哺育，最重要的就是做好心理準備。其他家庭成員也應該承擔起家務，好讓哺乳的母親專心致志地滿足寶寶的需求。

**多久餵一次奶？** 這個問題的答案是：「只要你覺得寶寶餓了，只要你的乳汁可以供應，那就應該餵。」在那些不太發達的國家裡，母親們有時剛剛讓孩子喝完奶後的半小時，就接著再餵一次。儘管有時孩子只喝一會兒，她們還是會這麼做。在美國，已經有上一個孩子哺育成功經驗的母親們會充滿信心地採取同樣的做法，只要她們認為孩子餓了，哪怕剛剛餵完 1 小時，也會毫不猶豫地再餵一次。

但是我並不贊成一聽到孩子哭就給他餵奶。除了飢餓，孩子哭鬧還可能有別的原因，比如腸痙攣、其他的消化問題、不明原因的煩躁，

以及因為疲勞無法入睡等（**請參閱第 95 頁**）。如果母親沒有經驗，就會因為不放心而從早到晚忙著餵奶，跟著著急，因而感到非常疲勞。這種擔心將可能使得乳汁減少，還可能擾亂泌乳反射。

一方面，你應該想餵幾次就餵幾次。而另一方面，沒有經驗的母親還是應該盡量把餵奶的間隔控制在 2 個小時以上，以便對自己做一點保護。你可以讓孩子哭一會兒，先不管他，看他能不能再次入睡。有時候，如果父親把寶寶抱起來，靠在他赤裸的胸膛上，那種溫暖和不同於母親的味道也能發揮安撫作用。有時搖一搖孩子也很有幫助。但是，如果這些辦法都不管用，那你還是應該再幫孩子餵一次奶。

那些總是喝啊喝啊似乎永遠無法滿足的寶寶，可能並沒有喝到多少乳汁。你要仔細聽一聽，看孩子有沒有發出吞嚥的聲音。注意一下，看他是否每天都會排幾次稀軟的大便，是否經常排尿。還可以找醫生檢查一下，看寶寶的體重增長是否正常。在問題還不嚴重之前，應該及早向哺乳顧問求助。

**餵一側乳房還是兩側都餵？** 在許多國家與地區，母乳哺育都是主

要的哺乳方式。在這些地方，母親們工作時都會用揹巾把孩子背在身上，這樣只要孩子醒來，就能隨時喝到母親的乳汁。孩子通常只要在一側乳房上喝一會兒奶，就可以安心睡著。但是，在我們這個按照時鐘運轉的國家裡，很多孩子喝完奶後就被放在安靜房間裡的小床上。餵奶的次數會越來越少，因而每次的餵奶量越來越大。如果母親乳汁充足，嬰兒每次只喝一側乳房的奶就夠了。雖然單側乳房每隔 4～8 小時才能接受到寶寶的吸吮，但它每次受到的刺激已十分充分。

然而，在很多情況下，一側乳房的乳汁根本滿足不了孩子的需要，所以每次都要讓孩子喝兩側的奶，如果這次先喝左邊的，那下次就要先喝右邊的。其實，有些母親和醫生都贊成用兩側乳房餵奶。為了讓孩子吃飽，有一個簡便又可靠的方法，就是每次餵奶時都讓小寶寶先把一側的乳汁喝光，再喝另外一側。他鬆開乳頭的時候你就知道他吃飽了。他可能在另一側只喝一點點，也可能仍然喝很多，由他去吧。讓他作決定，只要確保他最終能吃飽，不會吃得太多就可以了。

**喝奶時容易入睡的寶寶。**這些孩子喝奶從來都不太用心，剛開始喝 5 分鐘就會睡著。你也不知道他們究竟是不是吃飽了。如果他們一覺能睡上兩三個小時，那也不算太糟。但問題是，當你剛把他們放到床上幾分鐘，他們卻又會醒來再次哭鬧。我們還不太清楚究竟是什麼原因導致這樣的行為。有一種可能是，孩子的神經系統和消化系統還無法妥善操作。也或許是母親的臂彎和乳房讓他們感到十分舒服，所以便很容易入睡。但是當你把他們放回到又硬又涼的床上時，飢餓感就會讓他們再次醒來。等到他們稍微大一點，更懂事的時候，這種飢餓感就會讓他們難以入睡，直到吃飽為止。

如果孩子在一側喝了幾分鐘就睏了，或者變得焦躁不安，可以馬上把他換到另一側乳房上，看看充足的乳汁能不能讓他振奮一點。當然你會希望讓寶寶在每一側都至少喝上 15 分鐘，確保乳房可以得到充分的刺激，但如果孩子不想喝，那勉強也無法讓他們繼續再喝了。

**喝奶時易怒的寶寶。**還有一些孩子，只要發現乳汁不夠就會發怒。可能是他們非常飢餓，或是變得更加任性了，也可能天生就是急

性子。他們會把脖子往後一挺，甩開乳頭大哭起來，然後再試著喝一次，接著再次發怒。孩子不好好喝奶會增加母親的不安，讓乳汁漸漸減少，導致惡性循環。精神緊張會影響乳汁分泌，所以母親應該在餵奶前和餵奶過程中想出最好的辦法來放鬆自己。可以聽聽音樂，翻翻雜誌，或者看看電視。什麼辦法最有效就用什麼辦法。

## 早期哺乳行為的類型

不同的嬰兒對乳房會有不同的反應。一位很有幽默感的醫生研究了數百個嬰兒最初對乳房的反應以後，把他們劃分成多種類型。

1. **急不可耐型。** 這些孩子見到乳房以後，就會迫不及待地把乳頭吞進嘴裡，拚命吸吮起來，直到吃飽為止。這類孩子的唯一問題就是，如果你允許他們叼住乳頭，他們可能會顯得很粗魯。

2. **激動型。** 這類孩子喝奶的時候會顯得躁動又活潑。他們會一次又一次地鬆開乳頭，然後不是回去尋找乳頭，而是大聲地哭鬧。這些孩子常常需要抱起來安慰好幾次，才能平靜下來重新喝奶。但是過了幾天就不會再那麼激動了。

3. **遲緩型。** 他們在前幾天從來不會費力喝奶，要一直等到乳汁開始正常分泌的時候才想喝奶。催促他們喝奶只會讓他們變得更加執拗。但是到了一定時候他們通常都會表現得很好。

4. **品嚐型。** 這類孩子會含著乳頭先吸吮一會兒，然後就會舔嘴咂舌地品嚐他們吸到的那一點點乳汁，最後才會正式投入工作。如果你催促他們，只會讓他們感到生氣。

5. **休息型。** 他們總是喝幾分鐘，休息幾分鐘，然後再接著喝。你用不著催促，他們通常都會按照自己的方式喝得很好，他們只是需要多一點時間而已。

在剛開始喝奶的幾週裡，嬰兒還會表現出其他行為，因而讓母親餵奶時增添很多麻煩，甚至讓母親感到非常惱怒。幸好在幾週之內，大多數寶寶都能自行改善這些問題。

### 斯波克的經典言論

寶寶拒絕喝奶並且持續如此的時候，母親可能會感覺遭到嫌棄，因此產生挫敗感，還容易生氣。母親不該任憑自己的情感被這個毫無經驗但卻固執己見的家庭新成員所傷害。如果能多嘗試幾次，寶寶很可能就會明白餵奶是怎麼回事了。

## 寶寶吃飽了嗎？

**體重增加和滿足感。**如果寶寶表現得很滿足看起來也很健康，很可能他已經喝到了足夠的乳汁。你還是可以讓醫生檢查一下孩子體重增長的情況，這可以多一道安全保障。如果孩子每天下午或晚上都哭鬧，但體重的增長也達到了一般標準，很可能他吃得很好，只是腸痙攣讓他不舒服。

如果孩子的體重增長緩慢，但是喝奶時卻很滿足，那通常可以說明孩子生來就是那長緩慢的類型。不過也有少數孩子儘管體重一點也沒有增長，卻也不會有什麼特別不舒服的表現。真正吃不飽的是那些體重增長非常緩慢，而且大多數時候

都顯得非常飢餓的孩子。吃不飽的孩子通常都會顯得很委屈，精神不振。他每天尿濕的尿片不到 6 塊，尿液的顏色比較深，或者氣味很重。另外，排大便的次數也比會較少。

如果孩子到了第二週快結束的時候，體重的增加仍然不正常，你就應該每隔兩三個小時把他弄醒，讓他多喝幾次奶。如果寶寶喝奶時睏了，可以幫他拍拍背，順順氣，然後換到另一側喝奶。如果每次餵奶都這樣重複四、五次，那麼 5～7 天後，多數嬰兒的體重都會開始增加，喝奶時也會更用心。

喝母乳的寶寶應該在出院兩三天以後（或出生 3～5 天）檢查體重和哺乳情況。在孩子出院大約兩週後，應該再找醫生或護士做一次檢查。長期來看，如果醫生沒有明確的異議，那麼孩子應該吃得不錯。每次餵奶之後，如果孩子看上去很滿足，你當然也會感到滿意。

**很難確定寶寶吃了多少。**寶寶是否吃飽這個問題，可能讓新手媽媽感到困惑，因為你無法透過孩子喝奶時間的長短、乳房的形狀和乳汁的顏色來判斷他是否吃飽了。有一個值得推薦的標準是：到第 5 天時，孩子是否在 24 小時內尿濕

6～8 塊尿片，大便 4～10 次，喝奶 8～12 次。

千萬不要單憑孩子喝奶時間的長短來判斷。有時寶寶喝到了大部分乳汁之後還會繼續喝，有時多喝 10 分鐘，有時多喝 30 分鐘。因為他還能吸吮到少量乳汁，他喜歡吸吮的感覺，或者因為他喝得很開心，情緒不錯。有人對稍大一點的嬰兒進行了仔細的觀察和測量，結果顯示，同一個嬰兒有時喝到 90 毫升的乳汁看起來就很滿足，但有時卻要喝到 300 毫升才會滿足。

大多數有經驗的母親都很肯定，在餵奶之前，她們無法根據乳房的飽滿程度來判斷裡面有多少乳汁。在前一兩週裡，由於激素的變化，乳房會明顯變得飽滿又堅挺。過一段時間，雖然乳汁的產量會增加，但是乳房卻變得更加柔軟，也不再那麼突出了。有時母親可能覺得乳房裡的乳汁並不多，但是嬰兒只從一側就能喝到 180 毫升以上的乳汁。另外，你也無法根據乳汁的顏色和狀態做出任何判斷，和牛奶相比，母乳看上去要稀薄一些，而且略帶藍色。

**哭鬧與飢餓。**飢餓並不是孩子哭鬧的最常見原因。如果孩子剛喝完奶就哭鬧起來，或者在兩次餵奶的間隔中哭鬧不止，媽媽們常常都會擔心。她們的第一個念頭就是自己的乳汁不夠。但這種懷疑並不總是正確的。實際上，幾乎所有孩子，尤其是第一胎，都會出現這種陣發性的哭鬧，而且經常都發生在上午或晚上。喝配方奶的孩子也一樣。喝得很飽的嬰兒和喝得少一些的嬰兒都會出現這種哭鬧（**請參閱第 65 和第 95 頁，閱讀更多關於哭鬧和腸痙攣的內容**）。如果母親知道嬰兒前幾週的哭鬧大部分都不是由飢餓引起的，就不會那麼快對自己的乳汁失去信心。

雖然嬰兒因為飢餓而哭鬧的可能性不大，但也不是不存在。飢餓更可能帶來的影響是孩子會提前醒來喝奶，而不是喝完一兩個小時才醒來。如果他餓了，可能是因為他突然胃口大增，或因為母親勞累和緊張而使乳汁的分泌量減少。以上任何一種情況的答案都是一樣的：你可以放心，孩子一定會在一天或者幾天之內更加頻繁地醒來喝奶，還會喝得更投入，直到你的乳房適應這種要求為止。到那時，孩子就會恢復原來的喝奶習慣了。

相對於寶寶的煩躁，對母親來說

更重要的是讓泌乳系統有機會運轉起來。任何想使用奶瓶餵配方奶的計畫都應該至少暫緩幾週。寶寶一天想喝多少次，一次想喝多久，都要順應他的需求。如果他的體重在一兩個星期裡增長正常，那使用配方奶的打算也應再推遲至少兩週。

不管怎麼說，幫一個心情焦躁或者腸痙攣的寶寶餵奶，很有可能會讓母親倍感頭疼。在這種情況下最好先暫停哺乳。可以先用奶瓶試一試，或讓其他人（父親、朋友、爺爺奶奶）幫忙安撫一下孩子。過一會兒，如果母親覺得自己已經調整好了，就可以重振精神，重新開始哺乳。就像看待所有問題一樣，如果你擔心寶寶吃不飽，那麼諮詢寶寶的醫生永遠是正確的選擇。

## 哺乳媽媽的身體狀況

**整體健康狀況。**哺乳媽媽需要好好關愛自己。在哺乳期最好拔掉電話線，寶寶小睡時也跟著睡上一會兒，不要操心家務，忘掉來自外界的擔心和責任，把訪客減少到一兩個談得來的朋友，並注意飲食。

大多數女性都可以安全而成功地進行母乳哺育。如果你得了慢性病，而且需要服藥，最好在服藥前跟你的產科醫生或寶寶的醫生商量一下。即使你已經決定服藥，也有很多方法可以幫助你哺乳。比如說，因為身患乳癌而切除乳房的女性，還是可以透過特殊的設備幫寶寶餵奶。哺乳顧問可以為你提供非常豐富的資訊。

**乳房的大小。**乳房較小的女性可能會覺得無法為寶寶提供足夠的乳汁。這種看法完全毫無根據。乳腺組織只占乳房很小一部分，其他主要都是脂肪。乳房大只是因為脂肪組織比較多，乳房小則是因為脂肪組織少。女性沒懷孕也不餵奶時，乳腺組織處於休眠狀態。隨著孕期進展，多種激素都會刺激乳腺的生長，使它不斷膨脹。同時，為乳腺組織提供營養的動脈和靜脈也會膨脹，乳房表面的靜脈會變得很明顯。分娩幾天後，乳汁又會使乳房進一步增大。乳房特別豐滿的女性可能需要諮詢哺乳顧問，以獲得一些特別指導，使餵奶更加方便。

**扁平或凹陷的乳頭。**乳暈就是指乳頭周圍顏色較深的皮膚。在一般情況下，用拇指和另外一根手指輕輕擠壓，就可以讓乳頭突出來一

些。乳頭往內縮的情況被稱為乳頭凹陷。乳頭凹陷的女性應該在寶寶出生前就先諮詢母乳哺育顧問，以確保母乳哺育有一個良好的開始。

**運動。**經常運動可以增強身體的協調性，改善精神狀態，必要時還可以減肥。你可以使用嬰兒揹巾帶著小寶寶進行 30 分鐘輕快的散步，每週幾次將會大有好處。除了有氧運動以外，還可以進行一些重量訓練，加速你的新陳代謝，進而快速消耗熱量。這種重量訓練並不需要複雜的設備，只要一對便宜的啞鈴、一本圖書館借來的運動指導書籍，再加上每天幾分鐘的時間，就能讓你受益匪淺。沒有證據顯示哺乳期的母親進行體能鍛鍊會影響到寶寶。

**乳房形狀的改變。**有些母親不願意採行母乳哺育的原因在於，她們擔心哺乳會影響乳房的形狀和大小。其實，不管你是不是親自哺育寶寶，在妊娠期間的乳房都會增大，分娩後的前幾天還會變得更大。寶寶一週大時，乳房會變得不那麼膨脹和堅挺，這種變化如此明顯，以致有些母親即使哺育狀況良好，也會懷疑自己的乳汁是不是已經沒有了。

乳房的形狀取決於其支援組織的特性，而這些特性又因人而異。有些女性從未進行過母乳哺育，乳房卻在懷孕之後變平了。有些女性可能親自哺育過好幾個孩子，但乳房的形狀卻沒有受到任何影響，她們甚至會更加喜歡自己的身體。

有兩個預防措施對維持乳房性狀來說可能很重要。不僅在哺乳期，在妊娠後期乳房增大的時候，母親都應該穿戴合適的胸罩來支撐胸部。這是為了防止在乳房變重時，皮膚和支援組織也變得鬆弛。購買哺乳內衣是很值得的投資，這種內衣可以讓你從胸罩前端就能掀開以便哺乳（要選擇用一隻手就能打開的那種）。

**母親在哺乳期的飲食。**有些母親聽說母乳哺育時期必須放棄很多食物，所以對此猶豫不決。其實從整體上來說，事實並非完全如此。

有時，當母親吃了某種食物，嬰兒就會顯得很不高興。比如，母親喝了牛奶，有些乳蛋白會進入到母乳裡，進而對嬰兒的腸胃造成刺激（有些十分敏感的寶寶甚至會產生過敏反應，因為這些間接食入的牛奶而生出皮膚疹）。咖啡、巧克力，還有一些辛辣的食物也會產生

類似的結果。所以，如果母親吃了同一種食物後一連幾次發生這種情況，就應該放棄這種食物。

你可以諮詢一下自己的醫生，以便了解哪些藥物在哺乳期服用是否安全。當然，吸菸對母親和孩子來說都是不健康的，無論在懷孕期間還是生產之後，吸菸都不可取。即使母親無法戒菸，也不要放棄母乳哺育，最好還是堅持母乳哺育孩子。但母親吸菸的時候記得要遠離孩子，同時儘量減少吸菸的數量。

處於哺乳期的母親每天喝 1～2 杯葡萄酒或者啤酒並不會對寶寶造成什麼危害。但是，孩子出生後的最初幾個月，許多新手媽媽會有很大的壓力，很可能想喝杯酒放鬆放鬆，然後就一杯接著一杯，一發不可收拾。如果你有家族性的酗酒史（很多家庭都有），或者你覺得自己很可能養成這種惡習，那就應該在哺乳期間戒除酒精飲料。

哺乳媽媽需要補充體內流失的營養，並且還要額外多添加一點。母乳含有大量鈣質，以滿足寶寶迅速生長骨骼的需要。如果你通常不怎麼喝牛奶，或者選擇了無奶飲食，那也可以從加鈣果汁或豆漿裡獲取足夠的鈣質，當然也可以服用鈣補充劑。第 285 頁列出了高鈣的非乳製食物可供參考。哺乳媽媽還需要維生素 D，這既是她們的需要，也是為了間接透過母乳傳遞給孩子。維生素 D 的來源包括牛奶、某些優酪乳和維生素補充劑（其中包括產前維生素）。

補充水分的問題有兩點需要注意：一方面，你沒有必要為了攝取水分而喝得肚子不舒服，因為身體很快就會透過尿液把多餘的水分排走。但是另一方面，如果新手媽媽過於興奮或者很忙，也可能意識不到自己渴了，因而忘了補充身體所需的水分。所以做母親的最好在每次餵奶前 10～15 分鐘喝點東西。

母親在哺乳期內的飲食應該包括以下營養食物：（1）大量蔬菜，尤其是青花菜和羽衣甘藍等蔬菜。（2）新鮮水果。（3）含有維生素、大量鈣質和少量有益脂肪的四季豆、豌豆和小扁豆。（4）全穀類食物。這些食物富含多種維生素和礦物質，膳食纖維也很豐富。膳食纖維可以促進腸道的通暢。

多吃蔬菜少吃肉的好處之一就是，殺蟲劑和其他有害化學物質總是沉積在動物的肉和奶裡，在魚的身上尤其如此。哺乳的母親應該少

食用某些魚類，比如鮪魚，還應該戒掉其他所有含汞量較高的魚類。如果母親食用大量肉製品，那麼少量有毒物質就很容易進入她的乳汁。植物性食物少了許多污染，即便不是有機栽培的，也會好得多。

**哺乳會使母親疲勞嗎？**你可能會聽別人說，哺乳對女人的體力造成很大的消耗。很多母親在一開始的幾週裡確實會感到疲勞。但是，用奶瓶餵養孩子的母親同樣也會感到勞累。其實，那是因為她們的身體還沒有從分娩和住院的狀態中恢復過來。真正讓她們感到勞累的是照顧一個新生兒導致的神經緊張。

當然，她們的乳房每天要為孩子提供相當的熱量，所以母親的確必須比平時攝取更多的營養，只有這樣才能維持正常的體重和體力。只要哺乳的母親身體健康、精神愉悅，就能自然攝取足夠的熱量，滿足哺乳的需要。當然，如果哺乳期裡的母親感覺不舒服，或者體重不斷下降，那就應該立即向醫生諮詢。

處於哺乳期的母親每天都得坐上幾個小時。但有時候，不親自哺餵母奶的母親們反而會比她們更加精疲力竭，因為她們總是覺得做家務是自己的責任，但餵奶的母親有充分的理由讓別人去操心那些髒衣服。對那些一夜得起來哺育 3 次的母親來說，餵奶的確非常累。當然，再認真努力的父親也不可能包辦所有家務，但是他可以把寶寶抱給母親，必要的話還可以幫寶寶換個尿片，再把寶寶抱回到小床上。一旦餵奶形成規律後，若是父親願意在晚上用奶瓶幫寶寶餵母乳，也沒什麼不好。如果母親在 9 點餵過奶以後睡著了，那父親就可以在將近半夜時用奶瓶幫孩子餵母奶。這樣一來，母親就能好好休息到凌晨 3 點再起床餵一次奶。不過對父母雙方來說都值得慶幸的是，等到寶寶 4～6 個月大時，通常就不用在夜裡起來幫寶寶餵奶了。

**行經與懷孕。**有的女性在哺乳期間一直都不會有月經來潮。而在那些月經來潮的女性當中，有的人也許十分規律，但也有些人仍然不太規律。有時候，孩子可能會在母親的經期表現得十分煩躁，還可能暫時拒絕喝奶。

在哺乳期間內，懷孕的可能性會降低。如果母親還沒有月經來潮，而孩子也不到 6 個月大，那麼即使不採取避孕措施，懷孕的機率也會非常微小（大概是 2%）。

所以，你可以去請教一下醫生，看看什麼時候應該恢復你希望採取的避孕措施。

## 哺乳入門

**心情放鬆和身體放鬆。** 也許你會注意到，自己的情緒狀態會嚴重影響乳汁的分泌量。焦慮和緊張會讓乳汁退縮回去。所以在餵奶前要努力拋開煩惱。先做個深呼吸，然後放鬆雙肩。如果條件允許，也可以在孩子醒來之前先躺下休息 15 分鐘，還可以做一些最能讓自己放鬆的事，比如閉目養神，看一會兒書，或者聽音樂等等。

在堅持餵奶幾個星期以後，你就會發現餵奶時能夠明顯感覺到乳汁「要來」了。當你聽到孩子在隔壁房間裡哭時，你的乳房可能就開始溢奶了。這可以證明，情感跟乳汁的形成和釋放有著多麼密切的關係。但並不是所有的母親都能體會到奶水「要來」的感覺。

**哺乳的姿勢。** 你必須找到一個舒服的姿勢餵奶，還要把寶寶放在你胸前合適的位置，讓他可以很好地銜住乳頭。嬰兒會把乳頭和乳暈的一部分一起含到嘴裡。此時母親可以用一隻手托著孩子的頭，幫助孩子找到最舒服和最容易喝奶的位置，同時，用另一隻手把乳頭和乳暈放進孩子的嘴裡。

對於乳房特別豐滿的女性而言，用一件具有支撐效果的哺乳內衣把乳房托起來將會很有幫助，因為用一隻手同時托起沉重的乳房和一個沉重的嬰兒，實在太困難了。

在把寶寶抱向胸前的時候，有兩件事情要注意。第一是，當你想讓孩子的頭靠近母親乳房時，不要用兩隻手托住他的頭部。寶寶們非常不喜歡別人控制他們的頭部，所以會掙扎著想要擺脫。另一件事情就是，不要為了讓孩子張嘴而捏擠他們的兩頰。寶寶們有一種本能，他們會把頭轉向觸碰他們臉頰的東西。這種反應將會幫助他們找到母親的乳頭。所以當你擠壓他們的兩頰時，反而會讓他們覺得困惑。

**坐姿：** 有的母親喜歡坐著哺餵孩子。採取搖籃式抱法對坐著餵奶十分合適。把孩子抱起來，讓他的頭枕在你的臂彎處，面向乳房，再用同一隻手臂的前臂托住孩子的背部，手掌托住孩子的臀部或者大腿。他的臉、胸、腹部和膝蓋都要朝向你。你可以用一個枕頭墊在孩

子身下，再拿另一個枕頭墊在你的手肘下面，這樣就會得到舒服的支撐。最後，用你另一隻手的四指托在乳房下面，拇指放在乳暈上面，如圖 2-2。

圖2-2

輕輕地用乳頭觸碰孩子的下嘴唇，讓他把嘴巴張大（要有耐心，因為有時這得花上好幾分鐘），等孩子的嘴巴張大以後，讓他靠近你，嘴巴對準你的乳頭。孩子的牙床應該正好環繞在乳頭周圍，乳暈的大部分或者全部都要在他的嘴裡。寶寶的鼻子會碰到你的乳房，但通常不需要特別留出透氣的空間，除非在喝奶時你聽到他鼻子不通的呼吸聲。如果他的呼吸好像受到了阻礙，那就把臀部摟得更近一些，或用手指輕輕把乳房往上托一托。這樣就能增加孩子喝奶需要的呼吸空間，而不會堵住他的鼻子。

**臥姿：**如果你喜歡側臥餵奶，或者你有縫合的傷口，那麼這樣的餵奶姿勢會讓你舒服一些。你可以請別人幫忙在背後和兩腿間墊個枕頭。寶寶也應該面向著你側著躺下。你可以試著在孩子身體下方以及你的肩部和頭部墊個枕頭，讓乳頭高度正好便於寶寶喝奶。如果你面向左側躺著，就要用左臂環抱著孩子，形成搖籃式抱法，然後按照上面的說明讓孩子銜住乳頭，如圖 2-3。

圖2-3

**橄欖球式抱法：**這種抱姿最適合做了剖腹產手術的母親。如果是哺育很小的嬰兒，或者只是想換一個姿勢餵奶，你也可以採取這種姿勢。首先坐在一張舒服的椅子上（最好是搖椅），也可以坐在床上，用許多枕頭倚靠坐直。把你的手臂放在枕頭上，把孩子的身體和腿放在手肘下方，讓他的頭枕在你

的手裡，他的腿則直指著椅子的靠背，或者指向你身後的枕頭。然後，按照前面關於坐姿哺乳的描述，幫助你的寶寶順利銜住乳頭，如圖2-4。

圖2-4

**銜乳和吸吮。**為了喝到更多的奶水，寶寶必須銜乳，也就是把整個乳頭和大部分的乳暈放進嘴裡。乳頭要正對著寶寶的上顎。寶寶銜乳的方式就像你吃一個餡料豐富的大漢堡一樣，所以，你要用一隻手的拇指和食指把乳房稍微捏住，讓它有點像填得過滿的漢堡。

光是把乳頭含在嘴裡，嬰兒是喝不到奶的。乳房裡充滿了乳腺組織，奶水從乳腺生產以後，必須透過輸送管流向乳房中間，積聚在好幾個「儲藏室」，也就是乳竇裡。這些乳竇環繞在乳暈後面。每一個乳竇都有一根很短的導管，把乳汁引向乳頭的表面（每個乳頭上都有很多孔眼）。嬰兒正確吮吸的時候，大部分或全部的乳量都會被含在嘴裡，再透過牙齦擠壓乳暈，就能把乳竇（在乳暈後面）裡的乳汁透過乳頭擠到嘴裡。嬰兒的舌頭在吮吸過程中發揮的作用並不大，只是為了確保能將乳暈含在嘴裡，同時，也把吸出來的乳汁從口腔前部帶進咽喉。

另外，如果他咬的是乳頭，那麼母親的乳頭一定會感到疼痛。但如果他把大部分或全部的乳暈都含進嘴裡，那他的牙床就只會擠壓到乳暈部分，也就不會咬痛乳頭了。如果嬰兒一開始只是把乳頭含在嘴裡咬，應該立刻制止他。如果有必要，你可以把一根手指頭伸進嬰兒的嘴角或者上下牙齦中間，以便終止孩子的吸吮動作。要記住，每次抽出乳房前都要先終止寶寶吸吮的動作，否則乳頭就會因為淤血而酸痛。然後，再幫助寶寶重新銜乳，讓乳暈充分伸進孩子嘴裡。如果嬰兒只會咬乳頭，就停止這次餵奶。

乳汁剛開始正常分泌時，乳房腫脹乳汁是很常見的事。它會導致乳頭平陷，還會讓乳房變硬，於是嬰

兒就很難銜住乳房。寶寶可能會因此而生氣。這時，你可以在餵奶前先花幾分鐘幫乳房熱敷，再擠出一點奶，讓乳頭向外突出一點，這樣寶寶就可以把乳暈含進嘴裡了。

**乳頭的護理。** 有些醫生會建議，在懷孕的最後一個月要經常按摩乳頭，讓它變得更堅韌。但是我們還不能確定這種方法是否有效，而且事實上，過度的揉搓會造成乳頭乾裂和腫痛。用肥皂過度清洗也會造成乳頭乾燥和刺痛。所以如果覺得疼痛，那就不要做這種按摩。另外，如果你發現按摩乳頭會使子宮收縮，那最好也不要繼續做。

開始哺乳之後，乳暈上的腺體會分泌出潤滑的物質。正常情況下，你不用對乳頭做其他特別護理，也不必擦拭或塗抹油膏。但如果有必要，也可以塗抹一些專門用於母乳哺育的純綿羊油，比如 Purelan 和 Lansinoh 牌的純羊脂膏都相當具有滋潤效果。

一些有經驗的母親堅信，保持乳頭健康最重要的步驟就是餵完奶以後留一滴乳汁抹在乳頭上，讓它自然乾燥。穿著沒有防水內襯的內衣也會讓乳頭更健康，因為這樣乳頭就不會一直都是潮濕的。不要使用任何容易引起乳頭乾裂的東西，比如刺激性的肥皂或者含有酒精的溶液等。

如果餵奶的方法正確，哺乳母親的乳頭就不會乾裂。如果乳頭乾裂又刺痛，就意味著你的餵奶技巧需要再提升。一旦掌握了適當的技巧，哺乳就會是一種令人享受的體驗，不該是種痛苦的折磨。

## 上班族母親

**哺乳和工作。** 很多女性會對母乳哺育猶豫不決，因為她們知道自己一兩個月後就必須返回工作崗位。但其實只要你願意下定決心，那麼無論你的作息時間或工作狀況如何，都能夠成功完成母乳哺育。

美國的法律規定，公司必須允許哺乳的母親在工作過程中空出時間去擠奶，而且除了洗手間之外，還要有適當的地方提供她們擠奶。我有一位同事是產科醫生，名叫瑪喬麗·格林菲爾德。她就幫自己的患者準備了一封寫給公司的說明信，其中提到了工作時間擠奶的諸多好處，包括緩解緊張情緒、提高工作效率、讓孩子更健康，以及縮短休假時間等。

在外工作的母親休假日時可以全天親自哺育孩子。這樣做有助於保持旺盛的乳汁分泌。即使你決定恢復工作後就不再母乳哺育孩子了，但在情況允許時候行母乳哺育，仍會為孩子的健康帶來很大的好處。

## 臺灣相關法規規定

勞動基準法附屬法規第四章第三十五條：勞工繼續工作四小時，至少應有三十分鐘之休息。但實行輪班制或其工作有連續性或緊急性者，雇主得在工作時間內，另行調配其休息時間。

勞動基準法附屬法規第五章第五十二條：子女未滿一歲需女工親自哺乳者，於第三十五條規定之休息時間外，雇主應每日另給哺乳時間二次，每次以三十分鐘為度。前項哺乳時間，視為工作時間。

**結合母乳哺育與人工哺育。**有些母親在恢復工作以後仍然能夠堅持用母乳哺育孩子，那麼如果可能，盡量等到寶寶三、四週大時再讓他使用奶瓶。到這時候，孩子通常已經習慣了在規律的時間喝奶，而你的乳汁也已經很充足了。

有一個關於擠奶和保存母乳的簡便方法，就是讓孩子只喝一側乳房的乳汁，與此同時，用吸乳器把另一側乳房的乳汁吸出來（這可能需要一些練習）。這麼做確實很有效率，因為當你在哺育孩子時會引起泌乳反射，所以同時使用吸乳器會更容易收集乳汁。另一個辦法是，每次餵奶後1小時用吸乳器擠奶。這樣做可以提高乳汁的分泌量，就好像在幫另一個寶寶哺乳似的。

母乳在冷藏室裡可以保存 8 天，在冷凍庫裡可以保存 4～6 個月。幫孩子餵奶時一定要聞一聞，嚐一嚐，確保乳汁沒有變酸。一旦你打開一瓶儲存的母乳，沒喝完的部分過兩個小時後一定要倒掉。多數吸乳器都可以把乳汁直接擠到有密封蓋的奶瓶裡。你可以幫這些奶瓶貼上日期標籤，再放進冷凍庫保存。也可以使用製冰盒把母乳製成一個個冰塊，再把冰塊分成 45 毫升一份，用保鮮膜包好，讓照顧孩子的人放在奶瓶裡餵給寶寶吃。千萬不要在冰涼或冷凍的乳汁裡兌入溫熱的乳汁，那樣會讓乳汁很快變質。

開始時，你可以每週用瓶子餵寶寶餵 3 次母乳。有很多嬰兒不肯喝母親用奶瓶餵給他們的母乳（他們

知道那和母親的乳房不一樣），所以可能需要父親、哥哥、姊姊或保姆代替母親餵奶。孩子最愛喝溫熱的乳汁，因為喝母乳的孩子還不習慣喝較涼的乳汁。有的孩子可能很快就接受了奶瓶，但也有一些孩子會極力抵制，對這樣的孩子要更有耐心。

如果寶寶不願意用奶瓶喝奶，母親可以試著離開房間，甚至離開家（有的孩子只要聽見母親在說話，就堅決不用奶瓶喝奶）。你也可以用一種不同的姿勢抱著孩子餵奶。比如當你用奶瓶餵他時，可以讓孩子躺在你的大腿上，腳朝著你，頭朝著你的膝蓋。有的孩子喜歡甜味，如果用奶瓶餵他，那麼他寧可喝兌了一半水的蘋果汁，也不願意喝奶。不過最好三、四個月以後再讓寶寶喝果汁，因為果汁和母乳相比，營養價值很低。就算到了三、四個月以後，一天最多也只能讓寶寶喝 120 毫升的果汁。

在你恢復工作之前，最好確保孩子每天都能順利地用奶瓶喝一瓶奶。為了保持乳汁的分泌量，也為了避免乳房腫脹，上班時間要把乳房裡的乳汁擠出，可以用手，也可以使用吸乳器。要盡量在出門之前和下班以後馬上親自哺育孩子。如果你的工作時間超過 6 小時，那麼至少要擠兩次奶。

## 母乳餵養過程中的問題

**咬乳頭**。有時候孩子會把乳頭咬得很厲害，讓母親感到非常疼痛，甚至不得不中止餵奶。在寶寶長牙的時候，或者已經長出幾顆牙齒以後，他會感覺牙齦刺痛，所以即使咬你幾下也不要埋怨他。他並不知道自己把母親咬疼了。

我們很快就能教會大多數孩子不咬人。比如在孩子咬人時，你可以馬上把一根手指伸進他的嘴裡，並且溫和地對他說「不能咬喔」。如果他還咬，那就再把指頭伸進去說「不能咬」，然後結束這次餵奶。不用擔心餓肚子，孩子都是在快要吃飽的時候才開始咬人的。

**喝奶時哭鬧**。寶寶在順利地喝了五、六個月的母乳之後，偶爾會在剛開始喝奶時哭鬧幾分鐘。原因可能是長牙帶來的刺痛。（**更多相關內容，請參閱第 382 頁。**）

**哺乳時的疼痛**。在最初的一週左右，每次一開始親餵孩子，就會感覺到下腹部的痙攣，你可能會因

此而煩惱。這是因為哺乳釋放的激素會促使子宮收縮，讓它恢復到懷孕前的大小。子宮痙攣的現象過一段時間就會消失。在最初幾天或幾週裡，乳頭還會出現明顯的刺痛，這種症狀通常都在嬰兒開始喝奶的時候出現，持續幾秒鐘就過去了。這是十分常見的現象，不用擔心，很快就會消失。

**乳頭酸痛和乳頭皸裂。**如果乳頭酸痛開始惡化，首先要檢查一下寶寶銜乳的方式和餵奶的姿勢是否正確。你可以增加餵奶次數，並且經常變換餵奶的姿勢。也可以用冰袋冷敷，這樣既能避免乳房腫脹，又能讓寶寶更容易地含住乳暈，而不光是咬住乳頭。如果向家庭醫生求診，他們可能會開給你一種水凝狀藥膏來敷用。

有時，如果乳頭酸痛很嚴重，你能做的只有將奶吸出，裝在奶瓶裡餵給寶寶，好讓乳房休息一下。這時如果能諮詢一位有經驗的哺乳顧問，那對確保哺乳順利會很有幫助。如果在餵奶的整個過程中都伴有乳頭疼痛，那很可能是乳頭出現了皸裂，應該仔細地檢查一下。（也有極少數母親可能過度敏感，即使乳頭始終都很健康，也總是會感到疼痛。）

**乳頭凹陷。**如果母親的乳頭是平的，或者有一些凹陷（被支援組織拉緊而凹陷到乳房裡），就會讓剛開始喝奶的嬰兒造成含乳的困難。如果寶寶性格焦躁，困難會更加明顯。他會四處尋找，卻找不到乳頭，然後生氣地哭鬧，還會把脖子往後挺。你可以嘗試以下幾種聰明的辦法。如果可能的話，在寶寶醒來還沒有發火時，就馬上把他抱到乳頭前。如果剛試一次他就立刻哭鬧，那麼馬上停止，好好安慰他以後再試一次。一切都要慢慢來，不要著急。有時候，用手指輕輕地按摩乳頭，可以讓乳頭凸出來一點。還有少數女性的乳頭是完全內陷的，一點也無法突起，但這並不妨礙她們哺乳。因為她們可以使用乳頭保護器。你的醫生或哺乳顧問會告訴你如何使用這些器具。另外，一臺高效的吸乳器也能幫助乳頭凸出。

實際上，乳頭的重要性在於它可以引導嬰兒把乳暈含進嘴裡。支援組織的拉扯導致了乳頭的內陷，所以嬰兒就很難把乳暈弄成合適的形狀含進嘴裡。或許最有效的辦法還是讓母親用手把乳竇裡的乳汁擠一

些出來（**請參閱第 234 頁**），讓乳暈部分變得更加柔軟，因而更容易擠壓，然後用拇指和其他手指按住乳暈，把它弄成更突出的形狀，再送進孩子的嘴裡。

**乳頭保護器。**許多女性都會發現，它們可以讓回縮或者凹陷的乳頭更加突出。它們透過壓迫乳暈區域，還能緩解乳房的腫脹，同時保持乳頭的乾爽。在不需要哺乳的時候，可以把乳頭保護器襯在胸罩裡面。乳頭保護器內層有一個洞，正好可以讓乳頭露出來。外層會更突出一些，讓乳頭不會直接接觸到胸罩。在乳頭和胸罩之間有了這一層空間，乳汁就可以從乳頭裡滲出來了（乳汁直接滲入胸罩會使乳頭潮濕）。乳頭保護器內層的支撐效果可以緩解乳房的腫脹。除此以外，這種壓力也會使乳頭突出。把乳頭保護器拿下來以後，突出的形狀還能持續一段時間。如果乳頭扁平或者凹陷，就應該在懷孕的最後幾週穿戴這種乳頭保護器。

**乳房腫脹。**當乳房裡的乳汁太多時，整個乳房就會變得很硬，而且很不舒服。這種情況多數時候都不會太嚴重，但在極少數情況下，乳房會脹大得很嚴重，也會呈現驚人地堅硬，而且還會非常疼痛。如果不處理，乳房的腫脹將會導致泌乳量下降。

輕微的情況下，讓寶寶喝奶可以讓症狀迅速消退。如果乳暈部分太硬，以致寶寶無法含進嘴裡，那可能需要先用手擠出一些乳汁，讓乳房變得柔軟一點。也可以使用乳頭保護器。

如果情況非常嚴重，那就可能需要進行多種治療。你可以試著按摩整個乳房，先從外側開始，然後向乳暈按揉。最好在用溫水洗澡時試試，因為水能讓人放鬆，也可以讓按摩乳房變得更加容易。另外，就算乳汁噴得到處都是也不至於弄得一團糟。你可以塗抹含有純羊脂油的軟膏或者植物油，避免皮膚受到刺激，但是要避開乳暈部分，那樣會讓皮膚變得太滑，不容易擠壓。一天之內可以做一到數次這樣的按摩，可以自己做，也可以請別人幫忙。在按摩之前，可以用溫水把布沾濕敷在乳房上。電動吸乳器也可以緩解這種腫脹，不論配合按摩還是單獨進行（**請參閱第 234 頁**）都有不錯的效果。

哺乳時或治療的期間，你應該穿著厚實的大號胸罩，在各個角落都

能為乳房提供支撐。撲熱息痛（Paracetamol）或布洛芬（Ibuprofen）可以緩解疼痛。短時間內敷一敷冰袋或熱水袋，冰涼的高麗菜葉子也可以。這種嚴重的腫脹通常出現在哺乳第一週的後幾天，一般只會持續幾天。以後就很少出現了。

如果乳房脹得太滿，寶寶就不容易銜住乳頭，因此要在乳房腫脹之前勤幫寶寶餵奶。當寶寶在夜裡睡的時間比較長、母親回到工作崗位，或者離開寶寶又沒有及時擠奶的時候，乳房也會腫脹。

**乳腺管堵塞。**有時候，某側乳房只有一部分摸上去是鼓鼓的、硬硬的，或者像一個腫塊。當乳腺管中的一個出現堵塞，分泌的母乳就會聚集在一起，無法排出。乳腺管堵塞的情況通常會出現在住院期間，治療方法與乳房腫脹時的解決方法類似：

● 熱敷腫脹的部位，然後按摩。
● 用合適的哺乳內衣有效托起乳房。
● 在治療期間，用熱水袋熱敷或冰袋冷敷。
● 增加哺乳的次數。
● 餵奶時讓寶寶的鼻子正對著阻塞的部位，因為寶寶鼻子下面的中間位置受到的吸吮最為有力。
● 經常變換寶寶的喝奶姿勢。
● 母親要充分休息。
● 餵奶時讓別人幫忙按摩發硬的區域（需要3隻手同時進行）。

**乳腺炎。**乳腺炎初期的症狀為乳房內部某個地方有疼痛感。那個部位上方的皮膚可能會發紅，還可能伴有發熱和發冷。頭痛、身體酸痛和其他類似感冒的症狀也可能是乳腺炎的最初徵兆。在這種情況下，要密切觀測體溫並諮詢醫生。如果一經確診患有乳腺炎，就要服用抗生素。在服藥期間，要持續排掉乳房裡的乳汁，你可以透過親餵孩子或用吸乳器把乳汁吸出來，以便排空乳房。

**母親生病時。**母親生病時，若仍然習慣像平常一樣親餵孩子，孩子的確有可能被傳染上這種疾病。但其實就算孩子不喝母乳，同樣有可能會受到感染。更何況，大多數傳染病在沒有明顯症狀的時候就已經開始傳染了。勤洗手有助於保護寶寶不受感染。嬰兒罹患感冒的程度通常會比年長的家人還輕，因為嬰兒在出生前就已經從母親那裡獲得了許多抗體。有的母親發現她們

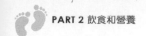 

生病時乳汁會減少，但是多親餵孩子幾次以後就能恢復正常。

## 手動擠奶或機器擠奶

哺乳的母親們必須選擇一種方法把自己的乳房排空，而不是僅僅依賴寶寶的吮吸。腫脹的乳房必須排空，但這對寶寶來說可能很難做到。少數寶寶甚至還無法自行吮吸，像是早產兒、唇裂兒或者有其他健康問題的寶寶。許多在外工作的哺乳母親寧願將乳汁儲存起來，再用奶瓶餵給寶寶，也不願意使用配方奶粉。手動擠奶（也就是用手指及杯子等容器把乳汁從乳房裡擠出來）是一項應該學習的實用技巧。但如果經常需要擠奶，那麼購買一臺高品質的電動吸乳器是最有效率的方式。

**手動擠奶。** 要學會手動擠奶，最好的辦法就是在醫院時向有經驗的母親請教。即使你不打算擠奶，最好也能多少了解一點手動擠奶的技巧。如果有必要，護士或者哺乳顧問也可以在你出院以後提供指導。你可以自己學著做，但是花費的時間可能會長一點。無論是誰，一開始都會笨手笨腳的，要經過多次嘗試才能做到得心應手，所以不要灰心。

**手指擠奶法。** 按摩乳房，把乳汁推到乳竇中。最常用的方法是用拇指和食指反覆推擠乳竇，把乳汁擠出來。要想擠壓到乳竇所在的地方，也就是乳暈後面的深處，就要把拇指和食指的指肚放在乳暈的兩側，就是深色皮膚邊緣的位置上。然後用拇指和食指向深處擠壓，直到觸及肋骨為止。然後，就在這個位置上，用兩根手指同時有節奏地擠壓，手指略微向前滑動，把乳汁推出來。用一隻手擠壓對側的乳房，再用另一隻手拿著杯子接住乳汁。關鍵是要在乳暈的邊緣向深處按壓。不要用手揉捏乳頭。如果你不僅每次都用拇指和食指一起擠壓，而且還把乳房輕輕地往外拉一拉（向乳頭方向推擠），那就能擠出更多的乳汁。擠一會兒以後，你可以把拇指和食指按順時針分別轉動一下位置，以確保所有的乳竇都能被擠到。如果手指累了（開始練習的時候往往容易疲勞），可以在乳房的各個側面向前擠壓。

**吸乳器。** 經常需要擠奶的母親（尤其是那些因為上班，一連幾週

甚至幾個月都得擠奶的母親）通常會偏好選擇吸乳器。先進的吸乳器不僅性能優異，而且攜帶方便。購買或者租賃一臺品質良好的吸奶器是很值得的。價格較低廉的手動吸乳器用起來效率較差，不太實用。很多醫院都有低價的租賃服務。

## 親餵與奶瓶結合哺育

**可以偶爾使用奶瓶。**乳汁分泌一旦穩定下來，你就可以偶爾放心地讓寶寶使用奶瓶了，不必擔心寶寶會因此抵制乳房。每天使用一次奶瓶通常不會有什麼問題。如果超過這個頻率，有些孩子就會逐漸拒絕乳房，導致寶寶吸吮少了，乳汁也跟著逐漸減少。

如果你打算在2～9個月讓孩子改用奶瓶喝奶，那麼每週至少要用奶瓶餵他一次。因為有的嬰兒在這個階段會養成很牢固的習慣，如果他的習慣還沒有養成，以後就會拒絕接受奶瓶，這將為父母帶來很大的困擾。但是嬰兒在2個月以前很少會如此固執。到了9個月以後，如果你願意，同時孩子也樂於接受，就可以直接讓他改用杯子了。

## 斷奶

**斷奶的意義。**斷奶不但對寶寶很重要，對母親也很重要。不但對身體很重要，對感情也很重要。那些非常重視哺乳的母親一旦停止哺乳以後，可能會覺得有一點失落或沮喪，好像失去了自己與孩子的某些親密關係，還可能因此覺得自己的價值被貶低了。斷奶需要一個漸進的過程，不一定非要「不斷則罷，一斷必絕」。母親可以每天幫孩子親餵一兩次奶，一直餵到他2歲為止，再考慮完全終止哺乳。

一般的斷奶過程都是從4～6個月，孩子開始吃固體食物的時候開始，在接下來的6～18個月內逐漸完成，具體時間表要根據孩子和母親的情況而定。

**從哺乳過渡到奶瓶。**許多女性只打算哺乳幾個月，不想用將近一年的時間親自哺育孩子。那麼，多長時間的哺乳是必要的呢？這個問題並沒有一個固定又絕對的答案。從生理角度來說，母乳的營養是孩子最需要的。但是，孩子也不是到了某個特定的年齡就突然不需要這些營養了。同樣，從心理角度來說，母乳哺育的影響也不會到某個

235

具體的階段就停止。

如果母親的乳汁一直都很充足，那麼最好從一開始就循序漸進地使用奶瓶。如果你想徹底斷奶，至少提前 2 週開始著手。首先，每天在乳汁最少的時候減掉一次哺乳，改用奶瓶餵奶，孩子喝多喝少都隨意。過兩三天，等乳房適應了這個變化以後，再減掉另一次哺乳，用第 2 份瓶裝奶來代替。再過兩三天，再取消一次母乳哺餵。現在，孩子每天只喝 2 次母乳了，剩下的 3 次都用奶瓶來餵。在你取消最後 2 次哺乳時，很可能每次都需要間隔 3 天甚至 4 天才能完成。乳房不舒服的時候，你可以用吸乳器吸幾分鐘，也可以在溫水浴的同時，用手擠出一些乳汁，只要緩解壓迫感就可以，不要擠太久。

斷奶就跟母乳哺育一樣，是你和孩子之間的一種合作行為，兩人都必須同意斷奶。如果孩子對斷奶這件事感到非常不高興，或許就不是斷奶的好時機，你要放慢斷奶的節奏，或者過一個月以後再做嘗試。

**寶寶拒絕接受奶瓶。**如果 4 個月以上的嬰兒還不習慣定時使用奶瓶，那你可能已經錯過了時機。在這種情況下，你每天都要在餵固體

食物或者母乳之前，試著用奶瓶餵他一兩次，堅持一週。不要強求，也不要讓他生氣。如果他表示拒絕，就把奶瓶拿走，讓他吃別的東西，其中包括母乳。過幾天他可能就會改變主意了。

如果他仍然態度堅決，那麼徹底取消下午的一餐母乳。這樣可能會讓他非常乾渴，所以傍晚的時候也許願意試試奶瓶。如果他還是不肯動搖，那就必須妥協幫他餵奶了，因為這時的乳房也會腫脹得很不舒服。儘管如此，你還是應該連續幾天取消一餐下午的母乳。雖然第一次孩子可能不願意接受，但他慢慢就會接受了。

第 2 步就是每天都取消隔餐的母乳，同時減少固體食物的分量。這樣做的目的就是為了讓孩子覺得十分飢餓。你甚至可以把固體食物完全去掉。對於乳房腫脹的問題，你可以用吸乳器或手動擠奶方法（**請參閱第 234 頁**），只要緩解不適的感覺就可以，不要擠太久。

**如果你需要盡快斷奶。**有時母親的乳汁可能會不夠喝，也可能因為其他原因，必須要盡快斷奶。讓寶寶迅速斷奶的最簡單方法就是 24 小時都讓他喝配方奶，並且按

照餵母乳的次數把奶粉分成同樣的瓶數。每次餵母乳之後都餵他一瓶配方奶，隨他想喝多少就喝多少。在你的乳房最不腫脹的時候，先取消一次哺乳。2 天以後，還是在你的乳房最不腫脹的時候取消另一次哺乳。接下來，每隔兩三天就減少剩下的一次哺乳。如果你的泌乳量逐漸下降，寶寶也只有一點點不滿意的話，那麼在某一次哺乳之後餵點配方奶會更好。

在極少數情況下，也有女性會不得不突然中斷哺乳。這時候不要用手擠奶，雖然擠奶可以暫時舒緩不適，但會刺激乳房分泌更多乳汁。你可以讓乳房增加壓力，同時用冰袋冷敷。這種方法可能會很不舒服，你可以請醫生給開一些合適的藥來緩解疼痛。不要服用市售的退奶藥。它們不僅價格昂貴，也會產生副作用，而且還經常會出現反彈。這些藥物都會增加乳房內部的壓力。如果你一定要擠出少量乳汁，那麼斷奶過程對你來說可能會比較不那麼難過，但相對也需要花費更長時間才能退奶。

**從哺乳過渡到使用杯子。**9～12 個月是從母乳哺育過渡到使用杯子的最佳時期，寶寶可以完全放棄奶瓶。大多數嬰兒在這個階段都表現得不那麼依賴乳房。他們會在喝奶期間停下來好幾次，想玩一玩。有時你不得不提醒他們回來喝奶。如果給予鼓勵，他們就能學會如何用杯子喝到更多的奶，而且還能在幾個月內完全改用杯子，也不會表現出失落和懊惱。另一方面，也有許多母親非常希望至少餵孩子到 1 周歲，甚至是 2 周歲，這當然很好。

無論什麼時候斷奶，如果從孩子 6 個月起，就經常讓他用杯子喝一口奶或別的飲料，那他就能慢慢適應杯子，不會變得特別任性。到了 9 個月時，你就可以鼓勵寶寶拿著杯子喝東西了。9 個月以後，如果孩子喝奶的時間縮短了，可能表示他已經為逐漸斷奶做好了準備。這時，你就可以每餐都讓他用杯子。如果寶寶願意多喝一點，可以適當增加分量。但是在每餐結束時，還是要親餵他一點母乳。接下來就可以取消孩子最不感興趣的那次日常哺乳，改用杯子喝奶。這一次哺乳通常會是早飯或午飯。一週後，如果他願意，可以取消另一次哺乳。再過一週，可以把最後一次也取消。孩子斷奶的意願並不是穩步發

展的。如果他有一段時間因為長牙或生病而心情不好，那將可能會有一點退步。這是很自然的現象，不會影響他最終改用杯子喝奶。

像這樣慢慢斷奶，母親的乳房通常不會出現什麼問題。但是，如果有些時候乳房腫脹得很不舒服，就要採用手動擠奶。只要擠 15～30 秒鐘，能夠緩解脹痛就可以了。

多數母親都會驚訝地發現，她們並不願意結束這種母子間的情感聯繫，所以有的母親會一週又一週地延遲斷奶。有時候，母親還會害怕徹底斷奶，因為孩子用杯子喝奶以後，就不像原來餵母乳的時候喝得那麼多了。這樣一來，斷奶這件事就會無休無止地延遲。孩子只要平均每餐能喝到大約 120 毫升的奶，或者每天總共能喝到 360～480 毫升，那麼斷奶就不會有問題。斷奶以後，孩子用杯子喝奶的數量或許會增加到每天 480 毫升以上。一般來說這就足夠了，因為孩子還要吃別的東西。

# 3 配方奶餵養

## 配方奶的選擇和沖調

母乳是更好的選擇，但是很多喝配方奶的寶寶也成長得十分健康。使用配方奶通常都是個人的選擇。只有在很少的情況下才會因為醫療原因選用配方奶。母乳餵養不適合攜帶愛滋病病毒或患有愛滋病的女性，也不適合患有其他慢性病的女性。如果母親正在服用某些藥物，也不宜母乳哺育寶寶。如果你存有疑問請向醫生諮詢。如果已經選擇了配方奶，那麼你將面臨的下一個選擇就是，用哪一種配方奶？

**標準的嬰兒配方奶是由牛奶製成的。**生產商用植物油替換了牛奶中的脂肪，降低了蛋白質的含量，同時加入碳水化合物、維生素和礦物質。現在很多配方奶都含有必需脂肪酸，那是一種促進腦部發育的物質。當然，母乳始終都能提供這些物質，而且含量恰到好處。此外，母乳的確還含有幾百種其他營養物質，比如含有特殊的細胞和化學物質，可以為寶寶帶來免疫力，以對抗其所在環境中最常見的特定病菌。從這一點來說，沒有哪一種配方奶可以和母乳相提並論。

**牛奶和豆類配方奶粉。**很多寶寶都能靠牛奶製成的配方奶粉茁壯成長。從某個角度來說，這是多麼令人驚訝的事啊。要知道，嬰兒和小牛是那麼不同。事實上，牛奶本身跟配方奶粉正好相反，並不適合嬰兒食用。牛奶裡蛋白質和糖分的比例不適合嬰兒，所以直接喝牛奶的寶寶容易出現嚴重的問題。過去，有的母親會用脫水牛奶自己調

製配方奶。這些在家裡調製的混合物並不像正規廠商生產的配方奶粉那麼安全。果仁和穀物製成的配方奶粉同樣不能提供全面的營養。

雖然牛奶配方奶粉最為常見，但是由豆類製成的嬰兒配方奶也在市面上廣泛銷售。豆類配方奶本來是為了那些不能食用牛奶配方奶粉的孩子所生產的，但是現在大多數醫生都認為，非母乳餵養的足月嬰兒都可以食用豆類配方奶。只有出生體重低於 1.8 公斤的早產兒不宜食用豆類配方奶。但是，豆漿對嬰兒來說並不安全（這一點跟豆類配方奶完全不同）因為豆漿中營養成分的含量不適合生長快速的嬰兒。

美國「聯邦婦女、嬰兒和兒童特別營養補充計畫」（Special Supplemental Nutrition Program for Women, Infants and Children）可以為嬰兒提供任何一種配方奶，從營養上來看，不採取母乳哺育的低收入家庭也能夠負擔這僅次於母乳的最佳選擇。

牛奶配方奶和豆類配方奶都不是完美的。牛奶配方奶中的某些蛋白質會引起一些孩子的過敏反應，還會讓一些孩子過分哭鬧。在極少數情況下，類似的蛋白質甚至還可能導致第一型（早期）糖尿病。豆類配方奶不含這些可能帶來麻煩的蛋白質，也不含乳糖。乳糖是一種讓某些孩子難以消化的糖。雖然研究並沒有顯示豆類配方奶可以治療腸痙攣，但有些嬰兒在食用這種配方奶之後感覺明顯好多了。

但另一方面，豆類配方奶也會讓健康帶來危險。比如其中的鋁含量往往過高。鋁對身體有害，還會讓早產兒帶來嚴重的危害。雖然還沒有研究證實豆類配方奶中的鋁對足月寶寶也有危害，但是，被吸收的鋁和阿滋海默症有關（還有其他一些因素的作用）。有些科學家已經做出推測，認為豆類配方奶中的某些化學物質（植物雌激素）在罕見的情況下可能會干擾性器官的健康發育。雖然科學家並無法確定，但是他們至少掌握了足夠的證據來提出這個質疑。

總而言之，兩種配方奶粉都不是絕對理想的選擇，這一點也再次印證了我們的觀點——只要有一點可能，母乳哺育都是很有價值的。對於有些寶寶和父母來說，一種奶粉的利弊可能會大於另一種。比如，如果你已經為孩子選擇了低乳製品的飲食，那就應該選擇豆類製成的

配方奶。選擇低乳製品是一個合理的方案，詳細的討論請參閱下文。

**過敏。**許多父母都很關心牛奶蛋白過敏的問題。重度過敏很容易被發現，症狀包括腹瀉、體重增長緩慢，以及乾燥的刺激性皮膚疹。輕度過敏則可能不容易察覺，因為大多數寶寶都會煩躁不安，也會不時地長點皮膚疹，這與輕度過敏的症狀很類似。

家族性的牛奶過敏史是非常重要的線索。但是，大多數不能消化牛奶的成年人並不屬於過敏，只是因為他們分泌的酶（乳糖分解酶）數量不足，無法分解牛奶中的主要糖分（乳糖）。雖然有些父母不能消化乳糖，但他們的寶寶大多都能分泌足夠的乳糖分解酶。更複雜的是，許多對牛奶蛋白過敏的寶寶也會對大豆蛋白過敏。這些寶寶可以使用不含牛奶蛋白或大豆蛋白的特殊配方奶。不過這些配方奶最好在醫生的指導下使用。

**液體奶、濃縮奶、奶粉。**配方奶有三種形態，分別是現成可用的液體奶、濃縮液體奶，還有奶粉。不同形態的配方奶在營養上沒什麼差別。奶粉最便宜，現成的液體奶最貴。你可以每一種都買一點，平常主要使用奶粉，而那種價格較高、事先封裝在瓶子裡的現成液體奶則可以出門時再使用。重要的是，在使用奶粉或濃縮液體奶的時候，一定要認真仔細地遵照說明沖調（**請參閱第 244 頁**）。

**高鐵或缺鐵。**鐵對於製造紅血球和大腦的發育都十分重要。如果嬰兒缺鐵，可能會導致兒童時期某些學習問題。所以，寶寶的飲食裡一定要含有充分的鐵質。媽媽們常常認為高鐵配方奶中的鐵會造成便祕，但是科學研究還沒有發現相關的證據。而且，就算確有其事，我也仍然要強調高鐵配方奶的重要性。有很多方法可以解決便祕問題（**請參閱第 73 頁**），但缺鐵造成的不良後果卻無法彌補。

## 清洗和消毒

**清洗。**如果你不消毒，就要更徹底地清洗奶瓶、奶嘴、螺口、瓶蓋和瓶身。如果寶寶每次一喝完奶，你就馬上用清水沖洗奶瓶、奶嘴、螺口和蓋子，那將可以更快更乾淨地清洗奶瓶。如果等到喝剩的奶渣都乾硬就不那麼好洗了。每次

寶寶喝完奶後可以先迅速洗一下奶瓶，等到方便的時候再用清潔劑和刷子仔細刷洗。你也可以先用清水把奶瓶內和瓶口沖洗一下，然後把它們放進洗碗機（奶嘴在洗碗機中很容易損壞，所以最好用手清洗）。還要用跟清洗奶瓶內部一樣的方法清洗瓶身和蓋子。

奶瓶刷可以幫助你清潔瓶子內部。要想清潔奶嘴內側，可以使用奶嘴刷，然後用一根針或者牙籤疏通每個奶嘴上的出奶孔，再用水沖洗出奶孔。

**拋棄式奶瓶。** 這種奶瓶的瓶身是用塑膠製成的圓筒，兩頭開口，兩側各有一條凹槽，沿著凹槽的邊緣標有刻度。你可以透過凹槽查看內膽裡乳汁多少，或者看看孩子已經吃了多少。但是請不要以這些刻度為標準來調配配方奶，因為它們不夠準確。這種奶瓶的內膽是拋棄式可更新的，記得更換時要將其中的小塑膠配件拿出來，避免寶寶吸進去導致窒息，消毒時，這種奶瓶的奶嘴和瓶蓋也應該煮沸 5 分鐘。

**需要消毒嗎？** 大多數城市、許多郊區、農村地區都已經可以提供可靠的清潔用水。使用這些水可以安全地沖調配方奶，不需要再次消

毒。不過如果你使用的是井水，或者你因為別的原因對家裡的供水存有任何疑問，都可以向醫生、公共健康部門諮詢，看看是否必須消毒。那些必須對飲用水進行消毒的家庭可以在下文中找到相關說明。如果不需要消毒（大多數人都不需要），那就跳過下面的內容，直接閱讀沖調奶粉的內容。

**消毒用具。** 你可以買一個蒸汽消毒鍋。也可以買一個能依照設定時間自動斷電的電動消毒器。這種消毒器通常都會附有奶瓶架，可以依序擺放奶瓶、奶瓶蓋、奶嘴和套環，還有奶瓶刷、奶嘴刷和夾子。你也可以買一個大鍋，裡面放一個鐵絲架，上面要能放得下足夠 24 小時使用的奶瓶（通常是 7 個左右），還要能把所有的奶瓶配件都放進去。

消完毒後，如果奶瓶還很燙，可以用夾子把它從架子上取下來。夾子也要和其他用品一起消毒。請拿著奶嘴的外沿，不要拿奶嘴頭，因為這個部位要接觸乳汁，而且待會兒寶寶還得把它放在嘴裡呢。

**消毒方法。** 終極消毒法。按照這種方法，你可以用沒消過毒的水沖調配方奶，再把奶倒進沒消過毒

的奶瓶裡，然後一起消毒奶和奶瓶。這種方法只能用於一次裝滿所有奶瓶的情況。如果你打算使用拋棄式奶瓶，或者想把所有配方奶都先存在一個大容器裡，每次餵奶的時候再倒進奶瓶，那麼終極消毒法就不適用了。

首先，要按照說明把需要的配方奶調製好。不必用開水，也不必用消過毒的餵奶用具（因為所有東西隨後都會一併消毒），但是奶瓶和奶嘴還是應該按照一般的方法徹底清洗。把所有奶瓶都裝滿之後，再把奶嘴倒扣在奶瓶口上，鬆鬆地擰上套環，最後蓋上瓶蓋。螺口處要有足夠的空隙，以便在奶瓶加熱和冷卻時，便於氣體自由出入。

按照說明使用蒸汽消毒鍋或者電動消毒裝置。也可以在大鍋裡倒上3～5公分高的水，把奶瓶放在支架上，再把支架放到大鍋裡，蓋上蓋子。把大鍋裡的水燒開，沸騰25分鐘。你可以用計時器準確地記一下時間。停止加熱，讓鍋子冷卻（別打開蓋子）。大約1～2小時以後，等鍋子變得溫熱，再把奶瓶的螺口旋緊，然後全部放到冰箱裡冷藏。

你也可以把消毒後的奶瓶靜置1～2小時，慢慢冷卻。只要不搖晃，奶嘴上的孔就不那麼容易堵塞。所有浮沫都會凝結成完整又結實的一大塊，黏在奶瓶的內壁上。

**滅菌消毒法**。按照這種方法，你可以先單獨消毒瓶子和用具，再用開水沖調消毒過的配方奶，然後把消毒過的奶倒進準備好的奶瓶裡。採用滅菌消毒法的時候，你可以一次裝好所有的奶瓶或者拋棄式奶瓶，也可以把奶倒在一個大容器裡儲存。

要按照說明使用電動消毒器和蒸汽消毒鍋。如果你用的是普通鍋子，就要把奶瓶倒著放在奶瓶架上。這樣蒸汽比較容易進入奶瓶，蒸餾水流出來也比較容易。盛放奶嘴和其他配件的容器也應該這樣倒著放。在鍋底倒入幾公分高的熱水，放上奶瓶架，蓋好鍋蓋，把水燒開。然後再用大火煮5分鐘。可以用計時器掌握時間，最後再讓鍋子自然冷卻。

奶瓶冷卻以後就可以用來裝配方奶了。如果不馬上裝奶，就必須把消毒過的奶瓶儲存在乾淨的地方。調製配方奶的時候，如果你想把奶嘴、套環、瓶蓋放在一個無菌的地方，可以把鍋蓋或者消毒器的蓋子

翻過來放這些東西。

**幫儲存奶水的大容器消毒。**你可以用一個大玻璃瓶來儲存配方奶（多數塑膠容器煮過以後都會變形）。找一個大平底鍋，把玻璃瓶和蓋子平放在裡面，倒入水，把水燒開，煮沸 5 分鐘。瓶子冷卻到可以用手拿出來的程度時，把水瀝乾，再裝入消毒過的配方奶。最後鬆鬆地蓋上瓶口，以便配方奶冷卻時空氣可以進入。最後，把它放入冰箱裡冷藏。

快要餵奶時，只要按照定量把已經沖調好的配方奶倒進消過毒的奶瓶或拋棄式奶瓶裡就可以了。然後，再把放入奶水的大玻璃瓶放回冰箱。

**什麼東西需要消毒？**你不必煮每一件東西。就算你要幫配方奶消毒，還要把飲用水燒開，也不必小題大作地把孩子所有的吃喝用品都一一消毒。比如，你不用幫盤子、杯子和湯匙消毒，因為細菌根本就無法在潔淨又乾燥的器皿上生存。

剛買回來的固齒器、安撫奶嘴以及孩子可能放進嘴裡的玩具等，都可以用肥皂清洗一下。只要這些東西如果沒有掉在地上，那就沒有必要反覆清洗。因為這些玩具上唯一的細菌就是孩子身上的細菌。對於這些細菌，孩子早就適應了。

**何時停止消毒？**什麼時候可以停止幫配方奶和奶瓶消毒呢？請向你的醫生或當地衛生部門諮詢，弄清楚什麼時候可以放心地停止這些消毒措施。如果用水沖調 24 小時使用的配方奶，那就必須幫奶瓶和配方奶消毒。

## 沖調奶粉

如果你用的是配方奶粉或者濃縮液體奶，就一定要遵照包裝上的說明。沖調得太濃或者太淡，要不就是寶寶不愛喝，要不就是滿足不了他們的需求。

**沖調奶粉。**配方奶粉大多是450 克一桶，附帶量匙和能夠反覆蓋緊的塑膠蓋子。奶粉比濃縮奶或液體奶便宜。

如果在旅途中，可以等到要餵奶時再沖調奶粉，盡量避免冷藏。只要攜帶預估數量的奶粉和 1.1 升開水或蒸餾水就可以了。母乳哺育的寶寶偶爾才需要一點配方奶。

奶粉和水必須以正確的順序沖調，以免結塊，要遵循奶粉包裝上

的說明。

如果你想一次沖調 24 小時的用量，請先量好需要的水，然後在乾淨的杯子或碗裡沖調奶粉。你可以用乾淨的攪拌器或打蛋器攪拌一下，再把調好的配方奶倒進乾淨的奶瓶或者拋棄式奶瓶裡。也可以倒在乾淨的大瓶子裡，每次餵奶時再倒進奶瓶裡。最後，要記得把盛放奶水的奶瓶蓋好放進冰箱冷藏。

如果你要沖調一瓶配方奶，要按照標籤上的說明，先放水，後加配方奶粉。可以先沖調好一瓶配方奶，然後放到冰箱裡冷藏，這些奶水最多可以保存 24 小時。不過一旦寶寶用過奶瓶，剩下的再放回冰箱裡就只能再保存 1 個小時了。超過 1 個小時就最好把它倒掉。

**濃縮液體奶。**濃縮液體奶是罐裝的，使用前要再加上一倍的水稀釋。雖然這種濃縮奶沒有液體配方奶方便，但價格只有液體配方奶的 2/3，而且體積小，便於保存和旅行時攜帶。

開罐之前，要先把罐子和開罐器清洗乾淨，再按照規定的比例把水加到濃縮奶罐裡調製。

你也可以在奶瓶裡倒入半瓶水和半瓶濃縮奶，然後蓋上蓋子輕輕搖晃奶瓶，混合均勻。如果不是馬上使用，就要放到冷藏室裡保存。

**罐裝和瓶裝的液體配方奶。**這種奶經過滅菌處理，而且不用兌水，使用起來十分方便。開罐前，要把罐子和開罐器清洗乾淨。直接把奶倒進幾個乾淨的奶瓶裡，蓋好蓋子，放進冰箱冷藏，每次取出一瓶使用即可。也可以每次只裝一個奶瓶，用蓋子蓋上，放入冷藏室裡備用。沒有用完的部分也應該蓋上蓋子放進冰箱裡保存。販賣配方奶的地方就能買到專用的塑膠蓋。

**準備多少瓶奶？**在第一週，使用奶瓶的寶寶通常會在 24 小時內喝 6～10 次奶。大多數寶寶一開始都喝得很慢，在三、四天之後變得更容易醒來，也更容易餓，你不必對此訝異。此後，需要的配方奶數量就取決於寶寶的生長速度和他吃其他食物的分量。寶寶的生長速度每週都會發生變化。開始時一次準備 120 毫升的配方奶可以了。寶寶會讓你知道什麼時候不夠吃。出生後的第一個月裡，多數寶寶一天都能喝掉 620～710 毫升的配方奶。

## 配方奶的冷藏

**節約用奶。**如果用不了一整罐的濃縮奶或液體奶，剩下的可以留著第二天再用，只要裝在原來的罐子裡，蓋上蓋子，放進冰箱裡冷藏就可以了。如果第二天沒能全部用完，就必須把剩下的奶倒掉。一旦打開罐子，保存的時間就一定不能超過標籤上規定的期限。

如果你要沖調一大瓶配方奶，或者想一次把所有奶瓶都裝滿，也要遵照這種做法：把奶放在冰箱裡冷藏，第二天沒有用完的必須倒掉。按照標籤上的說明，配方奶的保存時間為 24～48 小時。寶寶並不需要熱的配方奶，他們可以直接喝從冰箱裡拿出來的配方奶。

奶瓶從冰箱裡取出來以後，在多長時間內可以使用呢？當瓶子裡的奶處於飲用溫度、室內溫度，或者適宜的室外溫度下時，細菌一旦侵入奶瓶就會迅速繁殖。基於安全考量，不管奶瓶是滿的，還是已經喝過的，只要從冰箱裡拿出來超過 2 個小時就不要再給孩子喝了。（原廠封裝、還沒打開的配方奶可以在室溫下保存好幾個月。）

如果要出門，而且時間超過幾個小時，可以帶一個可以隔絕溫度的袋子，裡面放入冰塊或保冰劑。也可以攜帶一些配方奶粉，以便隨時沖調。

**如果不能冷藏配方奶。**在某些情況下，如果餵奶之前無法低溫保存孩子的奶瓶，比如冰箱故障或者遇上停電，就應該使用小包裝的液體奶（可以買一些隨時備用），餵完奶以後把剩下的扔掉。如果這種情況經常發生，最簡單的解決辦法就是改用配方奶粉。每次餵奶之前用水沖調，每次只沖一瓶。如果你們用的水需要消毒，那麼除了奶粉之外，還要再準備一瓶蒸餾水和一些拋棄式奶瓶，隨時備用。

## 用奶瓶餵奶

**最初的幾天。**多數寶寶在前幾次餵奶的時候都不會很餓。他們可能只喝 15 毫升左右就夠了。通常要過了三、四天，他們才能喝下預期的量，有時甚至要過一週或更長的時間。不必擔心，也不要強迫寶寶多喝，讓他們的消化系統逐漸開始工作可能會更好。他們會在幾天後變得更加活潑，這時候寶寶就知道自己需要喝多少了。

**加熱奶瓶裡的奶水。**很多父母都會加熱奶瓶裡的奶水，他們總認

為母乳是溫熱的,所以奶瓶裡的奶水也應該是溫熱的。但是,大多數寶寶都喜歡剛從冰箱裡拿出來的配方奶。對他們來說,冷藏的配方奶跟室溫的或溫熱的配方奶一樣好喝。但是多數寶寶都希望每次喝到的配方奶都是同樣的溫度。

如果一定要加熱奶瓶裡的奶水,可以把它放在一個裝著熱水的平底鍋裡,或者放在一盆熱水中。如果嬰兒房附近沒有熱水,用電動溫奶器也很方便。體溫是最理想的標準。測試溫度的最好方法就是在手腕內側滴上幾滴奶,如果覺得熱,那麼這個溫度就足以燙傷寶寶的舌頭。

**擺好姿勢。**餵奶時,你應該坐在舒服的椅子上,讓嬰兒像在搖籃裡一樣躺在你的手臂上。多數父母都喜歡坐在附有扶手的椅子上,或者在手肘下墊一個枕頭。也有的父母發現坐在搖椅上會令她們感到非常舒服。餵奶時,要斜著拿奶瓶,讓奶嘴裡充滿奶。不要搖晃奶瓶。多數嬰兒都願意一直不停地喝下去,直到喝飽為止。所以,一定要斜著拿奶瓶,讓奶瓶裡的氣體在奶瓶頂端,以免孩子吞進大量的空氣。儘管如此,仍然有一些孩子喝奶時會吸進大量氣體。如果他們的

### ★ 關於微波爐的警告

千萬不要在微波爐裡加熱配方奶。即使奶瓶摸起來還是涼的,但裡面的奶水也可能會很燙,足以把孩子燙傷。另外,微波爐也不適合用來消毒奶瓶等用品,更不適合消毒配方奶。如果你必須使用微波爐(無論醫生怎麼反對,很多父母都還是會這麼做),一定要用湯匙把配方奶攪勻,避免加熱後出現過燙的奶粉塊。如果你覺得配方奶有點燙,那它就足以燙傷寶寶的小嘴。

胃裡聚集了太多的氣體,就會覺得腫脹,甚至在喝到一半的時候就不喝了。出現這種情況時可以幫孩子拍拍後背,幫助他順氣打嗝,然後再繼續餵奶。少數孩子在喝奶的過程中需要拍打 2 次甚至 3 次,而有的孩子則根本不需要打嗝。你很快就能發現自己的寶寶屬於哪種類型。

## 奶瓶餵奶的注意事項

**奶瓶的支撐。**使用奶瓶餵奶的時候,不要舉著奶瓶就孩子的嘴,

而是要把孩子抱起來。這樣一來，你和孩子會覺得十分親密，同時還能看著對方的臉。要讓孩子把喝奶的快樂和你的臉龐、雙手撫觸以及聲音聯繫起來。平躺著用奶瓶喝奶的寶寶們有時會出現耳朵發炎的情況，因為配方奶可能會經過耳咽管流到中耳。

**飲食過量和嘔吐。**大致來說，小寶寶在一天 24 小時內最多會需要（極少數例外）960 毫升的奶。大多數小寶寶喝到 720 毫升左右就已經足夠。每天喝奶超過 960 毫升的寶寶可能是把奶瓶當成一種提供安慰的東西，而不是營養的來源。其實安撫奶嘴也能獲得同樣的效果。另外，如果寶寶一煩躁或一哭鬧，父母就餵奶給他，也可能讓寶寶吃得過多。其實，其他安慰寶寶的方法也能達到良好的效果（**請參閱第 65 頁**）。

當寶寶飲食過量時，就會出現比較嚴重的嘔吐，以緩解胃部壓力。（**請參閱第 110 頁有關嘔吐的內容。**）

**把奶嘴上的孔洞調整到合適的大小。**如果奶嘴上的孔洞太小，寶寶會因為喝到的奶太少而哭鬧，

或者因為疲勞，吃飽就睡著了。如果寶寶不得不費力地吸吮，也容易因此吞進大量的空氣，進而導致脹氣。而奶嘴上的孔洞如果太大，孩子就會嗆著，還可能出現消化不良。久而久之，他會對喝奶感到越來越不滿足，還會因此養成吸吮手指的習慣。太快吞咽乳汁也會增加空氣的吸入，因而形成脹氣。

對多數嬰兒來說，最合宜的喝奶速度應該是一瓶奶連續吸吮 20 分鐘左右。如果把裝滿奶的奶瓶倒過來，乳汁應該在一兩秒鐘之內呈細流狀噴射而出，然後開始滴漏，這樣的奶嘴通常比較適合很小的嬰兒使用。如果乳汁不停地噴射而出，那表示奶嘴孔可能太大了。如果一開始就慢慢地滴，那則表示奶嘴孔洞可能太小了。

大多數奶瓶都在奶嘴和奶瓶的接合處設計了小孔，或者有設計其他孔道，以確保孩子在吸吮乳汁的時候，空氣能夠順利進入奶瓶。

很多新奶嘴上的孔洞都太小，不適合小嬰兒使用。這種小孔適合大一點或強壯一點的孩子使用。如果奶嘴孔洞太小，可以用下面的方法把它擴大一點：先找一根合適的（大約 10 號）針，把較粗的一端

插進軟木塞裡。然後拿著軟木塞，把針尖放在火上燒紅，再從奶嘴的尖端刺入，但不要刺得太深，也不一定要從原有的孔裡刺入。不要用太粗的針，也不要刺得太深。檢查新孔洞的大小，一旦不小心把它弄得過大，那你只好扔掉它了。你可以刺出 1～3 個孔洞。如果沒有軟木塞，也可以用布把較粗的這端纏上，或者用鉗子夾著在火上加熱。

**奶嘴孔堵塞。**如果你經常因為堵塞的奶嘴孔而心煩，可以考慮購買那種「十」字切口的奶嘴。這種奶嘴不會漏出奶來，切口的邊緣通常是閉合的，只有在孩子吸吮的時候才會打開。也可以用一個消過毒的剃鬚刀片在普通奶嘴上切出十字形切口。首先把奶嘴頭捏扁，形成一條窄窄的棱，然後橫著切一刀。再旋轉 90 度把奶嘴捏扁，用同樣的方法再切一刀就可以了。必須注意的是，十字切口的奶嘴不能用來餵食羹狀食物。

**讓寶寶吃得更多。**相當多的寶寶都會出現進食問題。他們失去與生俱來的胃口，對所有食品或多數食品都不感興趣。這類情況十之八九都是因為父母一直督促孩子多吃

而造成的。有時候，這種督促從嬰兒時期就開始了。如果小寶寶或大一些的孩子不想吃了，而父母想辦法讓他多吃了幾口，你似乎覺得自己贏得了什麼，但事實並非如此。這樣一來，孩子只會減少他下一餐的食量。嬰兒知道自己要吃多少，甚至知道自己的身體需要哪些食物。所以沒有必要督促孩子多吃，更何況父母也不會因此獲得什麼好處。相反的，這麼做還將帶來害處，一段時間以後，孩子的食慾就會減退，進而無法獲取身體真正需要的充足營養。

督促孩子多吃不僅會破壞孩子的食慾，使他們的身體消瘦，還會剝奪他們對生活的某些美好感受。嬰兒在 1 周歲以前很容易餓，總是想吃東西。他們吃東西時總是很努力，吃飽後還會因此獲得滿足感，寶寶生來就是這樣。這種從欲望到滿足的過程每天至少要重複 3 次，日復一日。這將讓他們建立起自信心，形成開朗的性格，還建立起對父母的信任感。但是，如果吃飯的時間變成了一種刑罰，喝奶變成一件毫無樂趣的事，他們就會不斷地反抗，還會對吃飯，甚至對旁人產生固執的懷疑態度。

我不是說孩子喝奶的時候只要一停下來，就應該把奶瓶拿走。有的孩子在喝奶的過程中總喜歡休息幾次。但是，當你把奶嘴再次送到他的嘴邊時（不必幫他拍背順氣），如果他顯得毫無興趣，那就表示他已經吃得心滿意足了。

**睡幾分鐘就醒的寶寶。** 如果一個平時喝 150 毫升的孩子只喝了 120 毫升就睡著，幾分鐘以後又醒來哭鬧，那又是什麼原因呢？寶寶這樣醒來很可能是因為胃裡積聚了空氣，或者是腸痙攣，又或者是間發性的煩躁所致。但通常不是因為飢餓，嬰兒感覺不到 30 毫升的差別，睡著以後就更感覺不出來了。實際上，孩子只要喝到平時的一半量就能睡得很好，只不過有時可能會醒得早一點。

如果覺得孩子確實餓了，想喝奶，你當然可以把剩下的配方奶再餵給他喝。但最好還是先假設他不是真的餓了，給他機會重新入睡。你可以拿個安撫奶嘴哄哄他，也可以不給。換句話說，要盡量把下一次餵奶的時間延遲到兩、三個小時以後。但是，如果寶寶真的是餓了，那就應該餵奶。

**只吃半飽的小嬰兒。** 從醫院裡把孩子帶回來以後，有些媽媽可能會發現孩子不愛用奶瓶了。他會在配方奶還剩下大半瓶的時候就睡著。但在醫院時曾聽醫療人員說過，孩子每次都能喝下一整瓶奶。於是，媽媽就會不停地把孩子弄醒，想盡辦法多餵一些。但是，這種努力不但進展緩慢，而且十分艱難，讓人灰心喪氣。這到底是什麼問題呢？原來，這個寶寶可能是那種還沒有完全「醒過來」的孩子（有些嬰兒會在出生後的兩三個星期裡一直都是這樣昏昏欲睡，某天之後就會突然活潑起來）。

你能做的就是讓孩子隨意。即使他吃得很少，只要他不想吃，那就算了。那麼，他會不會等不到下次喝奶就餓了呢？也許會，也許不會。如果他餓了，就餵他喝奶。你可能會說：「這樣我豈不是要沒日沒夜地幫他餵奶了嗎？」其實，情況不一定那麼糟糕。如果你能做到讓孩子不想吃的時候就不吃，讓寶寶自己體察到飢餓感，那他就會慢慢地增加食慾，吃得更多。那時候，他就能睡得更長。你可以試著拉長喝奶的間隔，先到 2 個小時，再到 2.5 個小時，再拉長到 3 個小

時。這樣能幫助他學會多等一會兒，還可以讓他在喝奶時感覺更餓。不要一聽到孩子哭就馬上把他抱起來。稍等一會兒他可能又睡著了。但是，如果他哭得很厲害，就得餵他了。

如果小寶寶神情呆滯或者拒絕飲食，有可能是生病的徵兆。如果你很擔心，就帶著孩子去找醫生檢查看看，聽聽專業人士的建議，尤其對新生兒來說，更應該這麼做。

**一喝奶就哭或一喝奶就睡。** 有些孩子剛喝了幾口配方奶就會哭起來，也有的剛喝幾口就睡著了，原因可能是奶嘴堵住，或者是奶嘴孔洞太小，孩子喝不到奶所致。你可以把奶瓶倒過來，看看乳汁是不是能噴射出來。如果不行，就把奶嘴孔洞擴大一點，再試試看。

**在床上喝奶。** 一旦孩子開始長牙，就要注意不要讓他們含著奶瓶入睡。留在嘴裡的乳汁會加速細菌的繁殖，腐蝕牙齒。有些孩子的門牙已經完全被腐蝕掉了，這種嚴重的健康問題並不少見。含著奶瓶入睡還會引起耳部感染。有時乳汁會順著咽喉後面的耳咽管流向中耳。然後，細菌就會在耳鼓後這些乳汁

裡繁殖，最後造成中耳炎。

6個月以後，很多嬰兒就開始想坐起來了。他們想從父母的手裡搶過奶瓶，自己拿著。有的父母一看到孩子不需要幫助，為了省事就把孩子放在小床上，讓寶寶自己喝奶，自己睡覺。用這種方法哄孩子睡覺看起來似乎很方便，但這不僅會導致蛀牙和耳部感染，還容易讓孩子養成離開奶瓶就睡不著的習慣。當孩子到了 9 個月、15 個月、21 個月的時候，如果父母在孩子睡覺時把奶瓶拿走，他就會大哭大鬧，而且長時間不能入睡。如果你想避免以後出現睡眠障礙的問題，此時就要開始注意，當你讓寶寶自己拿著奶瓶的時候，就要把他放在大腿或者餐椅上。

## 從奶瓶過渡到杯子

**脫離奶瓶的準備。** 有些父母很想在一年之內就讓自己的寶寶改用杯子喝奶。而另外有些父母堅信，應該用母乳或者奶瓶哺育到 2 歲。實際上，這個決定一部分取決於父母的期待，另一部分則取決於孩子自身的條件。

有些寶寶到了五、六個月對吸吮

的興趣就降低了。他們不再像過去那樣會專心喝上 20 分鐘，而是剛喝 5 分鐘就停下來，要不是和父母玩耍，要不就是玩弄奶瓶或自己的手。這些都是孩子可以脫離奶瓶的早期信號。雖然一般情況下都是給奶就喝，但是在 10～12 個月，他們還是會對喝母乳或者用奶瓶喝奶表現得漫不經心。這時寶寶不但會開始喜歡用杯子喝奶，還會一直喜歡下去。

孩子應該在 1 歲左右戒掉奶瓶的主要原因在於，這是孩子最容易接受這個變化的年齡。到了這個年齡，多數孩子都是自己拿著奶瓶喝奶，父母也最好能讓寶寶接管這項工作。但是，你也可以早點讓寶寶學著使用杯子，幫助他們變得更成熟一些。

脫離奶瓶還有其他原因。有的父母只要看見蹣跚學步的孩子手裡拿著奶瓶到處晃，或者用手玩弄著奶瓶，不時地喝上一大口，就會感到心煩。他們覺得，這樣的孩子看起來傻呼呼的，實在不太聰明。另外，學步的孩子在白天總是不時地喝一口奶，這樣很容易導致蛀牙，這種甜甜的液體會包住牙齒，加速細菌的繁殖。而且，學步的孩子也會因為經常有一口沒一口地喝奶，因而也無法好好吃飯，持續喝進去的乳汁會使他們的胃口變得遲鈍，因而影響成長。

**5 個月起就試著用杯子喝奶。**在寶寶 5 個月大時，就可以每天用杯子喝一小口奶。這麼做的目的並不是讓寶寶立刻改用杯子，只是希望在他還沒有變得十分固執之前能夠熟悉杯子，進而形成這樣一個概念：用杯子也能喝奶。

每天在一個小杯子裡倒入大約 15 毫升的配方奶。寶寶一次頂多抿一小口，一開始他不會多吃，但可能會覺得很好玩。當孩子習慣了用杯子喝奶，還可以用杯子餵水和稀釋的果汁。這樣寶寶就會明白，所有的液體都可以用杯子喝。

**幫助寶寶習慣杯子。**一旦開始讓嬰兒學習使用杯子，就要在給孩子吃固體食物時，用杯子餵他幾次。把杯子放到嘴邊讓他喝，還要放在他能看見的地方，這樣他就可以表示還想不想喝。（如果通常在寶寶吃完固體食物的時候才用奶瓶喝奶，就到這個時候再讓寶寶看見奶瓶。）寶寶對你喝的任何東西都會感興趣。如果你喝的東西適合孩

子，可以把杯子送到他的嘴邊，讓他也嚐一嚐。

你也可以讓孩子試試自己的技術。假如寶寶已經 6 個月大，而且抓住什麼都想往嘴裡放，那就可以給他一個能拿得住的，又小又細的空塑膠杯子，或者給他一個附有兩只把手的嬰兒水杯。等他可以拿得很穩的時候，就在他的杯子裡倒入幾滴奶。隨著寶寶拿杯子本領的提升，可以越倒越多。如果寶寶失去了興趣，而且堅決不再自己拿著杯子喝，那也不要催促他。把這件事暫時擱下，等一兩餐飯之後再給他杯子。不要忘了，在剛開始練習的幾個月裡，寶寶總是一次只喝一口。很多寶寶直到 12～18 個月才能學會連喝幾口。浴盆裡是練習用杯子的好地方。

**讓孩子慢慢脫離奶瓶。**你要放輕鬆，遵從寶寶的意願。也許寶寶已經 9～12 個月大，對奶瓶有點厭煩了，所以想用杯子喝奶。這時，你應該逐漸在杯子裡多裝一些奶，並且每次喝奶的時候都讓他用杯子。這樣一來，他用奶瓶喝的奶就會越來越少。然後，就可以在他最不願意用奶瓶的那餐（很可能是午餐或者早餐）放棄奶瓶。一週以

後，再放棄另一次奶瓶餵奶。再過一週之後，放棄第三次。多數嬰兒都最喜歡在晚餐的時候用奶瓶喝奶，所以，這一次也是他們最不願意放棄的。不過也有些嬰兒在早餐時對奶瓶有同樣的依戀。

脫離奶瓶的渴望並不總是穩步增長的。由於長牙或者感冒帶來的痛苦，孩子常常會想再用一陣子奶瓶。這時應該遵從孩子的意願。等他們感覺好一點以後，原本那種放棄奶瓶的渴望就會重新出現。

有一種專門讓孩子脫離奶瓶時期的杯子，它有一個附有扁平嘴的蓋子，可以防止乳汁灑出來，而那個嘴則能夠伸到嬰兒的嘴裡。不久以後，孩子就可以不用這個附嘴的蓋子了。有些父母喜歡這種杯子，因為它能在練習使用杯子的最初幾個月裡防止把奶灑出來，直到寶寶技術純熟為止。有些父母則不願讓孩子從奶瓶過渡到斷奶杯，因為這表示還要再多一個戒斷過程，所以會讓孩子改用無嘴的奶杯。還有一種附有兩個把手的杯子，嬰兒拿著很方便，有的底座還有加重。

**不願意脫離奶瓶的嬰兒。**到了9～12 個月還不願意放棄奶瓶的寶寶們，可能會從杯子裡喝一小口

奶,然後馬上把它推開。還可能會假裝不知道杯子是做什麼用的,讓奶從自己的嘴角流出來,同時露出純真的微笑。他們 12 個月大時可能會有所改變,但很可能一直到 15 個月或更晚的時候,還對杯子抱持著懷疑的態度。你只要在一個他能拿得住的小杯子裡倒入 30 毫升的奶,然後差不多每天都把它放在托盤上,讓孩子主動去喝那些奶。如果他們只想喝一口,那就不要強求他們喝兩口。要表現得好像這件事對你無關緊要一樣。

當心懷疑慮的孩子真的開始用杯子喝一點奶了,你應該更有耐心,因為他可能還要好幾個月才能徹底放棄對奶瓶的依賴。對晚上或睡前的這頓奶,孩子更是難以放棄。很多較晚脫離奶瓶的孩子,直到大約 2 歲的時候還要在睡覺前用奶瓶喝一次奶。那些習慣抱著奶瓶睡覺的孩子更是這樣。

有些一兩歲的孩子不喜歡用舊杯子,如果你給他一個不同形狀或者不同顏色的新杯子,他會很高興。讓他喝一點涼奶有時也能讓他更願意嘗試。有的父母發現,在奶杯裡加一點麥片能讓寶寶覺得新鮮,進而順利地接受。幾週之後,應該逐漸減少麥片的數量,最終停止添加麥片。

**脫離奶瓶時的問題。** 脫離奶瓶時會有問題產生,通常是因為孩子已經對奶瓶產生了情感上的依賴。如果寶寶已經習慣抱著奶瓶邊吃邊睡,那麼奶瓶就不僅僅是食物的來源,還變成了情感安慰的來源。而那些 5～7 個月的時候仍然坐在父母腿上喝奶的孩子,就不太容易形成對奶瓶的依賴,因為真正的父母就在面前。所以,不想讓寶寶養成對奶瓶的持久依賴,以免到 18～24 個月大才能脫離奶瓶,就一定要堅持讓他在父母的懷裡用奶瓶喝奶,不要讓他帶著奶瓶上床睡覺。

如果寶寶在大約 6 個月大時(或者長第一顆牙時)已經養成了抱著奶瓶睡覺的習慣,就要相當重視了,至少應該把奶瓶裡的東西換一換,把配方奶換成水。這樣一來,奶瓶帶來的口腔問題就沒那麼嚴重。如果你逐漸做出這樣的改變,一點一點地用水稀釋晚上要餵的奶,那將可以逐漸讓寶寶在晚上接受白開水,不至於大哭大鬧。從此以後,寶寶可能更容易完全戒掉在晚上用奶瓶喝奶。

**脫離奶瓶時父母的擔心**。有時候，因為脫離奶瓶而擔心的反而是父母。有時孩子會不願意放棄奶瓶，是因為父母擔心孩子用杯子喝奶不如用奶瓶吃得多。比如說，孩子到了 9～12 個月大的時候，每次早餐可以從杯子裡喝到 180 毫升的奶，午餐 180 毫升，晚餐 120 毫升，而且他也不是特別急切地想要奶瓶。但是，如果母親在飯後再用奶瓶餵他，他還會願意再喝上幾十毫升。但我認為，如果 9～12 個月大的孩子每天都能用杯子喝到 480 毫升的奶，而且沒有表現得十分想念奶瓶，那麼，只要父母願意，就可以完全不用奶瓶了。

在第二年，如果父母把奶瓶當成哄孩子的工具，還可能產生另一個問題。比如，每當孩子在白天或夜裡哭鬧的時候，好心的父母就會再幫孩子準備一瓶奶。結果，孩子在 24 小時裡可能喝到 8 瓶奶，大約有 1800 毫升。這樣一來，孩子自然會失去大部分胃口，不想吃飯了。從營養學的角度上來說，孩子一天的總奶量不應該超過 900 毫升，這一點很重要。

你最終下定決心讓孩子脫離奶瓶的原因，不是因為孩子已經過分依賴這個東西，就是因為它正在影響孩子的健康。那就開始行動吧。可以預料，孩子可能會不高興，會憤怒，甚至還有些傷心。但是我認為不必擔心這會造成持續的心理傷害，寶寶比你想像的堅強。

# 4 添加固體食物

## 健康飲食從小開始

寶寶開始吃固體食物，是他走向獨立的一個里程碑。在這個過程中，父母會遇上一生只有一次的機會，幫助孩子養成良好的飲食習慣，保證未來的身體健康。孩子們通常都很容易接受早期的飲食習慣。在追求健康飲食的今天，孩子們當然也很容易適應這類食物。這一點很重要，因為孩子們很容易學到壞習慣。

對口味的偏好是在小時候形成的，而且會一直保持下去。比如，一個人口味的輕重是在嬰兒時期或者兒童早期就已經形成的習慣。攝取太多的鹽會導致高血壓。所以，當父母在孩子的食物裡放鹽的時候（因為父母喜歡放鹽，而不是孩子

的要求），實際上是在增加孩子未來罹患高血壓的風險。

對於高甜度食品的偏好也開始於生命的早期。從小就喜歡吃精緻加工、低膳食纖維、高糖分食品的孩子會在日後面臨諸多健康方面的風險，其中包括心臟病、高血壓、糖尿病和一些癌症。當孩子開始喜歡水果、蔬菜、全穀食物和飽和脂肪含量低的蛋白質食物時，在以後的生活中你會看到良好的回饋。

## 什麼時候，怎麼開始

**什麼時候開始用湯匙吃東西。**寶寶最初的固體食物並不是真正的固體，而是糊狀的。主要問題在於，這些食物是用湯匙餵給孩子，而不是從乳頭裡擠出來的，所以寶

寶的嘴巴需要做出不同的動作，才能吞下這些食物。100 年前，大人要在寶寶 1 歲以後才讓他們吃固體食物。而在其他時代，醫生則是建議在寶寶一兩個月時就早早地讓他們吃固體食物。如今，標準的建議是在寶寶 4～6 個月餵他第一匙固體食物。

為什麼要從這個時候開始呢？首先，寶寶這時比較容易接受新的方式，如果再大一點，孩子會變得更有主見，改變就會更困難一些。第二，固體食物可以增加多種營養，尤其是鐵。過早添加固體食物並沒有什麼好處，而且有人擔心還可能讓孩子超重。母乳或配方奶可以提供多數寶寶在最初 6 個月裡需要的全部熱量。

如果對某種食物有家族過敏史，醫生可能會建議一直等到 6 個月以後，甚至更長的時間，再餵寶寶某些固體食物。因為越晚接觸新食物，孩子越不容易產生過敏反應。

**不要心急。**有的父母一天也不想讓寶寶落後於別的孩子，這常常是過早為孩子提供固體食物的重要原因。這些父母會給寶寶帶來壓力。飲食問題跟孩子成長中的其他問題一樣，並不是越早越好。如果

注意觀察孩子的表現，就能夠看出什麼時候開始嘗試固體食物最合適。一定要等寶寶的脖子能夠挺直的時候再嘗試。寶寶可能會對餐桌上的食物感興趣，還可能想抓你的食物。那時你就可以把一點點食物放在他的舌頭上，看看他會有什麼反應。

嬰兒很小的時候都有一種條件反射，當把固體食物放進他嘴裡的時候，他就會伸出舌頭。如果寶寶的這種反射十分活躍，那就很難順利地幫他餵食固體食物。如果寶寶剛接觸到，哪怕一點固體食物都立刻伸出舌頭，那就不要強迫他非吃不可。可以先等個幾天再嘗試。

醫生通常會建議你，一開始只要餵孩子一匙或者更少的新食物。如果孩子願意吃，再慢慢增加到 2～3 匙。這種循序漸進的做法是為了讓孩子適應這種食物，不至於產生反感。前幾天不妨先讓他淺嚐，等孩子表現出願意接受的反應時再正式餵他。

**固體食物應該放在餵奶之前還是之後？**多數不習慣固體食物的嬰兒都願意喝奶，所以到了喝奶的時候他們就會先要求喝奶。如果他喝不到奶，得到的是一匙別的東

西，寶寶將會非常氣憤。所以，一開始要先餵他母乳或者配方奶。等過了一兩個月，寶寶漸漸懂得固體食物和奶一樣可以解除飢餓的時候，就可以在奶喝到一半時試著加一點固體食物，也可以加在喝奶之前。最後，幾乎所有的寶寶都能高高興興地先吃固體食物，然後再喝點奶當飲料，就像許多大人吃飯的習慣一樣。

**用什麼樣的湯匙？** 一般的湯匙太寬，不適合嬰兒的小嘴，而且大多數吃飯的湯匙也太深了，嬰兒無法把裡面的食物吃乾淨。為嬰兒特製的湯匙將更為合適，你也可以用一個小咖啡匙，那種比較淺的湯匙最為理想。有些父母比較喜歡用塗抹黃油的小刀，或者醫用的木製壓舌板。還有一種湯匙，前端覆蓋橡膠塗層，這是專門為那些愛咬湯匙的長牙期寶寶設計的。對於能夠自己拿著湯匙吃飯的 1 歲寶寶，市面上也有一種前端能透過轉動保持平衡的湯匙。另外，還有一種頭寬把短的湯匙也很好用。

**怎樣餵食固體食物？** 無論你想從哪一餐開始幫孩子餵食固體食物都沒有關係。但是，一定不要在他最沒胃口的那餐餵他。在喝完母乳或者配方奶 1 小時後餵食固體食物往往會比較順利。孩子必須十分清醒，情緒很好，還要樂於嘗試。

開始時每天只餵一次固體食物，等到父母和孩子都適應了以後再慢慢增加。在孩子 6 個月前，最好把固體食物的數量控制在每天 2 餐以內。因為在前幾個月裡，母乳或者配方奶對孩子的營養非常重要。

寶寶吃第一匙固體食物的樣子可能會很有趣。他看起來很困惑，好像還有點噁心，他會皺起鼻子，眉頭深鎖。這不能怪他，畢竟他從沒聞過這種味道，也沒吃過這種東西，還可能從沒用過湯匙。當他吮吸乳頭的時候，乳汁就會自動流到嘴裡。他從來沒有學過用舌頭的前端按住一團食物，然後再往後送到喉嚨裡去。所以，他只是用舌頭啪吧啪吧地舔著上顎，多數麥片都會被他從嘴裡擠出來。這時，得把食物重新送進他的嘴裡。然後，還會有很多食物被擠出來。不要灰心，因為寶寶還是吃進去了一些。父母一定要有耐心，幫助孩子越來越熟練地吃這些東西。

**先餵哪種食物？** 具體的順序不重要。父母通常會先餵孩子米精。你可以把米精和一種孩子熟悉的飲

寶寶的飲食　母乳餵養　配方奶餵養　添加固體食物　營養和健康

料混合在一起，可以用母乳，也可以用配方奶，看寶寶習慣哪種味道。有的孩子喜歡先吃一種蔬菜，那也沒問題。很多寶寶都特別愛吃水果，但是接下來就會拒絕其他不那麼甜的食物，所以還是等寶寶能好好接受其他食物以後再餵他們水果比較好。雖然讓寶寶習慣吃多樣的食物很有好處，但每次只增加一種新的食物還是比較妥當。

如果家族裡有人對食物過敏，最好還是等孩子大一點再讓他吃穀類食品，並且先從稻米、燕麥、玉米或大麥開始。想添加小麥還要再過幾個月，因為小麥比其他穀類食物更容易引起過敏。還應該延遲添加混合穀類食物的時間，在此之前，要確認過寶寶食用其中任何一種穀物都沒有問題。

**穀類食品**。剛開始時，多數父母都會餵孩子特製的即食麥片。這種麥片的種類很多，沖調即可食用，十分方便。這些食品裡大多數都添加了鐵，因為孩子的飲食中很可能缺乏這種成分。也可以讓孩子跟家裡其他人吃一樣的穀類食品。但是，成年人食用的穀物不應該成為孩子飲食的主體。因為其中的鐵質不能滿足寶寶成長的需要。

如果先餵孩子穀類食品，沖調時最好要比說明上要求的更稀一點。這樣，孩子就會對它的樣子更熟悉，也更容易吞嚥。另外，很多嬰兒都不喜歡黏稠的食物。

用不了幾天，就能看出寶寶是不是喜歡穀類食品了。有的嬰兒好像很清楚：「這種東西雖然有點奇怪，但是很有營養，我得吃。」隨著時間一天天過去，寶寶會越來越喜歡這種食物，就像巢裡的小鳥一樣，會早早地張著嘴巴等著餵食。

也有一些嬰兒從嚐過穀類食品的第二天起就認定它不好吃。第三天，他們就更不愛吃了。如果你的寶寶有這種情況也不要著急。如果不顧他的意願逼著他吃，寶寶就會更加反感，你也會更加生氣。再過一兩週，他就會變得非常警惕，甚至連奶瓶也不願意接受了。所以，每天只餵給孩子一次穀類食品，而且不要給得太多。在他習慣之前，每次只用匙尖盛一點餵他就可以了。還可以在裡面加一點水果，看看他會不會更喜歡。如果過了兩三天，你想盡了辦法，他還是堅決不吃，就乾脆過兩三週再說。如果你再次嘗試的時候他還是拒絕不接受，那就要向醫生說明情況並諮詢。

如果在孩子剛開始吃固體食物的時候，父母就對他過於督促壓迫，那就大錯特錯了。有時候，長期的飲食障礙就是這樣開始的。就算這種障礙不會持續下去，不必要的爭執對父母和孩子也非常不利。

如果寶寶不吃穀類食物，可以先餵他吃一些水果。嬰兒第一次吃水果的時候也會感到困惑。但是過不了兩天，所有的孩子都會喜歡吃水果。兩週以後，他們會覺得所有用湯匙餵的東西都很好吃。這時候就可以開始餵穀類食品了。

**蔬菜。** 等孩子習慣了穀類食品和水果，或者兩樣都習慣了以後，通常就可以在孩子的食譜裡加入煮熟的蔬菜泥了。在添加水果之前先讓孩子熟悉蔬菜，可能對避免孩子偏愛甜食會有好處。一開始讓孩子吃的蔬菜通常是豇豆、豌豆、南瓜、紅蘿蔔、甜菜和地瓜等。

還有一些蔬菜也可以讓孩子吃，比如青花菜、花椰菜、高麗菜、蘿蔔、羽衣甘藍和洋蔥等。但如果像平常那樣的烹調方式，味道將會很濃烈，很多嬰兒都不喜歡吃。如果家人喜歡這些蔬菜，就要盡量把它們的汁液濾乾，再餵給孩子吃。也可以再加上一點蘋果汁來中和強烈的味道。一開始不能讓孩子吃玉米，因為玉米粒上的厚皮可能會讓孩子哽住。

可以讓孩子吃新鮮或冷凍的蔬菜，煮熟、濾乾都可以，還要用食物調理機、攪拌棒或榨汁機弄成泥狀。市面上賣的瓶裝嬰兒蔬菜泥也是不錯的選擇。但是要買純蔬菜成分的，不要買混合的。如果你不打算一次用掉一整瓶，就不要直接用湯匙從瓶子裡盛出來餵孩子，因為唾液會使食物變質。如果孩子願意吃，就餵他幾匙或者半瓶蔬菜泥。剩下的冷藏好，第二天再餵給孩子吃。要注意，煮熟的蔬菜很快就會變質。

嬰兒對蔬菜比對穀物類食品和水果更挑剔。你可能會發現有一兩種蔬菜孩子非常不喜歡。不要費力地勸他吃，可以每隔 1 個月左右就試試看。有很多蔬菜可以選擇，沒必要為一兩種蔬菜小題大做。

孩子剛吃蔬菜時，大便裡會出現沒有消化的蔬菜，這很正常。只要大便不稀，沒有黏液，就不是什麼不好的現象。但是，要循序漸進地增加每種蔬菜的分量，直到孩子的消化系統能夠處理這類蔬菜為止。如果某種蔬菜引起了腹瀉，或者孩

子的大便裡出現了很多黏液，那就暫時不要餵食這種蔬菜，等 1 個月後再少量餵食試試。

甜菜會讓尿液顏色變深，還會讓大便變紅。如果你知道這是甜菜在作怪，而不是血，就沒什麼可擔心的了。綠色蔬菜常常會把糞便變成綠色。菠菜會讓一些孩子嘴唇乾裂，肛門周圍紅癢。一旦出現這種現象，就要停餵菠菜幾個月，然後再試。吃了很多橘子或黃色蔬菜的寶寶，皮膚經常會泛出黃色或橘黃色。紅蘿蔔和南瓜都屬於這類黃色蔬菜。這種情況對寶寶並沒有危險，一旦寶寶不再吃黃色和橘黃色蔬菜，皮膚的顏色就會恢復正常。

**水果。**有的醫生主張把水果當作第一種固體食物，因為嬰兒通常都很樂意接受。但也有醫生不鼓勵孩子偏愛甜食。

在孩子能夠吃固體食物的時候，通常都可以餵一些蘋果汁，一開始要稀釋一下。醫生會告訴你什麼時候可以餵這種果汁。（橘子汁和其他柑橘類果汁常會引起皮膚疹，所以最好晚一點再餵，通常到了 1 歲左右就可以了。）

一般情況下，如果嬰兒適應了穀類食品，也適應了蔬菜，那麼幾週以後就可以幫他補充一些水果，作為第二種或第三種固體食物。孩子們常吃的水果包括蘋果、桃子、梨、杏和李子。在寶寶 6～8 個月期間，除了熟透的香蕉以外，其他水果都應該煮熟以後再給他們吃。可以購買瓶裝的現成嬰兒食品，但是自己幫孩子製作食物不但很容易，還很便宜。只要把水果放進鍋子裡燉爛，再搗成糊狀（也可以使用食物調理機）就可以了。要確保自製的食品很柔滑，沒有會噎住孩子的硬塊。熟透了的香蕉不需要蒸煮，只要弄成糊狀餵孩子吃就可以了。

要看清楚標籤上的說明，最好是百分之百的水果（糖漿醃漬的水果則可以用來緩解寶寶大便乾硬的問題）。

無論哪一餐飯餵食水果都可以，甚至可以根據孩子的胃口和消化的情況，一天餵 2 次。孩子愛上水果以後，可以逐漸增加分量。大多數嬰兒一次吃半瓶嬰兒果泥就夠了。剩下的半罐可以留到第二天再餵。如果冷藏得當，水果可以保存 3 天。但是，如果你不打算一次把一瓶果泥餵完，那就不要直接用湯匙從瓶子裡盛裝果泥餵寶寶，因為被

湯匙帶進容器裡的唾液很快就會使食物變質。

我們經常聽說水果有通便的功效，但是，包括幼兒在內的大多數人，食用上述水果（除了李子和李子汁，偶爾還有杏）以後並沒有明顯的腹瀉或者急性腹痛的現象。李子幾乎對所有嬰兒來說都有輕微的通便作用，所以對於那些容易大便乾硬和便秘的人來說，是一種具有雙重價值的食物。如果嬰兒需要通便，又喜歡水果，那麼每天都可以餵一餐李子泥或李子汁，其他幾餐飯中再安排別的水果。

如果寶寶出現了腹瀉的現象，那兩三個月內就別再讓孩子吃李子和杏了，每天只要給他吃一次別種水果就可以了。

在大約 6 個月以後，除了香蕉以外，還可以讓寶寶直接吃些新鮮的水果，比如用湯匙刮下來的蘋果泥、梨子泥、酪梨泥等。（為了避免孩子噎住，草莓類水果和葡萄通常都應該等到 2 歲以後再讓孩子吃。到了那個時候，也應該把這些水果打碎了餵他，孩子 3 歲之前都應該這樣做。）

**高蛋白食物。**孩子熟悉了穀物、蔬菜和水果以後，就可以餵其他食物了。可以把小扁豆、鷹嘴豆和雲豆等豆類食物煮得很軟，讓孩子試試。如果是罐裝豆子，就要徹底沖洗以去除一些鹽分。一開始餵煮熟的豆子時，只要一點就可以了。如果你發現孩子的屁股上起了些皮膚疹，而且大便裡還有尚未消化的豆子，那就等幾個星期後再餵。一定要確保這些豆子都煮得很軟。豆腐也是很好的選擇。很多嬰兒都願意一小塊一小塊地吃，或者用蘋果醬等果醬、蔬菜拌著吃。

對於豆類和豆科蔬菜來說，購買乾燥的產品會比較方便，也比較經濟。只要把豆子泡上一夜，再熬煮到想要的程度就可以了。（雖然需要一定的時間，但其實很容易。**請參閱第 286 頁。**）如果你選用罐裝豆子，就要將它們倒出來好好沖洗，才能去掉一些鈉。儘管如此，還是不像自己熬煮的豆子那樣完全沒有鈉含量。

有些人把肉食、魚類、禽類、蛋類，或者乳製品作為蛋白質的主要來源。但現在許多營養學專家都認為，這些產品對人類不是很有益（**關於這個問題的更多內容請參閱第 282 頁**）。從小就對這些食物感興趣的孩子，成年以後將會為這些

食物裡所含的脂肪、膽固醇和動物蛋白付出代價。無論你是否想把孩子培養成嚴格的素食主義者，你都有理由儘早選擇素食，以便幫助寶寶享受這些食物的好處。

很小的嬰兒吃肉需要特別注意。禽類、牛肉、豬肉和其他肉類往往都含有能導致嚴重感染的細菌。近年來，這些疾病的流行程度已經高到值得警惕。嬰兒對這些疾病比成年人更敏感。任何肉類食品都必須徹底煮熟，不能有留有一點未煮熟的粉紅色。同時，生肉接觸過的任何表面或器皿都必須用肥皂和水仔細地清洗。（**請參閱第 373 頁「食物中毒」，以便了解更多關於食品安全的內容。**）

**蛋類。**蛋類可以成為寶寶食譜裡其中一個健康選擇，但最好還是等孩子長到一歲以後再讓他吃。蛋黃裡含有健康的脂肪、熱量、維生素和鐵質，當蛋黃和含有維生素 C 的食物同時食用時，人體對蛋黃中鐵的吸收效果是最好的。富含維生素 C 的食物包括橘子或其他柑橘類水果、番茄、馬鈴薯和哈密瓜。最好等寶寶接受了這些食物之後再添加蛋黃。蛋黃中含有大量膽固醇，但是目前還沒有明確的證據顯示對寶寶有害（**請參閱第 288 頁**）。蛋白會讓一些寶寶過敏，尤其是那些有家族過敏史的孩子，所以我們要再次強調，最好晚一點再幫孩子添加蛋白。（豆腐的鐵含量相當高，又不含膽固醇，而且不那麼容易引起過敏。）

**正餐食品。**市場上有各式各樣的瓶裝嬰兒「正餐」食品，通常都含有少量的肉和蔬菜，再搭配上大量的馬鈴薯、稻米或大麥。因為有時會出現過敏，所以要慎選這種混合型的食品。除非寶寶已經分別吃過了其中每一種食物，都沒有過敏反應，否則就會很難查出問題出在哪種成分上。如果買的是單一品項的瓶裝蔬菜、穀物、豆子和水果，就能明確知道寶寶每一種食物到底吃了多少。

## 6 個月以後的飲食

**一日兩餐還是三餐？**到了 6 個月大的時候，寶寶就可以吃穀類食品、各種水果、蔬菜和豆類食品了。他每天可以吃一餐、兩餐或三餐固體食物。對於比較容易感到飢餓的寶寶來說，早餐通常可以安排一些穀類食品，午餐可以吃蔬菜、

豆腐或者煮得很軟的豆子，晚餐吃穀類食品和水果。沒有一成不變的規則，完全取決於家庭的便利條件和寶寶的食慾。

比如，孩子不太餓，就可以在早上餵一點水果，中午餵一點蔬菜、豆腐或者豆子，晚上只餵一些穀類食品。對於容易出現便祕的孩子，可以在每天晚上同時和穀類食品一起餵食一些李子，在早飯或午飯時餵另一種水果。也可以讓孩子在晚飯的時候跟家人一起吃一些豆子和蔬菜，午飯時吃穀類食品和水果。

許多喝母乳或配方奶的孩子都是在6個月時才開始吃固體食物。他們的消化系統和飲食興趣比4個月時更加成熟，可以更快地嘗試新食物，而且馬上就可以讓他們向一日三餐邁進。

**用手抓食物。**孩子到了六、七個月時，就會想自己用手抓著食物吮吸或者啃咬，他們已經可以做到了。這是一種很好的鍛鍊，可以為孩子在1歲左右自己用湯匙吃飯，立下良好的基礎。如果孩子從來都沒有機會用手抓東西吃，也就不會那麼想試著用湯匙了。

從習慣上來說，給孩子的第一種手抓食物就是全麥的麵包片或吐司，一小塊乾燥的百吉餅也很好。嬰兒可以用他們光禿禿的牙床吮吸、啃咬食物。他們可能會因為長牙而感到牙齦刺痛，於是喜歡咬東西。當唾液慢慢地把麵包或吐司浸濕泡軟的時候，有些食物就會被磨下來或者溶化到嘴裡，這些東西足以讓孩子們覺得有所收穫了。當然，多數食物最終都會沾在他們的手上、臉上、頭髮上，還有傢俱上。磨牙餅乾通常都含有多餘的糖分，容易讓孩子養成偏愛甜食的習慣。所以，最好還是幫助孩子習慣並且喜歡不太甜的食物。

到8～9個月，大多數孩子都已經形成了良好的協調能力，可以撿起很小的東西。這時候，你可以餵他們吃小塊的水果，或者是煮熟的蔬菜、成塊的豆腐。把這些食物放在寶寶餐椅的盤子上，讓他自己用手抓著吃。（也是在這個年齡，必須確保地板上沒有可能導致孩子窒息的危險物品。有個值得推薦的判斷方法，就是如果某個東西能夠放進衛生紙中間的圓筒裡，那麼這個東西就是危險的。）

有些嬰兒喜歡吃父母盤子裡的東西。也有些嬰兒會拒絕父母拿給他們的食物，但是，如果讓寶寶自己

抓著吃，他們就會變得興致勃勃。很多孩子都喜歡把所有東西一下子塞到嘴裡。所以開始時，最好一次只給他們一塊食物。

不論有沒有牙齒，寶寶幾乎都能對餐桌上所有食物應付自如。幾乎所有孩子 1 歲時，都可以不再食用現成的嬰兒食品，轉而自己用手抓著家人的食物吃。此時要注意把食物切成合適的塊狀，也不要讓他們吃太硬的東西，避免窒息的風險。

**泥狀食物和塊狀食物。**6 個月以後，你可能希望寶寶能夠適應塊狀食物或者剁碎的食物。如果孩子過了 6 個月很久還只吃糊狀食物，就會越來越難接受塊狀的食物。人們以為，只有孩子長出一定數量的牙齒之後，才能處理塊狀食物，但事實並非如此。其實，他們能夠用牙床和舌頭把煮熟的塊狀蔬菜或者水果磨成糊狀，還能把全麥麵包和吐司「嚼爛」。

有的孩子似乎生下來就比別的孩子更厭惡塊狀食物。也有些嬰兒和大一點的寶寶，一見到顆粒狀的食物就噁心。之所以有這種結果，通常不是因為父母讓他吃剁碎的食物時太突然、太晚，就是因為孩子在不想吃某種食物的時候，一直被父母強迫著吃。

過渡到剁碎的食物時有兩點必須牢記。第一，要慢慢改變。比如，第一次讓孩子吃剁碎的蔬菜時，要用叉子徹底攪爛。不要一次就往孩子的嘴裡餵太多。當寶寶習慣了這種濃度的時候，再逐漸減少攪拌。第二，要允許寶寶用手拿起小塊的食物，自己放進嘴裡吃。當孩子還不適應的時候，如果把一整匙塊狀食物放進他們嘴裡，他們就會無法忍受。

所以，孩子 6 個月左右，就應該著手進行這種飲食的調整。可以把為家人準備的煮熟蔬菜、新鮮或燉熟的水果攪爛切碎給孩子吃。或者，也可以買一些嬰兒專用的瓶裝碎塊食品。不必把所有的食物都切成碎塊，但是每天都讓孩子吃一些塊狀食品將會有很大的好處。

若要給孩子吃肉，就要細細磨碎、剁碎。大多數孩子都不愛吃肉塊，因為咀嚼起來很費力。即使是一小塊肉，他們也都要咀嚼很長時間而沒有任何收穫。另一方面，寶寶也不敢像大人那樣，嚼煩了就直接把一大塊肉吞下去，這樣可能會導致窒息。所以應該避免或延遲肉類的食用。

多數孩子都喜歡吃馬鈴薯、通心粉和米飯，而且這些食物也可以和其他食品搭配食用。全麥通心粉和糙米比精緻穀物含有更多的膳食纖維和維生素。另外，孩子還需要補充一些其他穀物，比如麥片和藜麥作為調劑。

**自製嬰兒食品。** 許多父母都願意自己製作嬰兒食品，有的始終如此，有的偶爾為之。這樣做比較安全、衛生，可以有效掌握各種成分的搭配和烹調方法，還可以自主選用新鮮和富含有機質的食物。另外，自製食品也比買來的食品便宜實惠。

你可以一次製作一大批選好的健康食物，然後煮成孩子目前喜歡的濃度。如果願意，也可以加一點水，或加一點母乳或配方奶。按照每次的食用量分裝在冰盒裡冷凍，或者放在烘製餅乾的烤板上冷凍，儲存在塑膠保鮮袋裡，以便隨時取用。為 1 歲以下寶寶準備的食物不應該放調味料。

你可以用一個小的煎蛋鍋、雙層蒸鍋或微波爐重新加熱小份食物。餵孩子吃之前，一定要把食物拌勻，還要試好溫度（用微波爐的時候尤其要注意這一點）。用微波爐加熱的食物容易冷熱不均，即使上一匙不熱，下一匙也可能會把孩子燙傷。當孩子開始吃餐桌上的食物，父母就應該讓他少吃鹽或糖。最早對食物的體驗會讓孩子形成什麼東西好吃的印象，因此一開始就吃健康的食物十分重要（這也是避開精緻加工食品的另一個理由，這類食品的含鹽量通常都很高）。一個小小的手持型食品調理機就能很方便地幫助寶寶分享大人的食物。

**市售的嬰兒食品。** 最早生產的瓶裝嬰兒食品只包含一種蔬菜，一種水果或者一種肉。現在許多廠商都偏好生產蔬菜跟澱粉混合、水果跟澱粉混合，以及包含澱粉、蔬菜和肉類的「正餐」食品。他們用的澱粉通常都是由精製米飯、精製玉米和精製小麥製成的。要知道，任何穀物經過精緻加工後都會喪失一部分維生素、蛋白質和膳食纖維。

嬰兒食品公司為了讓產品對寶寶和他們的父母更有吸引力，多年來都習慣在產品中添加糖和鹽。但是因為醫生、營養學家和家長的強力反對，這種做法已經在很大程度上被制止了。

購買瓶裝嬰兒食品的時候，要仔細閱讀標籤上的小字部分。比如

「奶油豇豆」下面可能會有「玉米澱粉豇豆」的字樣。所以要盡量選購純水果或純蔬菜食品，確保寶寶能吃到營養充足又豐富的食品。同時，又不至於攝取太多的精製澱粉。另外也請盡量不要購買加糖或者加鹽的瓶裝食品。

一開始不要讓孩子吃玉米澱粉布丁和果凍類甜食。這兩種食品的營養不適合寶寶，而且都含有大量的糖。讓孩子吃濾過渣的水果。不曾嚐過精煉糖味道的嬰兒會覺得水果很香甜。

**被固體食物哽住。** 在適應塊狀食物的過程中，所有嬰兒都會出現被哽住的現象，這就像寶寶學習走路的時候難免都會摔跤一樣。在孩子 5 歲以前，最容易讓孩子哽住的 10 種食物是：

1. 熱狗
2. 糖塊
3. 花生
4. 葡萄
5. 肉塊或肉片
6. 生紅蘿蔔片
7. 花生醬
8. 蘋果塊
9. 小甜餅
10. 爆米花

你可以把這樣的食物切得很碎（比如葡萄、蘋果、肉類）或者碾成末，這樣就安全多了。花生醬抹在麵包上吃要比用湯匙餵著吃或用手抓著吃更安全。這些食物中有一些最好還是徹底避開（比如熱狗、糖塊），因為它們對孩子完全沒有好處。

孩子被哽住後，通常都能自己吐出來或吞下去，根本不需要任何幫助。如果寶寶不能馬上把食物吐出來或吞下去，而你能從孩子的嘴裡看見卡住的食物，那你可以用手指把它摳出來。但如果你看不見卡住的食物，可以讓孩子臉朝下，屁股朝上趴在你的大腿上，用你的手掌在他的肩胛骨之間連續拍幾下。這樣通常都能解決問題，然後孩子就又可以繼續吃飯了。（**關於食物哽住的應變方法，請參閱第 377 頁。**）

有些父母非常擔心孩子被哽住以後無法處理，所以一直不敢讓孩子吃固體食物或用手抓食物吃。其實，孩子在很早以前就可以吃這些東西了。出現這類問題的原因不是孩子的咀嚼能力和吞嚥能力不夠，而是當孩子大笑、哭叫或者驚訝時突然深呼吸導致的。這樣的深呼吸

會把食物直接吸到肺裡，阻塞氣管
或者導致肺塌陷。

　　但這並不意味著 5 歲以下的幼兒
就不能吃這些食物了。孩子吃東西
的時候應該坐在飯桌前，由大人仔
細地照看。鼓勵孩子細嚼慢嚥，還
要把漢堡、熱狗、葡萄和類似的食
物切成更小的碎塊。

寶寶的飲食

母乳餵養

配方奶餵養

添加固體食物

營養和健康

# 5 營養和健康

## 什麼樣的營養最好

對父母來說，會很自然地選擇讓孩子吃自己小時候吃過的食物。飲食的傳承和語言一樣，是文化組成中的一個重要環節——食物會把家庭凝聚在一起，也把現在和過去聯繫在一起。但是我們已經知道有些食物比其他食物更有利於健康。對營養和健康了解得越多，就越會毅然決然地改變自己的飲食，同時也改變我們給孩子的食物。

我們對營養影響健康的認知越來越高。實際上，隨時隨地都會有許多關於營養的資訊，我們很容易因此陷入迷惑。如果你真的聽從每一個新的建議，那你將根本不知道該吃什麼。

然而，有一些幾乎每個人都認同

的基本觀念就是健康飲食應該含有較少的飽和脂肪和精製糖，同時含有較多的複合碳水化合物、精益蛋白質和不飽和脂肪。簡單的食物（穀物、水果和蔬菜）可以提供複雜的營養組合，會為童年時期和以後的人生健康護航。如果能用一種定時、規律又愉悅的方式提供有益健康的食物，就可以確保寶寶攝取足以滿足自身需要的營養。

以下內容能夠幫助你弄清楚，怎樣才能把這些原則有效運用在寶寶和家人身上。

對食物的偏好是在童年時期養成的，如果大人總是愉快又定時地提供多種健康食物，孩子就會學著去喜愛這些食物。關鍵在於要讓健康食物成為家庭飲食的常規組成部分，不要過分強調它們「有好處」

271

（這句話明顯在暗示「沒有人真正愛吃這些」）。如果對孩子說：「如果你吃了這些青花菜，我就給你一些甜點。」這樣只會讓寶寶討厭青花菜。如果健康食物成為家庭常規食譜裡的重要組成，那孩子們就會自然接受其中大部分的食物。

## 整個社會都需要改變

成年人的許多疾病，包括心臟病、中風、高血壓、糖尿病以及一些癌症，都跟典型北美飲食中過量的動物脂肪和高熱量有關，肥胖症就更不用說了。成年人的健康狀況就是最有說服力的證明。更主要的是，在這些疾病當中，有很多都是童年時代留下的病根。早在 3 歲時，許多美國兒童的血管裡就有脂肪沉積了，這是走向心臟病和中風的第一步。在 12 歲的美國孩子裡，大約 70%都會表現出血管疾病的早期症狀。而幾乎所有 21 歲的美國青年都存在這個問題。再過不久，高血壓和其他病症就將為他們帶來痛苦。此外，肥胖症就像一種流行病，正在美國孩童中蔓延，這帶來生理和心理的雙重問題。嚴重肥胖的孩子更容易罹患糖尿病和關節疾病。此外，他們也經常在人際交往中遇到困難。

在養成孩子健康飲食習慣的過程中，難免會遇到很多困難。比如說，孩子也許對不健康食品帶來的危害並不特別關心，學校的餐食可能跟家裡準備的飯菜不一樣。而且，電視媒體也會為孩子帶來錯誤的資訊。讓我們看看那些五光十色的兒童食品廣告宣傳的都是什麼：洋芋片的廣告比比皆是，對孩子們進行瘋狂轟炸的都是些裹著糖衣的穀物食品廣告，還有高脂肪的垃圾食品廣告。即使是還不識字的孩子，也知道這些朗朗上口的廣告詞。難怪他們始終堅信高脂肪食品才是最好的。

精緻加工食品產業每年都要投入大約 1200 萬美元，向兒童推銷自己的產品。有些國家規範了這種活動，但是在美國，當以食品的名義出現時，該對孩子說什麼和賣什麼的限制就消失了。

看電視和肥胖之間的關係非常密切：孩子看的電視越多，就越容易變胖。為健康著想只是限制孩子看電視的諸多好處之一（**要了解更多關於電視的資訊，請參閱第 517 頁**）。當然，我們給孩子吃什麼只是問題的一個面向，我們還必須找

到更好的方式把體育鍛鍊融進自己的生活，也融進孩子的生活。比起父母說了什麼，孩子們往往更關注父母做了什麼，這是一條通行無阻的鐵則。因此，如果希望孩子的生活有一個健康的開始，好在未來可以透過堅持良好的飲食和保持勻稱的體型來延續健康狀態，那麼父母就要以身作則，成為孩子的榜樣。

## 營養的構成

在考慮給孩子吃什麼的時候，可以想一想食物中比較重要的化學物質，及其對身體的作用。

**熱量。**熱量本身並不是真正的營養。它是蛋白質、碳水化合物和脂肪中所含的能量單位。每克蛋白質和碳水化合物當中大約含有 4 卡路里熱量；每克脂肪和植物油中含有 9 卡路里熱量，大於蛋白質或碳水化合物的兩倍之多。所以少量脂肪的熱量就可以維持很長一段時間。

孩子的成長需要熱量，熱量也為身體提供燃料。一個人需要多少熱量呢？要視情況而定。孩子（1～3歲）只需要 900 卡路里。一般活潑的年輕人可能需要 3900 卡路里，

運動員則需要更多。女性和不同年齡的兒童所需要的熱量介於這兩個數值之間。當孩子攝取適當的熱量時，他們就會正常生長，而且會有大量的精力學習和玩耍。計算熱量是很浪費時間的事。整體來看，我們的身體可以精確判斷什麼時候需要更多能量，什麼時候熱量已經夠用了。

除了熱量總數外，熱量的來源也很重要。標準的建議是，兒童大約50%的熱量應該從碳水化合物中攝取，大約 30%的熱量從脂肪中攝取，另外有大約20%來自蛋白質。這些都是非常粗略的平均數。這些數字為個別差異的存在留有很大的彈性空間。如果飲食中含有符合這個比例的相應食品種類，那就能為大多數孩子提供成長所需的能量。

**複合碳水化合物和單一碳水化合物。**這兩種碳水化合物指的是澱粉和糖類，是為寶寶提供能量的主要來源。複合碳水化合物只有被分解之後才能被人體吸收和利用，所以能提供相當持久的能量。蔬菜、水果、全麥穀物和豆類都是複合碳水化合物的主要來源。單一碳水化合物，比如蔗糖和蜂蜜能夠很快提供能量，但是因為很容易被吸

收，所以不能長時間抵擋飢餓。單一碳水化合物吸收得很快，而且會使血糖迅速升高，人的身體就會做出分泌胰島素的反應。胰島素可以使血糖降回標準。而容易引起身體這種反應的食物，也就是血糖指數偏高的食物。血糖的快速升降會讓有些孩子易怒，還可能增加孩子對甜食的渴望。

蔬菜、整個的水果（不是果汁）、穀物和豆類都是複合碳水化合物的絕佳來源。含糖食品和精緻加工食品，比如糖果、甜甜圈和白麵包等，提供的都是「空熱量」。也就是說，這些食品提供的熱量幾乎或根本沒有營養。它們可以暫時滿足身體對熱量的渴望，卻滿足不了身體對營養的需求。結果就是孩子很快又會覺得飢餓。單糖還會為引發齲齒的細菌提供養分。

**脂肪、脂肪酸和膽固醇。**脂肪和油脂（液態脂肪）可以提供能量，還能提供身體成長的原料。脂肪的熱量是相同質量碳水化合物或者蛋白質的兩倍。以自然狀態出現在食物當中的脂肪主要有兩種：飽和脂肪和不飽和脂肪。飽和脂肪是固態的，主要存在於肉類食品和乳製品中。不飽和脂肪是液態的，主要存在於素食當中，尤其是各種堅果、種子和植物油中。第三種脂肪是人造的：反式脂肪，透過氫化過程將植物油加熱所製成，它的另一個名稱叫做「氫化植物油」。這些脂肪會出現在人造奶油、起酥油和商業化烘焙的產品當中。

健康飲食提供的熱量大約有 30% 是以脂肪的形式存在的，其中不飽和脂肪（20%）是飽和脂肪（10%）的兩倍，不含反式脂肪。飲食中含有的飽和脂肪越少，對身體越好，因為飽和脂肪和反式脂肪（這兩種脂肪在室溫下都呈現固態）都容易引起動脈硬化，而不飽和脂肪則會產生相反的效果。

身體從飲食中攝取脂肪，把它們分解成各種成分（脂肪會分解成脂肪酸），再按照自身的需要來利用這些成分。細胞壁和大腦裡很大一部分都是由脂肪構成的。少數幾種脂肪是必需的，也就是說，飲食中必須包含這些脂肪。因為人體不能自行產生這些物質。兩種主要的必需脂肪酸是亞油酸和丙氨酸，它們分別屬於 Omega-6 和 Omega-3 脂肪酸。身體利用這些脂肪酸製造一長串化學物質，其中包括 DHA 和 EPA。這兩種物質對大腦和身體其

他部位都很重要。

必需脂肪酸的豐富來源包括魚油、豆製品（比如豆腐和豆漿）、堅果和種子類食品，以及許多綠葉蔬菜。魚類和亞麻仁、核桃、菜籽油和大豆中含有特別豐富的丙氨酸。（大多數天然食材店都可以買到亞麻籽。把亞麻籽放在水果奶昔、沙拉和早餐穀物中，風味會更好。）

最後談談膽固醇。膽固醇是組成細胞和激素很重要的一部分，但是過多的膽固醇容易堆積在血管壁上，會導致高血壓、中風和心臟病。膽固醇會跟某些蛋白質相結合形成脂蛋白。有一種脂蛋白（LDL，低密度）會把膽固醇運送到血管壁上，膽固醇就會在那裡堆積。因此，LDL 被稱為「壞膽固醇」。另一種脂蛋白（HDL，高密度）會把膽固醇從血管壁上帶回到肝臟，在肝臟中分解。因此 HDL 就被稱為「好膽固醇」。

雖然人體內的大多數膽固醇都是身體自行產生的，但飲食也很重要。如果飲食當中膽固醇含量很高，就容易導致低密度膽固醇偏高，因而提高罹患心臟病的風險。降低飲食中的膽固醇很容易，只要少吃肉就可以了。動物性食物是唯一一種含有膽固醇的食物，植物根本不會產生膽固醇。任何一種完全由植物製成的食物都不含膽固醇，就是這麼簡單。

**蛋白質**。這些物質不僅是能量的來源，還是身體的主要構成原料。比如，肌肉、心臟和腎臟在很大程度上都是由蛋白質和水構成的。由蛋白質基質構成的骨骼充滿了礦物質。幫助身體實現各種化學過程的酶就是一種蛋白質。以此類推，蛋白質是由一種稱為氨基酸的物質構成的。當人吃了含有蛋白質的食物時，身體首先會把它們分解成氨基酸，然後利用這些氨基酸來製造自己的蛋白質。

為了製造蛋白質，人體首先需要一整套氨基酸。如果某些氨基酸供應不足，那麼製造蛋白質的過程就會減緩，剩下的氨基酸會作為燃料消耗掉，以脂肪的形式儲存起來，或者透過尿液排出體外。這就是為什麼對於一個正在生長的孩子來說，每天攝取的食物都要提供所有必需的氨基酸。完全的或高品質的蛋白質包含了所有必需的氨基酸。肉和豆類食物都是完全的蛋白質，一種穀物和一種豆類食物結合在一

起（比如花生醬和全麥麵包）食用，也可以提供完全的蛋白質。非肉類的蛋白質有一個好處，那就是它含的飽和脂肪較少，而且不含膽固醇。這兩種物質在肉裡的含量都很高。

**孩子需要多少蛋白質呢？** 那要依照他們的體型、性別和成長階段。當他們快速成長的階段，需要的蛋白質比較多，蛋白質的品質也很重要。有些蛋白質食物比另一些食物更容易徹底消化。大約每公斤體重每天需要 1 克蛋白質。當然，心智健全的父母都不會緊盯著數字不放。在餐桌上，一個成年人一份肉的量（一餐的分量）只有一副撲克牌那麼大，或一隻手掌的大小。兒童因為身材較小，需要也比較少。所以給孩子一小份的優質蛋白質食品就足夠了，他已經可以從中得到所需的蛋白質。

**膳食纖維。** 蔬菜、水果、全麥食品和豆類裡含有大量重要的營養物質，但我們的腸道卻不能消化和吸收這些物質。膳食纖維扮演著非常重要的角色。飲食中缺乏膳食纖維的人容易便秘。比如那些愛吃牛奶、肉類和蛋類的人，因為結腸中的刺激物質太少，不能形成健康的

腸蠕動。膳食纖維還可以幫助維持腸道和結腸的健康。現在看來，罹患大腸癌的主要因素之一就是我們的飲食過於精緻，所以體內缺乏膳食纖維，因而導致排便緩慢。膳食纖維也有助於降低膽固醇。砂糖和精製麵粉這類精緻的穀物幾乎不含膳食纖維，而肉類、乳製品、魚類和家禽類則根本不含膳食纖維。

**礦物質。** 鈣、鐵、鋅、銅、鎂、磷等多種礦物質都在身體結構和活動中扮演著非常重要的角色。全天然、未精緻加工的食品中都含有寶貴的多種礦物質。穀物精緻加工後會損失一些礦物質成分。烹煮蔬菜不會改變它們的礦物質成分，但會減少某些維生素的含量。幾乎所有的食物都富含磷和鎂，所以除了極特殊的情況之外，根本不必擔心孩子攝取的磷和鎂不足。然而，鈣、鐵和鋅卻有可能缺乏。

● 鈣。骨骼和牙齒基本上都由鈣和磷組成。多年以來，醫生一直在強調，兒童和青少年要攝取大量的鈣，以預防年老時骨骼變得脆弱（骨質疏鬆症）。根據美國國家科學院（the National Academy of Sciences）的研究，1～3 歲的孩子每天需要 500 毫克的鈣，

4～8 歲 800 毫克，9～18 歲 1300 毫克。攝取這麼多鈣最便捷的方法就是食用乳製品，於是，廣告開始敦促大家多喝牛奶。

然而最近，專家已經開始質疑，究竟兒童和青少年是不是真的需要這麼多鈣質。一項對 12～20 歲女孩的研究顯示，雖然讓她們每天多攝取 500 毫克的鈣質（約為標準推薦量的 40%），但她們的骨密度並沒有增加。真正產生影響的是這些女孩體能鍛鍊的程度：越喜歡運動的女孩，骨密度就越大。

其他實驗還顯示，乳製品也會增加每天從尿液中流失的鈣質，來自其他食物的鈣則不會帶來這樣的後果（顯而易見，攝取大量鈣質的關鍵在於吸收，因為透過尿液流失的鈣質就等於根本不曾攝取）。後文將詳細討論從非乳製品中攝取鈣質所帶來的好處（**請參閱第 280 頁**）。

● 鐵。鐵是血紅蛋白的主要成分之一，是紅血球中的一種物質，攜帶著身體各個細胞需要的氧。鐵在大腦的發育和功能中也扮演著重要的角色。即使是兒童時期的輕度缺鐵也可能導致長大後的長期學習障礙。母乳中的鐵形式特殊，非常容易吸收，因此小寶寶只喝母乳就能獲得充足的鐵，可以滿足大腦健康發育的需要，至少在寶寶生命的前 6 個月裡是這樣。因此，嬰兒配方奶粉中也特別添加了鐵。對大腦的發育來說，低鐵的配方奶粉遠遠不夠。（牛奶中含鐵非常少，而且直接喝牛奶的小寶寶缺鐵的危險性很高。不僅如此，牛奶還會影響鐵的吸收。）在大約 6 個月以後，添加高鐵的穀物和其他富含鐵質的食物非常重要。肉類裡含鐵，但是孩子也可以透過食用富含鐵質的蔬菜和鐵含量高的其他食物來獲取鐵，這樣就不會把肉類中的飽和脂肪和膽固醇攝入體內。另外，大多數兒童複合維生素中都含有鐵。

● 鋅。鋅是人體內多種酶的重要成分。細胞的生長需要鋅。缺鋅的症狀通常會首先表現在生長中的細胞，比如，排列在腸道裡的細胞、正在癒合的傷口上的細胞，以及抵抗疾病的免疫細胞等。母乳中含有鋅，很容易被小寶寶吸收。鋅還存在於肉類、魚類、乳酪，還有全麥穀物、豌豆、豆類

和堅果中。植物裡的鋅雖然不含膽固醇和動物脂肪，但不太好吸收，所以素食者（**請參閱第 281 頁**）和年齡較小的孩子需要補充大量富含鋅元素的食物，可能還需要每天服用含鋅的複合維生素補充劑，以防萬一。

● **碘**。碘對甲狀腺和大腦的功能來說不可或缺。缺碘的情況在美國十分少見，因為美國的食用鹽裡添加了碘。但在世界上的很多地方，缺碘是兒童認知障礙的主要原因之一。不吃肉的孩子和只吃海鹽或粗鹽的孩子可能需要服用碘補充劑。

● **鈉**。存在於食鹽和大多數加工過的食物中，是一種主要的血液化學元素。腎臟嚴格地控制並保持著人體鈉的含量。比如說，如果孩子午飯吃了罐裝的湯，腎臟就要透過工作代謝掉多餘的鈉，因為這種湯裡可能含有大量的鈉（要查看一下標籤）。在這個過程中，包括鈣在內的其他礦物質也會隨著尿液流失。攝取過量的鈉可能會使有些人在晚年罹患骨質疏鬆和高血壓。

**維生素**。維生素是身體所需的少量特殊物質。所有維生素都能從飲食中獲取，富含維生素的食品包括：瘦肉、低脂乳製品、蔬菜、全麥穀物、水果、豆類和豌豆、堅果和種子類食品等。飲食裡不含肉類和乳製品同樣可以提供所有人體必需的維生素。而且，植物裡某些維生素的含量甚至比動物性食物更高，比如葉酸和維生素 C 等。但是，維生素 B12 是個例外，它僅存在於動物性食品、加工穀物食品以及少數加工食品當中。因此，不吃肉類或乳製品的孩子要注意補充維生素 B12。對於特別挑食的孩子或者成長不太理想的孩子，最好每天補充複合維生素。有些專家建議每個孩子每天都要補充複合維生素。跟強迫孩子吃完蔬菜或是吃更多新鮮水果相比，每天一片維生素當然是更方便的選擇。

● **維生素 A**。我們的身體透過 $\beta$ 紅蘿蔔素來製造維生素 A。$\beta$ 紅蘿蔔素就是使紅蘿蔔和南瓜呈現出黃色的物質。依賴維生素 A 的人體組織包括肺、腸道、泌尿系統，還有眼睛。黃色和橘色的蔬菜水果最好，能提供孩子所需的全部維生素 A。患有慢性消化道疾病或者慢性營養不良的孩子往往缺乏維生素 A。但服用過量

的維生素 A 補充劑會對人體造成危害。不過，如果是透過食用大量蔬菜來獲取維生素 A，就不會發生這個問題了。

● **維生素 B 群**。已知對人體最重要的 4 種維生素 B 群分別是：硫胺（維生素 B1）、核黃素（維生素 B2）、菸鹼酸（維生素 B3）、吡哆醇（維生素 B6）。人體的所有組織都離不開這 4 種維生素。

維生素 B 群廣泛存在於包括乳製品在內的各種動物性食品當中。但是在蔬菜王國的大多數成員中卻找不到它。不吃動物性食品的孩子，可以把穀類食品和添加了維生素 B12 的豆漿作為獲取維生素 B12 的來源，並每天服用兒童複合維生素。

● **葉酸**。即維生素 B9，對於預防包括脊髓發育問題（脊柱裂）等嚴重的出生缺陷有著無法估量的影響力。這雖然不是針對孩子的問題，但只要年輕女性進入可能懷孕的年齡，就應該每天服用葉酸補充劑，以確保體內有大量這種關鍵的維生素可用。葉酸還對製造 DNA 和紅細胞具有一定的影響力。菠菜、青花菜、青蘿

蔔、全穀類食物，以及哈密瓜和草莓等水果都是攝取葉酸很好的來源。

● **維生素 C（抗壞血酸）**。維生素 C 對於骨骼、牙齒、血管和其他組織的發育是非常必要的，對於人體的許多其他功能也很重要。橘子、檸檬、葡萄、生番茄、番茄罐頭、番茄汁、生高麗菜中都含有大量維生素 C。很多其他水果和蔬菜也含有少量維生素 C。但是，維生素 C 在烹調過程中很容易遭到破壞。食用大量富含維生素 C 蔬菜水果的人罹患癌症的比例比較低。當然，這也跟這些食物中的其他營養物質有關。維生素 C 缺乏症主要表現為皮膚出現紅色斑點、牙齦出血疼痛和關節疼痛。

● **維生素 D**。這種維生素能夠提高腸道對鈣和磷的吸收，還有利於它們結合之後進入骨骼。跟其他維生素不同，維生素 D 是人體為了自身需要而自行合成的。陽光可以促進皮膚產生維生素 D，所以常在戶外活動的人可以自然獲取這種維生素。當然，在寒冷的天氣裡，人們就會穿得很厚實，主要活動多在室內，此時就

要注意是否有缺乏的可能。黑皮膚的孩子要多曬太陽，因為皮膚裡的黑色素會阻擋一部分陽光。母親在懷孕和哺乳期內要特別補充維生素 D。只喝母乳的黑皮膚孩子也應該補充維生素 D。為了保險起見，美國兒科學會現在都會建議每個母乳哺育的孩子從 6 個月大開始，每天都要補充 5 微克（1毫克等於1千微克）維生素 D 才足夠。

● 維生素 E。這種維生素可以從堅果、種子、全麥穀物以及多種植物油中獲得，也可以從玉米、菠菜、花椰菜、黃瓜等蔬菜中獲取。維生素 E 的作用之一就是幫助人體對抗導致衰老的有害物質，還能抵抗可能致癌的化學物質。素食者的飲食本身就含有豐富的天然維生素 E。很少吃蔬菜的孩子可以每天服用含有維生素 E 的複合維生素，以滿足身體的需要。

維生素中毒。大劑量的維生素會對孩子構成危害。比美國食品藥品監督管理局（The Food and Drug Administration）建議的每日最低攝取量超出 10 倍以上，就被視為過量。維生素 A、D 和 K 最可能因為過量造成嚴重的中毒。像維生素 B6 和 B3 這樣的維生素也可能產生嚴重的副作用。所以，一定要先諮詢醫生，才能給孩子服用超過常規劑量的維生素補充劑。

植物化學物質。這指的是一大批由植物製造的化學物質。人們發現，它們對人體會產生許多有利作用。這些作用包括抵抗蛋白質的氧化（破壞）、減少炎症和血塊阻塞血管的可能性、防止骨質流失，以及抵禦某些癌症等等。在有益健康的土壤裡生長，而且不使用農藥的植物，將因此產生更多有益的化學物質。烹調會使這些化學物質減少。食品生產商有時會聲稱他們的產品含有更多的抗氧化劑、類黃酮素或類紅蘿蔔素。但是，這些營養成分的最佳來源似乎還是以水果和蔬菜為主。

## 更加健康的飲食

毫無疑問，典型的美國飲食含有太多的脂肪、糖和鹽。幾乎所有人都認為兒童應該多吃蔬菜和全麥食品，少吃乳酪和甜食。斯波克博士的營養理論更是高瞻遠矚。他認為，最健康的飲食應該以植物性食

物為主，根本不含肉類、蛋類、乳製品。這種飲食其實並不像看起來那樣極端，事實上，他的結論是以嚴格的科學實驗為基礎的。儘管政府的健康機構和大型專業團體，比如美國兒科學會，都主張讓孩子喝牛奶和吃少量的肉，儘管科學家在什麼東西最有營養的問題上仍然存在分歧，但是大多數人都更傾向於斯波克博士的觀點。

在美國營養學會 2009 年的一份意見書中，專家們推斷「適當安排素食，包括完整或嚴格的素食主義飲食，對健康有利，不但可以使身體營養充足，還可能為預防和治療某些疾病提供有益的幫助」。有哪些疾病呢？比如心臟病、高血壓、糖尿病、肥胖症、癌症、骨質疏鬆、老年癡呆症、憩室炎和膽結石。想像一下，只要透過對飲食的努力，你就可以讓孩子免受這些災禍的侵擾。

身為父母，我們該怎麼辦？在營養和其他許多撫育孩子的問題上，並沒有一個完全正確的答案適用於每一個人。美國農業部公布的飲食指南金字塔（Food Guide Pyramid）顯示，含有少量肉食、低脂奶和各種植物性食品的飲食，

## 斯波克的經典言論

從1991年我88歲那年起，我就一直堅持選擇不含乳製品、低脂無肉的飲食。結果不到兩個星期，我多年服用抗生素都不見起色的慢性支氣管炎就好了。我的幾個中年以上的朋友在戒掉乳製品、肉食和其他含有高飽和脂肪的食品以後，心臟病也好轉了。要想獲得這樣的成功，就得改吃全麥食品和各種蔬菜、水果，還要多做運動。我不再主張孩子2歲以後還吃乳製品。當然，在過去很長一段時間裡，牛奶曾被認為是非常理想的食品。然而研究和臨床實驗已經迫使醫生和營養學家們重新考慮這個建議了。

應該成為大部分孩子的日常飲食。而另一方面，完全不含乳製品和肉類的飲食也可以美味可口，而且還可能為你和孩子帶來更多長期的好處。當然了，這個結論還需要進一步的驗證。

**素食主義的飲食安全嗎？**素食主義的飲食不包括紅肉、家禽、魚和其他動物性食品（比如牡蠣和龍蝦）。蛋奶素食者會食用乳製品和蛋類，但是嚴格的素食主義者不吃

這些東西。很多人雖然稱自己為素食主義者，但是偶爾也會吃一些肉。我們沒有必要對這些專業術語吹毛求疵。

美國營養學會表示，食用多種全穀食品、水果和蔬菜、豆類食物、堅果和種子類食物、乳製品及蛋類食品可以滿足兒童的健康需求，不需要其他特殊的飲食規劃，也不需要添加營養補充劑。他們跟其他所有人一樣，應該避免食用高糖食物和反式脂肪。不吃奶和蛋類的兒童應該確保自己有維生素 B12 和維生素 D 的固定來源。每天服用複合維生素並堅持日曬就可以滿足這些需要。

素食主義的飲食比包含肥肉的飲食熱量低。這對孩子來說可能是個挑戰，因為他們的成長需要很多熱量。堅果和果仁、種子食品、酪梨和各種植物油等食物都能以較少的分量提供較多的能量。如果剛開始嘗試素食主義飲食，你可能需要找一本好的食譜作為參考，或者找一些能夠告訴你該怎樣做的朋友給你一些指點。孩子的醫生會追蹤孩子的體重、身高和常規血液檢查，以監控營養方面的問題。但是你不必擔心真的會有什麼問題。這都是未雨綢繆。

**逐漸改善飲食。**如果能夠減少肉食，或者完全戒除肉類和家禽，將更有利於健康。孩子們可以從豆類、穀物和蔬菜中獲取大量蛋白質；這樣一來，他們還能避開動物脂肪裡的膽固醇。需要注意的是，不吃紅肉，改吃雞肉並不會帶來多大的改善。雞肉中的膽固醇及脂肪和牛肉（每 120 克大約含有 100 毫克膽固醇）相差無幾，脂肪的含量也差不多。專家們還發現，牛肉在烹調時形成的致癌物質同樣存在於雞肉中。

要想邁出健康飲食的第一步，可以先找一兩種自己喜歡的素食食譜。把這些食譜加入每週的菜單中，然後每過大約一個月再增加一種新的素菜。用不同的素菜逐漸替換掉肉類食物。這些素食中有一些可以在食品店的冷凍櫃檯買到，也可以在健康食品店裡買到，比如，素漢堡和素熱狗。豆腐是一種多用途、無膽固醇，又便宜實惠的蛋白質營養源。如果你想不出讓豆腐變得更吸引人的方法，就到一些素食餐廳或亞洲餐廳尋找靈感，或者讓已經嘗試的朋友告訴你一些經驗。

**不吃肉也可以攝取鐵質。**鐵質

對於正在生長的兒童來說很重要，紅肉是鐵質的絕佳來源。一份 85 克的標準牛肉，可以提供 2.5 毫克的鐵。這個數字雖然少於 85 克蛤罐頭的含鐵量（這些蛤的含鐵量達到驚人的 23.8 毫克），但是大致相當於 85 克罐頭沙丁魚所包含的鐵質。相較而言，同樣大小的雞肉和豬肉只含有 0.9 毫克的鐵質。不過素食也可以提供豐富的鐵。來自素食的鐵質不那麼容易吸收，兒童可能需要多吃一些。但是他們也能攝取到更多鐵質：半杯煮熟的強化麥片含鐵 7 毫克，半杯豆腐含鐵 6.7 毫克，半杯煮熟的小扁豆含鐵 3.3 毫克。其他富含鐵質的食物包括全麥麵包、煮熟的蛋、雲豆、西梅和葡萄乾，所有這些食物的鐵含量都與雞肉和豬肉差不了多少。在素食的兒童中，缺鐵問題並不會比吃肉的兒童多。

**牛奶的問題。**對於北美的兒童來說，牛奶和其他乳製品不僅是鈣質和維生素 D 的主要來源，還能提供大量的蛋白質和脂肪。從小到大，大人都告訴我們牛奶對健康很有好處。所以，讓我們去想像牛奶可能會引發健康危機，或者想像其他替代品可能更好，是一件非常困難的事。關於乳製品的問題，有的已經得到普遍認同，有的還很有爭議。下面我將指出這些問題。

- **乳製品裡通常含有較高的飽和脂肪。**隨著孩子的成長，這些脂肪會加速動脈阻塞，或導致肥胖問題。事實上，根據美國兒童健康和人類發展學會（The National Institute of Child Health and Human Development）的研究，牛奶是美國兒童飲食中最主要的脂肪來源，其脂肪含量高於漢堡、油炸食品、起司和洋芋片。雖然牛奶和優酪乳都有低脂的，但是大多數起司、冰淇淋和其他乳製品的脂肪含量都很高，而且都是不健康的脂肪。大腦發育必需的基礎脂肪存在於植物油當中。但不論是脫脂牛奶還是全脂牛奶，所含的健康脂肪都特別少。

- **即使是低脂的乳製品，也存在一些其他的問題。**乳製品會減弱兒童對鐵的吸收能力，還會使幼兒或其他對牛奶過敏的大孩子出現腸道出血現象。（12 個月以下的嬰兒直接飲用牛奶不安全。牛奶製成的配方奶粉中應該添加鐵，以確保寶寶能夠吸收充足的鐵元素。如果非要餵寶寶低鐵奶

粉的話，一定只能是短期的。）這些問題，再加上牛奶本身並不含鐵，所以就可能引起缺鐵問題了（**請參閱第 277 頁，了解鐵和腦部發育的更多內容**）。

● **有一些健康問題會因為牛奶而加重，有的問題甚至就是牛奶引起的。** 其中包括哮喘和其他一些呼吸系統疾病、慢性耳部感染、濕疹（慢性皮膚炎，徵象為發癢和鱗片狀脫皮），以及便祕等。到底為什麼出現這些問題，我們還不得而知。然而，這些病症絕對與牛奶中的蛋白質過敏有關。如果哮喘或濕疹在家裡蔓延，很可能就是牛奶惹的禍。光是從飲食中取消乳製品，有時就能免除這些問題。而完全杜絕牛奶就可以預防這些問題。

有足夠的證據顯示，對那些天生身體就比較脆弱的兒童來說，喝牛奶可能會增加罹患青少年糖尿病的風險。牛奶裡有一部分蛋白質在化學上與人體胰腺中分泌胰島素的蛋白質相似。對少數兒童來說，對牛奶蛋白過敏可能會破壞胰腺中的胰島素，因而引發糖尿病。

還有一些頗具說服力的證據顯示，飲食中若包含很多牛奶，將容易導致老年男性患前列腺癌。前列腺癌是男性好發癌症中排名第二（僅次於皮膚癌）。

最後，隨著孩子的成長，很多人都會出現胃痛、腹瀉以及胃腸脹氣，這都是乳糖引起的。很多人在兒童時期的最後階段就喪失了對乳糖的消化功能，因而顯現出這些症狀。在自然界，動物在嬰兒期以後就不再喝奶了。對人類來說，這很可能也應該是正常的模式。

牛奶是否會增加多種成年疾病的患病機率？這個問題還存在爭論。這裡說的成年疾病包括前列腺癌、卵巢癌和乳腺癌。有些研究發現了它們之間的某種關聯，有些研究則沒有類似的發現。關注的焦點集中在牛奶中所含的激素。這些激素溶在乳脂當中。所以理論上來說，選擇脫脂牛奶和無脂肪乳製品應該可以降低或者消除這些風險。

**牛奶、鈣和骨骼。** 對骨骼發育來說，兒童時期和青春期都是關鍵的階段。根據飲食標準，一個孩子每天大概需要 900 毫克的鈣，相當於 3 杯 240 毫升的牛奶。

在那些既聰明又有渲染力的廣告影響下，每個人都「知道」牛奶是鈣的重要來源。但是對科學家來

說，關於牛奶對骨骼健康的利弊問題還存在很大的爭議。在幾項成功的研究當中，科學家並沒有發現牛奶的飲用量與人們骨骼裡鈣的儲存量存在任何關聯，這個發現很有價值。如果喝牛奶對骨骼的發育很重要，多喝牛奶的人應該骨骼強壯，但事實上，在每人平均牛奶消費量非常高的美國，骨質疏鬆症的比例也很高。

這個現象有很多可能的解釋。其中之一就是，鈣的攝取量只是影響骨質密度的眾多因素之一。體能鍛鍊也不容忽視。重要的不僅是身體攝取了多少鈣，還在於有多少鈣從體內流失了。含有大量牛奶和乳製品的飲食也常常含有較多的鈉。通常鈉都是以鹽的形式存在，或者存在於用鹽加工的食物當中，大多數軟性飲料裡也含有較多的鈉。對部分人來說，大量攝取鈉的結果就是，鈣會隨著尿液流失。還有，奶和肉裡的蛋白質總是含有較高的氨基酸，這也會導致鈣質透過腎臟流失。所以，關於強健骨骼的問題，少攝取一些鈉和動物蛋白至少沒有任何害處。

**健康的高鈣食品。**其他含鈣食品其實具備許多乳製品沒有的優點。大多數綠葉蔬菜和豆類中都含有一種鈣，它的吸收性可以和乳製品中的鈣質相媲美，甚至略勝一籌。除了這種鈣之外，綠葉蔬菜和豆類還含有維生素、鐵、複合碳水化合物以及膳食纖維，這些營養通常都是乳製品裡最容易缺乏的。但是，其他食品也能夠提供鈣質，比如豆類等。加鈣的豆漿或米漿和牛奶一樣好喝，而且還不含動物蛋白和脂肪。這樣的飲料還包括高鈣柳橙汁和其他果汁，也能夠提供豐富的鈣質，等量計算起來，它們的含鈣量其實和牛奶一樣。

含鈣食品（每份的粗估含鈣量，單位：毫克）如下。

● 100 **毫克鈣：**
　100 克煮熟的羽衣甘藍
　100 克甜豆、炸豆泥或海軍豆
　100 克的豆腐
　100 克白軟起司
　20 毫升糖蜜
　1 個鬆餅
　150 克煮地瓜
● 150 **毫克鈣：**
　100 克煮熟的青花菜
　30 克莫薩里拉起司或菲達起司
　50 克煮熟的芥藍
　100 克不含酒精的冰淇淋

5 個中等大小的無花果乾

● **200 毫克鈣**：

100 克甜菜或蘿蔔湯

30 克切達起司或蒙特利傑克起司

90 克帶骨的罐裝沙丁魚或鮭魚

● **250 毫克鈣**：

30 克瑞士起司

50 克老豆腐

100 克生大黃

● **300 毫克鈣**：

240 毫升牛奶

100 克優酪乳

50 克義大利乳清乾酪

240 毫升濃縮豆漿或米漿

240 毫升加鈣柳橙汁或蘋果汁

＊ 資料來源：Jean A. T. Pennington, Bowes and Church's Food Values of Portions Commonly Used ( New York : Harper & Row , 1989 ).

## 選擇合適的飲食

我們曾經認為蔬菜、穀物和豆類是配菜，現在對此有了更多了解。實際上，這些食物在健康飲食中占有極核心的地位。如果你是個烹飪愛好者，你可以在網路和書籍中找到無數的食譜，你也可能喜歡即興發揮。兒童食用烹調簡單的簡單食

物就能夠成長茁壯。這裡有一些方法可以推薦給大家。

**綠葉蔬菜**。青花菜、羽衣甘藍、菠菜、芥藍、空心菜、瑞士甜菜、大白菜、奶白菜以及其他綠色蔬菜都富含容易吸收的鈣、鐵和孩子必需的許多維生素。每天的飲食都應該包括 2～3 份綠葉蔬菜。烹調菜葉的時間要短，只要一兩分鐘就可以了，這樣它們出鍋時才會呈現翠綠。孩子大一點的時候，就可以用少量的海鹽調味。但是如果孩子還很小，對鹽的味道還沒有感覺，那就最好不要在菜裡加鹽。

**其他蔬菜**。各式各樣的瓜，包括南瓜在內，都很適合被用來烤、做湯，以及跟紅蘿蔔、馬鈴薯和其他塊根類食物一起做成燉菜。烤地瓜和甜菜本身就帶有甜味。各種椒類都富含維生素。青豆可以提供維生素和膳食纖維。

**豆類和豆科植物**。紅豆、黑豆、豇豆、鷹嘴豆和小扁豆都富含蛋白質、鈣質、膳食纖維和許多其他營養。它們也是熱量的極好來源。豆腐和豆豉都是用黃豆製成的，放在沙拉、燉菜、炒菜和湯裡的效果很好。一餐飯裡如果能夠包含豆類和糙米（或者任何豆子和穀

物的組合），那就可以提供完全的蛋白質，卻不含膽固醇，並且幾乎不含飽和脂肪。

**全穀食品。** 兒童飲食中很重要的一部分應該是由全穀食物組成的。糙米、大麥、燕麥、小米、全麥麵條和通心粉，以及全穀麵包都可以提供複合碳水化合物，它們不僅可以提供蛋白質、膳食纖維和維生素，還能提供持久的能量。精緻加工的過程會去除掉大部分膳食纖維和很多蛋白質，剩下的就只有澱粉。這種物質會很快分解成單糖。所以白麵包和精緻白米提供的主要是熱量，還有一部分維生素，幾乎沒有別的營養。

**肉類食品。** 肉的質量很重要：在草地上放養的動物肉中含有的飽和脂肪比較低，被餵食的激素和抗生素也比一般養殖的動物更少。優質的肉品價格雖然高一些，但是少吃一點，這個花費還是值得的。請記住，一份成年人的肉食只有 85 克，兒童的分量更少。切碎的牛肉特別讓人不放心，因為現代生產方式會把牛肉和其他動物的肉包裝在一起，因而增加了細菌污染的風險。為了安全起見，牛肉必須經過烹調，直到完全沒有粉紅色為止。

因此，不應該再吃半熟的漢堡了。

**魚類食品。** 魚是一種很好的不飽和脂肪的來源，其中包括 Omega-3 脂肪酸（**請參閱第 274 頁**）。雖然許多專家建議每週要吃 2～3 份魚，但是從素食中也可以攝取大量的 Omega-3 脂肪酸。魚類食品中的汞污染、其他重金屬污染和過度捕撈的問題同樣是人們所關注的。懷孕的女性應該少吃汞含量高的魚類（**請參閱第 355 頁**）或乾脆不吃。

如今，養殖魚業的規模迅速擴大，尤其是鮭魚。但在營養方面來說，人工養殖的魚類產品可能跟野外捕撈的魚不同，因為魚類食品的營養取決於魚的飼料。不過野外捕撈的魚收穫較少，所以很貴，你可以考慮購買冷凍的魚類產品，它們不僅較為便宜，營養價值也不會有什麼損失。壽命較短的小型魚類，比如沙丁魚，將可以提供健康的脂肪，而且被重金屬污染的可能性也比較小。所以沙丁魚是很值得一嚐的魚類。

**脂肪和植物油。** 最健康的油是芝麻油、橄欖油、玉米油、亞麻油和許多不飽和植物油。做菜時用少量的油塗抹一下鍋子，或者用植物

寶寶的飲食

母乳餵養

配方奶餵養

添加固體食物

營養和健康

油噴一下就可以了。植物脂肪比動物脂肪健康得多。即便如此，不論使用哪種油都還是應該適量。人造奶油跟奶油一樣對身體有害，因為它們在製作過程中會產生一種脂肪。這種脂肪跟飽和脂肪一樣，對動脈有害。所以不要再把人造奶油或奶油塗抹在烤馬鈴薯上了，試著加入第戎芥末醬、墨西哥調味料，或清蒸蔬菜。你可以幫吐司塗上果醬和肉桂，這樣中間不塗奶油吃起來味道也會很好，就算不塗任何東西，全麥麵包也還是很香。

**水果、種子和堅果。**這些食物味美可口。在地生產的蘋果、水梨等時令水果最好，有機產品比使用農藥的更健康（有機產品比較貴，但是長遠來看，多吃蔬菜比多吃肉更省錢）。種子和堅果可以清炒或者磨碎後食用，這樣就很容易消化。杏仁醬和有機花生醬既可以用來為孩子做美味的小吃，也可以當成糖果和冰淇淋的健康替代品。（為了避免過敏，最好在孩子 1 歲以後再讓他吃花生。杏仁和其他木本植物的堅果也是。）

**乳製品。**如果真的想讓孩子食用乳製品，就要注意脂肪的含量。全脂牛奶對 12～24 個月的寶寶來

說最好。但孩子兩歲時，就要改喝脂肪含量降為 2% 的牛奶，5 歲時要喝脂肪含量降為 1% 的脫脂牛奶。脫脂牛奶不含飽和脂肪酸和膽固醇，還能提供蛋白質、鈣質和維生素 D。有關牛奶蛋白質裡一些值得關注的問題，在第 283 頁可以看到許多討論。雖然這些問題還有爭議，但是對於 5 歲以上孩子飲食中乳脂究竟該占多少分量，這卻毫無異議：那就是越少越好。不含乳的乳狀食品（豆漿、米糊、杏仁露等）隨處都能買到。

**蛋類食品。**蛋白在容易引發過敏的食物中排名比較前面，因此最好在孩子 1 歲以後再讓他們吃。蛋白是很好的蛋白質來源，既不含脂肪，熱量又較低（一個大蛋的蛋白中大約含有 16 卡路里熱量）。蛋黃是維生素 B12 和其他維生素、礦物質（比如鐵和鈣），以及蛋白質很好的來源。雖然蛋黃裡的膽固醇含量比較高，但是飽和脂肪的含量卻相當低，相當於一匙橄欖油的含量。把一個雞蛋黃和菜籽油以及一點檸檬汁打在一起，就可以製成蛋黃醬。

**糖。**精製糖屬於單一碳水化合物，雖然熱量很高，卻沒什麼營養

價值。孩子和大人的飲食都應該含有大量的複合碳水化合物，它們存在於穀物、豆類和蔬菜當中。最健康的甜品選擇就是新鮮的水果和果汁。烹煮水果時，要用蘋果汁代替水和糖。也可以煮一些葡萄乾，然後用煮過的湯來調味（這種湯也很甜）。還可以用米漿或大麥芽來增加甜味。烹調甜味蔬菜（比如南瓜、玉米、絲瓜和紅蘿蔔）的時候都不需要額外再加糖。一開始可能會覺得這些食物吃起來一點都不甜，因為它們的味道和糖不一樣。但當你不再用糖烹飪的時候，你就會漸漸感覺到甜味蔬菜和水果的真正味道了。

**鹽**。多數精緻加工食品都非常鹹，這會使含鹽量正常的食物吃起來顯得沒有味道。所以最好自己烹製食物，少放鹽。食用鹽裡都添加了碘這種基本的營養物質。如果不讓孩子吃食鹽和精緻加工食物，那就要考慮透過別的途徑攝取碘。碘缺乏症在美國是非常罕見的。

**飲料**。積極推銷給兒童的常見飲料裡包含了 100%果汁，也包含了以糖水和香料為主要成分的飲品。有些飲料中會添加一些維生素。這些飲料都含有大量的單一碳水化合物（也就是糖），這些單一碳水化合物抵消了維生素的好處，它們是肥胖症的主要因素。雖然不含糖的人工增甜飲料本身不會增加熱量，但因為太甜了，所以相較起來，它們將會使自然甜度的食物（比如水果）吃起來索然無味。

兒童真正需要的飲料就是純淨、清潔的水。為了讓選擇更多樣化，也可以讓他們喝穀物、草藥或者果汁製成的「茶」，還可以喝南瓜、洋蔥、紅蘿蔔或白菜製成的甜味蔬菜飲料。千萬要注意咖啡裡的咖啡因，紅茶、綠茶以及許多以兒童為目標消費群的流行軟性飲料裡都含有咖啡因（巧克力也含有一定的咖啡因）。你可以選擇不含咖啡因的草藥茶，或烘烤過的大麥製成的大麥茶。

**甜食**。餅乾、蛋糕，以及含有大量奶油、雞蛋、糖的薄餅和麵點能在短時間內滿足孩子的胃口，但並不能為他們提供礦物質、維生素、膳食纖維或蛋白質。這些甜點和零食也是脂肪的最大來源。當孩子還半餓不飽的時候，這些脂肪會欺騙孩子的感覺，讓他們以為自己已經吃得很飽了，還會破壞孩子對其他更好食物的胃口。

但家長也不必對高熱量的精製食品過分警惕。你不必制止孩子在生日宴會或其他特殊場合吃蛋糕。只有經常吃這類東西才會讓孩子營養不良。當然若非必要,在家裡吃這些東西實在毫無意義。更不該讓孩子養成每次飯後都要吃一些油膩甜點的習慣。

家裡不要存滿了從商店買來的餅乾或冰淇淋。你可以和孩子一起烘焙一爐餅乾,享受製作的過程和勞動的成果。這些餅乾吃完的時候,你們可以享受其他的甜味食物(比如水果)。當你把甜食定位在特殊節慶或場合才會品嚐的食物時,孩子們就會更珍視它,而且每天還能夠享受更健康的食物。

## 簡單的飯菜

安排好一日三餐聽起來好像很複雜,其實不一定是這樣。實際上,很可能比我們過去想像的簡單得多。理想的飲食應該以水果、蔬菜、全麥穀物、豌豆和豆類等為主。而肉類、禽類和魚則可以盡量減少,甚至完全不吃。如果你讓孩子食用牛奶和其他乳製品,那就應該添加一些含鈣的食品,或者用我們前面提到的食物選擇替換。如果

孩子吃的是嚴格的素食,那一定要確保每天都補充複合維生素,還要多看一些相關資料。為孩子選擇食物時,也可以詢問有經驗的營養學家,或者跟信賴的朋友聊一聊,聽取他們的建議。大致上,以下這些食物都是孩子每天必需的:

● 綠色或黃色的蔬菜,3～5 份,最好有一些是生的。

● 水果,2～3 份,至少一半要是生的。水果和蔬菜可以交替食用

● 豆科植物(豇豆、豌豆、小扁豆),2～3 份。

● 全麥麵包、餅乾、穀物或麵食,2 份以上。

**一日三餐的建議**。如果你覺得以下有些建議很奇怪或不尋常,那很正常。如果你想改變自己和孩子的飲食,就要樂於嘗試。現在就帶著一種開放的態度,看看哪些建議對你有用吧。

早餐:

● 水果、果汁或綠葉蔬菜

● 全麥食品、麵包、吐司或薄餅

● 摻有蔬菜的拌豆腐

● 豆漿

● 菜湯

午餐:

● 主食包括甜豆;用餅乾、麵包片

或大麥做的粥；用全麥或者燕麥片做的粥；用小米或者大麥做的蔬菜粥；全麥麵包和豆腐或果仁奶油做的三明治；一個馬鈴薯；蒸的、煮的或炒的綠葉蔬菜

- 蔬菜或水果，生的熟的不拘
- 無調味的炒葵花子
- 豆漿、不含咖啡因的茶或蘋果汁

晚餐：

- 綠葉蔬菜（在少量的熱水裡燙一下即可）
- 豆類、或者豆製品，比如豆腐或天貝
- 米飯、麵包、義大利麵或其他穀類食品
- 新鮮水果或者蘋果醬
- 果汁或白開水

**變換花樣。**許多父母會抱怨不知該怎麼變換午餐。其實，只要大致上滿足下面 3 個條件就可以了：

1. 能提供充足熱量的主食
2. 一種蔬菜或者水果
3. 以多種方式烹調的綠葉蔬菜（比如芥藍、青花菜、羽衣甘藍和韭蔥等）

孩子快 2 歲時，就可以用各種麵包和三明治作為主食了。剛開始的時候，可以先讓寶寶吃黑麥、小麥、燕麥粉、發酵麵團或者多種穀

物製成的麵包。不要使用高脂肪低營養的奶油、人造奶油和蛋黃醬。最適合的選擇是堅果醬，但也還是要盡量少用。芥末醬不含脂肪，塗抹在三明治和馬鈴薯上孩子很愛吃。番茄醬裡含有糖，改用墨西哥調味料更健康，味道也不錯。

三明治可以用各式各樣食材做夾心。可以只放一種食材，也可以把多種食物混合在一起做夾心。比如生的蔬菜（萵苣、番茄、紅蘿蔔或白菜）、燉熟的水果、切碎的乾果、花生醬或用低脂肪蛋黃醬拌的豆腐。

營養豐富的湯或粥有很多做法。可以放進大麥粒或糙米，也可以把全麥吐司切成小塊撒在菜湯裡。菜湯可以勾芡，也可以是清湯。另外，用小扁豆湯、豌豆湯和豇豆湯來搭配穀類食物和青菜，也是一頓營養均衡的午餐。

不含鹽的一般全麥餅乾可以單獨食用，也可以塗抹上文提到的某種調味醬一起吃。

馬鈴薯是一種很好的低脂肪主食，烤馬鈴薯可以撒上一些蔬菜、甜豆、黑胡椒粉或墨西哥調味料。在各種蔬菜上淋上一點番茄醬或墨西哥調味料，這樣往往能讓很多孩

子多吃青菜。

如果在煮熟的、預煮的或乾麥片上加一些鮮水果片、煮水果或碎乾果，孩子也會因此胃口大開。但是我建議不要加糖。

吃完主食以後，先不要讓孩子吃水果。可以先給孩子吃一些煮熟的綠色或黃色蔬菜，或者是蔬菜水果沙拉。香蕉可以做成很可口的主食點心。

無論是熱麵條還是涼麵條，都是多種碳水化合物和膳食纖維的絕佳來源。你可以加上蒸熟的蔬菜和番茄醬。有些孩子不喜歡穀類食品和麵食，但是，只要經常讓他們吃各種水果、蔬菜和豆類食物，同樣可以獲得充足的營養。如果你不在孩子小的時候強迫他們吃糧食，孩子以後自然會對這類食物感興趣。不加雞蛋的麵條在大多數健康食品店裡都能買到。加入全麥穀物的麵條最好。可以把麵條炒來吃，也可以多加點蔬菜做成湯麵。

**蔬菜世界。** 蔬菜非常重要，應該在孩子的菜單裡占有專門的位置。1 周歲以內的嬰兒可以吃這些熟蔬菜：菠菜、豌豆、洋蔥、紅蘿蔔、蘆筍、甜菜、南瓜、番茄、芹菜和馬鈴薯等。寶寶到了 6 個月大時，家人吃的大多數蔬菜就都可以餵他們吃了，但是要用食物調理機把食物攪碎。也可以購買用這些蔬菜製成的罐裝嬰兒食品。但要特別注意閱讀標籤上的營養說明，選擇最單純的一種。一定要遠離那些摻了水或含有澱粉、木薯澱粉的嬰兒食品。這樣的食品在營養方面遠不如在家裡用食物調理機製作出來的食品。

寶寶快 1 歲的時候，就可以把蔬菜做成質地比較粗糙的塊狀菜泥，餵給他吃。豌豆要稍微搗碎後再餵，以防孩子整個吞下去。蒸熟的蔬菜，比如紅蘿蔔、馬鈴薯和青豆等，都要切成小塊，方便孩子用手抓著吃。

有時也可以用地瓜或山藥代替馬鈴薯。如果在寶寶 1 周歲之前，一直堅持讓他吃容易消化的蔬菜，這時就應該逐漸餵一些他不常吃、而且可能不太好消化的食物，比如青豆（要弄碎）、青花菜、高麗菜、花椰菜、蘿蔔等。如果孩子不喜歡這些蔬菜，那就不要強迫他，過一段時間自然就會吃了。

孩子 2 歲時才可以吃玉米粒。因為更小的寶寶吃玉米粒時還不會嚼，會原樣從大便裡排出來，因此

要選購嫩玉米。從玉米棒上往下切玉米粒時，不要緊貼著根部，這樣，切下來的玉米粒就會是破開的。如果孩子三、四歲的時候，你可以開始讓他自己啃玉米，但你應該先把玉米粒一行一行地從中間劃一刀，讓玉米粒裂開。

通常在孩子 1～2 歲的時候，就可以餵他比較容易消化的生蔬菜了。最理想的蔬菜是剝了皮的番茄、切成薄片的四季豆、切碎的紅蘿蔔和芹菜等。一定要仔細清洗乾淨。開始時要慢慢來，觀察一下孩子消化得怎麼樣。你可以用橘子汁或甜檸檬汁當調料。（不要出現大塊的生紅蘿蔔條，對於可能卡住寶寶喉嚨的其他硬蔬菜也要多加小心。）

這個時期，也可以開始餵蔬菜汁和水果汁了。當然，它們不如完整的蔬菜和水果那麼好，因為菜汁和果汁中缺乏膳食纖維。如果有調理機，就可以把膳食纖維留在果汁和菜汁裡。跟熟蔬菜相比，這些汁液的優點是，它不會因為烹調而喪失維生素。如果孩子暫時不吃這種簡單加工的蔬菜，也可以讓他吃蔬菜湯，比如豌豆湯、番茄湯、芹菜湯、洋蔥湯、菠菜湯、甜菜湯、玉米粥以及混合菜湯等。但是，市場上出售的即食菜湯太鹹了，購買時要仔細閱讀食用說明。許多即食菜湯都需要用等量的水稀釋。如果不經過稀釋，打開罐頭就讓孩子食用，那將會因為含鹽量太多而危害孩子的健康。

## 快樂進餐的祕訣

享受食物帶來的快樂吧。為孩子提供各式各樣的食物，讓這些食物有不同的顏色，不同的質地和不同的味道，盡量保持食物的平衡，這裡所說的不僅是口味、質地和營養的平衡，還包括盤子裡色彩的平衡。只要條件允許，你可以讓孩子幫忙挑選和準備食物，布置餐桌和收拾碗筷。所有這些活動都能充滿快樂。

進餐時要避免電視和電話的干擾。有的家庭會做幾分鐘的飯前禱告或冥想，這樣可以形成一種充滿感恩的心理和歸屬感。即使孩子無可避免地弄翻了食物，或者在餐桌禮儀上犯了錯誤，也不要在餐桌上批評和責罵他們。

我們不能單純從熱量、維生素或者礦物質的含量上來判斷食物好壞，重要的是考慮食物裡的脂肪、

蛋白質、碳水化合物、膳食纖維、糖分和鈉等的含量。必須注意的是，不必每餐都吃到所有重要的食物。只要在一兩天內保持飲食的整體均衡就可以了。

從長遠來看，每一個人都要在高熱量和低熱量的食物間保持均衡，還要在其他方面保持平衡的飲食。如果一個人只注重飲食的某個方面，而忽視了其他方面，健康就很容易出問題。比如說，有一個正值青春發育期的女孩很想減肥，所以放棄了所有富含熱量的食物，只吃沙拉、果汁、水果和咖啡。長久下來，她勢必會生病。有的父母過於謹慎，錯誤地認為有各種維生素就足夠了，而澱粉則不那麼重要。於是，晚餐只給孩子吃紅蘿蔔沙拉和葡萄柚。但是，這些食物只能滿足兔子的需要，孩子並不能從中獲得足夠的熱量。一位來自肥胖家庭的胖母親可能會因為自己骨瘦如柴的兒子感到尷尬。因此，她只給孩子吃油膩的食物，卻排擠了蔬菜、豆類和糧食。這樣一來，孩子就會缺乏各種礦物質和維生素。

**蔬菜的暫時替代品。**假設孩子一連好幾個星期都不吃蔬菜，他的營養會不會受到影響呢？蔬菜中富含各種礦物質、維生素和膳食纖維。各種水果也能提供許多同樣的礦物質、維生素和膳食纖維。全麥穀物除了具有某些蛋白質以外，還能提供蔬菜中的維生素和礦物質。因此，如果你的孩子有一段時間不吃蔬菜，也不用太著急。吃飯時要繼續保持輕鬆愉快的心情。如果確實很擔心，不妨每天給孩子吃一片複合維生素。不要強迫孩子吃蔬菜，這樣他很快就會恢復對蔬菜的興趣。否則，他也許會更堅決地抵制蔬菜，讓你看看究竟誰說了算！

**愛吃甜食的習慣。**對甜食和油膩食品的偏愛常常是在家裡養成的習慣。比如，每次飯後都吃一些甜點，糖果在家裡隨手可得，甚至還把某種垃圾食品當成給孩子的最高獎賞。當父母們說「不把菜吃完你就別想吃冰淇淋」的時候，實際上正在拿垃圾食品作誘餌，讓孩子產生一種錯誤的認識。父母不應該這樣做，應該讓孩子明白，一個香蕉或一個桃子才是最好的獎賞。

孩子也常常愛吃父母吃的東西。如果你經常喝汽水，吃大量的冰淇淋和糖果，或者油炸洋芋片不離口，那麼孩子也將會非常愛吃這些零食。（我認為，祖父母偶爾拜訪

時買來的甜點或糖果，可以當成特殊禮物。）

**飯前點心。**是否為孩子加餐要視情況而定。許多寶寶和大孩子在正餐之餘都需要吃一點點心（也有些孩子不用點心）。如果他們的食物種類選擇得好，吃的時間合適，方法也正確，那麼通常都不會影響到正常吃飯，也不至於養成不良的飲食習慣。其實，如果孩子能從正餐的糧食和蔬菜中獲得充足的碳水化合物，通常也不至於在兩餐之間感到特別飢餓。

牛奶不適合作為孩子的點心，因為這很可能會讓孩子失去對下一餐的食慾。所以最好選用水果或蔬菜作點心。但是，偶爾也有這種情況，孩子上一餐飯吃得不多，所以還不到下一餐飯的時間，他就已經餓得很嚴重或十分疲倦了。在這種情況下，如果能讓他們補充一些高熱量、營養豐富的點心，就會幫助他們健康成長。

對大多數孩子來說，點心的最佳時間是在兩頓飯的中間，而且要離下一餐一個半小時以上。當然也有例外的情況。有的孩子雖然在上午10 點左右喝了果汁，但在午飯前還是會感到十分飢餓。因此他們會發脾氣，甚至拒絕吃飯。為了避免這種情況，要在午飯前 20 分鐘讓他們喝杯橘子汁或番茄汁。這樣既可以平緩他們的心情，也能增加他們的食慾。由此可見，在正餐之間什麼時候給孩子點心，以及選用什麼食物，只不過是個常識問題，只要適合孩子就可以了。

父母們也許會抱怨孩子吃飯時吃得很少，卻總是在其他時間向父母討食物。這個問題並不是因為父母隨便給孩子吃零食。恰恰相反，在我見到的所有案例中，都是因為父母總是催迫孩子，甚至強迫孩子吃飯，而在其他時間又不讓他們吃東西所造成的。正是這種壓力使得孩子在吃飯時失去了胃口。幾個月後，孩子一進餐廳就會反胃。但是當孩子吃完飯後（即使只吃了一點東西），胃就又舒服了。然後，它就會像一個健康的空胃一樣，讓孩子感到飢餓，想吃東西。所以，正確的做法並不是禁止孩子吃零食，而是要讓他們在吃飯的時候心情愉悅。那麼，到底什麼才是正餐呢？正餐就是精心準備、讓人胃口大開的食物。如果孩子覺得正餐的飯菜不如零食有吸引力，那證明父母在某些方面沒有處理好這個問題。

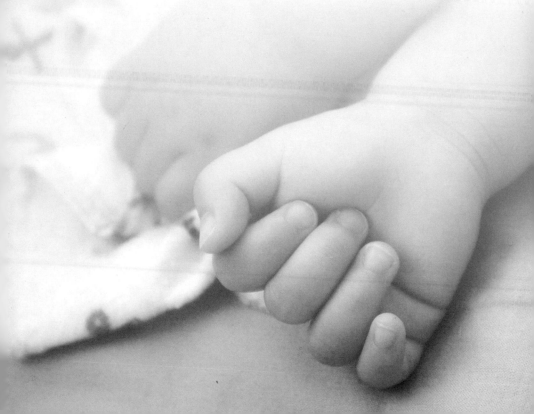

PART **3**

# 健康和安全

# 1 一般醫療問題

## 孩子的醫生

兒科診所醫師、家醫科醫師、醫院小兒科醫師都能為孩子提供衛生保健服務。為了簡潔方便，我們把這些專業人員統稱為醫生。

**父母和醫生是搭檔。** 醫生是醫療專家，父母是自己孩子的專家。醫生能提出建議，還能提供治療方案，但這些通常得取決於父母所提供的資訊多寡。交流總是雙向的。別忘了，父母和醫生有著共同的目標，那就是讓孩子成為一個健康、快樂又有價值的人。

**提出問題。** 大多數剛成為父母的人一開始都不太好意思提問，擔心那些問題太簡單或太愚蠢。這種擔心實在太多慮了。因為無論什麼問題都有權利得到解答。大多數醫生都很樂意回答他們了解的任何問題，而且問題越簡單越好。如果可以在每次去見醫生之前，都先把要問的問題記下來，那就不用擔心是否會漏掉某些問題了。

當父母提問題的時候，醫生有時可能剛解釋了一部分，就在談到最重要的部分之前無意間轉換了話題，這種情況其實經常發生。如果父母因為不好意思，沒有繼續追問那個關鍵的問題，那就只能帶著剩下的疑問回家。所以最好大膽一點，把想知道的問題說清楚，這樣醫生才能給父母充分的解答。如果有必要，他可能會建議父母向專家諮詢。

還有些時候，你會在剛見過醫生後不久又出現疑問。如果覺得這個問題可以等一等，那就等到下次去

醫院時再問醫生。但是如果不放心，就應該撥個電話給醫生再諮詢。就算你很清楚這個問題其實微不足道，也要問清楚。因為問清楚以後你才能真正安心，這總比坐著乾著急要好得多。

**和醫生意見不一致。**一般情況下，父母和醫生很快就能熟悉，並且互相信任，相處也會很融洽。但是少數時候也會出現誤解和不快，這是人之常情。這種情況大多數都可以避免，即使真的發生不快，只要雙方坦誠溝通，也很容易解決。

父母最好把自己的感覺說出來。如果覺得不愉快、憂慮或擔心，就應該讓醫生了解。有的父母怕得罪人，所以不敢對醫生的診斷表示懷疑，也不敢在檢查過程中質疑醫生對待孩子的方法。其實，如果可以把這些感覺表現出來，醫生就有機會協助父母解決。如果放在心裡，父母的憂慮可能反而會增加，也失去了與醫生交流的機會。大多數醫生都不是那種小心眼和好面子的人，他們也不會要求父母對他們所說的每一句話都言聽計從。

### 斯波克的經典言論

有時候，父母和醫生都會發現，無論他們多麼坦誠，多麼努力配合，卻始終無法融洽相處。在這種情況下，最好公開承認這一點，然後另找一位醫生。所有的醫療專業人員，包括那些最成功的人，都明白他們不可能適合所有的人，也都豁達接受了這個事實。

**徵求其他意見。**如果孩子出現讓人非常擔心的疾病或者症狀，父母有權利提出要求，聽聽另一位專家的看法。許多父母對此猶豫不決，害怕這種要求會讓醫生誤以為父母對他缺乏信心，因而傷害與醫生之間的信賴與感情。其實，這是醫療實踐的常見程式，醫生大多能夠輕鬆看待這件事。實際上，醫生跟普通人一樣，也會在治療病人時感到不安，即使他們通常不會表現出來。這種不安會使他們的工作更加困難。所以，其他專家的意見不僅解除了父母的疑慮，也能為醫生消除這種不安。

## 定期檢查

要想了解孩子的發育情況，最好的辦法就是定期讓醫生為孩子做身體檢查。大多數醫院都會建議父母在孩子出生後 2 週之內做一次檢查，然後分別在孩子 2 個月、4 個月、6 個月、9 個月、12 個月、15 個月、18 個月和 24 個月的時候各做一次體檢，以後每年一次，這也是美國兒科學會推薦的時間表。如果想讓孩子額外作一些檢查，也可以提出相應的要求。

每一次健康檢查都應該包括以下內容：身高、體重和（前三年）頭圍，一一標記在表格裡，以判斷孩子是否生長正常。而對於成長發育、行為表現、營養和安全的問題。醫生也會針對這幾個項目提出未來幾個月可能出現的情況建議。此外也常會有些關於免疫方面的建議。醫生也越來越常透過正式的篩查問卷來了解父母關心的問題，同時發現如自閉症等發育問題的早期徵兆。醫生通常都會透過每年一次的實驗室測試來檢測鐵缺乏症。其他諸如鉛中毒或肺結核等問題的測試則根據具體情況而定。就算寶寶一切正常，這些檢查也可以建立起

父母和醫生那種信任和熟悉的關係，不僅可以讓父母從容自然地提出心裡的問題，還能聽到醫生充滿智慧的建議。

## 打電話給醫生

**打電話的原則。**在打電話諮詢孩子的病情之前，父母要了解醫生在這方面的行醫常規。大多數醫生在工作日都有護士協助，護士主要負責在電話裡回答關於病情的問題，還能協助父母判斷孩子是否需要看醫生。可以跟護士打聽清楚，醫生是否有方便的時間可以接聽電話。當父母要諮詢可能需要去醫院的新病情時，就更要問清楚了。許多孩子都會在下午呈現出生病的具體症狀，大多數醫生也希望能在下午儘早了解這些症狀，這樣就能做好適當的安排。

晚上或週末就不同了。如果父母很擔心孩子的情況，所有診所都有聯繫電話。通常都會得到應答，診所天晚上值班的醫生或護士。

**什麼時候合適打電話。**撫養了兩個孩子以後，父母就能比較準確判斷孩子的哪些症狀或者問題需要立即跟醫生取得聯繫，哪些可以等

到第二天，或者下次常規檢查的時候再問醫生。

剛做父母的人經常會覺得，要是有一份必須立即打電話給醫生的症狀清單就好了。但是，沒有什麼清單能夠包羅萬象，畢竟世界上有上千種不同的疾病和損傷。父母必須運用自己的常識判斷。有一個比較保險的原則就是，如果真的很擔心，那麼，即使覺得可能沒有必要，也要打電話給醫生。在一開始不是很有必要的時候多打幾次電話，也大大好過因為怕自己顯得愚蠢或者不願在電話裡打擾醫生，而在必要的時候耽誤了病情。

到目前為止，最重要的原則就是，如果孩子看起來不舒服，或者表現出生病的症狀，就要立即諮詢醫生，至少也得在電話裡諮詢一下。這些症狀包括反常的疲勞、昏昏欲睡，或者對什麼都缺乏興趣，反常的煩躁、焦慮或者不平靜，反常的臉色蒼白等。當嬰兒 1～3 個月時，很可能既沒發燒也沒有其他明顯的症狀，就已經嚴重病倒了，這種情況確實存在。

**需要電話諮詢的具體症狀。**如果寶寶看起來像是生病了，那麼不管是否有特殊症狀，父母都必須馬上打電話給醫生。另一方面，如果寶寶看起來不錯，很活潑、頑皮、警覺和熱情，那就不太可能有什麼嚴重的疾病。不過不管其他症狀如何，只要出現以下這幾種症狀，就要及時跟醫生取得聯繫。

● **發燒。**如果寶寶還不到 3 個月，就算看起來很好，只要體溫達到 38℃以上（**肛溫，請參閱第 308 頁**），就必須馬上諮詢醫生。即使嬰兒只有一點發燒，甚至不發燒，也可能病得很厲害。但是對大一點的孩子來說，他們的精神狀況要比發燒的情況更重要。三、四歲以後，高燒通常是由輕微的感染所引起的。一般來說，如果孩子的體溫在 38.3℃以上，就得請醫生診治了。如果孩子因為輕微感冒而發高燒到 38.3℃，但是看起來情緒還是很穩定愉快，那就不必在大半夜打電話給醫生。

● **呼吸急促。**兒童的呼吸本來就比成年人快。健康的嬰兒每分鐘呼吸多達 40 次，幼兒可達 30 次，10 歲以上的兒童也有 20 次之多。一吸一呼算一次，可以數一下孩子 60 秒之內的呼吸次數。偶爾注意一下他的呼吸，你就能

了解是否出現反常的變化。發燒和疼痛會讓呼吸的頻率加快，生病時也一樣，比如得了肺炎和氣喘的時候就會如此。如果較高的呼吸頻率過了好幾分鐘都沒有降下來，通常也就表示出現了嚴重的問題。

● **皮膚內凹**。如果肺部的氣體無法順利地進出，孩子就會透過胃、胸和頸部的肌肉用力呼吸。這時，父母就能看見孩子鎖骨上方的皮膚被吸進去（內凹），肋骨之間和下方的皮膚也會出現縮進去的情況。呼吸困難的其他表現還包括鼻孔擴張或者每次呼吸都伴有呼嚕聲。雖然罪魁禍首常常就是鼻涕阻塞了鼻子，但是父母很可能因為呼吸困難的種種跡象而不得不帶孩子去醫院，以確保沒有更嚴重的問題出現。

● **帶雜音的呼吸**。有胸部感染或氣喘的孩子呼吸要比正常孩子帶有更多的雜音。父母可能很難準確判斷噪音來自哪裡。有時候，噪音來自鼻子裡的黏液，並不是肺部的問題。噪音也可能來自氣管（喘鳴），這時當孩子吸氣的時候聲音會最大。還有些時候，噪音來自肺的內部。如果這些雜音

聲調很高，幾乎像刺耳音樂似的，而且呼氣的時候聲音更大，那就可能是氣喘，得了氣喘的孩子就容易發出這種聲音。如果孩子持續出現收縮或呼吸急促的現象，但是呼吸時的雜音卻減少了，那可能是因為阻塞部位附近的空氣太少了，不能發出雜音，這種情況就是真正的緊急醫療事件。所以如果在呼吸困難的時候，出現了嘶啞的聲音，特別是伴有流口水的症狀，那就要立即找醫生診治。

● **疼痛**。疼痛是身體的內部警報，提醒某個部位出了毛病。如果疼痛並不厲害，也沒有別的症狀（例如發燒），或許可以安心地觀望一陣子，同時留心狀況發展。但如果孩子痛得非常嚴重，無法安撫，或是孩子看起來病得很嚴重，那無論如何都要打電話給醫生。只要有疑問，就要立刻打電話。

● **任何一種不同以往的嘔吐**。應該立即向醫生諮詢。如果孩子看起來很沒精神或者跟平時不一樣，更要立即就診。如果孩子吐血了，也要立即就診。這些措施當然不適用於進餐不適引起的嘔

吐，這種嘔吐在嬰兒中很常見。

● **嚴重的腹瀉**。這時應該立即就醫，比如帶血的腹瀉或者嬰兒大量排出稀狀糞便或水便等。輕微的腹瀉可以等一等。但如果發現有脫水的跡象（比如疲倦、尿量減少，口乾和眼淚減少等），就要向醫生報告這些情況。大便裡或者尿液裡帶血，也應該馬上打電話給醫生。

● **頭部受傷**。如果孩子出現以下情況，就應該立刻就醫：失去知覺、在受傷後 15 分鐘內情緒低落且氣色不佳、看起來越來越疲倦、越來越嗜睡、受傷之後開始嘔吐。

● **誤食有毒物質**。如果孩子誤食了可能有危險的東西，應該馬上送孩子去醫院。

● **出疹子**。如果孩子好像生病了，而且出疹子。或者出疹子的面積越來越大，那就應該立即打電話給醫生。如果懷疑疹子是皮下出血引起的，就要立刻就醫。不論是大片紫色的印子，還是抓撓皮膚後無法消退的小紅點，都要特別關注。

記住，以上只列出了應該打電話給醫生的部分情況，並不包含全部。所以只要一有疑慮，就要打電話！

**打電話之前**。有時候，醫生很難判斷孩子是否真的病得很重，是需要立即就診，還是可以等到第二天。因此，你提供給值班醫生或護士的資訊就十分關鍵。在打電話之前，父母應該掌握以下資訊（如果有必要，可以寫在紙上）：

● 令人擔心的症狀是什麼？這些症狀是什麼時候開始的？多長時間出現一次？還有其他症狀嗎？

● 孩子的主要症狀是什麼：發燒、呼吸困難、臉色蒼白還是其他現象。不管孩子什麼時候生病，你都應該幫他測量體溫。（**請參閱第 308 頁**。）

● 針對孩子的情況，已經採取了什麼措施？有效嗎？

● 孩子看起來怎麼樣？是清醒還是疲倦？眼睛是否有神？是在高興地玩耍，還是委屈地哭鬧？

● 孩子以前有過與目前擔心的症狀有關的疾病嗎？

● 餵孩子吃藥了嗎？如果吃了，吃的是什麼藥？

● 你對這種情況有多麼擔心？

電話診斷的品質取決於父母提供的資訊品質。醫生和護士也是人，

他們有時也會忘記問某一個重要的問題，尤其在深夜的時候。父母要透過電話把這些資訊傳達給接聽的人，這樣才能幫助醫生或護士作出正確的診斷。

## 照料生病的兒童

**當心寵壞了孩子。** 孩子生病時，父母自然會給他們很多特別照顧和關愛。父母會不厭其煩地幫他們準備飲料和食物，如果不喜歡，父母甚至會馬上去準備另外一種。你會心甘情願地買新玩具給他們，讓寶寶高高興興，不吵不鬧。孩子很快就會適應這種新的身分。他們可能會把父母支使得團團轉，還會要求父母立刻滿足他們的要求。可是，大多數生病的孩子在幾天之內就會康復。一旦父母不再為孩子擔心，也就不會再理會孩子的不合理要求了。所以幾天過後，一切都會恢復正常。

對於持續時間較長的疾病來說，父母的高度關注和特別照顧可能會對孩子的精神狀態造成不利的影響。孩子的要求可能會變得越來越過分。原本有禮貌的孩子也可能像被寵壞的演員一樣，變得容易激動

和喜怒無常。孩子很快就會懂得去享受生病時的優待，還會設法贏得同情。這樣一來，他們身上一些討人喜歡的優點就會逐漸「萎縮」，就像用不到的肌肉一樣。

**恢復正常的生活。** 父母應該盡快和生病的孩子一起回到正常的生活狀態，這是明智的做法。但要注意一些小細節，比如：回家時要帶著一種友好而又自然的表情，不要一臉擔心。要用一種期待好消息的語氣詢問孩子感覺怎麼樣，一天只問一次就可以了，不要讓孩子覺得父母在等著聽他訴苦。如果父母根據經驗知道孩子想吃什麼或想喝什麼，就很自然地拿給他們，不要小心翼翼地問他們是否願意嚐一嚐，也不要表現得好像吃了那些東西就很了不起似的。不要強迫他們，除非醫生認為有必要讓他們多吃一點，孩子生病的時候，胃口更容易因為被強迫而變差。

如果想買玩具給孩子，要挑那些既能讓他積極動手，又能讓他發揮想像力的玩具，比如積木和組裝玩具、縫紉工具、編織工具、穿珠子的工具、繪畫用具、做模型的用具和蒐集郵票的用具等。每次只給他一個新玩具。很多在家裡就能進行

的活動也很好，比如從舊雜誌上剪下圖片，製作一本圖片冊。縫東西，用紙板或膠帶建造農場、城鎮，幫布娃娃做一個家等。多看一會兒電視、多玩一會兒電動遊戲等。但是時間太長可能會讓孩子更加無精打采，還可能讓他想繼續賴著裝病，好盡情玩那些令他著迷的東西。

如果孩子要臥床很長一段時間，但他的身體狀況已經可以開始學習了，那就要盡快聘請一位老師或家庭教師，或者讓最合適的家庭成員來幫助他。每天都要用一段固定的時間復習學校功課。父母可以每天花一點時間陪著生病的孩子，但是沒有必要每時每刻都形影不離。對孩子來說，知道自己的父母有時候要在別的地方忙碌，這對健康發展是有利的。只要在緊急情況下能找到父母就可以了。如果孩子的疾病不會傳染，醫生也允許和小夥伴一起玩，那可以經常邀請別的孩子來家裡，還可以請這些小朋友留下來吃飯。

當孩子的病已經痊癒，但還沒有完全恢復到原來的狀態時，父母必須運用自己的理智來判斷他還需要多少特別的關心。總之，最好的辦法就是，讓孩子在這種情況下盡可能地過著平常的生活。應該要求孩子對父母和家裡的其他人都舉止得體。不要用擔心的口氣跟孩子說話，也不要顯出憂慮的表情。

## 發燒

**什麼是發燒，什麼不是發燒？**
首先應該了解的是，健康孩子的體溫並不是總固定在 37 ℃的正常數值。他們的體溫總是忽上忽下，這通常取決於一天裡的哪個時段，以及孩子正在進行的活動。一般來說，孩子的體溫在清晨最低，在傍晚最高，但是這種差距其實很小。孩子休息時和運動時的體溫變化比較大。健康的年幼孩子在跑來跑去大量活動後，體溫可能會高達37.6℃，甚至是 37.8℃。

從出生到 3 個月大，孩子的體溫一旦達到或超過 38 ℃，就可能是嚴重疾病的表現，應該立刻向醫生報告。為了確保孩子的安全，這是父母必須牢記的幾種情況之一。嚴重的感染可能會把病菌帶進血液、骨骼、腎臟、大腦或其他部位。因此，這些感染需要非常嚴肅地對待。有一種情況例外：如果寶寶被

包裹得太緊，就把被子打開一點，幾分鐘之後再測量一次體溫。如果體溫正常，孩子也表現得很健康，那麼剛才很可能只是太熱了。如果大一點的孩子體溫在 38.3℃以上，可能就是生病了。整體來說，發燒的溫度越高，就越有可能存在嚴重的感染，而不是輕微的感冒，也不是病毒性的感染。然而，有的孩子即使是輕微的感染也可能導致高燒，也有些孩子雖然出現了嚴重的感染也只是發低燒。發燒的溫度只有超過 41℃才會對兒童造成傷害，因為這個溫度超過了大多數孩子所能達到的最高體溫。

當孩子發燒時，多數情況下體溫都會在傍晚呈現最高，在早晨呈現最低。但是如果孩子的體溫是早晨高，傍晚低，也不必吃驚。有幾種疾病會伴有持續的高燒，而不是體溫時升時降。這些疾病中最常見的就是肺炎和紅疹（**請參閱第 406頁**）。病情嚴重的嬰兒可能還會出現體溫偏低的現象。體溫稍低（低至 36.1℃）的現象有時會出現在即將痊癒的階段。健康的嬰幼兒也可能在早晨時體溫較低。只要孩子感覺良好，這種情況就不必擔心。

**生病時為什麼會發燒？** 發燒是身體對許多感染和某些疾病的反應。發燒原本是身體抵抗傳染病的一種方式，因為某些細菌在較高的溫度下更容易被殺死。在正常情況下，控制體溫的是大腦裡一個被稱為下丘腦的小區域。如果體溫過高，下丘腦就會刺激身體排汗，透過蒸發水分來降低體溫。如果體溫過低，下丘腦就會讓人打寒顫，透過肌肉的振顫產生熱量。這個系統的工作原理跟室內暖爐的恆溫器非常相似。對感染作出反應時，免疫系統釋放出的化學物質「調高」了大腦裡的恆溫器。所以儘管體溫可能已達到 37.7℃，但只要恆溫器的溫度被設定在 38.8℃，孩子還是會覺得冷，甚至會發抖。類似樸熱息痛（對乙醯氨基酚）的藥物透過阻止這種發燒誘導物質的生成，進而使體內的恆溫器恢復正常。一旦發燒停止，孩子就可能開始出汗，這個信號證明，此時大腦已經意識到體溫太高了。

**發燒不是疾病。** 很多父母以為發燒是不好的現象，所以想透過用藥把體溫降下來。但是，最好不要忘記，發燒本身並不是疾病，而是身體用來抵抗感染的方法之一。另

外，發燒還有助於觀察病情的發展。有時候，醫生會希望把體溫降下來，那是因為發燒干擾了孩子的睡眠，或者因為發燒消耗了病人大量的體力。也有時候，醫生會先不考慮發燒的問題，而是集中力量治療感染。

**測量體溫**。經驗豐富的父母常會覺得，只要用自己的手背或額頭試試寶寶的額頭，就可以知道寶寶是不是發燒了。但問題是，你不可能對醫生（或其他任何人）說，寶寶摸起來到底有多熱。

所以我十分推薦家長使用數字式電子體溫計。因為電子體溫計更快捷、更準確，也比傳統的玻璃體溫計更容易讀取。這種體溫計的價格並不貴，只要 10 美元左右。就算不小心打碎了，也不會把有毒的汞釋放到環境中造成污染。如果你用的是玻璃體溫計，請不要再用了。但是不能只把它丟進垃圾桶裡了事。水銀是一種有毒的物質，絕對不該把它扔進垃圾集中場。正確的做法是，請寶寶的醫生代為處理，或者按照處理有毒垃圾的相應程序（玻璃體溫計就屬於有毒垃圾），交給當地的垃圾處理系統處理。

有了數位式電子體溫計，父母要

做的就是把它擦一擦，打開開關，然後迅速放好。時間一到，它就會發出溫和的嘟嘟聲，提示讀取體溫。對小寶寶來說，測量直腸的溫度最為準確。在體溫計上塗一點凡士林或者其他溫和的潤滑油，讓寶寶面朝下趴在你的大腿上，或者用一隻手提著他的雙腿，再把體溫計的感應端緩緩插進寶寶的肛門裡，插入大約 1.5 公分左右就可以了，如圖 3-1。

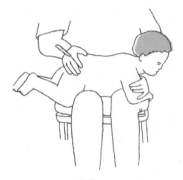

圖 3-1

5～6 歲以後，大多數孩子都能很配合地把體溫計壓在他們的舌頭底下，然後閉上嘴巴一分鐘左右。你也可以測量孩子腋窩的溫度（腋下溫度），但是腋下溫度不如直腸和口腔溫度準確。有些兒童的血管可能離皮膚很近，這樣一來，腋下溫度就會比正常值高一些。而有些兒童的血管離皮膚比較遠，這樣，

腋下溫度就會比正常值稍低。在需要非常精準了解體溫的時候，測量直腸或口腔溫度是最佳的選擇。

清潔體溫計的時候，可以先用微溫的水和肥皂清洗，再用外用酒精擦拭，但是最後要再用涼開水沖洗乾淨，以免下次放進孩子嘴裡的時候帶有酒精的味道。

## 應該持續測量多少天的體溫？

下面這種情況偶爾也會發生。孩子患了嚴重的感冒並且發燒。醫生幫孩子診斷過，或者問了一些情況，然後要求父母每天幫孩子測量 2 次體溫。最後，孩子退燒了，也恢復得不錯，只是有點輕微的咳嗽和流鼻涕。這時醫生囑咐父母，只要孩子的感冒完全好了，就讓他到戶外去活動。2 週以後，父母打電話告訴醫生，他們和孩子都在室內待得不耐煩了，孩子已經有 10 天沒有出現過咳嗽和流鼻涕的症狀，看起來非常好，進食也很正常，只是每天下午，孩子的體溫還是高達 37.6℃。就像我前面解釋的那樣，這對一個活蹦亂跳的孩子來說，並不見得是發燒。所以一直在室內待著，擔心著體溫的那 10 天簡直是浪費時間和精力，而且是個錯誤。

在大多數情況下，如果體溫持續

幾天在 38.3℃以下，通常就不用再為孩子測量體溫了。除非醫生提出要求，或者孩子似乎在某些方面病得更厲害了。先不要讓孩子上學，要等到恢復正常的體溫並持續 24 小時以後，孩子感覺好多了，再讓他上學，但這時感冒的症狀不一定非得完全消失。不要養成沒病也幫孩子測量體溫的習慣。

## 發燒的處理（到醫院之前）。

孩子 1～5 歲時，一些輕微感染就會讓他們發燒到 40℃，有時甚至更高。這些小毛病包括傷風感冒、嗓子痛、流行性感冒等。其實，危險的疾病反而可能不會讓體溫高過 38.3℃。所以，不要對發燒的溫度過於擔心。當孩子看起來不舒服或者跟平時不一樣的時候，不管體溫多少，都要和醫生保持聯繫。

有時候，孩子會因為高燒而感到特別不舒服。如果孩子在生病的第一天體溫就高達 40℃以上，可以用退燒藥幫孩子退燒，比如服用撲熱息痛或布洛芬。這些藥既有藥錠，也有水劑。請按照藥品包裝上的說明，服用合適的劑量。要記住，藥品的使用劑量會隨著年齡和體重的不同而變化。

這些退燒藥只能讓孩子服用一

次。如果三、四個小時以後還沒有跟醫生聯繫上，才能讓孩子再服用一次。（一定要把這些藥收好，別讓孩子拿到或者打開。雖然這些都是非處方藥，但也不是完全無毒無害的，服用過量將會帶來致命的危險。）

父母可能想幫孩子洗個澡，或者想用濕布或海綿幫孩子擦一擦。幫孩子洗個溫水澡或用濕布擦拭身體的目的，是想透過摩擦把血液帶到體表，再透過皮膚上水分的蒸發把這些血液的溫度降下來。人們習慣用酒精幫孩子擦洗，但是在一個小空間裡頻繁地使用酒精，將會使它們被大量吸進肺部。用水擦拭的效果其實一樣，而且既便宜又安全。然而，這些辦法只能使體溫暫時降下來，由於體內的恆溫器還「設置」在一個較高的溫度上，所以很快又會使體溫回升。

如果孩子發燒的溫度很高，臉都燒紅了，那在一般室溫下，幫孩子蓋上薄薄一層被子，也許一條床單就可以了。這樣一來，孩子可能會舒服一點，並有助於身體散熱。

**發燒與痙攣。**父母經常擔心持續的高燒會引起痙攣。事實並非如此。孩子的痙攣（**請參閱第 428**

頁）通常都出現在發病初期，這是體溫的急劇上升所引起的。退燒的目的在於緩解孩子的痛苦，而不是為了預防痙攣。

### ★ 警告

不要讓兒童或者十幾歲的孩子服用阿斯匹靈來退燒，也不要用它來治療傷風感冒或流行性感冒的症狀，除非醫生指示服用這種藥。因為只有撲熱息痛、布洛芬和非阿斯匹靈類的藥品才能讓少年與兒童服用。如果孩子患的是病毒引起的疾病，尤其是流行性感冒或者水痘，那麼阿斯匹靈會增加孩子感染雷氏症候群的危險。那是一種不太常見卻非常危險的疾病（**請參閱第 441 頁**）。

## 患病期間的飲食

醫生會根據疾病的性質和孩子的口味，告訴父母孩子罹患什麼病時該吃什麼食物。下面是一些得到醫療服務之前應該遵循的原則。

**對於不發燒的感冒。**孩子患了感冒，卻沒有發燒，這期間的飲食完全可以依照往常。但是，就算只

是輕微的感冒，也會使孩子的胃口下降。原因可能是他們待在室內，不像平時運動量那麼大，也可能是因為身體不舒服，還可能是因為他們總是吞嚥黏液，所以覺得噁心。不要強迫孩子吃太多東西。如果孩子吃得比平時少，就在兩餐飯之間讓他多喝一點流質食物。有人認為，流質食物越多越好。讓孩子們想喝多少就喝多少確實沒有什麼害處，但是喝太多的流質食物並不會帶來額外的好處，所以還是適量比較好。雞湯在許多文化裡都是傳統的治療良方。有科學證據顯示，它真的有助於病情的好轉。在一天裡少量多次地小口服用最為有效。

**發燒。**在諮詢醫生之前該採取的飲食方式。當孩子由於感冒、流感、喉嚨痛，或者任何一種其他感染性疾病而發燒達到 38.9℃ 以上時，他們在患病初期的胃口通常都會大大下降，對固體食物尤其不感興趣。發燒的前一兩天，如果孩子看起來不餓，就別給他們吃固體食物，但是一定要不斷讓他們喝流質食物。橘子汁、鳳梨汁和水都是最常用的飲料。不要忘了讓孩子喝水。水雖然沒有營養成分，但這暫時不重要，因為生病的孩子最需要

的就是水。至於是否需要其他飲料，就要看孩子的口味和患病的情況了。

如果孩子的感染引起了口腔疼痛，就可能不想喝柑橘類飲料，因為酸味會刺痛口腔。有的孩子喜歡葡萄柚汁、檸檬汁、梨汁、葡萄汁、淡茶。冰棒也是很好的液體來源。大一點的孩子可能會喜歡可樂和果汁汽水這類碳酸飲料。不過可樂裡含有咖啡因，最好不要讓孩子喝。乳製品可能會帶來更多的痰，在上呼吸道感染時飲用會感覺很不舒服。這些都應該盡量避免。

最重要的原則是：不要強迫生病的孩子吃任何他不想吃的東西，除非醫生有特殊的理由要求這麼做。勉強吃東西很容易導致嘔吐，引起腸道不適，還可能形成飲食障礙。

**嘔吐時的飲食。**許多疾病都會導致嘔吐。因為胃受到疾病影響而覺得不舒服，消化不了那些食物。這時的飲食安排取決於很多因素，應該由醫生提供建議。但是，如果不能馬上見到醫生，也可以參考以下建議。還可以把一茶匙的鹽和八茶匙的糖放到 1 公升的水裡攪拌均勻，這就成了自製的口服溶液。

可以先讓孩子小口小口地喝一點

水或電解質液。電解質液是一種按照最容易吸收的比例所配製的鹽糖混合溶液。一開始,每隔 15～20 分鐘餵 15 毫升。等孩子適應了以後,再逐漸加量,一直加到每隔半小時餵 120 毫升(半杯)。如果喝了這麼多電解質液,孩子也沒有嘔吐,就可以試著餵一些稀釋的蘋果汁或草藥茶(胡椒、薄荷,或黃春菊的效果都不錯)。很多孩子對冰棒的反應也很好。

也可以餵點固體食物。先讓他吃一些簡單的食物,比如一塊餅乾、一片烤麵包、一點香蕉、一匙蘋果醬等等。不要讓孩子喝牛奶或食用乳製品,這類食物不太好消化。

**腹瀉孩子的飲食。** 腹瀉期間,最重要的就是確保孩子攝取足夠水分,以免出現脫水。腹瀉和嘔吐都會讓孩子流失一定程度的水分,當攝入的水分少於流失的分量時,就會出現脫水症狀。最早的徵兆就是不愛動。另外,脫水的表現還包括口乾、眼窩凹陷和皮膚蒼白等。

到了 2 歲以後,孩子出現嚴重腹瀉或長期腹瀉的情況就會減少很多。在父母和醫生取得聯繫之前,最好的辦法就是依照他的胃口讓他吃一些日常食物。研究顯示,像果凍飲料、蘇打飲料和蘋果汁這類傳統的「止瀉食品」實際上會加重腹瀉的症狀,還會延長腹瀉的時間,所以我並不提倡這種飲食。

如果出現嚴重的腹瀉,就要考慮讓孩子服用電解質液。當然最好還是先跟醫生商量一下。病情比較嚴重,需要喝電解質液的孩子通常都應該先到醫院檢查。如果孩子不斷把餵給他的電解質液吐出來,那就可能要到診所或醫院施打點滴,以補充體液。

**患有慢性病的孩子。** 對於患有慢性病的孩子來說,營養是最關鍵的問題,這些疾病包括糖尿病、乳糜瀉以及囊性纖維化。當孩子除了潛在的症狀之外還伴有感染現象的時候,營養問題就更重要了。在這種情況下,最好的辦法就是與醫生密切配合,此外還要經常與有經驗的飲食專家或營養師交流。

**即將痊癒時的飲食障礙。** 如果孩子連續發燒好幾天,也沒怎麼吃東西,體重自然會下降。前一兩次發生這種情況時,父母都會很擔心。等到高燒終於退下去,醫生說孩子可以恢復正常飲食時,父母就會迫不及待地餵孩子吃飯。但是孩子經常會逃避不吃。如果父母一餐

接一餐，一天接一天地強迫他吃，那麼他的胃口可能再也不會恢復了。

這樣的孩子並不是忘了怎麼吃飯，也不是太虛弱了不能吃飯。真正的原因在於，當體溫恢復正常時，孩子體內仍然殘存著一些炎症，足以影響他的腸胃。所以，當孩子一看到那些食物，消化系統就會警告他腸胃還沒有做好準備。

疾病已經讓孩子覺得噁心了，要是再催著他或強迫他吃這些食物，他就會比胃口好的時候更容易產生反感，甚至會在幾天內就形成長期的飲食障礙。

只要耐心等到胃和腸道從疾病的影響中恢復過來，一旦能夠重新消化食物，孩子的飢餓感就會一下子爆發，而不僅僅是回到過去的狀態。為了彌補損失，孩子會在一兩週之內顯得很飢餓。有時候，父母會看到這些孩子飽飽地吃了一頓後才過2小時，就吵著還想吃東西。3歲時，孩子飢餓的消化系統最渴望什麼，他就會特別想吃什麼。

在孩子病快好的時候，父母的任務就是為孩子提供他們想要的飲料或者固體食物，不要強迫孩子，要耐心又自信地等待他們發出想吃東西的訊號。如果孩子的胃口在一週以後還沒有恢復，那就應該再找醫生診治。

## 餵藥

**遵循醫囑。**為了確保用藥安全，讓孩子服用任何藥物之前，都要諮詢醫生。在醫生規定的用藥療程結束之後，如果要繼續餵孩子吃藥，也要經過醫生的認可。讓我們舉個例子來說明為什麼擅自用藥不可取：有個孩子因為感冒出現了咳嗽的症狀，醫生為他開了一種止咳藥。2個月以後，孩子又開始咳嗽，父母沒有詢問醫生就讓孩子服用原來的藥。這種藥在前一個星期似乎有效，但後來咳嗽反而變得更厲害了。於是，父母不得不再去諮詢醫生。醫生馬上意識到，孩子這次得的不是感冒，而是肺炎。如果父母一週前就帶孩子來看醫生就好了。

那些用同樣的方式處理過感冒、頭痛或胃病的父母可能會覺得自己已經是專家了。雖然從某種有限的程度上講，父母也可以算是專家，但他們畢竟沒有像醫生那樣受過訓練。所以，父母無法專業地思考如何確診。對於父母來說，兩種不同

的頭痛（或兩種不同的胃痛）看起來可能是一樣的。但對醫生來說，一種頭痛和另一種頭痛很可能完全不同，需要不同的治療方法。

有時候，當醫生給孩子開過一種抗生素（比如青黴素）以後，父母很容易對相似的症狀也使用相同的藥物。他們覺得這種藥物非常有效，也很容易服用。而且，從上次經驗中也知道了使用的劑量。所以，為什麼不可以呢？第一，這一次這種藥可能已經不管用了，孩子也可能需要不同的劑量，或者需要完全不同的藥物。第二，等孩子去看醫生的時候，抗生素可能會影響診斷。所以如果在一個療程結束之後還有剩餘的藥物，最好的處理辦法就是扔掉它們。

最後，孩子對這些藥品偶爾會有嚴重的反應，比如發燒、出疹子、貧血等（幸好這些併發症很少見）。但是，如果經常使用這些藥品，尤其在使用不當的時候，這種現象將更容易發生。這就是為什麼只有在醫生已經確定需要時，才能使用這些藥物。即使像撲熱息痛這樣的常用藥，長時間服用偶爾也會帶來嚴重的問題。出於同樣的原因，父母絕對不應該把鄰居、朋友或親戚的藥拿給孩子吃。過度使用抗生素會使細菌產生抗藥性，導致未來將使用更大的劑量，或改用完全不同的抗生素才能發揮藥效。

## 斯波克的經典言論

抗生素的真正意思就是「抵抗生命」。我比較希望看到人們使用諸如「抗菌藥」、「殺菌劑」或者「抗病毒藥」等專業詞語。這些詞語更加精準，對各種藥物針對的問題也表述得更加具體。

**對抗生素產生抗藥性。** 濫用抗生素已經使一些細菌對很多常規藥物產生了抵抗力。比如，在幼兒園裡，一般的孩子每年至少會生病發燒十幾次。但有很多耳部感染的情況，標準用量的抗生素已經起不了作用了。所以我們不得不把劑量加倍，以便消滅那些引起感染的頑固病菌。醫生常常無法確定某一次感染是細菌還是病毒引起的。在這種情況下，最好能夠等待和觀察一段時間，而不是猛吃那些抗生素。因為抗生素很可能起不了任何作用（抗生素無法殺滅病毒），反而會增強細菌的抗藥性。

不易溶解的藥片可以碾磨成細碎的粉末，再加上一點粗糙的、好吃的食物，比如蘋果醬。把藥和一匙蘋果醬混在一起，不要太多，以免孩子吞不下去。苦藥片可以和蘋果醬、甜米漿或米粉牛奶糊調在一起（有些食物會影響某些藥物的吸收，所以在隨意調配之前，要先向藥劑師詢問清楚）。

餵孩子喝藥時，最好搭配一種他不常喝的飲料，這樣比較容易成功。如果在孩子的橘子汁裡加了一種怪味的藥品，孩子很可能一連幾個月都不喝橘子汁了。

**害怕吃藥。**有的孩子一想到吞食藥片就想吐。父母可以先拿小塊的糖果或薄荷糖練習，可能可以克服他們的恐懼感（四、五歲以下的孩子千萬不要嘗試這個方法，因為會有卡住喉嚨導致窒息的風險）。也可以使用專門的塑膠杯，這種杯子有一個放置藥片的管子。當孩子用這種杯子喝水的時候，藥片就會被沖進食道。物質獎勵有時候也能奏效。只要還有別的辦法可以讓孩子把藥吃了，就不要因為吃藥而跟一個充滿恐懼的孩子發生爭執。

**非處方藥。**單憑某種藥物不需經過醫生處方就能銷售這一點，並不能證明這種藥物就是安全的。解充血藥和其他感冒藥尤其是這樣，它們已經引起許多嚴重的反應，不應再是兒童的常規用藥。

**眼藥膏和眼藥水。**有時可以在孩子睡覺時使用，也可以讓年紀較小的孩子使用。方法是，把孩子放在父母的腿上，雙腿圍著父母的腰。把他的頭輕輕地、穩當地放在父母的膝蓋之間，用一隻手幫他上眼藥，另一隻手則要扶著他的頭（這種姿勢也可以用來幫孩子吸鼻涕和在鼻子裡滴藥水）。

**一般處方。**一般處方指的是不使用藥品的商品名稱，而使用其化學名稱的處方。在這種處方上的大多數藥品都會比那些用商品名稱做廣告的藥便宜一些，但實際上卻是完全相同的藥品。父母可以要求醫生使用一般處方。大多數時候（但不是所有時候）這都是個好辦法。

## 傳染病的隔離

患了傳染病的孩子最好待在家裡。等到不發燒了，醫生也說不會傳染了，再讓他出來活動。應該盡量減少近距離接觸（包括親吻、擁

抱等），只留一個人照顧孩子就可以。這些都是正確的預防措施，有助於防止其他人感染這種疾病。隔離生病孩子的另一個原因就是，不讓他再從別的病人那裡感染新的病菌，使病情變得更複雜。

當家裡有人得了傳染病時，大人們可能不會嚴格採取隔離措施。但是，在拜訪那些有孩子的家庭時，就必須理性地想清楚，只要遠離他們，大人帶給其他孩子病菌的機會就等於零。同理，就算第二年那些人家的孩子得了你家孩子曾得過的傳染病，你也還是有可能會被人責怪的。

**洗手。**減少疾病傳播的最好辦法就是經常徹底洗手。要教育孩子，洗手時要向上一直洗到手腕，要每個手指縫都洗到，還要搓洗 1 分鐘以上（這個時間實際上是挺長的）。腳凳可以幫助孩子輕易又舒服地搆著水池。用小塊的肥皂，就像飯店浴室裡用的那種，好讓孩子的小手更容易抓住。在家裡多放幾盒紙巾，提醒孩子經常擦鼻涕。同時還要放上垃圾桶，這樣用過的紙巾就不會被扔在地上了。雖然現在有許多肥皂都在廣告中自稱能夠

「殺滅細菌」，但是我們還不清楚這些肥皂是否比普通肥皂好，這些肥皂中所含的殺菌劑本身也會造成健康隱憂。不論旅行還是居家，含有酒精的洗手液都有助於限制細菌的傳播。每次洗手都要多擠一些洗手液，把所有的縫隙都清洗乾淨，還要反覆揉搓大約 10 秒鐘以上。

## 就醫指南

因為突然生病或者意外受傷而住院的孩子，一定會覺得茫然無助，還會感到非常害怕。如果可以有一位家長或者關係比較親近的親屬在身邊陪伴，孩子的心理感受可能會完全不同。約好了要去醫院看病的孩子可能一想到即將發生的事情就憂心忡忡。比如，去做切除扁桃腺的外科手術就屬於這種情況。這時候如果孩子能夠說出自己的恐懼，可以即時得到安慰，那將會有很大的幫助。患有慢性疾病，需要特別治療的孩子可能會頻繁住院，對於他們和家人來說，兒童社工師的作用是無可限量的。這些受過訓練的專業人員可以幫助孩子適應醫院的生活，也熟悉治療的過程。

**為什麼醫院會讓人感到心慌。**

在 1～5 歲時，孩子最擔心的就是和父母分開。只要有一位家長能夠全天候地陪伴左右，大多數年幼的孩子就能應付身處醫院的情況。雖然疾病本身會讓人難受，打針和其他產生疼痛的治療過程也會讓孩子心神不安，但是只要有一個值得信賴的家長陪在身邊，就是孩子莫大的安慰。

孩子 5 歲以後，會更容易害怕別人即將對他做的事、自己身上受的傷，以及疼痛。不要跟孩子確保醫院會美妙得像玫瑰花床。因為一旦有不愉快的事情發生，孩子就會對父母失去信任感，更何況，讓孩子難受的事情一定會發生。但是另一方面，如果把可能發生的每一件壞事情都告訴孩子，他也會在想像中遭受比實際在醫院裡所受到更大的折磨。

對父母來說，最重要的事就是要盡量表現出平靜、自然的信心。不要過分強調這件事情，那樣反而會讓這件事聽起來像是個錯誤。除非孩子以前住過院，否則他一定會開始想像醫院是什麼樣子，很可能還會害怕發生最壞的事。所以父母最好能為孩子大致描述一下醫院生活，好讓孩子放心。記住別跟孩子爭論即將接受的治療會不會很痛。

父母可以跟孩子說說醫院裡有趣的事。比如，他要帶哪些玩具和圖書過去、醫院的床上會懸掛電視機、呼叫護士可以使用電子按鈕等。許多兒童病房還設有遊戲室，裡面有各式各樣好玩的遊戲和玩具等。

著重談論醫院這些愉快的日常生活很有用，因為即使在最壞的情況下，孩子們也會把大部分時間用來玩耍。父母不必對醫療項目避而不談，但是要讓孩子看到，那只是醫院生活的 一小部分。

在美國，很多兒童醫院為那些預約住院的孩子安排了預備流程。在入院的前幾天，孩子和父母就可以去參觀醫院，還能諮詢一些問題。很多醫院都在預備流程裡安排了講解，工作人員會用幻燈片和木偶表演給孩子看，讓他們知道住院是一次怎樣的經歷。醫院裡通常配有兒童社工師陪伴兒童就醫。這些專家知道如何根據兒童的年齡使用恰當的語言、玩具和圖片來寬慰孩子，幫助他們為即將進行的治療做好準備。同時，還能指導家長在住院治療的時候，利用物品和玩具有效緩解孩子的緊張情緒。

**讓孩子說出自己的擔心。**一定
要給孩子提問的機會，讓孩子把自
己的想像告訴你。年紀小的孩子看
待這些事情的方式十分獨特，成年
人根本不會那樣思考問題。首先，
孩子經常會認為，自己必須做手術
或被送進醫院，是因為他們以前的
表現很壞，比如不穿鞋子、生病時
賴在床上，或者跟家裡的其他人亂
發脾氣等。孩子可能會想像，切除
扁桃腺的時候他的脖子必須被切
開，還可能認為只有把他的鼻子切
掉才能夠得到扁桃腺。所以，一定
要讓孩子隨便提問。父母要做好準
備，孩子心裡的恐懼很可能非常離
奇。父母要盡量讓孩子放心。

**什麼時候跟孩子說。**對於年齡
較小的孩子來說，如果他沒有發現
即將要住院這件事情，那麼我認為
最好在離開家的前幾天再告訴他。
因為讓他擔心好幾個星期實在沒什
麼好處。對於 7 歲大的孩子來說，
提前幾個星期告訴他可能會更好一
些。不過如果他已經開始猜疑了，
那就要提早告訴他。但前提是這個
孩子能夠比較合理地面對現實。當
然，不管多大的孩子提問，都不要
對他們撒謊，也絕對不要謊稱醫院
是別的什麼地方，而把孩子騙進醫

院去。

**麻醉。**如果孩子要動手術，可
以跟醫生商量一下麻醉師和麻醉相
關事宜。孩子對麻醉的態度將對他
的精神狀態產生很大的影響。有的
孩子會因此對手術感到非常不安，
有的孩子卻可以心情放鬆地做完手
術。在醫院裡，通常都會有一位特
別善於激勵孩子信心的麻醉師，可
以順利地幫孩子麻醉而不會嚇著他
們。如果可以選擇，應該找一位這
樣的麻醉師，這非常值得。有些時
候，將要使用的麻醉藥品也可以選
擇，這也會對孩子的心理產生不同
影響。一般說來，使用氣體麻醉很
少會嚇到孩子。當然，醫生才是最
了解情況的人，也必須由他來作出
這個決定。但是當醫生認為幾種麻
醉藥品的醫學效果相同時，父母就
應該認真考慮一下孩子的心理因素
再做判斷。

跟孩子解釋麻醉的時候，不應該
說「它會讓你睡著」，這樣會讓孩
子在做完手術後產生睡眠障礙。可
以把麻醉解釋成一種會讓人進入特
殊睡眠狀況的方法。要告訴孩子，
一做完手術，麻醉師就會把他從麻
醉狀態中喚醒。要在麻醉生效之前
陪著孩子。已經有研究顯示，麻醉

的時候有一位家長陪伴，能夠減輕孩子對手術的恐懼和緊張，還能減少鎮靜劑的使用。

**探視。**對於 1～5 歲的孩子來說，只要有可能，父母就應該隨時陪伴孩子待在醫院裡，尤其是白天。至少每天都要有一位家長去探望孩子。大多數的醫院現在都有很方便的陪宿環境，便於一位家長或孩子熟悉的大人晚上可以在孩子房間裡過夜。

如果父母只能斷斷續續地去探望孩子，這種探望會為年幼的孩子帶來暫時的痛苦。因為父母的出現會讓孩子想起他有多想他們。父母離開時，孩子則會哭得特別傷心，甚至在整個探視過程中都哭個不停。父母可能會覺得孩子在醫院時一定總是很傷心。實際上，只要父母一走，孩子就會調整好狀態，對醫院生活表現出驚人的適應力，哪怕他正覺得難受，或者正在接受不舒服的治療。實際上，他們可能是因為太害怕了，所以才表達不出任何感情，當父母回來以後，他們真實的情感就會自然流露出來了。

但是，這絕不是說父母應該遠離孩子。如果孩子能意識到父母離開後總是會回來，就會獲得一種安全

感。但是如果必須要走，就應該盡量表現得高興一些，讓孩子看不出你的擔心。因為父母苦惱的表情會讓孩子更加焦慮不安。

**出院後的反應。**在接受住院治療的時候，年幼的孩子看起來可能已經完全恢復了，但回到家就會立刻做出令人厭煩的行為。有的孩子會變得特別黏人，總是擔驚受怕。有的孩子則會在行為上顯露出攻擊性。這些現象雖然可能讓人不高興，但都是正常的反應。要耐心地安慰孩子，冷靜又堅定地告訴孩子，他很快就會舒服多了。這樣一來，孩子就會忘掉住院的經歷，繼續無憂無慮地生活。

# 2 免疫

## 斯波克的經典言論

我成長的那個年代，所有父母都很擔心孩子會患上小兒麻痺。那是一種能讓人癱瘓的病毒。當時，這種病每年大約會讓25000人喪生，其中大部分是兒童。所以在那個年代，父母都會警告我們不要喝噴泉裡的水，夏天要避開人群，還要預防各種病毒感染。但是現在已經用不著那樣謹慎了。自1979年以來，美國再也沒有出現過小兒麻痺的病例。世界上其他國家雖然比美國晚一些，但也有同樣的變化。像是天花這種病也已經從地球上絕跡了。

這些疾病的滅絕簡直就是醫學奇蹟，是人類最驕傲的成就之一。我們能有這樣的成功與突破，都是因為有了疫苗。

## 疫苗的作用

當人類在抵禦感染時，免疫系統會留下記憶，往後對抗同一種感染時會更容易。疫苗就是讓人在不生病的條件下產生同樣的免疫記憶。人體對疫苗做出的反應就是製造抗體，也就是製造出一些蛋白質，識別並針對特定疾病所帶來的細菌和病毒，並且在這些細菌和病毒還沒有引發疾病的時候，幫助身體把它們清除掉。

**疫苗預防的疾病。** 目前，美國大多數兒童都要在 12 歲之前透過疫苗施打預防 17 種疾病。這些疾病中有很多現在已經很罕見了，原因就在於實施了疫苗接種。但是，只要疫苗接種一減少，那些疾病就會像無人維護的花園裡生長的野草

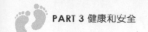

一樣重新蔓延開來。兒童接種疫苗能預防的疾病通常包括：

- **白喉**。得了白喉，咽喉裡會形成一層厚厚的膜，可能導致嚴重的呼吸困難。
- **百日咳**。經常會有陣發性的劇烈咳嗽，以致孩子一連幾個星期都無法正常吃飯、睡覺或呼吸。
- **破傷風**。患者會不由自主地出現肌肉緊縮，甚至呼吸困難或根本無法呼吸。
- **麻疹**。麻疹不僅會引發令人難受的皮膚疹，還會出現高燒、肺炎以及腦部感染等症狀。
- **流行性腮腺炎**。症狀包括發燒、頭痛、耳聾、腺體腫大，以及卵巢或睪丸腫大和疼痛。
- **德國麻疹**。德國麻疹在兒童期發作基本上都比較輕微，但如果孕婦在懷孕期間受到了傳染，那就可能導致嬰兒嚴重的先天缺陷。
- **小兒麻痺**。這種疾病會導致身體麻痺或極度虛弱無力。即使患者已經康復，症狀也可能在幾十年後復發。
- **B 型嗜血桿菌**（Hib，**請不要與流行性感冒混淆**）。這種細菌會感染大腦（引發腦膜炎），導致聽力受損或癲癇，也可能感染氣管，引起窒息。

- **腦膜炎球菌感染症**。這種疾病可能導致突然的、經常也是致命的腦部感染（腦膜炎），還可能中斷手腳部位的血液迴圈，最終導致截肢。感染現象常發生於住校的大學生。
- **B 型肝炎**。這種疾病最終可能導致肝功能衰竭或成為肝癌的好發誘因。
- **A 型肝炎**。這是嚴重（但短暫）腹瀉的一種常見誘因。
- **輪狀病毒**。這是嚴重又極易傳染的腹瀉的另一個誘因。
- **肺炎鏈球菌**。這種病菌會導致多種耳部感染，也可能引發腦膜炎、肺炎和其他嚴重的炎症。
- **水痘**。經常帶來又癢又難受的皮膚疹，還可能導致嚴重的肺炎、大腦積水或者雷氏症候群。
- **流行性感冒**（流感）。通常會導致發燒，同時伴有肌肉疼痛、頭痛和嘔吐，也可能引起嚴重的肺炎，甚至危及生命。
- **人類乳突病毒**。這種病毒與子宮頸癌、生殖器疣以及咽喉癌的許多病例有關。

各種疫苗不僅為接受疫苗接種的孩子提供了保護，也減少了其他人

感染相關疾病的危險。這主要是因為疫苗施打措施減少了患病者的人數，否則這些人就會使疾病在人群中傳播開來。反過來說，如果達到一定數量的人拒絕接種疫苗，那麼這種「群體免疫力」就會失去作用，使越來越多人受到感染。

**特別疫苗。** 除了抵禦以上疾病的疫苗，還有其他一些疫苗專門針對免疫系統脆弱的孩子或與北美以外地區常見疾病有接觸的孩子。醫生將會告訴父母孩子是否需要接種特別的疫苗。

**人類乳突病毒與疫苗。** 這種針對人類乳突病毒（HPV）的疫苗比較新。當人們發現子宮頸癌和生殖器疣會因為感染這種性傳播病毒而發病之後，才研製了子宮頸癌疫苗。人類乳突病毒還可能引發一種非常危險的喉癌。這種疫苗雖然無法避免這種病毒裡所有致癌菌株導致的感染，但還是可以阻斷絕大多數此類菌株的傳播。美國有成千上萬人死於子宮頸癌，全世界則有幾百萬人因此而死亡。這種疫苗大幅降低了女性罹患子宮頸癌的風險，但前提是，這些女性一定要在接觸病源之前接受免疫，才能發生作用。這種疫苗中的一種（即四價

型，也稱為 HPV4）可以減少男性罹患生殖器疣的機率，還能降低這些男性傳播這種病毒的風險。無論男孩還是女孩，9 歲以後都應該接種這種疫苗。雖然很多父母都很難想像自己 9 歲的孩子會有性行為，但我們觀察到許多青少年都會漸漸開始有性行為。沒有理由認為接種了這種疫苗就會鼓勵青少年發生性行為，也沒有理由認為不接種這個疫苗就會打消他們類似的念頭。完全的免疫需要接種 3 次，每次間隔6 個月以上。

**流感疫苗。** 幾種不同的流感病毒隨時在全世界傳播，在任何一個特定的流感季節都會有某一種病毒迅速傳播，成為傳染性疾病。如果這種傳染性病毒碰巧非常嚴重，那麼患病人數和死亡人數就可能迅速增加。科學家試圖預報哪些病毒最容易引發流行性感冒，並研製出預防這些病毒的疫苗。2009 年，H1N1 病毒在當年的流感疫苗已經被設計出來之後才出現。結果，人們必須接種常規的季節性疫苗和2009 年 H1N1 疫苗（這簡直是一場惡夢）。次年，這種病毒就被納入常規疫苗裡了。現在我們建議，每個 6 個月以上的孩子每年都應該

接種流感疫苗。

## 接種疫苗的風險

**權衡利弊。** 我們可以找到大量關於接種疫苗風險的資訊。但是，很多錯誤的信息也混雜其中。許多父母都很關注這些問題，有些父母還會因此感到恐懼。是否接受一種疫苗接種的判斷標準就是，接種疫苗帶來的好處應該遠遠超過風險，所有專家小組和負責任的醫生都是這個標準的堅定支持者。

讓我們以一種比較新的疫苗為例：在 B 型流感疫苗發明以前，美國曾有 20000 名 5 歲兒童患了嚴重的 B 型流感，其中還包括腦膜炎。2000 年，這個數字下降到了大約 50 例。當我還是個醫學院學生的時候，我照顧的第一個孩子是個漂亮的寶寶，她就是因為 B 型流感而喪失了聽力。在過去的 20 年裡，由於疫苗接種工作的有效展開，讓美國的 B 型流感患病率轉為極低。但是最近，在疫苗暫時短缺的時候，明尼蘇達州就有 5 個孩子患了這種疾病，其中 1 人已經死亡。

疫苗帶來的風險通常都很小。打針確實比掐一下要痛，但總比截去一個腳趾頭好吧。有的孩子打針的地方會疼痛發炎，有時還會形成一個堅硬的腫塊，要過好幾週以後才會消退。少數時候，孩子會發高燒。而在非常罕見的情況下（大約 1/100000），孩子會表現出令人擔心的症狀。他會一小時又一小時地哭鬧，顯得一反常態，或者出現痙攣。這些反應都會讓人擔心，而且在極少數情況下會引發長期的嚴重問題。但是我要說，疫苗預防的那些疾病比這常見得多，也嚴重得多。這一點怎麼強調都不過分。

**疫苗是如何製成的？** 大部分疫苗都是由已經被殺死或減毒的（比如脊髓灰質炎病毒），以及分離純化的病毒或細菌（比如無細胞型百日咳、B 型流感、B 型肝炎以及鏈球菌疫苗）製成的。有些疫苗用來抵抗細菌（比如白喉、破傷風等）產生的毒素，而這些能抵抗毒素的抗體也有利於擊敗細菌。少數疫苗，例如預防麻疹、腮腺炎、德國麻疹和水痘的疫苗，是由已經被減毒的活菌製成的，它們已經無法讓健康的孩子引發疾病，最多只會引起非常輕微的小問題。這些疫苗對那些免疫系統遭到嚴重破壞的孩子來說（例如正在接受某些癌症治療

**2 免疫**

一般醫療問題

免疫

預防意外傷害

急救和急診

牙齒發育和口腔衛生

兒童常見疾病

的孩子）並不安全，對那些跟其他免疫系統遭到破壞的人共同生活的孩子來說，也不安全。

**越來越安全的疫苗。**百日咳疫苗曾經因為會引起疼痛、腫脹、充血以及發燒而惡名昭彰。新改良的這種疫苗，即非細胞型百日咳疫苗或無細胞型百日咳疫苗，注射時引起的疼痛比過去減少許多。過去有幾種疫苗含有一種叫做硫柳汞的防腐劑，這種防腐劑中含有汞。當時疫苗中的硫柳汞從未顯現出危險性。儘管如此，從安全的角度出發，現在一般用於兒童的疫苗都不含硫柳汞，汞的含量頂多是微量。有一種早期輪狀病毒的疫苗會提高腸阻塞的機率。這個問題已經在目前使用的輪狀病毒疫苗中解決，接種的時間也作了調整。疫苗接種反應在全美都有追蹤調查，目的是即便有非常罕見的危險也能得到標示和避免。

**疫苗和自閉症。**患自閉症的兒童數量似乎正在迅速增加，沒有人知道這是為什麼。人們有理由懷疑疫苗或疫苗裡的某些成分是罪魁禍首。許多理論和謠言早就把焦點集中在麻疹、腮腺炎和德國麻疹三合一疫苗（MMR）上。但是，研究

並沒有找到這種三合一疫苗和自閉症之間的關係。也就是說，接種過麻疹、腮腺炎和德國麻疹三合一疫苗的孩子患自閉症的機率和那些沒有接種過疫苗的孩子沒什麼區別。

2001 年，某個醫學院的專家小組得出一個結論：麻疹、腮腺炎和德國麻疹三合一疫苗跟絕大多數的自閉症病例沒有關係。但是，這項研究並沒有說明這種疫苗是否可能讓極少數孩子患上自閉症。如果沒有麻疹、腮腺炎和德國麻疹三合一疫苗，麻疹病例的數量會急劇增加。那樣一來，大腦損傷的兒童數量就會比疫苗造成的殘疾兒童多得多。專家小組建議孩子們繼續接種麻疹、腮腺炎和德國麻疹三合一疫苗，美國兒科學會的專家委員會以及美國疾病預防控制中心（CDC：the U.S. Centers for Disease Control）也贊成這個建議。近年來，旨在證明自閉症和麻疹、腮腺炎和德國麻疹三合一疫苗有關的最初研究已經被該中心出版的雜誌撤銷。這些研究曾經在該雜誌發表，但後來發現研究者在這項研究中撒了謊。到目前為止，對疫苗的擔憂就像病毒一樣傳播開來，許多父母聽不進政府的保證，也不願意聽從

科學家的建議。在那些恐懼感根深蒂固的人群當中，免疫率已經下降，麻疹的流行已經出現。（有關自閉症及其原因和治療的更多資訊，請參閱第 663 頁。）

疫苗還一直被指責是引發其他疾病的元兇，其中一種嚴重的疾病叫做炎症性腸病（IBD）。科學研究已經再次證明，接種疫苗和炎症性腸病之間沒有任何關係。

**從哪裡了解更多資訊？**美國法律規定，每一位注射疫苗的醫生都要向父母提供一份每次注射的情況說明書，又叫疫苗資訊陳述（注①）。這些說明書都由美國疾病預防控制中心製作，清楚準確。提前向孩子的醫生索取這些免費的宣傳單，就可以了解即將進行的免疫。

注①：在臺灣，嬰兒出生後醫院並會核發一本「兒童健康手冊」，手冊內列出了所有疫苗接種的詳細時程。在幼兒園及國小新生入學時，必須繳交該紀錄影本，經校方及衛生單位檢查，孩童若有未完成接種的疫苗，則安排進行補接種。

# 疫苗接種計畫

**孩子這麼小，卻要打這麼多針。**疫苗預防的大多數疾病都最容易侵襲年幼的寶寶，所以應該及早開始接受免疫。但許多疫苗都需要孩子不止一次地接種才能形成完備的免疫反應。這就是為什麼許多疫苗要在出生的第一年裡連續接種好幾次，才能儘早獲得最好的預防效果。

美國大多數醫生遵循的疫苗接種時間表都來自美國疾病預防控制中心，並且通過了美國公共衛生部的疫苗接種計畫諮詢委員會（ACIP:The Advisory Committee on Immunization Practices）、美國兒科學會以及美國家庭醫生學會（AAFP:The American Academy of Family Physicians）的審核。這一份時間表每年都會更新。

**好像「字母粥」。**許多針劑都是用開頭字母或品牌名稱來稱呼的。下面的術語列表對父母應該有所幫助（詳情請參閱第 322 頁，了解更多關於這些疾病的內容）：

● DTaP（白喉、破傷風和百日咳，三合一疫苗），Tdap（破傷風減量白喉非細胞性百日咳混合

苗，適用於十幾歲的青少年）

- Hep B（B 型肝炎疫苗），Hep A（A 型肝炎疫苗）
- HIB（B 型流感嗜血桿菌疫苗）
- HPV（人類乳突病毒疫苗）
- IPV（不活化小兒麻痺病毒疫苗）
- MCV（腦膜炎雙球菌疫苗）
- MMR（麻疹、腮腺炎和德國麻疹三合一疫苗）
- Varicella（水痘疫苗）
- PCV（肺炎鏈球菌疫苗）
- RV（輪狀病毒疫苗）

**疫苗接種時間表。**為了獲得最好的預防效果，兒童必須按時接種疫苗，當然還是可以根據實際情況對上面的日程表做一些小調整。醫生和父母可以延遲其中一些疫苗項目，最多可以晚接種幾個月。這可能是為了把注射分散開來，也可能是因為孩子在應該接種疫苗的時候正好生病了。但如果孩子接種的進度遠遠落後於時間表，那醫生就必須幫助他們快一點趕上。目標就是等孩子到了 2 歲的時候，完成常規的疫苗接種。輪狀病毒疫苗是口服的。流感疫苗必須每年接種，所以沒有列入接種排程中。

## 常規疫苗

| 年齡 | 疫苗 | 注射次數 |
|---|---|---|
| 出生 | Hep B | 1 |
| 2 個月 | DTaP＋IPV＋HIB（三合一混合疫苗），Hep B、PCV、RV* | 3 |
| 4 個月 | DTaP＋IPV＋HIB、PCV、RV* | 2 |
| 6 個月 | DTaP＋IPV＋HIB、Hep B、PCV、RV* | 3 |
| 12～15 個月 | MMR、Varicella、PCV、HIB、Hep A | 5 |
| 15～18 個月 | DTaP、Hep A | 2 |

*RV 每個月注射一次。

## 強化注射

| 年齡 | 疫苗 | 注射次數 |
|---|---|---|
| 4～6 歲 | DTaP、IPV、MMR＋Varicella | 3 |
| 11～12 歲 | DTaP、HPV（從 9 歲開始注射，共 3 次劑量） | 1 或 2 苗，另有一種三合一聯合疫苗 |

當新的疫苗被開發出來並得到核准時，疫苗接種的時程表也會跟著修改。也許當父母們在閱讀這張表的同時，更多可以減少注射次數的混合疫苗已經問世。到最後，疫苗可能會演變成可食用，根本不會帶來疼痛。在此之前，父母還是可以多做些努力來幫助孩子克服對打針的恐懼。

## 幫助孩子打針

**藥物。**你可以詢問醫生，是否可以透過某些藥物來緩解接種過程中出現的不適。用冷噴霧讓注射部位失去知覺是個有效的辦法，在注射前後服用撲熱息痛，也可以減少疼痛感（但有些專家認為，這可能會降低免疫的效果）。

**肢體安慰。**寶寶在父母的懷裡會比較有安全感。剛出生的寶寶可能需要刺破腳跟來驗血，如果母親在穿刺的時候緊緊抱住寶寶，寶寶就不會哭得那麼嚴重，而且表現出來的緊張反應也會比較少。讓孩子面朝著媽媽，胸口對著胸口，這是個很好的姿勢，對五、六歲大的孩子也很有效。

對寶寶來說，安撫奶嘴、輕輕搖晃，以及撫摸都是很有效的安慰方法。

**用父母的聲音安慰孩子。**對寶寶來說，父母說什麼並不重要，父母說話時的語氣就可以讓他們感到安全。對蹣跚學步的孩子以及學齡前兒童來說，對打針產生的恐懼感往往比實際的疼痛更為嚴重。為了減少恐懼，父母要提前向孩子說明，讓他們知道即將會發生什麼事。比如說：「等一下醫生會用酒精幫你擦一下，會感覺涼涼的喔。」

父母可以不用打針這個詞，可以用「疫苗」或者「藥物」。對某些只會從字面上理解問題的學齡前兒童來說，「打針」聽起來好像是要用什麼暴力工具完成的事情。

孩子害怕的時候，經常會忽視否定性詞語。如果父母說「不要尖叫」，他們聽到的就是「尖叫」。如果父母說「別哭了」，他們會聽成「哭了」。所以，最好用肯定性的詞語：「你沒事。」「好了，好了。」「馬上就好了。」

**給孩子選擇的機會。**有的孩子想看看護士或者醫生正在做什麼，有的則不想看。有選擇餘地的孩子

會覺得自己更有主動權。同樣，如果尖叫有用，也可以允許孩子尖叫。可以說：「如果你想叫的話，可以，但是不能動。不過你何不等到感覺針扎下去的時候再叫呢？」

**轉移注意力**。對蹣跚學步的孩子以及學齡前兒童來說，比較有效的方法是講故事、唱歌給他們聽，或是讓他們閱讀圖畫書。兒童有很強的想像力，如果一個孩子能夠想像自己正在做一件最喜歡的事情。比如跑步、飛快地騎自行車，或者在床上跳，那就不會那麼痛了。對四、五歲的孩子來說，有兩個特別有用的分心法，就是吹風車和吹泡泡。如果孩子特別喜歡吹泡泡，那當你們到醫院體檢時，就可以帶著一瓶肥皂水和一個塑膠管過去。

### 斯波克的經典言論

要讓孩子為每一次接種疫苗做好準備的最好辦法，就是考慮孩子的年齡特點和理解程度，父母的解釋要盡可能的簡單而誠實。你可以告訴孩子，打針是會有點痛（就像被人用力捏了一下似的），但是打針可以讓他以後不再生病，生病可比接種疫苗難受多了。

**幫助害怕的孩子**。如果孩子非常害怕打針，可以讓他把快要發生的事情畫下來。如果圖上畫的是一個非常小的小人兒，旁邊有一個非常大、看起來很嚇人的針管，也別感到驚訝！你可以幫助孩子了解，針管其實非常小。

孩子經常會在遊戲中適應一些可怕的事情。你可以給孩子一個玩具注射器和玩具聽診器，讓他扮演醫生，幫「生病」的娃娃看病。孩子可能會透過打針體會到更多的主動權，也就不那麼害怕了。

如果還是擺脫不掉嚴重的恐懼感，就要跟孩子的醫生溝通。很多兒童醫院都有兒童社工師。他們很擅長幫助孩子適應醫療方面的問題。為了讓孩子感到舒服一些，有必要去拜訪一位這樣的專家。如果年幼的孩子打完針離開時感覺沒什麼大不了，那他就會認識到，自己可以應付那些害怕的東西。對任何年齡的孩子來說，這都是很重要的一課。

## 保存紀錄

**保存好疫苗接種存紀錄**。一定要把孩子所有的疫苗接種紀錄和藥

物過敏紀錄都保存好（紀錄上要有醫生的簽名）。外出旅行或更換醫生時，都要帶著這些紀錄。最常見的緊急情況通常發生在孩子受傷時。這時必須對傷口進行特別的保護，以免患上破傷風。所以，現場的醫生必須知道孩子是否接種過破傷風疫苗。從幼兒園的孩子到小學生、中學生、大學生，乃至年輕人，都要做好疫苗接種紀錄。

# 3 預防意外傷害

## 確保孩子的安全

身為父母，確保孩子的安全是最重要的大事。愛、管束、價值觀、創造樂趣，以及學習，這些重要的事一旦背離安全就失去了價值。我們要向孩子承諾確保他們的安全，孩子們也期望我們這麼做。心理健康的起點就是這種深深的信任，孩子相信有個強壯的大人總會在身邊保護自己的安全。

我們最原始的本能都集中在安全上。嬰兒一哭，父母就會有把他們抱起來的強烈欲望。我們很容易聯想到，正是這種保護性的反應，使我們的祖先在史前險惡的環境中得以生存下來。但是，就算在現代社會中，危險也隨處可見。在美國，意外傷害造成 1 歲以上兒童的死亡人數比所有疾病造成死亡的總人數還要多。每年都有超過 1000 萬的兒童因為這些傷害而接受醫療救治。因為意外傷害而住院的孩子裡，有 17% 會留下終身殘疾。還有 5000 名以上的兒童會因此死亡。

父母知道這些事，將有助於他們採取合理的預防措施。父母要意識到外界以及家裡所存在的危險，但也不必過分擔心。孩子們應該知道有父母為他們操心留意，但他們更需要機會探索，做出選擇，甚至是做一點冒險。透過觀察父母，孩子就能學會如何在小心謹慎與勇往直前之間把握分寸。

**為什麼不簡單地稱之為意外事故？** 對許多人來說，意外事故這個詞彙隱含了「有些事情不可避免」的意思，比如說，在「我也沒

331

辦法,這是一次意外事故」這句話裡就有這種含義。但事實上,許多被稱作意外的兒童傷害事件都是可以避免的,並不是發生意外,而是因為大人們容許了意外情況發生的可能。比如,有些汽車的安全帶不是專門按照兒童身材設計的,任何一輛沒有安裝兒童安全座椅的汽車都屬於這種情況。如果乘坐這種汽車的孩子在車禍中喪生,那他的死亡就不是一場意外事故。這場事故根本可以預見,而且本來是可以避免的。

**誰會遭到意外傷害,意外如何發生?** 根據具體的統計數字,兒童乘坐汽車遇到意外的數量位居榜首。步行和騎車的兒童受到的意外傷害也很常見,另外,燙傷、窒息、中毒、氣管梗塞、墜落,以及槍擊誤傷的情況也不少。孩子的年齡決定了哪種非故意傷害最危險。對 1 歲以下的孩子來說,最常見的傷害來自於窒息和氣管梗塞。1～4 歲,溺水是最大的兒童殺手。5 歲以後,乘坐汽車的兒童最容易因為意外傷害而死亡。

另外一些意外傷害帶來的常常是健康問題,而不是死亡。比如,從高處掉下來,或者撞在咖啡桌上通常都會導致劃傷、淤傷和骨折。如果孩子騎自行車不戴頭盔,從車上摔下來常常會導致嚴重的大腦損傷。鉛中毒是另一種十分常見的意外傷害,很少會導致兒童死亡,但可能讓孩子帶來終生的學習障礙。

**預防的原則。** 一點碰撞都沒有或許不太可能,但是我們已經掌握了足夠的知識,可以為大多數孩子減少受傷的危險。人們對待意外事故有一種自然的傾向,覺得「我不可能發生這種事」。所以,首先要做的,就是讓人們意識到傷害發生的可能性,然後按照以下 3 種有效預防意外傷害的基本原則去做。

1. **清理孩子活動的地方,排除危險隱憂:** 某些危險物品絕對不能出現在有孩子的房子裡,比如,附有尖角的咖啡桌、沒有護欄的樓梯,以及將傢俱和床放在敞開窗戶的旁邊等。你可以對照備忘清單(**請參閱第 353 頁**),有系統地找出這些危險,然後一一排除。

2. **嚴格地看管孩子:** 即使在安全的環境裡,孩子也需要嚴密的監管。處於學步期的孩子特別愛冒險,又缺乏判斷力,更需要大人

的保護。父母當然不可能從一睜開眼就時時刻刻跟著孩子，但有些環境的確比較危險，需要父母格外留心。如果孩子的活動室裡十分安全，你就可以稍微放鬆一些。但是，當孩子在比較大的戶外環境中活動（比如在廁所或廚房裡）的時候，就一定要特別警惕。

**3.有壓力的時候尤其應當小心謹慎**：當生活突然發生變化，父母的注意力就容易轉移，意外傷害往往在這種情況下發生。當親戚突然登門拜訪，而你還有很多準備工作亟待完成，就要回想一下剪刀放在哪裡、公公的心臟病藥是不是收好了，還有你剛剛想喝的那杯熱咖啡是不是放得人靠桌子邊了。

**家裡和外出的安全問題**。在為孩子的安全問題作計畫時，要在兩種環境下考慮：一是家庭外，一是家庭內。接下來的內容分為兩個部分，大致就是根據以上兩種背景環境來安排的。當然，任何有關安全問題的清單都不可能面面俱到，因為危險會隨時隨地以不同的方式出現。所以父母既要考慮下面的建議，也要充分運用自己的判斷力。此外，還可以參考本書第一部分，其中介紹了各年齡階段的孩子相應的安全預防措施。

## A.家庭外的安全問題

### 乘坐汽車

**乘車的意外傷害**。死於車禍的兒童數量比任何其他意外傷害造成死亡的數量都還要多。乘車時，成年人和大一點的孩子都必須使用固定肩部的安全帶，嬰幼兒則一定要使用安裝正確的汽車安全座椅。這些安全措施的重要性無論怎麼強調都不為過。全美 50 個州都有相關法規，要求汽車在行駛時，4 歲以下的兒童都必須正確地固定在安全座椅中。

現在，越來越多的州都要求坐在前排座位上的人必須繫好安全帶。有的父母說，他們的孩子不願意繫安全帶，這種藉口毫無道理。只要父母態度堅決，所有的孩子都會按照父母的要求去做。要想避免事故發生，最保險的辦法就是，等車上每個人都穩當地坐在安全座椅裡或

繫好了安全帶後，再發動車子。

讓孩子坐在安全座椅上或者繫好安全帶，還有另一個好處，那就是當他們得到這樣的保護之後，會表現得更聽話。

**汽車安全座椅的選擇和安裝。**如果有能力購買汽車安全座椅，就買一個新的。如果要用二手座椅，就要確保它沒有經歷過撞車事故。此外，使用多年的座椅也不能要。經歷過交通事故的座椅也許看起來還不錯，但萬一再遇到碰撞就會散開，塑膠也會隨著時間過去而老化變脆。新生產的汽車有一種叫做LATCH（注①）的閂鎖，它用一條帶子固定座椅，使它不至於向前傾斜。這種閂鎖能讓汽車安全座椅的安裝變得容易得多。閱讀座椅附帶的安裝說明，盡最大的能力把它安裝好。如果可能，再到正式的汽車安全座椅檢測站，請有資格認證的兒童汽車安全座椅檢測師進行一次檢測。我最近參加了一個關於取得NHTSA（注②）認證的汽車安全座椅檢測師培訓班。在整整一個星期的學習和練習之後，我仍然要費很大工夫才能把某些汽車安全座椅正確安裝好。檢測人員發現，在座椅的安裝上，十個有八個都存在問題。換句話說，如果進行一次免費的汽車安全座椅檢查，當你離開檢測站的時候，很可能會比進去前讓孩子獲得更多的安全保障。

**嬰兒汽車安全座椅。**剛出世的寶寶第一次乘車回家，以及以後每一次坐車，都要坐在汽車安全座椅中。這是美國車輛法規中規定的內容。安裝汽車安全座椅是法律的要求，也是普遍的常識。儘管父母能夠安全地把寶寶抱在大腿上，但實際上，那樣做並不能確保孩子的安全。把寶寶繫在大人的安全帶裡，或者繫在你的肩帶下面就更危險了，這樣一來，寶寶在車禍中將可能受到大人身體的擠壓。

在寶寶 12 個月大，體重超過 9公斤前，唯一安全的乘車方式就是坐在一張嬰兒安全座椅上。座椅要牢牢固定在汽車後座，面向車尾（從安全角度考慮，對各個年齡層的人來說，汽車後排中間的座位都是最好的）。儘管一個 10 個月大的寶寶體重已經大約 13.5 公斤

注①：即「Lower Anchors and Tethers for Children」的簡稱，意思是兒童使用的下扣件和拴帶。

注②：即美國國家公路交通安全局。

了，但還是應該面朝後坐著。一個14個月大，體重大約 8.6 公斤的寶寶也一樣。因為小於 12 個月、體重低於 9 公斤的兒童，如果朝前坐著的話，脊椎骨和脖子就很容易在意外事故中嚴重受傷。可以選擇一個只能朝後放置的座椅，許多這樣的座椅還可以兼作嬰兒背帶。也可以選擇那種既能朝前又能朝後的兩用型座椅，這樣即使寶寶長到一定年齡，體重增加到一定分量，還可以繼續用。在一歲之後仍然把孩子放在朝向後方的座椅裡一點問題都沒有。即使是兩歲，甚至更大的孩子，面朝後坐在車裡也可以在車禍時得到更好的保護如圖 3-2。

圖 3-2

還有一點非常重要，嬰兒和 12 歲及以下的兒童千萬不要坐在有安全氣囊的汽車前排座位上（幾乎所有的新車都配備了安全氣囊）。安全氣囊雖然能夠拯救成年人的生命，但充氣時產生的力量卻可能嚴重傷害兒童，或要了孩子的命。

**學步幼兒安全座椅**。等寶寶長到 12 個月，體重至少 9 公斤時，就可以坐在朝前的汽車安全座椅裡了。如果是可以調節方向的兩用嬰兒座椅，那就把它轉個方向。更換安全帶、重新固定座位的時候，一定要按照說明操作。某些新型座椅使用了 LATCH 固定系統，這個系統使用一條帶子斜拉向前，以便固定整個座椅。如果你正打算購買兒童安全座椅，可以選擇一個能調節成增高輔助墊的產品，這樣你就能省下以後再買一個座椅的錢。

最好的兒童安全座椅使用的都是五點式安全帶。這種安全帶會繞過兩側的肩膀和臀部的兩邊，並從兩腿中間穿過。少數附有硬塑膠防護罩的座椅不太建議使用，因為如果孩子在發生車禍時向前衝，那這個防護罩就可能打到他的臉。

安裝汽車安全座椅要按照安裝說明操作，並請一位有資格認證的兒童汽車安全座椅檢測師來檢驗。孩子在體重達到 18 公斤之前，都必

一般醫療問題

免疫

預防意外傷害

急救和急診

牙齒發育和口腔健康

兒童常見疾病

須使用兒童汽車安全座椅。然後，他們就可以換用增高輔助墊了。

**增高輔助墊。** 增高輔助墊是為那些個子太大，不適合使用汽車安全座椅的孩子準備的。美國官方的指導方針規定，體重不足 36 公斤，或者身高 140 公分以下的兒童，都必須使用增高輔助墊。以下解釋了為什麼要作出這樣的規定：如果沒有增高輔助墊，成人用的安全帶對孩子來說太鬆了，當孩子坐在座位上時，胯部安全帶會滑到孩子的腹部。發生車禍時，安全帶可能對孩子的內臟或脊椎造成傷害。當孩子坐在增高輔助墊上時，胯部安全帶能正好貼在他的骨盆上，這裡粗壯的骨頭能夠承受壓力，不會讓柔軟的內臟受到擠壓。增高輔助墊還能使過肩的安全帶更舒適地貼合肩膀，而不是勒在孩子的脖子上。這樣一來，兒童會更願意繫安全帶。 事實上，增高輔助墊必須要和過肩的安全帶一起搭配使用。如果只繫一條胯部安全帶，就不能在發生車禍時妥善地把孩子固定在一定的位置上。許多父母不買增高輔助墊，那是因為他們不想再多買一套設施。但是，增高輔助墊是目前最便宜的一種汽車安全座椅，還

能大幅提高兒童乘車的安全性和舒適度。

## ① 備忘清單：乘坐汽車的安全提示

- ✓ 千萬不要把 12 歲以下的兒童安置在安全氣囊前面。
- ✓ 後排中間的位置對任何年齡的人來說都是最安全的座位。
- ✓ 除非所有人都扣好安全帶，否則絕對不發動汽車。
- ✓ 在汽車行駛途中，把孩子抱在你的腿上，或者把安全帶繫在孩子身上不安全（也不合法）。
- ✓ 就算覺得自己已經正確安裝好了汽車安全座椅，也可能會犯錯（安裝座椅比看起來難多了）。要請一位有資格認證的兒童汽車安全座椅檢測師作一次檢查，以防萬一。

**在飛機上。** 關於旅途飛行安全和使用兒童安全座椅的建議常讓人感到十分困惑。2 歲以下的兒童可以免費乘坐飛機，但是不能占用座位。這樣一來，如果座位旁邊沒有多餘的空位，就沒辦法使用兒童安全座椅。把孩子抱在懷裡乘坐飛機當然不如讓孩子坐在兒童安全座椅中安全，但這還是要比在汽車上抱

著孩子安全一些，因為飛機不會經常緊急剎車。所以，就算你不幫孩子特別購買一張飛機票，那也要比開車前往目的地更安全。

另外，不管在飛機上是不是用得上兒童安全座椅，都最好帶著它。這樣，到達目的地時就能用了。

飛機上為 2 歲以下幼兒準備了小床，但是只能在第一排座位上使用。超過 2 歲的孩子就必須買票了。如果孩子的體重低於 18 公斤，乘坐飛機時最好帶著幼兒安全座椅。另外，美國聯邦航空管理局（FAA）還建議，不要把嬰兒學步帶和充氣座位背心帶（inflatable seat vests）帶上飛機。

## ㈡馬路上

**步行時的意外事故。**5～9 歲的孩子被汽車撞到或致死的危險性很高，他們覺得自己能夠確保在街上的安全，但其實做不到。他們的周圍視覺還沒有發育完全，還不能準確估計來車的速度和距離。所以，許多孩子都不知道什麼時候過馬路才安全。

調查顯示，成年人通常都會高估孩子在道路上的應變能力。然而，

最讓父母為難的還是如何讓孩子明白，由於司機可能會闖紅燈，所以斑馬線也不一定是安全地帶。在行人受傷的事故中，有 33% 都是在孩子通過斑馬線時發生的。停車場是另一個事故經常發生的地方，因為倒車的司機很可能看不到汽車後面的孩子。

## 🄵 備忘清單：步行安全的指導建議

✓ 從孩子能在人行道上走路時起，就應該教育他，只有抓緊大人的手，才能走人行道。

✓ 只要學齡前的孩子在戶外活動，就必須有人看管。絕對不要讓他們在車道和馬路上玩耍。

✓ 要把過馬路的規則一遍又一遍地講給 5～9 歲的孩子聽。跟他們一起過馬路時，要做好安全示範。告訴孩子紅綠燈和斑馬線是做什麼用的，還要告訴他們過馬路之前先看左邊，後看右邊，然後再看左邊的重要性。哪怕前面是綠燈，哪怕就在斑馬線上，也要仔細看清楚。

✓ 記住，孩子至少要到 9 歲或 10 歲才能發育完全，這時才可以讓他獨自穿越交通繁忙的街道。

✓ 要和孩子一起，在附近找一些安全的地方玩耍。要反覆告訴孩子，不管遊戲多麼有趣，都絕對不能跑到馬路上去。

✓ 考慮一下孩子經常走過的地方，特別是從家到學校的路線，去運動場的路線，以及去朋友家的路線。父母可以像探險家一樣跟著孩子一起走過這些路線，再確定一條最安全也最容易過馬路的路線。然後讓孩子知道，他應該走這條最安全的路線。

✓ 要抽時間關心一下社區安全的問題。看看孩子上學的路上是否有足夠的交通標誌和交通指揮。如果新的學校正在建設中，應該查看一下附近的交通狀況。看看那裡是否會有足夠的便道、路燈和交通指揮。

✓ 在停車場，要特別留意那些正在學走路的孩子，一定要讓他們抓著你的手。當你買完東西放進汽車裡的時候，一定要把孩子放在購物推車裡，或放在汽車裡。

**在家用車道上。**家用車道是孩子們玩耍的天然場所，但也可能非常危險。父母要教育孩子，只要有車輛開進車位或離開車位，就應該馬上讓開車道。司機在倒車離開車位之前，應該繞著汽車檢視一圈，確保車後沒有孩子在玩耍。只是向後看一眼是不夠的，因為小孩很容易被忽視。

## 自行車意外傷害

**騎自行車的危險。**在美國 14 歲以下的孩子中，每年因為騎自行車而意外死亡的人數超過 250 人，受傷掛急診的人數則高達 3.5 萬人之多。這些傷亡事故經常發生在放學以後，天黑以前。只要遵循基本的安全法規，就可以預防大部分的嚴重事故。要知道，在騎自行車受傷的人當中，60%傷的都是頭部。而頭部受傷則意味著潛在的腦損傷，經常可能導致永久性的傷害。正確使用自行車頭盔可以把頭部受傷的機率減少85%。

**選擇頭盔。**頭盔應該有結實、堅硬的外殼，還有一層聚苯乙烯（PS）的襯裡。套住下巴的帶子應該要有 3 處與頭盔相連，兩個在耳朵下面，一個在脖子後面。頭盔必須要有標示符合 ASTM（美國材料試驗學會）、ANSI（美國國家標準學會）或者安全標準的標籤。

頭盔的大小要合適，能夠水平固

定在孩子的頭頂上，不要前後左右晃動。選購頭盔時，先用軟尺量一下孩子的頭圍，然後再根據包裝上的說明選擇一個合適的型號。包裝上的說明要有具體的尺寸，以確保大小合適。不要只看盒子上提供的年齡範圍。有一個可以參考的基本原則就是，1～2 歲的孩子戴嬰兒頭盔，3～6 歲的孩子戴兒童頭盔，7～11 歲的孩子戴少兒頭盔，更大的孩子就得戴成人頭盔了，分為小號、中號、大號和特大號。

如果遭遇交通事故或嚴重的頭部撞擊，頭盔受到損壞，那就應該換新的。只要把頭盔送回去，大部分公司都會免費更換頭盔的緩衝襯裡。但一旦有損壞，就一定要買一個安全的新頭盔。

**自行車安全的提示和規則。**最重要的原則就是：「不戴頭盔不騎車。」父母騎自行車的時候，也應該戴頭盔。如果不能以身作則，就不可能指望孩子遵守這項規則。在9～10 歲之前，只能讓孩子在便道上騎車，因為孩子只有到了這個年齡後才會具備足夠的能力，好應付在馬路上騎車時的交通情況。再來，就是要告訴孩子道路上的基本規則，好讓他們懂得遵守跟其他車輛司機一樣的交通規則。

幫孩子買的三輪車和自行車都要大小合適，這樣最安全，不要因為孩子還在長大就買太大的車。孩子通常要到 5～7 歲才能騎自行車。9～10 歲以下的孩子要選用附有腳剎車裝置的自行車，因為這時的孩子還沒有足夠的力量和協調性來操縱手動剎車。要在孩子的車上、頭盔上和身上佩帶一些反光的標誌，以便能引起別人的注意。這一點對於在黎明和黃昏時騎車的孩子來說特別重要。晚上騎車的時候必須佩戴頭燈，盡量不要讓孩子在夜間的時候騎車。

**自行車兒童座椅。**父母用自行車座椅載孩子時，應該注意以下事項：要選擇有頭部保護裝置、手扶裝置和肩帶的兒童座椅。騎自行車時絕不要用背帶把孩子背在身上。載孩子騎車之前，先在座椅裝上重物，騎一下試試感覺。試騎時要選擇沒有其他車輛的開闊地方，以便習慣這些額外的重量，同時樹立信心，找到載孩子騎車的平衡感。絕對不能載著不滿一周歲的孩子騎自行車，也不能載著體重超過 18 公

一般醫療問題 免疫 預防意外傷害 急救和急診 牙齒發育和口腔健康 兒童常見疾病

斤的孩子騎車。

把孩子固定在自行車座椅上時一定要讓他戴上頭盔。絕對不要把孩子單獨留在座椅上。很多孩子就是從停靠著的自行車上掉下而受傷的。盡量在安全而不擁擠的自行車道上騎車，不要在大馬路上騎行。天黑以後就不要騎車了。此外要注意佩戴頭盔。

## 運動場上的意外傷害

每年都有超過 20 萬的孩子因為運動場上的意外傷害被送到醫院掛急診。這類傷害大都十分嚴重：包括骨折或脫臼、腦震盪，以及內臟損傷。還有少數情況會導致死亡。發生在戶外遊樂場地的致命傷害，原因經常是被絞住或勒住。在孩子摔落時，鬆開的衣服拉繩或衣服上的帽子可能會被攀爬設施掛住，因而勒住孩子引起窒息。

**確認遊樂場的安全。** 戶外遊樂場的非致命傷害（類似骨折等）通常都發生在學校操場和公園裡，而致命的傷害更容易發生在居家後院。尤其又以 5～9 歲的孩子最為危險。

在家裡，要確保所有遊樂器材都結實牢靠，並妥善維護。在孩子玩這些遊樂器材之前，要先換掉寬鬆的衣服，拿掉夾克和運動衫帽子上的拉繩。由於消費品安全委員會的建議，美國有幾家服裝生產廠家都已經主動停止生產附有拉繩的兒童服裝。

學走路的孩子不僅會在運動場上檢驗自己能力的極限，還會學習新的運動技能。許多孩子在運動場上受傷，都是因為缺乏平衡能力和協調能力。所以，一定要有成年人的監管。對於那些喜歡冒險又無所畏懼的孩子，大人必須時時刻刻注意他們在遊樂設施上的活動。

## 運動和娛樂安全

據計算，美國有 2000 萬兒童在校外參加有組織的體育運動，另有 2500 萬兒童參加學校的體育比賽。體育鍛鍊可以增強體質，提高身體的協調性，培養孩子自我約束的能力，還能建立團隊意識。但是，意外傷害也會讓孩子遭到疼痛的折磨，使他們中斷訓練，錯過比賽，還會導致長期的傷殘，甚至帶來更加嚴重的後果。

**誰面臨著最大的危險？** 年紀小

的孩子尤其容易在訓練和比賽中受傷，因為他們的身體還在成長。青春期以前，男孩和女孩在運動中受傷機率是一樣的。但到了青春期，由於男孩的力量和體格變得更強，所以受傷頻率會高於女孩，受傷的程度也會比女孩更嚴重。75%的運動傷害都發生在男孩身上。

需要互相衝撞和身體接觸的體育運動導致傷害的機率最高。男孩最容易在橄欖球、籃球、棒球和足球等體育項目中受傷。女孩則最容易在棒球、體操、排球和曲棍球等項目中受傷。因為越來越多的女孩也參加比賽，所以打籃球時受傷的現象還會增加。帶傷運動或不顧疲勞地堅持運動都會導致許多慢性疾病的出現，比如肌腱發炎和關節炎等。頭部受傷的機率雖然比較低，卻可能造成更嚴重的後果。

**保護裝置。** 在許多運動中都必須佩戴保護眼睛、頭部、臉部和嘴部的裝備。在運動中發生的臉部創傷裡，牙齒損傷最為常見。護齒套可以保護牙齒免於這些傷害，還可以在遭到打擊時發揮緩衝的作用，減少腦震盪或下巴骨折的可能性。在進行球類運動的時候，應該戴上護眼具，打籃球的時候也是。

## 具體的運動項目

**棒球。** 穿戴合適的防護用具以保護眼睛、頭部、臉部和嘴部不受損傷。球員應該穿上附有橡膠鞋釘的鞋子，不要穿附有金屬鞋釘的鞋子。將球員休息處和長板凳作為安全屏障，可以有效減少傷害。另外，應該教孩子正確掌握滑壘的技巧，不要採用頭部朝前的姿勢滑壘。應該使用低於標準硬度的棒球，或使用比較軟的球，這樣可以減少頭部和胸部受到打擊時造成的損傷。還應該限制年紀小的孩子投球的次數，以避免對手臂或肘部造成永久性的損傷。

**足球。** 在孩子剛開始踢足球時，我們不主張讓他們學習頂球。頂球的動作會對頭部產生反覆的撞擊，這很可能對任何人都沒有好處。要在地面上把球門固定好，以免因為翻倒而砸傷孩子。另外，還要禁止孩子攀爬活動球門。優秀的足球運動員經常要忍受膝蓋受傷的折磨，就像其他一些需要迅速改變身體運動方向體育項目（比如籃球和長曲棍球）的運動員一樣。女孩尤其容易發生前十字韌帶（ACL）斷裂。前十字韌帶是一個穩定膝蓋

的組織，這條韌帶很容易受到損傷，它的斷裂具有破壞性，需要手術治療和長時間的恢復。

這種損傷有可能使運動員終生承受行走的疼痛。人們設計了一些專門預防前十字韌帶斷裂的培訓專案，所有優秀的足球隊（尤其是女子足球隊）都應該利用這些項目。

**溜冰和玩滑板。** 每年都有幾千個孩子在溜冰時受傷，其中大多數都是手腕、肘部、腳踝和膝蓋扭傷或骨折。佩戴好護膝、護肘和護腕等護具，就能把這些損傷降到最低的限度。頭部的損傷可能會比較嚴重，戴上頭盔就可以有效地避免受傷。現在，市場上有一種多功能的運動頭盔，可以為後腦提供特別的保護。目前在美國，多功能運動頭盔的安全標誌是「N-94」，購買的時候可以留意一下。如果孩子沒有專門的運動頭盔，那麼在溜冰或玩滑板時，戴上自行車頭盔也能提供充分的保護。要讓孩子在平坦、光滑又沒有車輛的場地上滑行。還要提醒他，不能在大馬路和車道上溜冰。一定要讓孩子學會使用溜冰鞋底部的剎車裝置，好讓他們能夠安全地停下來。

**滑雪橇。** 滑雪橇是冬季一項流行的娛樂項目，也是一項極其危險的運動。在滑雪橇之前，要先復習一下這些安全提示。

① **備忘清單：滑雪的安全提示**

✓ 允許孩子滑雪之前，要先檢查一下相關場地，看看有沒有危險物品，比如樹木、長凳、池塘、河流、大石頭和地面上明顯的凸起處等。

✓ 滑雪場下方應該遠離馬路和水域。

✓ 充氣滑雪管不僅速度非常快，而且很難控制方向，所以孩子使用時要格外小心。有轉向裝置的雪橇比較安全。

✓ 在沒人看管的情況下，千萬不能讓4歲以下的孩子自己滑雪橇。是否允許大一點的孩子自己滑，要根據滑雪場的坡度來決定。

✓ 滑雪時要避開擁擠的山坡，一輛雪橇上不要乘坐太多孩子。

✓ 不要一個人滑雪橇，也不要在傍晚光線不足的時候滑。

✓ 為了保護頭部，要考慮一下是否應該讓孩子戴上頭盔。但是，不能因為帶著頭盔就忽視了安全。

## 冬、夏季的意外傷害

**寒冷的天氣。** 天氣變冷時，要讓孩子保持乾爽，穿戴暖和。最好多穿幾層衣服，還要注意手腳的保暖。在溫度低於 4.4℃ 的天氣裡，嬰兒只能在室外待一小會兒，還要注意寶寶是不是發抖。如果孩子不停發抖，就表示該回屋裡去了。寒冷的天氣對身體的威脅包括體溫過低和凍傷。

體溫過低是因為長時間暴露在寒冷的環境中，身體喪失熱量所造成的。這時候，嬰兒會表現出一些應該引起警惕的症狀，包括皮膚變涼、臉色發紅、體力降低等。大一點的孩子則會發抖、昏昏沉沉、意識模糊、說話打顫等。如果孩子的體溫下降到 35℃ 以下，就應立即看醫生，還要馬上讓孩子暖和過來。喝杯熱飲或洗個溫水澡的效果都很好，也可以把孩子徹底弄乾，然後讓他站在火爐或加熱器旁邊烤一烤。

最容易凍傷的部位是鼻子、耳朵、臉頰、下巴、手指和腳趾。凍傷的部位會失去知覺和血色，還可能會出現一片發白或灰黃色的區域。凍傷可能會造成永久性的損傷。凍傷以後，應該把凍傷的部位泡在溫水裡，切記絕對不能放進熱水中。你也可以用體溫來溫暖它。凍傷的皮膚十分脆弱，所以按摩、揉搓，或者用凍傷的雙腳走路，都會造成進一步的傷害。用火爐、壁爐、電暖氣或電熱毯去溫暖凍傷的部位，也會讓凍傷部位的表層造成燙傷。最好的辦法就是預防。濕手套和濕襪子更容易導致凍傷，所以除了適當保暖以外，還要保持乾爽，這一點很重要。

**炎熱的天氣。** 4 歲以下的孩子對高溫十分敏感。要讓他們經常喝水，戴上遮陽帽，活動量不要太大。如果可能，在一天裡最熱的時候，也就是上午 10 點到下午 2 點之間，盡量讓他們待在室內。所有的孩子都要注意防曬，無論他們的皮膚怎樣，都應該避免接受陽光中有害光線的直接照射。除了曬傷之外，皮膚以疹子為最常見高溫造成的兒童疾病，而中暑又是最嚴重的問題。

**痱子。** 在悶熱、潮濕的天氣裡，如果孩子大量出汗，刺激了皮膚，就會起痱子。痱子看起來像是一片紅色的丘疹或水泡。最好的治

療方法就是保持患處乾燥，不要塗抹藥膏，藥膏會使皮膚潮濕，反而使病情惡化。

**熱痙攣。** 這種症狀最容易出現在 5 歲以下的孩子和上了年紀的成年人身上。如果在高溫環境下運動的時間太長，又不怎麼喝水的話，即使是身體健康的青少年，也很容易受到傷害。熱衰竭（輕度中暑）的症狀包括大量出汗、臉色蒼白、肌肉痙攣、疲憊或虛弱、暈眩或頭痛、噁心或嘔吐，以及暈厥。熱射病是一種更加嚴重的情況，表現為全身發紅發燙、皮膚乾燥或潮濕、脈搏快而劇烈、頭痛或暈眩、意識混亂，以及暈厥。

預防是避免中暑的關鍵，要讓孩子在運動中時經常停下來涼快一下、休息一下，並且補充水分。一旦出現虛弱、噁心或流汗過多的症狀，就立刻停止活動。如果孩子穿得很厚，或者空氣濕度很大，就更要注意這個問題，因為這兩個因素容易導致溫度過高。千萬不要把嬰兒或兒童單獨留在汽車裡。即使在多雲的天氣裡，車裡的溫度也會在短時間內上升到危險的程度，速度之快可能比你取出一瓶防曬乳的時間還短。

## 日曬安全

雖然在戶外沐浴陽光的感覺非常美好，但為此付出的代價卻可能相當嚴重。能夠把皮膚曬成棕褐色的紫外線同樣可以造成曬傷，而且幼年時期的曬傷會增加成年以後罹患皮膚癌的風險。即使是少量的紫外線照射，經過長時間的累積也會使裸露的皮膚表面生出皺紋和斑點，還會使眼睛出現白內障。如果你從小就熱愛陽光，那麼你現在身為父母，可能需要重新看待這個問題。

**誰面臨最大的風險？** 膚色越淺的人危險越大。美國的黑人和其他深色皮膚的人都有天生的防曬功能，這是因為他們的皮膚裡含有較多的黑色素。即使這樣，這些深色皮膚的孩子也應該採取防護措施。嬰兒的風險也比較高，因為他們的皮膚很薄，含有的色素也比較少。任何水裡的活動或靠近水邊的活動都會使日曬的危害加倍，比如坐在游泳池邊、躺在沙灘上、划船等，孩子不僅會受到直射陽光的灼曬，還會受到水面反射的紫外線照射。等孩子覺得自己的皮膚發熱發紅時再防曬，已經晚了。所以，父母應該提前考慮這些問題，要在曬傷的

症狀發生前就減少日曬的時間。

**避免陽光直射。**首先，不能讓孩子的皮膚直接暴露在陽光下，尤其是上午 10 點到下午 2 點之間。這段時間的陽光最強烈，對皮膚的危害也最大。所以，一定要讓孩子穿上防曬的衣服，還要戴著帽子。有一條簡單又有效的原則是，如果你的影子比你短，就證明陽光很強，可能把你曬傷。要記住，即使是多霧或多雲的天氣，紫外線也會傷害人的皮膚和眼睛。所以，在海灘上應該撐一把陽傘，烤肉野餐派對也要在樹蔭下進行。要穿上長衣長褲，戴上帽子（只要能防止陽光直曬皮膚，任何衣物都可以。）但是，並不是所有衣物都能充分阻隔陽光，即使穿著襯衫，皮膚也可能會被曬傷。水也不能阻擋日曬，所以，游泳時也要特別注意。

**必須使用防曬霜。**防曬霜或隔離霜裡含有 3 種有效的化學成分：對氨基苯甲酸酯、肉桂酸酯和苯甲酮。所以，防曬霜的包裝上應該標有以上一種或幾種化學成分。對於 6 個月以下的孩子來說，防曬霜會刺激他們的皮膚。因此，最好的辦法就是不要直接曬太陽。6 個月以後，就要讓孩子使用防曬指數

（SPF）大於 15 的防曬品。 也就是說只有 1/15 的有害光線會照到皮膚。使用這種防曬霜之後，在陽光下待 15 分鐘，只相當於不用防曬霜在陽光下曬 1 分鐘。最有效的防曬霜是濃稠的白色膏體，含有諸如氧化鋅和二氧化鈦等化學物質。這些化學成分非常有效且安全，但是只適用於身體的小面積部位，比如鼻尖和耳朵。

要使用防水抗汗型防曬霜，並在曬太陽之前半小時塗好。塗防曬霜時不要漏掉某個暴露的部位，但是不要抹在眼睛上，因為防曬霜會刺激眼睛。每隔半小時左右要再塗一次。對於那些生活在日照充足地區的白皮膚孩子來說，每天早晨出門前的任務之一就是擦上防曬霜或防曬乳。放學以後和出去玩之前，還應該再塗一次。

**太陽眼鏡。**每個人都應該佩戴太陽眼鏡，嬰兒也不例外。紫外線對眼睛的危害要到老年才會顯露出來，所以不能等問題出現了才採取保護措施。你沒有必要購買特別昂貴的太陽眼鏡，只要標籤上注明能防止紫外線就可以。鏡片顏色的深淺跟防止紫外線的性能沒有任何關係。鏡片上必須塗有專門阻擋紫外

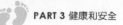

線的特殊化合物塗層。既然大多數嬰兒都能忍受遮陽罩，他們也能逐漸習慣戴太陽眼鏡，如圖 3-3。

圖 3-3

## 防止蚊蟲叮咬

蟲子叮咬總讓人不愉快，有時還很危險。幾年前，西尼羅河病毒讓每個人都恐懼不已。在此之前還有所謂的殺人蜂。雖然這些災害仍然伴隨著我們，但是簡單的防範措施不但可以降低染病的風險，還能讓孩子無憂無慮地享受戶外時光。

**你能做什麼？**要想保護孩子不被叮咬，就要在蚊蟲最活躍的時候讓他穿好衣服，盡量遮住暴露的皮膚。穿淺色的衣服比較不容易吸引蚊蟲。在蚊蟲出沒的季節不要使用太香的洗滌劑和香水。要用專為兒童研製的防蟲劑。如果這種產品含有敵避，那在給孩子使用時，濃度就不能高於 10%。不要把防蟲劑抹在孩子手上，避免孩子擦進眼睛或嘴裡。萬一敵避被孩子誤食，可能會產生毒性。所以孩子一回到室內就要馬上把防蟲劑洗掉。

**蚊子：**把所有存水的地方都清理乾淨，減少蚊子的滋生。晚上是蚊子最活躍的時候，要讓學步的孩子盡量待在屋裡。把門窗關緊，還要把破損的紗窗和紗門修理好。

**蜜蜂和黃蜂：**附近有蜜蜂的時候，不要在室外吃東西。孩子吃完東西以後要把手洗乾淨，以免招引蜜蜂。如果有蜂窩或黃蜂巢，最好請專業人員清除。

**蜱：**鹿蜱是萊姆病的帶原者。是一種很小的動物，和大頭針的針帽差不多（樹蜱比鹿蜱常見，大約有小釘子帽那麼大，但是對人無害）。如果不知道所在地區有沒有萊姆病的病例，可以諮詢醫生。還可以透過疾病預防控制中心的網站 www.cdc.gov（注①）了解大量關於萊姆病的資訊，只要點擊「健康話題」（Health Topics）就可以了。

雖然穿上長袖衣服和噴灑含有敵

避的驅蟲劑有所幫助，但是，孩子從外面玩耍回來時，還是要檢查一下他們身上有沒有扁虱。要是孩子在比較高的草叢或樹木較多的地方玩過，就更要仔細檢查。如果找到一個扁虱，它很可能還沒有機會傳播疾病。去除扁虱的最佳方法，就是用鑷子在盡量貼近皮膚的部位夾住它，然後直接把它拔出來。不要使用礦物油脂（如凡士林）、指甲油、火柴。可以用殺菌劑清洗皮膚，並諮詢一下醫生，看看是否需要服用抗生素。

## 防止被狗咬傷

應該教育孩子別去招惹陌生的狗。年紀小的孩子可能更喜歡嚇唬動物或傷害動物，也更容易被動物咬傷。大多數被狗咬傷的都是 10 歲以下的孩子。

在選擇一條寵物狗之前，要了解各個品種的情況。不要選擇好鬥的品種，也不要選擇容易興奮的狗。閹割可以降低犬類出於地盤意識而產生的攻擊性。絕對不要讓嬰兒或幼兒跟任何一條狗單獨在一起（有

一套十分好看的繪本，講的是一條名叫卡爾的狗的故事，它可以妥善地照顧好孩子。你可以欣賞這些繪本，但是千萬不要在家裡實踐）。

**為孩子定下規矩**。對於敏感又焦慮的孩子來說，在靠近一條狗之前可能需要許多鼓勵。對那些膽大又毫不畏懼的孩子來說，你則需要仔細叮囑，告訴他如何與狗打交道。這裡有一些常用的原則：

### 🔢 備忘清單：與狗接觸的常用原則

✓ 不要靠近陌生的狗，哪怕是拴著的也不行。

✓ 在沒有得到狗主人的同意之前，絕對不要摸狗，也不要跟它玩。

✓ 不要戲弄狗，也不要盯著陌生狗的眼睛對視。很多狗都會認為這是一種威脅或挑釁。

✓ 不要打擾正在睡覺、吃東西或照顧小狗的狗。

✓ 當一條狗靠近你時，不要逃跑，它很可能只是想聞聞你。

✓ 如果狗把你撲倒，就縮成一團，不要動。

✓ 騎車或溜冰時要小心狗。

注①：台灣疾病管制局網站：www.cdc.gov.tw

# 節日煙火和 「不給糖就搗蛋」遊戲

**7月4日**。每年7月4日美國獨立紀念日的煙火都會造成約6000名兒童受傷。受傷的部位通常都是手掌、手指、眼睛、頭部，有時候甚至會失去手指或手臂，還可能導致失明。孩子不適合放鞭炮。燃放煙火爆竹在很多地區都是違法的，而且也不提倡私人燃放。即使是仙女棒這種看起來很安全的東西也會造成嚴重的後果。何必去冒這個險呢？在公共場所欣賞煙火時要站得遠一點，還要注意保護孩子的耳朵，以免受到爆炸聲的傷害。有些家長堅持認為燃放煙火是童年時期不可剝奪的權利。這樣的家長更需要認真看管自己的孩子，確保沒有人會受到傷害。從遠處觀賞煙火也同樣美麗，不一定非要近距離觀看，這樣孩子才不會受到巨大的爆炸聲驚嚇，也能避免耳朵受傷害。

**萬聖節**。10月31日這一天發生的傷害，通常都是由於摔倒、碰撞和火燒等事故造成的，而不是因為吸血鬼和巫師的出現。最重要的是，要確保孩子的服裝和面具不會遮擋視線。一般來說，把顏料塗在臉上或化妝都比戴面具安全。玩「不給糖就搗蛋」遊戲的孩子應該拿著手電筒，不要抄近路穿越別人的院子，那樣容易被看不見的東西絆倒。孩子們穿的鞋子和衣服都要合身，防止被絆倒。製作佩戴的假刀和假劍應該用柔軟的材料，防止不小心傷著人。為了避免燒傷，孩子們穿的衣服、戴的面具、假鬍子和假髮都應該由防火材質製成。特別寬大的衣服很容易碰到蠟燭（比如，不小心掉進南瓜燈裡）。一定要在孩子的手提袋和衣服貼上反光膠帶，確保汽車司機能看到這些玩「不給糖就搗蛋」的孩子。要提醒孩子遵守所有的交通規則，不要突然從停著的車子中間竄出來。父母一定要陪著孩子，等回到家以後再吃別人給的東西。以8歲以下的孩子來說，如果沒有成年人或哥哥姊姊的看護，就不能玩「不給糖就搗蛋」的遊戲。父母要指導孩子們走安全路線，只有在外面亮著門燈的人家，才能停下來做這個遊戲。如果沒有成年人陪同，就不要走進別人家裡。在許多地方，人們都認為「不給糖就搗蛋」的遊戲太不安全，已經改為開萬聖節晚會了。

## B. 居家的安全問題

### 家裡的危險

對孩子來說，家裡也可能是危險的地方。溺水是僅次於交通事故的第二大殺手，通常都發生在浴盆或後院的游泳池裡。此外還有燙傷、中毒、誤食藥物、窒息、墜落等。這些災難聽起來都夠嚇人的。當然，光害怕沒有用，我們應該做好充分的準備。只要做好家裡的安全防範措施，就能夠大大降低孩子遭受意外傷害的可能性。密切的監管當然不可或缺。事先的計畫也不能少（**請參閱第一部分「寶寶生命的頭一年：4～12 個月」和「學步期寶寶：12～24 個月」的內容，了解更多關於嬰兒和學步期兒童的安全措施**）。

### 溺水和用水安全

美國每年都有將近 1000 名 14 歲以下的兒童死於溺水。在這個年齡層孩子的意外死亡原因中，溺水位居第二。溺水的孩子必須立即送到醫院搶救。雖然 80%的溺水孩子都被及時送到醫院，但還是有很多孩子留下了永久性的大腦損傷。4 歲以下兒童溺水的死亡率要比其他年齡層的孩子高出 2～3 倍。

學齡前兒童的溺水死亡事故多數都是在浴缸裡發生的。人們已經知道，孩子會爬到沒有水的浴缸裡打開水龍頭，意外就會發生。年齡比較小的孩子會頭朝前，臉朝下掉進馬桶或水桶裡，因此，僅僅 10 公分深的水也會奪去孩子的性命。所以，容量只有 20 公升的空水桶也不能放在室外，因為下雨時裡面會積水（還會滋生蚊蟲），萬一孩子掉進去就會發生危險。廁所裡的坐式馬桶要蓋好蓋子，塑膠彈簧鎖也能防止好奇的孩子伸頭向裡面探頭探腦。

**用水安全。**要防止孩子溺水，父母就必須始終提高警覺，加強對孩子的看管，還要對保姆強調以下這些要點：

● 千萬不要把 5 歲或 5 歲以下的孩子單獨留在浴缸裡，哪怕一小會兒也不行。就算在兩三公分深的一點水裡，孩子也可能發生溺水事故。不要讓 12 歲以下的孩子照看浴缸裡的孩子洗澡。如果大人非得去接電話或開門，那就用浴巾把渾身肥皂泡的孩子裹住，

抱著他一起去。

● 當孩子靠近水邊時，即使有救生員在場，也要注意孩子的行動。如果孩子水性很好，有足夠的脫險技巧和判斷能力，那麼到了10～12歲時，只要他和小夥伴們一起游泳，就可以離開大人的監管了。另外，只有在水深超過1.5公尺，而且有大人在場的時候，才能允許孩子往水裡跳。

● 盆子裡的水應該倒掉，不用的時候還要把盆子倒過來扣著，以免孩子溺水。

● 如果家裡有游泳池，那麼四周都要有防護欄。防護欄至少要1.5公尺高，欄杆之間的距離不要超過10公分。柵欄門必須上鎖，最好還要能自動關閉，自動鎖上。另外，不要把房子的一面牆當成那一段的護欄，因為對孩子們來說，利用門窗溜到游泳池裡去實在太簡單了。

● 不要仰賴游泳池的警報裝置提醒你去保護孩子，只有有人掉進水裡時警報才會響，那時再去救人可能就太晚了。更好的警報系統應裝在游泳池的柵欄門上的。

● 在雷雨天氣裡，任何人都要遠離池塘和其他水域。

● 在沒有正式宣布池塘和湖泊裡的冰已經達到安全標準以前，要讓孩子遠離冰面。

● 不要讓孩子在水域附近滑雪橇。高爾夫球場雖然是不錯的滑雪橇場地，但是，由於這些地方經常存在水域，所以有潛在的危險。

● 各種水井和蓄水池都必須做好安全防護。

**游泳課。**父母可能覺得游泳訓練可以防止嬰兒、學步期的幼兒和學齡前的孩子溺水，但是沒有任何證據能證明這一點。即使受過訓練，5歲以下的孩子也沒有足夠的力量和協調性讓自己浮在水面上，他們並不能靠游泳脫險。實際上，過早訓練反而會增加孩子溺水的危險，因為父母和孩子會因此產生一種錯誤的安全感。

## 火災、濃煙和燙傷

火災是兒童意外死亡的另一個常見原因。5歲以下孩子面臨的危險最大。實際上，在火災造成的死亡中，大約有75%都是因為吸進了濃煙，而不是燒傷。同時，大約80%的火災死亡都是在家裡發生的。其中有一半的家庭火災都是由香菸引

起的，這也是戒菸的另一個有力的理由。火勢的蔓延非常迅速，所以千萬不要把孩子單獨留在家裡，哪怕幾分鐘也不行。如果大人必須外出，就把孩子一起帶著。

最常見的非致命燙傷就是熱液燙傷。其中，大約 20% 是水龍頭裡的熱水造成的。另外 80% 是濺出來的食物或液體造成的。50% 的燙傷都很嚴重，必須做皮膚移植手術。

**父母能做什麼？**只要採取以下這些簡單的措施，就能發揮長期的防護作用：

1. 在房子的每一層樓都安裝煙霧探測器。要安裝在臥室和廚房外面的走廊上，每年定期更換電池。
2. 在廚房擺放一個乾粉滅火器。
3. 把熱水器的溫度設定在 48.9℃ 以下。因為在 65℃～70℃（這是大多數廠商預設的溫度），2 秒鐘之內就會造成孩子三度燙傷！而在 48.9℃ 時，則要 5 分鐘才會造成燙傷（還能減少電費開支）。如果你住的是大樓或公寓，可以讓房東或物業管理員把水溫調低。使用低於 54.4℃ 的水仍然可以把盤子洗乾淨。還可以在淋浴噴頭、浴缸的水龍頭和洗碗池的水龍頭上安裝防燙傷裝

置。這樣一來，水溫一超過 48.9℃，水流就會自動被切斷。
4. 打開的熱水器、爐子、壁爐、絕緣性能不好的烤爐和容易打開的烤箱都很危險。所以，要在爐子、壁爐和壁掛式暖風機的前面或周圍放上柵欄或圍擋。還可以安裝散熱器罩來避免燙傷。
5. 要把所有的電源插座都蓋上蓋子。這樣，當孩子往電源插座裡插什麼東西的時候就不會觸電了。另外，不要讓電源插座超過負荷。
6. 電線老化了要及時更換，接頭處要用膠布黏緊。不要把電線鋪設在地毯下面，也不要讓電線從走廊裡穿過。

**父母可以養成以下謹慎的習慣，進而降低火災和燙傷的危險：**

1. 把孩子放進浴缸之前要試一下水溫。即使剛剛試過，也要再試一次。另外，還要摸一摸水龍頭，確保它們不會因為溫度過高而造成燙傷。
2. 絕對不能在把孩子放在大腿上時喝熱咖啡或熱茶。也千萬不要把盛著熱咖啡的杯子放在桌邊，以免孩子搆到桌子，打翻杯子。桌子上不要鋪桌布或桌墊，因為孩

子會把它們從桌子上拉下來。

3. 用茶壺煮水時,要把壺把轉到孩子搆不到的方向。最好使用靠內的瓦斯爐口。

4. 火柴要裝在盒子裡,放在高處,別讓三、四歲的孩子摸到。在這個年齡層,很多孩子都會經歷一個特別喜歡玩火的階段,很難控制自己想玩火柴的欲望。

5. 如果家裡有使用暖爐,一定要確保接觸不到窗簾、床單或毛巾。

6. 法律規定,9 個月以上孩子的睡衣要不是用防火材質製作,要不就必須做成貼身的形式(貼身的衣服不容易著火,因為衣服與皮膚間沒有氧氣)。如果反覆使用無磷洗滌劑或肥皂洗滌睡衣,上面的防火物質就會被洗掉。

最後,教育孩子怎麼防火,告訴他們在發生火災時該怎麼做,以確保安全:

1. 要告訴學步期的孩子哪些東西是燙的,警告他們別碰這些東西。

2. 要跟年幼的孩子談論防火安全知識。包括教他們如何在起火時遵循「停下、蹲下、滾動」的原則,以及如何「在煙霧下方貼著地面爬行」。

3. 要教育孩子,一旦聞到煙味且懷疑著火時,應該迅速離開房子,跑到外面。還要教孩子用鄰居家的電話通報火警。

4. 制訂一個火災中的逃跑計畫,每一間臥室都要有兩條逃生路線,然後確定一個在外面集合的地點。讓全家人都能演習一下這個計畫。

## 中毒

孩子們胡亂吃下的東西既令人吃驚又讓人恐懼。最容易引起孩子中毒的物品包括:阿斯匹靈和其他藥品、殺蟲劑和滅鼠藥、煤油、汽油、苯、清潔劑、傢俱上光液、汽車上光劑、鹼液、冬青油、除草劑,以及清潔水管、馬桶和瓦斯爐的強鹼性物質等。浴室裡潛在的有害物質包括:香水、洗髮精、護髮素和護膚品等。

每年,美國有毒物質控制中心都會接到 200 萬通以上的電話,說孩子誤食了可能有毒的東西。對孩子來說,每一種藥物、處方藥品、維生素和家用產品都可能有毒。即使是孩子的常用藥,一旦大量服用,也可能造成危險。有些東西雖然看起來好像沒什麼危險,卻可能有

害,比如菸草(1 歲的孩子吞食 1 根香菸就很危險)、阿斯匹靈、含鐵的維生素片劑、去光水、香水,以及餐具清潔劑等。不管孩子誤食了什麼,最好都馬上打給有毒物質控制中心或醫生問個清楚。

從大約 12 個月開始一直到 5 歲,是孩子們最容易中毒的時期。在中毒總人數當中,6 歲以下的孩子占了一半以上。家裡發生的中毒事件比任何地方都多。那些活潑好動、膽大又執著的孩子更可能拿到有毒的東西。但是,即使是那些看起來老實又安靜的學步期孩子,也可能找到機會吞下一些不應吞下的東西,比如打開蓋子的一瓶藥丸,或者一棵非常誘人的室內植物等。

**清除家裡的危險物品。**第一步就是用敏銳的眼光,更確切地說,是用孩子的眼光,仔細地檢查一遍房間。然後,再遵循下面的步驟,把居家變成防止兒童中毒的安全環境:

1. 將急救中心的電話號碼貼在電話旁邊,或寫在一張紙上貼在電話上。如果可能,最好再把它設置成單鍵快速撥號。如果孩子吞下有毒的東西,或者誤食了可能有毒的東西,就要打這個電話緊急求助專家。

2. 把可能有害的藥物都儲存在孩子碰不到的地方,或者放在裝有兒童安全鎖或兒童安全插銷的櫥櫃裡。可以在浴室門的高處安裝一個簡單的插銷,以免孩子進入浴室而遭遇危險,包括有毒物品、溺水以及燙傷。

3. 在廚房、廁所和儲藏室裡找一些孩子接觸不到的地方,存放以下物品:洗衣液、去汙粉、洗浴用品、水管清潔劑、潔廁劑、廚房清潔劑、氨、漂白劑、除蠟劑、金屬上光劑、硼砂、樟腦丸,打火機燃料、鞋油,以及其他一些危險物質。上了鎖的小櫥櫃比較安全。安裝在高處的櫃子也可以,只要周圍沒有可供攀爬的傢俱,那就是安全的地方。要把滅鼠藥、殺蟲劑和其他毒藥清理乾淨,因為它們都太危險了。

4. 在地下室和車庫裡,一定要把以下這些物品放在絕對安全的地方:松節油、油漆稀釋劑、煤油、汽油、苯、殺蟲劑、除草劑、防凍液、汽車清潔劑、汽車上光劑等。在扔掉這些瓶瓶罐罐之前,一定要把它們清空,並且沖洗乾淨。向相關衛生部門查

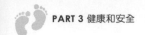

詢，有毒廢物應該如何處理。

**有益的習慣。**有效防止中毒，取決於日常習慣。以下是一些需要注意的事情：

1. 每次吃完藥，立即把剩下的藥放到孩子搆不著的地方。最好放在附有兒童安全鎖的櫥櫃或抽屜裡。

2. 要把所有的藥品都貼上醒目的標籤，以免你不小心讓孩子吃錯了藥。病好了以後，要把剩下的藥品倒進廁所沖走，因為你不太可能再用到它們，再說，藥品也可能變質。另外，不要把以前的藥和正在使用的藥放在一起，因為這樣容易混淆。

3. 在藥物中毒的事件中，有 33% 以上都是由於孩子誤食了祖父母服用的處方藥。所以，在帶孩子探望祖父母之前，一定要請他們先把自己的藥品都鎖起來，或者放在孩子搆不著的地方。

4. 國家和各州的法律都規定，藥劑師配製的所有藥品都必須裝在孩子打不開的容器裡。不要把藥品換裝到別的容器裡。

5. 要把清潔產品和其他化學用品放在原來的包裝裡。不要把殺蟲劑裝在飲料瓶裡，也不要把爐灶清

潔劑放在茶杯裡，這是造成嚴重中毒的常見原因。

**有毒的植物。**對於植物和花朵，我們只會覺得它們很美麗。但是剛學會爬行的嬰兒卻會把它們看成美味的點心。這很危險，因為有七百多種植物和花朵都能引起疾病，或導致死亡。所以，最好的原則就是等孩子過了什麼都吃的年齡，能夠接受禁令的時候，再在家裡養花種草。真要種花的話，至少也得放在孩子搆不到的地方。另外，孩子在花園或戶外時，如果他們待在植物和花草旁邊，就一定要看好他們。

這裡有一個很實用的清單，列舉了一些可能會帶來致命危險的植物：彩葉芋、萬年青、喜林芋、象耳草、絲蘭、常春藤、風信子、黃水仙、水仙、槲寄生、夾竹桃、一品紅、相思子、蓖麻子、翠雀花、飛燕草、顛茄、毛地黃、鈴蘭、杜鵑花、月桂樹、瑞香屬漿果、金鏈花、繡球花、女楨（常用作樹籬）、紅豆杉、曼陀羅、牽牛花籽、蘑菇、冬青果。

有的植物雖然有毒，但是並不會帶來致命危險。接觸這些植物通常會刺激皮膚，萬一嚥下去，會使嘴

唇和舌頭腫脹起來。要學會識別毒葛、毒橡樹、毒漆樹，以免引起過敏，造成皮膚疼痛。

父母要查證家裡或院子裡的植物是否帶有毒性。

## 鉛和汞

**鉛中毒的危險。**在這個工業社會中，鉛是一種隨處可見的金屬元素。到目前為止，建築用漆、汽油，以及食品包裝罐裡都含有鉛。有些金屬元素（比如鐵和銅）是維持生命不可或缺的元素。我們早就知道鉛跟這些金屬元素不同，它對人體沒有任何用處。但是，直到大約 20 年前我們才認識到，鉛元素實際上對人體十分有害，平均來說，對於兒童的危害則更大。

我強調「平均」這個詞，是因為低濃度鉛所帶來的危害在任何一個孩子身上都很難察覺。只有當專家把成千上百個孩子放在一起研究時，才能清楚發現鉛降低了兒童的智商。換句話說，如果一個孩子的血鉛濃度稍微上升了一點，在每升 100～200 微克的範圍內，就沒人能斷定鉛是否會對這個孩子造成影響。許多非常聰明的人小時候的血

鉛濃度也曾偏高。但這並不是說我們可以忽略鉛的危害，只是說如果孩子血鉛濃度有點高，父母沒有必要驚慌失措。

**什麼人容易鉛中毒，怎麼中毒的？**整體來看，鉛中毒的問題多數出現在年幼的孩子身上。1～5歲的幼兒常常在地上爬來爬去，經常把不是食物的東西放進嘴裡。飢餓或缺鐵的孩子會吸收更多的鉛元素。所以，充足又全面的營養對於預防鉛中毒來說至關重要。

鉛通常來自於窗戶周圍或外牆上老化的油漆。油漆剝落時，鉛就混在灰塵裡，然後黏在孩子手上。其他的來源還包括塗有含鉛瓷釉的陶器（現代機器製造的陶器是不含鉛的）、老房子的水管裡所含的鉛，以及一些傳統藥品的成分。

**父母該怎麼做？**如果現在住的房子修建時間較早，或者居住的城市鉛污染比較嚴重，那麼，在孩子小時候就應該定期讓他接受血鉛濃度的檢測。如果濃度偏高，醫生就會幫孩子開一些藥，排出體內的鉛。如果濃度比較低，那麼主要的治療方法就是去除生活環境中的鉛，同時確保孩子攝入充足的鐵元素，讓孩子的身體自動把鉛排出

來。此外,這裡還有一些安全提示,可以幫助防止鉛的危害:

● 檢查剝落或乾裂的油漆,門窗周圍要列為檢查重點。請除去所有鬆動的漆皮,再刷上新的油漆。

● 去除含鉛塗料的時候,不要剝除或打磨,也不要使用加熱槍,因為這些方法反而會增加孩子跟鉛的接觸。如果非得去除含鉛塗料,就請專業人士來做,大人和孩子則應該待在房子外面。

● 定期用磷酸鹽含量較高的清潔劑擦地板,去除鉛塵。

● 注意孩子活動的所有地方,比如家裡、戶外、走廊、保姆家裡或日托中心等。

● 如果你家的水管設備比較老,打開水龍頭讓自來水流幾分鐘再飲用或做飯。這樣一來,就不會用到已經在含鉛的水管裡積存很久的水了(把水燒開並不能除掉裡面的鉛,只會讓問題更嚴重)。

● 不要使用上釉的陶器,除非肯定它不含鉛。

● 謹慎使用根據老方子製成的民間傳統藥物(也許是你的祖母非常信賴的藥),因為其中有一些含鉛。

多多學習!如果現在生活的環境中含有鉛,那麼只知道目前的安全措施遠遠不夠。可以諮詢一下孩子的醫生,也可以向當地的衛生單位索取一些相關文宣。

**汞**。汞和鉛在許多方面很相似:它們都是金屬元素,這個工業社會中都很常見。如果濃度較高,都能引起大腦的損傷,即使濃度較低也可能導致大腦發育異常。來自工廠和礦場的汞會污染湖水和海洋,然後被水裡的微生物、小魚和大魚吸收,最後又被終極消費者,也就是我們吸收。所以,在懷孕和哺乳期間不要食用太多魚類。最好不要食用從污染嚴重的水域捕來的魚類,也不要食用食肉的大型魚類(比如劍魚),因為它們的壽命比較長,體內的汞元素很容易積累。

汞的另一個來源就是水銀溫度計。溫度計破裂的時候,可愛的液態水銀珠會釋放出無臭的有毒霧氣。所以,最好把玻璃溫度計當作有毒垃圾處理,但不要一扔了之,要把它們帶到診所交給醫生,或送到醫院正確地處理。應該買一支便宜、準確、安全的電子溫度計(**請參閱第 308 頁**)。

## 異物窒息

異物窒息是導致幼兒死亡的第四大原因。對於那些喜歡把東西放進嘴裡的嬰幼兒，父母不要把任何小東西（比如扣子、豆子、珠子等）放在他摸得到的地方。這些東西很容易吸進氣管裡，因而引起窒息。

**危險的玩具。** 5歲以下的孩子最容易被玩具或玩具上的零件卡住，因而造成窒息。不管年齡多大的孩子，只要把不是食物的東西放進嘴裡，就可能引起窒息。標準的衛生紙筒心可以提供很好的測試標準，如果一個玩具小到可以塞進去，它就可能帶來異物窒息的危險。美國消費品安全委員會研製了一種類似的測試工具，被稱為防窒息測試管（No Choke Test Tube），只比衛生紙的筒心稍微小一點。凡是通不過防窒息管測試的物品也一定通不過衛生紙筒心的測試。

還要檢查所有可能在激烈遊戲中脫落的玩具零件。可以將玩具的各個部分拉一拉，扯一扯。小圓球或小方塊（兒童玩具和遊戲器材上的）也是造成3歲以下兒童窒息的常見物品。要想把某個孩子的玩具藏起來，不讓弟弟妹妹或來訪的孩子發現，這將是件很具有挑戰性的工作。

引起異物窒息的常見物品還包括破碎的氣球，這些碎片很容易被吸進氣管裡。孩子吹氣球時，萬一氣球爆炸了，也可能引起窒息。所以，最好不要讓孩子玩氣球。

**食物引起的窒息。** 到四、五歲時，大多數孩子都能像大人一樣吃東西了。然而在此之前，你一定要小心某些食物可能帶來的危險。那些又硬又滑的圓形食品對孩子尤其危險，比如堅果、硬糖塊、胡蘿蔔、爆米花、葡萄，以及葡萄乾等。熱狗會像瓶塞一樣卡在氣管裡。直接用湯匙或刀子挖花生醬吃是一種最危險的做法，因為一旦吸進去，任何東西都沒辦法把花生醬從肺裡弄出來。所以，花生醬只能薄薄地抹在麵包上給孩子吃。

防止大塊食物噎住咽喉的最好辦法就是咀嚼，而且要仔細地嚼。要讓孩子養成細嚼慢嚥的習慣。如果父母做出榜樣，孩子就會模仿。如果不催著他們吃飯，他們就更喜歡模仿了。孩子在跑跑跳跳時，不能讓他們嘴裡含著棒棒糖或者冰棒。也不要讓孩子躺著吃東西。另外，絕對不能讓嬰兒獨自用奶瓶喝奶。

（請參閱第 377 頁，了解窒息的緊急應變措施。）

## 憋悶窒息和勒束窒息

憋悶窒息是 1 歲以下嬰兒意外死亡的主要原因。嬰兒大部分時間都是在小床裡度過的。所以要採取措施確保小床裡的安全。（**關於預防嬰兒窒息的基本方法請參閱第 64 頁。**）

處於學步期的孩子可能會把自己勒在窗簾、百葉窗，或者其他東西的繩子上。要把繩子繫起來，繞在牆上的掛鉤，也可以把繩子藏在笨重的傢俱後面，還可以用電線收納盒（用於繞緊繩子的小型塑膠收納裝置）把繩子收拾好。

大一點孩子的父母一定要清楚認識塑膠袋的危險性。由於某些原因，許多孩子都有把塑膠袋套在頭上玩的強烈欲望，有時候就因此釀成悲劇。把塑膠袋和家裡其他有危險的日常用品放在一起，放進孩子搆不著或帶鎖的抽屜或櫥櫃裡。

如果家裡有一臺閒置或廢棄的電冰箱或冷藏櫃，請記得一定要把門卸下來。

## 家裡的槍枝

許多家庭都有手槍或來福槍。父母通常都覺得他們需要一支槍來保護自己，儘管所有的研究都證實，跟破門而入的歹徒相比，自家的槍枝更容易成為兒童（還有成年人）的致命威脅。在美國，每天都有一個孩子因為遭到意外槍擊而死亡。對於槍枝，我們現在所能做最保險的事情就是不要擁有它。

如果很小的孩子拿著裝了子彈的槍枝把玩，或者和一個拿著這種槍枝的孩子一起玩，都可能會成為意外槍擊事件的遇難者。當 7～10 歲的孩子向朋友們炫耀手槍的時候，一不留神就可能成為槍擊者或受害者。也許你不方便向孩子朋友的父母詢問他們家裡是不是有槍，但是，這些悲劇的統計數字告訴我們，還是應該試著了解一下。

大一點的孩子和青少年往往會失去自制力，尤其當他們開始試著喝酒時更是如此。如果他們手上有槍，那就很容易因此鋌而走險。另外，如果家裡存放槍枝，那些心情沮喪或使用麻醉藥品的青少年也很可能用它來自殺。

**如果家裡確實有槍。**來福槍和

手槍的子彈都要退出來保存，最好放在上了鎖的櫃子裡，子彈尤其要鎖起來單獨存放。除了必須完成當地警察局和手槍俱樂部提供的安全培訓以外，槍主還應該盡量了解最新的安全技術，比如扳機鎖或智慧手槍等。這種手槍只有槍主本人才能射擊。但是這些預防措施可能會被充滿好奇又堅持到底的孩子破壞，也可能在家長疏忽大意時失去效果。所以唯一真正安全的選擇就是，只要家裡有孩子就不應該存放槍枝。

## 摔傷

摔傷是導致意外死亡的第六大原因，也是造成非致命傷害的首要原因。其中，摔傷死亡率最高的是 1 歲以內的嬰兒。每年都有 300 萬兒童由於摔傷而被送到醫院掛急診。但是，接受治療的孩子只占摔傷人數的 10%。有些孩子雖然摔傷了，但是並沒有醫治。

你能想到的地方都可能發生摔傷，比如床上、尿片臺上、窗戶和門廊上、樹上、自行車和遊戲設施上、冰上、樓梯上等。正在學走路的幼兒最容易從窗戶和樓梯上摔下來。大一點的孩子最容易從屋頂或遊樂設施上摔下來，或者在運動場上摔傷。在家裡發生摔傷的大部分都是 4 歲以下的嬰幼兒。發生摔傷的高峰時間是用餐前後，其中有 40% 都發生在下午 4～8 點。

**樓梯。**為了防止學步期的孩子從樓梯上摔落，應該在樓梯的頂部和底部安裝防護門，防止孩子單獨爬上樓梯。門廊的臺階也要這樣處理。等孩子能夠穩當地上下樓梯時，再把防護門拆掉。要教孩子在上下樓時扶著欄杆，還要讓他看到你也是這樣做的。

**從窗戶摔下來。**在春季和夏季，城市裡經常發生孩子從窗戶摔下來的事故。這種意外經常發生在二層和三層樓，最嚴重的也有從三層以上的窗戶掉下來。有許多方法可以防止孩子發生這種意外。你可以把窗戶都鎖起來，但是在好天氣裡你當然不願意這樣做。也可以把靠近窗戶的玩具和傢俱都挪開。但是，到了孩子能把椅子推來推去的時候，這個辦法就沒用了。如果可能的話，可以使用得上面打開的窗戶類型。

如果父母很會使用工具，或者有個手巧的朋友，就可以在窗框上安裝一個金屬扣，讓窗戶最多只能打

開 10 公分（用木塊把窗戶固定住也可以）。

還可以幫窗戶裝上護欄。窗戶的護欄由金屬製成，欄杆之間的最大間距是 10 公分，能承受大約 70 公斤的壓力。所有窗戶的內側都應裝上護欄。但是，每個房間至少要有一個窗戶的護欄是活動的，不用鑰匙或者特殊工具就能打開（父母很可能在最重要的時候找不到鑰匙和工具，比如著火的時候）。兒童安全窗戶護欄和防盜護欄不一樣，後者是為了防止成年人進入而設計的。有些州、市已經制定了相關的法律，規定家有幼兒者必須使用窗戶護欄。

**嬰兒學步車。**嬰兒學步車曾經被視為必備的嬰兒用品，但如今已經被看成了危險品。學步車給了小寶寶很大的活動性，而小寶寶卻對危險一無所知。他們可能一下子就滾下樓梯，卻沒有任何辦法來緩衝摔下去的力量。這一切可能就發生在父母轉過身去的一那。每年都有幾千名嬰兒因此受傷。

學步車不能幫助寶寶學會走路。事實上，使用學步車的寶寶體力和協調性反而會發展得比較慢，而這些能力正是獨立行走所必須的。學步車包攬了所有工作，所以寶寶就得不到鍛鍊了。現在，沒有輪子的學步車（你可能把它稱為助步車）越來越受歡迎。它能讓孩子感受到獨立活動的樂趣，卻沒有摔倒的風險。不過請務必確保它沒有顯露出來的彈簧，以免夾到孩子的手指。

## 玩具安全

每年都有數以千計的孩子因為他們的玩具而意外受傷，同時，還有數以百計的玩具因為證明有危險而被收回。幫孩子購買玩具時，一定要參考包裝上的適用年齡。現在的聯邦法律規定，製造商們必須在附有小零件的玩具上印製警告標籤，但是，還是有很多不附標籤的玩具悄悄地流向市場。對於 3 歲以下的孩子（或者對於那些喜歡把東西放進嘴裡的孩子）來說，像彈珠、氣球、小塊積木這樣的玩具，很容易造成窒息。帶有尖角或邊緣鋒利的玩具可能會把年幼的孩子或別人刺傷、割傷。可以投擲的玩具，比如玩具飛鏢和自動彈射的玩具，可能會打傷眼睛。只有 8 歲以上的孩子才能玩電動玩具。軟塑膠製成的玩具含有一種叫做塑化劑的化學物質，可能引起腎臟損傷，還會帶來

其他的健康問題。如果不知道某種產品是否含有塑化劑,你可以打電話詢問玩具製造商。

也可以登入美國消費品安全委員會的網站 www.cpsc.gov。還有一個非常有用的網站,網址是 www.toysafety.net。透過流覽這些網站的資訊,你可以了解更多關於玩具安全的知識。

## 家庭安全裝備

**購買什麼裝備?**各種裝置的製造商熱衷於向焦慮的父母推銷安全用品。我個人的最愛就是那種做成大象鼻子形狀的浴盆水龍頭橡膠套,雖然它並沒有增強多少安全性,卻因為可愛而受到好評。但對家庭安全來說,其實只有少數東西不可或缺,其中包括裝上新電池,可以正常運轉的煙霧探測器、廚房裡的滅火器、儲存藥品和其他危險化學品的帶鎖櫥櫃。如果有手槍或來福槍,就再加上一個手槍扳機鎖和上了鎖的儲藏櫃。如果家裡有樓梯,就要在兩端都裝上防護門,防止孩子從上面摔下來。如果住在二樓或更高的樓層,可能還需要安裝窗戶護欄。

下面清單列出了其他一些東西,其中大多數都在前文提到過。雖然不怎麼貴,但父母會覺得這些東西很有用。但一定不要忘了,任何東西都不能取代大人的嚴密看管。

### ① 備忘清單:安全裝備購買提示

✓ 廚房和浴室裡防止孩子打開的櫥櫃和抽屜安全鎖。

✓ 裝在門上的安全門鎖扣,可以防止小孩走進浴室或樓梯間,也可以防止他們進入存放有毒清潔劑或危險工具的地方。

✓ 防開安全鎖,可以防止學步的孩子打開不容易上鎖的東西,比如電冰箱、抽水馬桶,或帶滑動門的櫥櫃。

✓ 電線收納盒,可以防止孩子把長繩或電線繞在脖子上。

✓ 可以重複使用的水溫計,確保熱不超過 48.9℃。

✓ 螺旋彈簧式的電源插座保護罩,可以防止觸電。(螺旋彈簧式插座保護罩是永久性裝在牆上的,比安全插頭更安全,因為這種保護罩不會被弄掉,也不會被孩子吞下去。當你拔下插頭的時候,它還能自動擋住電源插座。)

✓ 桌角防撞墊，可以緩衝碰撞。

✓ 在浴缸的水龍頭上安裝塑膠墊，以緩衝孩子的碰撞。（但是不管怎樣，任何一個可能把頭撞在水龍頭上的孩子，洗澡時都應該有成年人在旁邊看護。）

# 4 急救和急診

## 割傷和擦傷

對於擦傷和輕微的割傷來說，最好的處理辦法就是用肥皂和溫水清洗傷口。徹底清洗是預防感染的關鍵。用乾淨的毛巾把傷口擦乾，再用繃帶把傷口包紮好，讓它在癒合前都能保持清潔。每天都要這樣清洗一次，直到傷口完全癒合為止。

對於傷口裂開的嚴重割傷，應該請醫生處理。比較大的傷口甚至需要縫合，目的是使傷口合攏，同時盡量縮小可能留下的不規則疤痕。拆線之前，一定要確保縫合部位的清潔和乾燥。每天都要檢查傷口，看看是否出現感染症狀，比如疼痛加劇、紅腫，或有分泌物滲出等。現在許多醫生都會用組織黏合劑縫合傷口，這比用線縫合要快，效果

一樣，而且不必用針。

如果傷口有可能被灰塵或泥土汙染，或者傷口本身就是不乾淨的物體（比如刀子）所留下的，就應該向醫生說明。醫生也許會建議施打破傷風疫苗，對很深的割傷或刺傷尤其是這樣。如果孩子已經打完 4 針白喉、破傷風和百日咳疫苗的前幾針，並在近 5 年內打過加強針，可能就不用再打針了。如果不太清楚，最好讓醫生檢查一下。

有時候，孩子會摔倒在碎玻璃或木頭上，因而產生傷口。小碎片、玻璃碴、木頭渣或沙子可能會留在傷口裡。除非可以輕易取出那些碎片，否則，最好還是讓醫生檢查一下傷口。X 光檢查可能會看到那些異物。所有久久不癒或者出現感染的傷口（有發紅、疼痛或有分泌物

的現象）裡面都可能存有異物。

刺傷

刺傷是兒童時代最常見的小外傷之一，僅次於輕微的割傷和淤傷。可以試試下面這個辦法：先用肥皂和清水把受傷部位洗乾淨，然後在比較燙的水裡浸泡至少 10 分鐘。如果受傷的部位不方便泡在水裡，就用一塊比較燙的布熱敷（必須每隔幾分鐘就把水或布重新弄熱）。如果異物從皮膚裡伸了出來，就用鑷子夾住它，再輕輕地拔出來。如果異物完全埋在皮膚裡，就必須用一根以酒精擦拭過的縫衣針。熱水的浸泡已經使皮膚變軟，所以可以用針尖輕輕地把它撥開。要盡量撥開皮膚，好用鑷子夾住裡面的異物。異物清出去以後，要用肥皂和水清洗受傷的部位，再用乾淨的繃帶把它包紮好。

不要過分撥弄皮膚。如果在第一次浸泡之後取不出異物，就再用熱水泡 10 分鐘，再試一次。如果還是弄不出來，就讓醫生來做吧。

咬傷

動物或人造成的咬傷。所有動物（包括人類）的口腔裡都有很多會引起感染的細菌。咬傷通常都會留下很深的傷口，可能比簡單的傷口更難清洗。如果咬傷弄破了皮膚，就應該接受醫生的檢查。與此同時，要用應付割傷的方法進行緊急處理。用流動的水和肥皂沖洗幾分鐘。

動物或人的咬傷最常見的併發症就是細菌感染。為了防止感染，醫生可能在初步處理時就會開抗生素。但是即使孩子用了抗生素，一旦傷口出現紅腫、一碰就痛，或有分泌物產生，還是應該通知醫生。

想想因為動物咬傷所引起的狂犬病吧。狂犬病是可能致命的，而且一旦傳染流行起來就沒有辦法治療。但是，只要在咬傷發生以後盡快注射專門的疫苗，就可以預防最嚴重的症狀。野生動物，尤其是狐狸、浣熊和蝙蝠常常攜帶狂犬病。還有一些寵物，包括狗和貓，也可能傳播這種病毒。但不用擔心沙鼠、倉鼠或天竺鼠。如果孩子被咬到了，不僅要向當地的衛生部門報告，還要打電話告知醫生。可能需

要捉住咬人的動物，觀察它是否帶有狂犬病的症狀。

**昆蟲咬傷。**大多數昆蟲叮咬都不需要就醫，但還是應該注意抓搔傷口可能引起的感染（**請參閱第414頁**）。被蜜蜂螫了以後，要看看螫針是不是還在皮膚裡。如果還在，就用信用卡之類的硬卡片輕輕刮一刮這塊皮膚。不要用鑷子去夾，這樣可能會把更多的毒液擠到孩子的皮膚裡。要輕輕清洗被螫的部位，再用冰塊冰敷預防或緩解叮咬後出現的腫包。

對於那些蟲子叮咬引起的發癢，可以用幾滴水和一湯匙烤麵包用的小蘇打（碳酸氫鈉）調成糊狀，敷在發癢的部位上。口服的抗組織胺劑（苯海拉明，非處方藥）能夠減輕發癢的症狀。服用抗組織胺劑以後，有些孩子會感到疲勞，有些孩子會興奮，還有些孩子沒什麼特別的反應。解決蚊蟲叮咬問題的最好辦法就是預防（**請參閱第346頁**）。

## 出血

**小傷口的出血。**大多數傷口都會有幾分鐘的出血。這有好處，因為出血會把一些進入傷口的細菌沖掉。只有大量或持續的出血才需要特殊處理。多數情況下，止血時要在傷口施加直接的壓力，同時把受傷部位抬高。讓受傷的孩子躺下，在受傷部位的下面墊一兩個枕頭。如果傷口繼續大量出血，要用消過毒的紗布或乾淨的布壓住傷口，直到不再出血為止。在受傷部位抬高的前提下清洗並且包紮傷口。

要想包紮一個流了很多血，或仍在出血的傷口，就要用幾片紗布塊（或折疊起來的乾淨布片）疊起來壓在傷口上，這樣就有了一層厚墊。然後，緊貼著這層厚墊纏上黏性繃帶或紗布繃帶，它們會為傷口施加更多壓力，使傷口不容易再次出血。

**嚴重的出血。**如果傷口以驚人的速度出血，就必須立即止血。可能的話，要直接在受傷部位施加壓力，同時把相應的肢體抬高。用手邊最乾淨的東西做一個布墊，不管是紗布塊、乾淨的手帕，還是孩子衣服上或大人衣服上乾淨的部分都可以。用這個布墊壓住傷口，保持壓力，直到救援人員趕到或傷口不再出血為止。不要拿掉原先的布墊，當它完全濕透時，就在上面加

一個新墊子。如果出血得到控制，又有合適的材料，就可以使用彈力繃帶。傷口上的墊子要有足夠的厚度。只有這樣，包紮時才能對傷口施加壓力。如果彈力繃帶無法控制出血，就用手在傷口上直接施加壓力。如果找不到布，也找不到可以用來止血的其他東西，就用手在傷口的邊緣施加壓力，甚至可以直接按在傷口上。

大量出血透過直接增加壓力通常都能止住。如果正在處理的傷口流血不止，請繼續施加直接的壓力，同時請人去叫救護車。在等待救護車的同時，要讓傷者躺下來，為他保暖，把他的腿和身體的受傷部位抬高。

如果頭皮被劃了一個小口，可能就會導致大量出血。按壓住傷口可以快速止血。

**鼻出血。**差不多每一個孩子都有過流鼻血的經歷，這種情況幾乎沒有危險。當血液從鼻子裡流出來的時候，即使只有一點點，看起來也顯得很多。如果孩子可以坐下來安靜幾分鐘，那麼鼻血大都會自行停止。對於比較嚴重的鼻出血，可以輕輕捏住鼻子下部，保持 5 分鐘（可以看著手錶，因為在這種情況下，5 分鐘就像永遠不會結束一樣漫長）。然後輕輕鬆開手。如果鼻子還是繼續出血達 10 分鐘，就要跟醫生聯繫。

鼻出血的常見原因包括空氣乾燥、摳鼻子、過敏和感冒。止血後，鼻子裡會結痂。一天以後，結痂會脫落（孩子也可能會把它摳出來），導致鼻子再次出血。在鼻子裡塗一點凡士林有時可以防止結痂過早變乾。

如果孩子反覆流鼻血，醫生可能會建議燒灼裸露的血管，或者做化驗，以確保血液能夠正常凝結。但是，百試不爽的應對方法就是足夠的耐心。

嬰兒流鼻血的情況並不常見。如果嬰兒流鼻血，就應該報告醫生。

## 燙傷

**燙傷的嚴重程度。**燙傷分為 3 種類型。一種是皮膚最外層的燙傷，通常只是出現局部的皮膚發紅，這種情況常被稱作一度燙傷。中等深度的燙傷會影響到皮膚深層，通常還會出現水泡，也叫二度燙傷。最嚴重的一類燙傷會影響到皮膚最深層，損壞皮下的神經和血

管，這就是三度燙傷。三度燙傷是十分嚴重的外傷，經常需要皮膚移植。燙傷的面積也很重要。大面積的表皮燙傷（類似曬傷）會讓孩子非常痛苦。

**輕度燙傷。**雖然熱油、熱調料和其他熱的東西也會對皮膚造成傷害，但燙傷通常都是意外接觸熱水造成的。對於輕微的燙傷，要把受傷部位放在冷水下沖洗幾分鐘，直到感覺麻木了為止。不要用冰塊冷敷，冷凍會加重傷情。絕不要用任何油膏、油脂、奶油、黃油或石油產品塗抹傷處，它們會影響散熱。用冷水沖過之後，再用一大塊無菌紗布把燙傷的部位包好。這樣可以減輕疼痛。

如果出了水泡，不要動它們。只要水泡不破，裡面的液體就是無菌的。如果弄破了一個水泡，就會把細菌帶進傷口裡。如果就算小心處理但水泡還是破了，最好能用一把在沸水裡煮過 5 分鐘以上的指甲刀或鑷子把鬆脫的皮膚取下來，然後用無菌繃帶把傷口包上。所有破了的水泡都應該讓醫生看一下，醫生可能會開一種專門的抗生素藥膏來防止感染。如果水泡完好無損，卻出現了感染的症狀，比如，水泡裡有膿，或者水泡的邊緣發紅，就要向醫生諮詢。絕對不要在燙傷處使用碘酒，也不要使用任何類似的消毒液，除非醫生說可以這樣做。

對於臉、手、腳或者生殖器上的燙傷，一定要讓醫生診治。一旦耽誤了處理，就會留下疤痕或者造成功能性損傷，輕微的曬傷除外。

**曬傷。**對於太陽的灼傷，最好的辦法就是不要碰它（**請參閱第344頁**）。嚴重的曬傷會很痛，也很危險。在夏季的海灘，半個小時的陽光直射對沒有防曬措施的白種人來說，足以造成灼傷。

用冷水敷一敷可以緩解曬傷，還可以讓孩子吃一點非阿斯匹靈類的止痛藥，比如布洛芬或撲熱息痛等。如果出了水泡，就要像前面描述的那樣處理。中等程度曬傷的人可能會打寒顫、發燒，感覺比較難受。在這種情況下，應該向醫生諮詢，因為曬傷可以嚴重得和燙傷一樣。在紅色消退之前，曬傷的部位要徹底防曬。

**觸電。**大多數兒童觸電都是在家裡發生的，一般都比較輕微。受傷的程度跟通過孩子身體的電流量成正比。水或潮濕都會增加嚴重受傷的危險。由於這個原因，當孩子

正在浴室裡洗漱或洗澡時,絕對不應該使用任何電器。

多數觸電情況都會產生一個重擊,因此,孩子會在受傷之前把手縮回去。觸電造成的損傷比較嚴重時,孩子可能會出現伴有水泡或局部發紅等症狀的燒傷。你還可能看到一片燒焦的區域,那是壞死的皮膚。處理這些損傷的應急措施跟燙傷相同(**請參閱前頁**)。電流能夠順著神經和血管傳導。如果孩子的傷口有入口和出口,那麼電流可能已經沿著這條路線損壞了神經和血管。如果孩子出現麻木、刺痛或嚴重疼痛等神經性症狀,就應該馬上帶他接受醫生的檢查。

有時候,孩子咬到電線的芯也會觸電,嘴角附近可能會出現小面積的燒傷。有這種燒傷情況的孩子都要請醫生診斷。因為所有的燒傷都可能留下疤痕,所以這些孩子需要特殊的護理,以免形成某些影響微笑和咀嚼功能的疤痕。

## 皮膚感染

**輕微的皮膚感染**。要注意孩子的皮膚上是否有紅腫、發熱、疼痛或化膿等症狀。如果孩子起了癤子、指尖上出現感染,或者任何傷口發生感染,都應該讓醫生檢查。如果不能及時得到醫療處理,最好的急救措施就是把被感染的部位泡在溫水裡,或包在溫暖、濕潤的布裡,使皮膚變軟,進而加速膿包的破裂,讓膿水盡快流出來。溫水還可以防止開口過快閉合。在感染的部位纏一卷相當厚的繃帶,然後在繃帶上澆入足量的溫水,讓它徹底濕透。這樣濕敷患處 20 分鐘,然後用一卷清潔、乾燥的繃帶替換下這一卷。在和醫生取得聯繫時,每天都要這樣濕敷 3~4 次。如果有消炎藥膏,也可以塗在被感染的部位。但即使採取了這些措施,也還是應該去看醫生。

**更嚴重的皮膚感染**。如果孩子發燒,或者出現從感染部位向外發散的紅色條紋,或者在腋下、腹股溝裡有一碰就疼的淋巴腺,說明感染正在迅速擴散。這時候,要馬上把孩子帶到醫生那裡,或者送往醫院,因為在嚴重感染的治療過程中,靜脈注射抗生素非常重要。

## 耳鼻內的異物

較小的孩子經常把一些東西(比

如小珠子、玩具上的小碎片、遊戲時的小東西、紙團等）塞到自己的鼻子或耳朵裡。塞得不太深的軟東西，可能用一把鑷子就能把它夾住取出來。千萬不要去取又滑又硬的東西，那樣會把它們推得更深。如果孩子不能安靜坐著，就要小心尖利的鑷子，它比那些異物本身造成的傷害還大。即使你看不見異物，它也可能還在那兒。

有時候，大一點的孩子可以把鼻子裡的異物擤出來。但是如果孩子很小，要他擤鼻涕的時候，他可能會吸鼻涕，所以千萬不要這樣做。孩子也可能過一會兒就透過打噴嚏把異物排出來了。如果有緩解充血的噴鼻劑，可以讓孩子在擤鼻涕之前往鼻子裡噴一點。如果異物還是取不出來，就把孩子帶到醫生或鼻腔專家那裡去處理。在鼻腔裡塞了幾天的異物經常會形成難聞帶血的黏液，如果孩子有一個鼻孔裡流出了這樣的液體，就應該想到裡面可能塞著什麼東西。

## 眼睛裡的異物

要把少量灰塵或砂粒從眼睛裡弄出來，可以試著讓孩子在洗臉池的水裡眨幾次眼，或是輕輕地往他眼睛裡倒水，同時讓他眨眨眼。如果有沙子的感覺持續超過 30 分鐘，就要找醫生檢查一下。如果孩子的眼睛受到較重的碰撞、被尖銳的物體戳到，或者眼睛有疼痛感，可以用潮濕的布蓋住眼睛，再去尋求幫助。眼睛充血、眼瞼腫脹嚴重、眼周呈現紫色，或者突然出現視線模糊，都要立即採取醫療措施。

## 扭傷和拉傷

肌腱把肌肉和骨骼連接在一起，韌帶則把關節連接在一起。當肌肉、肌腱或韌帶受到過度拉伸或不慎撕裂的時候，就是拉傷或扭傷。這些損傷可能會特別疼痛，甚至會懷疑骨頭是否也斷裂。但是，在任何一種情況下，急救護理的措施都一樣：抬高、冰敷和固定。

如果孩子扭傷了腳踝、膝蓋或手腕，先讓他躺下待半小時，用枕頭把扭傷的部位墊高，在受傷的部位放一個冰袋。立即冷敷可以防止腫脹，減輕疼痛。如果疼痛消除了，受傷的部位可以正常運動，而且沒什麼不舒服，那就不用找醫生了。

如果受傷部位又疼又腫，就必須

找醫生診治。即使骨頭沒有斷裂，可能也要幫孩子打上石膏或戴夾板，以便使韌帶和肌腱良好恢復。有些扭傷和拉傷需要很長的時間才能痊癒。如果孩子過早進行劇烈活動，容易使尚未痊癒的關節再次受到損傷。所以最好遵從醫生的囑咐，復健師則可以提供具體的運動方法。

**學步寶寶的肘部受傷。**父母經常擔心地發現孩子忽然不願意活動某一條手臂，手臂總是無力地垂在身體的一側。這種情況經常發生在這條手臂被用力拉扯過之後，比如說，父母為了防止孩子摔倒，拽了一把他的小手，孩子肘部的一塊骨頭發生了移位。對孩子肘部十分了解的醫生通常都能輕而易舉地使錯位的骨頭恢復原位，而且不會讓孩子覺得疼痛。

# 骨折

**孩子的骨骼和大人不同。**骨折就是指骨頭折斷或碎裂的情況。孩子的骨折和成年人有很大的差別。孩子可能會折斷生長板（骨頭兩端的分裂組織）。這種骨折通常都出現在較長的骨頭末端，可能會影響到未來的成長。孩子發生骨折時骨頭通常只會折斷一面（青枝骨折）。有時候，孩子也會發生典型的成人骨折，也就是骨頭的兩面發生穿透性的斷裂。

父母可能很難分辨出一處損傷究竟是骨折還是扭傷。如果出現明顯的變形，比如，手臂彎曲的角度很奇怪，那幾乎就可以斷定發生了骨折。但在一般情況下，唯一的反應可能就是輕微的腫脹。如果受傷的部位一連幾天出現淤血或疼痛，就表示可能發生了骨折。完全確診的唯一方法通常都是拍 X 光片。

如果懷疑發生了骨折，就不要讓受傷的部位活動，以免出現進一步的損傷。撲熱息痛、布洛芬和阿斯匹靈都可以緩解疼痛。如果可能，可以幫孩子打上夾板，用冰塊冷敷。同時，馬上送孩子去醫院。

**手腕骨折。**孩子經常會出現手腕受傷的情況，可能是因為他從兒童攀爬設備上摔了下來，或者在冰上摔倒時伸著手臂的緣故。受傷後，手腕會立刻出現疼痛，但是疼痛感並不是很嚴重，所以往往幾天之後，孩子才會被送到醫院。手腕的 X 光片可以確診病情，打石膏可以促進傷勢的好轉。

**夾板療法。**大多數骨折的情況都應該儘早就醫。任何一次嚴重的骨折，都要叫救護車來接診。除非萬不得已，否則不要自行挪動孩子的位置。如果出於某些原因，不能立刻帶孩子就醫，那可能就需要用夾板固定孩子的相關部位。戴上夾板不僅可以減輕疼痛，還能避免因為骨折部位移動而導致的進一步損傷。夾板應該確保肢體受傷部位的上下部固定不動。踝關節的夾板應該長達膝蓋，如果腕關節損傷，夾板應該從手指尖夾到肘部。

你需要一塊板子做一個長夾板。也可以折一塊紙板，讓較小的孩子當短夾板。放置夾板的時候，要輕柔地移動肢體，不要讓受傷部位附近再有活動。把肢體緊貼著夾板綁好，用手帕、布條或繃帶在 4～6 個地方固定。有兩個固定點應該靠近骨折的地方，一邊一個，夾板的兩端應該各有一個固定點。固定好夾板以後，還要在受傷的部位放一個冰袋。但絕對不要直接在受傷的部位放冰塊（而不裝袋子）。一般來說，每次放冰袋的時間不要超過 20 分鐘。如果是鎖骨骨折（鎖骨在前胸的頂部），就要用一塊大的三角巾做一個吊帶，繫在孩子的脖子後面，這樣吊帶就會托起小手臂，讓手臂橫在胸前。

## 脖子和背部受傷

大腦是透過一系列神經和身體其他部位相連的，脊髓就是這些神經彙集而成，粗粗的神經纖維束。脊髓損壞會導致永久性的癱瘓和大小便失禁，還可能造成知覺喪失或者長期疼痛。脊髓就長在由脖子和背部組成的柱形體裡面，也就是所謂的脊椎，對脊髓發揮保護作用。

如果脊椎由於摔倒或其他原因受到損壞，脊髓神經也會面臨損傷的危險。危險可能來自於最初的損傷，也可能來自受傷後想要移動身體的舉動。所以，絕對不要移動傷者，因為可能會傷到他的脖子或背部。這種情況包括所有使孩子失去知覺的外傷，以及所有可能導致嚴重後果的損傷。反之，應該在救護車趕到之前，盡量讓受傷的孩子覺得舒適，幫助他保持鎮靜。只有接受過特殊訓練的醫護人員，才能移動可能損傷了脖子或背部的孩子。

如果必須挪動孩子，而專業人員還沒有趕到，那麼，應該要有一個人扶著孩子的頭和脖子，不要偏轉。在整個移動過程中，都要讓孩

子的頭和脖子保持在這個固定的位置。這些措施可以降低脊髓進一步受傷的可能性。絕對不要不顧孩子的頭部，單獨翻轉他的身體。

## 頭部受傷

在嬰兒開始走路之前，他可能因為從床上滾下，或從尿片檯上掉下而使頭部受傷。如果嬰兒摔了頭部以後立刻哭了起來，但是 15 分鐘內就停止了哭鬧，而且臉色很好，沒有嘔吐，表現得若無其事，頭上也沒有嚴重的腫塊，那麼大腦受傷的可能性就很小。可以馬上允許孩子恢復正常的活動。

有時候孩子摔倒以後，前額很快就會腫起一個包。這是皮膚下面的血管破裂引起的。只要沒有其他症狀，腫包本身並不意味著什麼嚴重的問題。但頭上其他部位腫起的鼓包卻有可能是骨折的症狀。

如果頭部受到更嚴重的損傷，受傷的孩子很可能會嘔吐，沒有食慾，一連幾個小時臉色蒼白，還會表現出頭痛和眩暈的症狀，時而興奮異常，時而無精打采，而且看起來也比平時愛睡覺。

如果孩子出現上述任何症狀，都要跟醫生取得聯繫，讓他們幫孩子

做一下身體檢查。即使沒有其他症狀，所有摔倒之後失去知覺的孩子都應該馬上送到醫院接受檢查。

頭部的任何損傷，在接下來的 24～48 小時內都要密切觀察。頭皮下面的骨頭出血可能會對大腦產生壓力，起初出現的症狀可能不太明顯，但是一兩天之後就會逐漸加重。行為上的任何變化，特別是越來越嗜睡，過度興奮，頭暈，都是病情加重的先兆。

最後，還要留心觀察，看看孩子在頭部受傷以後在學校的表現如何。患有腦震盪的孩子，也就是頭部受傷後失去知覺或對整個事件失去記憶的孩子，也許會很難集中注意力，或者會出現學習障礙。

想要了解關於牙齒受傷的內容，請參閱第 388 頁。

## 吞食異物

非食品的物品在一般情況下都能毫無困難地通過孩子的腸胃，甚至不會引起人們的注意。但是，這些東西也可能會卡在消化道裡，通常是卡在食道。這些東西會引起咳嗽或窒息，還會引起喉嚨裡的異物感或疼痛，或出現吞咽困難、拒絕進食、流口水，以及不停嘔吐等等的

症狀。

鈕扣電池尤其危險，因為它們會滲漏出酸性物質，進而損傷孩子的食道和腸道，需要及時取出來。最麻煩的東西是針、大頭針、硬幣和鈕扣電池等。如果孩子吞進一個光滑的東西，比如梅子核或鈕扣，之後並沒有感到不舒服，那麼這個東西可能已經通過了他的腸胃（儘管如此，還是要告訴醫生）。很明顯，如果孩子不斷嘔吐，感到疼痛，或者出現上面提到的任何症狀，就應該馬上向醫生諮詢。

父母可能認為，讓孩子嘔吐或讓孩子服用強力瀉藥（或通便藥物）有助於排出吞入異物。其實，這些措施通常都不會奏效，有時反而會使情況惡化，還是讓醫生把異物安全地取出來比較妥當。（**關於如何處理卡在氣管或支氣管裡的異物，請參閱第 378 頁的「窒息和人工呼吸」。**）

## 中毒

如果懷疑孩子中毒了，急救措施其實很簡單：如果孩子表現出病態，就趕快叫救護車，即使孩子看起來比較正常，也要這麼做。其他需要注意的問題還有：

- 和孩子待在一起，確保他呼吸通暢，並且保持清醒。如果孩子表現出不舒服，就要立即撥打當地急救中心的電話求助。

- 拿走剩下的物質或溶液，防止孩子吞下更多異物。如果可能，帶孩子上醫院時把這些東西一起帶上，協助醫生判斷它們的性質。

- 就算孩子看起來還好，也不要延誤求助的時間。許多有毒物質（比如阿斯匹靈）要幾個小時以後才會出現反應，儘早處理可以防止這些反應的出現。

- 撥打急救中心熱線，並告訴他們孩子誤食的藥物或產品名稱，以及吞下的數量。

**皮膚上的有毒物質。** 儘管我們經常認為皮膚是個保護的屏障，但一定要意識到，藥品和有毒物質可以透過皮膚被人體吸收，並且導致中毒。如果孩子的衣服或皮膚接觸了可能有毒的東西，就要脫下弄髒的衣服，馬上用大量清水沖洗皮膚 15 分鐘。然後，用肥皂和水輕輕地清洗這個部位，再徹底沖乾淨。把污染的衣服放在塑膠袋裡，讓它遠離別的孩子。撥打急救中心的熱線，或者打電話給醫生。如果他們建議去醫院，把弄髒的衣服也帶

去，醫生可能需要檢查這件衣服，以辨認有毒物質。

**眼睛裡的有害液體。**如果孩子不小心把可能有害的液體噴進或濺到眼睛裡，要馬上沖洗眼睛。讓孩子臉朝上平躺著，在距離臉 5～8 公分的地方，用一個大玻璃杯盛溫水（不能太熱）沖洗他的眼睛，同時讓孩子盡可能多眨眼。也可以把他的眼睛撐開，在流出溫水的水龍頭下沖洗。用這些方法沖洗 15 分鐘，然後打電話給有毒物質控制中心，或者打電話給醫生。有些液體（尤其是腐蝕性的液體），可能對眼睛造成嚴重的傷害，所以需要醫生或眼科專家進行醫學診斷。請記住盡量不要讓孩子揉眼睛。

## 過敏反應

孩子可能會對某種食物、寵物、藥品、昆蟲叮咬，或其他任何東西過敏。症狀可能是輕度的、中度的，也可能是重度的。

**輕度過敏。**有輕微過敏反應的孩子可能會抱怨眼睛流淚或發癢，經常還會伴有打噴嚏或鼻子不通的症狀。有時候，孩子還會發出一些皮膚疹，也就是皮膚上出現非常癢的局部腫脹，看上去就像一個蚊子咬的大包。過敏還會引起一些又小又癢的皮膚疹。輕微過敏的症狀通常都可以用抗組織胺劑治療，比如非處方藥苯海拉明。

**中度過敏。**中等程度的過敏症狀，除了蕁麻疹，還可能出現諸如氣喘或咳嗽等呼吸症狀。有這些症狀的孩子應該馬上請醫生診斷。

**重度過敏。**嚴重的過敏症狀也叫過敏反應，其中包括口腔腫脹或喉嚨腫脹、呼吸道阻塞引起的呼吸困難，以及低血壓等。大多數時候，過敏反應的症狀是覺得不舒服或驚恐。只在極少數情況下，過敏才可能導致非常嚴重的後果，比如死亡。針對過敏反應的應急措施是進行腎上腺素的皮下注射，所以，發病的孩子必須馬上送到醫院掛急診。如果孩子出現了一種過敏反應，那他就可能會出現另一種。為了避免產生系列反應，醫生會預先幫孩子注射腎上腺素（Epi-Pen，Anakit 或其他品牌）父母和老師要隨身帶著注射器，以確保孩子能及時接受注射。只要孩子注射了腎上腺素，就一定要立即送他到急診室，即使他看起來好多了。

過敏症專科醫生將會給出專業建議，看看是否應該採用減敏療法。

### 痙攣與驚厥

痙攣或驚厥看起來通常都很嚇人。一定要保持冷靜，還要確保發病的孩子沒有立即的危險。把孩子放在一個不會傷到他自己的地方，比如離傢俱有一定距離的地毯上。讓孩子側躺，好讓口水流出來，同時確保他的舌頭不會阻塞氣管。不要碰他的喉嚨裡面。打電話叫醫生或者撥打急救中心電話。

**窒息和咳嗽。** 當孩子吞下了什麼東西，正在劇烈咳嗽的時候，盡量讓他把異物咳出來。咳嗽是把異物從呼吸道清除出去的最好辦法。如果孩子還能呼吸、說話，或者哭喊，就可以待在孩子身邊，讓別人去找醫生。不要試圖把異物取出來。不要拍孩子後背，不要讓他倒立，不要把手伸進他的嘴裡試圖把異物取出來。這些行為都會把異物推進更深的呼吸道裡，進而使呼吸道完全阻塞。只有在氣管已經完全阻塞的時候才應該採取急救措施。

**無法咳嗽或呼吸。** 如果孩子出現了窒息，無法呼吸和哭喊，也不能說話，這證明異物完全堵住了呼吸道，空氣不能進入氣管。在這種情況下（也只有在這種情況下）才能採取以下急救措施。

● **嬰兒（1 歲以下）氣管阻塞的急救措施：**

1. 如果孩子是清醒的，就把一隻手放在他的背部，支撐他的頭和脖子。用另一隻手捏住他的下巴，用上臂支撐他的腹部。

2. 把孩子翻過來，臉朝下趴著，頭部低於軀體。大人用貼在自己大腿上的手臂支撐孩子的腹部。

3. 用一隻手的掌根在孩子後背中央靠上的地方，也就是肩胛骨的中間，快速捶打 5 次，如圖 3-4。

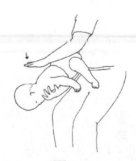

圖 3-4

4. 如果捶打無法讓噎住的東西吐出來，就用手臂支撐孩子的後背，把他翻過來，臉朝上。要記住，孩子的頭應該比腳低。用食指和中指放在孩子的胸骨上，也就是

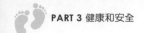
胸口中央，比乳頭的連線稍微低一點的位置。再快速地按壓 5 次，希望能夠透過人為刺激引起咳嗽。

5. 如果孩子還沒開始呼吸，或者不太清醒，應該立刻幫孩子做人工呼吸，同時讓人去尋找救援。先用拇指直伸到舌根，用鉤的動作把那個東西掃出來。如果看不見什麼東西，就不要把手指伸進孩子嘴裡，因為這會使堵塞的情況更加嚴重。

6. 接下來，把孩子重新放好，開始做人工呼吸。把孩子的前額往後壓，同時抬高下巴，打開孩子的嘴巴。

7. 如果孩子還沒有開始呼吸，讓他的頭向後傾斜，抬高他的下巴，用你的嘴唇把孩子的嘴和鼻子完全封住。吹兩次氣，每次大概 1 秒半。壓力要剛好能夠使孩子的胸部鼓起來。

8. 如果空氣沒有進入孩子的肺部，他的胸部沒有鼓起來，說明他的呼吸道仍然是堵著的。重新捶打他的後背，重複 3～7 的步驟。不斷重複這個過程，直到孩子開始咳嗽、呼吸或哭喊為止，或者等到救援趕到。

● 兒童（1 歲以上）氣管阻塞的急救措施：

1. 別忘了首先要檢查氣管是否完全堵住。如果孩子還能咳嗽、說話或者哭喊，就不要輕舉妄動，細心看護就可以了。如果孩子神智清醒，就先用哈姆立克急救法（注①）。跪或站在孩子的身後，用手臂圍住他的腰。姆指和其他手指捏住孩子的舌頭和下頜，往上抬起來，往孩子的喉嚨後部查找異物。如果能看到，就用小指頭沿著孩子一邊臉頰的內側伸進去，掃出異物。如果無法看見異物，就用手握拳，拳頭的拇指對著孩子肚臍上方。這個位置正好在孩子胸骨的下方，如圖 3-5。

圖 3-5

2. 把另一隻手放在這只拳頭上，迅速向上按壓 5 次孩子的腹部。對

年紀比較小或者個子比較小的孩子，動作要輕緩一些。重複哈姆立克急救法，直到卡住的物體被噴出來為止。這會讓孩子開始呼吸或者咳嗽（即使這種辦法解決了窒息的問題，孩子看起來也完全恢復正常，仍然要打電話給醫生）。

3. 如果在施用了哈姆立克急救法之後，孩子還是不能呼吸，就用拇指和其他手指捏住他的舌頭和下頜，提起他的下巴，讓他張開嘴巴。看看喉嚨裡有沒有東西。如果看見了什麼東西，就把小指頭沿著孩子一邊臉頰的內側伸到舌根的地方，用鉤的動作掃出那個物體。如果你看不見什麼東西或鉤不出那個物體，就不要把手指伸進孩子嘴裡，因為這會使堵塞的情況更嚴重。重複哈姆立克急救法，直到異物被清除，或孩子恢復知覺為止。

---

注 ① ： 1 9 7 4 年 哈 姆 立 克 教 授 （Heimlich）發明了這種透過按壓腹部搶救異物卡喉的急救方法。此後 12 年，這種急救法在美國已經救活了一萬多個生命。哈姆立克教授也因此被譽為「世界上挽救最多生命的人」。

4. 如果孩子失去了知覺，要讓孩子面朝上躺下，然後施行哈姆立克急救法。大人要跪在他的腳邊（對於大一些的孩子或者個子比較大的孩子，可以跨坐於傷患下肢處，實行哈姆立克，直到物體被吐出來為止。）

5. 如果孩子仍然沒有知覺，或者你無法取出異物，就要立刻請人去尋求救援。讓孩子臉朝上躺著，頭向後傾斜，再用手指提起他的下巴，打開他的呼吸道。捏住他的鼻子，用嘴完全蓋住他的嘴，吹 2 次氣，每一次吹氣要持續大約 3 秒鐘。吹氣的力度要剛好能使孩子的胸部鼓起來。如果不能讓他的胸部起伏，那就重新打開呼吸道，再吹 2 次氣。

6. 如果空氣不能進入孩子的肺部，重複第 4 和第 5 個步驟。不斷交替進行嘴對嘴的呼吸和哈姆立克急救法，直到孩子恢復呼吸或救援趕到為止。

## 窒息和人工呼吸

大多數孩子的心臟都很健康。如果一個孩子的心臟停止了跳動，通常都是因為這個孩子停止呼吸，因

一般醫療問題　免疫　預防意外傷害　急救和急診　牙齒發育和口腔健康　兒童常見疾病

而切斷了心臟的氧氣來源。兒童突然停止呼吸的原因包括窒息、溺水，以及被食物或其他物體卡住了。嚴重的肺炎、氣喘，或者別的疾病偶爾也可能導致呼吸停止，但這種情況不會突然發生，所以不太可能出現需要父母親單獨面對的情況。

**心肺復甦術。**每個成年人都應該接受急救和心肺復甦術的專門訓練。消防隊、紅十字會，以及許多醫院和診所都能提供這方面的培訓。他們會教父母如何判斷病情嚴重的孩子的狀況、如何獲得幫助、如何進行人工呼吸，以及在心跳停止時如何恢復心跳等。以下的說明不能代替親自參加的培訓，因為說明只能提供一個大致的概念，讓父母知道該做什麼。然而若要正式學習心肺復甦術，就必須接受專門的培訓。

**怎樣進行人工呼吸？**絕對不要幫一個還有呼吸的人做人工呼吸。如果幫成年人進行人工呼吸，用自然的速度就可以。對於孩子，就要用稍微快一點、短促一點的呼氣。要讓每一次呼氣都進入被搶救的人體內。

首先要打開呼吸道。具體做法是：把孩子的頭轉到合適的位置，讓他的前額向後傾斜，抬起他的下巴。每次做人工呼吸時，都要讓被搶救的人保持這個姿勢。

孩子的臉比較小，所以可以對鼻子和嘴一起吹氣（如果是成年人，就捏住他的鼻子，對著嘴吹氣）。

幫傷者吹氣，要用最小的力量（孩子的肺部較小，容納不下你一次呼氣的總量）。鬆開嘴唇，在吸進下一口氣時，讓孩子的胸部收縮。然後，再次為孩子吹氣。

## 家庭急救裝備

發生緊急情況時，人們都會變得焦慮不安，這是人的本能。所以，這不是找繃帶、電話號碼和其他急救用品的時候。更何況，這些東西很可能放在家裡不同的櫃子裡。有必要在家裡準備一套急救裝備，以便在緊急情況下使用。在附近商店裡買的小箱子就夠用了。如果孩子很小，要把這個箱子放在他搆不著的地方。這個裝備箱裡應該包括下面這些物品。

● **緊急救援電話號碼：**

1. 急救中心電話（應該把這個號碼

貼在家裡的電話上）

2. 孩子醫生的電話號碼

3. 鄰居的電話號碼，當你需要成年
人幫助時可以撥打

● **急救用品：**

1. 無菌的小繃帶

2. 無菌的大繃帶或紗布墊

3. 彈力繃帶或類似的彈性包紮用品

4. 遮眼布

5. 膠布

6. 冰袋

7. 孩子可能需要的緊急藥品

8. 電子體溫計

9. 凡士林

10.小剪刀

11.鑷子

12.消毒液

13.消炎藥膏

14.退燒藥（請用非阿斯匹靈的藥
物，比如撲熱息痛或布洛芬）

15.球形注射器

16.一管 1 %的氫化可體松乳膏

# 5 牙齒發育和口腔健康

作為父母，你也可以遵循一樣的建議，確保孩子的牙齒健康，同時保持快樂。科學研究越來越明確地證明，口腔健康與一個人的健康狀況密切相關。我們不再認為蛀牙僅僅是一件讓人心煩的事情。現在，我們把它看成一種疾病：一種會導致嚴重健康後果的慢性感染。比如說，患有齲齒的孩子上學時經常難以集中注意力，還可能睡眠品質不好。長大以後，齲齒還會增加早產的危險以及心臟病的發病率。預防是關鍵，而且預防措施甚至要在寶寶長牙之前就開始。

## 牙齒的發育

**寶寶的牙齒**。寶寶的牙齒是怎麼長出來的？會在什麼時候長出來呢？一般的孩子都會在 6 個月左右長出第一顆牙。但是孩子之間也有很大的差別。有的孩子可能 3 個月時就長出了第一顆牙，也有的孩子要等到第 18 個月。他們可能都十分健康，也完全正常。長牙的年齡取決於每個孩子的生長模式。只有在很少的情況下，長牙遲緩才是由疾病導致的。

一般來說，最先長出來的是下排中間的兩顆門牙。「門牙」指的就是最前面的 8 顆牙（上面 4 顆，下

面 4 顆），它們有鋒利的邊緣，適合切碎食物。再過幾個月，就會長出 4 顆上排門牙，所以 1 週歲的嬰兒通常都有 6 顆牙，上面 4 顆，下面 2 顆。然後，通常要再等幾個月才能長出別的乳牙。過了多久會再長出 6 顆牙：2 顆原來沒長出來的下排門牙和 4 顆第一臼齒。臼齒不是緊靠著門齒生長的，它們的位置在後面一點，為犬齒（尖牙）留出位置。

第一臼齒長出來後，要過好幾個月，犬齒才會從門齒和臼齒之間的空缺處冒出來。犬齒通常在孩子 1 歲半～2 歲時出現。孩子的最後 4 顆乳牙是第二臼齒，正好長在第一臼齒後面，通常都是在孩子 2 歲～2 歲半時長齊。這些都只是平均時間。如果孩子比這些時間早了或晚了，也不必擔心。

**恆齒。**恆齒大約在 6 歲時開始出現。第一恆臼齒會在乳臼齒後面長出來。最早脫落的乳牙通常是下排中間的門齒。恆門齒會從下面往上頂，然後從乳牙的根部冒出來。最後，所有的乳牙都會鬆動、脫落。孩子換牙的順序與長牙的順序基本上一致。當一顆顆乳牙按部就班地脫落時，可能令人很難想像它

們的價值。

長在乳臼齒位置上的恆齒叫做第一大臼齒或前臼齒。第二大臼齒長在第一大臼齒後面。第三大臼齒（或者叫智齒）可能會擠壓下顎，有時為了不讓它們損害旁邊的牙齒或顎骨，甚至要把它們拔掉。恆齒的邊緣經常帶有鋸齒，這些鋸齒會在使用過程中被磨平，也可以找牙醫修整。另外，恆齒的顏色要比乳牙黃一些。

有時恆齒長出來就是歪的，或者位置不正。最後它們都可能在舌頭、嘴唇和臉頰的肌肉運動中得到糾正。如果不能自己糾正過來，或者擠在一塊，歪七扭八，在顎骨上排列得不正常，那就可能需要進行牙齒矯正（戴牙箍），以便改善咬合機能。

## 長牙

**長牙的表現。**長牙對不同的孩子影響不同。有的孩子會咬東西、煩躁、流口水、入睡十分困難，基本上每長一顆牙都會為家人帶來一兩個月的煩惱。還有的孩子在不知不覺中就長出了牙齒。大多數孩子都會在三、四個月時開始流口水，

因為這時他們的唾液腺會變得更加活躍。但不要誤以為流口水就一定表示孩子開始長牙了。

孩子在 3 歲以前會長出 20 顆牙，所以在嬰幼兒時期的多數時間裡似乎一直都在長牙。這也是為什麼人們特別容易把孩子的很多問題都歸罪於長牙。人們曾經認為，長牙會引起感冒、腹瀉和發燒。實際上，有些寶寶在長牙時會出現臉紅、流口水、易怒、揉耳朵和體溫輕微升高（低於 38℃）等現象。咳嗽、充血、嘔吐和腹瀉都不是長牙的症狀。長牙帶來的最主要結果就是牙齒。如果孩子生病了，一定要找醫生諮詢，不要簡單地認為是長牙的反應。

**幫助長牙的孩子。**每一顆牙齒都可能讓孩子覺得不舒服，尤其是在 12～18 個月長出來的 4 顆臼齒。該怎麼辦呢？首先，允許孩子咬東西。但是，讓他啃咬的必須是又鈍又軟的東西。這樣，即使孩子含著它摔倒了，也不至於對嘴巴造成什麼損傷。各種形狀的橡皮固齒器就很好。不要讓孩子玩那些細小、易碎的塑膠玩具，因為它們碎了以後很容易卡住。如果傢俱和其他物品上的塗料有可能含鉛，就要注意別讓孩子把這些塗料啃下來（1980 年以前的油漆裡都可能含鉛）。對寶寶來說紙板書咬起來更安全，因為這些書不含鉛，雖然會被浸濕，但不會碎成小片，孩子也就不會面臨被這些碎片卡住喉嚨的危險。

**冰涼的東西通常會有幫助。**可以試著把一塊冰或者一個蘋果包在一塊方布裡讓他咬，或者試試只給他一塊冰涼潮濕的布。有的父母願意給孩子冷凍的百吉餅。一塊凍香蕉效果也很好。許多孩子有時喜歡使勁地磨自己的牙床。所以，父母要有創造性，只要沒有危險，孩子想咬什麼就讓他咬吧。也不要擔心橡皮固齒器或布片上的細菌。寶寶拿什麼都會往嘴裡放，那些東西沒有一樣是無菌的。當然了，要是固齒器掉在地上，或被狗叼過，還是應該把它清洗乾淨。偶爾也要把布片洗一洗或煮一煮。在讓孩子使用任何治療長牙症狀的藥物之前，都要諮詢醫生。市場上有很多長牙期使用的凝膠，或許能夠緩解孩子的不適，但是有些產品中含有潛在危險的藥物。一劑撲熱息痛可以緩解長牙的不適感，但即使這是一種安全的藥物，一旦用量過大，或者用

藥時間太長，也可能對身體有害。

## 怎樣才能有一副好牙齒

**能夠強健牙齒的營養成分**。其中包括大量的鈣和磷、維生素 D 和維生素 C。牙齒在孩子出生以前就已經在牙床裡形成了。所以孕婦應該確保攝取了充足的營養。富含鈣和磷的食物有蔬菜、麥片、加鈣果汁和牛奶（**但是無奶飲食可能有好處，請參閱第 285 頁**）。維生素 D 的來源包括添加了維生素的牛奶、維生素滴劑和陽光（**請參閱第 279 頁**）。如果採用母乳哺育，為了保險起見，最好服用維生素 D 補充劑（每天 5 微克）。大多數水果（特別是柑橘類水果）、維生素滴劑、番茄、高麗菜和母乳中都含有維生素 C。

時間的把握也很重要。整天零食不離口，容易長蛀牙。口腔需要在兩餐之間進行自我清潔。孩子每天需要三頓正餐和三次點心，大一點的孩子可以有一次點心，也可以不用點心。黏在牙齒上的甜食會為導致蛀牙的細菌提供養分。

**氟化物**。母親在懷孕期間的飲食和孩子的飲食中只要有少量的氟，就能在很大程度上降低以後出現蛀牙的風險。氟是一種自然界中存在的礦物質，如果牙齒的琺瑯質裡含有氟，就能更好地抵禦酸的侵蝕。另外，口腔裡的氟還能抑制細菌的活動，進而減少它們對牙齒的侵害。

在飲用水裡含氟量比較高的地區裡，人們蛀牙的情況就很少。大多數美國城市的水裡都添加了氟，也有同樣的好處。孩子還可以服用藥片和滴劑來補充氟。在牙膏、漱口水和牙醫使用的牙齒清潔劑中加氟對牙齒都有益處，直接在牙齒上使用也可以。把含氟牙膏、漱口水或者牙醫使用的專業用品直接塗抹在牙齒上也有幫助。

**寶寶和氟**。如果選擇了母乳哺育，而且喝的是加氟的水，就不用再幫寶寶額外補氟了。如果喝的水沒有加氟，就要考慮讓孩子服用加氟的嬰兒維生素製劑。嬰兒配方奶粉幾乎不含氟，但如果用加了氟的水來沖調奶粉，寶寶也會得到足夠的氟。否則，就要考慮讓孩子補氟的問題了。

如果飲用水裡沒有氟，醫生可能會為孩子適當地開一些補充劑，讓他每天服用，劑量會根據所在的社

區、孩子的年齡和體重有所變化。攝入太多的氟會使牙齒上出現難看的白色和褐色斑點，所以一定要適量。孩子也可以在牙醫的診室裡定期接受特殊氟溶液的局部治療。含氟牙膏對牙齒的琺瑯質表面也有幫助。但是要小心：大多數小一點的孩子都會吃牙膏，因而導致補氟過量的危險。所以要用少量的牙膏（豌豆大小就可以了），然後把牙膏收起來，防止特別小的孩子把它當成盥洗室的「方便零食」。

## 看牙醫

跟牙醫和牙科診所的醫生建立良好的關係非常值得。帶孩子看牙醫的最佳時間就是在長出第一顆乳牙之後，通常也就是 1 歲左右。父母可以向醫生詢問孩子牙齒的保護方法，了解有關牙齒問題的更多知識。前幾次的就診都是預防性的，讓醫生能夠盡早發現牙齒發育中的問題。這時治療起來比較容易，孩子也不怎麼疼痛，還比較便宜。更重要的是，孩子會對牙科診所有個先入為主的好印象。到了 3 歲時，他就會是牙科診所的常客了。以後的就診基本上也是預防性的，而不

是「先鑽孔再填補」的傳統步驟，這種經歷讓許多成年人的童年記憶留下了陰影。

如果父母出現過嚴重的牙齒問題，盡早治療尤其重要。齲齒和牙齦疾病常常會透過父母傳遞給孩子。早期治療可以幫助孩子走上一條不同的道路。如果孩子的確有牙齒問題，你必須與一位值得信賴的牙醫建立密切聯繫，這一點非常重要。越來越多的牙科醫生都把為每個孩子建立「牙科之家」視為自己的工作，這就像兒科醫生努力建設「醫療之家」一樣。當然，如果牙齒問題在家族中很普遍，那麼孩子就應該加入牙科之家的醫療服務。

## 蛀牙

**細菌和牙垢。** 有的孩子有很多蛀牙，有的孩子卻幾乎沒有。為什麼會這樣？蛀牙的主要原因是口腔裡的細菌產生的酸。細菌和食物殘渣會形成一種叫牙垢的物質，黏在牙齒的表面。牙垢每天在牙齒上停留的時間越長，細菌的數量就越多，產生的酸性物質也就越多。這些酸會侵蝕構成牙釉和牙質的礦物質，最終損害牙齒。

細菌是依靠孩子飲食裡的糖分和澱粉生存的。任何使糖分長時間留在嘴裡的東西都可能對細菌有利，對牙齒有害。這就是為什麼頻繁吃零食會加速齲齒的產生。棒棒糖、黏糊糊的糖果、蜜餞、汽水、餅乾等食品的危害更大，因為它們會緊貼在牙齒上。

唾液裡含有一些能夠幫助牙齒抵禦細菌的物質。因為人在睡眠中唾液分泌比較少，所以晚間最容易形成齲齒。這也是為什麼一定要在睡前刷牙的原因。口香糖等能夠增加唾液分泌的食品可以幫助預防齲齒的形成。某些無糖口香糖裡含有的成分，比如木糖醇和山梨糖醇等，能夠殺滅造成齲洞的細菌，而其他的成分，比如酪蛋白等，則可以讓牙齒更加堅固。

**口香糖。** 經常吃口香糖對牙齒非常不好，這會使糖分長時間存留在口腔裡，進而為有害細菌提供養分。無糖口香糖則完全是另一回事。它的主要甜味劑是木糖醇和山梨糖醇。這些成分對導致蛀牙的細菌來說是有毒的。每天咀嚼無糖口香糖 4 次以上，能夠有效地預防蛀牙。如果孩子喜歡吃口香糖，該怎樣做就很明確了。

**牙齒不好的父母。** 如果父母有很多蛀牙，要特別注意保護孩子免受損害你牙齒的細菌侵襲。如果可以，要找牙醫進行診治。每天都要用抗菌型漱口水漱口兩三次，殺滅那些細菌。還可以咀嚼無糖口香糖，特別是含有木糖醇的口香糖。不要和孩子共用湯匙和杯子，也不要分食孩子的食物。不要在你嘴裡清潔寶寶用的橡皮奶嘴，也不要把寶寶的手指放進你的嘴裡。要幫孩子準備專用的牙刷。

**奶瓶性齲齒。** 最嚴重的蛀牙稱為「奶瓶性齲齒」或「奶瓶性蛀牙」。當配方奶或母乳長時間停留在孩子牙齒上時，奶裡的糖分就會促使蛀牙菌生長，進而損害牙齒。最容易受到危害的就是上排的門牙，因為在哺乳和吮吸的過程中，舌頭會蓋住下排的牙齒。正常情況下，在兩次餵奶之間，寶寶都有充足的時間來分泌唾液，清潔牙齒。但是如果寶寶含著乳頭的時間太長，唾液清潔牙齒的過程可能很難完成。如果寶寶叼著奶瓶入睡，將會導致最嚴重的蛀牙。

上排門牙最容易受到損害，因為在母乳哺餵和用奶瓶喝奶的時候，舌頭都會把下排牙齒覆蓋住。當寶

寶含著奶瓶或防溢杯睡覺，就容易出現最嚴重的牙齒腐蝕。在他們睡覺時，嘴裡的液體會留在牙齒上，與此同時，口腔中的細菌就會大量繁殖。

奶瓶性齲齒可能會在孩子不到 1 歲時就出現。嚴重的時候甚至不得不把壞牙拔掉。所以，父母不應該讓孩子抱著一瓶奶、果汁，或別的甜水上床睡覺。睡覺時唯一能給孩子喝的飲料就是水。即使是經過稀釋的甜飲料也會加重齲齒的問題。

## 刷牙和用牙線剔牙

**有效的刷牙。** 怎樣才能避免蛀牙？關鍵就是要在牙垢對牙齒造成危害之前把它清除，還要每天堅持。首先，為孩子清潔牙齒的技巧就是用軟毛牙刷。在這個問題上存在一種錯誤認知，許多家長以為要用軟紗布或棉布幫孩子擦拭牙齒和牙齦，這樣才不會弄傷孩子嬌嫩的牙齦組織。但這些嬌嫩的牙齦組織卻能啃桌角、啃嬰兒床、啃咖啡桌、咬兄弟姊妹，幾乎沒有它不能啃咬的東西。孩子牙齦的結實程度不比鱷魚皮差。所以要刷，而不是擦。孩子會很喜歡刷牙的。

早飯後和睡覺前要仔細地幫孩子刷牙。每天還要用牙線清潔牙縫，時間通常是在晚上刷牙之前。可能的話，在午飯以後刷一次牙對於清除牙齒上的食物殘渣也很有好處。要在孩子一歲以前開始，這樣他就會把刷牙看成是每天生活中的常規內容（如果孩子還沒長牙，就從擦拭牙齦做起）。如果孩子抵制刷牙，也要堅持。刷牙應該像繫安全帶一樣，沒有選擇的餘地。

從孩子 2 歲左右起，他就可能堅持自己做所有的事情。但是，大多數孩子在 9～10 歲之前都還不夠靈巧，所以不能妥善地把牙齒剔好刷乾淨。父母可以讓孩子從很小的時候起就自己刷牙，但還是必須在最後把關，以便把所有的牙垢都清除乾淨。一般在 6～10 歲，當孩子的技能逐漸熟練的時候，就可以逐步讓他開始獨立刷牙了。

**用牙線剔牙。** 有的父母懷疑是否有必要幫孩子用牙線剔牙。孩子嘴裡接近咽喉的後排牙齒大部分都靠得很緊。甚至前面的牙齒有些也可能緊靠在一起。這樣一來，飯渣和牙垢就會擠在牙齒的縫隙裡。無論用多大的力氣，刷得多麼認真，牙刷的毛都無法深入到牙縫裡，也

就無法把裡面的牙垢清除。牙線可以把這些小碎片攪動起來或者剔出來，然後就能用牙刷刷掉了。

只要發現孩子的牙縫裡塞著食物，就應該讓孩子習慣用牙線輕輕剔牙。孩子的牙醫可以協助示範，告訴父母怎麼幫孩子徹底刷牙和剔牙。這樣做的最大好處是，當孩子到了不用你幫忙就能熟練地刷牙和剔牙時，就已經養成了每天刷牙的習慣。

## 窩溝封閉劑

對於無法找牙醫就診的幼兒來說，有時也可以找兒科醫生用氟化物塗層來保護他的牙齒。這是一個快速、安全又沒有痛苦的治療過程，卻可以改變牙齒的健康狀況。

大一點的孩子常常可以藉由窩溝封閉劑得到好處。很多牙齒的琺瑯質上都有小的溝槽或凹洞的區域。食物和牙菌斑就可能會在這些地方堆積，導致窩溝齲。窩溝封閉劑就是一些液態的樹脂。它們可以流過牙齒表面，將溝槽和小坑填滿。這樣一來，食物就進不去了。封閉劑對乳牙的附著力不像對恆牙那麼好。雖然牙科醫生有時也會幫忙封

填乳牙的臼齒，但大多數封閉劑都是用在恆牙上的。封閉劑可以維持很多年，但是因孩子的飲食習慣和口腔習慣不同，這些封閉劑最終都需要修復或替換。

## 牙齒損傷

所有的牙齒都可能受到損傷，最常見的損傷出現在門牙上。牙齒會出現碎裂、鬆動甚至完全從牙床上掉下來。牙科醫生不僅非常關心這對乳牙造成的創傷，更關心恆牙的損傷，因為恆牙對人的一生都很重要。當孩子的牙齒出現外傷以後，父母就應該立即帶孩子去看牙醫。因為有些損傷不太容易看到。牙科醫生都受過專業訓練，能夠作出全面的診斷，還會給予適當的治療。

**牙齒破裂**。牙齒是由 3 部分組成的：最外面的是防護層，稱為「琺瑯質」，裡面的支援結構稱為「牙質」，牙齒中間的軟組織裡藏有神經，稱為「牙髓」。牙齒的破損（斷裂）會影響其中某個部分或所有的結構。對於小的破損，醫生只要用類似砂紙的儀器打磨一下就可以了。較大的破損可能需要修補，重新塑造牙齒的形狀、功能和

外觀。如果牙齒的破損傷到了牙齒裡中空的部分，露出了牙髓（暴露的部位通常都會流血），就要盡快找牙醫診治，及時修補，防止牙髓的損傷。如果牙髓的一部分已經壞死，也可以用根管療法保住牙齒。這種療法會先去除已經壞死的牙髓組織，再把無菌填充物填進牙根管。然後，就可以用常規的方法補牙了。

**牙齒鬆動。**大多數情況下，鬆動的牙齒都能重新長好，只要休息幾天，牙齒就能自己固定。有時，牙齒鬆動得太嚴重了，牙醫就要在牙齒恢復的同時用薄片把它們固定在一起。有時還需要用抗生素來防止牙髓和牙床組織感染。牙科醫生會建議病人在這段時間內吃軟一點的食物，幫助牙齒痊癒。

**牙齒脫落。**有時，牙齒可能會被徹底撞下來（撕脫）。如果嬰兒的牙齒掉了，牙科醫生通常不建議重新嵌進去。因為當受傷的乳牙被重新植入牙床後，下面的恆牙可能會受到發育性的損傷。但是，如果恆牙脫落了，就要盡快重新植入，最好要在 30 分鐘之內，以便最大限度地保存牙髓的活力。首先，要確認這顆牙的確是恆牙，而且完好

無損。然後輕輕地拿著牙冠（在嘴裡露出來的部分），不要拿著牙根。在水龍頭下輕輕地沖洗。千萬不要揉搓或刮擦牙根，這樣會損傷附著在上面的組織，它們對於重新植入的牙齒來說是十分必要的。最後，再把牙齒插進原來的位置。如果不能重新植入牙齒，就把它放到一杯牛奶裡，或泡進生理鹽水中。然後，帶孩子去找牙科醫生，或者到醫院的急診室去掛牙科急診。對於恆牙脫落的情況，時間是至關重要的。一旦牙齒離開口腔達到 30 分鐘以上，成功植入的可能性就會急劇減少。

## 預防口部損傷

年幼的孩子經常絆倒，他們的高度又正好容易使牙齒撞到咖啡桌的邊緣。所以，在孩子的活動區域要做好防範措施。尤其需要注意的是，要確保孩子咬不到任何電線（與此同時，要把牆上所有電源插孔遮蓋好，防止孩子觸電）。不要讓孩子含著牙刷在家裡到處走，萬一摔倒，就會造成嚴重的損傷。

孩子在進行體育運動時，牙齒受傷的危險會增加。隊員可能會被踢中嘴部、被球砸中、被球拍打中，

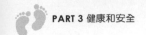

或被對方跑壘的隊員撞倒。無論男
孩還是女孩，幾乎在所有的體育運
動中都會受到類似的傷害，比如足
球、曲棍球和籃球等。所以，在有
組織的運動中，孩子通常都要戴上
一個舒適的護齒，就是那種防止牙
齒撞傷的護套。護齒在體育用品商
店或藥店都有販售，也可以請孩子
的牙醫為孩子訂做一個。有些劇烈
的單人體育運動，比如溜冰、滑
板、武術等，也要戴上護齒。

# 6 兒童常見疾病

每個父母都會遇到孩子感冒和咳嗽的時候，很少有孩子連一次耳部感染都沒得過。過去很多疾病都很常見，比如麻疹、小兒麻痺和一些腦部感染等。現在，因為有了疫苗，這些疾病已經很少見，甚至完全消失了。但是，仍然有些比較棘手的疾病，像氣喘和濕疹等，仍然困擾著一些孩子。所以，了解一些常見或罕見的兒童疾病，可以讓父母在這些疾病出現時更有信心。但是所有資訊都不能取代醫生的診斷。

我將根據最容易染病的身體部位粗略編寫以下內容：可能影響到鼻子、耳朵以至肺部的呼吸道疾病、影響從食道以下直到直腸的消化系統疾病、皮膚疾病等。其他情況都放在急診或疾病預防等章節討論。

 感冒

**普通感冒的症狀。**一般來說，多數寶寶在出生後頭一年患的感冒都不嚴重。開始時，可能會打噴嚏、流鼻涕，冒鼻涕泡泡或鼻子不通，還可能有點咳嗽，可能不會發燒。當孩子冒鼻涕泡泡時，父母可能會想幫他吹開，但這些泡泡似乎並沒有讓孩子感到不舒服。另一方面，如果寶寶的鼻子被很黏的鼻涕堵住了，他就會煩躁不安。總想閉著嘴，還會因為不能呼吸十分生氣。當孩子喝母乳或喝奶瓶裡的奶時，鼻子不通將會造成最大的影響。孩子有時甚至會因此堅決拒絕喝奶。

當孩子6個月以後，感冒的表現就不一樣了。比如，一個2歲的小

女孩上午很好。吃午飯時,她看起來有點累,而且胃口也比平時小。午睡醒來的時候,她顯得有點任性,父母也注意到有點發燒。他們幫孩子量了體溫,38.9℃。當醫生幫她作檢查的時候,體溫已經達到了 40℃。臉頰發紅,眼睛發澀,但看起來還不算病得很嚴重。她可能一點也不想吃晚飯,也可能想要一大份晚餐。她沒有感冒的症狀,除了嗓子有點發紅以外,醫生沒有發現其他明顯的症狀。第二天,她可能還有點發燒,而且開始流鼻涕了,偶爾還會咳嗽兩下。那麼這就只是一次平常的輕微感冒,通常會持續 7～14 天。

**感冒是怎麼回事?**引起感冒的病毒多達一百種,還有一些細菌也會導致感冒。最常見的罪魁禍首就是小 RNA 病毒,還有病如其名的鼻病毒。這些病毒本身並不會造成多大的損害,引起感冒症狀的反而是孩子的免疫系統。

感冒病毒總是透過鼻子或眼睛進入人體,最常見的情況是孩子用自己的手把病菌帶入體內。其次是病菌在噴嚏的推動下飛到鼻子和眼睛裡。一旦到達人體內部,這些病菌就會進入鼻子或咽喉的內壁細胞,開始以病毒特有的方式繁殖。於是,人的身體會作出反應,開始釋放讓血管向有關組織滲漏液體的化學物質,出現腫脹。其他免疫信號會引發流鼻涕和發熱的症狀。白血球迅速聚集到位,準備戰鬥。

但事情並不總是這樣令人興奮。孩子和成人在感染了感冒病毒後,常常並沒有表現出任何值得注意的症狀。但卻仍然能把這些病毒傳染給別人,而下一位受感染者則可能會體驗到所有常見的痛苦症狀。

**感冒嚴重時。**有時候,感冒病毒會引發更加嚴重的感染。因為感冒病毒會降低鼻腔和咽喉對比較棘手細菌(如肺炎鏈球菌等)的抵抗力。這些細菌在冬春兩季經常存活在人的鼻腔和咽喉中,但人體有抵抗力,所以不會造成什麼危害。只有在感冒病毒把人體的抵抗力降低了之後,這些細菌才會得到繁殖和傳播的機會。然後,就會引起中耳炎、鼻竇炎和肺炎。

父母可以看出什麼時候出現這些繼發性感染,因為孩子會病得更嚴重,胃口和精力可能會大幅下降,可能會開始發燒。感冒第一天的發燒不需要特別擔心,但是感冒發作以後出現的發燒症狀則往往是感染

更加嚴重的信號。其他危險信號包括耳朵疼痛、臉部疼痛、咳嗽越來越嚴重，或者呼吸急促。如果孩子出現以上任何一種變化，應該立即跟醫生取得聯繫。

許多醫生都認為，流鼻涕超過 14 天就應該像細菌性鼻竇炎那樣治療，使用抗生素。然而，感冒有時也會持續兩週以上，就像過敏一樣。鼻涕由清變綠也不見得就是患上了鼻竇炎，只不過是免疫系統正在工作的表現。隨著人們對濫用抗生素問題的日益關注，醫生們也變得更加謹慎，只有在真正需要的時候才會採用這些藥物。

**類似感冒的情況。** 多數感冒症狀都會持續 1～2 週，有時也可能持續 3 週。但若是一週接一週持續不斷地流鼻涕，就很可能不是感冒症狀，而是鼻子過敏。流眼淚、眼睛發癢，還有稀薄的鼻涕都是鼻子過敏的典型表現。（**請參閱第 412 頁，了解更多關於過敏的內容。**）

咳嗽特別劇烈的時候，就要考慮百日咳（**百日咳感染，請參閱第 322 頁**）的可能性。不要被表面的現象欺騙：不是所有患了百日咳的人都會發出典型的咳嗽聲，如果患者是年齡比較大的孩子或成年人，

更容易出現這樣的假象。如果患者長時間乾咳或氣喘，同時伴有流鼻涕症狀，那就有可能是氣喘。感冒病毒很容易誘發氣喘。一定要考慮這種疾病的可能性，現在有專門治療氣喘的有效藥物。如果咳嗽和氣喘很嚴重，也可能由其他傳染病引起，比如黴漿菌，這種疾病需要特殊的治療。醫生可能需要聽診孩子的胸部，或者查看 X 光片，才能做出診斷。

患病的最初症狀可能是流鼻涕、咳嗽和發熱，但隨後症狀就會向下蔓延到內臟，出現幾天的嘔吐和腹瀉。這些感染經常是由不同病菌所引起的（常常是腺病毒），而且可能會更嚴重一點，因為此時身體已經有更多部位受到了影響。（**請參閱第 425 頁，了解更多關於嘔吐和腹瀉的內容。**）如果主要症狀是頭痛、肌肉疼痛和全身無力，同時伴有發熱，那麼診斷就可能是流行性感冒（**請參閱第 408 頁**）。

**應對感冒。** 雖然我們還不知道如何消滅人體內的感冒病毒，但幸運的是，我們不必非得知道答案，因為感冒會自行好轉。治療的重點在於，當孩子的免疫系統發揮應有作用的時候，只要盡量緩解他的不

適即可。

**吸鼻器**。對於嬰兒和孩子來說，首要步驟就是疏通鼻腔。可以使用吸鼻器吸出鼻涕。實際做法是，先擠壓吸鼻器的球囊，把尖端插進孩子的鼻孔裡，再放開球囊。要記住，嬰兒的鼻腔內部十分敏感，所以不要太用力。最好買一個附有寬大塑膠頭的吸鼻器，這個塑膠頭會卡在鼻孔處，但不會真的進入鼻腔。這種類型的吸鼻器最為好用，因為鼻孔和吸鼻器的尖端可以緊緊貼合在一起，讓氣囊把鼻子後部的空氣徹底吸進去。有了合適的氣囊，就不用擔心清潔鼻子的時候刺激到孩子了。

**滴鼻液**。對於濃稠的鼻涕，可以在每一個鼻孔裡滴進一兩滴鹽溶液，停留大約 5 分鐘，以便在吸出鼻涕之前把它軟化。雖然嬰兒很不喜歡這個過程，但是完成之後他會感覺好很多。也可以自己調配鹽溶液（在 230 毫升水裡溶解 1/4 茶匙的鹽）或者購買非處方的含鹽滴鼻劑。這些滴劑都很便宜，而且附有使用方便的滴管。

不要使用含有藥物成分的滴鼻液。這類滴劑有收縮鼻腔內血管的作用，也會減少分泌物。但是它們的效果並不持久，而且在使用幾次之後，效果就會越來越差。此後，患者的鼻子常常會依賴這些滴劑，以至於一停用，鼻腔的分泌物就會增加。這種治療方法比疾病本身還要糟糕。另外，這些藥物會對一部分孩子產生嚴重的副作用。

**噴霧器和加濕器**。房間裡濕度大一點可以稀釋鼻子裡的分泌物，讓它們不至於很快變乾。但如何增加濕度卻不那麼重要。冬季，房間裡越暖和，空氣就會越乾燥。感冒的孩子在氣溫 20℃ 時可能比在 23℃ 感覺更舒服一點。任何型號的加濕器都必須至少每週清洗一次水箱。用 4.5 公升的水稀釋一杯含氯的漂白劑後清洗。這樣可以防止水箱裡滋生黴菌和細菌，而這些東西將會隨著水霧被吹進房間裡。

電子蒸汽加濕器是透過電熱元件把水「燒開」來增加空氣濕度。但是水蒸氣的加濕效果不如冷霧。而且，水蒸氣還可能燙著孩子的手或臉，一旦打翻了這種加濕器，還會造成孩子燙傷。如果要買這種蒸汽加濕器，就買容量 1 升以上的，而且當水「燒」乾時，加濕器可以自動切斷電源。

**抗生素。**常見的抗生素（比如阿莫西林(Amoxicillin)）雖然可以殺滅病菌，但是對引起感冒的病毒卻沒有什麼作用。服用抗生素治療感冒可能不會立刻對孩子產生危害，除非有過敏反應或者出現腹瀉的症狀。但是隨著時間的推移，危害將會非常嚴重。過度使用抗生素會造就帶有抗藥性的細菌。也就是說，下一次當孩子真的生病時，就更容易出現常規抗生素無法發揮作用的情況。

**咳嗽和感冒藥。**目前為止並沒有有力的證據證明，非處方的咳嗽和感冒藥真正有效。現在我們了解到，它們反而可能是危險的，對嬰兒和幼兒來說尤其如此。不要讓廣告欺騙了你。這類藥物雖然有各種不同的品牌，但是幾乎沒有一種具有它自稱的療效，也沒有一種對兩歲以下的孩子是安全有效的。

對大一點的孩子來說，短期（兩三天）的解充血藥物治療，比如pseudoephedrine，有時可以緩解堵塞鼻竇裡的壓力。但是，從一盆熱水中吸進蒸汽也通常都能奏效。抗組織胺劑雖然對過敏有效，但是對治療感冒則沒有什麼作用，而且這類藥物會使孩子疲倦，有時還會讓孩子心情煩躁或過於亢奮。含有右美沙芬的鎮咳藥（名字裡經常帶有「DM」字樣）沒有療效。還可能帶來危險的副作用，有時會被想長高的青少年濫用。蜂蜜很可能是一種更好的鎮咳劑（**請參閱下文**）。

**維生素、補品和草藥。**沒有任何證據證明，超出正常需要量的維生素 C 能夠防止感冒。鋅是一種礦物質，在大多數人的飲食中含量都比較低。人們曾經認為鋅能夠防治感冒，但更多的研究表明，這種物質對於身體狀況基本良好的孩子並不管用。但是，體內含鋅量較低的人確實會因為補鋅而受益。紫錐花是一種對治療感冒很有效的藥草。一項主要在歐洲進行的廣泛調查顯示，含有紫錐花的止咳糖漿或者茶葉能夠稍微縮短感冒的週期，但是，沒有任何證據證明它對孩子有幫助。紫錐花有很多種，紫錐花製成的產品也沒有受到嚴格的監管，所以很難確認購買到的產品到底有什麼成分，僅憑它是天然的並不能斷定它就是安全的。

**其他非藥物療法。**雞湯可能真的含有可以緩解感冒症狀的物質。即使不含這類物質，它的溫熱感也讓人感到安慰，湯汁可以為孩子提

供水分，其中的鹽分也有助於電解質的平衡，而且雞湯裡的蛋白質和脂肪很有營養。雞湯真的無害，任何一種溫熱的湯都有好處。按摩後背和前胸也可以減輕痛苦，但是塗抹薄荷膏可能沒什麼作用，反而使情況變得更糟糕。輕輕地按摩額頭和眼睛以下的部位（雙手向下朝著鼻子的方向移動）可能對鼻塞有幫助。儘管沒有有力的證據顯示牛奶會讓鼻涕變稠，但幾天不喝牛奶也沒什麼害處（除非孩子一定要喝）。把蜂蜜和檸檬放到溫水裡製成飲料，加不加茶葉都可以，可能比任何非處方藥都能更有效地治療咳嗽。但是，一歲以下的孩子不應該吃蜂蜜，因為可能會有肉毒桿菌中毒的危險。

**感冒的預防。**一般來說，學齡前的孩子每年都會患上 6～8 次感冒，上幼兒園的孩子感冒次數還會更多。每次感冒，孩子都會獲得引起這次感冒的特定病毒的免疫力，但還是會有幾十種孩子不曾接觸到的感冒病毒無法預防。隨著時間過去，孩子的免疫系統會獲得更多的「閱歷」，感冒的次數會隨之減少，嚴重性也會逐漸減弱。最後的一點安慰在於：幼年時期總是感冒

的孩子，通常在長大以後就不會經常感冒了。

為了預防感冒，父母能做的，最重要的事情就是避免跟已經感冒的人有近距離的身體接觸。這一點說起來容易，但是如果孩子正在上幼兒園或上學，就很難做到了。認真洗手（請參閱第 316 頁）也是有效的預防方法。含酒精的殺菌洗手液可能會比肥皂和水更有效地殺滅感冒病毒。還應該告訴孩子，咳嗽時要對著衣袖（不要用手遮擋），擤鼻涕時要用衛生紙，然後把它扔進垃圾桶。

天氣比較涼的時候待在室內並不能預防感冒，結果恰恰相反。因為孩子們冬天被關在窗戶緊閉的屋子裡，感冒病毒更容易傳染。雖然冷空氣的確會使人流鼻涕，但是只有病菌才會引起感冒。

讓孩子吃好睡好，讓家裡免受香菸的污染，這樣就能提高孩子抵禦感冒的能力。二手菸會影響鼻子和咽喉裡的細胞，而這些細胞能夠將鼻涕包裹著的病菌清除出去。雖說暴露在二手菸中的孩子接觸到的病毒可能不見得更多，但他們卻會因此病得更嚴重，生病的時間也會更長。如果家裡有人吸菸，這絕對是

一個很好的戒菸理由。

盡量讓家裡沒有壓力（比如說，把噪音控制在最低限度）。長期不斷的壓力會提高皮質醇的水準，皮質醇是一種能夠削弱免疫系統功能的激素。大約 7 個孩子裡就會有一個遺傳到一些基因，這些基因會使他特別容易受到壓力帶來的副作用影響（**請參閱第** 545 **頁**）。但無論孩子是否容易受到壓力的負面影響，一個安寧的家庭環境對任何人來說都是更加健康的。

## 耳部感染

**耳朵裡有什麼？**為了理解耳部感染，首先要了解耳朵的構造。肉眼看到的耳廓部分可以把聲波聚集起來，送入耳道。這些聲波在耳道的末端遇到鼓膜，使鼓膜振動。鼓膜之所以會振動，是因為它的兩側有空氣，也就是耳道裡的空氣和中耳裡的空氣。有一些很小的骨頭和鼓膜相連，它們會接收到鼓膜的振動，並透過中耳，傳遞到內耳，那裡有一個令人驚奇的小器官，叫耳蝸。它會把這些振動轉化成神經信號，再把這些信號傳送給大腦。

**耳朵是怎樣受到感染的。**中耳

裡的空氣是理解耳部感染的關鍵。這些空氣透過耳咽管到達中耳，耳咽管連接著中耳和咽喉後部。這些管道可以容許空氣以外的物質進入。所以當來自鼻子和咽喉的細菌透過耳咽管進入的時候，就會使中耳充滿帶菌的膿水。這就是中耳炎，意思就是中耳出現的炎症。

中耳炎通常是由感冒引起的。在人體抵抗感冒病毒的時候，鼻腔和咽喉裡的組織就會腫起來，導致不通氣，同時影響到耳咽管。結果就是，耳咽管阻擋細菌進入中耳的能力減弱，驅趕已經進入中耳的細菌的能力也被削弱。

最早進入中耳的細菌通常就是引起感冒的細菌。這些病毒性的耳部感染就是感冒的一部分症狀，而且就像感冒一樣，很容易被免疫系統擊敗。但有時候，在這些病毒之後會緊跟著出現第二次進攻。那些一直平靜地生存在鼻腔裡的細菌會趁著防禦下降的時機進入中耳，並且引起一次更嚴重的感染。中耳充滿了膿水，會壓迫鼓膜，進而引發疼痛。人體會發動更強烈的免疫反應，這時候就會發燒，孩子就會病得更嚴重。

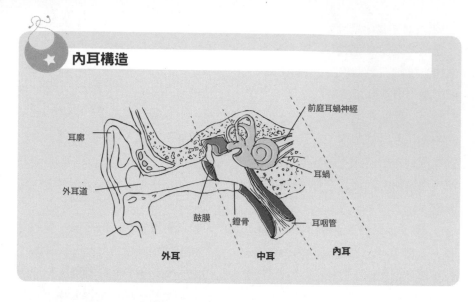

★ **內耳構造**

前庭耳蝸神經

耳廓

耳蝸

外耳道

鼓膜　鐙骨

耳咽管

**外耳**　　　　**中耳**　　　　**內耳**

**父母看到什麼？**一般來說，如果不是感冒發作了好幾天，耳朵不會發炎到引起疼痛的地步。在感冒過程中出現發燒，伴有易怒的症狀，那就很可能是中耳炎。兩歲以上的孩子通常能夠讓父母明白實際情況如何。他的耳朵會疼痛，可能聽不清聲音，因為中耳裡的膿水阻礙了耳鼓的正常振動。嬰兒可能會不停地揉耳朵，也可能只是尖聲哭鬧幾個小時。把他抱起來的時候，他可能會好一些，因為直立的姿勢減少了耳朵裡的壓力。有時他還會嘔吐。

如果中耳內的壓力太大，鼓膜可能會出現破洞，膿水就會流出去。

父母可能會在孩子的枕頭上發現乾掉的膿液和血跡。雖然聽起來很可怕，但是鼓膜的破裂經常會為孩子帶來很大的解脫，還會加快感染康復的速度。可以在孩子的耳朵裡放一個鬆鬆的棉球，吸收膿水。用棉棒在耳道裡清潔膿水是不安全的，很可能會不小心碰到發炎的鼓膜，因而進一步損傷到它。含有藥物的滴耳劑可能也會有所幫助。

**緩解疼痛。**耳部感染有時會很疼痛。把孩子的頭支撐起來可以減輕鼓膜承受的壓力。熱水瓶或者加熱墊可能會有幫助，但是幼兒經常會對這些東西感到不耐煩（不要讓孩子在加熱墊上睡著，這可能會造

成燙傷）。常規劑量的撲熱息痛或布洛芬可以發揮一定的緩解作用。止耳痛劑是一種處方藥，滴到耳朵裡可以減輕疼痛。對於比較劇烈的疼痛，醫生可以跟可待因一起開撲熱息痛，但這種處方很少用得到。抗生素需要 72 小時才能見效。因此，在患病的前 3 天，最好晝夜不間斷地讓孩子服用一些布洛芬等緩解疼痛的藥物。

目前還沒有證據顯示非處方的咳嗽藥和感冒藥對耳部感染有療效，包括解充血劑和抗組織胺劑，任何草藥或順勢療法也一樣。但是木糖醇製成的不含糖口香糖真的可能緩解耳部感染帶來的症狀，因為木糖醇可以殺滅大部分導致耳部感染的細菌。有力地咀嚼有時也有助於打開堵塞的耳咽管，和吹氣球的道理一樣。當然了，溫柔細心的照料和心平氣和的安慰總是有效的。

**抗生素，用還是不用。** 在以前，所有耳部感染都要使用抗生素。但現在我們知道，人體可以自行抵抗大部分的耳部感染。只有在非常少的情況下，耳部感染才會傳染到鄰近的組織，因而密切觀察幾乎總可以讓我們儘早發現這些感染，進而有效地治療。

盡量不使用抗生素的主要原因在於，過度使用抗生素會使細菌產生抗藥性。當具有抗藥性的細菌出現時（這種情況多年來一直在發生）醫生就不得不使用更多外來的昂貴的抗生素，而且這些抗生素還具有潛在的危害性。醫生們比以往更加擔心幾乎無藥可醫的「超級細菌」。當孩子服用各種抗生素的頻率越高，就越容易因為那些無法殺滅的細菌的入侵而生病。解決辦法就是，只有在真正必要的時候才使用抗生素。醫生和家長必須通力合作才能做到這一點。

有時候，醫生僅憑觀察孩子的鼓膜還不能確定是否真有受到感染的膿水。那或許是初期（病毒性）耳部感染，很可能自行好轉。在這種情況下，最好推遲抗生素的使用，先緩解疼痛，48〜72 小時以後再進行觀察。那時很多患病的孩子都會好轉。如果不見好轉，才是開始使用抗生素的時機。對於那些明顯患了耳部感染，出現發熱和其他嚴重症狀的孩子來說，使用抗生素還是有必要的。那些免疫系統有潛在問題或帶有如唇顎裂等解剖學問題的孩子也應該使用抗生素。如果醫生真的開了抗生素，就一定要確保

在整個療程裡一次不差地讓孩子服用。病情剛見好轉就早早停藥是另一種促使病菌產生抗藥性的有害作法。如果孩子剛剛把藥吃下去就吐了出來，就再服用一劑。如果孩子吃了幾次都吐出來了，或者出現了皮膚疹或腹瀉的症狀，又或者過了48 小時還是很難受，而且還在發燒，就要找醫生診治。有時必須採用不同的抗生素。

**耳部感染的預防。** 預防耳部感染需要做很多事情。母乳餵養不僅可以促進孩子免疫系統的發展，還能鍛鍊附著在耳咽管上的肌肉。用奶瓶吃奶的孩子吃奶時應該坐在父母的懷裡，不要平躺著，因為躺著會讓牛奶流進耳咽管，使細菌進入。對幼兒園的孩子來說，如果班上孩子的數量在 10 人以下，那麼感冒和耳部感染的情況都會較少出現。那些待在家裡的孩子感染這些疾病的機會也比較少。二手菸會破壞耳咽管的重要防禦功能。那些遠離香菸煙霧的孩子，耳部感染的發病率要低很多。長期過敏的孩子也容易出現耳部感染，這些問題都值得考慮（**請參閱第 412 頁**）。在極少數情況下，反覆發作的耳部感染是因為某種潛在的免疫系統問題，如果覺得自己的孩子可能有這種情況，就要找醫生諮詢一下。

**慢性耳部感染（有滲出物的中耳炎）。** 在細菌被殺滅以後，通常會有一些液體（滲出物）留在中耳裡。患有耳部感染的孩子聽聲音的效果就像用手指堵住耳朵時那樣。這就是孩子之所以會在耳部感染治癒後還用力抓耳朵的原因之一。所以，不停地抓耳朵並不是服用另一個療程抗生素的理由。這些液體通常會在 3 個月內被吸收掉。與此同時，孩子語言的發展或集中注意力的能力可能會受到影響。雖說這種情況不是經常發生，但是如果孩子有影響語言或注意力的其他問題，反覆發作的耳部感染或者中耳裡長期存在的液體會使已有的情況變得更加嚴重。如果孩子每年耳內感染在 3 次以上，或者覺得孩子在聽覺、注意力或說話方面有些異常，就應該想到這種可能性。

**首先要做的就是聽力測試。** 無論年齡多小的孩子都可以做這項測試。如果孩子的聽力下降，並且在兩三個月內都沒能恢復正常，就要找耳鼻喉專科醫師諮詢。儘管我們沒有特效藥來治療帶有滲出物的中耳炎，但是透過手術排出中耳裡的

液體可能是有效的。這種手術通常都是把細塑膠管或索環穿過鼓膜。這是幼兒最常見的手術之一。但是關於這種手術能否促進語言發展或者能否提高注意力仍有爭論。

**游泳者的耳朵問題（外耳炎）。** 到目前為止，我一直都在討論中耳感染的問題。其實，外耳道的皮膚也可能受到感染，這種情況稱為外耳炎。這些感染開始於皮膚正常防禦機能的損壞，通常都是因為小小的抓痕或耳道裡長期存在的濕氣，又或者出現在中耳的炎症被排出以後。其主要症狀就是疼痛越來越嚴重，孩子會抓自己的耳朵。有時候會出現膿水或臭味，如果臭味非常難聞，父母必須想到有什麼東西塞在耳朵裡（請參閱第398頁）。撲熱息痛或布洛芬可以緩解這種疼痛。憑醫師處方購買的滴耳劑含有抗生素和抗炎成分，是主要的治療方法。

預防外耳炎，就要教育孩子游泳後要用吹風機把耳朵徹底吹乾（注意：要把溫度調低，以免燙傷）。還可以把幾滴水和等量的白醋混合起來擦拭外耳道。這樣可以提高耳道的酸性，抑制大部分細菌滋生。最後，提醒不要把孩子耳朵裡的耳垢清除得太乾淨。耳垢（就像車蠟一樣）具有保護作用。如果把它全部清除出來，也就失去了這一層保護，還容易在清除的過程中擦傷耳道。

## 喉嚨痛和鏈球菌性喉炎

喉嚨痛多數都是由引起感冒的病菌導致。這些感染通常都很輕微，可以自行好轉。鏈球菌引起的喉嚨痛，也就是鏈球菌性喉炎（扁桃腺炎）會比較嚴重。鏈球菌性喉炎通常也能自行好轉，但在極少數情況下，感染會擴散到頸部組織裡，這是一種非常危險的併發症。但是，需要關注的主要問題在於，它會引起風濕熱。這是一種很難治療的慢性病，可能引起關節疼痛、嚴重的心臟病和其他問題。這種病不可等閒視之。好在服用常見的抗生素就可以相當徹底地消除風濕熱的威脅。但必須在這種疾病還能夠治療的階段確診。

**鏈球菌感染還是普通的喉嚨痛？** 鏈球菌性喉炎的典型症狀很容易辨別。生病的孩子通常會發高燒，幾天不退，而且喉嚨也會痛得幾乎無法吞嚥。孩子會很難受。扁

桃腺會變得又紅又腫，一兩天後，上面還會出現白色的斑點或斑塊。頸部的腺體（淋巴結）也會腫起來，摸起來比平常軟。患者會出現頭痛和胃痛，全身乏力。他的呼吸會有一種發黴似的難聞味道。鏈球菌感染通常不會引起流鼻涕和咳嗽，這些通常都是由病毒引起的。如果這兩種症狀都出現，就不太可能是鏈球菌感染。

但情況不總是如此。如果孩子發低燒，有輕微的喉嚨痛，扁桃腺微微發紅，就有可能感染了鏈球菌（但是也很可能只是喉嚨發炎而已）。令人驚奇的是，年幼的孩子可能幾乎不會受到喉嚨痛的干擾。鏈球菌性喉炎在兩歲以前很少見。已經摘除扁桃腺的孩子仍然會感染鏈球菌。因為很難確認喉嚨痛一定不是出於鏈球菌感染，所以在喉嚨痛伴有 38.6℃ 發熱的情況下，明智的做法還是請醫生診斷。

我們不能靠猜測解決問題，要幫扁桃腺塗藥，同時做化驗。一個快速化驗通常在一兩個小時之內就能得到結果。如果不得不做細菌培養，就要花上幾天的時間。治療延遲兩天對預防風濕熱沒什麼影響。抗生素仍然可以妥善地發揮作用。

常見的治療就是服用 10 天兒童抗生素，每天早、中、晚各一次。效果稍好但不那麼令人愉快的治療包括兩次疼痛的打針，臀部兩側各打一針。

如果化驗沒有檢查到鏈球菌，孩子很可能只是感染了某種病毒。讓他休息一下，服用撲熱息痛或布洛芬，同時補充大量水分，有助於病情好轉。對不至於吞下異物而窒息的大孩子（4 歲以上）來說，用溫鹽水漱口和口含潤喉糖也可以妥善地緩解不適。

有時候，如果出現了流鼻涕等感冒症狀，醫生可能就不建議做鏈球菌化驗。有些人的喉嚨本身就帶有鏈球菌。為這樣的人做鏈球菌化驗會得出假陽性結果：雖然有鏈球菌存在，但並不是致病原因。如果不弄清楚就加以治療，不但治不好病，還有產生抗藥性的風險。即使有經驗的醫生也很難準確地辨別鏈球菌感染。

**猩紅熱。**人們經常覺得猩紅熱很可怕，還記得電影《小婦人》裡可憐貝絲的遭遇嗎？那通常只是伴有典型皮膚疹的鏈球菌性喉炎而已。這種皮膚疹經常在孩子生病後

一兩天出現。首先會在溫暖潮濕的部位顯現，比如胸部兩側、腹股溝和後背。從遠處看就像一片潮紅，但是如果靠近觀察，就可以看到它是由細小的紅點組成，長在淡紅色的皮膚上。如果用手撫摸這些皮膚疹，感覺就像細砂紙一樣。它可能會蔓延到全身和臉頰兩側，但是嘴巴周圍的區域則會呈現出白色。孩子的舌頭看起來可能像草莓一樣，紅紅的帶著白色斑點。當猩紅熱伴隨著喉嚨痛一起出現時，治療方法和一般的鏈球菌感染一樣。不同的細菌偶爾也會導致猩紅熱，需要不同的治療方法。孩子的猩紅熱甚至單純的鏈球菌性喉炎好轉以後，孩子可能會有一些脫皮的現象。這種現象不需要特別處理就會消退。

**扁桃腺切除術。**直到現在，對於那些經常喉嚨痛的孩子來說，切除扁桃腺都是頗為常見的做法。這種手術太常見了，甚至就像童年時期的必然經歷一樣。不過後來的研究顯示，只有特別頻繁喉嚨痛的孩子（一年 7 次以上）才會真正受益於這種手術。即使在這些極少數情況下，也要權衡手術帶來的疼痛和風險以及減少兩三次喉嚨痛的好處，哪個更為重要。雖然扁桃腺切除術比以前少了很多，但仍然有它的作用，主要是對患有睡眠呼吸暫停的孩子有效（**請參閱第 411 頁**）。

**其他類型的咽喉疼痛。**不同的病原體（主要是病毒）會引起各種程度不一的咽喉感染。每當感冒開始的時候，許多人都會感到咽喉有些輕微的疼痛。在幫發燒的孩子檢查時，醫生經常會發現生病的唯一症狀是咽喉輕微發紅。孩子可能根本注意不到這種疼痛。有的孩子在冬天早晨醒來時經常會出現咽喉疼痛，卻沒有其他不適感，而且咽喉疼痛也很快就會消失。這種咽喉疼痛是由冬季乾燥的空氣所造成的，並不是疾病的症狀，也沒有什麼關係。感冒時如果流鼻涕，或者鼻子不通也會引起咽喉疼痛，早晨尤其是這樣，因為鼻腔裡的分泌物會在夜間流進咽喉的後部，造成刺激。

**傳染性單核細胞增多症。**如果嚴重的喉嚨痛伴有發燒、乏力感和腺體腫大，那就可能是傳染性單核細胞增多症，通常是 EB 這種病毒（Epstein-Barr virus）所引起的。這種疾病可能只是輕微感染，也可能相當嚴重。通常會持續一兩週，但也可能延長到更久時間。這種疾病

在青少年身上更常見，其病毒是透過唾液傳播的，由此獲得了「親吻病」的別名。傳染性單核細胞增多症沒有具體的治療方法，但是醫生應該透過測試來確診是不是鏈球菌感染，並仔細地檢查，看看肝臟或脾臟有沒有增大，這些情況就需要特殊的關注與重視。

**白喉。**在白喉盛行的年代，這種細菌感染每年會奪去幾千人的生命。而現在，多虧了疫苗的施打，白喉病例已經很少了。但是白喉病菌仍然存在，如果施打疫苗的情況不佳，還是有可能捲土重來。這種感染的特徵是扁桃腺表面會覆蓋上一層淺灰色的膜，很多時候還會出現腫塊，但是發燒並不多見。病人最終則會因為窒息而死亡。

**淋巴腫大。**脖子兩側縱向分布著一些淋巴腺或淋巴結，輕重不一的各種咽喉疾病都會使它們疼痛和腫大。淋巴腫大最常見的原因就是扁桃腺發炎所引起的，不管是鏈球菌還是病毒引起的炎症都會這樣。少數時候，各種腺體本身也會發炎。在這種情況下，它們通常都會腫脹得很明顯，還會發熱或者變軟。所有類似的頸部腫大都應該找醫生診斷。治療的方法就是使用消炎藥。當孩子身上出現了腫脹，父母很可能會擔心是否出現了癌症。其實，兒童頸部的腫大很少與癌症有關，但如果你有任何疑慮，還是要找醫生談一談。

## 哮吼和會厭炎

**哮吼有什麼症狀。**兩歲的孩子會出現類似一般感冒的症狀，流鼻涕，同時低燒 38℃。兩天以後，在晚上 9 點左右，他會開始咳嗽，發出很大的刺耳聲音。在兩陣咳嗽之間的呼吸，會發出一種幾乎像音樂一樣的特別聲音。鎖骨和肋骨之間的皮膚會凹陷下去，顯示出孩子正在費力地呼吸。父母會很擔心，因此驅車將孩子帶到醫院。但等他們到達醫院的時候，孩子通常看起來已經好很多了。

這就是哮吼的典型表現。由於某些原因，男孩罹患這種病的機率比女孩高一倍。這種病容易侵襲嬰兒和學步期兒童，從 6 個月到 3 歲都有可能，一般在深秋或初冬發病。它會由感冒開始，但哮吼會從鼻子往下蔓延，進入喉部，靠近聲帶。氣管在那裡通常都比較狹窄，而病

菌帶來的腫脹會使它變得更加狹
窄。當孩子透過這道阻礙用力呼氣
的時候，增厚的聲帶就會發出犬吠
似的聲音。當他吸氣時，腫大的氣
管壁就會向內凹陷，進一步阻塞了
呼吸道，並且發出一種很大的聲
音，叫做喘鳴。咳嗽和喘鳴總是在
夜裡變得更嚴重。它們會突然出
現，但也可能迅速好轉，這種情況
經常出現在孩子接觸到晚上的冷空
氣以後。

當父母第一次見到哮吼時會覺得
非常嚇人，但它很少會像看起來那
麼嚴重。這種疾病雖然經常會把孩
子帶進急診室，卻很少留下永久的
損傷。有些不太幸運的孩子會在幼
兒時期患上好幾次哮吼。這些孩子
發病的誘因可能是某種過敏反應，
而不是病菌，這是哮吼的變種，叫
做痙攣性哮吼。在過去幾年中，醫
學界已經掌握了有效的治療方法，
這種疾病已經不那麼危險了。

**急症治療。**喘鳴，也就是吸氣
時發出很大的聲音，即使不去看急
診，也要立即打電話給醫生。儘管
哮吼很少發生危險，但也會有其他
一些導致喘鳴的原因可能具有相當
大的威脅性。比如說，孩子咽喉裡

可能卡了異物，或者可能患有會厭
炎，又或是氣管出現了一種罕見卻
嚴重的細菌性感染，叫氣管炎。

不要慌張，但要迅速採取行動。
如果無法立即見到孩子熟悉的醫
生，就找另外一位醫生。如果一個
醫生也找不到，就帶孩子去醫院。
雖然有藥物可以擴張哮吼發病時的
氣管，但這些藥物只能在醫院或急
診室服用。任何一個掙扎著呼吸的
孩子都應該有醫生和護士在身邊監
護，以防萬一。

**家庭治療方法。**如果喘鳴不是
特別嚴重，而且孩子也沒有什麼不
舒服，可以正常喝水，那麼醫生可
能會建議待在家裡。在過去的傳統
裡，我們會極力建議父母打開淋浴
系統，讓浴室裡充滿了熱蒸汽，然
後陪伴患有哮吼的孩子一起坐在裡
面。不過最新的研究顯示，對緩解
哮吼的症狀而言，濕潤的空氣可能
不如冷空氣有效。如果家裡的空氣
十分乾燥，就有必要增加一些濕
度。最重要的一點是盡量讓孩子保
持鎮定。心煩意亂又驚慌失措的孩
子會更加用力和快速地呼吸，因而
使病情惡化。幫助孩子保持鎮定的
最好辦法或許是自己保持冷靜。講
個故事，或者自己編一個故事，都

能讓時間過得更愉快。

如果孩子很快平靜下來，就可以回到嬰兒床上。但是只要哮吼的症狀還沒有完全消退，父母就應該保持清醒，在哮吼好轉的兩三個小時以後，還是要醒過來查看一下，確保孩子呼吸通暢。哮吼的症狀經常在清晨以前逐漸消退，只是第二天夜裡還是會出現，有時還可能拖延到此後的兩三個晚上。

**會厭炎**。這種感染現在很罕見，多虧了 B 型嗜血桿菌疫苗的免疫作用。會厭炎看起來很像伴有高燒的嚴重哮吼。會厭是位於氣管頂部的一個很小的組織。它就像閥門一樣，能夠阻擋食物的進入。如果它受到感染腫起來，就可能完全堵塞氣管。

得了會厭炎的孩子很快就會表現出生病的症狀。他會身體前傾、流口水、拒絕飲食，通常還會一聲不發，因為他怕引起哮吼咳嗽。還可能不願意轉動頭部，因為他要讓脖子保持在一定位置，以便最大限度地允許空氣從腫起的會厭軟骨和氣管之間透過。會厭炎是真正緊急的狀況，必須盡快把孩子送到醫院。

# 支氣管炎、細支氣管炎和肺炎

**支氣管炎**。肺裡最大的管子叫做細支氣管。這些支氣管發炎幾乎都是因為病毒感染所致，這種情況就叫支氣管炎。支氣管炎也就是指通向肺部的支氣管出現了感染，孩子的支氣管炎幾乎都是病毒引起的。患者通常都會頻繁咳嗽。有時孩子好像喘不過氣來。有時候，能隱約聽到孩子短促而尖銳的呼吸聲。父母會認為他們聽到的是黏液在胸腔裡的振動，所以很擔心。實際上，那是喉部的黏液發出的聲音，只是傳到了胸腔而已。

輕微支氣管炎可能會有一點咳嗽，但既不發燒也不影響食慾。這種情況只比傷風感冒嚴重些。治療方法和對重感冒一樣：要注意休息、適當增加流質食物，還要細心照顧。如果咳嗽影響了睡眠，可以吃點止咳藥。醫生不應該幫孩子開消炎藥，因為它並不能殺滅引起支氣管炎的病毒。非處方的鎮咳藥對兒童沒有效果，反而可能存在危險，所以最好完全避開這些藥物。

但是，如果孩子表現出生病的樣子，喘不上氣，或者發燒超過

38.3℃，就要馬上打電話給醫生。支氣管炎可能會被誤認為是別的更嚴重的感染，而那些疾病可能需要使用抗生素治療。

**細支氣管炎**。如果患了細支氣管炎，表示炎症已經從較大的氣管（即細支氣管）向下蔓延到肺部小一點的空氣通道（即小支氣管）了。細支氣管炎的英文名稱是 bronchiolitis，詞尾「-itis」的意思就是「炎症」，是一種包含了腫脹、黏液和白細胞的混合狀況，會使氣管變窄，甚至是部分阻塞。在引發細支氣管炎的幾種不同病毒當中，最常見的就是呼吸道融合細胞病毒（RSV）。呼吸道融合細胞病毒感染很容易透過身體接觸傳染，冬季的幾個月裡便是好發季節。

細支氣管炎通常會侵襲兩個月到兩歲大的孩子。病程會從感冒開始，經常伴有發熱症狀，接著出現咳嗽、氣喘和呼吸困難。孩子吸氣時，鼻孔會張開，與此同時，肋骨周圍和鎖骨上方的皮膚也會被向內吸進去。醫生會尋找這些跡象（鼻孔張開和皮膚內縮）當然還有呼吸頻率，把它們作為嚴重疾病的指標。呼吸急促是一個重要的指標：任何一個長時間以每分鐘 40 次以

上頻率呼吸的孩子都應該接受檢查。每分鐘呼吸超過 60 次（平均一秒鐘一次）就要立即就醫。

對於輕微的病例，最好的治療方法和治療感冒一樣：休息、多喝水（提供飲水，但不要強迫）、服用對乙醯氨基酚或布洛芬來退燒，溫和地吸出鼻涕以清理鼻腔。適當濕潤的空氣會有幫助，但如果濕度太高（像是蒸汽浴或類似熱帶雨林的環境）只會讓孩子感覺濕漉漉的，十分難受。以前曾經得過氣喘的孩子很可能對常用的氣喘藥（主要是舒喘靈）有反應，但是患有細支氣管炎並且第一次出現氣喘的孩子很少會這樣。

嚴重的細支氣管炎需要住院治療。在醫院裡，可以根據需要補充氧氣。病得特別嚴重的嬰兒和兒童有時需要特別的照護。患有某些慢性病（特別是心臟病或肺病）的早產兒和幼兒在冬季都應該施打專門的防疫針，預防嚴重的呼吸道融合細胞病毒感染。

**肺炎**。一旦患上肺炎，就證明感染已經從支氣管或細支氣管蔓延開來，進到了肺部。肺炎與支氣管炎及細支氣管炎不同，經常是細菌而不是病毒引起的。細菌性感染通

常都更加嚴重，但是與病毒性感染不同的是，它們對抗生素有反應，無論是口服還是注射同樣有效。而病毒引起的肺炎通常都能在 2～4 週內自行好轉。X 光片有時可以幫助我們分辨不同類型的肺炎。

肺炎通常會在感冒幾天以後發作，但有時也會毫無徵兆地出現。要注意以下症狀：超過 38.9℃的發燒、呼吸急促（每分鐘呼吸超過 40 次）以及頻繁的咳嗽。患有肺炎的孩子有時會發出低沉的咕嚕聲。孩子很少會把痰吐出來，因此不要因為看不到痰而忽視了症狀。雖然不是每一個患有肺炎的孩子都需要住院治療，但是所有發燒和頻繁咳嗽的孩子都要接受醫療檢查。

## 流行性感冒（流感）

**流感會帶來哪些症狀。**流行性感冒很「狡猾」，因為它的病毒每年都在變化。在一般的年分裡，流感會讓人很難受，但不會帶來真正的危險。突然出現的發燒、頭痛和肌肉疼痛都是流感的指標，經常還伴有流鼻涕、喉嚨疼痛、咳嗽，嘔吐和腹瀉等症狀。流感可能持續一或兩週。有些孩子會病得很嚴重，

需要住院治療。

在特殊的年分裡，情況可能特別糟糕。如果流感病毒菌株特別容易傳染，就可能迅速蔓延，幾乎可以感染到接觸過的每一個人。2009 年惡名昭彰的 H1N1 流感的大規模流行就是這種情況（一種傳染病很可能會擴大影響到一個社區甚至一個國家，所以一次大規模流行的疾病將會是世界性的災難）。

**流感的預防。**人們通常會在接觸流感病毒幾天以後病倒。但在感覺到不適之前，卻已經可以把這種疾病傳播給別人，而且在發燒消退後的幾天裡，仍然具有傳染性。這正是這種疾病傳播得如此迅速的原因之一。

認真仔細地洗手和用衣袖遮著打噴嚏都是預防流感的有效作法，但關鍵還是接種疫苗。每個 6 個月以上的孩子每年都應該接種流感疫苗，無論是透過注射還是透過噴鼻劑都可以。理想地說，每一個人都應該進行疫苗接種，那些跟年齡太小無法接種疫苗的嬰兒一起生活的人，尤其應該接受疫苗接種。每年都會有新的疫苗研製出來，以預防那一年四處傳播的流感菌株。

在 2009 年的流感季節，人們不

得不研製出一種專門針對 H1N1 病毒的疫苗。一年一度的常規疫苗之所以不包括 H1N1，是因為 H1N1 的流行開始於年度疫苗量產之後。疫苗的短缺，以及後來對其安全性的擔憂都致使許多孩子沒能得到完全的保護。

**應對流感。** 醫生可能會在觀察症狀和檢查身體的基礎上確診流感。醫學化驗能夠找出特定的病毒。一般的治療措施都有幫助：休息，靜養，多喝水（提供飲水但不要強迫），撲熱息痛和布洛芬都可以緩解發熱和疼痛。不要給患有流感的兒童或青少年服用阿斯匹靈，它會增加雷氏症候群的風險（**請參閱第 441 頁**）。

抗病毒藥物也有幫助，如果在患病早期服用，效果更好。如果孩子在流感發作的過程中病情加重，就要再次檢查，以確保沒有出現耳部感染、肺炎或其他併發症。

## 氣喘

**什麼情況下才是氣喘？** 如果孩子一年發生好幾次氣喘，那他很可能患了氣喘。氣喘就是肺部氣管狹窄，通常都是由於某種過敏原（比如花粉）、病毒、冷空氣、香菸或其他煙氣，或心情煩亂所引起的反應。空氣透過變窄的氣管時會發出哨音，這就形成了氣喘。氣管沒那麼狹窄時，孩子只在呼氣時出現氣喘。氣管中度狹窄時，孩子會在吸氣和呼氣時都發生氣喘。狹窄程度嚴重時，氣喘反而會停止，因為沒有足量的空氣進出，所以發不出聲音。有時候，生病的孩子並不表現為氣喘，而是咳嗽，這種情況通常出現在夜裡或者運動以後。

一陣氣喘既可能是氣喘的開始，也可能是其他問題。比如說，孩子可能誤食或吸入了一個塑膠玩具，也可能出現了嚴重的過敏反應（**請參閱第 412 頁**）。除非已經知道孩子患有氣喘，並且知道他正在經歷的就是典型的氣喘症狀，否則，只要出現新一輪的氣喘，就要找醫生診治。

**氣喘的致病原因。** 孩子會透過遺傳而獲得容易罹患氣喘的弱點。肺部的刺激因素會誘發這種疾病。某些病毒感染，比如呼吸道融合細胞病毒，可能是原因之一（**請參閱第 407 頁**）。二手菸絕對也是致病因素之一。對蟑螂和塵蟎過敏是常見的病因。這些昆蟲的甲殼和糞便

會破碎成細小的粉塵，飄浮在空氣中，因而被吸入孩子的肺部。其他氣喘的誘因還包括貓狗的皮屑、黴菌和多種食物。

有些幼兒在每次病毒性感冒時都會出現氣喘，但其他時候並沒有異常。這些孩子可能會被認為是患上了反應性氣管疾病。基本上，這就是輕微的氣喘。這種情況常常會自行消失。有時候，它也會發展成典型的氣喘。

**治療方法。**治療要從盡量消除致病因素做起，塵蟎和香菸的煙霧是首要目標。體能鍛鍊對於患有氣喘病且體重超標、身體欠佳的孩子來說十分重要。良好的營養、健康的睡眠，以及比較輕鬆愉快的家庭氣氛都很重要。

**藥物首選就是支氣管擴張劑。**它可以使氣管周圍的小肌肉鬆弛下來，進而打開（擴大）支氣管。我們把這些藥物看成是「救援性藥物」，因為它們能夠作用於已經緊緊擠壓在一起的氣管。如果孩子只是偶爾出現氣喘，那麼救援性藥物可能正是他需要的。舒喘寧是這類藥物中最常用的一種。對於運動員來說，在鍛鍊之前噴一兩下舒喘寧，常常可以預防呼吸障礙。

如果孩子一週出現兩次以上氣喘，可能就需要一種更強力的控制性藥物，而不是一次又一次地依賴救援性藥物。控制性藥物可以減弱肺部對氣喘誘因的反應，進而阻止氣管變狹窄。這些藥物透過阻斷炎症來發揮作用，而炎症則是氣喘反應的主要現象。

許多患有氣喘的孩子長大後都可以擺脫這種疾病的困擾，但也有一些孩子會伴隨著它進入成年時期。這種病很難預測。早期的有效治療可以改善孩子的身體活動，降低急診的必要性，還能減少以後出現慢性肺病的風險。

**氣喘的護理和計畫。**每個孩子（特別是患有氣喘等慢性疾病的孩子）都應該加入「醫療之家」（請參閱第 657 頁）。父母們需要一個穩定的資訊來源和援助管道，以防止氣喘侵害他們的家庭，還能確保孩子所處的其他環境（學校、朋友的住所、社團）也會盡可能地協助孩子遠離氣喘。成功的治療取決於細節：要了解如何用藥，何時加大治療強度，還要知道如何處理病情突然加重的情況。每個孩子都應該有一份應對氣喘的計畫，孩子本人、父母和學校都能看懂，並依照

這份計畫採取行動。

如果治療不當，氣喘就會帶來很大的損害，孩子的活動會受到限制，他會缺課，花好幾個小時看急診，甚至還要接受好多天的住院治療。但是，如果事先做好規劃並且堅持治療，那麼患有氣喘的孩子都可以過上完美、沒有症狀的生活。

## 打鼾

一般來說，打鼾只不過是一種令人討厭的毛病，但有時卻是阻塞性睡眠呼吸暫停綜合症（OSA）的徵兆。阻塞性睡眠呼吸暫停綜合症是個嚴重的問題。當一個人進入深度睡眠的時候，控制喉嚨打開的肌肉就會鬆弛下來，呼吸道因此變窄。扁桃腺肥大或者出現腫脹也可能使問題加重。空氣從狹窄的呼吸道通過時，就會發出打鼾的聲音。當呼吸道完全閉合時，空氣不再流動，鼾聲就會停止。這時，孩子血液中的含氧量就會降低，於是會醒來大口地呼吸。

這樣的循環一個晚上可能會重複很多次，到早晨，孩子會覺得自己好像幾乎沒怎麼睡覺似的，還可能感到頭疼。上學的時候，他將容易感到疲倦或緊張（就像有些孩子過度疲勞時的表現一樣），學習成績很可能會隨之下降。隨著時間增加，血氧量較低還會損害他的心臟。睡眠呼吸暫停的問題經常在家族中遺傳，父母一方或雙方往往也可能因為長期過度疲勞而有打鼾的問題。

有時，患有阻塞性睡眠呼吸暫停綜合症的孩子，睡覺時會把頭枕在好幾個枕頭上或懸在床沿上，想打開呼吸道。然而有時候，唯一的症狀就是打鼾。醫生透過睡眠研究，或稱多層次睡眠檢查（PSG），對阻塞性睡眠呼吸暫停綜合症進行測試。這種測試需要孩子整晚待在醫院裡。如果扁桃腺肥大，可能需要切除。如果孩子肥胖，主要治療措施往往是減肥。有的孩子睡覺時需要戴一個面罩，往鼻子裡吹進壓縮空氣，這是一種叫做正壓呼吸輔助器（CPAP）的裝置。有些人需要一段時間才能適應這個面罩，但它的效果是立竿見影的。

## 鼻腔過敏

**季節性過敏（花粉熱）**。你很可能認識一些患有花粉熱的人。當花粉隨風飄散的時候，這些人就開

始打噴嚏、鼻子發癢和流鼻涕。春季，常見的罪魁是樹木的花粉。秋季則是豚草（花朵很少會導致花粉熱，因為花朵的花粉顆粒太大，吹不到太遠的地方。所以花粉的結構特點正適合被昆蟲和其他生物攜帶到各處）。

花粉熱通常會在孩子三、四歲以後出現，常常是家族遺傳。眼睛長期流淚和發癢也可能是過敏症狀。醫生可以根據症狀和體檢結果，以及各種花粉在一年的哪些時間最為常見等知識診斷花粉熱。

**鼻腔過敏**。許多孩子都對塵蟎或黴菌（最常見的過敏原）、寵物的毛髮和皮屑、鵝毛或許多其他東西過敏。這種一年到頭的過敏會讓孩子一週又一週地遭遇鼻腔堵塞或流鼻涕，習慣性地用嘴呼吸，經常還會使耳朵裡存留液體（**請參閱第397頁**），或者引起反覆發作的鼻竇炎。

這些症狀在冬天可能更嚴重，因為緊閉的門窗會把過敏原關在室內，同時把新鮮空氣擋在室外。鼻腔過敏的表現包括黑眼圈以及眼睛下和鼻樑上出現的皺紋。患有慢性過敏症的孩子在學校裡經常難以集中注意力，原因可能是過於疲憊，

聽不清楚聲音，或者感覺不舒服。

**鼻腔過敏的治療**。要治療花粉熱，有時只要一些簡單方法就足夠了。開車和睡覺的時候把窗戶關好，可以的話用空調，在花粉數量最多的時候待在室內。對於常年的過敏來說，經過血液測試通常可以查明過敏原。但有時候，過敏症專科醫生需要做皮膚試驗才能確定原因。

如果過敏原是枕頭裡的鵝毛，可以換一個枕頭。如果過敏原是家裡養的狗，可能需要換一隻寵物。對塵蟎而言，有的家長會用一種高效空氣過濾的吸塵器，每週吸塵 2～3 次。還有一些家長甚至會取走地毯、拿下窗簾，尤其在孩子的房間更是不遺餘力。你可以把絨毛玩具拿走（那是塵蟎的居所），或者每過一兩週都用熱水清洗一下。也可以把孩子用的床墊和枕頭用附有拉鏈的塑膠罩子套起來，拉鏈上的布基膠帶可以把過敏原封閉在罩子裡。此外，還要把室內的濕度控制在 50%以下，這樣可以減少塵蟎和黴菌的滋生。靜電空氣清淨器也有幫助。

如果躲避過敏原的措施沒能奏效，還有多種藥物可以嘗試。抗組

織胺藥（如苯海拉明）可以阻礙過敏反應過程中的關鍵步驟。這些藥物已經應用多年，它們既便宜又安全，但常常會讓孩子昏昏欲睡，因而可能會影響學習成效。新型的抗組織胺藥（開瑞坦／Loratadine、仙特明／Cetirizine和許多其他藥品）價格高一點，效果也差不多，但有時副作用會少一些。可以先試試傳統的抗組織胺藥。抗組織胺藥有液態形式，也有片劑和噴霧。

其他抗過敏藥會阻斷過敏反應過程中的不同步驟，或者從整體上緩和免疫反應。如孟魯斯特（順爾寧和其他藥品）或丙酸氟替卡鬆（比如噴鼻氟替卡鬆）藥物可能可以發揮作用。為了預防副作用，使用這些藥物需要嚴密的醫療監督。如果使用多種藥物仍沒有反應，那麼免疫療法（打減敏針）可以奏效。在採取這種方法之前，要權衡治療效果和治療成本及帶來的不適之間的利弊得失。

**預防過敏**。開發國家的過敏現象比未開發國家多得多。原因之一可能與腸道寄生蟲有關。過敏是由於排斥寄生蟲的免疫功能過度活躍造成的。現代衛生設施已經消除了寄生蟲寄生的處所，所以人類的免疫系統可能會轉向不那麼嚴重的威脅因素，比如花粉或貓的皮屑，而這些威脅因素在過去基本上是被免疫系統忽視的。雖然這種被稱作衛生假說的理論言之有理，但我們還不知道它是否正確。所以讓孩子接觸一些髒東西及其中的細菌，也許有好處。如果真是這樣，預防過敏就會成為開放孩子到戶外玩耍的另一個有力的理由。

## 濕疹

**尋找跡象**。濕疹就是粗糙又發癢的片狀皮膚疹，常見於非常乾燥的皮膚上。濕疹通常會從嬰兒的臉頰或額頭上開始長。然後從這些部位向後蔓延到耳朵和脖子。在孩子快 1 歲時，濕疹可能會出現在任何部位，比如肩膀上、手臂上、胸口上。1～3 歲時，濕疹生長最典型的部位就是雙肘和膝蓋的褶皺處。

當濕疹還不那麼嚴重或剛剛開始的時候，顏色通常是淺紅色或淺褐紅色。如果情況變得嚴重，就會變成深紅色。頻繁的抓撓和揉搓會在皮膚上留下抓痕，導致皮膚滲出體液。當滲出的體液乾了以後，就會

形成硬痂。抓過的地方經常會被皮膚上的細菌感染，使滲出體液的情況變得更嚴重。當一片濕疹痊癒之後，甚至當皮膚的紅色都已經消退了以後，仍然能夠感覺到皮膚的粗糙和厚度。對於膚色較深的孩子來說，皮膚上長過濕疹的部位或許要比別的地方顏色淺一些。不必過於擔心，時間一長膚色就會一致，但可能需要幾週時間。

**與過敏的關係。** 濕疹跟食物過敏和鼻腔過敏一樣，容易在家族中遺傳。這三種煩人的問題合在一起，被稱為異位性。描述濕疹的另一個詞語就是異位性皮膚炎（也稱為過敏性皮膚炎）。長濕疹的時候，過敏反應可能是由不同的食物或來源引起的，比如與皮膚接觸的羊毛或絲綢。很多時候，濕疹與皮膚對食物的敏感性和來自外界的刺激都有一定的關係。整體來說，冬天對濕疹更加不利，因為它會使本來已經十分乾燥的皮膚變得更加乾燥。也有些孩子會在炎熱的天氣裡長出嚴重的濕疹，因為他們的汗液會刺激皮膚。孩子會因為發癢而抓撓皮膚，抓撓又會進一步刺激皮膚，造成更明顯的搔癢。

在嚴重的情況下，更要想辦法弄清究竟是什麼食物可能引起過敏反應（**請參閱第 284 頁**）。牛奶、大豆、蛋類、小麥、堅果（包括花生）、魚類以及水生貝殼類動物都是最值得懷疑的過敏原。少數嬰兒只要徹底放棄牛奶，濕疹就會好轉。最好能夠在經驗豐富的醫生的指導下尋找食物過敏的原因，自己嘗試經常會讓家長們更加迷惑。

**治療方法。** 關鍵是水分。每天用溫水（不是燙水）洗澡約 5 分鐘，可以讓水分滲入皮膚。不要用太多肥皂，普通肥皂既刺激皮膚又會使皮膚乾燥。如果必須用肥皂的話，就選用含有豐富保濕成分的產品。要遠離帶有除臭功效的肥皂，也不要做泡泡浴。可以在即將洗完澡的時候加一些沐浴油，鎖住水分。用軟毛巾把孩子輕輕拍乾，不要揉搓。然後，還要使用大量的保濕乳液。如果孩子的皮膚特別乾燥，也可以用凡士林油來鎖住水分。白天要塗兩三次保濕乳液，多塗幾次也可以。冬季時，要打開加濕器，讓家裡的空氣舒服、濕潤。

為了減輕對皮膚的刺激，不要讓孩子穿著和使用含有羊毛的衣服和床上用品。如果天氣比較冷，那麼颶風的天氣也會誘發濕疹，因此在

室外活動時，要找一個避風的地方。一定要把嬰兒的指甲剪短。孩子越是不抓皮膚，皮膚就越不易發癢，發生感染的機會也會減少。對於那些已經長了濕疹的嬰兒來說，夜裡戴上一副棉布手套會很有幫助，因為孩子睡著的時候也會抓撓。透過藥物緩解搔癢也能奏效。

除了保濕乳液以外，醫生還經常採用氫化可體松軟膏。氫化可體松是一種類固醇。這些類固醇與一些運動員，以及想讓自己看起來像運動員的青少年（**請參閱第 176 頁**），使用的合成類固醇非常不同，氫化可體松的藥效與這些合成類固醇不一樣。市面上也有類似的乳霜和藥效更強的軟膏（比如去炎鬆）。抗組織胺藥可以緩解搔癢。也可以用保濕霜、含量 1% 的氫化可體松、苯海拉明來治療輕微的濕疹。但是對於比較嚴重的濕疹，最好還是跟孩子的醫生或皮膚科醫生密切配合。如果嚴重濕疹的部位感染了細菌，抗生素可以奏效，抗生素通常都必須口服。

濕疹也許很難治療。一般來說，我們能做的頂多就是控制濕疹的發展。在嬰兒時期早早出現的濕疹，常常會在隨後一兩年間完全消退，至少也會變得輕微許多。在患有濕疹的學齡孩子中，大約有一半都會在十幾歲之前徹底好轉。

## 其他皮膚疹和皮疣

如果孩子長了新的皮膚疹，最好讓醫生檢視一下。皮膚疹很難用語言描述，而且人們很容易被它弄糊塗。介紹這部分內容的目的不是要把你變成專家，只是想介紹一些平時可能見到的皮膚疹情況。對於嬰兒身上皮膚疹的相關內容，包括尿片疹在內，請參閱下文。

**危險的皮膚疹**。皮膚疹很煩人，但是很少會帶來危險。一個患有輕微病毒感染的孩子，臉上、手臂上或者軀幹上常常會長出紅色的疹斑或邊緣不規則的斑塊、小腫塊。這種情況很快就會復原。重要的問題在於，這些皮膚疹會變白。也就是說，如果用手指輕推長有皮膚疹的皮膚，紅色就會褪去。這是好現象。

如果輕推皮膚時紅色還是沒有消褪，那就要小心了。可能是因為血液滲入了皮膚。毛細血管出現破裂或滲漏，因此造成不規則的紅色或紫色斑痕。這種情況不一定那麼可

怕。比如，用力咳嗽有時就可能使臉部的微血管發生破裂。但是，皮下出血也可能是危及生命的感染或嚴重血液問題的最初徵兆。如果見到不會變白的紅色斑塊，即使孩子看起來病得不太嚴重，也要立即跟醫生取得聯繫。

**蕁麻疹**。這是一種會長出凸起的紅色腫塊或疹斑的過敏反應，這些斑塊的中央常常有一塊白色區域。蕁麻疹很癢，有時甚至難以忍受。與大多數其他皮膚疹不同的是，蕁麻疹會到處移動，會在一個地方出現幾個小時，然後逐漸消退，接著再出現在別的部位。蕁麻疹也會變白。

這種過敏反應的誘因可能很明顯：孩子最近吃了新的食物或者服用了新的藥物（蕁麻疹和其他過敏現象一樣，有時會在第二次或第三次接觸過敏原之後才表現出來，因此不要被迷惑）。其他誘因還包括冷、熱、植物、肥皂或洗滌劑、病毒性感染（包括感冒），乃至強烈的情緒。儘管如此，我們往往還是無法說出蕁麻疹是由什麼所引起的。少數孩子會反覆患上蕁麻疹，但大多數孩子只會沒有明顯原因地患上一兩次。一般的治療方法就是口服苯海拉明或其他非處方的抗組織胺藥。效力更強的藥物可以透過醫生處方購買。

在極少數情況下，蕁麻疹會伴有口腔和喉嚨內部的腫脹以及呼吸困難（過敏反應）等症狀。如果出現這種情況就要掛急診。要立刻打電話叫救護車。哪怕只發生過一次過敏反應，也要為孩子隨身準備一個預先裝好腎上腺素的注射器。

**膿皰疹**。這種病剛開始時經常只是一個頂端帶有淡黃色或乳白色水泡的小疙瘩，通常會靠近鼻子，但也可能長在其他部位。水泡會破裂，然後結一個棕色或蜂蜜色的痂或硬殼。臉上有任何一處結痂都應該想到可能是膿皰疹。這種皮膚疹很容易擴散，透過雙手攜帶到身體的其他部位，還會傳染給別的孩子。

膿皰疹是一種由葡萄球菌或鏈球菌（分別簡稱為 staph 和 strep）引起的皮膚感染。抗生素可以有效治療這種皮膚疹。在找到醫生之前，盡量不要讓孩子揉臉或摳臉，也不要讓別人用他的毛巾、被褥。一定要認真洗手。如果得不到治療，膿皰疹可能導致腎臟損傷，所以要認真看待這種情況。

**癤子**。如果皮膚上出現了很痛的紅色凸起，可能就是癤子，這是一種會形成膿泡的皮膚感染。其中越來越常見的原因是一種葡萄球菌，稱之為耐甲氧西林金黃色葡萄球菌（MRSA）。這種感染可能會很嚴重，需要立即治療，通常只要一種口服藥物就能奏效。或者必須在醫院把膿泡裡的膿液釋放出來，然後使用抗生素治療。

**毒葛皮膚炎**。如果皮膚發紅、發亮，上面還有一撮極癢的小水泡，很可能就是毒葛皮膚炎，如果這種情況出現在溫暖的月分，長在身體暴露的部位，就更容易認定了。這種皮膚疹看上去可能像膿泡疹，孩子有時會因為抓撓皮膚而帶入細菌，結果造成膿泡疹和毒葛皮膚炎同時出現的情況。

要幫孩子認真清洗患處，還要幫他的雙手尤其是手指尖清洗消毒。毒葛皮膚炎是對植物汁液產生的過敏反應，哪怕只是很少的一點汁液也可能使過敏反應擴散到身體其他部位。可以用非處方的氫化可體松藥膏或口服苯海拉明來止癢。如果病情很嚴重，就要找醫生諮詢。

**疥瘡**。另一種凹凸不平，發癢的皮膚疹就是疥瘡，這是一種對蟎蟲的過敏反應。蟎蟲是一種能夠鑽入皮膚的微小生物。疥瘡看起來就像一簇簇或一排排頂端結痂的粉刺，周圍還有很多抓痕。疥瘡非常癢，通常出現在經常觸摸到的部位：像是手背上、手腕上、陰部和腹部（但不會出現在後背上）。雖然疥瘡並不危險，但它的傳染性也很強。處方洗液可以殺滅蟎蟲，但是瘙癢的感覺可能會一直持續幾個星期。

**金錢癬**。這種皮膚問題不是蟲子引起的，而是感染到皮膚表層的真菌所引起的（與腳癬有關）。我們會看到橢圓形的斑塊，大小跟 5 美分的硬幣差不多，邊緣凸起，微微發紅。外緣是由小小的凸起或銀白色的鱗屑組成的。這種皮膚疹會隨著時間慢慢變大，中間會變光潔，形成一個環。金錢癬會微微發癢，還有輕微的傳染性。處方藥膏的療效很好。

頭皮上的金錢癬會導致頭皮屑和落髮。有時還會出現一大片軟軟的腫脹，腦袋背面和脖子上的淋巴結也會腫起來。抗真菌的藥膏對長有毛髮的部位不會發揮作用，這些部

位需要連續幾週治療,每天都要口服藥物。

**皮疣**。有的皮疣是扁平的,有的是堆狀或細高的。有一種常見的皮疣,會在皮膚上長出一個又硬又粗糙的堆狀凸起,大小就跟大寫字母「O」差不多。皮疣通常不會疼痛,但如果長在腳底就會疼痛。還有一種皮疣叫傳染性軟疣,是白色或粉色的小包,像大頭針的針頭那麼大,中間有個小洞。這種軟疣可能會大量增加、變大,也可能不會。皮疣是病毒引起的。一般說來,最終都能脫落。治療皮疣的非處方藥可以使脫落過程加快。每天貼上布基膠帶也有同樣的效果。如果這些方法都不管用,皮膚科醫生可以把它們切除掉,或者透過冷凍的方法去除。

## 頭蝨

頭蝨並不是傳染病,而是一種害蟲。蝨子不會進入體內,只是寄居在人類的身上,以血液為食。真正的問題是發癢,可能會非常癢,令人噁心。

蝨子很容易在人與人之間傳播,無論是頭部直接接觸(並排午睡),還是透過梳子、髮飾或帽子,都能傳染。蝨子離開人體以後,大約可以存活 3 天,但蝨子卵可以存活更長時間。衛生條件不好並不是問題所在。

蝨子隱藏得很好,你會看到蝨子卵(也叫蟣子)很小,比芝麻粒還小,珍珠白色,黏在頭髮上,通常會在靠近頭皮的位置。在頭髮與後脖頸接觸的位置,特別是耳朵後面,可能會出現發癢的紅色小包。

可以先試一試非處方的除蝨用品,但是如果除不乾淨,也不要吃驚:蝨子對這些化學物質產生抗藥性是很常見的現象。像馬拉松(malathion)這樣的處方殺蟲劑效果不錯。完全無法奏效的偏方是:在頭上大量塗抹凡士林或蛋黃醬,請不要嘗試。有一個最簡單的辦法,就是把孩子頭上的每一個蝨子都逐一挑出來,並且每隔幾天就檢查一下,看頭上是否出現了新的蝨子。把頭髮淋濕並抹上潤髮乳可以讓頭髮易於梳理,這樣一來,蝨子也不容易逃走。

## 胃痛和腸道感染

大多數胃痛都是短暫的,通常也不嚴重,簡單安慰一下也就過去

了。可能 15 分鐘之後，就會發現孩子又在正常玩耍了。不過對於持續 1 小時以上的胃痛，就最好找醫生診斷一下。如果胃痛得很厲害，就不要等那麼長時間才去看醫生。胃痛和胃部不適的原因很多，少數胃痛比較嚴重，但大多數都沒什麼關係。人們容易倉促地下結論，認為胃痛是因為得了闌尾炎，或是因為孩子吃了什麼東西。實際上，這些都不是胃痛的常見原因。孩子通常都能適應吃一些奇怪的食物或大量的普通食物，不至於因為這樣消化不良。

在跟醫生取得聯繫之前，要幫孩子測量體溫，以便向醫生描述。見到醫生之前，應該把孩子放到床上，不要讓他再吃東西。如果孩子口渴了，就讓他小口地喝一點水。（**對於伴有嘔吐和腹瀉症狀的胃痛，請參閱下文和第 425 頁的內容。**）

**胃痛的常見原因。**剛出生的寶寶經常會出現腸痙攣（**請參閱第 65 頁和第 95 頁**），看起來就像胃痛或者肚子痛。如果寶寶肚子痛，覺得不舒服或嘔吐，最好立即打電話給醫生。

孩子 1 歲以後，最常見的胃痛原因就是一般的感冒、喉嚨痛或流感，發燒的時候也特別容易出現胃痛。胃痛表示炎症不但影響了身體的其他部位，還擾亂了腸道。對於孩子來說，幾乎任何一種炎症都可能引起胃痛或腹痛。當較小的孩子說自己肚子痛時，他真正的意思很可能是覺得噁心。往往一說完肚子痛以後，孩子很快就會嘔吐。

便祕是反覆出現胃痛的最普通原因（**請參閱第 422 頁**）。這種疼痛可能比較緩和，也比較煩人。也可能突然發作，而且非常劇烈（但也可能突然消失）。這種疼痛經常在飯後變得更厲害。在用力擠壓又乾又硬的大便時，消化道產生的收縮常會引起這樣的疼痛。

**胃痛和精神緊張。**所有的情緒問題，不管是害怕、高興、激動，都會影響腸胃，導致疼痛、缺乏食慾，甚至嘔吐和腹瀉、便祕。這種疼痛通常出現在腹部中部。因為沒有受到感染，所以孩子不會發燒。

如果孩子面臨著多吃一點或者要吃不同食物（比如蔬菜）的壓力，他經常會在坐下來吃飯，或者剛吃了幾口時說自己肚子痛。父母可能會認為孩子在編造理由，認為孩子只不過想把肚子痛當成不吃飯的藉

口。但是，孩子的疼痛很可能來自吃飯時的緊張心情，肚子痛其實是真的。面對這種情況的辦法就是，吃飯時父母應該想辦法讓孩子愛吃桌上的食物（**請參閱第 633～646 頁**）。

如果孩子有其他憂慮也會肚子痛，吃飯前後更是如此。我們可以想一想，那些秋季因為即將開學而感到緊張的孩子，或者做錯了事還沒被發現而感到慚愧的孩子，他們很可能會感到肚子痛，因而對早餐也失去了胃口。父母之間的衝突，無論是口頭的還是肢體上的，也經常會讓孩子出現肚子痛的現象。

與壓力有關的胃痛在孩子和青少年裡很普遍，經常在兩週或更長時間內會復發。疼痛會出現在中間部位，也就是肚臍周圍或肚臍眼上面。孩子通常很難描述這種疼痛。治療方法是找出家裡、學校裡、體育運動中以及孩子社會生活中的壓力，想辦法減輕這些壓力，醫生將這種情況稱為復發性腹痛。

**闌尾炎。**我先釐清一些有關闌尾炎的錯誤說法。患者不一定發燒，疼痛也不一定很厲害。開始時疼痛不總是出現在腹部的右下方，病情發展了一段時間以後才會這

樣。患者不見得總會嘔吐。驗血也看不出胃痛是不是闌尾炎引起的。

闌尾是大腸的小分枝，大約是小一點的蚯蚓那麼長（一般位於腹部右下方的中心，向著腹部的中間，但也可能低一些或高一些，有的甚至可能長得跟肋骨差不多高）。闌尾發炎是一個漸變的過程，就像癤子的形成一樣。所以，那種持續了幾分鐘就消失的、突發的劇烈腹痛並不是闌尾炎。最大的危險就是發炎的闌尾會破裂，很像癤子潰裂。破裂的闌尾會把感染傳播到整個腹部。接下來發生的情況就叫腹膜炎。發展迅速的闌尾炎可能在 24 小時內就出現穿孔。之所以要把任何持續了 1 小時的胃痛都向醫生報告，就是這個原因。儘管 10 次有 9 次的診斷結果都是別的問題，也要及時就診。

在最典型的闌尾炎病例中，疼痛都是圍繞著肚臍持續幾個小時。只有到了後來，疼痛才會轉移到腹部的右下方。孩子可能會有一兩次嘔吐，但這並不是必然的症狀。孩子的食慾通常都會下降，但也有例外。孩子的大便可能很正常，也可能有感染的跡象，但很少出現腹瀉。在這種情況出現了幾個小時之

後，孩子的體溫很可能稍有上升。也有些孩子得闌尾炎的時候一點也沒有發燒。不過當孩子屈伸右膝或四處走動時，都可能感到疼痛。

闌尾炎的症狀在不同病例中會有很大的差別，所以你必須要讓醫生診斷。如果醫生在腹部的右側發現了一塊柔軟的地方，就會懷疑是闌尾炎，但有時他們需要透過驗血、X光或超音波診斷來幫助確診。

有時候，即使是最優秀的醫生也不可能絕對肯定孩子得了闌尾炎。但是，如果病情非常值得懷疑，通常都要做手術。這是因為，如果真是闌尾炎，拖延手術是很危險的。闌尾可能破裂，引起腹部感染。

**腸阻塞。**幼兒發生腸阻塞，有一個很常見的原因，叫腸套疊。當一小段小腸像收縮的望遠鏡那樣，被拉到它後面那段小腸裡面去的時候，就是腸套疊。在典型情況下，患病的孩子會突然出現不適、嘔吐，並且因為疼痛而把雙腿蜷縮到腹部。有時候，嘔吐的症狀會比較明顯。有時則是疼痛感比較明顯。腹部絞痛每隔幾分鐘就會出現一陣，在兩陣絞痛之間，孩子可能會感到相當舒適或十分睏倦。幾個小時之後，孩子可能會排出帶有黏液和血的大便，也就是典型的「果醬狀」糞便。這便是小腸受到損傷的跡象，最好能夠在這種情況出現之前讓孩子得到治療。

從4個月的幼兒到6歲的孩子都可能發生腸套疊。解決問題的關鍵在於及早發現，及時就醫。如果發現得比較早，這種情況常常都能夠輕鬆地得到解決。但是，如果腸道受到了損傷，就可能需要透過手術治療了。

**腸道寄生蟲（蟯蟲）。**在世界上許多地區裡，大部分的孩子都有腸道寄生蟲。但衛生條件越好的地方，蟯蟲越不常見，因而只有少數孩子會因為體內的蟯蟲較多而忍受腹痛的困擾。

蟯蟲也叫「線蟲」，是最常見的腸道寄生蟲。它們看起來像是長度大約8公釐的白線，生存在腸道下方，夜晚會從孩子的肛門裡爬出來產卵。所以夜晚能在孩子的肛門處發現這些蟯蟲，或者在糞便中發現它們。蟯蟲會讓肛門周圍發癢，進而影響孩子的睡眠（在過去，腸道寄生蟲被認為是孩子晚上磨牙的主要原因，其實並不是這樣）。

儘管蟯蟲並不危險，但它讓人很痛苦，也很難驅除。藥物雖然能夠

殺死成蟲，但蟲卵卻可以在人體之外存活幾天或幾週。孩子可能在不知不覺中讓手指沾上了蟯蟲的蟲卵，然後又把它們帶到自己嘴裡或父母的嘴裡。蟯蟲會在家中和幼兒園傳播開來，孩子常常會多次受到侵擾。要打破蟯蟲感染的循環，就要認真仔細地洗手（尤其是指甲下面）。清潔衣物、床單、地毯和地板，有時候還要重複多項用藥療程才能治療。

蛔蟲看起來非常像蚯蚓。最初懷疑孩子長了蛔蟲都是因為在糞便裡發現了蛔蟲。如果孩子體內並不是存有大量的蛔蟲，通常不會引起什麼症狀。鉤蟲在美國南部一些地區很常見，可能導致營養不良和貧血症。在寄生蟲大量滋生的土壤裡，只要光著腳走就會感染這種疾病。

在未開發國家出生的孩子，以及在許多家庭雜居的環境裡或收容所裡生活過一段時間的孩子，可能攜帶腸道寄生蟲，但通常都表現不出什麼症狀。要想弄清這些問題，就要把大便檢體送到化驗室，用顯微鏡檢測。腸道寄生蟲用處方藥就很容易清除。

## 便祕

便祕在兒童中很常見，也經常被誤解。如果孩子排出很硬的大便或排便時伴有疼痛，而且大便體積比較大，那就是便祕，即便每天都按時排便也是便祕。如果孩子的大便是軟的，那麼即使他每隔一兩天才排便一次，也不是便祕。便祕是許多疾病的徵兆，比如甲狀腺功能減退或鉛中毒。但是多數便祕的孩子都沒有這些問題。然而，便祕本身經常是其他問題所引起的，這些問題既有身體上的，也有心理上的。

**便祕如何發生。**便祕常常由輕微的感冒開始。任何一種使人感到全身不適的疾病都容易讓人沒有食慾，並且使排便過程減慢。發熱或嘔吐會增加水分的喪失。結腸會從糞便中吸收更多水分，使大便變得更乾燥和堅硬。排出這種硬硬的大便會感到疼痛，所以孩子就會憋著不去排便。糞便在體內停留時間越久，也就變得越來越乾燥。當一大塊大便最終排出來時，那種疼痛會讓孩子吸取教訓，下次該排便時會更努力地憋住。

隨著時間過去，這些堅硬的糞便堆積在一起，會把結腸撐開，減弱

正常情況下向下推動糞便的肌肉的力量。結果就是，透過結腸排便會越發緩慢，大便會變得更乾燥、更堅硬、更讓人難受。這樣一來，一開始的小病小災就會發展成為長期的問題。其他因素也與此有關，包括遺傳、對食物的敏感性、運動量和飲食等。

**生活方式與便祕。** 在飲食結構中，如果肉類和精緻加工穀物占的分量比重較多，將導致提供的膳食纖維太少，而膳食纖維又是促進排便和軟化大便的成分。若能多食用大量全穀類食物和蔬菜、水果，那麼孩子就不那麼容易發生便祕。

對有些孩子來說，牛奶蛋白會抑制結腸的收縮，因而為便祕提供條件。這種情況往往是受到家族遺傳的影響。減少食用乳製品，或者完全不食用往往有助於解決這個問題。如果採取這種辦法，就一定要透過其他途徑確保鈣和維生素 D 的供應（**請參閱第 279 頁**）。

便祕在超重和肥胖的兒童中很常見，這些孩子飲食中的膳食纖維含量往往較低，體育活動也比較少。

**便祕帶來的問題。** 關於便祕讓孩子抵制上廁所的內容，請參閱第 625 頁。便祕常常會導致尿床和日間小便頻繁（**請參閱第 626 頁**）。糞便在直腸裡越積越多，就會壓迫膀胱的下部，阻塞部分尿液的流通。於是，膀胱必須更加用力地推動尿液衝破這種阻礙，導致膀胱喪失在尿液充盈時鬆弛下來的能力，哪怕只是很少的尿液也會使膀胱收縮，孩子就會急著去廁所。

對很多孩子來說，大便滲漏是特別糟糕的問題。長期便祕造成大塊堅硬的糞便積存在結腸裡，就像管道中的石塊一樣。糞便中的液體會透過塊狀大便的縫隙，從肛門滲出去。這種情況稱為大便失禁，必須立即就醫，以免發生嚴重的心理問題。

便祕帶來的最大問題之一在於，會讓家長過於關注孩子的這個部分，而對大部分學齡兒童來說，排便本應是個人的隱私。所以家長要十分敏銳地把握處理問題的方式，既要參與其中，又不能過分干預。如果便祕的問題已經引起家長和孩子之間的權利之爭，或者已經造成家庭關係的緊張，最好還是尋求心理醫生、諮詢顧問或其他專業人士的指導。

**改變生活方式治療便祕。** 這是解決這個問題最合適的切入點。解

一般醫療問題

免疫

預防意外傷害

急救和急診

牙齒發育和口腔健康

兒童常見疾病

決辦法很可能就是用全麥麵包代替白麵包，用新鮮的橘子或蘋果代替餅乾或蛋糕，就是這麼簡單。要記住那些「讓你排便的 P 字頭水果（注①）」：西梅、李子、桃子和梨。杏也屬於這一類。可以試著在鬆餅、蘋果醬或花生醬三明治裡加入未經加工的麥麩（大部分超市有售）或麥麩麥片。如果添加了麥麩或者其他已經烘乾的膳食纖維，就要讓孩子多喝些水。用蘋果醬、麥麩和西梅汁混合而成的果漿又甜又脆，效果很好。

一定要保證孩子每天都有充分的體能活動，這一點很重要。強健腹部的運動（如仰臥起坐）可以讓孩子在排便時更加有力，還能獲得一種控制感。孩子必須每天都有一段固定的時間，安安靜靜地坐在廁所裡排便。最合適的時間常常在餐後 15 分鐘左右，因為吃東西的動作會自然刺激結腸活動。成功排便需要的時間大約是 15～20 分鐘。

**治療便祕的藥物。**如果孩子排便時伴有疼痛，排出的大便又乾又硬就應該立即接受治療，以免因為憋大便而造成更嚴重的便祕，形成惡性循環。對小一點的孩子來說尤其如此。醫生可以推薦多種藥物中的一種，幫助孩子軟化大便。治療通常會持續至少一個月，以便讓孩子樹立信心，讓他們相信再也不會出現硬硬的大便帶來疼痛。如果便祕已經持續了很長一段時間，那除了改變生活方式之外，還需要採取其他方法來扭轉這個過程。

雖然很多藥物都針對便祕，但我還是建議一定要在醫生的指導下使用。有些東西像礦物油一樣被廣泛使用，但還是可能妨礙維生素的吸收，有的孩子甚至可能不小心把這些藥物吸入肺部，因而引發肺炎（出於這種考慮，不建議 3 歲以下的孩子使用這類藥品）。服用瀉藥的孩子有時可能會對它產生依賴性，有經驗的醫生可以預防這種問題發生。

無論選擇哪種藥物，都包含兩個階段的治療：清理腸道和保持效果。清理腸道雖然不那麼舒服，卻至關重要。如果結腸被像石頭一樣堅硬的糞便塞得滿滿的，那麼任何藥物都不會奏效。含有聚乙二醇的口服液（Miralax 或其他牌子）透

---

注①：這些水果的英文名稱都以字母 P 開頭，而「大便」一詞的英文表述也是由字母 P 開頭的。

過沖刷腸道可以發揮作用。有些孩子對磷酸鈉鹽灌腸劑的反應更好，但最終的效果都一樣。

下一個階段就是保持效果。這必須在藥物治療的同時改變生活方式，才能逐漸做到每天排出軟而成形的大便。關鍵在於不要讓糞便再次堆積起來，不要重新開始過去的惡性循環。這種治療需要堅持 6 個月或更長時間，直到結腸的力量恢復到可以自行完成排便的程度為止。孩子和家長都很難在那麼長時間裡堅持治療，有時需要多次嘗試才能徹底解決便祕問題。在藥物無法發揮作用時，可能需要請兒童消化科醫生做進一步的檢查和治療。

## 嘔吐和腹瀉

**傳染病（腸胃炎）。** 多數孩子的腹瀉都是病毒引起的。人們為這些感染取了許多不同的名稱：腸胃感冒、腸道流感、某種「感染」或腸胃炎。患者可能會出現發熱、嘔吐和胃痛（通常比較輕微）等症狀。雖然孩子通常會在幾天之內好轉，但家人或同班同學之後卻常會因為相同的感染而病倒。

對此沒有特別的治療方法。為患者補充水分，少量多次，以免脫水。現成的口服脫水補充液很好用，可以用鹽和糖自己配製補充液。讓孩子想吃什麼就吃什麼。不必限制他喝牛奶或食用乳製品，但是也不要逼他們吃這些東西。

如果孩子看起來病得很重，發高燒或有嚴重的痙攣，腹瀉時大便裡帶血或含有黏液，那問題可能是細菌感染。沙門氏菌是比較常見的致病因素之一，其他致病菌還包括大腸桿菌、志賀氏菌、彎曲桿菌和其他幾種病菌。這些情況，有些必須使用抗生素，所以要帶一份糞便檢體給醫生，以便化驗。

沙門氏菌、大腸桿菌和其他具有潛在危險的細菌，在食品店的肉類甚至是蔬菜中都很常見。為了保護孩子和父母，請記得要遵循衛生習慣，妥善地備菜、烹飪、上菜和儲存食物。

**不伴隨腹瀉的嘔吐。** 伴隨腹瀉的嘔吐常常是因為傳染病或食物中毒。不伴有腹瀉的嘔吐則更需要關注。其原因可能是腸道堵塞（如果吐出的東西是黃色的，更是如此），那可能是誤食了有毒物質或藥物，也可能是身體某個部位出現了嚴重的感染，還可能是大腦受到

了壓迫。總之，這種情況必須立刻就醫。

對於嬰兒來說，長時間嘔吐的原因可能是胃食道逆流，有時會伴有心情煩躁、後背拱起和體重減輕等症狀。在食道和胃之間有一塊肌肉，發揮閥門（瓣膜）的作用。它一打開，食物就會進入胃裡，一關閉，食物就無法倒灌回嘴裡。對年幼的嬰兒來說，控制這道閥門的神經，反應還比較遲緩，而且神經信號也容易交織在一起。因此，這道閥門常常會在錯誤的時候打開，於是胃裡的東西（食物混合著胃酸）就會朝向錯誤的方向流動。隨著時間增加，胃酸可能會刺激食道，引發胃燒心。這種刺激還會進一步削弱瓣膜的作用。

一旦知道出現的問題就是胃食道逆流，解決的辦法就是讓孩子少量多餐，僅此而已。這樣胃部再也不會撐得太滿，胃裡的壓力始終保持在較低水準，食物也就不會到處流動了。還可以把孩子的配方奶調得稠一些，用大約 1 大湯匙奶粉配上 230 毫升配方奶的比例即可。還可以試著讓寶寶俯臥，讓他的頭比胃部高出十幾公分，讓地心引力助一臂之力。（要認真看護好寶寶，如果他睡著了，就幫他翻個身，讓他面朝上。因為嬰兒猝死綜合症較少發生在仰臥著睡覺的寶寶中。）如果措施不見效，藥物或許能夠減少胃酸，有時還能強化瓣膜的肌肉。

**食物中毒。**食物中毒是某種細菌產生的毒素引起的。被污染的食物嚐起來可能有些異常，也可能毫無異樣。尤其要當心用乳脂或生奶油作餡的糕點、含有奶油的沙拉，以及家禽肉做的餡。這些食物在室溫條件下很容易使細菌大量繁殖。另一個誘因就是在家裡封存不當的食物。

食物中毒的症狀包括嘔吐、腹瀉和胃痛。有時候還會發冷和發熱。任何人食用了受到污染的食物，通常都會在大致相同的時間內受到某種程度的影響，這一點與腸道流感不同，後者通常若干天之內才會在家裡擴散開來。如果懷疑孩子食物中毒，一定要立刻找醫生診治。

**脫水。**腹瀉和嘔吐帶來的主要問題在於，孩子可能會喪失過多體液。嬰兒和幼兒的風險更大，因為他們沒有太多的體液儲備，而且他們的皮膚會更快失去水分。某些傳染病因為會導致脫水而惡名昭彰。其中最有名的就是霍亂，這種疾病

在已開發國家十分少見，但在衛生條件匱乏的時候就比較常見（也令人十分恐懼），如發生自然災害和人為災難的時候就是如此。脫水對幼兒來說可能十分危險。

脫水的最初表現就是孩子的尿量比平時少。但是，如果孩子用尿片，而尿布上又滿是稀稀的大便，那麼尿量的多少就很難判斷。不過隨著脫水變得越來越嚴重，孩子會顯得無精打采或者昏昏欲睡。他的眼睛看起來很乾澀，哭鬧的時候可能也沒有眼淚。嘴唇和口腔看起來又乾又渴。嬰兒頭頂上那個軟軟的部位會凹陷下去。如果孩子有任何脫水的跡象，要盡快帶他去找醫生，或去醫院（了解更多關於嘔吐和腹瀉時飲食的內容，請參閱第368頁）。

**慢性腹瀉。** 這種情況往往出現在幼兒身上，這些孩子生命力旺盛，不會抱怨自己不舒服。這種病可能會伴隨著一陣腸胃感冒而突然出現。發病當天，孩子可能在早晨排出正常的大便，隨後會排出3～5次或稀或軟、味道很重的大便，其中還可能帶有黏液或尚未消化的食物。孩子的食慾可能仍然很好，也能玩能鬧。體重會照常增長，大

便檢測也查不出什麼反常的情況。

這種症狀通常會逐漸自行好轉。讓孩子少喝果汁往往能在很大程度上緩解腹瀉。最可疑的誘因就是蘋果汁。所以這種症狀有時會被稱作蘋果汁腹瀉或學步期腹瀉。整體來說，孩子喝的果汁應該控制在每天230～280毫升。

**什麼時候應該擔心。** 有幾種不太常見卻更加嚴重的疾病也會導致慢性腹瀉。體重增長緩慢就是一個尤其應當關注的現象。如果腹瀉持續一週以上，或大便帶血，又或者大便的顏色異常深或特別白，那最好針對這些現象做一些醫學檢查。

## 頭痛

頭痛在兒童和青少年中都很常見。頭痛可能是很多疾病的前兆，從普通的感冒到比較嚴重的感染都會出現這種症狀。但是，目前頭痛最常見的原因是緊張。設想一下，有個孩子將參加學校的演出，幾天來一直在背臺詞。或者，他一直在放學後參加學校體育隊的訓練。這種長時間的疲勞、緊張和期待經常會綜合在一起，使流向頭部和頸部肌肉的血液發生變化，引起頭痛。

當孩子說自己頭痛時，要馬上打電話給醫生，因為在這個年齡階段，頭痛很可能是生病的早期症狀。如果大一點的孩子出現頭痛，可以給他適當劑量的撲熱息痛或布洛芬，讓他休息一段時間。在藥物開始生效之前，孩子可以先躺一躺，做一些安靜的遊戲，進行其他休息活動。有時候，還可以用冰袋降溫。如果孩子服藥 4 小時後頭痛還在繼續，或者出現了其他症狀（比如發燒），那就應該打電話給醫生。

經常頭痛的孩子應該進行徹底的體檢，包括視力檢查、牙齒檢查、神經學鑑定，以及詳細的飲食評估。此外，還應該考慮一下，在孩子的家庭生活、學校生活或社會活動中，是否有什麼事情會使孩子過度緊張。

兒童的確會患偏頭痛，儘管他們可能較少表現出明顯的偏頭痛症狀，比如眼冒金星或其他視覺變化、手足無力等。孩子長時間的嚴重頭痛可能是偏頭痛的症狀。當這種問題在家族其他成員中出現得較普遍時，就更值得懷疑。

如果頭部受到撞擊或摔倒之後出現了頭痛，應該立即與醫生取得聯繫。起床時或早晨出現的頭痛和夜裡把孩子驚醒的頭痛經常是嚴重疾病的前兆。對於早晨出現的週期性頭痛，要跟孩子的醫生討論清楚。任何伴有眩暈、視覺模糊或重影、噁心、嘔吐的頭痛也要及時向醫生報告。

## 痙攣

痙攣（抽搐）。有時候可以明顯看出孩子出現痙攣。孩子會失去意識並跌倒在地，眼睛上翻，身體僵硬，然後劇烈地抖動。他可能會口吐白沫，發出低沉的咕嚕聲，還可能小便失禁，或咬著自己的舌頭。幾分鐘後，他的身體會鬆弛下來，但是仍然昏昏欲睡，在恢復正常之前，有幾分鐘甚至幾小時神志不清。這種極具戲劇性的痙攣是全面的，因為涉及到大腦的大部分區域。它還被稱為「泛發性強直痙攣發作」，因為患者的身體一開始會變得僵硬，繼而出現抖動。「癲癇發作」的舊稱也仍被廣泛使用。

其他的痙攣類型則不那麼明顯。嬰兒眼睛可能會突然盯著一邊，或做出咂嘴、騎自行車的動作。這種痙攣常常伴隨著大腦損傷而出現。5～8 歲的孩子可能會從睡夢中醒

來，一半臉頰或一側身體出現痙攣，幾分鐘以後恢復正常。這種痙攣通常都會在孩子升入國中二年級之前好轉，且不會復發。

還有一種常見的痙攣類型：兩歲以上的孩子，常常是女孩，會突然目光空洞地凝視前方，叫她的名字或拍她也沒有反應。5～10 分鐘後，她會重新回過神來，繼續她正在做的事情，完全不知道剛剛發生的「插曲」。這種痙攣在一天當中可能會反覆出現，因而干擾孩子的學習。或許是因為孩子看起來好像走開了一會兒似的，所以這種現象被稱為「失神性發作」（absence seizures）。這些類型的痙攣用藥物可以很好地治療。其他孩子可能會反覆表現出一系列複雜的舉動（走來走去或雙手做出特別的動作）卻意識不到自己的行為。這也可能是一種痙攣。

總之，孩子的行為或意識發生任何突然的改變，都可能是痙攣。如果懷疑孩子有此類問題，就要接受醫學檢查。

**什麼情況下才是癲癇？** 癲癇描述的是在沒有發熱或其他明顯原因情況下反覆發作的痙攣。神經科醫生會根據痙攣的類型、患者的年齡、身體檢查和神經學檢查的結果和各種檢測，來診斷某種特定的癲癇綜合症。這些診斷將會指導治療，還可以提供一些資訊，預測以此發展下去可能出現的情況。

癲癇對孩子和家長來說都是很痛苦的，甚至比許多其他慢性病還痛苦。無知和恐懼是主要的障礙。透過教育，孩子和家長都能獲得控制能力和心理安慰。癲癇患者也能夠過著正常而豐富的生活。

**痙攣的原因。** 神經細胞不斷發出微小的電流震動。當成千上萬或幾百萬神經細胞幾乎同時發出電流震動時，一股強大的電波就可能透過大腦，因而造成行為或意識的改變，這就形成了痙攣。痙攣發作時出現的反應取決於大腦哪個區域受到異常放電的影響。有時候，我們可以發現腦電活動的潛在原因。比如，腦部的某個區域形成了瘢痕，或是帶有特殊的基因。但我們常常無法確定痙攣的原因究竟是什麼。

**伴有發熱的痙攣。** 到目前為止，痙攣在幼兒身上最常見的誘因就是發熱。3 個月到 5 歲的孩子中，每 25 人就有一人在發燒時會出現短暫的泛發性強直痙攣發作。這些孩子大部分都完全正常並非常

健康（除了引起發燒的感染外）。這種痙攣似乎沒有什麼長期影響，而且這樣的情況大多也不會再出現。大約 1/3 的孩子會出現第二次伴有發熱的痙攣，但還是那句話，從長期來看，這些孩子大部分都完全健康。不過在發燒時首次出現痙攣的孩子中，還是差不多有 1/20 的孩子，在未來會患上癲癇。

熱痙攣常常出現在生病初期，比如感冒、喉嚨痛或流感。體溫突然升高似乎會引發大腦的異常活動，有些孩子會出現意識混亂甚至幻覺。有過這類痙攣病史的孩子有時可能剛生病就要服用抗痙攣的藥物，但是由於這種痙攣常常是突如其來的，所以家長很難預防。

如果你的孩子真的在發燒時出現痙攣，可以按照下面的指導去做。那麼孩子好轉的機會就會很大。當然，父母可能會被嚇得有點不知所措，因為孩子一旦出現痙攣，父母的正常反應就是會想到最壞的情況。不過孩子幾乎總會在把父母嚇壞之前恢復正常。

**如何應對泛發性強直痙攣發作（癲癇發作）。** 要立即打電話給醫生。如果不能立即見到醫生，也不要緊張。痙攣通常都會結束，孩子也會在父母跟醫生交談時進入夢鄉。孩子痙攣時，父母能做的只有防止他傷到自己，此外幾乎沒有什麼可做的事情。要把他放到地板上，或放在他不會摔落的地方。讓他側臥，以便唾液從嘴角流出來，也防止他的舌頭堵住氣管。要注意別讓他四處揮舞的四肢打在尖利的東西上。不要在他嘴裡放任何東西。如果一陣痙攣持續 5 分鐘以上，請立刻撥打急救電話。

## 眼睛問題

**看眼科的原因。** 在下列情況下，要帶孩子去看眼科醫生：在任何年齡出現內斜視（鬥雞眼）或外斜視，看黑板有困難，抱怨眼睛痛、刺痛或疲勞，眼睛發炎，頭痛，看書時把書本拿得離眼睛過近，仔細看什麼東西時把頭偏向一邊，檢查視力時，發現孩子的視力很弱。視力表檢測應該由孩子的醫生來做，從孩子 3～4 歲時起，每年都應該檢查。但是，即使孩子在學校測的視力很好，也不能確保他的眼睛沒有問題。如果孩子有眼部疲勞的症狀，也應該進一步檢查。

**近視。** 近視是指距離近的物體

看得清楚，距離遠的物體比較模糊。這是影響學習最常見的眼睛問題。近視大部分出現在孩子 6～10 歲的時候。很可能來勢洶洶，所以，不要因為孩子的視力在幾個月前還很好，就忽視了某些症狀的存在，例如孩子看書時書本離眼睛更近了，在學校看黑板時出現困難等等。

**眼睛發炎（結膜炎）**。這是由多種不同的病毒、細菌或過敏原引起的。大部分比較輕微的病例都是由引起傷風感冒的普通病毒引起的。患者的眼睛會有點發紅，眼部分泌物減少，但是沒有混濁。不出現感冒症狀的炎症很可能是嚴重的感染信號。要跟醫生取得聯繫。如果白眼球發紅，有疼痛感，或眼部分泌物發黃變稠，就更要及時找醫生診治。細菌性結膜炎可以用醫生開的抗生素藥膏或滴液治療。結膜炎很容易傳染，只要每次接觸了感染的眼睛或分泌物後都能認真仔細地洗手，就可以顯著減少炎症的傳播。

如果結膜炎在用藥幾天後沒有好轉，也可能是因為患者眼睛裡有一些灰塵或其他異物，這些東西只有透過眼底鏡才能檢視得到。

**瞼腺炎（俗稱麥粒腫或針眼）**。瞼腺炎就是睫毛根部出現的炎症，是生活在皮膚上的普通細菌所引起的。瞼腺炎通常都有一個膿頭，隨後會破裂。醫生可能會開一種眼藥膏，加速傷處的癒合，同時防止炎症的擴散。熱敷會使被感染的瞼腺感覺舒服一些，也會促進傷處的恢復（眼瞼對溫度非常敏感，所以只能用溫水，不要用熱水）。一側的瞼腺炎經常會感染另一側，其原因很可能是細菌在膿包破裂時傳染到了其他的睫毛根（像結膜炎患者　樣，患有麥粒腫的成年人在照看嬰幼兒之前，應該把手洗淨消毒，以防接觸傳染）。

**無損於孩子眼睛的行為**。看電視時距離電視螢幕太近，以及大量的閱讀很可能對眼睛沒什麼影響。但是，經常在昏暗的光線下看書可能會使近視加重。

## 關節和骨骼

**生長痛**。有時候孩子經常會抱怨手臂痛和腿痛，而父母又找不出什麼原因。2～5 歲的孩子一覺醒來可能會大聲號哭，說他的大腿、膝蓋或小腿疼痛。這種現象可能只

一般醫療問題

免疫

預防意外傷害

急救和急診

牙齒發育和口腔健康

兒童常見疾病

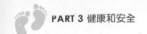

在傍晚出現，也可能一連幾週每個晚上都出現。有人認為，這種疼痛是由肌肉抽筋引起的，或是因為骨骼的生長迅速所引起的。

整體來說，如果疼痛從一個地方轉移到另一個地方，並且沒有出現腫脹、發紅、某些部位一碰就痛、走路不穩等症狀，孩子也一切正常，這種情況就不太可能是嚴重的疾病。如果疼痛總是出現在同一個部位，或還有其他症狀，就應該引起注意。

**髖部、膝蓋、腳踝和足部。**髖關節很容易受傷，所以所有的髖部疼痛都要進行醫學檢查。髖關節的疼痛並不反映在我們通常認為的臀部，而是反映在腹股溝或大腿內側一帶。如果孩子走路跛腳，不管是否伴有髖部疼痛都要引起注意，除非有明顯的原因，比如足部受傷。體重超重的孩子不僅膝蓋、腳踝和足部容易出現問題，髖部也容易受到損傷。

因為韌帶就在膝蓋骨下面，與小腿骨的上端相連，那裡的疼痛常常是韌帶拉緊造成的，正在生長發育的青少年尤其如此。在做完包含跳躍動作的體育活動之後，疼痛通常會加重。這其實也是一種勞損，與網球肘相似，病情的恢復需要休息，還要透過藥物減輕炎症（比如布洛芬）。膝蓋骨旁邊或下面的疼痛也很常見，除了鍛鍊那些把膝蓋骨穩定在原有位置上的肌肉之外，休息和藥物治療也有作用。

腳踝扭傷是時有發生的情況。冰敷、把腿抬高和休息都有助於恢復。理療師提出的鍛鍊方法可以加快康復的速度。如果沒有疼痛，平足就不是問題，如果有疼痛的感覺，就要檢查一下，因為有些情況需要手術治療。（**關於雙腳內八字或外八字的內容請參閱第 105 頁。**）

**脊椎。**脊椎側彎是一種通常出現在 10～15 歲孩子的脊柱問題，多見於女孩。這種情況容易在家族中遺傳，原因尚不明確。只要脊柱異常彎曲就應該找醫生檢查，但大多數情況都是輕微的，只要密切觀察就好。如果孩子背部下方疼痛，那就應該進行檢查，以便排除罕見卻嚴重的原因。在青春期的生長高峰結束之前，兒童應該避免提舉重物。青春期過後，他們的脊柱就發育成熟，不容易受傷了。

**什麼時候需要擔心。**如果關節疼痛還伴有發燒，可能表示關節處

存在炎症，需要立即掛急診。走路跛腳如果不是因為近期損傷造成的，也必須立即就醫，因為有時那可能是嚴重疾病的徵兆。如果一個或多個關節長期疼痛或腫脹，可能就是關節炎。關節炎有幾種不同的類型，有些類型要比其他類型嚴重。所有類型的關節炎都需要醫療方面的關注。（關於骨折和脫臼的問題，在第 370 頁有許多討論可提供參考。）

## 心臟問題

**心臟雜音**。心臟雜音只是血液流過心臟時發出的聲音。大部分雜音都是無害的，或者是功能性的，也就是說心臟其實十分正常。家長有必要了解孩子是否帶有無害的雜音，因為此後如果有位初次見面的醫生發現孩子有心臟雜音，就不必擔心了。然而新近出現的雜音則需要檢查。最常見的原因是攝入鐵質偏低而引起貧血。

如果雜音是心臟異常造成的，最可能的原因就是兩個心室之間存在缺口。這些缺口通常都比較小，醫生會等它們自行閉合。大一點的缺口有時需要一個治療過程，通常不須動手術。在此期間，大部分存在

這種問題的孩子都要在清潔牙齒之前服用抗生素，但其他方面則沒有什麼問題。一般情況下，醫生可以透過簡單的聽診就分辨出某種雜音是否無害。如果有必要，超音波檢查可以顯示任何異常情況的性質。

**胸部疼痛**。胸部疼痛在兒童中很常見，但心臟病卻十分罕見。大部分胸部疼痛都是胃酸倒流造成的（請參閱第 426 頁，胃食道逆流）。青少年連接肋骨和胸骨的軟骨組織容易發炎。在這些情況下，用力按壓胸部就會引起疼痛。布洛分和家人的安慰通常都能奏效。心情煩亂或心理焦慮都可能引起胸部疼痛。在極少數時候，胸部疼痛的原因可能是肺病或心臟病，因此如果不確定，一定要詢問醫生。

**昏厥**。如果孩子在躺著的時候突然站起來，或突然出現疼痛、緊張的情況，那他可能是感到頭暈。如果他失去了知覺，最好讓醫生檢查一下。大多數昏厥都很常見，也不嚴重，但在少數情況下，昏厥是因為心律異常。通常只要做一次心電圖檢查就能讓人放心，或顯示需要進一步的檢查。當然，如果家族有昏厥或猝死的病史，也應該告訴醫生。

## 生殖器和泌尿系統失調

**排尿頻繁。**如果孩子突然開始頻繁排尿，有可能是膀胱感染、糖尿病或其他疾病。醫生需要見到孩子並為他化驗小便。有時問題在於便祕（**請參閱第 422 頁**）。

少數人的膀胱容量可能達不到平均水準，即使是情緒很穩定的人也會這樣，這些人可能生來就如此。但是有些不得不頻繁小便的孩子（也有成年人）的確是高度緊張或比較焦慮的。在有些情況下，這是一種長期的問題。另一些情況下，頻繁排尿則經常是因為一時的緊張。即使是健康的運動員，比賽之前也可能不得不每隔 15 分鐘就去一趟廁所。

如果確實有什麼問題讓孩子精神緊張，父母的任務就是找出這些原因。有時是家庭生活的問題，有時是跟其他孩子相處的問題，還有時候則是學校裡的問題。最常見的是這些情況綜合形成的問題。

有一種普通的情況就是孩子比較膽怯，而老師看起來很嚴厲。一開始，孩子的擔心會使膀胱無法充分放鬆，也就不能儲存太多尿液。然後，他會擔心自己上廁所的請求被老師拒絕。如果老師再小題大做地批評兩句，情況就會更糟。在這種情況下，最好從醫生那兒開一張證明，這樣不僅能讓老師準許孩子上課時去上廁所，還能解釋孩子的先天特點，以及為什麼他的膀胱會那樣。如果能夠找到跟老師溝通的機會，父母又比較懂得溝通的技巧，那麼親自去拜訪老師也會有幫助。

**排尿疼痛。**如果女孩尿道周圍的部位受到刺激，就可能導致排尿疼痛。常見的原因包括在擦拭少量大便時沾到尿道，或者泡泡浴裡的化學物質刺激了尿道。可以把半杯碳酸氫鈉用溫水調配成小蘇打水，淺淺地倒在浴缸裡，讓孩子每天到裡面坐幾次。然後，輕輕地把小便部位的水吸乾。不要讓孩子洗泡泡浴，洗衣服時不要使用包括軟化劑在內的衣物柔軟精，也不要用帶香味的衛生紙，要讓孩子穿純棉內褲，不要穿尼龍內褲。如果這些做法都沒能解決問題，要向醫生諮詢一下，那可能是膀胱感染。

**排尿稀少。**在炎熱的天氣裡，如果孩子大量排汗又沒喝下足夠的水，就可能不怎麼排尿，也許會長達 8 小時以上都不排尿，即使有尿

也是少量的，顏色很深。發燒時也會發生同樣的情況。當身體缺水時，腎臟就會盡量保持住每一滴水，因而產生濃縮的尿液。孩子在炎熱的天氣裡和發燒時都需要大量飲水。每頓飯之間也需要不時提醒他們喝水。如果孩子太小還不能告訴父母他的需要，那就更要注意及時補充水分。

**陰莖末端的疼痛。** 有時候，陰莖開口處的附近會出現一小塊紅嫩的區域。那裡可能有些組織腫起來了，關閉了尿道口的一部分，使得男孩出現排尿困難。這一小塊疼痛的地方就是局部的尿片疹。最好的處理辦法就是讓疼痛處盡量暴露在空氣中。每天用溫和的香皂洗澡可以促進傷口癒合。如果孩子因為好幾個小時不能排尿而感到疼痛，就讓他在溫水中坐浴半小時，同時鼓勵他在浴盆裡排尿。如果這還不能讓他排尿，就得打電話給醫生了。

**膀胱感染和腎臟感染。** 患有膀胱感染的成年人常常抱怨小便頻繁，排尿時還伴有灼熱感。兒童雖然有時也有同樣的症狀，但通常不會。幼兒可能只是肚子痛或發燒，或者一點症狀都沒有。這種感染只有透過化驗小便才能發現。如果帶

有很多膿水，尿液就可能呈現出混濁的狀態，但是正常的尿液也可能因為含有常見的礦物質而看上去混濁。受到感染的尿液聞起來可能有點像大便的味道。如果感染轉移到腎臟，經常會出現高燒和背部疼痛。出現這些症狀的孩子必須立即就醫。

出生後的最初幾週裡，女孩會比男孩更容易出現尿道感染。女孩膀胱感染的原因常常在於排便後從後往前擦拭的錯誤方法。沒有割除包皮的男孩也比較容易出現尿道感染。如果孩子出現了發熱和肚子痛的症狀，或者排尿時有任何不舒服，就應該想到這些原因。

尿道感染的治療十分重要，可以防止慢性腎臟損傷。有時候，腎臟潛在的異常情況或連通腎臟的管道存在異常，都會讓孩子反覆出現尿道感染。針對這些異常情況進行檢查很重要，有時候可能需要進行手術治療。

**陰道分泌物。** 小女孩出現輕微的陰道分泌物是相當正常的現象。如果不能馬上找到醫生，就讓孩子每天在加了半杯小蘇打的溫水裡坐浴兩次，不要大驚小怪。要讓孩子穿白色的棉質內褲，用不帶香味的

白色衛生紙，穿能讓陰道部位充分通風的衣物。這些都有助於預防和治療陰部的不適。上完廁所要正確擦拭（從前往後），洗澡不要洗泡泡浴。

如果分泌物又多又稠，讓人煩惱，或者一連幾天都有分泌物排出，可能是由更嚴重的感染造成的。在少數情況下，可能是性虐待的表現。醫生受過專門訓練，知道如何詢問性虐待的情況，也知道如何檢查外陰部，以尋找其他跡象。

一部分是膿、一部分是血的分泌物有時是因為小女孩把什麼東西塞進了陰道。如果那個東西還沒取出，就會引起不適和感染。如果情況真是這樣，父母自然會告訴她別再這樣做了，這種教育是正確的。但是，最好不要讓她真有罪惡感，也不要暗示她這可能會帶來嚴重的傷害。孩子所做的這種探索和實驗跟這個年齡的孩子所做的其他事情沒有太大不同，不需特別強調。

## 疝氣和睪丸問題

**疝氣。**如果嬰兒的腹股溝或陰囊出現時隱時現的腫脹，可能是疝氣。這種腫脹是因為一截腸子向下滑入一個小小的通道造成的，而這個通道在正常情況下應該是閉合的。用力或咳嗽都會把腸子推進這個區域，當孩子放鬆或躺下時，這段腸子就會回到原來的位置。

如果這段腸子被卡住了，腫脹會固定在那裡，還會疼痛。這種情況必須立即就醫。等待醫生時，可以試著抬高嬰兒的屁股，放在一個枕頭上，用冰袋冷敷（或把碎冰放在塑膠袋裡，再放進一隻襪子裡）。這些措施也許會使腸子滑回到腹腔裡。一定不要用手指去推按那個凸起。在跟醫生討論孩子的病情以前，不應該餵孩子喝母乳或配方奶。因為如果需要做手術，孩子應該空腹。

如果懷疑自己的孩子出現疝氣，要立即向醫生反應情況。現在，腹股溝疝氣通常都是透過外科手術而迅速修復。這種手術並不複雜，孩子經常在術後當天就能出院。

**陰囊積水。**人們常常分不清陰囊積水和疝氣，因為它們都會導致陰囊腫大。陰囊裡的每個睪丸都被一個精巧的液囊包圍著，液囊裡包含著少量的液體。這一點有助於睪丸四處滑動。新生兒液囊裡的液體

通常比較多，因此，他們的睪丸就顯得比正常尺寸大好幾倍。有時候，這種腫脹會出現得稍晚一些。陰囊積水通常不需要擔心。隨著孩子的成長，那些液體會逐漸消失，不需要做什麼處理。還有些時候，大一點的男孩會出現慢性陰囊積水。如果它大得讓人感到不舒服，就應該做手術。疝氣和陰囊積水可能同時出現，因而令人困惑。可以讓孩子的醫生幫忙確定到底發生了哪種情況。

**隱睪。**請參閱第 87 頁。

**睪丸扭轉。**睪丸依靠一束血管、神經和管狀器官懸在陰囊裡。有時候，一個睪丸會因為扭動而擠壓到那束支撐組織，因而阻斷血流。這種情況叫睪丸扭轉，將會非常痛。陰囊的皮膚可能會發紅或發紫。這屬於急診情況，要立刻找醫生診治，以保住睪丸。

**睪丸癌。**罹患睪丸癌的風險會出現在青春期，所以青春期的男孩應該學會至少每月檢查一次自己的睪丸。具體的方法就是用手仔細觸摸每一個睪丸，看看有沒有異常的腫塊或一碰就痛的地方。任何可疑的變化都應該馬上做檢查。如果儘

早治療，痊癒的機會很大。

## 嬰兒猝死症候群

在美國，大約每 1000 個嬰兒裡就有一個死於嬰兒猝死症候群（SIDS）。嬰兒死在小床上的情況多發於 3 週～7 個月大（其中 3 個月時最危險）的孩子身上。即使進行驗屍也無法找到其他的解釋，比如感染或某種未知的代謝疾病。

所有的嬰兒都應該面朝上躺著，除非醫生不允許他採取這種姿勢。僅僅把睡覺的姿勢從面朝下改為面朝上，就已經可以使嬰兒猝死的機率降低 50%。第 46 頁描述了可以降低嬰兒猝死風險的其他方法。但就算採取最周全的預防措施，也不可能完全避免這種情況的發生。

**對嬰兒猝死症候群的反應。**父母會很震驚，突然的死亡比病情惡化之後的死亡更具有破壞性。父母會被內疚感壓垮，因為他們認為自己本該注意到什麼，或者應該隨時查看嬰兒。其實父母沒有理由這樣自責。即使是再細心的父母也不會因為孩子有一點輕微的感冒就把醫生請來。就算是醫生幫孩子看了病，他也可能不採用任何療法，因

為完全沒有必要。沒有人能預料到悲劇的發生。

父母的悲痛通常都會持續很久，而且還會經歷很多的起伏。他們可能難以集中精力，難以入睡，胃口很差，出現胸口疼痛或胃痛。還可能會強烈地想要逃走，或者非常害怕獨處。如果家裡還有別的孩子，父母可能會害怕他們離開自己的視線，也可能會想躲避照顧他們的責任，或者對孩子沒有耐心。有些父母想傾訴，而另一些則會把自己的情感封閉起來。

家裡的其他孩子一定也會感到難過，不管他們的悲傷是否表現出來。小一點的孩子要不是會黏著父母，要不就是表現得特別糟，他們想藉此引起父母的注意。大一些的孩子可能會表現得十分冷漠，但是經驗告訴我們，他們正在用這種方式來保護自己，不讓悲傷和內疚感完全爆發。成年人很難理解孩子的內疚感，但是，幾乎所有的孩子都會怨恨自己的兄弟姊妹。他們不成熟的思想會讓他們以為，是那些敵對的情緒帶來了家人的死亡。

如果父母故意迴避死去孩子的話題，他們的沉默就會增強其他孩子的內疚感。所以，父母應該談一談

死去的嬰兒，解釋死亡的原因是一種特殊的嬰兒病，不是誰的過錯。像「寶寶離開了」或「他永遠不會醒來了」之類的委婉說法，只會增加新的神秘感和焦慮情緒。父母要溫和地回應孩子的問題和評論，這樣做會很有好處，孩子也會覺得把心底的擔憂表現出來是沒有問題的。父母也可以向家庭社會機構、指導診所、精神科醫師、心理諮商師求助，表達或逐漸理解自己失控的情感。

## 後天免疫缺乏症候群 （愛滋病）

愛滋病是由人體免疫缺陷病毒（HIV）引起的。HIV 會削弱人體抵抗其他感染的能力，所以患上愛滋病的人會死於一些普通的感染。對正常人來說，這些感染很快就能被身體的免疫功能治癒。據估計，截止 2010 年，世界上大約有 3100 萬～3500 萬人感染了 HIV，但並不是所有這些人都罹患愛滋病。

HIV 最容易透過體液傳播，比如性交時分泌的精液和陰道分泌物。這種病毒還會在共用針頭的吸毒者之間透過血液傳播。HIV 的傳播在實行肛交的人群中更為多

見，因為直腸內壁比陰道內膜更容易受到損傷。受到感染的男女，即使沒有任何染病的症狀，也可能傳染 HIV。所有輸血過程和其他血液產品都要經過篩查，以防止 HIV 的傳播。

兒童感染的愛滋病幾乎都是母親在懷孕或分娩的時候傳染給他們的。不是所有攜帶 HIV 或患有愛滋病的孕婦都會把這種疾病傳染給自己的孩子。在懷孕期間服用藥物，可以大幅降低嬰兒感染病毒的機率。如果治療得當，感染了愛滋病的嬰兒存活的時間也會越來越長。綜合藥物療法的運用已經把愛滋病變成了一種可以控制的疾病，患者的平均壽命也很長，但我們仍然無法真正治癒它。

HIV 通常透過體液傳染，比如血液、精液和陰道分泌物等。不會傳播 HIV 的方式包括：手或身體接觸、親吻、住在同一間房子裡、坐在同一間教室裡、在同一個游泳池裡游泳、使用同一個餐具喝水吃飯，或使用同一個馬桶。儘管愛滋病高度致命，已經在全世界擴散開來，但它並不是一種很容易透過接觸傳染的疾病。

**如何讓孩子了解愛滋病？** 要跟孩子談論這個話題，即使是很隨意的談話也行，讓孩子有機會提出問題，並且得到父母的安慰和幫助。孩子很可能會從電視上、網路上、電影中或學校裡聽說過愛滋病。

### ▃ 斯波克的經典言論

> 我覺得，預防 HIV 的最好方法有兩種，一是進行安全性接觸的教育，二是強化性愛的精神內涵。其中包括幫助青少年樹立較高的理想標準，讓他們懂得要在雙方有了較深的信任感之後，再進行性接觸。要讓孩子們認識到，這一點和單純的身體接觸同等重要，也同樣有價值。

應該讓青少年知道，最容易感染 HIV 的行為就是跟別人共用針頭，以及沒有防護地和幾個人發生性行為。性夥伴的數量越多，就越有可能遇到患有愛滋病或攜帶 HIV 的人，但是可能還沒有表現出相應的症狀。防止感染最保險的辦法當然就是把性行為延遲到結婚以後。但是，單純告訴青少年這些道理實際上沒什麼效果（請參閱第 501 頁）。青少年還應該知道，保險套

（乳膠而不是小羊皮的）雖然不能完全確保性交的安全，但還是能提供多一點的保護。子宮帽和藥片都不能預防愛滋病。12 歲以下的孩子和青少年也應該明白，為什麼吸毒者共用吸毒用具時會面臨很大的風險。

孩子們會從電視上或其他媒體上了解靜脈注射毒品、肛交與愛滋病之間的關係。這就使公開的交流和資訊的溝通顯得越發重要了。跟孩子談論性和毒品並不會讓他們對這些危險的事物更加沉迷，結果恰好相反。

## 肺結核

**肺結核（TB）**。這種疾病在美國雖然很少，但在很多開發中國家仍然十分常見。在美國，患病風險最大的兒童就是那些在海外出生（如東南亞或中南美洲）的孩子、有家庭成員在海外出生的孩子、生活在低收入社區的孩子，或與可能患有肺結核的久咳不癒者有接觸的孩子。

大部分人都覺得肺結核發生在成年人身上。患者的肺部會出現斑點或空洞，他會咳嗽，痰多，發熱疲勞，體重也會隨之下降。但是，兒童時期的肺結核通常會有不同的表現。很小的孩子對此幾乎沒什麼抵抗力，而且這種疾病常常會蔓延到全身。在童年後期，肺結核可能不會表現出任何症狀，它會在孩子的體內蟄伏，等到抵抗力降低時才出現。肺結核發病的時候，症狀常常並不十分典型。因此，當孩子出現不明確的症狀時，比如反常地疲勞或食慾減退，就要想到會不會是肺結核。這一點很重要。

潛在肺結核的檢測要透過結核菌素皮膚試驗（TST、純蛋白衍生物或結核菌素皮內試驗），如果有必要，還要接著做胸部 X 光的檢查。多種嶄新的檢查方式仍在不斷研發。任何一個肺結核疑似患者都應該接受檢查。新來的管家、保姆或家裡任何一位新成員都有必要接受結核菌素皮膚試驗（任何在醫院工作的人每年都應該接受檢查）。

如果孩子的檢查呈陽性，那該怎麼辦？大部分在兒童時代中期發現的病例要不是已經痊癒了，要不就是隨著時間好轉，父母沒必要大驚小怪。一般來說，大約一年的藥物治療可以有效預防這種疾病在日後發作。

## 雷氏症候群

這是一種很罕見但又很嚴重的疾病，可能導致大腦和其他器官的永久性損傷。這種疾病有時還是致命的。雷氏症候群的病因還沒有完全被確認，但通常都在病毒性疾病發作期間出現。現在我們知道，如果兒童和青少年在病毒性疾病發作的時候服用阿斯匹靈，會比服用撲熱息痛和別的非阿斯匹靈藥物更容易患上雷氏症候群，患有流行性感冒和出水痘時更是這樣。

## 西尼羅河病毒

西尼羅河病毒（WNV）讓很多人感到恐懼，但其實很少會為人帶來嚴重的疾病。這種病最嚴重的影響是腦部感染，其症狀表現為肌肉無力、痙攣，或其他神經方面的問題。這種情況只會在感染病毒的一小部分人身上出現。西尼羅河病毒是由蚊子攜帶的，不光傳染給人類，還會傳染給鳥類。預防這種疾病的最好方法就是避免蚊子叮咬。可以使用有效的驅蟲劑（**請參閱第346頁**），盡量穿長衣長褲，在蚊蟲最多的早晨和傍晚待在室內。將家裡的窗戶裝上紗窗。參加社區的清潔活動，破壞蚊子滋生的環境，例如清除舊輪胎和其他積水的東西等。西尼羅河病毒致病的症狀通常都比較輕微（如果有的話），跟流行感冒相似，如發燒、乏力、頭痛、肌肉酸痛、噁心、食慾減退等。透過驗血可以確診是否感染了西尼羅河病毒，但目前還沒有專門的藥物來對付這種病毒，病人必須依靠自己的身體來抵禦它。

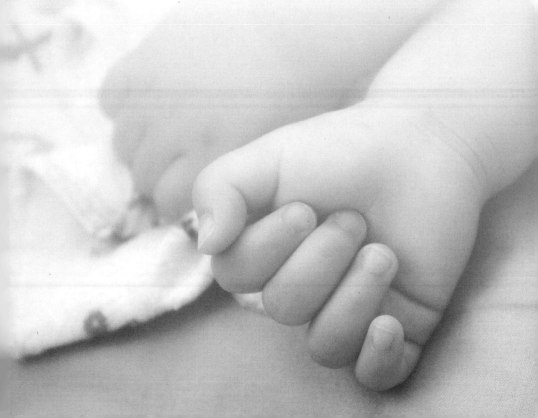

PART **4**

# 培養心理健康的孩子

# 1 孩子需要什麼

## 關愛和限制

要培養心理健康的孩子，最可靠的辦法就是逐步和他們建立一種充滿關愛呵護又互相尊重的關係。關愛首先意味著要把孩子作為一個人來接納。每個孩子都有優點和缺點，都有天賦和挑戰。父母要試著調整期望，適應孩子的特質，不要試圖改變孩子來滿足自己的期待。

關愛的另一層含義就是要找到與孩子快樂相伴的方式，可能是互相騷癢癢的遊戲，或是一起看書、到公園散步，也可能只是聊一聊各種事情。孩子並不是整天都需要這樣的經歷。但他們的確每天都要有一些時間跟父母共享快樂。

當然，孩子也有其他需要。我們要理解那些需要，還要承諾去滿足它們，這就是呵護的全部含義。新生兒什麼都需要：餵奶、換尿片、洗澡、讓人抱著以及交談。出生後的頭一年裡，那些有人呵護的體驗不但能使他建立起對別人最基本的信任感，還會養成他對整個世界的樂觀心態。

隨著能力的增強，孩子越來越需要自己獨立做事的機會。他們需要迎接那些既能讓他們施展技能，又不超越他們能力範圍的挑戰。他們需要冒險的機會，但又不能輕易受傷。如果不容許嬰兒在一開始時把食物弄得到處都是，他們就學不會自己吃飯。要想學會自己繫鞋帶，就得不斷嘗試，不斷失敗，然後再去嘗試。父母的責任就是要設定一個界限，讓孩子可以在這個界限之內安全地冒險。

孩子想要某樣東西時，就要得到這樣東西。所以，必須讓他們知道「想要」和「需要」的區別。有安全感的孩子知道，他們總是能夠得到需要的東西，但不一定能得到想要的東西，還知道別人也有需要的東西和想要的東西。如果父母友善地對待孩子並尊重他，同時也要求孩子以尊重、合作和禮貌的態度回應父母，孩子就能學到這些人格特質。在養育孩子的問題上，光有關愛是不夠的。孩子既需要關愛也需要限制。

### ▎斯波克的經典言論 ▎

父母要熱愛並欣賞孩子天生的特質，愛他們天生的樣子和做的事情，還要忘卻那些他們不具備的優點。這個建議不是出於情感因素，而是包含著十分重要的實際意義。那些得到父母欣賞的孩子，即使相貌平平，手腳笨拙，反應遲鈍，也還是會充滿信心並快樂地成長。他們擁有一種精神力量，支持他們先天具備的能力可以得到充分發揮，也會讓降臨到他們身上的所有機會都得到充分利用。

### 早期人際關係

**人際關係及更廣闊的世界**。無論在情感、社交還是智力方面，究竟是什麼因素能促使孩子正常而全面的發展呢？嬰兒和兒童天生就會主動接觸人和事物。慈愛的父母會細心觀察寶寶，耐心地引導他，寶寶也會有所反應，寶寶的第一次微笑會讓父母激動不已。類似的互動會在寶寶醒著的每個小時裡不斷重複，這種情況會持續好幾個月。飢餓時父母幫他們餵奶，痛苦時父母給他們安慰。所有這些事情都會對寶寶產生刺激，讓他們感覺自己被人充分關愛，與人有所聯結。

這些最初的感受不僅為孩子在形成基本信任感時打下基礎，還會影響他們未來的人際關係。孩子以後對事物的興趣以及在學校和工作中處理問題的能力，都要依賴這份愛和信任，並以它們為基礎。

要讓孩子相信，至少有一個大人是愛他的，他屬於這個人，可以依靠這個人。有了這種安全感作基礎，孩子就能欣然面對成長的挑戰，比如上學、嘗試各種新事物、應付挫折和失敗等。如果大人們給予孩子大量的關愛和照顧，孩子身

上的積極特質就會自然地顯露出來。當積累了豐富經驗之後，他就有信心和動力去掌握一些技巧，發展他的天賦。

孩子漸漸長大，他們會伸出雙手去擁抱這個世界。這種天生的探索精神和父母合理的愛護經年累月地相互作用著，讓孩子成長為聰明、能幹、善於交流又充滿愛心的年輕人。要培養出心理健康的孩子，真正的訣竅只有一個，就是和孩子建立一種充滿關愛、相互鼓勵，且彼此尊重的關係。

## 情感需求

**早期護理。**孩子在生命最初一兩年的經歷會對其性格產生深刻影響。由充滿關愛和熱情的父母照料的嬰兒和學步期的孩子，會產生一種內在的力量，去應對成長過程中不可避免的挑戰。相較之下，如果父母三心二意，疏遠冷漠，變幻無常，那麼這些孩子從生命一開始就面臨著難以彌補的缺憾。他們可能很難控制自己的恐懼和憤怒，很難坦率而大方地做出反應，還可能認為學習是一件困難的事，因為他們無法忍受不了解某種事物的感覺。

他們的第一反應可能是懷疑別人正在利用他們，因而會努力成為利用別人的人。

透過對孤兒院裡嬰幼兒的研究，我們已經知道了極端情感忽視（extreme emotional neglect）帶來的影響。孤兒院裡的孩子就是這樣，他們雖然有人餵奶，有人換尿布，有人帶著去洗澡，但大部分時間都被獨自放在小床裡。這些孩子的身體和情感都會出現退化，幾乎沒有人能夠完全恢復。這種空虛童年的破壞作用在孩子大約 6 個月時就會顯現出來，到孩子 12 個月大時，這些影響就很難逆轉了。大部分在孤兒院裡生活過兩三年的孩子終身都會帶有心理傷痕。但是，當然也有少數孩子表現得完美無損，他們即使面對制度化的生活，也能與一個穩定的照護者培養出溫暖而親切的關係。

為什麼一個充滿愛心的照護者對幼兒的發展如此重要？無論是母親、父親、祖父母，還是兒童照護專家都可以擔任孩子的照護者。在第一年，嬰兒主要依賴成年人的專注、直覺和幫助來提供他需要和渴望的東西。如果這些成年人感覺過於遲鈍或對他漠不關心，他就會變

得有些冷漠或沮喪。

兒童透過人際關係來發展所有的核心態度和核心技能。當他們始終如一地受到友好對待，就會覺得別人充滿關愛，而自己值得關愛。語言技能是一種孩子處理情感和應對世界的至關重要的能力。這項能力的發展開始於週到而敏感的照護者和嬰兒之間令人興奮的互動。

每當孩子們取得了一點進步，父母都會表現出驕傲和喜悅。父母週到地為孩子準備玩具，回答他們的問題，只要孩子不搞破壞，就讓他們盡情玩耍。父母為孩子讀書講故事，把周圍所有的事情都告訴他們。這種態度和這些活動培養了父母和孩子之間深厚的感情，也啟發了孩子的智慧。

孩子長大後是積極樂觀還是消極悲觀，是充滿愛心還是孤僻冷漠，是對人充滿信任還是充滿懷疑，這些在很大程度上都取決於2歲以前主要照顧者的態度。因此，儘管父母和保母的個性特質並不是唯一的決定因素，但確實是非常重要的因素之一。

有的照護者對待孩子的態度好像孩子生來就壞，總是懷疑他們，責備他們。這樣的孩子長大後也不會信任自己，經常自責。有的照護者脾氣很大，每小時都會找出一堆理由對孩子發火，孩子也會形成相應的敵對心理。還有的照護者非常想支配孩子。不幸的是，做到這一點很容易。這些孩子長大後常常會控制自己的孩子，或者無法適當運用權力，也無法設定恰當的界限。（當然情況並不總是這樣悲觀，有些人雖然經歷了可怕的童年，但仍然憑藉著自己的意志力，成為出色的父母。他們絕對是真正的英雄。）

**持之以恆的照顧**。孩子對於照護者的變換有一種特殊的敏感。從幾個月大時，嬰兒就會開始喜歡那個經常照顧他的家長，而且習慣依靠他。能夠贏得嬰兒這種信任的只有少數幾個人。孩子會從他們那裡尋求保護。如果這個家長離開一段時間，即使寶寶只有6個月大，也會變得很憂鬱，沒有笑容，不愛吃東西，對人對事都沒有興趣。不過即使是保母離開了，孩子也會表現出情緒低落，只不過不像父母離開時那麼嚴重了。如果負責照顧孩子的人經常更換，幾次以後，孩子就會失去深愛別人和深信別人的能力，似乎一次次的分離所帶來的失

望讓他太痛苦了。

因此,在最初兩三年,不要突然讓孩子更換照護者。如果主要照護者不得不離開,就一定要在新來的照護者逐漸熟悉照料工作之後再離開。接管照護任務的人也要堅定地把這項工作堅持下去。在孩子進入幼兒園之後,也應該卻保孩子由固定的一兩個人照顧,讓她們和孩子建立起親子般的關係。

**3 歲後的情感需求。**孩子知道自己沒有經驗,需要依靠別人。他們需要父母的引導、愛護和保護。他們總是本能地觀察、模仿父母。他們的個性、品行、信念和處事能力都是這樣學來的。從很小的時候起,孩子就開始模仿父母,學習長大後如何當一個公民和一名勞動者,如何當別人的配偶或父母。

孩子從父母那裡得到的最好禮物就是愛。父母表達愛的方式不勝枚舉:做一個喜愛的表情,發自內心地擁抱或撫摩,為孩子取得的成就感到高興,孩子受到傷害或感到害怕時安慰他們,為了安全而約束他們,幫他們樹立遠大的理想,好讓他們長大後以成為有責任心的人,等等。

父母(或照護者)的尊重給了孩子自信。在往後的生活中,這種自信會幫助孩子學會接納自己,讓孩子在各種人面前都能泰然自若。父母對孩子的尊重也能教會孩子尊重父母。

**學做男人或女人。**3 歲時,男孩和女孩都開始注意父母的角色。男孩會意識到,他的目標是當個男人,所以他會特別注意自己的父親。包括父親的興趣、舉止、言談、愛好、對待工作的態度、與妻子和子女的關係,以及他如何與其他男人交往和相處等。女孩對父親的需要表面上不像男孩那麼明顯,但實際上同樣重要。她一生中總會和一些男性建立關係。她對男人的了解,主要是透過對父親的觀察得到的。她最終愛上並以身相許的男人,可能會在個性和觀念的某個方面和她的父親相似,比如,那個男人是強硬還是溫和,是忠誠還是浪蕩,是自負還是幽默等。

母親的個性在很多方面都會被崇拜她的女兒所繼承。母親對於做女人、妻子、媽媽、勞動者的態度,也都會給女兒留下深刻的印象。她跟丈夫相處的具體方式也會影響女兒將來和丈夫的關係。對男孩來說,母親是第一個偉大的愛人,她

還會以一種明顯或微妙的方式決定未來兒子對愛情的理想。這不僅會影響他最終選擇什麼樣的妻子，還會影響他和妻子的相處。

**父母的共同陪伴是最好的。** 如果沒什麼特殊情況，孩子最好能和父母生活在一起。假如其中一個是繼父或繼母，只要雙方互敬互愛，那也一樣。父母雙方可以在感情上互相支持，能夠平衡或化解對方對孩子不必要的擔心和憂慮。這樣，孩子就會對婚姻關係有所認識，長大以後也就能夠參照某種模式來經營自己的婚姻。孩子可以真實又理想化地理解男人和女人。

這並不是說沒有父親或母親的孩子就不能健康成長。很多那樣的孩子都過得很好。如果沒有父親，他們可以運用自己的想像力，根據他們的記憶、母親的講述，或者經常看到的友善男人的優點創造一個父親的形象。這個「綜合的父親」可以妥善滿足他們對男性形象的需要。同樣，沒有母親的孩子也可以根據記憶、家族故事、和與其他女性的關係來創造母親的形象。如果只是為了讓孩子有個媽媽或有個爸爸而匆忙地選擇一個不合適的配偶，那將是父母極大的錯誤決定。

## 父母是孩子的夥伴

**友好而寬容的父母。** 不管男孩女孩，都需要有待在父母身邊的機會，也需要父母欣賞他們，和他們一起做事。然而，在父母忙碌了一天以後，回到家裡最想做的事就是放鬆一下。如果父母明白自己的友好態度對孩子有多麼重要，就會更願意做出適當的努力，起碼跟孩子打個招呼，回應孩子的問題。當孩子希望父母分享某種樂趣時，父母應該表現得比較感興趣。這並不是說一位盡職盡責的家長就應該突破底線地勉強自己。寧可和孩子高高興興地聊 15 分鐘，然後跟他們說「我要看報紙了」，也不要和孩子氣呼呼地玩上一個小時。

**男孩需要友善的父親。** 有時候，父親非常希望自己的兒子能盡善盡美。這種望子成龍的願望常常使他們和兒子在一起時顯得不開心。比如，一位急於讓兒子成為運動員的父親可能在孩子很小的時候就帶他去練習接球。很自然，孩子每次投球、接球都很難準確掌握要領。如果父親不停地批評他，哪怕是用友好的口氣，兒子心裡也會不

舒服。這樣的活動不但沒有一點樂趣，還會使兒子產生一種印象，覺得自己在父親眼裡什麼也不是，因而瞧不起自己。其實，如果一個男孩既自信又開朗，那麼到了一定年齡，他自然就會對體育產生興趣。而父親給他的肯定比對他的輔導更有幫助。當然如果兒子玩接球純粹是為了樂趣，那麼玩一玩球還是很好的。

男孩並不會因為他生來有著男性的身體，就必然會在精神上成為一個真正的男子漢。要讓他覺得自己是個男子漢，並且表現得也像個男子漢，就必須接受外界力量或信念的驅動。有了這種驅使，他才會去模仿他認為友善的成年男子和大男孩的樣子，才會按照他們的樣子去塑造自己。只有當他覺得某個人既喜歡他又認可他時，才可能去效仿這個人。要是父親總是對兒子不耐煩，總是對他發脾氣，那麼兒子不但會在父親面前感到自卑，在別的男人面前也會心虛不安。

所以，如果父親想幫助自己的兒子成長為一個信心十足的男子漢，就不該在兒子哭的時候對他發脾氣，不該在兒子和女孩一起玩的時候批評他，也不該強迫他去參加體育運動。他應該一看到兒子在身邊就高興，讓兒子覺得自己和爸爸非常親密。父親有什麼祕密也可以告訴兒子，還可以時常帶他去旅行。

**女孩也需要慈愛的父親。**在女孩的成長過程中，父親發揮著不同的作用，其重要性也同樣不容忽視。儘管女兒只是在有限的程度上模仿父親，但她會從父親的讚許中獲得女孩和做為一個女人的信心。為了不讓她覺得自己不如男孩，父親應該讓女兒感到，不管她是否接受邀請，爸爸都希望能和她一起到後院打球，一起去釣魚、露營，或者一起觀看各種球類比賽等。當她意識到父親對她的活動、進步、觀點和抱負都很感興趣時，就會對自己充滿信心。

在女孩們懂得欣賞父親的男性氣質後，她們就做好了成年的準備，也就可以在這個有一半是男人的世界上獨立生活了。將來她與男孩和男人建立友誼的方式、她最終愛上的男人類型，以及婚姻生活方式等，都會受到童年時代的父女關係，以及父母那種互敬互愛關係的強烈影響。

**母親也是孩子的夥伴。**不管是

男孩還是女孩，不光只是需要和母親一起做那些瑣碎重複的日常瑣事。就像有時跟父親一起參加一些活動一樣，孩子也需要和母親一起參加一些特殊的活動，例如參觀博物館、看電影、看體育比賽、遠足、打籃球或騎自行車兜風等。不管做什麼，母親都不該把它當成任務，那些活動應該是她和孩子真正喜歡的事情。這種投入的態度十分關鍵。

**單身家長怎麼辦？** 積極的父子關係和母子關係對孩子非常有好處。但是，現實生活中有很多特殊情況，比如家裡只有一位家長，或者兩位家長性別相同等。該怎麼辦呢？孩子的心理健康是否一定會受到影響呢？

這個問題的答案是個響亮的「否」字。孩子們的確需要不同性別的榜樣，但這些大人卻不一定非得住在一起。孩子們最需要的是教育和愛護，最需要有人一直在生活中為他們提供情感支持，教育他們如何在世界上生活。即使孩子在單親家庭長大，只要父親或母親能提供以上所有條件，孩子也可以快樂長大。相反，就算孩子父母雙全，如果父母因為自己不幸福而忽視了孩子的需求，那麼孩子的情況很可能還不如前者。多數單親家庭的孩子都在自己家庭之外找到了家裡所缺少的榜樣，比如某個特別的叔叔或阿姨，或是家人的一個好朋友。

孩子的適應性很強，他們不需要完美的童年，他們真正需要的是愛和始終如一的照顧。當這些條件都具備時，孩子在各種不同的家庭環境中都能健康地成長。

## 父親要當好監護人

**分擔責任。** 如今，越來越多的女性成了賺錢養家的人，越來越多男性開始參與照料孩子的各項活動。但是，從社會角度來看，我們仍然會認為養兒育女是女人的工作。除了母乳哺餵以外，父親也可以像母親一樣妥善照顧孩子，對孩子的安全和發展做出同等的貢獻。如果父母共同分擔養育子女的責任，即使勞動量的劃分並非嚴格的一人一半，家裡的每個人也都會因此受益。最好的情況是，養育子女的過程能夠在平等的夥伴關係當中實現。

即使孩子的母親在家裡做全職媽媽，父親在外面承擔全職工作，但

只要父親能在下班後和週末承擔照顧孩子的一半工作（並且參與家務），將是對孩子、妻子和自己的最大善待。一天下來，母親的管理能力和耐心可能已經非常有限（如果父親一天到晚單獨和孩子在一起也會這樣）。其實，孩子們從父母的不同領導和管理風格中都能獲益，這些風格既不互相排斥也會不互相削弱，而是互相豐富，並互相補充。

如果父親認為做家務是自己分內的事，就不會只為減輕妻子的負擔或為了陪伴妻子才去做家務，他會認為這些工作對家庭的幸福至關重要，不僅需要判斷力，還需要技巧。他會認為自己和妻子對家庭負有同樣的責任。如果希望兒子或女兒長大後也能這樣看待女性和男性的能力和作用，就要讓他（她）看到父母的實際行動。

**父親能做的事情。** 在照顧孩子方面，父親能做的事情很多，他們完全可以用奶瓶幫孩子餵奶、餵食固體食物、更換尿片（長久以來，父親們一直不去接觸這種靈巧的勞動，喪失了換下一塊難聞的尿片所需要的智慧、靈巧性和視覺運動技巧）、換衣服、擦眼淚、擤鼻涕、洗澡、哄孩子睡覺、講故事、組合玩具、勸架、輔導功課、解釋行動規則和布置任務等。其實，父親可以參與各種家務，比如購物、準備食物、做飯端菜、洗碗、鋪床、打掃清潔以及洗衣服等，如圖 4-1。斯波克博士 7 歲左右時，他的母親就開始教他做這些事情了。

越來越多的持家男性娶了有全職工作的妻子。這些男性因而在孩子很小時就承擔起照顧孩子和家務勞動的大部分工作。研究顯示，由這種「媽媽先生」帶大的孩子，無論在情感上還是在心理上，都和傳統家庭養育的孩子一樣健康，沒什麼例外。那種擔心男孩會變得娘娘腔，或女孩會變得男性化的觀念毫無根據。

圖 4-1

## ▶ 斯波克的經典言論 ◀

我認為，不管男孩或女孩，都應該讓他們深信，生活中獲得滿足感最多也最長久的源泉就是家庭。這樣一來，女人就不會因為要接受男人的傳統價值觀念而壓力重重。同時，一旦男人從迷戀工作和追求地位的狹窄世界觀中解放出來，他們也會學著去做許多女人的工作，還會接受她們的價值觀。如果爸爸媽媽把照料孩子的事情看得像他們的工作那麼重要，如果他們在決定每件家庭事務時都仔細考慮一下將為家庭帶來的影響，那麼這樣的家庭該是多麼的幸福啊！

## 自尊

**要自尊，而不是自滿。** 每個人從小就應該自然地感到自己是個可愛的孩子，有人愛著他，相信只要努力做了該做的事，父母就會滿意。但是，不要讓孩子感到自滿，也不要總讓周圍的人誇獎他們。家長有時會覺得不管孩子是不是值得表揚，都要不斷誇獎他們，只有這樣才能保護他們的自尊心。但其實不必這樣。

自尊的要素之一是自信。表揚孩子的確能培養他們的自信心。但是，如果這種表揚帶有虛假的成分，孩子就能感覺到。幫助孩子樹立自尊心的方法之一，就是幫助他處理好情感上的一系列問題，還要讓他相信，每個人都會遇到類似的問題，當父母遇到這種問題時，也能妥善處理好。如果孩子總在讚揚聲中成長，那麼，一旦父母對孩子提出批評，他們就會覺得自己受到了侮辱。這樣的孩子反而無法樹立自尊心。相反地，他會變得焦慮，缺乏安全感。所以，在培養孩子自尊的過程中，始終如一的嚴格要求比空洞的表揚有用得多。

另一種情形是，父母要不是不斷地挑起孩子的毛病，要不就是認定孩子做了錯事或即將犯錯。在這種環境下成長的孩子，可能會形成習慣性的內疚感和自責感。他們很難做出良好的行為。在自尊心的問題上，第一步也是最重要的一步，並不是透過一連串的讚美來樹立孩子的自尊心，而是避免撕毀孩子與生俱來的自信。過多的稱讚可能會造成孩子自負和過分自滿。

我發現,弄清楚兒童在哪些方面缺乏自尊心並找出其中的原因,是一件比較容易的事。這樣說也許是因為我的母親就特別注意防止孩子出現自滿的傾向。她認為自滿本身就很讓人討厭,而且還會導致更嚴重的問題。我至今仍記得這樣一件事。有一次,她的一位朋友誇獎青春期時的我外貌很好看。這位朋友剛走,我的母親就迫不及待地對我說:「本尼,你長得並不好看,只是你的微笑比較迷人。」我們6個孩子長大以後,都覺得自己沒有什麼吸引人的地方,也沒有什麼成就感。

**積極增強孩子的自尊心。** 不要因為一次較好的表現或取得了一點成績就不斷表揚孩子。舉個例,有個孩子,父母一直鼓勵他學游泳。每次他把頭沉進水裡時,父母就會拚命誇獎他。一個小時過去了,雖然孩子並沒有取得實質的進步,但他仍然不斷要求父母「看我游泳」。因為他形成了一種對讚揚和關注的欲望。過分的讚揚不能促使孩子獨立(雖然這種做法和過分的貶低批評相比,危害要小得多)。

除了避免不停責備和貶低外,讓孩子樹立自尊心的最佳做法,就是給他一種令人愉悅的關愛。我指的不是父母隨時都能為孩子作出犧牲的那種奉獻精神,而是指父母和孩子在一起時要感到愉快,聽孩子講故事、講笑話,毫不猶豫地讚賞他的藝術作品和體育技能等。還可以偶爾給他一次特殊的獎勵,比如辦一次郊遊或一起散散步等,這些方式都能表達關愛。優秀的父母也會樂於為孩子設定限制,因為他們明白,要想讓孩子了解他們必須了解的事,限制就是很重要的措施。並不是說這些家長喜歡透過拒絕孩子的要求來讓他們感到不快,而是他們能夠從容享受幫助孩子成長、讓孩子在每個方面進步的過程。

父母透過表現出尊重的態度,使孩子逐漸獲得自尊,就像對待一個值得尊重的朋友。這意味著父母應該優雅而有禮貌,不應該因為孩子還小,就對他們很粗魯、冷淡和漠不關心。

有的父母的確做到了尊重自己的孩子,但這些父母又常常會犯這樣的錯誤:他們不去要求孩子的尊重。孩子和大人一樣,當他們和那

些既有自尊又希望得到別人尊重的人打交道時，就會感到舒服和快樂。但是，父母也不必為了獲得這種尊重就變得不友善。如果孩子在吃飯時大聲打嗝，那麼，提醒他用手遮住嘴巴比斥責他更有效。理想地說，尊重是一種相互的行為。

**對於成就的壓力。**即使透過努力教會 2 歲的孩子識字，讓 1 歲的孩子辨認圖片，這種做法也不明智。有些父母總想塑造一名早熟又才華橫溢的孩子。他們都懷著一種希望，認為只要從孩子幼兒時期就為他買合適的玩具，在家裡及學校都給他適當的精神鼓勵，那麼，自己的目標就一定能夠實現。在美國這個對智力給予高度獎賞的國家裡，父母的這種期望可以被理解，但它仍然是一種錯誤的觀念，而且很容易導致令人失望的結果。智力僅僅是一個方面的能力，只有在熱情、常識以及尊重他人等各方面取得平衡時，才能帶來成功的人生。過早強迫孩子取得成功總會帶來負面的影響：父母和孩子之間的關係可能會變得緊張、父母可能過度關注智力上的成功而忽略情感上的交流，以致當孩子想在某個領域獲得成功時，反而可能忽略自己成長的

另一些方向。

雖然培養天才兒童的想法可以被理解，但仍然是家長常犯的嚴重錯誤。當然，我們都希望孩子能夠充分利用他們的天賦，盡可能地多獲取知識。但是，人為地過早發展這些天賦卻是一種錯誤的做法，有時對孩子也不利。到目前為止還沒有證據顯示，過早的強制學習會為孩子未來的發展創造優勢。即使現在孩子在各個方面都是最棒的，也並不表示他一定會比後來趕上的孩子優秀。而且，人為促使孩子早熟總要付出相應的代價，要想讓孩子在某一方面超前（比如讓他很小就學會識字）往往就要犧牲另外一方面的能力，比如與其他孩子相處的能力。只有讓孩子按照自然的速度發展天賦和本性，對他才是最好的。

## 除了家教之外

除了家教之外，還有很多因素也會影響孩子的心理健康。內在力量發揮著一定的作用，比如透過遺傳獲得的生理和心理上的弱點和氣質。家庭內部也會出現其他的壓力：比如，兄弟姊妹就是孩子情感類型的強而有力塑造者。來自鄰里和學校以及整個社會的力量也在施

加影響，而這些方面是父母們常常力不能及的。雖然養育子女的過程裡父母有著最多控制權，但也要想到可能影響孩子心理健康的所有情況，因為父母對這些外在因素做出的反應將會影響孩子的成長。

**遺傳特徵。**我們知道許多精神和情緒失調的問題都受到基因影響，也就是受到遺傳因素的影響。遺傳疾病不同，受影響的程度也不同，有的影響不大，有的影響深遠。比如說，如果父母雙方都患有躁鬱症（也稱為雙相情感障礙症），那麼孩子患病的機率將高於50%。焦慮症、強迫症，以及思覺失調症（精神分裂症）等，也都受遺傳因素的巨大影響，這一點與注意力不足過動症（ADHD）以及其他許多疾病類似。

事實上，基因很可能和所有的心理健康問題都有關係，可以增加也可以降低孩子對生活中挑戰（心理學家有時也稱之為「環境」）的敏感性。敏感性的差異在一定程度上解釋了為什麼生活在同一個家庭，由同一對父母養育的兩個孩子的精神健康狀況常常會截然不同。產生這種情況的另一個原因是，就算在同一個家庭，不同的孩子面臨的挑戰（環境）也可能不盡相同。

遺傳特徵也會透過更微妙的方式發揮作用，進而影響孩子的性格或行為模式。有的孩子樂觀開朗，有的則安靜敏感。有的孩子似乎對溫度、雜訊或光線的細微變化都很敏感，有的則好像注意不到這些變化。有的孩子總是以積極的態度處理問題，有的則以消極的態度開始，但最終也能取得積極的結果。

人們說，那些個性消極、反應劇烈、生性固執的孩子不容易相處，甚至難以管教。但是很顯然地，性格類型決定相處容易與否，都是相對而言的，也跟對孩子的期望有關。在一年級教室這個環境裡，大多數 6 歲男孩的性格都難於管教，因為大多數這樣的環境裡，孩子們總是被要求一動也不動地安靜坐著，而孩子們卻正好處在非常好動的年齡。我們不能選擇孩子的個性，但理解和接受了這些特質之後，就可以選擇合適的方式做出回應。在父母的幫助下，孩子便能學會跟父母好好相處，也會跟同齡夥伴及其他大人好好相處。

**兄弟姊妹。**育兒書籍常常忽視兄弟姊妹在孩子成長過程中扮演的

重要角色。但是，如果回憶一下自己的童年，你可能會同意我的觀點。兄弟姊妹的確對我們的性格產生了巨大的影響（除非是獨生子女）。我們可能會把能幹的哥哥姊姊當成榜樣，也可能會做一些與眾不同的事來確定自己的獨特。如果遇到支持你的兄弟姊妹，那麼你很幸運。如果兄弟姊妹的性格曾經（或者現在仍然）和你相抵觸，那你就會了解那有多麼令人難過。

對父母來說，有些方法可以緩和兄弟姊妹之間的嫉妒（**請參閱第 567 頁**），然而手足之間是真正互相喜愛還是彼此容忍，基本上得靠運氣了。年齡相仿並且脾性相投的兄弟姊妹可能成為一生最好的朋友。而性格抵觸的兄弟姊妹在一起，則永遠不可能真正感到舒服和放鬆。

父母們經常責備自己，因為他們對每個孩子的感覺都不一樣。但實際上，他們是在要求自己做一件不可能做到的事情。好父母平等地關愛自己的每一個孩子，是指他們珍愛每一個孩子，給孩子最好的祝願，為了實現這個願望，甘願作出必要的犧牲。但是，每個孩子都是那樣的不同，任何父母都做不到對兩個孩子付出完全一樣的情感。我們對不同的孩子會有不同的感情，會對某個孩子感到不耐煩，也會為另一些孩子感到驕傲。這些都是正常的，也是人類在所難免的情感。要接受並且理解這些不同的感情，不要感到內疚。這樣，我們才能針對每個孩子的需要，把愛心和特殊的關注帶給他們每一個人。

**出生順序和間隔。**出生順序似乎影響著一個人的性格，這真是一種奇妙的現象。比方說，最大的孩子經常是堅強能幹的領導者和組織者。最小的孩子常常特立獨行、以自我為中心，還有點缺乏責任心。中間的孩子往往缺乏鮮明的特色，他們性格的形成常常取決於家庭以外的因素。獨生子女總是集老大的特點（如能力強）和最小孩子的性格（渴望關注）於一身。

這當然只是籠統的劃分。各個家庭的情況都不同。比如說，如果兩個孩子年齡的差距超過 5 歲，那麼最小的孩子就會在某些方面表現得很像獨生子女。如果兩個孩子只差 1 歲，那麼他們可能表現得很像雙胞胎。如果老大不願掌握對兄弟姊妹的領導權，那麼小一點的孩子就會取代他的角色。如果母親曾經是

家庭的長女，那麼她可能會和自己孩子中的老大相處得很好，卻覺得最小的孩子很煩（就像她自己最小的弟弟妹妹那樣）。作為父母，你或許明白其中的緣由，但真的無法控制。

**同儕和學校。**6～7歲以後，同儕的群體作用會變得越發重要。如果不加控制，那麼孩子說話的方式、穿戴風格以及談論的話題，幾乎都會受到附近的小孩、學校同學以及電視裡孩子的影響。如果孩子之間正在流行燈籠褲和不繫鞋帶，那麼任何父母都不可能讓自己的孩子喜歡上短褲和有鞋帶的鞋子。

有時候，鄰居和同儕的影響可能會強烈威脅孩子的心理健康。比如，總是被人欺負的孩子（或本身恃強凌弱的孩子）長大後很可能形成長期的行為障礙。不適應學校生活也沒有什麼朋友的孩子很容易罹患憂鬱症。作為父母，你有時必須退後一步，讓孩子自己去處理來自人際關係的挑戰。但有些時候，你也必須上前一步插手幫忙（**請參閱第720頁，了解更多相關內容**）。

## 在龐雜的社會中如何養育孩子

美國社會從沒有像現在這樣令人緊張過。一方面，社會保持著極度的競爭性和物質化傾向。我們崇尚財富，把財產的匱乏看成是個人失敗的標誌。與此同時，數百萬的中產階級已經消失，而且不大可能很快重現。家庭面臨多重壓力，包括經濟不穩定，週邊環境惡化，家長找不到穩定工作，有時甚至找不到任何工作。在經濟衰退中，中產階級的家庭面臨這些壓力時已經難以承擔，那些低收入家庭面臨的困境就更是艱難。軍人家庭也面對特殊的壓力，因為父母長期在外，有時雖然回到家裡，但卻帶著永久的傷病和心理創傷。對於全球環境惡化的憂慮也還在增長，與此同時，颶風、乾旱和洪水等自然災害頻發，其嚴重性也與日俱增。所有這些壓力都影響著父母和孩子的生活。

當然，並非全都是壞消息。空前擴大的財富越來越像一個空洞的承諾，於是人們正致力於尋找精神追求和所屬群體的價值。他們一起打理花園，發現低科技娛樂方式的樂趣，還為創造力而歡欣鼓舞。麻煩

和災難，貧困和汙染都會為父母們帶來機遇。當他們為了讓這個世界變得更美好而努力時，就是在給予孩子一份雙倍的禮物。他們教孩子懂得，奉獻會帶來快樂。父母正是透過自己的身體力行來傳授這個重要的生命課題。

### 斯波克的經典言論

我認為，要想緩解這些壓力，邁向一個更加穩定的社會，那就必須進行兩方面的改進。第一，要用不同於以往、更積極的態度來教育我們的孩子，讓他們學會與人合作，保持善良、誠實，並且能夠包容差異。從小就要教育孩子不能只考慮自己的需要，這種價值觀會讓孩子長大以後願意幫助他人，主動與人交流，為世界和平貢獻力量。和擁有高薪的職位或嶄新的豪華轎車相比，擁有這種價值觀能夠獲得更大的自豪感和成就感。我們要做的第二個改進就是改良我們的政府，糾正那種受到龐大社會集團利益影響的體制。要改變那種對人類個體、生存環境和世界和平毫不關心，只顧賺取最大利潤的政治觀念。我們必須更積極地參與政治，這樣我們的政府才能真正為所有公民的需求服務。

有無數種方法可以教會孩子如何去關心別人和社會。可以將開車時速從 110 公里降到 100 公里，將空調的溫度調低幾度，以此來告訴孩子如何節約能源。當看到社會的醜陋面或不公正時，應該指正出來，並鼓勵孩子說出他的想法。與社區內志趣相投的人一起，幫助和照顧那些不幸的人，多關心政治等。

## 親近大自然

父母可以觀察一下 3 歲孩子探索兩塊水泥板之間裂縫的過程。一隻爬過樹葉的小蜘蛛也會讓他著迷。長大一些，她會從公園裡長滿草的小山坡滾下來，臉上洋溢著純粹的快樂。

幼兒與大自然有著強大的聯繫。所有正在生長的東西都能讓他們著迷。一粒豆子發芽的慢鏡頭會讓他們激動不已。如果為他們提供機會，他們會被大大小小的動物所吸引。月亮和星星都是他們幻想世界裡的角色。孩子和大自然之間這種特殊的感情，瀰漫在許多偉大的兒童文學作品中：比如《夏綠蒂的網》、《彼得兔》、《秘密花園》和《晚安月亮》等。

如果讓孩子依自己的意願行事，他在戶外會自然而然地探索，用棍子戳，用尖樹枝捅，用眼睛觀察，用心學習。他會學到許多東西，其中包括與這個按照自身規律運轉的世界互動，這些規律與室內的機械規則不同。他學著去創造自己的娛樂方式，並且享受自己的夥伴。他會在自然界中找到自己的位置。

過去，孩子們花大量時間在戶外活動，大自然的饋贈常常被看成理所當然的事，或是留給詩人們去描繪的事。而現在，當那麼多孩子都生活在完全人造的環境裡時，科學才開始測量大自然帶來的醫學價值和心理收益。與那些室內生活的同儕相比，經常在戶外玩耍的孩子不容易罹患肥胖症和哮喘，不容易抑鬱和焦慮，也不容易出現注意力不足過動症。如果我們能夠把大自然做成藥片，醫生就一定會開出這個藥方。（斯波克博士的母親過去經常把他送到戶外，無論晴天還是雨天，一玩就是幾個小時。她認為戶外活動對孩子有好處。她是對的。）

要給孩子時間，讓他們在小樹林和其他野外環境裡活動。可以到附近的公園裡散散步，不是去看景物，而是漫無目的地蹓躂。假期去國家公園，做一次自然主義的徒步旅行，找一群人一起去看鳥，種點植物，如圖 4-2。

大自然可以促進孩子的身心健康。這種關係也會反過來發生作用。如果孩子對自然的熱愛得以生根，那麼他們就容易成長為自然界的朋友。他們會懂得為什麼森林值得人們為之戰鬥，為什麼我們應該關掉不需要的燈，以及為什麼我們要再生利用鋁罐。作為父母，可以把這個世界交給孩子，也可以把孩子交給這個世界。

圖 4-2

# 2 工作和孩子

## 家庭和工作

大多數父母都要工作，拓展自己的事業，同時還要照顧孩子。那種父親工作、母親在家照顧孩子的傳統模式只是眾多選擇之一。在有些家庭中，這些角色是反過來的。

父母的分工常常很複雜，而且每天、每年都在發生變化。每個家庭都必須做出艱難的選擇，以平衡家庭成員的需要。

這不光只是決定為了孩子做出犧牲的問題。想讓孩子成長為幸福又滿足的成年人，他們就要有幸福又滿足的父母。（雖然為人父母也是一種工作，但在下文中，我所提到的「工作」是指有酬勞的工作或培訓。）

## 什麼時候重返工作崗位

**應該休多長時間的產假？**對很多家庭來說，3～6個月似乎很合適。這段時間可以讓寶寶養成相當有規律的飲食和睡眠習慣，進而適應家裡的生活節奏。在這段時間，父母也可以逐漸適應自己在生理和心理方面的變化，同時形成哺乳的規律，以便將來在工作時間多擠一兩瓶母乳。大約4個月大時，大部分寶寶都會對週遭的世界表現出更多的興趣，因此每天和父母分開幾小時的過程也更加可行。

無論什麼時候恢復工作，父母都會產生複雜的情感，這很正常。幾週後，很多父母都會盼望回到工作中，哪怕只是為了白天能夠跟成年人交談。但是，他們也會因為離開

孩子而經常感到難過或內疚。有些家長寧可跟孩子多相處一些時間。如果有選擇的餘地，父母要聽從自己情感的需求。如果覺得自己需要更多時間和寶寶一起待在家裡，就爭取實現這個想法。

**產假和病假法案**（注①）。美國1993 年頒布的這項法律妥善地體現了以家庭為中心的進步政策，這是許多維護兒童利益的團體不斷呼籲的結果。這部法律規定，如果雇主有 50 名以上的員工，就必須准許剛做了父母的員工享受 12 週的停薪假期，讓他們照顧剛出生的寶寶（或收養的孩子）。我認為 12 週實在是產假的下限了。在其他高度發展的國家中，產婦休產假照顧寶寶的時間比美國長得多。即使是這樣，許多美國媽媽仍然覺得她們不能真的休滿 12 週的產假。

要記住，父親也可以照顧孩子。從法律上說，父親與母親一樣享有12 週假期的權利。母親可以先請12 週假，然後父親再請 12 週假來接替母親的角色。這樣一來，父母就可以在開始照顧孩子之初便有12 週的時間充裕準備，或父母也可以同時請假。

## 照看孩子的方式

**第一年的安排**。在美國，大多數一歲以下的孩子一天裡至少會有一部分時間是跟父母以外的照護者一起度過。研究顯示，年幼的嬰兒能夠在父母以外的照護者照料下茁壯成長，他們的智力發育和情感發展都沒有任何明顯的損傷。這也是高品質兒童護理機構的整體情況（**請參閱第 470 頁**）。然而，有些個別的嬰兒可能很難適應集體照護。對這樣的孩子而言，安靜的一對一照料可能是他健康成長所必須的條件。由父母決定孩子採取哪種看護方式最為合適。

如果父母對某個機構或某個照護者存有顧慮，那就聽從內心的聲音，再做其他打算。有些家長可以調整自己的工作安排，讓自己或另一半有更多時間待在家裡。也可以再找一位保母來填補剩下的時間。如果這種方式不可行，還有 4 種日

---

注①： 依照勞動基準法第五十條規定，女性職工分娩前後，應停止工作，給予產假八星期。前項女工受僱工作在六個月以上者，停止工作期間工資照給；未滿六個月者減半發給。

間照護模式可以讓父母選擇：託付給親屬、居家看護、家庭托嬰和集體看護。

孩子是否應該去托嬰中心？我認為這完全是個因人而異的問題，要從家庭的實際需要出發。如果打算送孩子去托嬰中心，只要他們的服務品質比較高，孩子就不會受到不利的影響。長遠來看，只有當父母感到幸福和滿足時，孩子才能發展得最好。如果父母在家裡感到孤獨和痛苦，討厭整天待在家裡看護孩子，那麼對孩子來說，去一所品質比較好的托嬰中心反而比待在家裡好得多。相反，如果父母非常願意待在家裡，希望盡量和孩子多相處一段時間，那麼在家照顧孩子也很好。武斷地建議必須送孩子上托嬰中心，或絕對不能上托嬰中心，都是在給孩子的父母幫倒忙。其實，最適合自己家庭的辦法就是最好的辦法。

**調整工作時間。**一般來說，最好的辦法就是父母能夠協調工作時間，這樣，不但雙方都能上班，而且在一天的大部分時間裡，都有一方能夠待在家裡照顧孩子。越來越

多的公司都在實行彈性工作時間。這種靈活性往往是雙贏的選擇，因為它會提升員工的滿意度和生產力。在經濟不景氣時，許多公司都決定縮短工作時間，而不裁員。如果能夠靈活利用這些時間去滿足家庭需要，那將會在減少收入的烏雲邊上透出一縷陽光。當然，下班後父母都應該待在家裡。孩子醒著時，父母也要有一段時間同時在家，因為父母的共同陪伴對孩子很重要。父母不在時，可以請一位照護者幫忙照看孩子。和父母意見一致的親戚可能是最理想的照護者。

另一個辦法就是，父母雙方或一方在兩三年內改做兼職的工作，一直到孩子上幼兒園為止。當然，對於那些父母雙方都必須全職工作才能滿足日常開銷的家庭來說，這種做法不太可行。

**上門服務的照護者（到府保母）。**有些在外工作的父母請了照護者（「照護者」這個詞的意思似乎比「保母」更確切一些）到家裡來照顧孩子。如果這個人每天要工作好幾個小時，她就可能成為除了父母之外，另一個影響孩子個性發展的重要人物。所以，父母應該盡量找一個跟自己差不多類型的

人，能給孩子幾乎同樣的關愛、樂趣、耐心和約束。

最重要的一點是這個人的性情。她應該充滿熱情，善解人意，容易相處，細膩又自信（當然，花錢雇用的照護者也可以是男性）。她應該愛孩子，喜歡和孩子相處，而不是關心過度，讓孩子喘不過氣來。她應該既不用嘮叨也不用過分嚴厲就能管理好孩子。換句話說，她要能和孩子建立融洽的關係。因此，當父母和照護者面談時，可以讓孩子待在旁邊。透過觀察她的行為，父母可以更準確判定她對孩子的態度，這比單聽她的一面之詞要好得多。千萬不要找容易發怒、愛罵人、好管閒事、沒有幽默感或滿口理論的人來照顧孩子。

在挑選照護者的問題上，最常犯的錯誤就是先看帶孩子的經驗。把孩子交給一個知道如何處理小孩腸痙攣或哮喘的人，父母當然會比較放心。但是，孩子生病或受傷的情況並不多，更重要的是每天如何度過。所以，如果這個人既有經驗，性格又好，對孩子來說當然是再好不過了。但要是這個人的性格不好，那她擁有的經驗也就沒什麼價值了。

還有一個比經驗還重要的因素，就是照護者的衛生習慣和認真態度。如果她不願按照衛生要求幫孩子沖調奶粉，那就絕對不應該讓她來做這項工作。當然，也有許多人平時有些邋遢，但在重要的事情上卻表現得很認真。此外，寧可找一個比較隨意的人，也不要找一個喜歡大驚小怪的人。

有的父母很看重照護者的教育程度，但與個人品質相比，這沒那麼重要，在孩子還很小的時候尤其如此。還有些父母很希望照護者能說點英語。但在絕大多數情況下，孩子都不會被照護者和父母的不同語言弄糊塗。如果這個照護者跟孩子一起生活了很長一段時間，那麼孩子長大後還可能因自己早年所學的另一種語言而受益。

有的年輕父母沒有經驗，因此有時儘管對照護者不是很滿意，也會接受她。這些父母要不是覺得自己還不如她，要不就是覺得她說得頭頭是道。要堅持找到那個真正合適的人。如果找到了合適的人選，就在能力所及的範圍內盡量多支付一些報酬，目的是讓照護者沒有理由去考慮換工作的事。當父母在外工作時，知道孩子得到了很好的照

顧，這就很值得。

**有關照護者的注意事項。** 如果已經找到一個很好的照護者，孩子會對她產生依賴。這時，父母感到嫉妒是很正常的事。但是，即便孩子逐漸愛上了保母，他對父母的愛也不會減少。要努力去覺察自己的情感，並坦率地應對這些情感。否則可能會不由自主地無端挑剔照護者。從另一方面來說，有些照護者也有照顧孩子的強烈需求，她們會把父母推到一邊，顯示出自己最了解情況。她們可能根本意識不到自己的這種需求，也很少會改變這種做法。

有個常見的問題：照護者可能會偏愛家裡最小的孩子，尤其是她來到這個家庭以後才出生的孩子。如果照護者不能理解這樣做的危害，那就不能讓她繼續照顧孩子們。因為這種態度無論對被偏愛的孩子還是被忽視的孩子都是不利的。

作為家長，你要掌握主導權。同時也要知道自己和照護者是搭檔的關係。所以，無論對照護者還是對父母來說，最重要的問題是他們雙方能否以誠相待，能否接受彼此的意見和批評，能否開誠布公地交流，能否認可彼此的優點和好意，能否為了孩子而合作。

**託付給親屬。** 如果有親屬可以幫忙父母照看孩子，那就太好了。比如祖父母。以上那些針對其他照護者的要求，同樣適用於幫忙照顧孩子的親屬。照顧孩子的親屬必須認同，你們是孩子的父母，關於孩子的事情要由你們來作決定。有了這種共識，把孩子託付給親屬照顧才可能是一種理想的選擇。

**托嬰中心。** 「托嬰中心」指的是在父母工作期間對孩子進行集體照料的機構。有的托嬰中心由政府機構或私人資助。好的托嬰中心往往具備學前班的特質：有自己的教育理念，有經過培訓的教師，還有齊全的硬體設施。

在美國，托嬰中心起源於第二次世界大戰。那時的聯邦政府為了鼓勵有孩子的父母去兵工廠工作，因而設立了托嬰中心。起初，托嬰中心主要照顧 1～2 歲的幼兒，不過現在常常為包括嬰兒在內的更小寶寶提供服務。也有為上幼兒園的孩子和一、二年級的小學生提供課後看護。

托嬰中心通常都常年開放。它們能提供穩定又井井有條的環境，還具備明確可供評價的兒童看護規

範。然而，這種機構的費用通常都比較昂貴。另外，托嬰中心的工作人員往往更換得比較頻繁，所以寶寶很可能無法長期由同一個人看護。每家托嬰中心對工作人員的培訓水準都不盡相同，孩子和工作人員的比例不一樣，服務品質也會有很大的差別，提供的服務也很不同。托嬰中心通常都有執照，有的還有評鑑認證（**請參閱第 471 頁**）。

**家庭式托嬰。** 家庭式托嬰指的是一個照護者和一兩個助手在照護者家裡照料少數孩子的形式，這是一種比較普遍的選擇。事實上，去家庭式托嬰的孩子要比去大型托嬰中心的孩子多得多。家庭式托嬰比大型托嬰中心更方便、更經濟實惠，在時間上也更加靈活。那種比較小的、類似於家庭的環境能讓年幼的孩子覺得更舒服。人員調整往往不那麼頻繁，所以孩子有機會跟一兩個專門照顧他的人建立相互信任的關係，這是一件非常好的事。

另一方面，很多家庭式托嬰既沒有執照也沒經過認證（**請參閱第 471 頁**），這樣就很難保證基本的健康措施和安全措施嚴格到位。而且，因為看護孩子的大人比較少，虐待兒童或出現疏忽的可能性就更高。如果想選擇家庭式托嬰中心，就要特別注意，父母必須對照護者絕對放心，他們也要歡迎父母隨時到訪，允許父母想待多久就待多久。孩子應該要喜歡這些托育機構。接孩子回家時，要向工作人員關心一下孩子今天都做了些什麼。

**日托對孩子是否有好處？** 日托對年幼的孩子是否有好處？這個問題在美國一直爭論不休。有些人斷言，團體生活不適合年紀較小的孩子。他們提出每個孩子都需要一兩個為之「著迷」的重要照護者，這樣的照護者會全身心地照顧孩子，對他有強烈的依戀。反對日托的人擔心，如果孩子在很小的時候就讓幾個照護者照顧，長大以後就可能在人際交往中出現障礙。這些反對日托的人還深信，對於孩子來說，什麼樣的老師也比不上全心全意的父母。

支持日托的人則有不同的說法。他們斷言，養育孩子可以有很多種方法。他們指出在有些地方，孩子都是由哥哥姊姊或大家庭撫養的，也沒有產生什麼不良結果。他們還指出，沒有任何研究結果可以證明，高品質的日托會為兒童的情感

發展帶來什麼害處。他們擔心的是，有些在外工作的父母由於把孩子送到托嬰中心而內疚，好像害了孩子一樣。實際上，孩子都是很有活力的小傢伙，根本不用擔心高品質的日托會影響他們的發展。孩子需要的是對他們盡心盡力的成年人，不管是一個單身的家長還是一群日托老師。孩子需要跟成年人保持連貫的關係，這種關係既可以從家裡獲得，也可以在許多托嬰中心裡建立起來。

少數研究已經開始關注上日托的孩子和不上日托的孩子的差異。研究顯示，高品質的日托（孩子較少，教師精挑細選，訓練有素）對大部分孩子都沒有害處。跟充滿愛心的成年人和其他小朋友共同生活在一個安全又充滿鼓勵的環境裡，可以激發孩子的好奇心和求知欲。但是，如果需要照顧的孩子很多，工作人員又沒有受過嚴格的訓練，這種集體生活就會對孩子產生不利的影響。另外，研究還發現，過慣了這種集體生活的孩子比較容易適應同齡的夥伴，也願意和他們交流，但對成年人的反應就顯得差一些。相對地，那些沒有集體日托經驗的孩子則更容易以成年人為中心，但對同齡夥伴卻不那麼熱心。這種差異究竟會不會影響到孩子以後在學校的表現，會不會影響到他們的成年生活？我們還不得而知。

但是，每個人都同意這個觀點：日托的品質對兒童的身心健康至關重要。關鍵就是要及時對孩子的問題作出回應，要耐心地教育他們，鼓勵他們，還要確保由固定的看護人員照顧。這樣的服務品質，只有在那些工作人員訓練有素、隊伍穩定和資金有保障的托嬰中心才能提供。然而遺憾的是，這種高水準的托嬰中心數量實在有限，即使真的找到了，普通家庭也付不起昂貴的費用。所以，唯一的解決辦法就是不斷對地方政府和聯邦政府施加壓力，讓他們幫助設立更多高品質的兒童看護機構。

**為了照料孩子而成為搭檔。**照顧同一個孩子的所有人都應該把彼此視為搭檔。父母和照護者要溝通資訊，交換看法，還要互相支持。如果孩子在托嬰中心遇到了很大的困難（比如不會用蠟筆）那麼晚上接他回家時，父母就應該知道這件事情。同樣，如果孩子因為夜裡打雷而沒睡好覺，也應該在第二天早上跟老師說一聲。

當我還是個研究兒童發育的年輕醫生時，女兒托嬰中心的老師們告訴了我許多非常重要的知識。我非常重視在早晨或晚上花 15～20 分鐘和老師、孩子們一起坐在地板上交流的機會。透過觀察那些富有經驗的專業人士工作，我學到了很多育兒知識。

如果父母能和照顧孩子的人建立一種互相合作和彼此尊重的關係，孩子就會從中獲益，家長也會受益匪淺。

## 選擇日托

**選擇合適的機構。**首先，要蒐集一下社區附近的托嬰中心資訊，列一張清單。可以先向朋友徵詢建議，還可以上網查詢有關兒童看護機構的資訊，再找到附近負責介紹日托機構的組織。這些非營利性組織能夠幫助父母找到合適的兒童托育機構，它們可以提供這些機構的名單，還可以提供其他方面的重要資訊，比如這些機構是否持有執照，是否經過評鑑認證，組織的規模如何等。

**情感關係和人員更替。**相關機構應該大力發展孩子和照護者之間相互支持的關係，尤其是幼兒。兒童只有對照顧他們的成年人充滿信任才能有安全感，照護者也必須徹底了解孩子，跟他們建立情感關係，以便弄清孩子每時每刻的需要。如果某個機構的負責人說，只要照護者都是和藹可親的，孩子就不會介意照護者的頻繁更替，那麼你就該換一家看護機構。

實際上，強調情感關係就意味著要為每個孩子指派一兩個最主要的照護者，應該盡一切努力讓同樣的照護者照顧孩子達一年以上。照護者的低頻率更替十分關鍵，原因有兩個。一是因為如果照護者經常更換，孩子就無法與她們建立持久的情感關係。另一個原因是低頻率的人員更替也是照護者心情愉快的標誌，更是她們感覺自己得到了良好關照的表現。

**電話諮詢和實地考察。**列一份托嬰中心的清單，並逐一打電話，看看這些地方能否提供需要的服務。諮詢幾位能夠提供參考意見的家長，了解一些詳細情況，比如，這些機構是否會對孩子進行體罰，是否採取其他的教育方法。父母可以親自到這些機構看一看，觀察一

下照護者孩子之間的關係是否親熱、教育方法是否有效、監護措施是否合理、安全措施是否完備，以及舉辦的活動是否適合孩子的發展標準。還要看一下孩子們是否輕鬆自在，是否信任老師並且願意請老師幫忙，孩子們是否彼此合作、很少吵架。要知道，老師和孩子之間的友好關係往往也能從孩子之間的關係中反映出來。

父母應該經常到托嬰中心看一看。去之前不要通知工作人員，這樣看到的情況會讓父母更放心一些。無論什麼時候，家長的拜訪都應該是受歡迎的。

**執照和評鑑認證。** 如果一家托嬰中心或家庭式托嬰擁有執照，就證明它達到了國家要求的安全標準。比如，有執照的機構必須符合防火安全和傳染病控制的特定標準。評鑑認證與執照不同。申請評鑑認證的機構必須達到更高的服務

### 看護機構的規模

高品質的兒童看護機構最重要的標誌之一，就是每個孩子都能獲得足夠的個人關注。為了達到這個標準，小組或班級的規模都不應該太大，每個大人照看的孩子也不能太多。孩子越小，需要的個人關注就越多。全美幼稚教育協會建議，看護機構的組織規模最大不應超過下表所示的限度。

| 兒童的年齡 | 每個大人照料孩子的最大數量 | 每組兒童的最大數量 |
|---|---|---|
| 嬰兒期（初生～12個月） | 4人 | 8人 |
| 學步期（12～24個月） | 4或5人 | 12人（配備教師3人）或10人（配備教師2人） |
| 2歲（24～30個月） | 6人 | 12人 |
| 2歲半（30～36個月） | 7人 | 14人 |
| 3～5歲 | 10人 | 20人 |
| 上幼兒園的兒童 | 12人 | 24人 |
| 6～12歲 | 15人 | 30人 |

標準，包括照護者的訓練、機構的組織規模、場地面積、服務設施和教育活動等。受過良好訓練的照護者會更了解孩子的需求，並能以最有利於孩子的方式作出回應。評鑑認證由國家相關組織授予。

## 課後看護

6歲以後，孩子就開始追求並喜歡獨立了，8歲以後，這種要求會更加強烈。孩子會在父母以外的成年人中尋找偶像，還願意和這些人交往，尤其喜歡好老師。這個年齡的孩子跟同儕的交往也更加密切。儘管孩子們不需要大人的幫助也能在幾小時內融洽相處，但父母仍然應該了解孩子放學後的去向，這對孩子很有好處。父母可以找一位和藹可親又細心周到的鄰居幫忙，在父母下班回家之前照顧孩子一會兒。課後才藝中心對每個孩子來說都很好，對雙薪家庭的子女來說更是如此。

**鑰匙兒童。** 由於缺少又便宜又好的課後才藝中心，所以美國有數百萬學齡兒童隨身帶著家裡的鑰匙。放學以後，他們就用自己的鑰匙打開家門，自己照顧自己，等著爸爸媽媽下班回家。他們被稱為「鑰匙兒童」。

如果孩子既懂事又能幹，既有安全感又有事可做，那麼就能把自己照顧得很好。只要事先安排好一切，父母和孩子都能放心。掛鑰匙的孩子必須知道有事的時候怎麼與父母取得聯繫，在緊急情況下可以找附近信任的大人求救。父母要給孩子詳細的安全指導，比如接電話或有陌生人敲門時該說什麼話。孩子要知道自己可以做些什麼，比如能看多長時間的電視，還要知道什麼事情不能做。

有些社區會為鑰匙兒童提供一些課程，這些措施是有幫助的。家長要了解孩子的感受，這一點很重要。有的孩子可以舒服自在地在短時間內照顧自己，有的孩子則對此感到恐懼。讓大孩子照看小孩子的想法很誘人。如果年長的孩子責任心很強，而小一點的孩子也很聽話，那麼這種方法就很管用。否則，就會出現許多不愉快和打架的情況。如果是那樣，可能必須另做安排了。

父母可能認為大孩子比小一點的孩子更會照顧自己，但現實情況並非總是這樣。長時間沒人監管的青

少年更有可能進行危險的活動，比如抽菸、吸毒、飲酒以及發生性行為等。十多歲的孩子儘管會對嚴格限制他們行為的做法表示反抗，但（就像學步期的孩子一樣）還是會覺得這樣的安排令他們更安心。除非父母十分肯定自己的孩子又冷靜又可靠，否則還是找一家有組織的課後看護機構比較好。

## 保母

對父母來說，有了保母真是非常方便，而且還可以培養孩子的獨立性。父母和孩子都必須非常了解保母。讓我們假設這個保母是女性（但沒理由要求保母必須是女性）。晚上照顧熟睡的寶寶，保母只要敏感、可靠就足夠了。但是，要照顧從睡夢中醒來的寶寶，保母就必須是寶寶認識和喜歡的人才行。如果醒來看到一個陌生人，大多數寶寶都會感到害怕。

如果家裡請了新保母，那麼在最初幾次工作時，父母中的其中一個人要待在家裡，要仔細觀察她對孩子的反應，確保她理解孩子，關心孩子，能夠親切又堅定地照顧孩子。要盡量找一兩名可靠的保母，

而且要保持不變。

為了確保萬無一失，最好給保母一本筆記本，讓她長期使用。要求她記下孩子的生活習慣、她自己可能需要的東西、父母不在時發生緊急情況可以撥打的醫生和鄰居的電話號碼、睡覺的時間、廚房裡可以由她自己取用的東西，以及床單、睡衣和其他可能需要的用品放在哪裡，怎麼把爐火關小或開大等。最重要的是，必須了解這個保母，還要確保孩子信任她。

**年輕的還是年長的？** 選擇保母時應該考慮她們是否成熟、態度是否端正，而不是僅僅把年齡作為參考標準。有些保母只有 14 歲就已經很能幹、很獨立了。當然，父母不能指望所有 14 歲的保母都能達到這種水準。有些大人也可能不可靠，或者不能勝任保母的工作。有些年紀大的人對孩子很有一套，有的則不懂得靈活變通，或者過於謹慎小心，無法適應新情況。另外，許多社區都有保母培訓，這種培訓是由紅十字會或當地醫院提供的。培訓內容包括安全措施和急救措施的介紹。選擇保母時有必要確認她們是否受過這方面的培訓。

## 和孩子共度的時光

**優質時間**。父母不必為了創造優質時間而打破常規地去做任何事情。任何日常活動（一起開車出遊，一起採購，一起做飯、吃飯，一起做家務）都能成為親密、有益又充滿愛的積極互動時間。如果工作時間很長，就需要做一些特殊的安排，以便留出優質時間和孩子相處。對於學齡前兒童來說，如果早晨經常可以睡睡懶覺，或者在托嬰中心可以午睡的話，那麼晚上就可以偶爾讓他們晚睡一會兒。在父母雙全的家庭裡，一段時間只要有一位家長關注孩子，就能妥善滿足他們的需要。

有些家長錯誤理解了優質時間的概念，認為那意味著只要他們花在孩子身上的時間被各種活動塞得滿滿的就行，而時間的長短則無關緊要。其實時間長短也很重要。孩子需要父母陪伴，他們需要看著大人活動，從他們日復一日的身體力行中學習，並且同時知道自己是父母生活中很重要的一部分，這樣就足夠了。

另一方面，時間長短也有過度的時候。那種盡職盡責，不辭勞苦的家長可能會把陪著孩子聊天、遊戲和閱讀當成一種責任，認為即使耐心和樂趣早已消耗殆盡也要做到。那些為了提供孩子優質時間而時常忽視了自身需求和願望的父母，到頭來可能會怨恨這種犧牲，親切感隨後也會消失。如果孩子感覺到自己可以迫使家長超出意願給他更多的時間，他就會受到刺激，變得要求苛刻，愛找麻煩。解決問題的訣竅在於找到恰當的平衡點：既可以跟孩子一起度過很多時間，又不至於犧牲父母的個人需要。

**特別時間**。特別時間是指一小段時間（5～15分鐘一般就夠了）每天專門留出這段時間跟每個孩子單獨相處。這段時間的特別之處不在於父母做了什麼，而在於孩子得到了全部的關注。關閉手機和錄音電話，不要為了懲罰孩子而取消特別時間。孩子理應每天享有一點特別時間。如果要出差，也可以透過電話與孩子分享這一段時間：朗讀書籍、講故事，或者僅僅聊聊天也可以。

**溺愛的念頭**。有工作的父母可能會發現他們渴望陪伴孩子，或因為跟孩子見面的時間太少而感到內

疚，所以他們經常買很多禮物給孩子，給孩子太多優待，聽從他所有的願望，忽視自己的願望，對他犯的錯誤視而不見。

　　有工作的父母可以很自然地向孩子展示隨和與慈愛的一面，但是他們也應該毫無心理負擔地在疲勞時休息一下，考慮自己的需求，不要每天都送禮物，應該有限度地為孩子花錢，並要求孩子給家長適當的禮貌和關心。換句話說，做每一件事都要像全職父母一樣充滿自信。這樣一來，孩子不但會成長得更好，還會更喜歡父母的陪伴。

# 3 紀律

## 什麼是紀律

**紀律不是懲罰。** 多數人提到執行「紀律」時,其實指的是「懲罰」。儘管紀律的執行包括懲罰(但願只是一小部分),但懲罰絕不是紀律的全部。「紀律(discipline)」來源於「門徒(disciple)」這個詞,實際上是「教導」的意思。所謂紀律,不只是教孩子遵守規矩,還包括教育他對別人表示關心、在沒人監督的時候也要做正確的事,以及質疑和反對那些不合理的規定。

作為父母,你可以制定一套嚴格的懲罰措施,讓孩子像個聽話的小機器人一樣中規中矩,至少在他們覺得有父母監督時會這樣。另外,也可以想像這樣一個孩子:無論他如何異想天開,都能得到父母的支持;無論行為對錯,他都能得到父母的讚賞。這樣的孩子一定會有自己的一套衡量快樂的標準,但是,大多數人都不會願意接近他。父母要讓孩子明白,怎樣才能讓別人接受他的所作所為、為什麼要讓人接受。但絕不能損害他的自尊心和樂觀精神。

**孩子為什麼會有不同的行為。** 良好紀律的主要來源就是成長在一個充滿愛的家庭裡。孩子既能得到關愛,也能學會用愛做出回應。因為我們喜歡身邊的人,也想讓他們喜歡我們,所以才會(大部分時間)表現得友好而合作(暴力犯常常都是那些童年時期沒有得到足夠關愛的人,他們沒有受到太多正面的薰陶。有很多人還受過虐待,或

者親眼目睹過嚴重的暴力行為和騷擾）。孩子在 3 歲左右，那種對物品抓住不放的特點就會逐漸減弱，開始學著和別人分享。這主要不是因為他們受到了父母的提醒（可能有些關係），而是因為他們快樂的感覺和對其他孩子的喜愛之情已經有了充分的發展。

另一個關鍵因素就是孩子們強烈地渴望自己能像父母那樣。在 3～6 歲這個時期，他們會特別努力地做到講道理，有禮貌和負責任。他們會非常認真地假裝照顧玩具娃娃，假裝做家務和外出工作，因為他們看到父母就是這樣做的。

**嚴格或寬鬆？** 這對很多新手父母來說是個大問題，而且在很多家庭裡都成為造成關係緊張的根源。對有些家長來說，寬鬆的方式只不過意味著隨和的管理風格，但對另一些家長來說，就表示放縱、愚蠢地溺愛孩子，縱容他為所欲為。從這個觀點來說，寬鬆靈活的規矩會使孩子變得嬌生慣養，粗魯無禮。

問題的關鍵不在於嚴格還是寬鬆。溫和寬鬆的父母在必要時也能對孩子嚴厲起來，適度地採取嚴格或寬鬆的標準來約束自己的孩子，也會收到良好的效果。反過來，如果對孩子嚴格是因為父母冷酷無情，或者過度的寬容是由於父母膽小懦弱，那麼這種管教就收不到良好的效果。問題的關鍵在於父母管教孩子時的情緒，以及孩子在這種管教下最終達到的效果。

**堅持你的標準。** 天性嚴格的父母應該對孩子嚴格管理。應該適當地要求孩子有禮貌、聽話、做事有條理等。只要父母基本上態度和藹，並且保證孩子能快樂地成長，就不會對孩子有什麼害處。但是，假如父母態度專橫、粗暴、經常批評孩子，或者不考慮孩子的年齡和個性，這樣的嚴格要求對孩子來說就是有害的。這種嚴厲的管教只會使孩子變得逆來順受、缺乏個性、心胸狹窄。

只要父母在重要的事情上堅定不移，就算以隨和的方式也能培養出體貼而具有合作精神的孩子。只要孩子的態度是友好的，許多出色的父母也會滿足於寬鬆隨意的方式。這些父母或許對及時行動或保持整潔的要求不十分嚴格，但會毫不猶豫地糾正孩子自私自利或粗魯無禮的行為。

**態度要堅定，要求要一致。** 父母的任務就是日復一日、堅持不懈

地確保孩子在正確的道路上前進。儘管孩子的良好習慣主要是透過模仿形成的，但是父母要做的工作仍然很多。用汽車術語來說，就是孩子提供動力，父母掌握方向。有的孩子比別的孩子更難管（他們可能比大多數孩子活躍，更容易衝動，甚至更加頑固）。因此，要使他們的行為不出格，就需要父母花費更多精力。

在大多數情況下，孩子的動機都是好的，但是他們沒有經驗或缺乏恆心，不容易把好習慣貫徹下去。父母要一遍又一遍地強調：「過馬路的時候拉著我的手。」「你不能玩那個，會傷到人。」「向格里芬太太說聲謝謝。」「我們進去吧，令人驚喜的午餐正等著我們呢。」「我們得把車子留下，因為這是哈利的車，他還要用呢。」「該上床睡覺了，好好睡覺才能長得又高又壯。」等。

父母的引導是否有效，取決於他們是不是始終如一地堅持同樣的標準（當然，沒有人能絕對地保持一貫的標準），是不是說話算數（而不只是提高聲調），在指點或阻止孩子的時候理由是不是充分，而不是因為他們覺得自己可以專橫。父母說話的口氣很重要。氣憤或輕蔑的語氣容易引起憤怒和怨恨，不能激發孩子自我改進的期望。

## 獎賞和懲罰

**行為規範**。有一些基本的行為規範同樣適用於動物、兒童和成年人：獲得獎賞的行為會隨著時間出現得越來越多。那些被忽視或遭到懲罰的行為則會越來越少。即時的獎懲比延遲的獎懲更有效。行為習慣一旦養成，不時地給予獎賞要比每次都給予獎賞更能使這種行為持續下去。如果獎賞突然停止，這種行為就可能在一段時間內出現得更頻繁，隨後則會逐漸消失。這些規律既不是有效管教孩子的祕訣，也不是慣例。但是，成功的父母要不就是懂得這些道理，要不就是能夠把這些原則自覺地運用到實際生活中去。

了解這些規範之後，就應該想到，如果想讓孩子養成一種新的習慣（比如對別人說「謝謝」）就想好如何獎賞這種行為，也許可以透過表揚的方式。如果想讓孩子改掉某種行為習慣（比如吃飯時打嗝）就該想一個合適的懲罰措施，每當

孩子在餐桌上打嗝時都用這種方式提醒他改正。對於孩子的許多行為習慣，都可以用獎勵或懲罰的方法加以管教，也可以雙管齊下。

**獎勵還是懲罰？**大致上來看，對父母和孩子來說，獎勵都比懲罰更有趣。而且，讓人高興的是，獎勵往往也更有效。因為懲罰容易讓孩子感到憤怒，他們就不會那麼積極地去做父母希望的事。獎勵容易讓孩子更願意取悅父母。

父母可以想辦法把懲罰變成獎勵。如果不想懲罰孩子的某種行為（比如打人），也可以鼓勵他相反的行為（友好地玩耍）。一旦習慣了這樣看待問題就會發現，大多數原本以為需要懲戒的行為都有值得褒獎的相反行為。例如：粗魯的餐桌禮儀對應著優雅的舉止風度、挑剔任性對應著隨和友善、自私自利對應著慷慨大方或寬宏大量。

**有效的讚揚。**最有效的獎賞通常都是讚揚或認可。最有效的懲罰通常是忽視或批評。有效的讚揚包含兩部分內容。要告訴孩子他做了什麼，以及你對此事的感覺如何。有時候有效的讚揚還會包含第三部分內容，那就是他的行為會帶來什麼好處。比如告訴孩子「你把衣服撿起來放到了籃子裡。我真為你驕傲。現在我們就有更多的時間可以玩了。」只是簡單地說「好孩子」並不會那麼有效，因為孩子很可能不清楚究竟是什麼行為贏得了讚賞。毫無理由地隨便讚揚孩子也不會有效，因為「乖」並不一定表示孩子做了什麼。

**有效的批評。**有效的批評與有效的讚揚一樣，包含相同的三部分內容。要讓孩子知道自己做了什麼，父母對此事的感受如何，以及這種行為會帶來怎樣的後果。比如說，「你把雞蛋扔到地上，我很生氣。現在我們必須把地板清理乾淨。」請注意，與簡單說「你這個壞孩子！」相比，前者傳遞的資訊更多了。

**立規矩還是糾正行為？**以上內容並不是主張父母應該用非常刻板的方式跟孩子說話。經過一段時間的實踐後，你就能學會清楚明確地與孩子交流了。在現實生活中，很多情感交流都是不用語言的，而是透過微笑、皺眉以及高興或擔心的表情傳達出來。孩子們天生就善於體察這些表情，當這些表情來自於他們生活中重要的成年人時，孩子的感覺就更加敏銳了。

**傳授式交談。**要把獎賞和鼓勵看成傳授孩子所需常識的一種途徑。另一種方法是直接告訴孩子你們要做的事情，以及期望他做出的表現。如果你們正準備去奶奶家探望，就可以說：「今天我們要去奶奶家。到那兒以後，我們先要跟奶奶聊聊天，告訴她你上學的情況，或者我們正在做的有趣的事情，過一會兒才是玩耍的時間。」如果孩子們知道即將面對的情況，以及自己應該怎樣做，就更容易有良好的表現。

**保持積極的態度。**正如大多數時候讚揚比批評有效一樣，當期望以一種積極的方式表述出來時，效果幾乎總是會更明顯。例如，我們比較一下這兩種表達方式：「我們去商店購物會很開心，你要聽媽媽的話，乖乖待在媽媽身邊喔。」以及「不准在商店裡亂跑！」一種表達方式描繪了一個畫面的場景，而另一種方式則預示了一幅不好的畫面。孩子們容易按照這些畫面行事：「不要」或「不許」等否定性詞語不會在孩子腦海中留下深刻的印記，反倒讓他們對父母想要防止的那種行為形成了很深的印象。

對幼兒來說，你可以直接改變他的行為，讓他不做大人禁止的事情（比如玩牆上的電源插座），而去做大人許可的事情（玩積木）。父母可能會說「別動，那個不安全。」但是接下來要馬上提出一個安全又被許可的活動。

**有必要懲罰孩子嗎？**許多善良的父母覺得，他們有時不得不懲罰孩子。但是，也有父母認為他們用不著動用懲罰措施就能把孩子管教好。實際上，這個問題在很大程度上取決於父母小時候所受的教育方式。如果他們偶爾會因為犯了錯誤而受到懲罰，那麼，在他們的孩子犯了同樣錯誤的時候，他們也會採用懲罰的方式。如果他們在成長過程中始終受到正面引導，那麼未來也會採取同樣的方法教育自己的孩子。

另一方面，表現不好的孩子也確實不少。有些孩子的父母經常懲罰孩子，而另一些父母卻從不這樣做。所以，我們不能籠統地說應該懲罰還是不應該懲罰。一般說來，這些都取決於父母培養孩子的最終目標是什麼。

在進一步討論「懲罰」這個問題之前，我們必須明白懲罰從來就不是管教孩子的主要內容，它只是具

有一種極強的提示作用。也就是說，父母用了一種激烈的方式表達了自己要說的話。我們都見過那樣的孩子，他們雖然經常挨打挨罵，但是仍然惡習不改。

### ▌斯波克的經典言論 ▶

懲罰孩子必要嗎？大多數父母認為有必要。但這不代表孩子需要那麼多懲罰，他們需要的是牛奶和魚肝油，以便以正確的方式成長。

**什麼時候懲罰孩子才有道理。**父母不能坐在一邊看著孩子毀壞東西而不加干涉，然後事後再懲罰他。父母應該阻止他，引導他。懲罰只是在正面的期望和清楚的溝通行不通時才採取的辦法。也許孩子在難以抑制的衝動之下想要知道，幾個月前父母定下的規矩是否仍然有效。也許他很生氣，所以才故意惹是生非。

要知道懲罰是否有效，最好的檢驗方法就是看它是否達到了預期的目的，又沒有產生副作用。如果父母的懲罰使孩子變得憤怒，和你較勁，而且比以前表現得更差，那麼這樣的懲罰顯然沒有達到目的。

如果懲罰讓孩子很傷心，說明你的做法可能太嚴厲了。當然，每個孩子的反應都會有所不同。

有時候，孩子因為意外或不小心打碎盤子或扯破衣服的事在所難免。如果孩子與父母關係很融洽，他會為自己的過錯感到很難過，父母也不必懲罰他，反倒應該安慰他。如果父母對已經知錯的孩子暴跳如雷，反而會使孩子不再自責，還會和父母爭辯。

**盡量不要威脅孩子。**威脅容易削弱管教的效果。「如果你再到大街上騎自行車，我就把車沒收。」這樣的話聽起來合情合理。但是，從某種意義上說，威脅就等於試探，而試探就意味著孩子可以不聽父母的話。如果孩子覺得父母說話總是當真的，那麼，當父母用堅決的口氣告訴他必須走人行道時，他就會更加認真地對待。反過來，如果父母覺得非得採取比較嚴厲的措施不可，比如把孩子心愛的自行車拿走幾天，最好還是提前給他一個警告。只會威脅孩子，卻從來不執行，這種做法很愚蠢，而且會很快毀掉父母的威信。所以，用類似「野獸來了」或「警察來了」的話去嚇唬孩子，不會有真正的效果，

還會導致嚴重的行為問題。如果不希望孩子總是戰戰兢兢的，就不要隨便嚇唬他們。用走開或拋下不管的態度去威脅一個漫不經心的孩子，效果也一樣，因為這種威脅會破壞孩子心理安全感的核心支柱。作為父母，一定不希望孩子隨時都擔心自己會被拋棄。

**體罰（打屁股）。** 為了「給他們一個教訓」而打孩子是世界上許多地方的傳統，而且大多數美國父母堅信打屁股有用，但大多數專家不同意這種觀點。杜絕體罰的理由很多。首先，體罰會讓孩子認為，比自己高大的人無論對錯都有權管教他。因此，那些挨過打的孩子在欺負比自己小的孩子時，會覺得理直氣壯。跟其他國家相比，美國的暴力行為更加猖獗，這可能就是因為美國人有體罰孩子的習慣。

當一個優秀的公司主管或一家商店的領班對某個員工的工作不滿意時，他不會盲目地衝過去大吼大叫，或不分青紅皂白地把員工痛打一頓。相反地，他會以一種不失身分的方式向這位員工解釋怎麼做才是正確的。在多數情況下，有這種解釋就足夠了。孩子也一樣，他們也想盡自己的責任，也想讓別人誇獎自己。因此，當其他人表揚他們或報以期望時，他們總會表現得很好。

過去人們認為好孩子是打出來的，所以大多數孩子都會挨打。到了 20 世紀，專家研究發現，不用體罰孩子照樣能有很好的表現，成為彬彬有禮且具有合作精神的人。我本人就認識成百上千個這樣的孩子。在有些國家裡，人們根本不體罰孩子。

打過孩子的父母常常會為自己辯解，說自己小時候就挨過打，而且「挨打沒有對我造成任何傷害」。從另一方面來說，幾乎所有這麼說的父母都能想起自己挨打後所產生的強烈羞恥感、憤怒和怨恨。我懷疑這些父母之所以挨了打也能心理健康地成長，並不是因為受到了責打。大多數科學研究都沒能發現責打本身特別有害或特別有益。父母和孩子之間的關係（無論溫情、關愛，還是冷酷、嚴厲），其本質才是孩子發展過程中影響更加強大的力量。

**非體罰教育。** 很多非體罰的教育手段都有邏輯性。比如，當寶寶抓住媽媽的鼻子用力捏時，就可以把他放到地上。這個懲罰就是和媽

媽分開（儘管媽媽就在他的旁邊）。父母及時使用這種溫和但有效的辦法可以教育寶寶，如果寶寶想抓別人的臉，父母就會控制這種欲望。年幼的寶寶打父母的臉，只不過想引起他們的注意。這種行為通常會帶來一個相當諷刺的場面，父母一邊打孩子的手一邊說「不要打了。」其實應該說：「好痛！」然後把孩子放下來，找點別的事做，讓孩子單獨待幾分鐘。這樣一來，孩子就會明白這種讓人不愉快的行為不但得不到關注，反而會造成相反的結果。

圖 4-3

另一種形式的非體罰措施是暫停遊戲，讓孩子在遊戲圍欄裡待幾分鐘，這種方法適用於大一點的學步期孩子，如圖 4-3。如果學步期孩子非要把安全插頭從電源插座裡拔出來，父母當然不能允許他們這麼做。但是孩子可能很倔強，根本不聽口頭警告。讓他玩另一個遊戲時，他會興致勃勃地跑回去玩電源插座。他覺得自己正在玩一個特別有趣的遊戲。這時，父母不該無可奈何地陪著他玩，而是應該把他抱到遊戲圍欄裡，簡單地說一句「不能再玩了」，然後離開他幾分鐘。大多數學步期的孩子不論正在玩什麼，只要被抱開，他們就會作出反抗，所以要做好心理準備，他們可能會大哭大鬧。但是這種輕微的懲罰對教育學步期孩子來說很有效，可以讓孩子明白父母不是隨便說說，而是認真的。

**暫停遊戲。**有一種更正式的暫停遊戲方法對學齡前兒童和低年級小學生都非常有用。暫停遊戲就表示暫時不理睬孩子，也不讓他玩。可以在家裡找一張離家人活動區域較遠的椅子。不要太遠，免得不知道孩子正在做什麼，但是也不要把它放在很多東西中間。宣布暫停遊戲時，孩子就要坐到那把椅子上去，直到告訴他時間到了才能起來。可以用一個煮雞蛋用的計時器，按照孩子的年齡設置時間（時間不要太長，否則孩子容易忘記為什麼要坐到椅子上去，還會覺得難

過或怨恨）。如果孩子在計時器響之前就站起來了，要重新計時，他必須從頭開始再「服刑」一次。

在暫停時間快結束時，可以讓孩子告訴你為什麼要暫停遊戲，以及以後要有怎樣不同的表現。如果他說不出來，就告訴他，還要讓他再暫停一小會兒去想想這個問題。這個過程會讓孩子負起責任，真正吸取父母教給他的這個教訓。

有的父母發現了一種有效的懲罰方法，他們把孩子關在房間裡，告訴孩子如果保證不再搗亂就把他放出來。這種方法理論上有一個缺點，它可能會讓臥室變得像一間囚室。但是這種方法也可以教育孩子，和其他人在一起的權利是可能失去的，還能讓孩子知道，生氣的時候最好找個地方單獨待一會兒，讓自己平靜下來。

**合理的懲罰**。對大一點的孩子來說，如果一犯錯誤就馬上受到懲罰，效果通常都比較好。如果已經嚴厲地叫孩子收拾東西了，但他還是把玩具丟得滿屋子都是，那就可以沒收玩具，在他拿不到的地方放幾天。如果一個十幾歲的孩子就是不把他的髒衣服放到洗衣籃裡，就讓他上學時沒有乾淨襪衫可穿（雖然不是所有孩子都很在乎這種情況，但對許多青少年來說是相當嚴厲的懲罰）。如果一個十七、八歲的孩子晚上很晚才回家，也沒有打電話提前告訴父母，就在一段時間內禁止他晚上外出，直到能證明他會為自己的行為負責。有效的懲罰總是有原因的，孩子自己也必須清楚為什麼被罰。這些懲罰讓孩子明白極其重要的人生道理：每一種行為都要承擔後果。

**過度施行體罰的父母需要幫助**。有的父母說，他們必須不斷懲罰自己的孩子。我認為這些父母需要某種幫助。少數父母對管教孩子感到十分苦惱，他們要不就是說自己的孩子不服從管教，要不就是說他是個壞孩子。觀察這類父母時會感覺到，雖然他們很想努力，也認為自己正在努力，但是看起來並不像真的在努力。有的父母常常威脅、訓斥、懲罰孩子，有的父母卻從來不去履行他們的威脅，他雖然讓孩子服從了一下，但是 5 分鐘或 10 分鐘以後，似乎就不再關注這件事了。有的父母雖然真的懲罰了孩子，卻始終無法讓孩子聽自己的話，還有的父母只是一個勁地對孩子大吼大叫，說「你真是個壞孩

子」，或者當著孩子的面問鄰居是不是從來沒見過比這更壞的孩子。

這些父母總是覺得孩子的不良行為會持續下去，而且不論父母怎麼努力都無濟於事。其實，正是父母誘發了孩子的不良行為，他們卻沒有認知到這一點。他們的訓斥和懲罰只是挫敗感的一種表示。當他們向鄰居抱怨時，只是希望能得到一些令人寬慰的認同，承認這個孩子是真的無藥可救。這樣的父母需要善解人意的專業人士幫助。

## 為孩子設定限制的技巧

**既嚴格又友善**。再隨和的父母也要知道應該怎樣嚴格要求孩子，不能由著孩子無理取鬧，要讓孩子懂得父母也有自己的權利。這樣一來，孩子就會更喜歡爸爸媽媽。父母的嚴格要求從一開始就能培養孩子有禮貌並有分寸地與人相處。

受寵的孩子即使在自己家裡也不會覺得快樂。不管 2 歲、4 歲還是 6 歲，只要走出家門，孩子就會不可避免地遭到突然的打擊。他們會發現沒人願意對他們唯命是從。他們會真正明白，所有人都因為自己的自私而討厭自己。這樣一來，他

們要不就是一輩子不討人喜歡，要不就是必須費很大的力氣學會如何與人友好相處。

善良的父母常常會暫時容忍孩子的頑皮，等耐心耗盡的時候，他們就會把怒氣發在孩子身上。其實父母根本不必如此。如果父母有著健康的自尊心，完全可以為自己著想，同時保持友好的態度。比如，女兒非要讓你繼續陪著她玩，而你已經筋疲力盡了，於是你可以愉快而堅定地對她說：「我太累了。現在我要去看一會兒書，你也可以去看你的書。」

有時，女兒可能會坐在其他孩子的小車上不下來，而那個孩子又想把車拿回家去。這時，父母要試著拿別的東西來誘惑她，轉移她的注意力。但是不能總對她這麼溫柔。有時候哪怕她會大聲哭喊，也要堅決地把她從小車裡抱出來。

**生氣是正常的**。如果孩子因為大人要糾正他的錯誤，或者因為妒嫉兄弟姊妹而對父母態度粗暴，應當立即制止他，還應該要求他有禮貌。同時，父母可以告訴孩子，他們知道孩子有時候對父母很生氣（所有的孩子都有跟父母生氣的時候）。可能這話聽起來有點矛盾，

好像是在放棄對孩子的管教。但管教的經驗告訴我們，如果父母堅決要求孩子行為舉止得體，那麼他們不僅會有更好的表現，還會更加快樂。但是，承認孩子的情緒並不等於原諒他的錯誤。透過這種方式可以讓孩子明白，父母知道他很生氣，但是不會被他的情緒激怒，也不會因此而疏遠他。這種認識有助於孩子緩解怒氣，不再感到慚愧或擔心。

在現實生活中，有必要將孩子的憤怒和敵對情緒以及敵對行為區分開來。事實上，心理健康的基礎就是能夠意識到自己的各種情緒，然後決定如何合理地排解這種情緒。父母可以幫助孩子準確表達自己的感受，這樣能促進情緒智商（EQ）的發展。情緒智商是成功人生非常關鍵的因素。

**不要說：「好嗎？」**該做什麼就做什麼。大人跟孩子說話時，很容易養成問這種問題的習慣：「坐下吃午飯好嗎？」「我們穿衣服好嗎？」「你想小便嗎？」另一種常見的習慣是：「現在該出門了，好嗎？」這種問題帶來的麻煩是孩子（尤其是 1～3 歲時）往往會回答「不」。這時，可憐的父母就得說服孩子去做他本來就該做的事了。

如果真正的目的是為孩子提供指導，那就最好不要給他們選擇的餘地。對幼兒來說，非語言的方式更有效。午飯時間到了，可以一邊和他聊著剛才的事情，一邊把他拉到或抱到餐桌前。如果看出他該上廁所了，就把他帶到廁所，或把小馬桶拿給他，用不著告訴他要做什麼，直接幫他脫褲子。

這並不是說父母應該對孩子發動「突然襲擊」，然後把他趕到那兒去。把孩子從他專注的事情上帶走時，最好巧妙一點。如果一個 15 個月大的孩子在晚飯時間仍然玩著積木，那你可以讓他拿著積木，把他抱到餐桌前，然後，在遞給他湯匙的同時把積木拿走。如果一個 2 歲的孩子到了睡覺時間還在玩玩具狗，可以對他說：「我們把小狗放到床上吧。」如果一個 3 歲孩子在該洗澡時還在地上開心地玩著玩具汽車，那你可以建議他讓小汽車做一次到浴室的「長途旅行」。一旦父母對孩子所做的事表現出興趣，他就會心甘情願地配合。

隨著年齡的增長，孩子的注意力會越來越集中。這時最好能給他友善的忠告。如果 4 歲的孩子已經花

了半小時用積木堆一座車庫，就可以對他說：「趕緊把小汽車放進去吧。在你睡覺之前，我想看見汽車已經在車庫裡了。」你還應該建議孩子：「找個合適的時間停下來。」或者告訴他你會給他一個「5 分鐘提醒」，讓他知道什麼時候準備結束遊戲。這種方法可以讓孩子知道遊戲很重要，同時也在設定的限制範圍內給他一些節制感。要做到這一切需要耐心，但父母也不可能總是很有耐心，這很正常。任何父母都不可能永遠保持耐心。

**不要對孩子講太多道理。**當孩子還小的時候，最常用的方法還是把他的注意力轉移到有趣而無害的東西上去，進而直接把他從危險或禁止的情況中引開。等他長大一點並學到一些教訓時，就要以就事論事的態度提醒他「不可以」，然後進一步分散他的注意力。如果他想讓父母解釋或追問理由，就用簡單的語言告訴他。但不要以為他需要你對每一點指導都做出解釋。他知道自己缺乏經驗，需要依靠父母確保自己遠離危險。只要做得巧妙不過分，那麼父母的指導將會讓他覺得很安全。

有時候，我會看到 1～3 歲的孩子因為大人的警告太多而變得焦慮不安。有個 2 歲的小男孩，他的母親總想用這種思想來控制他：「傑克，你千萬不能碰醫生的燈。要是你把它打破了，醫生就看不見東西了。」傑克一副焦急的表情，眼睛瞪著醫生的燈，嘴裡咕噥著：「醫生會看不見。」一分鐘後，傑克要把臨街的門打開，他的母親又警告他說：「不要出去啊，傑克會迷路的。傑克迷了路，媽媽就找不到他了。」可憐的傑克想了想，重複道：「媽媽找不到他。」對孩子說這麼多壞結果是有害的，會導致孩子病態的想像。父母不該總讓一個 2 歲大的孩子對自己的行為後果擔心，這個年齡正是孩子在實踐中學習的階段，是透過做事來獲得經驗的階段。這並不是說不能警告孩子，而是說不應該用他理解不了的思想來引導他。

我又想起了一位很有責任心的父親。這位父親覺得他應該把什麼事情都為 3 歲的女兒解釋清楚，因此，每次準備出門時，他從來不會幫孩子穿上衣服就走。他總是問孩子：「我幫你穿上衣服，好嗎？」「不！」孩子回答道。「喔，可是我們要出去呼吸一下新鮮的空氣

呀。」孩子已經習慣了父親的這種做法，因為父親總是覺得必須把任何事情都解釋清楚。孩子利用這一點迫使父親對每件事情都做出說明。所以，她接著問：「為什麼呢？」其實，她並不是真的想知道。「新鮮空氣能讓你身體健康強壯，這樣你就不會生病了。」「為什麼？」她又問。如此這般，從早到晚，問個沒完。這種毫無意義的爭論和解釋既不能使她成為一個願意與人合作的孩子，也不能讓她把父親當成一個明理的人去尊敬。如果父親十分自信，並且平常總是以一種友善、主動的方式來引導孩子，她會覺得更幸福，還會從父親那裡獲得更多安全感。

## 放縱的問題

如果父母對孩子過分放縱，結果會非常糟糕，因為他們對孩子的要求太少，而且不能理直氣壯地對孩子提出要求，或者因為他們在不知不覺中縱容了孩子在家裡的霸氣。

由於不能理解孩子的個性，或者自我犧牲精神太強，也可能因為害怕引起孩子的反感，有些父母每到應該適當約束孩子的時候就會猶豫不決。這樣一來，孩子必然會養成不良習慣，而父母也會因此而生氣。這些父母經常會生悶氣，卻不知道如何是好。這時候，孩子也會不知所措。這很容易讓孩子產生罪惡感並且變得戒慎恐懼。與此同時，他們還會變得更加自私和驕縱。例如，假如孩子嚐到了晚上不睡覺的甜頭，而父母也不敢剝奪他的特權，那麼長久下來，後果肯定不會令人愉快。屆時孩子將占據了晚上的大部分時間，父母則飽受煎熬，整晚睡不好覺。這時，父母肯定會因為孩子的任性而討厭他們。但如果父母態度堅決，當機立斷，他們將會驚訝地發現，孩子很快變得討人喜歡了，父母也會因此感到安心。

換句話說，只有要求孩子舉止得體以後，父母才會覺得孩子可愛。而孩子只有舉止得體時，才會感到快樂。

## 斯波克的經典言論

雖然有人指責我嬌慣孩子，但我一點也不這麼覺得。所有使用這本書並和我討論過這個問題的人也都同意我的觀點。說我嬌慣孩子的人最終都承認沒有讀過這本書，也不願意讀。這樣的指責第一次出現在 1968 年（第 1 版問世後第 22 年），來自一位有名的牧師。他對我反越戰的政治觀點十分不以為然。他說我在誤導父母，讓他們給自己的孩子「及時的獎勵」，這些孩子以後會變成不負責任、缺乏紀律、不愛國的人，還會反對自己的祖國與越南打仗。這本書並沒寫過及時的獎勵，我也總是建議父母尊重孩子之外，也要注意維護自己的權威。父母應該給孩子堅定、明確的引導，讓孩子既懂得合作又有禮貌。

**迴避管教的父母。**有不少父親或母親（雖然經常和孩子一起玩）常常逃避對孩子的引導和約束，把大部分工作留給了自己的配偶。信心不足的母親總是說：「等你爸爸回來再說。」每當問題出現時，有些父親就躲在報紙後面，或全神貫注地看電視。當母親責備他們時，

有些不參與子女教育的父親就會說，他不想讓孩子恨他們，他想成為孩子的朋友。

有既友善又能陪孩子玩耍的父母當然好，但孩子們也希望父母有家長的風範。在孩子的一生中，他們會有很多朋友，但只能擁有一對父母親。

要是父母心軟或不願意管教孩子，孩子就會覺得自己像是沒有支撐的藤蔓一樣無依無靠。如果父母不夠自信、態度不堅決，孩子就會試探父母的容忍限度，為自己和父母找麻煩，直到把父母激怒，決定懲罰孩子為止。這時，父母又會感到內疚，再次退卻。

由於父親躲避教育孩子的責任，母親就必須擔起兩個人的責任。此外，父親也不會得到孩子的友情。孩子知道自己表現不好會讓大人生氣。因此，當孩子做錯事情，而父親卻假裝沒看見時，孩子會很不自然，會猜想父親在掩蓋怒氣，在孩子的想像中，這種怒氣比實際要來得強烈許多。有些孩子甚至會害怕這樣的父親。但是，另一類父親能自然地管教孩子，被激怒時也會表示氣憤。這樣，孩子就能明白父親為什麼生氣，以及自己該如何表

現，父子（父女）關係也會好一些。當孩子發現自己能夠摸透父親的脾氣時，會獲得一種自信，就像他們克服恐懼學會游泳、騎車或夜裡一個人走回家時獲得的信心一樣。

**關於紀律的疑惑。** 在傳統社會，人們的育兒觀念代代相傳，所以大多數父母非常清楚如何以最佳方式養育自己的孩子。但現代的情況則與此相反，養育孩子的觀念已經發生了巨大的改變，因此很多家長都感到迷惑。這些改變有很多是由科學發展所引起的。比如，心理學家已經發現，和嚴肅的命令型教養方式相比，親切而深情的教養方式更容易培養出行為端正且快樂的孩子。了解了這一點，有些家長就會以為孩子需要的全部內容就是關愛。認為應該允許孩子表達對父母和他人帶有侵犯性的情緒。還以為當孩子行為不當時，父母也不應該發火或懲罰孩子，而要展示出更多的關愛。

如果這樣的錯誤觀念表現得太過分，就很難處理。它們會刺激孩子變得要求苛刻和難以相處，也會使孩子因為過度的不良行為而感到慚愧。父母的錯誤觀念還會使他們自己極力地想要成為「超人」。

**內疚會成為阻礙。** 很多原因會使父母感到對某個孩子有愧。以下是幾種會產生這種內疚的典型情況：母親因忙於上班而無法親自妥善照顧，便會常仔細審視自己是否有怠慢孩子的地方；孩子身體殘疾或精神有缺陷；領養孩子之後，總覺得自己必須付出超越常人的努力才能具備做父母的資格；父母小時候總是受到大人的指責，直到被證明是清白無辜時才能擺脫自己的罪惡感；學過兒童心理學的父母，知道哪些做法對孩子不好，因此覺得自己必須把孩子教育得比別人好。

無論父母內疚的原因為何，這種感覺都不利於父母對孩子的教養。父母總是對自己要求過高，而對孩子的期望值太低。即使父母的耐心已達到極限，而孩子也確實頑皮過了頭，需要明確的糾正，這些父母也還是會努力保持寬容的態度和溫和口氣。因此每當孩子需要嚴加管教時，父母就會猶豫不決。

孩子其實像大人一樣清楚知道自己什麼時候太頑皮或太放肆。即使父母假裝沒看見，他也知道自己太過分了。他會在心裡覺得自己不應該這樣，希望有人阻止他。但是，

如果沒有人管，他就可能鬧得不可收拾，好像在說：「看我鬧到什麼程度上才會有人管？」

最後，父母會因為孩子行為太過分而忍不住發火，訓斥或懲罰孩子。等事情平息以後，父母又會對自己的「失態」慚愧萬分。所以，他們不是去鞏固這種管教的結果，而是糾正自己的做法，或者乾脆讓孩子懲罰自己。父母要不就是在懲罰孩子的過程中容許孩子對自己無禮，要不就是在問題處理到一半時就把處理決定收回去，要不就是當孩子再次調皮時假裝沒看到。

有時，如果孩子沒有什麼反抗的表示，父母反而會故意刺激他。當然，這些父母根本沒想到這樣做的後果是什麼。父母可能覺得這些描述聽起來很複雜難懂，或者不合常理。如果你無法想像為什麼有些父母會允許，甚至鼓勵殺人的孩子負罪逃跑，這證明你對孩子沒有愧疚的感覺。但是，愧疚感並不是個別問題。大多數明辨事理的父母在覺得對孩子有失公正或考慮不週時，都會偶爾放縱孩子一下，但很快就會恢復正常的做法。而如果父母說：「孩子每說一句話，每做一件事，都讓我怒火中燒。」這就是一個明顯的訊號，證明父母感到極端內疚，而且一直都在妥協讓步，所以孩子就表現得越來越過分。沒有哪個孩子會無緣無故惹人生氣。

要是父母知道自己在哪些方面可能太縱容孩子了，並在這些方面嚴格管教，堅持不懈，很快就會興奮地發現，孩子不僅變乖了，還更加快樂了。這樣，父母就會更愛自己的孩子，孩子也會更愛父母。

## 有禮貌

### ▶ 斯波克的經典言論 ◀

我認為教導孩子有禮貌應當成為教養孩子的重要內容。良好的行為習慣會讓孩子獲得正確的資訊。

在我們的社會中，人們做事必須遵循某種能夠令人接受的方式，對別人有禮貌可以使每個人都更快樂也更可愛。

**有禮貌是自然養成的習慣。**讓孩子學會有禮貌，不一定要先教他們說「請」或「謝謝」，最重要的是要讓孩子喜歡周圍的人，還要對自己的人品感覺良好。否則，只是教給他們一些表面的禮節，也很難

執行。

為孩子創造一個彼此關心、互相體貼的家庭環境很重要，孩子會從家人的相互關愛中吸收營養。他們想說「謝謝」是因為家裡人都這樣說，而且確實心懷感激。他們還願意與人握手並且說「請」。所以，父母互敬互愛，對孩子有禮貌，這一切都會為孩子樹立良好的榜樣。這種模範作用是讓孩子養成禮貌習慣的關鍵。

要讓孩子看到父母友善又體貼地對待家庭以外的人，尤其是那些社會地位比較低的人，這一點對孩子也非常重要。當父母帶著誠懇的尊重與送餐的人或清潔工打交道時，就是在向孩子傳授禮節具有的真正含義。

**教導較小的孩子懂禮貌。** 盡量不讓孩子在陌生人面前感到不自在，這一點也很重要。我們總習慣把孩子（尤其是家裡最大的孩子）介紹給陌生的成年人，還要讓孩子說點什麼。對於 2 歲的孩子來說，這麼做只會讓他覺得難為情。以致以後每當他看見父母和別人打招呼時，就會覺得不自在，因為他知道自己也得作出某種反應。

但是對 3～4 歲的孩子來說，情況就會好多了。這時候，孩子需要時間來打量陌生人，要把與陌生人的談話從他身上岔開，而不是轉向他。3～4 歲的孩子可能會看著陌生人和父母談話，過一會兒，他可能會突然插一句：「小便池裡的水流出來了，流了一地。」這當然不是齊士特菲爾男爵（注①）提倡的那種禮貌，但這確實是一種禮貌，因為他想和大人分享一份讓他著迷的感受。如果孩子對陌生人一直保持這樣的態度，那麼用不了多久，他就能學會怎樣以更符合世俗習慣的方式與人相處了。

注①： Lord Chesterfield，英國著名政治家、外交家及文學家，他最著名的成就是集幾十年心血寫給兒子菲力浦的信：《齊士特菲爾男爵給兒子的信》（Lord Chesterfield's letters），成為有史以來最受推崇的家書，被譽為「一部使人脫胎換骨的道德和禮儀全書」。

# 父母的感覺才是關鍵

 **斯波克的經典言論**

> 我想，可能有一些即將做父母的夫婦會理想化地認為，如果他們是出色的父母，他們就會對天真無邪的孩子表現出無限的耐心和愛心。但是，以人性來說，這是不可能的。

**做父母注定會生氣。** 如果孩子連續哭好幾個小時，你用了所有的耐心去安慰他，但他還是哭個沒完，這時父母對孩子就不會有同情心了。在你眼裡，他簡直就是一個討厭、固執、毫不領情的小東西。父母會忍不住生氣，而且非常生氣。有時大孩子會明知故犯，做不該做的事。也許他非常想要你那件容易摔碎的東西；也許他迫不及待地要和馬路對面的一群小孩一起玩，不顧勸阻就跑了過去；也許他會因為父母不給他某樣東西而發脾氣；也許因為新生寶寶得到的關心比他多而生寶寶的氣。於是，他就會因為單純的惡意而表現不好。

如果孩子違反了一項被大家普遍接受的合理規則，父母就很難做一個冷靜的仲裁者了。優秀的父母都有著強烈的是非觀。從童年時代就一直遵循的規則被打破了，或者財物被毀壞了，而犯錯誤的是孩子，你對他的性格又非常在意。這時，父母難免會感到憤怒，孩子自然也會明白這一點。這時候，只要你的反應合情合理，並不會傷害到孩子的情感。

有時，父母要過好一會兒才能意識到自己在發脾氣。孩子可能從吃早飯開始就一直在做一件又一件惹人生氣的事，比如對著飯菜說一些讓人不舒服的評論，有意無意地灑了牛奶，擺弄不讓他玩的東西還把它打碎了，捉弄比他小的孩子等。父母先是以極大的忍耐不去理會這些事情，可是當孩子做出最後一件事的時候，憤怒終於爆發了。其實這最後一件事本身並不那麼嚴重，可爆發的程度卻連你自己都有點震驚。多數情況下，如果回想一下就會明白，在這一連串令人惱火的行為中，孩子其實一直在期待父母的堅決態度。倒是父母充滿善意的容忍使他一次次地挑釁，又一次次地期待著有人能阻止他。

由於來自其他方面的壓力和挫折，我們也會對自己的孩子發脾

氣。比如，一位丈夫可能會因為工作中的問題而煩躁不安，回到家裡就對著妻子找碴。於是，妻子可能會為了一件平時根本不算什麼的小事打孩子，挨打的男孩又會拿他的小妹妹出氣。

**勇於承認自己生氣。**父母有時會對孩子失去耐心，或者對他們產生不滿，這些都是不可避免的，所以我們一直都在討論這個問題。與此同時，我們還得考慮一個同樣重要的相關問題：父母能夠坦然面對自己的憤怒情緒嗎？對自己要求不是過分嚴格的父母通常都能承認自己在發怒。如果孩子一直搗亂，讓人不得安寧，直率坦白的母親就會對她的朋友半開玩笑地說：「在屋裡和他多待一分鐘我都受不了。」或者「我真想痛快地揍他一頓。」雖然她不會真的那樣做，但是她勇於向同情她的朋友承認自己的確很生氣，或者接受自己很生氣的事實。這樣一來，她便可以釐清自己生氣的原因，並在交談中說出來，她的心裡也會感到比較舒服。這樣做也使她明白自己一直在容忍的問題，有助於她以後更堅決制止孩子的不良行為。

有些父母為自己制定的標準過高。他們經常生氣，卻又覺得優秀的父母不應該像自己這樣。真正受折磨的正是這種父母。當他們意識到自己的憤怒情緒時，要不就是感到非常內疚，要不就是設法否認這種情緒的存在。但是，如果一個人總想壓制自己的憤怒，那麼只能讓這種情緒以別的方式爆發出來，比如緊張、疲勞或頭疼。

對孩子感到生氣的另一種間接表現就是過分地保護孩子。如果一位母親不願意承認自己對孩子有不滿情緒，就會憑空想像出一些可怕的事情，並且認為這些來自別處的厄運將會降臨在孩子頭上。因此，她會過分地注意細菌或交通。她想寸步不離地保護自己的孩子遠離這些危險，這很容易讓孩子對父母產生過分依賴。

承認自己的憤怒，你會感覺舒服一些，孩子也會心情放鬆。在一般情況下，父母感覺痛苦的事情同樣也會讓孩子感覺痛苦。當父母害怕自己對孩子的憤怒而不敢承認時，孩子也會有同樣的擔心和恐懼。在兒童心理診所裡，我們常會見到一些像這樣有幻覺恐懼心理的孩子，他們害怕昆蟲，害怕上學，害怕與父母分開。經調查證明，這種恐懼

心理之所以產生，就是由於孩子不敢承認自己對父母存有一些憤怒心理，於是採取這種手段掩飾。

換句話說，如果父母勇於承認自己在生孩子的氣，孩子就會更加愉快。因為在這種情況下，如果孩子有同樣的情緒，也會感到很坦然不因此內疚。所以，父母把合理的怒氣發洩出來有助於釐清事實，使每個人都感到心情愉快。

**什麼時候不能生氣。** 當然了，不是所有對孩子的抵觸情緒都是正當的。到處都能見到沒有愛心的粗魯父親，他們整天毫無道理地用言語或體罰來虐待孩子，而且絲毫不感到愧疚。我們這裡針對的不是他們，而是那些對孩子充滿愛心又有奉獻精神的父母，兩者的區別顯而易見。

如果一位慈愛的家長總是生孩子的氣，那麼，不管他把怒氣發洩出來還是憋在心裡，都會在精神上受到不斷的折磨。在這種情況下，我建議他找臨床心理師諮詢，因為他的怒氣可能是其他原因導致的。生氣或惱怒的狀態往往是情緒低落的表現。低落的情緒影響了相當多的父母，尤其是那些孩子還很小的母親，那是一種非常痛苦的精神狀態，好在這種症狀比較容易治療。

父母往往特別容易跟某個孩子生氣，並因此感到十分內疚。尤其是無緣無故產生這種憤怒情緒的時候，父母的內疚感會更加強烈。有的母親會說：「這個孩子總是惹我生氣。我盡量對他更好一些，不去理會他犯的錯誤。」心理諮詢或許有助於這樣的母親更加了解自己，做出必要的改變。

# 4 祖父母

我們經常可以聽到祖父母問：「為什麼我沒能像喜愛孫子（或孫女）那樣地喜愛我自己的孩子呢？我想我那時可能太想把孩子帶好了，所以感覺到的只有責任。」

而肩負著教育責任的父母則需要不時地被人提醒，讓他們認識到自己的孩子有多出色。豐富的閱歷和隔代人的特點使祖父母常常能勸慰父母，告訴他們孩子的不當行為實際上只是成長過程中的小問題，並不是不可超越的障礙。祖父母會把孩子和他們的文化傳統以及構成家族傳奇的那些故事聯繫在一起。父母不在家或生病時，祖父母也會被請來幫忙照顧孩子。長期看護孩子的祖父母面臨著特殊的挑戰。

**心理緊張是正常的**。在有些家庭裡，父母和祖父母之間的關係非常融洽，而在少數家庭裡則存在巨大的分歧。還有些家庭，父母和祖父母關係可能有點緊張，通常都是在照護第一胎孩子的問題上意見不一致。但是隨著時間的流逝和不斷的調整，這種分歧會慢慢消失。

有的年輕母親很幸運，她們天生就很自信。在需要幫助的時候，她們能毫不猶豫地向自己的母親求助。當母親主動提出建議時，如果她們認為合適，就會接受，如果認為不合適，就把它放在一邊，按自己的方式去做。但是多數的年輕母親一開始沒有這麼自信。就像其他剛開始從事陌生工作的人一樣，她們很容易發現自己的不足之處，對別人的批評也很敏感。

多數祖父母都對自己當年剛剛成為父母時的情景記憶猶新，所以，

他們總是盡量不去干涉年輕的父母。但是，祖父母有經驗，認為自己有判斷力，又非常疼愛孫子，因此，他們常常忍不住說出自己的觀點。他們可能很難接受自他們年輕以來一直習慣照護孩子的方式產生變化。比如，把嬰兒送到家庭之外的地方照護，或者晚一點才進行如廁訓練。即使接受了新方法，在實施這些方法的過程中，他們還是會覺得這麼做有些過分。

我認為，如果年輕父母有勇氣，就應該允許甚至懇請祖父母說出他們的看法，這樣才能和祖父母保持愉快的關係。從長遠來看，坦率的討論通常要比含蓄的暗示或令人不自在的沉默更讓人舒服。一位母親如果對自己照料孩子的方法非常自信，可以說：「我知道你可能覺得這個方法不太合適。我再去問問醫生，看看是不是我理解錯他的意思了。」這樣說並不意味著這位母親作出了讓步，因為她保留了作出最後決定的權利。她只是承認了祖父母的好意和明顯的關心。如果年輕的母親能這樣理智地處理眼前的問題，那麼以後出現問題時也能處理得讓祖父母放心。

如果祖父母對自己的子女有信

心，並且可以盡可能地接受子女的方法，他們就能幫助年輕父母把孩子照料得很好。這樣，年輕父母在有疑問的時候，也就會主動向祖父母請教。

**把孩子交給「隔代人」照顧。**
如果要把孩子交給祖父母照料，無論是半天還是兩個星期，年輕父母與祖父母之間都必須相互理解，作出適當的妥協。一方面，年輕父母要有足夠的自信確保在重要的問題上必須按照自己的意見行事。另一方面，年輕父母不應該指望祖父母會像自己的翻版一樣，完全按照自己的方法去管教和約束孩子，這對祖父母是不公平的。他們可能會讓孩子髒點或乾淨點，不嚴格按照固定時間吃飯，這對孩子來說並沒什麼害處。如果年輕父母認為祖父母照料孩子的方法不對，那就不要請他們來照顧孩子。

圖 4-4

有些父母對別人的勸告很敏感。如果年輕父母在兒童時代經常遭到父母的批評，那麼他們照顧孩子時就會比一般人緊張，會覺得不夠自信，容易對別人的反對意見感到不耐煩，而且還會固執地顯示自己的能力。為此，他們可能會極其熱衷於育兒方面的新理論，並且在實踐中努力運用這些新理論。他們似乎很喜歡徹底的改變，最好和他們的經歷完全不同。另外，他們還希望能以此證明祖父母的做法有多麼過時。如果年輕父母發現自己不斷地使祖父母不愉快，就應該至少自我檢查一下，看看自己是不是有意識地這樣做而自己卻沒有意識到。

**說一不二的祖父母。**有少數祖父母一直對子女管得很嚴。即使子女都已經有了孩子，還是一如以往，不肯放手。這樣一來，年輕父母可能一開始就很難按照自己的想法行事。例如，年輕的母親會害怕向自己的父母提建議，她既生氣但又不敢表達出來。如果接受建議，她就會覺得自己總是受人擺佈。如果拒絕了這個建議，又會覺得內疚。那麼，這樣的新手媽媽如何才能保護自己呢？

首先，她可以不斷提醒自己，自己現在是母親了，孩子是自己的，她應該按照自己認為最好的方法來照顧孩子。如果別人的觀點使她對自己的方法產生懷疑，那可以試著從醫生那裡得到支援。她當然有權利要求丈夫的支持，尤其當婆婆總是干涉自己的時候。如果丈夫認為自己的母親在某個問題上是對的，應該私下向妻子說明，與此同時，他還要讓母親明白，他站在妻子這一邊，而且他也反對別人的干涉。

年輕的母親不應該躲避孩子的祖母，也不應該害怕聽她提意見，如果年輕的母親能慢慢學會這樣做，她就會表現得更好。無論是躲避祖父母還是怕聽取意見，都在一定程度上顯得她太軟弱，不敢堅持己見。還有一件更難做到的事：她不僅必須學會不生悶氣，而且還要學會不發脾氣。她的確有權利生氣。但如果她壓抑不住自己的怒火而發了脾氣，這就證明她害怕祖母生氣而忍耐得太久了。喜歡發號施令的祖母通常能間接地覺察到子女這種膽怯的反應，還會利用這一點。如果事情到了非得冒犯祖母的地步，年輕的母親也不應該為此感到內疚。實際上，對祖母發脾氣實在沒有必要。即使出現這種情況，最多

也不應該超過兩次。在祖母生氣前，年輕的母親完全可以用一種平靜而自信的口氣為自己辯解：「醫生告訴我要這樣餵孩子。」「你看，我只是想讓孩子覺得涼快些。」或者「我不想讓他哭得太久。」平靜又肯定的語氣通常最能說服祖母，讓她相信孩子的母親有勇氣表達自己的觀點。

這種偶爾出現的情況會帶來長時間的緊張氣氛。因此，孩子的父母和祖父母可能必須分別找專業人士（比如聰明的家庭醫生、兒童精神科專家、社會福利工作者、通情達理的牧師）諮詢一下，以便每個人都能把自己的看法清楚地說出來。最後，兩代人可以重新坐在一起好好談談。無論怎樣，大家都應該有這樣的共識，教育孩子的責任是父母的，作出最後決定的權利也是父母的。

**充當父母的祖父母。**有一些孩子由祖父母撫養，可能是他們的父母因為精神問題或吸毒成癮而不能撫養他們。祖父母承擔這種責任時，感受常常十分複雜，其中包含對他們孫子孫女的愛、對自己孩子的氣憤，可能也有一些內疚和後悔。這種養育孩子的任務可能會讓

人格外滿足，但也會令人疲憊不堪。祖父母在這種情況下可能會嚮往正常的關係：可以溺愛的孫子孫女，還可以另外有一個安靜的家。

這些照顧孩子的祖父母也經常會擔心，如果他們的身體不行了將會怎麼樣？為孩子的看護提供支援的政府機構往往無法為這些祖父母提供同樣的支援。然而，類似的家庭和社會團體則會提供很大的幫助。很多城市都有提供育兒技巧和精神支援的祖父母團體。

# 5 性

## 生活的真相

　　**無論你是否願意，性教育都會早早地開始。**人們通常會認為，性教育就是在學校聽講座或在家裡聽父母嚴肅地談話。這種理解未免太過狹窄了。在整個童年時代，即使孩子沒有了解某些生活事實的合適管道，他也會透過不太系統的方式獲得這些資訊。性的問題不光是指嬰兒是怎樣產生的，它包含的內容比這廣闊得多，例如男人和女人如何相處，他們在世界上各自的地位如何等。

　　當然，儘管 1 歲的孩子有著對父母強烈的依賴之情作基礎，但要他完全理解這些也是不可能的。到了 3 歲、4 歲或 5 歲時，孩子就會把他的愛慷慨大方地獻給父母。這時，

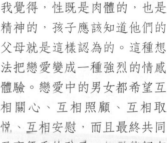

## 斯波克的經典言論

　　我覺得，性既是肉體的，也是精神的，孩子應該知道他們的父母就是這樣認為的。這種想法把戀愛變成一種強烈的情感體驗。戀愛中的男女都希望互相關心、互相照顧、互相取悅、互相安慰，而且最終共同孕育優秀的孩子。如果他們有宗教信仰，還會希望神成為他們婚姻的一部分。這些渴望對於構建牢固又理想的婚姻將會發揮一定的作用。

　　要讓孩子了解到，父母不光想要彼此擁抱和親吻，他們還渴望友善相處，互相幫助以及彼此尊重。這對孩子會很有好處。

　　這個年齡層或更大一點的孩子會問到小孩是從哪兒來的，以及父親

的作用是什麼等問題。這時父母就應該真誠地告訴孩子，他們是如何愛著對方，如何希望為對方做點事情，送給對方禮物，共同孕育並且共同照顧孩子，以及他們是如何伴隨著肉體的愛和希望把父親陰莖裡的種子放到母親的陰道裡去的。這一切對孩子來說都很重要。換句話說，在對孩子進行性教育時，父母不應該只從解剖學和生理學的角度去解釋性，要始終把性與理想和心靈聯結起來講解。

**嬰兒的性教育。**性教育甚至在孩子會說話、會提問之前就可以進行了。在洗澡和換衣服的過程中，父母可以很自然地談論身體的各個部分，包括寶寶的性器官。可以對孩子說：「現在，我們要擦擦你的外陰。」或者「讓我們把你的陰莖洗乾淨。」父母要使用正確的詞語，外陰或陰莖。而不是用「小溝溝」或「小雞雞」這樣的說法，這樣可以消除生殖器官帶來的禁忌感。同樣，在談論性器官的時候，父母也會變得更加自然，不會侷促不安，這將為未來的幾年打下良好的基礎。

**3 歲兒童會問到相關的問題。**

從 2 歲半～3 歲半起，孩子對有關性的事情就了解得越來越明確了。這是孩子不斷提問的一個階段，他們好奇的觸角會伸向四面八方。他們很可能會問到為什麼男孩和女孩不一樣。他們並不認為這是一個有關性的問題，只是一系列重要問題中的一個。但是，如果他們形成了錯誤的印象，以後就會把這種誤解和性的問題混淆在一起，因而導致對這個問題的曲解。

**寶寶是從哪兒來的？**3 歲左右的孩子也很可能提出這個問題。對此，父母最好據實以告，因為這比先編一個故事，然後再修改要容易得多，也好得多。回答這個問題的時候要像孩子提問時那樣簡單明瞭，因為如果一次為這麼小的孩子講太多，他會更困惑，要是每次都用簡單的語言做一點解釋，孩子就會理解得比較好。例如，可以說：「寶寶長在媽媽身體裡一個特殊的地方，這個地方叫做子宮。」暫時只告訴他這些就足夠了。

但是，很可能在幾分鐘以後，也可能在幾個月以後，他們又想知道其他一些事情。比如寶寶是怎樣進入媽媽身體裡的？他又是怎麼出來的？第一個問題很容易讓父母感到

尷尬，他們會妄下結論地認為，孩子想了解關於懷孕和性關係的知識。孩子當然不會有這樣的要求，他們認為東西能進入胃裡是因為人們吃了它，所以會猜想寶寶會不會也是那樣進入媽媽體內的。簡單的答案就是：寶寶是由一顆種子長大的，而這顆種子會一直待在媽媽的肚子裡。孩子要再過幾個月才會問到或理解父親在其中扮演的角色。

有些人認為，在孩子第一次問到這些問題的時候，就應該告訴他們是爸爸把種子放進媽媽身體裡的。也許這樣做有道理，對於那些認為男人與此沒有任何關係的小男孩來說，更應該這樣解釋。但是，大多數專家都認為，沒有必要把父母之間的肉體接觸和感情交流準確地告訴三、四歲的孩子。孩子提問時可能原本沒想了解這麼多。因此，我們該做的只是在孩子能理解的前提下滿足他們的好奇心。更重要的是，要讓孩子覺得問任何問題都可以。

至於「寶寶是怎麼出來的」這個問題，有個比較好的答案是：寶寶在媽媽的肚子裡長到夠大的時候，就會從一個專門的通道鑽出來，這個通道叫陰道。一定要讓孩子清楚

明白，這個通道既不是肛門也不是尿道。

小孩可能會對月經的現象感到困惑，並且很可能認為那是受傷了。這時，父母應該對孩子解釋，所有的女人每個月都會有這種分泌物，它不是從傷口流出來的。對 3 歲以上的孩子還可以解釋為什麼女人每個月都有月經。

**為什麼不能編造故事作答？**你也許會說：「編個故事跟孩子講懷孕的事豈不是更容易？大人也用不著那麼難為情。」但是對於 3 歲大的孩子來說，如果媽媽或姨媽懷孕了，他可能會注意到女人體形的變化，或者聽到大人的隻言片語，進而疑惑寶寶到底長在哪兒。如果大人告訴他的情況與他看到的事實不符，很容易使孩子感到迷惑和擔心。即使他在 3 歲時沒有懷疑家長的答案，到 5 歲、7 歲或 9 歲也一定能發現事情的真相或部分真相。因此，最好不要一開始就誤導他，免得以後讓他覺得你是一個說謊的人。另外，如果他發現你因為某種原因不敢告訴他實情，父母和孩子之間就會出現情感障礙，還會讓孩子感到不自在。這樣一來，他以後就不大可能再向父母請教其他問題

了。在 3 歲的時候應該跟孩子說實話的另一個原因是,這個年齡的孩子其實很容易滿足於簡單的答案。這樣還可以為父母以後回答更難的問題打下實踐基礎。

有些時候大人會感到很困惑。因為孩子聽了大人編造的故事以後,好像也相信了這種說法。他們甚至會同時把兩三種說法混在一起。這種情況很自然。孩子會相信自己聽到的零碎東西,因為他們有豐富的想像力,不會像大人那樣總要找到唯一的正確答案,然後拋開那些錯誤的。還要記住,孩子不可能把你一次告訴他的東西通通記住。他們每次只能記住一點內容,然後回過頭來再問你這個問題,直到他們覺得自己已經明白了為止。隨後,孩子每到一個新的發展階段,都會為接受新的觀點做好準備。

**做好吃驚的準備。**要提前意識到,孩子的問題很少在父母預期的時刻出現,而出現的形式也常常出乎父母的預料。家長常會設想那種睡覺前和孩子推心置腹的情景。實際上,父母在超市或大街上和懷孕的鄰居談話時,孩子更容易突然提出這樣的問題。這時父母要控制自己的衝動,不要慌忙讓孩子住嘴。

方便的話,可以當場回答他的問題。如果不方便,可以自然而隨意地說:「我待會兒告訴你。這些事情我們通常會在沒有別人的時候談。」

不要把氣氛搞得特別嚴肅。當孩子問你為什麼草是綠色的,或者為什麼狗長著尾巴這類問題時,你會很隨意地回答他,他也會覺得這些都是世界上再自然不過的事情。同樣地,在回答這些有關生活真相的問題時,也要盡量自然回答。要知道,即使那些讓父母反感和難為情的問題,對孩子來說也只不過是出於單純的好奇心才問的。即使父母覺得難為情,只要回答簡單明瞭,孩子也不太可能感到難堪。

除非孩子觀察過動物,或者他的朋友家裡有小孩出生,否則,孩子要到四、五歲以後才能提出其他問題,比如:「為什麼你們結婚以後才有孩子?」或者「爸爸和生孩子有什麼關係?」等。你可以向孩子解釋,種子從爸爸的陰莖裡出來,然後進入媽媽的子宮,子宮是個特別的地方,但不是胃,寶寶就在子宮裡生長。但是,孩子要過一段時間才能想清楚這些內容。當孩子能夠理解這件事情時,就可以用自己

的話談談有關愛撫和擁抱的事情。

**沒提過這些問題的孩子**。有的孩子到了四、五歲甚至更大的年齡還提不出什麼問題，父母又該怎麼辦呢？有時候父母會認為這樣的孩子很單純，從來沒有想到過這些問題。但是，多數專業人士都會質疑這一點，他們認為，無論父母是否有意迴避這類話題，孩子都會覺察到這樣的問題是令人尷尬的。父母不妨仔細觀察，孩子為了試探父母的反應可能會間接地提出問題，或者旁敲側擊，或者開一些小玩笑。

比如說，大人們會認為 7 歲的孩子不知道懷孕的事情。但實際上，這麼大的孩子會不斷地以一種既羞澀又像開玩笑的方式提到媽媽的大肚子。出現這種情況反倒是好事。這正是父母向孩子解釋的好機會。到了一定年齡，如果小女孩想知道她為什麼和男孩不一樣，有時就會作出勇敢的嘗試，她會像男孩一樣站著小便。在和孩子談論人類、獸類和鳥類的時候，父母應該留意孩子間接的提問，並幫助孩子解答真正想知道的問題。這樣的機會幾乎每天都有。這樣一來，即使有時候孩子並沒有直接提出問題，父母也能給出令人安心的解釋。

**學校如何提供幫助？**如果父母能夠盡量自然地回答孩子早期提出的問題，等孩子長大一些，想了解更確切的知識時，他就會不斷向父母討教。但是，除了父母之外，學校也可以幫助孩子解決疑問。許多學校讓幼兒園或一年級的孩子去照顧兔子、天竺鼠或白鼠之類的小動物，而且對此非常重視。這種活動為孩子們提供了很好的條件，讓他們熟悉動物生活的各個方向，比如飲食、爭鬥、交配、出生和哺育等。讓孩子們在不針對人的情景之下了解這些事實會更容易一些，而且這也是相關家庭教育的補充。孩子們也可能把學校裡學到的知識帶回家裡和父母討論，以得到進一步的證實。

到了五年級的時候，學校最好能幫孩子安排生物課，內容要包括對生物繁殖的討論，並採用簡單的方式。因為這時候，班上至少已經有幾個女孩正在進入青春期，她們需要確切知道自己體內正在發生著什麼變化。學校裡這種科學角度的討論可以幫助孩子們在家更個人化地提出這些問題。

性教育也包括精神方面的內容，這是由廣泛的健康教育和道德教育

所組成的。從孩子上幼兒園起一直
到高中畢業都要堅持性教育,父母
和教師要達成默契,相互協調、相
互合作。

## 和青少年談論性

**性教育會引發性行為嗎?** 很多
家長擔心,和青少年談性會被當作
是對孩子性行為的認可。沒有比這
更錯誤的想法了。事實剛好相反,
如果父母和老師給孩子解答了疑
惑,或者孩子透過閱讀合適的書
籍,了解足夠的性知識,他們就不
會被迫親身探究。消除性的神秘感
非但不會增加它對青少年的吸引
力,反而可以削弱這種吸引力。讓
孩子學會抵制誘惑也很必要,比
如,告訴孩子為什麼要拒絕這種引
誘,以及如何表明「不,謝謝」的
態度。但是,很多研究都證明,單
純要求孩子抵制欲望和誘惑並不能
減少不負責任和不安全的性行為。
要獲得更好的效果,性和性行為的
教育必須照顧到各個面向,包括生
育知識和避孕措施,媒體如何利用
性來賺錢,性的情感內容和精神內
容,宗教信仰和其他價值觀念,以
及節制欲望等。

**要交談,不要說教。** 對青少年
談性,要像對小孩子一樣,最好能
夠輕鬆自然地進行,不要把它當作
一種嚴肅的訓教。如果性從來都是
公開的談話主題,那麼與青少年談
論性就會容易許多。把性話題變成
談話的常規內容,方式之一就是對
電視、報紙和雜誌上隨處可見的性
形象加以評論。如果初中的孩子知
道他可以和父母輕鬆自然地談論性
話題,那麼即使到了高一或高二,
他和父母談起性話題來也不會侷促
不安。你們一起坐在車裡的時候也
是和孩子談論性話題的好時機,也
許你正開車帶著孩子去參加某個有
趣的活動。沿途的風景可以緩解你
們不自然的感覺。而且,在行車過
程中,孩子顯然也不容易起身離
開。這些討論應該包括避孕的話
題,要具體談到男孩和女孩的責
任。如果實在找不到一種自在的方
式跟十幾歲的孩子談論性話題,那
就找一位你和孩子都認為能夠勝任
的成年人幫忙,這一點很重要。

**超越恐懼。** 有一個很容易犯的
錯誤,就是把注意力都集中在性帶
來的危險上。當然,即將進入青春
期的孩子的確應該了解懷孕是怎麼
回事,也要知道混亂的性行為會帶

來染病的危險。

當然，對有些孩子來說，對負面後果的恐懼會幫助他們做出明智的選擇。但是，十幾歲的孩子通常都是愛冒險出了名的，他們相信不好的事情根本不會發生在自己身上。對這些孩子來說，有關愛滋病的可怕事例和意外懷孕的危險都阻擋不了他們冒險的腳步。

除了提醒以外，十幾歲的孩子還需要指導，幫助他們徹底想清楚青少年時期性行為的心理和情感關係等諸多方面的問題。是怎樣的期待或恐懼在驅使他們？他們是把性交看成進入熱門群體的入場券，還是當成一種鞏固脆弱情感關係的方式？他們是迫於壓力而妥協還是自主的決定？他們在自己的情感關係中是誠實而公開的還是在玩弄別人？雖然旁人的建議很重要，但是青少年通常都不善於聽取建議。為了幫助他們徹底想清楚自己必須做出的決定，父母應該做好傾聽的準備，而不要一味地說服與教育。

如果青少年擁有堅實的自尊基礎，如果他們對期待的大學生活或其他事業有著正面的期待，他們就更容易做出明智的決定。要不就是避免不顧後果的雜交，要不就是將

性行為發生的時間向後推遲。聰明的父母會在孩子成長過程中幫他們做出如何選擇朋友、如何安排時間，以及如何做正確的事情等小決定。孩子透過這種方式學到的常識和價值觀念，會幫助他們在青春期性行為這個充滿暗礁的大海上平穩地航行。

**女孩與青春期。**青春期教育應該在身體出現變化之前進行。女孩通常在 10 歲左右進入青春期，有的會提早到 8 歲。開始進入青春期時，女孩們應該知道，再過兩年她們的乳房就會長大，陰毛和腋毛也會長出來，她們的身高和體重會迅速增長，皮膚的肌理也會有所改變，還可能長青春痘。大約 2 年以後，她們會第 次月經來潮（**有關青春期的更多內容，請參閱第 170 頁**）。

在跟孩子談論有關經期的事情時，談論的重點不同，對孩子的影響也會不同。有的母親可能會強調經期很令人討厭，這是不對的，因為孩子還沒有成熟，這樣容易給她留下錯誤的印象。還有的母親會強調女孩在這個階段有多麼脆弱，必須如何小心。這樣的談話內容也會讓女孩留下不好的印象。有些女孩

在成長過程中本來就覺得她們的兄弟在任何方面都比自己強，或者總是為身體健康擔心。對這樣的女孩談論任何經期的不利因素，都會給她們造成更壞的影響。女孩和女人完全可以在經期享受健康、正常又精力充沛的生活。只有少數女孩會因為劇烈的痛經而不能參加任何活動，但現在已經有了治療痛經的有效方法。

應該強調的是，月經的出現說明子宮已經開始為孕育寶寶作準備了。在女孩等待初潮來臨的時候，可以給她一包衛生棉，幫助她保持正常的心態。應該讓她覺得，自己已經長大了，已經準備好安排自己的生活了，不再被動地接受生活帶來的變化。

**男孩與青春期。**男孩應該在青春期開始之前就了解有關的性知識。他們大約在 12 歲左右進入青春期，但有時也會提早到 10 歲。應該告訴他，陰莖勃起和遺精是很自然的事情。遺精常被稱作夢遺，就是睡眠時精液（貯存在睪丸內的液體）噴出的現象，這常常伴隨有關性的夢境發生。有的父母知道男孩夜間必然會遺精，也知道男孩有時會有強烈的手淫欲望，所以就告訴兒子，只要這種事情發生得不太頻繁就沒有什麼危害。但是，父母這樣給孩子限定範圍很可能是個錯誤。因為青少年容易擔心他們的性能力，擔心自己和別人不一樣或不正常。如果對他們說：「這麼多是正常的。」「那麼多是不正常的。」他們就會對性的問題充滿困惑與擔心。所以，應該告訴男孩，不管他們遺精頻繁與否都是正常的，而且，也有少數很正常的男孩從來不遺精。

## 性心理的發展

### ▼ 斯波克的經典言論 ▼

> 從出生到死亡，我們一直都是有性別的動物。性心理是天生的，也是我們本性的一部分。但是，由於家庭、文化和社會價值觀念的不同，人們表露性慾的具體方式也有很大的不同。在有些文化中，人們把性行為看成是日常生活中基本而自然的組成部分。

**性慾。**這裡說的性慾有兩種。一種是指透過生殖器官獲得的快感，另一種泛指透過其他感官獲得

的享受。寶寶們都是感覺敏銳的小東西，被觸碰時，他們全身都會有一種難以抑制的舒適感，某些部位對此尤其敏感，比如嘴和生殖器。這就是為什麼他們吃東西的時候總是津津有味，吃飽了還要咂咂嘴表示滿足，餓了會大聲哭鬧。當他們被人抱著、撫摸、親吻、搔癢和按摩的時候，就會表現得很快樂。快樂就是他們的最高追求。

隨著時間過去和外界對孩子這種欲求的反應，孩子開始把某些情感和想法與舒適感聯繫起來。如果孩子在用手摸生殖器的時候聽到父母說：「別摸那兒！髒！」就會把這種感覺與不允許聯繫起來。當然，他可能不再做這種動作。但是他對快感的欲望並不會因此而消失，他不明白這種令人愉快的行為為什麼要被禁止。

隨著孩子的成長，他們必須把身體的享受和社會接受的標準協調起來。例如，他們會認識到挖鼻孔或者抓撓身體的某個部分是可以的，但是在別人面前不能這樣做。於是，他們就逐漸懂得了什麼是隱私。有的孩子會說他在廁所裡需要私人空間，卻不覺得光著身子在屋裡玩耍有什麼不好。到了一年級，

大多數孩子對於隱私的認識就和成年人差不多了。

**自慰行為**。4～8 個月大的嬰兒會透過隨意摸索自己的身體發現自己的生殖器，這和他們發現自己的手指和腳趾的方式完全一樣。他們撫摸生殖器的時候會有快感，而且會在成長過程中一直記得這種感覺。所以會時常有意地撫摸自己的生殖器。

18～30 個月時，孩子開始意識到性別的差異，尤其會注意到男孩有陰莖而女孩卻沒有（他們這樣開始了解性別，以後他們還會知道女孩有陰道，小寶寶可以生長在子宮裡，而這兩樣東西男孩都沒有。）這時，這種對生殖器的本能興趣會導致他們手淫的次數增多。

到了 3 歲時，如果父母還沒有禁止他們的手淫行為，孩子就會時常手淫。除了用手觸摸生殖器以外，還會用大腿相互摩擦，或者有節奏地前後搖晃，或者騎在沙發或椅子的扶手上，躺在常玩的填充玩具上做一些向前頂胯的動作。當感到緊張，受到驚嚇，或擔心什麼不好的事情會發生在生殖器上時，他們還會撫摸生殖器來安慰自己。

大多數學齡前兒童都會繼續手

淫，只不過不像以前那麼公開，也不那麼頻繁。有的孩子會頻繁地手淫，有的則很少這樣。孩子手淫是為了獲得快樂，他們還會利用手淫帶來的平靜、舒服的感覺幫助自己應付各種各樣的焦慮情緒。

**幼年時期對性的好奇心。** 學齡前的男孩和女孩經常公開地表現自己對異性身體的興趣。如果得到允許，他們還會自然地讓對方看一看、摸一摸，來滿足對性的好奇心。玩扮家家酒或醫生看病的遊戲有助於滿足孩子對性的好奇心，也讓孩子有機會以更加平常的方式去體驗作為成年人的樣子。在學齡前孩子中，男孩互相比較陰莖的大小，女孩互相比較陰蒂的樣子和大小都是正常的事。孩子之間一直存在著相互比較的現象，學齡階段的這種情況只是其中的一部分。有的孩子會探究這方面的問題，有的則不會。

**家裡的性迴避應該保持多大程度？** 每個家庭對道德的標準都不盡相同。在家裡、海灘和幼兒園的浴室裡，讓不同性別的孩子適當地看到彼此光著身子是很平常的事，沒有理由認為這種暴露會產生不好的影響。孩子們對彼此的身體感興趣是很自然的事，這和他們對周圍世界裡的許多事物產生的興趣是一樣的。

但是，如果孩子經常看到父母裸露的身體，就應該多加注意了。這主要是因為孩子對父母有著強烈的情感。一個男孩愛他的母親勝過愛任何小女孩，他對父親的競爭感和敬畏感比對其他男孩強得多。所以，看到母親裸露的身體對他來說可能會過於刺激。他每天見到父親的時候總會感到自愧不如。可能在他也有了成熟的生殖器以後，這種不夠格的感覺也不會消除。有時，男孩甚至會非常妒忌父親，甚至想對父親用點暴力。比如，有個崇尚裸體主義的父親提過，早上刮鬍子的時候，他三、四歲的兒子曾朝他的陰莖做抓捏的動作。接著，男孩就會為自己的想法感到內疚和害怕。一個經常看到父親光著身子的小女孩也會受到同樣的刺激。

這並不是說所有的孩子都會被父母的裸體行為擾亂心思。許多孩子都沒有這種心理反應。如果父母是出於健康的自然主義才這麼做，而不是為了挑逗或者炫耀，這種反應就更不會發生了。因為我們不太清

楚這麼做到底會對孩子產生多大的影響，所以我認為當孩子到了2歲半～3歲時，父母就應該注意正常地著裝。在此之前，讓孩子和大人一起上廁所還是有好處的，這樣孩子就能明白廁所到底是做什麼用的。偶爾，在大人不注意的時候，好奇的孩子可能會闖進浴室看到父母的裸體。這時，父母不該表現出驚恐或生氣的樣子，而要簡單地說：「你在外面等我穿好衣服好嗎？」

那麼，從什麼時候開始父母應當有所避諱了呢？對於這個問題，最好還是以自己的感覺為準，當你裸露著身體面對孩子會感覺不自在時，就應該適當地迴避了。因為，如果你感覺不自在，孩子也會有所察覺，於是會加重這種情況下的情感負擔。

從六、七歲開始，多數孩子有時會希望自己多一點隱私權。在這個階段，他們也能更加熟練地自己上廁所，自己梳洗了，所以，父母應該尊重孩子對於隱私的要求。

## 性別差異與同性戀

2歲時，男孩就知道自己是男孩，女孩也知道自己是女孩了，而且他們通常都會接受自己的性別。年齡較小時，男孩會覺得自己也能生孩子，女孩則會想她們也應該有陰莖，這很正常。這些願望並不代表劇烈的心理騷動，只能說明孩子們相信任何事情都有可能。

性別意識的發展是生理因素和社會因素共同作用的結果。睪丸素和雌激素發揮著主要作用，它們不僅決定一個人的身體會發育成男性或女性，還會影響到腦部的發育。男性的大腦和女性的大腦不同，但是合好鬥、是否能言善辯等男女性別方面的差別實際上比個體之間的差異要小得多。換句話說，世上有很多情感細膩又愛好和平的男孩，也有很多武斷又爭強好勝的女孩。

**有必要強調性別特點嗎？** 玩具汽車和牛仔褲並不能讓男孩清楚認識到自己是個男子漢。真正使他強烈地認識到這一點的，是童年初期和父親之間的良好關係。正是這種關係使他渴望長大以後成為像父親那樣的人。

即使父親有意拒絕兒子玩布娃娃的要求，或者擔心兒子的個性過於女性化，也不會增強孩子的男子氣概。事實上，兒子可能會覺察到自

己和父親的男子氣概都不可靠，或者認為兩人都缺乏男子氣概。如果父親對自己的男子氣概充滿自信，就能夠跟兒子一起玩布娃娃的遊戲，並以此來幫助兒子發展父性中母性的一面。

同樣，女孩也會在母親身上尋找自己的形象。如果母親鼓勵女兒去參加許多活動來突破自我，同時母親自己也能夠身體力行，她就能培養出又自信又健康的女兒來。但是，如果母親過分質疑自己的女性特質，或者擔心自己對男人沒有吸引力，就會過分看重女兒的女性特質。如果她只讓女兒玩布娃娃和烹飪玩具，還總是把她打扮得花枝招展，就會讓孩子曲解女性的特點。

良好的父女關係對女孩也很重要。如果父親不理女兒，輕視她，不願和她玩球，或者不讓她參加露營和釣魚等活動，女兒就會產生自卑感，而且這種自卑感很難消除。我認為小男孩想玩布娃娃，小女孩想要玩具汽車都很正常，父母完全可以滿足他們的要求。男孩想玩布娃娃是因為他具有想做父母的情感與欲望，而不是因為他女性化，那會幫助他在將來成為一名好父親。不論男孩還是女孩，如果他們想穿

中性服裝，比如牛仔褲和 T 恤衫。或者女孩喜歡穿燕尾服，也不會有什麼壞處。

關於做家務的問題，我認為，應該讓男孩和女孩分配同樣的任務。同時，無論家裡還是外面，男人和女人都應該承擔同樣的工作。男孩和他的姊妹一樣，能夠勝任鋪床、打掃房間和洗碗的工作。女孩則可以處理院子裡的工作，也可以洗車。但這並不是說什麼工作他們都不該交換，必須完全平等，而是說對他們不該有明顯的歧視或分別。父母雙方的榜樣作用會對孩子產生強烈的影響。

### ▶ 斯波克的經典言論 ◀

我敢肯定，我之所以成為兒科醫生，就是因為我在關愛嬰兒方面很像我的母親。在我之後，我母親又生了 5 個孩子。我記得我尤其喜歡用奶瓶幫他們餵奶，還喜歡用白色嬰兒車推著性情急躁的小妹妹在走廊裡走來走去地哄著她，讓她停止哭泣。

我記得，有些找我看病的女孩就像她們的父親，有的喜歡養鳥，有的成了免疫學家（而母親沒有這種

興趣）。所以，孩子的性別意識只有程度、興趣或對事物看法上的差別，而不是非此即彼，要不就是100%的男性，要不就是100%的女性。從這個意義上說，每個人都在某個方面或某種程度上存在著異性的特點。這樣有利於孩子長大以後理解異性，塑造更豐富、更善於融通的個性。從整體上來說，這對社會也有好處，因為人們能夠對各種職業都有一個綜合持平的看法。

**同性戀和同性戀恐懼症。** 在美國社會，有5%～10%的成年男女是同性戀者。因為同性戀的名聲較壞，所以很多同性戀者都會隱瞞性取向，使專家們很難統計出有關同性戀者的確切數據。另外，同性戀和異性戀之間的差別並不像人們想像的那樣涇渭分明。不少認為自己是異性戀的人都與同性別的人有性關係或有過性關係。還有數量可觀的人是雙性戀。很多人雖然覺得同性戀很有吸引力，但卻把自己的行為限制在異性戀的範圍之內。人類的性行為就像其他許多現象一樣，處在一個統一體（continuum）當中。

同性戀在我們的流行文化中隨處可見，在電影裡、雜誌上和電視上都能看到。像音樂家、時裝設計師、運動員甚至政治家這樣的公眾人物，也越來越願意公開承認自己是同性戀者。儘管如此（或者正因為如此）仍然有很多人對同性戀懷有恐懼，這種恐懼叫「同性戀恐懼症」。對同性戀的憎惡可能源自於人們對差異的恐懼，也可能是因為他們擔心自己也懷有同性戀的欲望。在這種情緒表現得最激烈的時候，對同性戀的憎惡會導致仇恨犯罪，人們還會因此制定法律，限制同性戀男女的行為自由。

有些父母認為，如果自己的孩子和成年同性戀者有來往，就會成為同性戀者。然而沒有任何證據表明，孩子的性取向會因為榜樣的作用而受到影響或發生改變。反而有越來越多的證據顯示，一個人的同性戀或異性戀傾向早在出生時就已經確定了。人的基本性取向是在最初幾年的發展中確定的，無論孩子生活在什麼樣的家庭環境中，也無論他受到什麼樣的保護，都不會改變他成年以後基本的性取向。

如果孩子問到同性戀的事情，或者要跟6歲以上的孩子簡單談論性問題，我認為應該簡單地告訴他們，有些男人和女人愛上了同性別

的人,他們還住在一起。如果家裡信仰的宗教把同性戀看成是罪惡的,就要特別謹慎地處理這個問題,因為誰也不能保證你的孩子不會成為同性戀者。真是那樣的話,應該採取適當的方式跟孩子談一談這件事。要讓孩子很自然地信賴父母,願意聽父母的意見,而不至於被羞愧壓垮。

對同性戀的憎惡還可能導致殺人。有同性戀傾向的孩子如果生長在譴責同性戀的家庭或文化中,就很容易出現嚴重的心理和身體的健康問題。如果家庭排斥他們的同性戀身分,這些孩子出現嚴重憂鬱的機率是同齡異性戀孩子的 7 倍以上,他們的自殺行為也是後者的 8 倍以上。

**對同性戀和性別混亂的擔心。**男孩喜歡烤麵包、清潔工作、玩娃娃,偶爾還扮演媽媽,甚至假裝自己有了寶寶,這些都是正常的。如果男孩除了衣服和布娃娃什麼也不要,只願意和女孩玩,還說他想當女孩,這時我們就應該關注一下他的性別意識問題。如果一個女孩特別喜歡和男孩玩,有時還希望自己是個男孩,那麼她很可能只是在抱怨女孩不像男孩那麼強壯和聰明,

並且想試試自己的能力。她也可能是在表示對父親或哥哥的佩服和認同。但是,如果她只願意和男孩玩,而且總是因為自己是女孩而感到悶悶不樂,那就應該帶她去讓專家看一看。

一個孩子堅決地認定自己應該成為另一個性別的人,精神科醫生或臨床心理師可能會將其診斷為性別認同障礙(GID)。未來,科學家很有可能會發現,性別認同障礙有著生物學或遺傳方面的原因。不過無論什麼原因,性別錯位都容易成為孩子痛苦和困惑的源頭,也會成為原生家庭煩惱的來源。

如果父母認為自己的兒子有點女性化,或者女兒太男孩子氣,他們可能會擔心孩子長大後成為同性戀者。由於對同性戀的偏見廣泛存在,父母可能因此感到十分焦慮。但性取向與性別意識是兩碼事。很多患有性別認同障礙的孩子長大後真的成了同性戀者,但也有很多孩子不會這樣。面對這些問題,父母都要有理解和支持孩子的意願,這是取得良好效果的關鍵。

**性虐待。**希望孩子在性方面健康成長的父母正面對一場艱難戰鬥。從無孔不入的網路色情內容到

主流的戶外廣告、媒體廣告和電視劇，我們的文化始終把性跟暴力和控制混為一談。許多孩子在家裡也目睹著同樣混亂的場景成長。如果一個男孩看到爸爸對媽媽的態度是強制和粗暴的，他就會學到兩性關係的負面經驗，難以忘卻。要是一個女孩看到媽媽任人擺佈，她可能很難想像自己會成為一個獨立而受人尊敬的成年人。當性和權力結合在一起，最終最壞的結果出現在成年人強迫一個孩子做出性行為的時候。（**有關性虐待的內容，請參閱第 549 頁。**）

一定要把家營造成為遠離負面性形象的避風港，這一點很重要。那意味著要限制或杜絕充斥著暴力性內容的電視、網路和其他媒體（**請參閱第 517 頁，了解關於媒體的內容**）。要告訴孩子，人們如何利用性來達到商業目的。此外，最重要的是，要在自己的生活中做出健康的性表率。

# 6 媒體

## 媒體與生活息息相關

**父母是否應該憂慮？** 電視、電影和流行音樂究竟是對孩子有害，還是僅僅只是娛樂而已呢？任何一個時期的父母都會懷著警惕之心去看待音樂和其他娛樂方式對孩子的影響，卻總是覺得自己年輕時的歌曲和故事都是無害的，並欣然接受。人們會很自然地重視伴隨自己成長的東西，同時排斥新事物。流行音樂和其他媒體創造了能夠在校車上和學校大廳裡與人分享的體驗。在兒童和青少年塑造獨立人格並為生活中層出不窮的挑戰尋找答案時，這種兒童文化是其中健康正面的一部分。

另一方面，很顯然媒體可能會對兒童的行為產生強大又令人困擾的影響。隨著社交網站的興起，電子媒介會帶來越來越多的危險因素。

## 電視

**一種高度危險的媒介。** 在所有媒體中，電視對孩子的影響最普遍而深入。年輕人平均每天花費 3 小時看電視，另外花 3 小時以上在以螢幕為基礎的娛樂方式上。據統計，孩子每年平均會看到 1 萬次謀殺、襲擊和強姦，2 萬個廣告，1.5 萬次性行為（其中只有 175 次包含了避孕內容）。2～7 歲的孩子裡，近 33%的孩子臥室裡有電視。在更大的孩子中，這個比例將近 67%。

毫無疑問，某些節目可以為孩子提供良好的學習經驗。這些節目以娛樂的方式進行教育，讓孩子了解關心他人與友善的價值，喚起孩子

較高道德的本能。不幸的是，這些節目只是少數。大多數兒童電視節目的目的都是推銷產品，並且透過快速、暴力的行為來吸引孩子們的注意力。

電視對觀眾還會產生一種令人擔心的微妙影響，它使人缺乏創造性，變得十分被動。看電視不需要觀眾動腦，只需坐著讓畫面從眼前經過就可以了。這和讀書有很大的差別，因為讀書強迫孩子運用想像力。而對電視觀眾來說，不管電視播放的是什麼節目，他們都只是被動地接受。有些人認為這種非參與性的觀看活動讓孩子養成注意力集中時間變短的習慣，同時也會讓他們難以適應學校的學習方式。

肥胖（現代的流行病之一）是看太多電視帶來的另一個負面影響。孩子看電視時，幾乎不消耗熱量，而且，還一直受到高熱量速食零食廣告的瘋狂轟炸。研究顯示，電視和肥胖有直接的聯繫：一個孩子看的電視越多，他嚴重肥胖的可能性就越大。如果你一天大部分的時間都是靜止地坐著，那你幾乎不可能減肥。電視呈現了一種扭曲現實的情況，電視裡的女人瘦得不合乎自然規律，男人也健壯得不真實，難

怪很多青少年透過比較後會覺得自己沒有魅力。

暴力是另一個確實值得關心的問題。很多研究顯示，在螢幕上接觸暴力會導致孩子對待同儕表現得更有攻擊性，同時又會感到自己無力抵抗攻擊。當然，這並不表示每一個看了動作片的孩子都會模仿他看到的東西。但是毫無疑問，這些孩子實施暴力行為的機率會比較高。讓孩子接觸那些具有暴力行為的電視節目，就是把孩子置於危險中，就像在馬路上玩耍或不繫安全帶開車一樣。

### ▶ 斯波克的經典言論 ◀

我們每週有 23 個小時把孩子留給了電視這個「臨時保母」。這個臨時保母告訴孩子：可以用暴力解決問題；在沒有愛情的情況下做愛是令人興奮的，並沒有什麼真正的副作用；擁有最新的產品是獲得成功與幸福的手段。看起來，在電視保母展示給孩子的世界和我們希望讓他們看到的世界之間，幾乎沒有相似點。那麼父母為什麼願意把孩子託付給這樣一個保母呢？

**為什麼大多數電視節目都這麼糟糕？** 很多人錯誤地認為電視產業的生產線就是廣告，事實上，電視公司銷售的是電視觀眾的注意力。他們積聚的這種產品越多，可以從廣告中賺取的錢就越多。電視是抓住你注意力的一種方式（不是為了教育、啟發或娛樂），這樣就很清楚地解釋了為什麼大多數電視節目要努力地吸引最廣大的觀眾基礎，因為只有這樣才能引發轟動。

電視明確地被設計用來捕獲和維持電視觀眾的注意力，所以看電視可能是睡覺前最不該做的事情。電視無法幫助你入睡，而是讓你熬夜，直到你睏得幾乎睜不開眼。我見過大部分有嚴重睡眠問題的孩子，事實上都是因為看電視而不睡覺的。

**需要電視嗎？** 幾乎沒有幾個父母會選擇完全沒有電視的生活。但是，那些確實作出這種選擇的父母似乎總是為他們的決定而高興。那些從來沒有養成看電視習慣的孩子不會想念電視，他們會用其他活動來填補自己的生活。父母通常會認為電視讓生活更輕鬆，因為這讓孩子在大部分時間內有事可做。但是，還要另外花時間來討論孩子該看多長時間電視，什麼可以看，什麼不可以看，還為了讓孩子停止看電視去做作業和家務而激戰，這些又要花多少時間呢？如果這樣計算，可能還是根本沒有電視會更省事吧。

**控制。** 如果父母是選擇電視生活的大眾群體中的一員，最重要的事就是要控制電視。如果孩子的臥室裡有電視，把它撤掉吧。把電視搬出來放在公用空間裡，如此，父母可以輕鬆監控孩子看電視的內容和時間。

有的孩子從下午一進家門直到晚上被強迫上床前，幾乎都黏在電視機前。他們不想花時間吃飯、做作業，甚至不跟家裡人打招呼。讓孩子沒完沒了地看電視對父母來說也有吸引力，因為這樣可以讓孩子保持安靜。

關於什麼時間進行戶外活動，什麼時間與朋友在一起，什麼時間做作業，什麼時間看電視，父母和孩子最好達成一個合理而明確的共識。孩子做完作業、家務或完成其他任務後，最多有一兩個小時看電視，這對大多數家庭來說是一個合理的尺度。

對於較小的孩子，處理的辦法很

簡單，因為父母對他的控制是近乎絕對的，要選擇好的錄影帶讓孩子重複觀看。當孩子非要看商業節目時，一定要經過父母的同意。如果把電視當做臨時保母，就要弄清是否符合要求。比如說，父母能夠也應該直截了當地禁止孩子觀看暴力節目。

年紀小的孩子不能完全區分戲劇與現實的關係。可以向他們解釋說：「人們相互傷害和殘殺是不對的，我不想讓你看他們這樣做。」即使孩子對父母撒謊並偷偷地收看那些節目，他也會很清楚父母不同意他看，這會在一定程度上保護他不受那些粗劣的暴力場面影響。最有可能的效果是，孩子會暗暗地感到安心，因為父母不讓他看那些暴力節目。報告顯示，在看電視時受到嚴重驚嚇的孩子占了很高比例。誰願意這樣呢？

大一點的孩子很可能會趁父母不在的時候偷看。因此，頻道鎖定裝置就很有必要了。在美國，法律規定所有新生產的 13 吋以上電視機都必須附帶這種裝置，父母可以根據國家公布的分級標準，遮罩掉那些帶有較多暴力、性和成人內容的電視節目。

等孩子再長大一點，他當然會對父母監督他看電視的做法表示憤怒：「其他人都在看這些卡通，為什麼我不能看？」這時父母應該堅持自己的觀點。毫無疑問，孩子會在朋友家裡看這些被禁止的節目，但仍然要告訴他這種節目和家庭的標準不符，這就是不想讓他們看的原因。

**和孩子一起看電視**。處理電視上那些不利於孩子身心健康節目的最好辦法就是和孩子一起看這些節目，並幫助他成為一個有辨別和批評能力的觀眾。可以就剛剛看完的節目是否和現實社會相似進行評論。如果剛剛看完一個動作片，在打鬥中，有人挨了打卻若無其事，可以對孩子說：「那個人鼻子上挨了一拳，事實上一定受了傷，你說對嗎？電視並不像真實的生活，是不是？」這也會教孩子同情暴力的受害者，而不是認同攻擊者。看廣告時，可以說：「你認為他們說的是真的嗎？我認為他們只是想讓你購買他們的產品，這樣他們就可以賺錢。」要讓孩子為了知道廣告是什麼而看廣告，並開始了解廣告發布者的企圖。看到帶有性內容的場面時，可以這樣評論：「這一點也

不像生活中的樣子。通常，這種情況是在兩個人相互了解很長一段時間並真正相愛後才發生的。」

父母可以利用電視幫助孩子學會用更真實、更健康的方式了解世界，而看電視只是因為節目好看。當孩子學到了這些，他就能避免全盤接受媒體資訊。

**發表意見。**有一種簡單的辦法可以促進電視節目的改善，就是寫信給電視臺，告訴他們在兒童節目中喜歡什麼，不喜歡什麼。當電視臺接到一封信時，他們會認為有1萬人持有同樣的看法。這樣就能對電視節目施加一定的影響。

### 斯波克的經典言論

我認為，不買電視似乎是個合乎邏輯的辦法。那樣的話，孩子和家人就不能依賴被動的娛樂方式，而要學著人類幾千年來的做法，透過讀書、寫作或交談來積極地創造和發展他們的興趣。

## 電腦遊戲

電腦遊戲非常有趣，但是對孩子卻存在潛在危害，因為它們能提供即時的回饋。只要調整指示圖中的位置，在適當的時間按下按鈕，某個東西就會爆炸，然後就得分了。它們會自動調整難度，進而使遊戲任務總是具有挑戰性，卻不讓人產生真正的挫敗感，同時還時常提供獎勵（積分），這樣就抓住了兒童的注意力。換句話說，電腦遊戲是理想的教學工具。不幸的是，這些遊戲教給孩子的常常是如何快速而準確地射擊。隨著科技的發展，電腦螢幕上顯示的畫面變得更加生動逼真，孩子們射擊的目標也做得越來越像真人。開槍的次數越多，孩子們想到殺人的時候就越不害怕，也不會感到噁心了。他們並不是真的冷酷，只不過心腸沒有那麼軟了。當他們想到飛馳的子彈時，主要的感覺是興奮，而不是恐懼或厭惡。電腦遊戲比暴力電影更能抓住孩子的想像力，更容易讓他們從情感上接受暴力，因為在電腦遊戲裡，孩子們是主動的參與者。

即使是非暴力的電腦遊戲也可能完全俘獲兒童的想像力，讓孩子們欲罷不能，無法去思考包括學業在內的其他事情。孩子們會談到癡迷於電腦遊戲時那種被俘獲的無助感，如果父母禁止玩這些遊戲，他

們就會徹底崩潰。這個問題已經隨著手持型電動遊戲機的日益流行而變得越發嚴重。

電腦遊戲有積極作用嗎？手和手指要隨著視覺的刺激做出準確動作，這似乎可以促進孩子的手眼協調能力。從某個角度來說，這為他們從事要求快速反應的工作（例如飛行員或計程車司機）做好了準備。對於那些還不善交際又不擅長運動的男孩來說，玩電腦遊戲的技巧是獲得同儕認可的一個途徑。如果孩子們在操場上談論的都是最新的電腦遊戲，那麼不能玩電腦遊戲的孩子就會感到很不自在。

當然，也不是所有的電腦遊戲都是暴力或具有破壞性的。有的遊戲會鼓勵孩子們建構一些東西，例如房子、城市或設計雲霄飛車軌道等。有的遊戲鍛鍊了孩子的視覺或邏輯思維，還有的遊戲能讓數學或閱讀變得更有樂趣。要區分比較平和的遊戲和射殺類的遊戲並不難，只要經常瞥一眼電腦螢幕就可以。

電腦遊戲和電視一樣，關鍵在於父母的控制。大多數孩子能夠承受一定限度的打鬥遊戲，不會受到不好的影響。父母必須做的事情就是制定這個限度，讓孩子們不至於毫無節制地沉迷於電腦遊戲。如果孩子經常強烈地反對這個限制，就徹底禁止遊戲。如果孩子對武力十分著迷，甚至經常會練習空手道踢腿或比劃射擊動作，建議你絕不要讓他接觸暴力影像。他的腦子已經在加油添醋地幻想打鬥的情景了，最好讓非暴力的東西填充一下他的頭腦。建議他玩雲霄飛車吧，這個遊戲也很激動人心，而且沒有子彈。

## 電影

**恐怖電影。**讓 7 歲以下的孩子看電影是一件冒險的事情。比如，你聽說有一部卡通可能是最理想的兒童電影，但是帶孩子到了電影院，卻發現故事中的某段情節把孩子嚇得不知所措。父母必須記住，四、五歲的孩子還不能清楚地分辨編造的故事和真實的生活。對孩子來說，螢幕上的女巫是活生生的，和生活中看到的有血有肉的竊賊一樣可怕。

唯一安全的做法就是不帶 7 歲以下的孩子去看電影，除非其他了解孩子的人看過這部電影，知道其中沒有不合適的內容。即使這樣，也應該有一個富有同情心的大人陪著

孩子去看電影，可以在必要的時候安慰孩子，幫他解釋那些讓他不舒服的場景。

**孩子適合看什麼電影？** 這個問題顯然沒有唯一的標準。答案取決於孩子的發展程度、成熟度和對恐怖故事的反應、對電影的渴望，以及家庭的價值觀。想避開所有的暴力還是某些類型（比如特別直觀）的暴力？孩子到了什麼年齡才能看關於性的鏡頭，在這些場面中哪些行為是可以接受的？這些問題都需要考慮。

在允許孩子看什麼電影這個問題上，寧可嚴厲一些也不要疏忽大意。在孩子的接受能力還不夠時，與其讓他看那些令人不舒服或不合適的電影場面，還不如乾脆連一些他已經能夠觀看的影片也一起禁止，因為前者的危害更大。如果孩子和你爭論，說他可以看某部電影，就要聽一下孩子的理由，為什麼他覺得自己可以看也必須看這部電影。然後解釋說，不管什麼年紀，那種沒有愛情的、野蠻的性都是不好的。孩子很可能不會馬上心悅誠服，但是父母這種非常直接的方式可以讓他了解父母的標準，同時你也能更了解孩子的內心世界。

## 搖滾樂和饒舌音樂

如果說在過去幾十年中，青少年的音樂有一種普遍的威脅，那就是要顛覆古老又保守的音樂，還要反叛社會現狀。如果青少年的音樂不能引起大人的反感，它很可能就不會成功。音樂和其他事物一樣，是一種手段，每一輩人都用它來區別自己與上一輩人，並提供同輩人一種可以認同的文化和身分標誌。

### 斯波克的經典言論

我記得很清楚，在搖滾樂剛剛出現的時候，每次貓王在電視上表演舞蹈，父母們都會擔心。電視上只能看到他腰以上的部分，就是為了避免他扭動的臀部腐蝕年幼的觀眾。
10年之後，甲殼蟲樂隊的唱片遭到大批焚毀，因為有人認為他們會使青少年崇拜者變得精神頹廢。

這並不是說討厭的音樂只會干擾聽眾的耳朵而已。聽到那些讚美攻擊行為、不尊重女性和吹捧吸毒的歌詞讓人非常難受。有沒有辦法防止孩子聽到這樣的歌曲？你可以坐下來和孩子談談，問一些關於這些

歌曲的問題：「為什麼這首歌用藐視的口氣稱呼女性？為什麼歌詞那麼不尊重員警？這些帶有性內容的歌詞實際上是什麼意思？」跟孩子討論這些時，父母可以明確地表明自己對歌曲主題的看法。可以說：「我不喜歡說毒品好的歌曲。」對那些音樂一定要慎下結論，即使覺得它聽起來尖銳刺耳，像一連串的貓頭鷹叫，也要給予尊重。還要注意說話的口氣，不能不尊重孩子和他的同輩人。如果從一開始就表現出對這種音樂的排斥，孩子就會認為父母對此一竅不通，也就不會相信父母說的任何事情。

研究顯示，對於絕大部分兒童來說，最露骨的歌詞都是左耳進右耳出。這一點與電影和電視不同，沒有太多證據顯示露骨的歌詞對兒童的成長健康產生了多少影響。但是對一些歌詞令人厭惡的庸俗本質卻不該視而不見或避而不談。這也是一個進入孩子世界的機會，父母可以了解他們的文化，還能幫助他們釐清自己的思想和觀念。

**音樂電視**（MTV）。現在大多數家庭都有有線電視，能夠收看音樂電視。多數音樂電視都含有性鏡頭，而且往往與色情片只有一步之遙。其中暴力內容也很普遍，還包括對女性使用暴力。音樂電視把吸引人的影像和曲調結合在一起，用這種強有力的方式抓住了人們的想像力。因此，人們認為觀看音樂電視會導致攻擊行為和青少年性行為，也不是什麼令人驚奇的論斷。不安裝有線電視是減少這種接觸的一個辦法，另一個辦法是和孩子一起看，找機會對孩子進行教育。有些音樂電視也會表現負責任的行為，主張用非暴力的方式解決衝突。如果碰到了這樣的節目，要讓孩子知道父母贊成這些內容。

## 網際網絡

對兒童來說，網路提供了一個令人興奮的機會，讓他們在一個看起來更安全的世界裡享受獨立和自由。網路可以讓孩子接觸到無窮無盡的資訊，也能與志趣相投的同儕溝通。比如說，有一種聊天室可以讓殘障的孩子與世界上任何地方類似的孩子交談。網路幫助孩子們突破了孤立的狀態，建立了「地球村」。

伴隨這些實在好處的同時，危機也一併出現。對孩子來說尤其如此。不幸的是，在網路的虛擬世界

中，也有現實中的人利用孩子的單純和幼稚來獲得好處。比如，一個兒童聊天室可能會因為假裝成小孩的成年人而變成下流的脫口秀。孩子很容易看到專門提供暴力或色情內容的網站。不論上網時間長短，孩子們都可能在無意間看到一些這樣的網站。社交網站（臉書（Facebook）和聚友網（My space）是最流行的線上社交網站）把兒童和青少年與無數的陌生人連接起來。網「友」不一定真是朋友，卻可能是被多次刪除的熟人，或網路騷擾者的別稱。十幾歲的孩子經常會在網路上公布個人資訊，包括電話號碼和地址，他們意識不到這些行為可能帶來的傷害和危險。隨著越來越多的孩子可以透過自己的手機上網，父母失去了監管和控制孩子虛擬活動的能力。網路成了一個沒有父母的世界。

還有一種風險雖然不那麼引人注目，但同樣令人憂慮，那就是網路上大量的廣告。企業花費數十億製作令人興奮的網站，其目的就是銷售他們的產品和品牌。跟這些網站接觸，容易形成物質至上的觀念，還容易形成一種錯覺，認為大公司都是良性的實體。

**父母了解網路**。如果孩子已經了解了網路，可以讓他教你，也可以和孩子一起學。透過這種方法，父母至少可以在一段時間內和孩子一起上網，聊聊你們要去哪裡，討論一下要做什麼，不做什麼，並且說出父母對舉止得體的標準。這種一起上網的經驗會讓父母有機會和孩子深入交談。但如果父母對網路沒有基本了解，就會錯過這種機會。透過學習，父母會知道網路上的聊天室和網站是怎麼回事，它們是如何運作的。父母可以建立自己的 Facebook，逐漸了解它如何運作。還要閱讀更多關於網路安全的資料。這些知識會讓父母更容易判斷什麼網站會對孩子構成威脅，還能幫助父母更妥善判斷自己的是否有必要。

**監控並設定限制**。父母應該為孩子制定基本的規則，實行有效的監控，保證孩子確實遵守。對青少年來說，所謂的監控可能就是在他們上網時，父母偶爾瞥一眼電腦螢幕。13 歲以下的孩子需要更直接的監管，父母要商討他們在網路上做什麼。較小的孩子上網時，父母大部分時間都要陪在他旁邊。除非

網站有很好的監管機制，否則少年兒童不該進入聊天室。

如果孩子在使用社交網站，父母應該經常探訪他們的網頁，以確保這些網站符合父母的安全標準和價值觀。青少年有時會打開兩個網頁，一個給父母看，一個真正使用。網路社交就像電子遊戲和網路聊天一樣，可能會上癮。成癮的標準就是無法停下來，甚至在生活的其他方面已經明顯受到影響時也難以自拔。

合適的上網時間是多長呢？就像對待電視一樣，父母要為孩子限定每天上網的時間。對孩子來說，迷失在網路的虛擬世界裡，忽視現實生活中的交談、體驗和朋友，對身心健康並沒有好處。電腦要放在公共房間，不要放在臥室裡，這樣更便於父母對孩子的監督限制。

當孩子有了自己可以無線上網的筆記電腦和掌上設備時，監管變得極為困難。有一些可以追蹤網頁流覽歷史的程式。但是我懷疑，充滿創造力的青少年可以輕而易舉地找到規避這些程式的辦法。父母可能認為自己的孩子不需要手機，或者只要一支不能上網的手機就可以了。但是，有些時候，父母還是不能在孩子身後盯著他上網。唯一正確的做法就是溝通、教育和信任。

**網路安全的基本規則。**像過馬路、騎自行車、開汽車一樣，孩子上網時也要遵守一些規則來保證他們的網路安全：

1. 絕對不要把個人資訊發給網路上的任何人。也就是說，不要把地址、電話號碼或學校名稱發給尚未謀面的人。

2. 不要把自己的照片發給沒見過面的人。

3. 不要把密碼告訴別人。儘管聊天室裡的人感覺很像朋友，但實際上仍是陌生人。對這些陌生人要謹慎，要像對街上的行人一樣。

4. 如果某些訊息使你感到不舒服，就要停止上網，告訴大人。

5. 只發布那些可以讓別人看到的評論和圖片。一旦把它公布出去，就失去了對這些資料的控制權，因為別人可以把它複製下來轉發給其他人。從網頁上刪除的資料並不會從網路中清除。

**網路上的性。**很多網路內容都是色情的。父母可以透過商業服務以實行控制，或者購買過濾程式軟體來避開大部分色情內容。很多線上服務都為家長提供了一種方法，

讓孩子只能進入仔細篩選過和監控下的兒童資訊網站和聊天室。有一些軟體可以保存造訪記錄，父母可以看到孩子曾經造訪過哪些網頁。

此外，也不太可能把孩子完全庇護起來。與其費力地假裝色情內容不存在，不如借此機會對孩子進行引導。在孩子獨自上網之前，可以告訴他有可能會看到的東西。向他解釋色情內容是一種生意：有些成年人會花錢去看其他成年人的裸體照片。要幫助孩子理解把商業和性混合起來的做法的錯誤之處。要告訴孩子，如果偶然碰到一個色情網站，希望他怎樣做（離開那個網站，關掉電腦，告訴父母）。要跟孩子談一談色情內容中的人會有哪些損害（他們常常都是性侵害的受害者），以及模仿這些內容的人會有哪些傷害。

不要忘記，談論性並不會使孩子參與性。當父母用一種就事論事的語氣來討論性的時候，反而會削弱這個話題的神祕感和孩子的好奇心。另外，孩子也會感到父母很平易近人並樂於回答問題（**請參閱第501頁，了解更多關於跟孩子談性的內容**）。

科技能夠幫助我們保護孩子免遭大部分最骯髒的網路垃圾的危害，但還是要為孩子灌輸責任感和價值觀念，讓他自己有能力作出正確的選擇，這才是最根本的辦法。

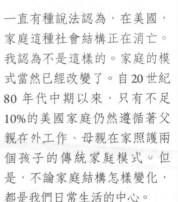

# 7 不同類型的家庭

隨著社會的開放，我們認識到孩子可以在很多不同類型的家庭中健康成長，比如單親家庭，有兩個爸爸或兩個媽媽的家庭，以及很多其他類型的家庭。同時，來自社會的羞恥感和輿論壓力已經很微弱了，因此，與別人不同也不再是很有壓力的事情。現在的人們可以自由地在傳統模式之外組建家庭，這意味著有更多的人能夠傾盡自己的心思與智慧去撫養孩子。

## 收養

**收養孩子的原因**。人們因為各種各樣的原因想收養孩子。只有當夫妻雙方都很愛孩子，進而非常想要一個孩子的時候，才應該收養孩子。不管是親生的還是收養的，所有孩子都需要歸屬感，覺得自己

屬於父母。他們需要安全感，相信自己被父母深深地、永遠地愛著。被收養的孩子很容易感到缺少父母一方或雙方的疼愛，因為他以前經歷過一次或多次分離，所以一開始就沒有安全感。孩子知道，因為某種原因他被親生父母遺棄了，所以也可能偷偷擔心養父母有一天也會

棄他而去。

如果只有丈夫或妻子想收養孩子，或者夫妻二人考慮的都只是實際的原因，比如想在歲數大了的時候有人照顧，收養孩子的想法就是錯誤的。有時候，擔心失去丈夫的妻子想收養一個孩子，指望這樣會留住丈夫的感情。這樣的收養對孩子來說並不公平，從父母的角度來看，也常常會帶來不好的結果。

有的夫妻只有一個孩子，而這個孩子又鬱鬱寡歡，不善溝通，所以他們有時會考慮再收養一個孩子與他做伴。在這樣做之前，父母最好先和心理健康專家或收養代理機構討論一下。被收養的孩子很容易覺得自己像個局外人。如果父母對收養的孩子過分表示喜愛，不但不能幫助他們的親生孩子，還有可能讓他感到難過。從任何角度考慮，這都是一種冒險的行為。

透過收養來代替一個死去的孩子也很危險。父母需要時間來平復他們的悲傷。如果只是想要一個孩子來愛，就應該收養孩子。讓一個人去扮演另一個人並不公平，也不健康。他注定扮演不了一個死去的人。父母不應該提醒這個領養的孩子，另一個孩子是怎樣做的，也不

應該在口頭上或心裡把他和另一個孩子作比較。讓孩子做自己（這些建議也適用於對待大孩子死後出生的孩子）。

### 多大年齡的孩子適合被收養？

從孩子的角度考慮，收養越早越好。但是由於很多複雜的原因，這一點對於成千上萬生活在孤兒院和福利機構的孩子來說是不可能的。調查顯示，大一點的孩子也可以被成功地收養。孩子的年齡不應該影響他們的去向。代理機構會幫助父母和大一點的孩子分析收養是否適合他們。

### 斯波克的經典言論

夫妻倆不應該等到他們的想法太模式化了才去申請收養。如果他們已經設想了很長一段時間，希望有一個金色捲髮的小女孩，她的歌聲會充滿整個屋子，那麼即使是最好的孩子對他們來說也會顯得粗魯不堪。收養孩子不僅要考慮到時間投入的問題，還要考慮到一個人有多大能力去滿足一個特定孩子的需要。

**透過好的代理機構收養孩子。**最重要的原則就是要找一家一流的代理機構來安排收養事宜。希望收養孩子的夫妻如果直接和孩子的親生父母，或者跟沒有經驗的第三者打交道，將是很危險的事情。那些親生父母可能會改變主意，要領回自己的孩子。就算法律不會支持孩子親生父母的請求，這種不愉快的經歷也會破壞收養家庭的幸福，並讓孩子失去安全感。

好的代理機構首先會幫助孩子的親生母親或親屬作出正確的決定，看看他們是否應該放棄這個孩子。這些機構也會根據他們的判斷和經驗勸導一些夫妻不要收養孩子。代理機構的工作人員還可以在磨合階段為孩子和收養他們的家庭提供幫助。所有的目的都是要幫助孩子成為新家庭的成員。在收養關係最終確定之前，聰明的代理機構和明智的法律都會要求收養雙方先磨合一段時間。考核代理機構服務品質的辦法之一就是致電各地區的衛生局諮詢。衛生局設有專門的部門來為代理收養的機構辦理執照。

**灰市**（注①）**收養。**等待收養的孩子大多數年齡比較大，因此大部分想要收養嬰兒或很小孩子的人將無法實現他們的願望，或者必須等待很長的時間。於是，這些人可能希望透過律師或醫生來收養嬰兒，而不是透過領養代理機構辦理正規的手續。很多人認為，以這種方式收養一個「灰市」嬰兒不會有什麼麻煩（這與完全不經過合法手續去收養一個「黑市」嬰兒不一樣）。但是這些人經常發現，他們以後還是會遇到麻煩，不僅是法律上的，也有感情上的，比如孩子的親生母親可能想要回自己的孩子。

**有特殊需求的孩子。**越來越多未婚媽媽或未婚爸爸都選擇撫養自己的孩子。所以，需要被收養的嬰兒或較小的孩子並不多。與此同時，有另一些孩子卻在等待著父母，他們人部分都到了上學年齡。有的孩子可能有一個不想分開的兄弟姊妹，有的可能在身體上、情感上或智力上存在障礙。也可能是戰爭孤兒。他們和其他孩子一樣需要關愛，同時也能帶給養父母情感的回報。

注①：灰市（Gray-Market），指的是透過未經商標擁有者授權，而銷售該品牌商品的市場管道。即介於正當的白色市場與非法的黑色市場之間。

然而，這些孩子確實存在一些特殊的需求。既然他們年齡大一些，就有可能在一個以上的社會福利機構待過。由於曾經失去父母（先是親生父母，然後是領養者），他們會缺乏安全感，害怕再次被拋棄。孩子們會用各種方法來表達這種不安，有時他們會試探，看看是否會被再次「送回去」。孩子的這些憂慮給收養者帶來了特殊的挑戰。只要養父母事先了解這一點，並預先做好準備（而不是指望孩子的表現稱心如意），這些孩子就會帶給養父母特殊的回報。收養代理機構的責任就是集中精力為這些孩子尋找家庭，而不單單僅是為收養者找到孩子。

　　**非傳統型家長。** 以前，大多數收養代理機構都只為沒有親生子女的已婚夫婦提供服務。現在，很多代理機構也歡迎獨身者、同性戀者、與孩子不同種族的人士，以及其他非傳統類型的家庭提出收養申請。孩子的童年很快就會過去，目前擁有一個穩定的家長比將來找到兩個家長的可能性更大，也更有實際意義。另外，代理機構也已經認知到，成功的收養更取決於收養者的內在品質，與家庭的外在特徵關係不大。在某些情況下，這樣做還有別的好處，比如有的孩子在感情上受過某種傷害，所以對他們來說最好能有一個特定性別的家長。還有的孩子極其需要關注和照顧。有的非傳統家庭是沒有配偶的，剛好可以為孩子提供需要的照顧。

　　**公開的收養。** 近年來，親生母親（有時也可能是親生父親）與孩子的養父母之間彼此了解得更多了，這種情況也越來越常見了。想要獲得這種了解，可以透過代理機構得知對方的大致情況，收養者也可以和孩子的親生父母在代理機構見面。有時，孩子的親生母親甚至可以選擇她喜歡的收養者，有時也可以定期獲得孩子的訊息。比如，每年一次或幾次收到孩子的照片和養父母寫的信。

　　儘管公開領養的歷史相對比較短，但是這種公開性似乎對每個人都有益處。很多孩子都好像能夠處理有一個親生媽媽和一個「照顧我的媽媽」的情況。知道自己的親生母親是誰可以消除孩子的許多疑慮，比如「她長什麼樣子？」「她覺得我怎麼樣？」。儘管現實可能令人傷心。例如，母親可能有嚴重的問題，但是，和不美好的現實相

比，孩子想像中的完美形象（或魔
鬼般的形象）會讓他們更加煩惱。

**告訴孩子實情**。應該在什麼時
候告訴孩子他是收養的？不管養父
母怎樣小心地保守這個祕密，孩子
遲早都會從某人或某處得知這件
事。對於大一點的孩子來說，這是
一個令人非常不安的消息。就算是
一個成年人，如果突然發現自己是
被收養的，也會這樣。這可能會打
破他多年來的安全感。

所以養父母不該把這件事當成祕
密，希望等到某個年齡再告訴孩
子。應該從一開始就在他們的談話
中，以及跟孩子、熟人的交談中自
然而然透露收養的事實。這就會創
造一種輕鬆的氛圍，在這種氛圍
下，無論什麼時候孩子想知道這件
事，他都可以詢問。隨著理解能力
的提高，相信孩子會慢慢明白收養
的含義。

養父母常犯的錯誤，就是想保守
收養的祕密。也有一些養父母會犯
相反的錯誤，就是過分強調這件
事。多數養父母一開始都有一種過
度的責任感，好像他們必須表現得
十分完美，好讓人相信他們可以照
顧好別人的孩子。這種心態非常自
然。但是如果養父母急於為孩子解

釋收養的情況，孩子可能會疑惑：
「被收養有什麼不對嗎？」但是，
如果養父母能像接受孩子頭髮的顏
色一樣自然地接受收養這個事實，
就不會把它當成一個祕密，也不會
不斷強調這件事。

**回答孩子的問題**。一個 3 歲左
右的孩子聽到母親跟一個新認識的
朋友說自己是收養的，問道：「媽
媽，什麼是「收養」？」母親可以
回答：「很早以前，我非常想要一
個小女孩，我想愛她、照顧她。於
是我就到了一個有很多嬰兒的地
方，我告訴那兒的一位大人說：
『我想要一個有著棕色頭髮和藍眼
睛的小女孩。』然後，她就帶我去
看一個嬰兒，那就是你。我說：
『這就是我想要的嬰兒。我想收養
她，把她帶回家，永遠擁有她。』
這就是我領養你的過程。」這樣的
談話會創造一個良好開端，因為它
強調了收養行為的積極性，強調了
母親得到的正是她想要的這個事
實。這個故事會讓孩子高興，她可
能想一遍又一遍地聽這個故事。

收養年齡較大的孩子要用另一種
方法。他們可能記得自己的親生父
母和哺育他們的家庭。代理機構應
該幫助孩子和新父母解決這個問

題。新父母要認識到，在孩子生活的不同階段中，這些問題都會反覆地出現。應該盡可能簡單、誠實地回答這些問題。新父母應該允許孩子自由地表達他們的感情和恐懼。

3～4 歲時，孩子可能很想知道嬰兒是從哪裡來的。養父母最好誠實、簡單地回答，這樣孩子就容易理解了。但是，向領養的孩子解釋嬰兒是在母親的子宮裡長大的，她會覺得奇怪：這怎麼和透過代理機構找到她的那個故事不一樣呢？隨後，或者幾個月以後，孩子可能會問：「我是在您肚子裡長大的嗎？」這時媽媽可以簡單、隨意地解釋說，在她被收養之前，她是在另一個母親的肚子裡長大的。這可能會使孩子在一段時間內感到迷惑不解，但以後終究會弄清楚的。

最後，孩子會提出更難回答的問題：為什麼親生父母不要她了？如果她知道親生父母不想要她，會動搖她對所有父母的信任。而且，任何一種編造的原因都會在將來以某種意想不到的方式困擾孩子。最好也最接近事實的回答是：「我不知道他們為什麼不能照顧你，但我相信他們是願意照顧你的。」在孩子慢慢理解這個解釋後，要緊抱著她

說，她現在是你的孩子了。

**關於親生父母的情況**。不管是否表現出來，所有被收養的孩子都會對自己的親生父母非常好奇。這種好奇很正常。以前，收養代理機構只向收養者透露孩子親生父母的身體情況和心理健康方面的概況，會完全隱藏親生父母的身分。在某種程度上，這樣可以讓養父母很容易地回答孩子可能問到的極端困難的問題，比如他的來歷以及他為什麼會被拋棄等。養父母可以說：「我不知道。」這還可以妥善保護親生父母的隱私（因為他們多數是未婚，所以很多人會選擇保守曾經懷孕的祕密）。

如今，為了尊重個人的知情權，法院有時會強迫代理機構向被收養的孩子或需要這方面資訊的成年人揭示親生父母的身分。有時候，被收養者會要求和親生父母見面，這將可以平復被收養者狂亂的心情，也能滿足強烈的好奇心。但也有些時候，這種見面對孩子、養父母、親生父母都會造成強烈的不安。不管是否訴諸法律，任何一方有這種要求的時候，都要跟雙方及代理人商討。

**被收養的孩子必須完全屬於養父母**。被收養的孩子可能會偷偷擔心，如果養父母改變了想法或因為他表現不好，有一天也會像親生父母那樣拋棄他。養父母應該時時刻刻記住這點，並且發誓在任何情況下都不會說出或表現出曾經有過拋棄他的念頭。沒經過考慮或生氣時的一句威脅，足以永遠毀掉孩子對養父母的信任。養父母應該做好準備，發現孩子有任何疑慮時，要讓他知道他永遠是他們的孩子。例如，當孩子問到收養問題時，養父母就應該明確地表達這種態度。但是，養父母有時會因為非常擔心孩子的安全，而過多地用語言強調對孩子的關愛，這也是錯誤的。從根本上來說，能夠提供被收養的孩子最大安全感的，是養父母全心全意、自然的愛。它不是言語，而是寶貴的和諧感。

**跨國收養**。在美國，被收養的孩子大約有 25%都是在別的國家出生的。從國外收養孩子的機會是很多養父母夢寐以求的。但是，跨國收養的孩子和養父母會面臨特殊的挑戰。很多孩子剛被收養時營養不良，沒有接受全面的免疫，或者有其他疾病。這些通常都很好處理。

但是，很多孩子會有發育和情感上的問題，這才是比較困難的。

很多跨國收養的孩子以前都過著艱苦的生活，很多收容機構都無法滿足這些孩子的生理和心理需求。而那些曾經有過慈愛養父母的孩子則不得不忍受分離的痛苦。基本上，一個孩子在孤兒院或類似機構裡生活的時間越長，身體、智力和情感上就越有可能承受長期傷害。但是也不要忘記，大多數跨國收養的孩子長大後都能擁有健康的情感和體魄。最初，他們可能會感到迷惑或痛苦，但是多數孩子最終都能和他們的新家庭建立穩固、充滿愛意的關係。按照美國的標準，幾乎所有跨國收養的孩子都有發育遲緩的表現，但他們大多數都會在兩三年內達到標準。

孩子原生國家不斷變化的政治情況也會產生影響。比如，某個國家可能規定外國人只能領養嚴重殘疾的孩子，幾個月以後，法律可能又有所改變。正是由於這些不確定因素的存在，養父母們才特別需要專業服務機構的幫助，這些機構要全面了解跨國收養的情況，或者非常清楚被收養者所在國家的相關情況才行。

跨國收養的孩子通常都和收養他們的父母長得很不一樣，因此他們可能會遇到毫無惡意的評論或是明顯的偏見。對於那些來自非英語環境的孩子來說，突然出現的交流障礙會增加收養的難度。因為孩子的遺傳因素把他們和原有的文化聯繫在一起，所以無論在孩子幼小的時候，還是稍大一些，他們與原有文化的關係都是養父母要解決的一大問題。

對很多養父母來說，從其他國家收養一個孩子的做法背後還有其政治意義和道德意義。養父母們明白，他們是因為孩子所在國家的惡劣條件才得以收養這個孩子。雖然孩子有機會過更好的生活，但代價卻是被迫遠離自己的國家和文化。有的家庭會把這些思慮轉化成行動，透過捐助財物去幫助仍舊留在那裡的孩子們。

很多從國外領養的孩子最終都過得很精彩，但是也有一些過得不好。兒童發育行為醫生和其他專家可以幫助養父母作出分析與權衡。養父母必須知道自己是否真的想要一個孩子，還要知道自己能夠承受多少已知和未知的困難。那些決定撫養殘疾兒童的養父母們都是英雄。而那些對自身作了深刻的分析，然後承認自己不能撫養這種孩子的養父母也具有同樣的勇氣。

## 單親家庭

美國有 25% 以上的孩子生活在單親家庭裡。一半以上的孩子一生中都會有某個階段在單親家庭裡度過，要不是因為父母離異（**請參閱第 556 頁**），要不就是因為父母根本就沒結過婚。差不多 90% 的單親家長是母親。大部分單身母親和孩子的收入都在國家貧困線以下。

過去，單身與未婚是同一個意思，但是我認為有固定伴侶的未婚女性不能算是單身。而丈夫長期不在身邊的女性和根本沒有伴侶的女性一樣會面臨許多挑戰，她們的丈夫可能出門在外，可能在服兵役，也可能在監獄裡服刑。

**單身家長的潛在危險**。對單身家長來說，有一個潛在的危險就是他們不願意嚴格地管束孩子。許多單身家長都會感到內疚，因為孩子享受不到雙親的關愛。這些家長擔心，孩子的成長健康會因此受到損害。由於沒有足夠的時間和孩子待在一起，他們也感到很慚愧。結果

無論怎麼看，撫養孩子都是一項艱難的工作。對於單身家長來說，這項工作更是難上加難。因為他（她）沒有伴侶，也就沒人協助分擔日復一日照顧孩子的繁重工作。家裡的每個人和每件事全都靠自己支撐。得不到真正的休息或休假。如果他（她）是家裡唯一的經濟支柱，那麼在生計上的操勞還會加重負擔。有時還會感到，身體和感情上好像已經沒有餘力來確保生活的正常運轉了。

很可能是，他們會放縱孩子，屈就於孩子的每一個怪念頭。

對某些家長來說，沒有必要用禮物或順從來溺愛孩子，也不理智。但在陪伴孩子的大部分時間裡，如果他們把注意力都集中在孩子身上，好像孩子是個來訪的公主似的，那也不對。孩子可以發展他的課餘喜好、做作業或幫忙分擔家務，與此同時，家長也可以做自己的事。但這不代表他們互不接觸。如果家長和孩子互相協調著做事，就可以隨興聊天或討論。

單身家長常犯的另一個錯誤就是，他們會把孩子當成最親密的朋友，向孩子袒露自己內心最深處的感受。他們有時會讓學齡孩子跟自己同睡，不是孩子害怕或孤單，而是家長希望有人陪伴。雖然所有孩子都能做一些雜事，還能為煩惱的家長提供一些情感支持，但是沒有哪個孩子能夠既扮演好成年人的角色，又不對自己情感的成長和發展造成嚴重的影響。

**單身母親。**讓我們以一個身邊沒有父親的孩子為例。有人覺得有沒有父親對孩子來說沒什麼關係，也有人認為母親很容易用其他方式來彌補這種缺憾，這些觀念都有很大問題。但是，如果處理得當，孩子也可以健康地成長。

母親的精神狀態是非常重要的因素。單身母親可能會感到孤獨無助，還會時常發脾氣。有時，她會把這些情緒發洩在孩子身上。這都是正常的，不會對孩子造成太大的傷害。

對單身母親來說，重要的是要做個正常的人，維持朋友圈，參加娛樂活動，堅持工作，並且到盡量遠一點的地方進行戶外活動，不要讓自己的生活總是圍著孩子轉。如果她沒有幫手，那麼照顧孩子的工作

會很困難。但是，她可以請別人到家裡來幫忙。要是孩子能適應在陌生的地方過夜，也可以帶孩子去朋友家玩。對孩子來說，有個快樂而開朗的母親比完美無缺的日常生活更加重要。如果母親把所有行動、心思和關愛都放在孩子一個人身上，對孩子也沒有什麼好處。

不管多大的孩子，也不論男孩女孩，如果父親不在身邊，就必須和其他男性建立一種友好的關係。當孩子長到一兩歲時，如果能頻繁地接觸令人愉快的男性，經常聽到他們低沉渾厚的嗓音，看到他們與女人截然不同的服飾和舉止，將對孩子非常有好處。如果沒有比較親近的朋友，就算是一個經常微笑著打招呼的雜貨店主人也可以。到了孩子3歲多時，他們和男性之間的同伴之情就顯得更加重要了。他們需要機會與男人和大男孩待在一起，體會那種親近感。這些男性包括祖父、外祖父、叔叔、舅舅、侄子、外甥、男老師、神父、牧師或教士、家人的朋友。如果這些男性喜歡陪孩子玩耍，還能定期和孩子見面，就能代替父親為孩子的成長提供一些幫助。

3歲以上的孩子都會在心裡勾畫父親的形象，那是他們的理想和榜樣。孩子看到和接觸到的其他男人為這個形象提供了範本，進而形成了父親的概念，並為孩子帶來更加深遠的影響。母親的某些做法對孩子也有幫助，包括：對男性親戚格外友善；送孩子參加有男老師的夏令營；如果可能，就選一個有男老師的學校；鼓勵孩子參加有男負責人的俱樂部和其他組織等。

從2歲起，母親更應該鼓勵那些沒有父親的男孩和其他男孩一起玩，多提供這樣的機會。如果可能，最好每天如此，而且主要玩兒童遊戲。那些交際範圍比較狹窄的母親經常希望兒子能夠成為她們最親密的夥伴，所以會培養兒子對她們的工作、愛好和品味的興趣。如果母親真的用自己的世界占據了兒子的興趣，而且讓兒子覺得，跟男人的世界相比，母親的世界更容易相處的話，由於男人的世界需要一套完全不同的行為模式，所以這個孩子就可能帶著明顯的成人興趣長大，導致跟同儕沒有什麼共同語言。母親可以和兒子分享很多快樂，但前提必須是她允許兒子走自己的路。不能讓兒子過分地分享她的興趣，也要注意分享孩子的興

趣。另外，還可以經常邀請別的男孩到家裡來，或者帶兒子和他們一起外出遊玩和旅行。

**單身父親。**對單身母親的每一項建議，同樣也適用於單獨撫養孩子的父親。但是，通常還有個問題，那就是在我們的社會中，幾乎沒有哪個父親能夠完全適應撫養孩子的工作。許多男性在成長過程中都形成了一種觀念，覺得照顧孩子的人都是柔弱的、女性化的。所以，許多父親發現自己很難對孩子表示溫柔，給孩子必要的撫慰，至少在最初的時候會這樣，對年幼的孩子更是如此。但是，隨著時間過去與經驗增長，他們都能勝任這項工作。

## 重組家庭

許多童話故事都把繼母或繼父描述成邪惡的壞人，這種現象絕不是偶然。重組的家庭關係會使人們互相誤解、嫉妒和怨恨。父母離婚以後，孩子可能會對負責監護的家長產生一種異常的親密感和占有慾。然後，一個陌生男人出現了，占據了母親的心和床，還會吸引母親至少一半的注意力。不管繼父多麼想建立一種良好的關係，孩子都會情不自禁地怨恨這個侵入者。

這種怨恨經常透過極端的形式表達出來。孩子的做法會激怒繼父，於是，繼父只能以同等的敵意來回應。隨後，母親和繼父之間的新關係很快就會變得緊張，因為這就像一場沒有贏家的較量，也是一項非此即彼的選擇。對繼父來說，重點是要意識到，這種敵意對雙方幾乎都是不可避免的，這並不是自身價值的反應，也不能預示彼此關係的最終結果。這種緊張關係經常會持續幾個月，甚至幾年，只能逐漸地緩解。孩子輕易就能接受繼父或繼母的情況也有，但是非常少見。

### 斯波克的經典言論

幾年前，我在一份雜誌上寫了篇關於繼父繼母的文章，當時我自認為寫得不錯。後來，在1976 年，當我自己成了一位繼父，我才意識到我很難實施自己的建議。我曾建議繼父繼母一定不要變成紀律監督員，而我卻總是因為 11 歲繼女的粗魯舉止而不斷責備她，還想讓她遵守我的規則。這是我最痛苦的經歷之一，也是收穫最多的一件事。

**為什麼如此困難？**很多原因可以充分解釋為什麼在重組家庭中，至少在最初的階段，大多數孩子的生活是緊張的：

- 損失：進入再婚家庭時，多數孩子都已經經歷了重大的損失，包括失去父親或母親，或者因搬家而導致失去朋友。這種遭遇損失的感覺影響了孩子對新家長的最初反應。

- 忠誠問題：孩子可能感到迷惑，現在誰是我的父母？如果我對繼父或繼母表示接納，是否意味著我就不愛那個不和我在一起的家長了？我怎麼能分割我的愛呢？

- 失去控制：沒有一個孩子是自己決定在重組家庭生活的。這個決定是成年人為他作的。所以孩子會感到他對人缺乏控制能力，還會覺得遭別人的強迫和打擊。

- 繼父或繼母的孩子：一旦繼父或繼母的孩子出現，以上這些緊張情緒就會更加嚴重。孩子不能理解，如果我的父母對繼父或繼母的孩子比對我好，那該怎麼辦？為什麼我必須和這個完全陌生的人分享我的東西或者共用我的房間呢？

**重組家庭的積極影響。**雖然孩子出現緊張情緒相當普遍，但絕不是重組家庭的全部生活內容。重組家庭還有許多潛在的好處。首先，儘管最初都會有些困難，但是大多數家庭成員最終都會適應新環境。孩子和繼父（母）之間通常都會建立一種長期的緊密關係。畢竟，他們都有過家庭破裂和組建新家的共同經歷。生活在兩個家庭中的雙重身分可以促進孩子對不同生活方式和文化差異的理解與接納。

**給繼父繼母的建議。**下面是一些大致的原則，雖然不是很容易遵循，但可能會有幫助。繼父或繼母要做的第一步就是提前與配偶取得一致的方針，討論好對待孩子的態度和方式等問題，還要對新家庭有著切合實際的期望。

繼父或繼母一定要理解孩子，因為孩子需要很長的時間來適應新環境。對於作息時間、日常事務和家庭作業等方面的規定要前後一致，還要給孩子一定的時間去接受這些新規定。

作為繼父或繼母，最好不要過早進入管教孩子的全職家長角色。如果你一開始就在日常事務、作息時間和外出活動等方面限制孩子，孩

子一定會把繼父（母）看成一個嚴屬的侵入者，就算繼父（母）制定的規矩和孩子的親生父母一模一樣，孩子也不會改變他的想法。

另一方面，如果子女侵犯了繼父或繼母的領地，比如說私自動用了他們的東西，繼父或繼母也不應該表示縱容。應該用友善而堅定的態度為孩子設定限制，可以說：「我不希望你傷著自己或弄壞自己的東西，我也不希望你弄壞我的東西。」但是不能做出帶有敵意的憤怒表情，那樣只會讓彼此整天都在憤怒中。所以，要忽略那些小事情，但如果孩子嚴重違反了家庭規定，那就要嚴肅對待了。

**何時該尋求幫助？** 繼父繼母養育孩子的壓力常會使婚姻關係緊張，面臨崩潰，或直接導致婚姻失敗，這些情況都十分常見。所以，明智的做法是，在問題剛出現時就尋求專業幫助，不要讓問題進一步發展。精神專家和臨床心理師很可能處理過很多有關繼父繼母的家庭問題，所以他們可以妥善提供幫助。這種幫助的形式可能是指導家長如何進行婚姻或家庭的治療，或者為一個或幾個孩子進行個人諮詢。許多兒童指導中心都有繼父母團體，這也很有幫助。（**更多關於重組家庭的內容，請參閱第 556 頁「離婚」一節。**）

## 同性戀父母

在美國，大概有 2/3 的同性戀伴侶正在養育孩子。同性戀父母是否被接受，這在各個地區都不盡相同。有些社區對此表示寬容，有些則持反對態度。

**對孩子的影響。** 很多研究都在關注同性戀家庭孩子的發展問題，也得到了不少成果，那就是異性戀父母撫養的孩子和同性戀父母帶大的孩子並沒有顯著的區別。關鍵不在於父母的性別或性取向，而在於他們對孩子有多麼慈愛和關心。因為同性戀的男性和女性也可以像異性戀父母一樣充滿溫情和關懷（當然也可能同樣地不和睦），所以他們孩子的心理健康也是相似的，這一點不足為奇。

與生活在異性戀家庭裡的孩子一樣，當同性戀家庭的孩子升上小學時，同樣可能與同性別的孩子一起玩耍，長大後，他們會選擇異性的戀愛對象。不過他們更能包容不同

的性別取向，對少數族群的地位也更加敏感，不那麼容易成為性侵害的受害者。他們在學校裡並不會比別的孩子受到更多嘲笑。

**法律問題。**近期的法庭裁決已經為同性戀父母燃起了希望。在美國，最高法院已經肯定了成年人享有同性戀關係的權利，不必擔心受到起訴。同性婚姻合法化的運動雖然面臨強大的壓力，卻也在不斷發展。在同性婚姻不合法的地區，同性戀家長在為孩子做決定時可能會感到困惑。比如誰有權對醫療方案表示認同等。對於這些問題，同性戀家長可能需要向律師諮詢。

**尋求支持。**有很多寫給同性戀父母的書，這些書會有幫助。我尤其喜歡《同性戀父母育兒手冊》（The Lesbian and Gay Parenting Handbook）這本書，作者是亞伯・馬丁（April Martin）博士。這本書後面的「資訊指南」部分包括一些美國同性戀父母組織的地址和電話號碼，這些組織可以提供資訊和幫助。很多社區也能為孩子和父母提供支援。

**對異性戀家庭的幫助。**近年來，隨著對同性戀父母的了解日益深入，很多異性戀父母對這種情況已經習以為常了。也有些父母仍然感到擔心，如果擁有異性父母的孩子和擁有兩個爸爸或兩個媽媽的孩子交朋友，前者會不會感到困惑呢？我認為答案很簡單，不會。當事實簡單呈現時，孩子們就有非凡的能力去接受這些平常的事實。

可能出現困惑的情況反倒是，如果父母告訴孩子同性戀是不好的，而孩子卻遇見了非常好的同性戀父母，而且他們的孩子也很出色，這個孩子就會發現，自己的第一手觀察和父母的教導無法吻合。

反對同性戀撫養孩子的論點仍然經常出現，我認為這是因為大家擔心與同性戀的接觸會促使孩子變成同性戀。還沒有證據表明這種情況會發生。相反地，性取向似乎主要是生物學上的問題（**請參閱第 514 頁**）。有時候，這種反對是來自宗教的，一些宗教會判定同性戀有罪。這樣的教規會給不適合異性戀模式的孩子帶來巨大的壓力，因而使他們出現一系列心理健康問題，包括自殺（**請參閱第 514 頁**）。父母必須竭力使自己的信念與為孩子提供愛和安全的需要保持一致。

## 斯波克的經典言論

同性戀家庭的存在提供了一個機會，讓父母可以教育孩子，告訴他社會上有不同的家庭類型，還可以對孩子說明什麼才是真正重要的，不是別的家庭與自己的家庭是否相同，而是他們是否有你的家庭所重視的特點：和藹仁慈、體諒他人、親切溫馨。教育孩子忍受和接受不同家庭的結構將幫助他在未來能更加容易應付 21 世紀正在加劇的文化差異。

# 8 壓力和傷害

在 21 世紀，孩子的日常生活可能將會面臨巨大的壓力。電視打開了兒童的視野，他們會看到恐怖行為、地震、戰爭和全球暖化。但是對許多孩子來說，災難往往就在身邊。身體傷害和性虐待產生了可怕的負面影響。即使沒有傷害到孩子的身體，家庭暴力同樣會毀了孩子的一生。家庭成員的去世、父母的暫時離開，或者離婚所帶來更長久的分離，這些情況雖不會帶來極端的壓力，但仍然會讓人很難過。

儘管面對著壓力和傷害，但還是有那麼多的孩子健康長大，而且充滿愛心又樂觀向上。想到這些，我們就會感到驚奇。這種達觀的態度來自內心對幸福和健康的強烈渴望，也來自他們與關心、信任他們的成年人之間的關係。哪怕能跟孩子建立這種關係的人只有一個，也會對孩子的成長發揮積極的作用。成年人在幫助孩子應對這個充滿壓力的社會時，一定要記住這一點。

## 壓力的含義

**壓力是一種生理反應。**在面臨威脅時，我們的身體會產生壓力激素、腎上腺素和可的松（皮質醇）。在分泌量較少的時候，這些激素會增強注意力和忍耐力。在分泌量比較大的時候，則會產生所謂的趨避反應：脈搏加速，血壓升高，肌肉緊張，消化等非關鍵功能顯著下降，注意力高度集中，時間也好像過得更慢了。

壓力影響著大腦。巨大的壓力過後，危險刺激因素與壓力反應系統

之間會形成神經系統的聯繫。結果是，當同一種刺激因素再次出現時，這種反應會出現得更加迅速。這種聯繫的另一種表現就是，與最初那個威脅因素相似的任何事物都會引起過度的壓力反應。這就是創傷後壓力症候群（PTSD）的症狀。這種病症在參加過戰爭的士兵中很普遍，在那些遭受過暴力或目睹過暴力的孩子中也會出現。伴隨著這種壓力的反應，最初那段令人痛苦的記憶會清晰出現，它會在醒著的時候折磨孩子，在睡著的時候又會帶來清晰恐怖的噩夢。

**面對壓力時的脆弱。** 每個人面對壓力的反應都不盡相同。大約14%的孩子在壓力面前會表現得十分脆弱。即使是嬰兒，在見到陌生人或面對陌生事物時，也會分泌壓力激素。年齡大一點的孩子往往會變得小心翼翼或害羞，過一段時間才能在新的情況下覺得自在，他們還可能產生恐懼感或其他因為焦慮所帶來的問題。這種容易緊張的特點是天生的，而且常常是家族性的。科學家已經探究出導致這種情況的基因。這些難以應付壓力的孩子在面對刺激的時候更容易產生緊張的症狀，比如，在被狗追趕或遭遇地震時。

如果知道自己的孩子在面對壓力時會特別脆弱，那你可以只讓他接觸能夠應付的壓力，再慢慢鍛鍊處理這種情況的能力。比如，當看到報導戰爭或地震的新聞，就可以關上電視，只在晚飯的時候談論這些事情，這種接觸就不會那麼緊張了。每當孩子成功地處理一次適度緊張的情況，他承受壓力的能力和信心就會增加。

## 恐怖主義與大災難

2001 年 9 月 11 日的事件，是近年來最鮮明的一個警示，提醒我們這個世界是危險的。在那之前，美國曾發生過一連串的校園槍擊事件，還發生了奧克拉荷馬市的家庭恐怖事件。說得更深入一點，世界存在著對核毀滅問題的潛在恐懼。在較小的範圍裡，每一次洪水、颶風或地震都摧毀了受到直接影響的家庭，也摧毀了孩子們對於安全的想像。

無論是親身體驗還是反覆接觸電視上的圖像，經歷過災難的孩子都很可能顯示出緊張的跡象。例如「911 事件」以後，很多學齡前的

孩子會畫出火焰中的飛機，或者用積木搭建樓房，再拿他們的玩具飛機去撞這些樓房。玩這種遊戲是孩子接受恐怖現實的一種方式。如果孩子創造了一個圓滿的結局，那就表示著一種健康的處理方式。比如，飛機安全著陸了，樓房沒有倒塌，孩子做完遊戲的時候看起來很安心等。精神上受過創傷的孩子玩的遊戲則會不同，他們會讓飛機不停地撞擊，大樓接二連三地倒塌，孩子結束遊戲的時候顯得很疲憊，比以前更焦慮。這種反覆的強迫性遊戲顯示，這個孩子需要資深心理學家或臨床醫生的幫助。

**應對災難**。無論天災還是人禍，都會威脅到父母和孩子之間最根本的信任，這種信任就是相信父母會確保孩子的安全。因此，父母一定要向孩子保證，大人們（媽媽、爸爸、市長）都在做著一切必要的事，以確保沒有更多的人受傷。父母也要保護孩子，不讓電視裡反覆播放的災難畫面進一步影響孩子的心理健康。儘管在「911事件」以後，或伊拉克戰爭期間，人們很難關掉電視，但關掉電視對父母來說的確是明智的做法。

孩子精神緊張的具體原因可能出乎你的意料，因此，最好的辦法就是先認真傾聽孩子說話，再盡量回答他們的具體問題，或者處理他們的具體憂慮。熟悉的環境和日常生活習慣會讓孩子感到安心，因此盡快恢復正常的生活規律很有幫助，比如按時吃早飯，按時上學，以及像平常一樣講故事哄他們睡覺等。

最後，父母還要注意自己對壓力的反應，因為孩子們總是觀察並學習著父母的一舉一動。如果父母表現得煩躁不安，孩子也會感染這種情緒。父母可以用簡單的語言說出自己的感受，這種做法很不錯。這樣孩子就會知道是什麼讓你心煩（否則，他很可能認為是自己的問題）。向朋友、家人、牧師或社區裡的其他人尋求幫助也非常重要。對於父母或孩子持續的緊張狀態，專家通常可以提供協助（**請參閱第672頁**）。

## 身體上的虐待

**生孩子的氣**。大多數父母都會跟孩子生氣，有時甚至有傷害他們的衝動。父母可能會對哭個不停的嬰兒生氣，因為他們已經花了好幾個小時盡力安慰他。也可能剛讓孩

子把一件珍貴的東西放下，他就把它打碎了。父母有理由表示憤怒，但是通常都能控制住情緒，不要讓自己把個人的挫折感轉移到孩子身上，否則父母就會感到慚愧和羞恥。要知道，大多數父母都有同樣的經歷。父母的憤怒會沸騰起來，但是在大多數情況下都可以控制住。父母可能會在事後感到慚愧和難堪。如果這樣的情況反覆出現，就表示可能需要援助，應該向醫生諮詢。

### ▨ 斯波克的經典言論 ▨

> 記得當我還是個醫科學生的時候，有一天半夜，我抱起自己那個哭得沒完沒了的半歲嬰兒，對他吼道：「閉嘴！」我幾乎控制不住自己的情緒，真想搧他兩巴掌。幾個星期以來，他晚上一直不睡，弄得我和他的母親都筋疲力盡，無計可施。

**虐待兒童的根源。**虐待和忽視指的是威脅或沒能保護到孩子基本的生理和心理健康的行為。加重家庭中緊張氣氛的任何事物都會增加虐待孩子的危險。雖然貧困、成癮和心理疾病都是虐待和忽視的誘因，但是整個社會的孩子都會受到影響。那些身體殘疾、心智不健全，或有特殊需要的孩子也更容易遭到虐待。許多虐待孩子的成年人在自己的童年就遭受過虐待、忽視或騷擾。這些人需要治療，可以單獨進行，也可以群體進行。大約1/3 受到虐待的孩子長大以後會變成施虐者。

**反虐待的法律。**美國的聯邦法律要求父母和其他照護者要達到保護孩子安全和健康的最低標準，但是虐待和忽視的明確定義在各州都不同。每個州都有一套兒童保護體系，負責鑒別和調查可能出現的虐待事件。法律也要求醫生、教師和其他專業人士舉報可疑案例，當然其他人也可以報告。在任何一年中，美國有兒童的家庭裡都有多達5%可能受到舉報，最常見的原因就是有忽視孩子的嫌疑。在大部分的情況下，調查人員都無法證實虐待或忽視孩子的情形存在。整體來說，在經過確認的案例中，大約1/5 的結果會是把孩子帶離原來的家庭。

從全世界來看，聯合國兒童權利公約賦予兒童免受身體上或精神上的暴力、傷害、虐待、忽視和性剝

削的權利（有 192 個國家都已簽署了這項國際公約，但美國沒有簽署）。在許多其他的已開發國家，虐待兒童和忽視兒童的比例都比美國低，這或許是因為這些國家透過普遍的醫療保健等政策為家庭提供了更大的支持。我們應該在防止虐待和忽視方面做得更好，而不僅僅是宣布這些行為不合法。

**身體虐待和文化。**在世界上很多地方，搧巴掌、打屁股和抽鞭子都被視為正當的教育方式，而不是虐待，在美國，留下瘀傷或疤痕的體罰可能會受到舉報。對於孩子可能會被帶走的憂慮有時會令人不知所措。有一位母親對我說：「我的孩子們不尊重我，因為他們知道我什麼辦法也沒有！」

其他的育兒習慣有時看起來也像是虐待。其中一個例子是拔火罐，就是把一個弄熱了的杯子倒扣在孩子的皮膚上，當杯子裡的空氣冷卻下來以後，皮膚會被吸進杯子裡，然後出現一個瘀痕。拔火罐的目的是消除疾病，而不是懲罰孩子。這在東南亞是很正常的事情。在不同的文化裡養育孩子的方式不同，醫生在這方面有了越來越多的了解，他們不太可能再把傳統的治療方式

錯誤地當成虐待兒童了。

## 性虐待

孩子遭到的性騷擾絕大多數都不是充滿罪惡的陌生人做的，家庭成員、繼父繼母、家人的朋友、保母或者孩子早已認識的其他人更有可能做出這種事情。認識到這一點非常重要。女孩更容易受到危害，當然男孩也可能會成為受害者。

**告訴孩子什麼？**有的學校會集合學生們，讓他們與警員座談，讓孩子警惕給他們糖果和帶他們坐車的陌生人。我擔心，如果讓沒經過專業訓練的權威機構進行這種談話，很可能會給孩子造成病態的恐懼，這樣做的效果也非常有限。我建議父母們可以根據自己對危險的判斷，為孩子提出他們覺得合適的警告。

為了使這種警告聽起來不那麼令人恐懼，我會跟 3～6 歲的小女孩說，如果大孩子想碰她的私處（她的陰蒂或陰道），不應該讓他（她）這麼做（**請參閱第 434 和第 501 頁有關生殖器問題的內容**）。可以在洗澡和上廁所等父母自然會觸碰到孩子敏感部位的活動時，順

便提起這個話題，也可以在回答孩子的問題時引到這個話題上，或者在發現孩子玩「醫生看病」的遊戲後告訴她。多講幾次效果會更好。

母親可以讓孩子學會說：「我不想讓你這麼做。」還要讓孩子馬上把這件事告訴她。也可以補充說：「有時候，可能會有一個大人想摸你，要告訴他你不想讓他那麼做。或者如果他想讓你摸他，你也不應該聽他的，告訴他你不想那麼做，然後告訴我。這不是你的錯。」最後這句話一定要說，因為孩子可能會覺得自己有錯而不敢彙報這種事。當騷擾者是家裡的親戚或朋友時，孩子就更傾向於隱瞞事實。

**何時產生懷疑？** 父母很難對性虐待有所覺察，醫生也很難對此作出診斷，孩子沉默的原因不僅在於害羞、內疚和難堪，還因為經常缺少性虐待留在身體上的證據。當孩子不時地出現生殖器或直腸疼痛，同時伴有出血、外傷或感染的症狀時，就應該想到性虐待的可能，並帶孩子接受醫療檢查。但是要注意，青春期以前的女孩有時會出現輕微的陰道感染，那並不是性虐待的表現。

受到性虐待的孩子常常會表現出與年齡不相稱的性行為，比如在其他孩子面前模仿成年人的性行為。這種表現與正常的性探索非常不同，孩子的正常探索包括玩「醫生看病」的遊戲，以及「你讓我看你的，我就讓你看我的」等行為。如果孩子有難以控制的自慰行為，或者公開進行自慰，那麼他可能是在重演難忘的經歷與痛苦。

其他與兒童和青少年性虐待有關的行為表現則不太明確，其中包括畏縮、易怒、攻擊性、離家出走、恐懼（尤其對與虐待有關的情景）、食慾的變化、睡覺不安穩、忽然開始尿床或把大便拉在褲子裡、學習成績下降等。當然，這些行為也可能是兒童和青少年面臨其他壓力的結果，實際上，在大多數情況下，這些都不是性虐待的訊號。重點是，要對性虐待的可能性存有警惕，但也不要草木皆兵，甚至在孩子的一舉一動中去尋找性虐待的跡象。孩子的醫生通常都可以明確解釋出孩子的反常行為。

**尋求幫助。** 如果懷疑孩子遭到了性虐待，就要打電話給醫生。很多大城市裡都有專門的醫務人員、精神科醫生和社會工作者，他們能夠對可能遭到性虐待的孩子進行評

估。這些評估的關鍵是弄清楚虐待是不是已經發生，並且在避免孩子受到進一步傷害的前提下，搜集可以控告施虐者的證據，這對於防止孩子受到進一步的傷害至關重要。這種評估也包括對疾病的檢查，比如感染的症狀等，因為這些疾病可能需要治療。

在遭受虐待以後，孩子常常會在羞愧和內疚中掙扎。父母要常常安慰孩子，這不是孩子的過錯，告訴孩子你們會保證這種虐待永遠不再發生。要讓遭遇不幸的孩子了解，父母總會站在他這一邊，還會在未來竭盡所能地保護他，這一點非常重要。

已經遭到性虐待的孩子也應該接受心理評估和治療。性虐待產生的心理影響總會再次出現，所以孩子可能需要一些簡單的治療，也許還需要重複這種治療。孩子最終都可以走出性虐待的陰影，獲得心理上的痊癒，但是通常都需要好幾年的時間。

## 家庭暴力

每個家庭都會存在分歧。有時候爭論會演變成大吼大叫，接著是威脅、推倒、打罵和更嚴重的暴力行為。很多目睹過這些場面的孩子即使身體沒有損傷，心理也會出現創傷。父親常常是發動攻擊的人，但也不全都這樣。父母打架時，孩子可能會蜷縮在角落裡，感到恐懼、憤怒和無能為力。事後他容易變得很黏人，就好像害怕母親離開他的視線一樣。再往後，這個孩子似乎會改變立場，具有施虐者的特徵。他會打他的母親，還會用他父親用過，一模一樣的話語大罵母親。心理學家把這種行為叫做攻擊者認同，這是情感創傷的跡象。

除了攻擊性以外，目睹了家庭暴力的幼兒還經常出現睡眠問題，在學校也無法集中精神。他們還容易出現成長方面的問題，因為當你感到恐懼時，通常都不會有什麼胃口。虐待兒童的行為和家庭暴力現象常常會同時出現。

**你能做什麼？** 第一件事就是必須停止暴力。也就是說，母親和孩子有時不得不離開自己的家。這是一個非常困難的決定，但通常也不可避免（我在這裡說「母親」，是因為母親最有可能成為受害者，但是家庭暴力也可能針對另一方）。可以透過法律或相關組織獲得幫助。那些由於目睹家庭暴力而出現

行為問題的孩子通常都需要專業的協助，以擺脫情感的傷害，恢復原有的安全感，重新開始享受生活（**請參閱第 672 頁**）。

# 死亡

**生命的現實。**死亡是每一個孩子都必須面對的現實。對有的孩子來說，他們第一次面對死亡可能是看見一條金魚死了。而對另一些孩子來說，他們第一次對死亡的接觸可能是（外）祖父（母）的去世。在許多文化裡，人們把死亡看成一種自然的事，認為它是日常生活的一部分。而在另一些文化裡，人們仍對它感到十分恐懼。

**幫助孩子理解死亡。**學齡前的孩子對死亡的看法都會受到奇妙的思維邏輯影響。比如，他們也許會以為死亡是可以逆轉的，認為死去的人有一天還會活過來。他們還會覺得自己似乎要對身邊發生的每一件事情負責，包括死亡在內。他們可能擔心自己會因為對死去的人或動物有過壞念頭而受到懲罰。還可能把死亡看成是「會傳染的」，就像感冒一樣，因此擔心另外一個人

## 斯波克的經典言論

由於成年人一想到死亡就不舒服，所以許多父母不知道如何幫助孩子克服對死亡的恐懼。這種現象並不足為奇。於是，有的父母就乾脆否認死亡的存在，當孩子看見路邊躺著一隻一動不動的狗時，他們就會告訴孩子：「它只是在休息，它很好。你今天在學校裡學了什麼？」有的父母會迴避確切的說法，採取含糊其辭的方式，比如：「天使把爺爺帶走了，現在他正在天堂裡和奶奶待在一塊兒呢。」還有的父母則會完全逃避這個問題，對孩子說：「不要擔心死亡是什麼。沒有人很快就死。你從哪兒得到這些想法的？」

也會很快死去。

這個年齡正是孩子們嚴格按照字面意義理解事物的階段，因此要特別注意，絕對不要用睡覺來指代死亡。很多孩子隨後就會害怕去睡覺，害怕自己也會死去，或者當聽說有人死了的時候，他們會說：「那就把他叫醒吧。」同樣的，如果父母說：「我們失去了阿奇博爾德叔叔」，也可能會引起那些迷過

路的孩子心中的恐懼感（注①）。我記得，有個孩子聽說一個死去的親人是「去了他在天上的家」，從此就對飛行產生了恐懼。

孩子還傾向非常具體地思考事情，他們會問：「如果鮑勃叔叔在地底下，那他怎麼呼吸呢？」所以父母可以用同樣具體的方式來幫助孩子，可以說：「鮑勃叔叔不會再呼吸了。他也不會再和我們一起吃飯或刷牙了。死亡就表示人的身體完全停止工作，不能活動，也不能做任何事情了。一旦死了，就不可能再活過來。」大人要跟年幼的孩子說，死亡絕對不是他們導致的。有時這一點必須反覆強調。

即使孩子只有三、四歲，他們也會理解死亡是生命迴圈裡的一部分。人都有起點，他們開始的時候很小，然後長大、變老，最後死去。

**死亡和信仰。**所有宗教都有對死亡的解釋。無論一種宗教是否包含著天堂、地獄、轉世或靈魂在地球上到處飄蕩的內容，我認為父母都要向孩子澄清，這些信念建立在

---

注①：英語中的「失去」和「迷路」是同一個字詞。

宗教信仰基礎上，是理解世界的一種特殊方式。父母這樣做是很重要的。孩子要學會珍視自己的信仰，同時也要接受別人的信仰，那會引導他們以不同的方式看待事物。

**葬禮。**許多父母都不知道是否應該讓 3～6 歲的孩子去參加親友的葬禮。我認為，如果孩子願意去，父母也對此感到很平常，還提前為孩子做了必要的講解，那麼，3 歲以上的孩子可以參加葬禮，甚至還可以讓他和家人一起到墓地去觀看下葬儀式。孩子透過葬禮會明白大人們在做什麼，了解死亡的事實，也有機會在朋友和家人的陪伴下向死去的人告別。

但是孩子一定要有熟悉的大人陪著，這個大人要隨時都能提供孩子安慰，回答他的問題，或者在孩子覺得難過時帶他回家。

**處理憂傷的情緒。**有的孩子透過哭泣來表達他們的憂傷，有的孩子則會變得異常活潑或非常黏人，還有的孩子雖然事後會顯得很傷心，但當時卻似乎沒有受到什麼影響。父母必須承認失去一個朋友或祖父母是非常令人傷心的，想到這個人再也不會回來了也很難過，這樣能夠幫助孩子處理憂傷。作為父

母，不需要假裝自己並不難過。讓孩子看到父母也有強烈的感情，就表示也允許孩子接受自己的情感。恰當地抒發情緒（比如，說出這些情感）可以為孩子樹立一個榜樣，也是在用最有力的方式教孩子如何面對憂傷。

**如果孩子問起你的死亡。** 對孩子來說，最讓他驚慌的事情或許就是父母的死亡。如果最近有朋友或親戚去世了，或者孩子很認真地問一些關於死亡的問題，就可以推斷，最可能的問題就是他正在擔心父母會死去。

這裡有一些安慰孩子的辦法（假設父母沒有什麼威脅生命的狀況）。可以說，在孩子完全長大並且有了自己的孩子之前，父母是不會死去的。然後，你會成為年紀很大的祖父母，那時候就快去世了。把這種可怕的事情推遲到遙遠得無法想像的未來，對大多數孩子來說是一種安慰。他們知道自己還沒有長大，所以就不必擔心父母會死去。雖然不能絕對肯定自己會活那麼長時間，但現在不是探究那些可能性的時候。如果父母充滿信心地承諾自己會活下去，孩子就會得到他需要的安慰。

## 與父母分開

孩子從他們與父母的關係中獲得安全感。當孩子不得不與父母中的一方分開時，哪怕只是很短的一段時間，分離的壓力也會造成長久的障礙。年幼孩子對時間的概念跟成年人不同，「僅僅幾天的時間」看起來就像是永遠。

**會帶來創傷的分離。** 如果母親必須出門幾個星期，比如去照顧生病的外婆，那麼，她 6～8 個月的寶寶很可能變得悶悶不樂。如果在此之前母親一直是唯一照料孩子的人，那孩子的這種表現就會更加明顯。他會顯得很沮喪，食慾減退，對生人和熟人都不理睬，多數時間都仰臥在床上，一會兒把頭轉到左邊，一會兒轉向右邊，不再試著站起來，也不再探索周圍的環境了。

大約兩歲左右的孩子就不會因為和母親分開而沮喪了。取而代之的是焦慮。常見的情形是，母親會因為緊急事務出門在外，或者在孩子還沒有準備好去托嬰中心時就決定開始全職工作，或者孩子不得不在醫院裡獨自生活好幾天。

當母親不在家時，孩子可能看起來很好，但是她一回到家，孩子所

有壓抑著的焦慮感就會迸發出來。他會撲過去倚靠在媽媽身上，只要媽媽去另一個房間，他就會驚慌地大聲喊叫。臨睡覺時，也會死命地纏著媽媽，很難放手。睡覺時他會緊緊地靠著母親或父親，生怕被放進他的小床裡。當父母終於得以脫身，朝門口走去時，他就會毫不猶豫地從小床側面爬下來，追著父母，而以前他從來不敢這樣做。這真是一個令人心疼的驚恐場面。就算父母能讓孩子待在小床裡，他也會整夜不睡。

有時，也許母親迫不得已要離開家一些日子，也許孩子要住幾天醫院，當他們再次團聚時，孩子可能會用不承認母親的方式來「懲罰」母親。當他決定再次承認母親的時候，可能會一邊大哭一邊生氣地看著她，或者用手打她。（當然了，如果父親是孩子的主要照護者，這種情況也會引起同樣的反應。）

**父母能做什麼？** 對於年齡較小的孩子來說，可以把暫時不在的父親或母親的照片放在他能從小床裡看見的地方。可以用父母的衣物來包裹孩子（小心，對嬰兒來說，可能會有窒息的危險）。或讓父母講孩子最愛聽的故事、唱孩子最喜歡的歌曲，錄成一個檔案以供播放。盡量縮短分開的時間，並讓家庭成員來照顧孩子，不要用陌生人。

對於年齡大一點的孩子，可以幫他做一個日曆，每過一天就劃掉一天，到父母回來的那天為止。還可以討論團聚之後會做些什麼。要經常打電話聊天、寫信或發電子郵件。對於長達幾個月的分離，大人要把父母回家這件事和季節的變化，或孩子能理解的其他時間聯結在一起。不要說：「爸爸 6 月分會回來。」要說：「我們先要過一個冬天，然後天氣會變暖，等花兒都開放後，爸爸就回來了。」為孩子講一些家人不得不分開後來又團聚的故事。我最喜歡的是羅伯特（Robert McCloskey）寫的那個經典的《讓路給小鴨子》（Make Way for Ducklings）的故事。如果父母回來的日期不確定（比如必須在國外服役的那種情況），那麼雙方要互通電子郵件、寫信、打電話，回憶他們在一起的日子，談論即將到來的快樂時光。此時，這種想像更顯重要。

# 離婚

　　20 世紀 70 年代以前，離婚在美國並不多見。然而現在則有一半左右的婚姻會以離婚收場。雖然在小說裡讀到友好離婚的情節，在電影裡也會看到這樣的故事，但在現實生活中，大部分分手和離婚的過程都會使兩個人對彼此充滿憤怒。離婚對孩子來說往往十分痛苦。大多數時候，它會讓生活水準下降。孩子們常常要離開朋友和學校，搬到別的地方去生活。父母常常會心煩或鬱悶，因而不太容易照顧到孩子的情緒。孩子可能會因為家庭破裂而（不切實際地）責怪自己，還會覺得自己無法在不背叛父母一方的情況下忠誠於另一方。從好的方面來看，離婚可能會把孩子從有害的家庭關係中解脫出來。從壞的方面來看，離婚帶來的感情傷害可能會影響孩子幾十年。

　　**分手的幾個階段。** 婚姻關係惡化的過程通常要經歷幾年，離婚則是一個轉捩點。婚姻的終結可能從分歧和不滿的逐漸積累開始，也可能因為暴力或不忠而突然決裂。在這段時間裡，孩子要忍受父母難以理解又讓人焦慮的沉默或不遺餘力的大聲爭吵。其中也可能穿插著相安無事的時間，只是他們的關係還會再次崩潰。當事的父母很可能會像孩子一樣困惑和憂慮。在這個過程中可能會有間斷的分居與和解。最後，他們中的一方或雙方都會清楚認識到他們的婚姻已無藥可救。在此後的一段時間之內，真正的離婚就開始了。

　　從離婚陰影中走出來的過程也遵循著一個可以預測的順序。在一段時間的失衡和不確定之後，一切都會進入一種在兩個家庭之間定期造訪和來回跑的常規模式。孩子最終會放棄父母復合的希望。父母也會從自己的震驚中恢復過來，開始重建他們的社會生活。在某個時刻，孩子可能會面對繼父（母），或許還有繼父（母）的孩子。那既可能是令人欣喜的進展，也可能是讓人緊張的變化。

　　這個過程每年都要上演數百萬次，其中也會有一些不同的形式。值得注意的是，多數孩子在經歷了這個過程之後的確不會受到太多影響，甚至完好無損。這些都有力地證明，即使父母的婚姻已不復存在，孩子的復原能力和父母希望他們茁壯成長的願望仍然發揮著重要

的作用。

**婚姻諮詢**。在婚姻出現問題時，進行婚姻諮詢、家庭治療或家庭指導對父母來說是有意義的。如果丈夫和妻子都能定期去諮詢，對家裡出現的問題，每個人都能有更清楚的認識，那當然最好。一個巴掌拍不響，爭吵是夫妻雙方的事。但是，即使一方拒絕承認自己在衝突中的影響，另一方去諮詢一下是否需要挽救婚姻，以及如何挽救也都是值得的。畢竟戀愛時雙方曾有過強大的吸引力，而且許多離了婚的人最後都說，他們後悔過去沒有努力挽救婚姻並維持下去。

**告訴孩子**。不管父母是否考慮離婚，孩子總能清楚地感覺到父母之間的衝突，也會對此深感不安。為了讓孩子明白實際情況不像他們想像的那麼糟糕，父母應該允許孩子和他們討論這些事情（也可以分別與父母討論）。要想讓孩子長大以後能夠相信自己，就要讓他們相信父母雙方。所以，儘管刻薄地互相指責是一種自然的傾向，父母也不應該這樣做。相反地，父母可以用概括的說法來解釋他們的爭吵，而不是盯住對方的過錯不放。同樣的，他們也可以用簡單的言語跟孩子解釋吵架的原因，進而清楚地說明，他們正在盡力解決問題，讓家裡的每個人都更幸福。

一定不要讓孩子聽到父母在盛怒中大叫「離婚」這個詞。當離婚幾乎成為必然的時候，夫妻雙方應當反覆斟酌這個問題。對孩子來說，世界是由家庭組成的，而父母是家庭的組成成員，所以提出打碎這個家庭簡直就像宣布世界末日一樣。因此，向孩子解釋離婚的問題應該比向大人解釋更為謹慎。

孩子總想知道自己會跟誰一起，住在哪裡，在哪兒上學，搬出去的那個家長會怎樣。他們需要一遍又一遍地聽大人說，父母雙方都會一直愛著他，父母並不是因為他做錯了事情才離婚的。年幼的孩子多半都以自我為中心，因而會猜想是他的行為導致了父母的分手。孩子需要很多機會提出自己的疑問，也需要聽得懂的耐心回覆。父母很可能忍不住要給孩子大量資訊，但是大人最好也能夠認真聆聽孩子的問題，然後盡量耐心回答。

**所有孩子都會緊張**。一項研究顯示，離婚家庭中 6 歲以下的孩子最容易擔心自己被拋棄，最容易出現睡眠品質不佳、尿床、愛發脾氣

和攻擊他人等現象。7～8 歲的孩子則容易產生悲哀和孤獨的感覺。9～10 歲的孩子對離婚的現實理解得多一些，但是他們會對父母一方或雙方表現出敵意，並且抱怨胃痛和頭痛。青少年在說起父母離婚帶給他們的痛苦時，還會提到他們感到悲傷、氣憤和羞恥。有的女孩也會因此對與男孩交往產生障礙。

幫助孩子的最佳途徑就是經常讓他們談一談自己的感覺，並且讓他們放心，他們的感覺沒什麼問題。如果父母本身很痛苦，無法進行這樣的討論，一定要找一位經常能見面的專業人士諮詢。父母和孩子都會有情緒上的反應。諮詢和治療即便不總是立竿見影，往往也還是會收到良好的效果。

**父母的反應。**取得監護權的母親通常會發現離婚後的一兩年非常艱難。孩子會更緊張，要求也更多，還會變得愛抱怨。總之變得不那麼可愛了。母親不能像父親那樣果斷做出決策，處理爭論，也不能為制訂的計畫承擔責任。母親既要工作，又要料理家務，還要照顧孩子，這些事情常使她筋疲力盡。她失去了成年人的陪伴，包括男性在

人際上或浪漫情感上的關注。大多數母親都表示，最嚴重的問題是她們害怕不能謀得一份令人滿意的工作來養活這個家。這是一種現實的恐懼，因為離婚以後，貧困往往接踵而至。雖說獲得了孩子監護權的父親情況常常不那麼嚴酷，但也要面對類似的問題。

有人想像，那些離了婚又沒有監護權的父親簡直就是重新擁有了快樂的舊日時光，他們可以安排所有的約會，除了孩子的撫養費和探視之外，完全沒有其他家庭義務。但是，研究顯示，大多數父親在很多時候都是愁苦的。如果他們隨意地交朋友，那麼他們很快就會發現這種交往是如此空洞又毫無意義的。由於不能為孩子的各種計畫發表意見，他們會覺得很不開心。他們會懷念孩子的陪伴。更重要的是，孩子不會來徵求他們意見或請求他們的許可，父親們失去了這種權利，而這正是做父親意義裡的一部分。週末，孩子過來玩，他們就會經常帶著孩子吃速食，看電影，這能滿足孩子快樂的需要，但對孩子和他們的父親來說，那並不是真正父子關係所需要的。父親和孩子可能會發現，在這種情況下他們很難真的

相互交流。

**監護權**。在過去幾十年裡，就算孩子的母親明顯不適合教育子女，監護權也會常規性地落在母親身上。現在，法院越來越常把父親視為有能力承擔撫養孩子主要責任的人。搶奪監護權的鬥爭常常使父母難以靜下心來考慮什麼安排對孩子才是最好的。

父母應該考慮以下幾種因素：誰一直承擔著照顧孩子的主要工作？孩子和父母雙方的關係如何？孩子表現出偏愛父母中的哪一方？孩子是否需要和兄弟姊妹中的某一個住在一起？

如果孩子發現，自己和有監護權的家長待在一起很緊張，他就會想像或許和另一個家長一起生活會好一點。這種思維方式在青春期表現得尤其明顯。有時候，讓孩子和另一個家長住在一起確實會好些，哪怕只住一段時間，也會有所幫助。但是反覆幾次之後，孩子可能會對問題置之不理，而不是尋找解決辦法。因此，努力找到困擾孩子的真正原因是很重要的。

**共同監護**。過去人們常會認為，由於離婚的過程涉及監護權、孩子的撫養費、贍養費和財產的處理等問題，夫妻雙方會在法庭上成為敵人。應該盡量避免這種敵對的態度，尤其是在監護權方面，矛盾越少，對孩子越好。近年來興起一種共同監護的風氣，就是為了讓沒有監護權的家長（多數是父親）能多享受一些探視權。更重要的是，不讓這個家長感到和孩子斷絕了關係，覺得自己再也不是真正的家長了。這種感覺通常都會讓他們與孩子的聯繫越來越少。

談到共同監護，有的律師和家長指的是平等地分享與孩子相處的機會，比如讓孩子和這個家長待4天，再和那個家長待3天，或者和這個家長待一週，再和那個家長待一週。對父母來說，這種做法不一定行得通，孩子也可能感到不舒服。孩子必須堅持去同一所學校讀書，上同一家幼兒園。孩子們喜歡有規律的作息時間，同時也會從中受益。

共同監護應該被看成是離婚父母為了孩子的幸福而協力合作的一種精神，這是一種更積極的態度。夫妻雙方應該就計畫、決策和多數對孩子的要求商討。這樣一來，父母雙方就都不會感到被忽略了（也可以找一位對孩子比較了解的諮詢專

家，他會幫助父母做一些決定）。在分配孩子時間的時候，應該保證父母任何一方都能與孩子盡量密切地接觸。這仰賴於父母雙方住所的距離、住處的大小、學校的位置，以及孩子長大以後的喜好等因素。很顯然，如果一位家長搬到了很遠的地方，那就只能等到假期才能探望孩子了。當然，這位家長仍然可以透過電子郵件、書信或電話與孩子保持聯繫。

共同的生活監護指的是把孩子與父母雙方相處的時間進行分配。共同的法律監護則意味著父母雙方在涉及孩子生活的重要決定上都擁有發言權，包括上學、露營和宗教信仰問題等。無論在哪種情況下，如果父母能夠為了孩子的利益而通力合作，那麼共同監護就會產生巨大的積極作用。總之，如果父母雙方都能繼續參與孩子的生活，那麼孩子就能更好地適應社會，調整情緒和安心學習。

### ◤ 斯波克的經典言論 ◢

共同監護能讓父母雙方知道他們在孩子的生活中都很重要。雖然這是一個具備法律效力的契約，但最重要的事是父母之間的合作精神。

**安排探視時間。** 孩子和母親一起待 5 天，週末和父親在一起，這種安排聽起來挺合理，也很常見。但有時候，母親可能非常想和孩子一起過週末，因為那時她會更放鬆。另一方面，父親可能偶爾也想過一個沒有孩子的週末。同樣的問題也可能出現在學校放假期間。隨著孩子慢慢地長大，朋友、體育運動或其他活動都可能把孩子吸引到父親家或母親家。所以必須靈活掌握時間安排。

沒有監護權的家長不要隨便破壞探視的約定，這很重要。如果孩子覺得家長的其他事務比他更重要，他就會受到傷害，這樣孩子既會喪失對家長的信任，也會否定自身的價值。如果家長不得不取消探視，就應該提前告訴孩子，可能的話還要安排好替補這次探視的活動。最重要的是，沒有監護權的家長不應該頻繁地、反覆無常地破壞約定。

當探視時間來臨時，有些離了婚的父親常常會感到羞愧和怯懦。所以他們經常一味地款待孩子（出去吃飯、看電影、看體育比賽、外出旅行等）。偶爾這樣做並沒有什麼不好，但是父親不應該每次都這樣款待孩子。這種行為顯示出父親害

怕沉默，於是才不得不每次都安排這些特別的活動。

其實，對待孩子的拜訪，完全可以像在自己的家裡那樣放鬆和隨意。這樣，家長和孩子就會有機會進行很多其他的活動，比如讀書、做作業、騎腳踏車、溜冰、打籃球、踢足球、釣魚等，還可以做一些與個人喜好有關的事。父親也可以參加孩子喜歡的活動，這就為隨意的交談贏得了絕佳的機會。

父母經常會發現，當孩子從一個家長轉到另一個家長那裡時，會變得急躁易怒。這種現象在年幼孩子的身上表現得尤其明顯。當孩子從沒有監護權的家長那兒回來以後，特別容易因為疲勞而變得愛生氣。有時候，孩子很難在兩種生活模式之間切換。每一次往返都至少在潛意識裡讓孩子想起他與沒有監護權的家長最初的分離。在這種轉換過程中，父母要有耐心，一旦約好了接送孩子的時間和地點就要絕對算數，盡可能避免這些轉換所帶來的衝突。這些做法都是父母幫助孩子的有效途徑。

**與（外）祖父母保持聯繫。**父母離婚以後，要讓孩子和（外）祖父母保持和以前一樣多的聯繫，這一點也很重要。和前夫（妻）父母保持聯繫非常困難，如果雙方都覺得受了傷害或很氣憤，局面就會令人更加為難。有時，得到監護權的家長可能會說：「孩子可以在探視時間和你去看你的父母。但我和你的父母已經沒有關係了。」但是，這樣就再也不能方便地安排生日、假日或特殊日子的活動了。要記住，（外）祖父母是孩子獲得持續支持的巨大源泉，所以努力和他們保持聯繫是很有價值的。另外，（外）祖父母對他們的孫子（女）或外孫（女）的情感需要也應該受到尊重。

**避免讓孩子產生偏見。**雖然父母總會忍不住向孩子指責另一個家長，讓他在孩子面前喪失信譽，但最好不要這麼做，這很重要。父母雙方都對婚姻的失敗抱有罪惡感，至少在潛意識中是如此的。如果他們能從朋友、親戚、孩子那裡得到前夫（妻）有過失的訊息，這種罪惡感就會減輕。所以他們總是試圖把前夫（妻）最不堪的事情告訴孩子，把自己的錯誤抹得一乾二淨。問題是，孩子會意識到自己是由父母共同孕育出來的，如果其中一方

是惡棍，他們就會懷疑自己遺傳了這個家長的壞基因。另外，他們很自然地希望有兩個家長，並且被他們愛著，這也會讓他覺得聽到關於其中一位家長的惡劣行徑是不忠的，因而感到不舒服。如果其中一位家長要孩子對另一位家長保守秘密，他們也會很痛苦。

到了青少年時期，孩子就會明白所有人都有缺點。儘管他們牢騷滿腹，卻不容易被父母的錯誤觀念深深影響。讓他們自己去發現父母的錯誤吧。在這個年齡，父母最好不要希望靠指責另一方來贏得孩子的忠誠。青少年容易對一些小事感覺非常憤怒或非常冷漠。當他們跟自己一直喜愛的父親（母親）生氣時，就會發生很大的轉變，認為以前聽父親（母親）說另一方家長的所有過錯都是不公正的，也不是真的。如果父母教育孩子愛他們兩個人，信任他們兩個人，花時間和他們兩個人在一起，那麼他們就能長期保有孩子的愛。

父母任何一方都不該盤問孩子在另一方那裡時發生的事情，那樣做不對，而且會讓孩子感覺不舒服。這個多疑的家長最後還可能引火上身，遭到孩子的怨恨。

**父母的約會。** 父母剛離婚時，孩子會有意無意地想讓父母再回到一起，因為孩子認為他們還是一家人。孩子很容易認為，父親或母親和別人約會是不忠誠的表現，而他們的約會對象也是惹人討厭的入侵者。所以父母最好慢慢地、有技巧地向孩子解釋自己的約會。

孩子會花好幾個月的時間來領悟父母離婚是一件永久的事。注意孩子對此事的看法。過一段時間後就可以跟孩子說，你感到孤獨，所以想開始新的約會。不要讓孩子永遠控制父母的生活。可以簡單地告訴他，你可能開始新的約會，這會讓你過得更愉快。

如果你是一位母親，一直和年幼的孩子生活在一起，孩子很少見到他的父親，或者從來都沒見過他，那麼孩子可能會央求你結婚，再幫他找一個「爸爸」。但是一旦孩子看見你和另一個男人越來越親密的時候，他很可能又會覺得妒忌。如果你已經再婚，這種情緒會更加明顯。不要因為孩子強烈又矛盾的感情而吃驚，這些感情都是正常的。

**對孩子的長期影響。** 雖說經歷過父母離婚的孩子一定會受到影響，但還是有很多孩子能夠擁有快

樂、充實的生活。也有一些孩子會
在很長一段時間裡懷有憤怒、失落
或不安的情感。那些繼續跟父母雙
方保持著密切關係的孩子通常表現
得最好。如果孩子的表現不佳或有
任何問題，都應該尋求專業的諮詢
和治療。

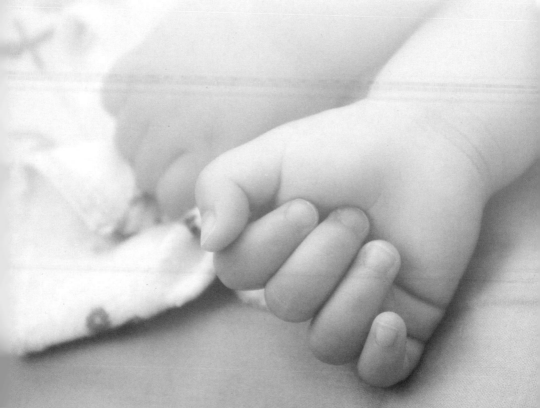

PART **5**

# 常見的發育和行為問題

# 1 手足間的敵對情緒

## 手足間的嫉妒

兄弟姊妹之間難免會互相嫉妒。如果這種嫉妒不太嚴重，可能可以幫助孩子們成長為更加寬容、獨立和慷慨大方的人。父母的教育會影響孩子面對自己嫉妒心理的方式。在很多家庭裡，孩子之間的嫉妒反而被轉化成友好的競爭、相互的支持和對彼此的忠誠。

父母或許聽過有的孩子討厭自己的兄弟姊妹，甚至長大後彼此也沒什麼來往。除了父母的態度會影響孩子間關係的變化，機遇有時也會發揮一定的作用。有的孩子天生喜歡跟兄弟姊妹打成一片，就算不是同一母親所生，也不會在意。有的孩子則有著截然不同的性格，有的喜歡熱鬧，有的偏愛安靜，因此他們的關係很難變得融洽。

**同等的關愛，不同的對待。** 一般說來，父母的關係越融洽，這種嫉妒存在的可能性就越小。當所有孩子都對自己得到的溫暖和關愛感到滿足時，他們就不會去妒忌父母對其他兄弟姊妹的關心了。如果孩子覺得父母愛他，接受他天生的樣子，他在家裡就會覺得安全。

父母可以同樣無私地愛每一個孩子，但對待每個孩子的方式卻不一定相同。這裡有一條實用的原則，就是「讓家庭中的每個人各得其所，但有些時候，我們的需要並不相同。」年幼的孩子需要早點睡覺，大一點的孩子更需要的是責任感，可以安排他做一些家務。

如果父母或親戚想同等對待不同的孩子，而不是根據他們的需要區別對待，反而會加重孩子的嫉妒心

理。有一位母親想盡量公正地對待互相妒忌的兩個孩子，就對孩子們說：「蘇西，這個紅色的小滅火器給你。湯米，這個一模一樣的滅火器是給你的。」但哪個孩子都不滿足，他們充滿懷疑地仔細研究這兩個玩具，想看看是否有區別。其實，母親剛才的話好像在說：「我買這個給你們，你們就不會埋怨我偏心誰了吧？」而不是暗示他們：「我買這個給你們是因為我知道你們會喜歡。」

**不要作比較，也不要下定論。** 對孩子們的比較和褒貶越少越好。如果對一個孩子說：「你為什麼不能像姊姊那樣有禮貌呢？」那就會讓他討厭姊姊，而且一想到「禮貌」這個詞就反感。如果父母對青春期的女孩說：「你不像姊姊那樣有約會，沒關係。你比她聰明得多，這才是重要的。」這種話其實貶低了她的情感，她正因為沒有約會而不高興，父母還暗示她為此不開心根本沒有必要，這為她進一步敵視姊姊埋下了種子。

父母很容易為自己的孩子分配角色。他們會認為一個孩子是「我的小造反派」，另一個則是「我的小天使」。從此以後，前者就會認定自己必須不斷破壞紀律，否則就會失去在家裡的地位。而後者有時也想做些淘氣的事，但卻害怕如果不繼續扮演「乖寶寶」的角色，就會失去父母的寵愛。於是，這個「小天使」或許會怨恨自己淘氣的兄弟，因為他享受著自己所沒有的放縱與自由。

**兄弟姊妹打架。** 整體來說，如果情況不是太嚴重，那麼兩個孩子打架時父母最好不要介入。如果父母只批評某個孩子，另一個就會更加妒忌。孩子都想讓父母偏愛自己，於是產生了嫉妒。有時候，孩子們吵架或多或少都有這種因素。父母或許想判定誰是誰非，於是很快站在某一方的立場上說話。這樣的結果只能讓他們不一會兒又打起來。在這種情形之下，孩子打架其實就是一種競賽，他們要比一比，看誰能贏得媽媽的疼愛，哪怕就這一次。每個孩子都想贏得父母的偏愛，都想看著另一個被批評。

當父母的必須確保孩子的安全，所以在想避免他們身體受傷，同時避免極端不公正，或者必須保持周圍安靜的時候，就會覺得必須制止孩子打架。這時最好命令他們馬上住手，不要聽他們爭辯，也不要評

價誰對誰錯（除非是發生了公然的碰撞），要集中精神在解決接下來該做的事，讓過去的事就此過去。有時候可以提出一種折衷的辦法來解決孩子的爭執，有時候可以靠分散他們的注意力來扭轉局面，還有的時候得把兩個孩子分開，分別送到比較中立又有點無聊的地方去。

不過當兄弟姊妹之間的爭鬥變得嚴重，持續升溫的時候，父母就要干涉了。大一點的孩子在家照顧弟弟妹妹時，也許會借助暴力或者威脅來控制他們。如果是這樣，就必須另外找人來照顧孩子，比如請個保母，或者找個親戚幫忙。也可以找一家兒童看護機構或者課後管理機構來照顧孩子（**請參閱第 472頁**）。

## 嫉妒心的多種表現形式

### 如何分辨兄弟姊妹間的嫉妒？

如果大孩子拿一塊大積木去打小寶寶，母親就會意識到他在嫉妒小寶寶。但是有些孩子的表現則比較微妙，他只是毫無表情、一言不發地看著小寶寶。有的孩子還會把怨氣都集中到母親身上，他會毫不猶豫地把室內植物盆栽裡的土掏出來，認真嚴肅地把它們撒在客廳的地毯上。還有的孩子性格會發生變化，他會變得悶悶不樂，對大人更加依賴，還會對沙堆和積木失去興趣。他會含著手指頭，拉著母親的裙角形影不離地跟著。

父母偶爾也會看到孩子的嫉妒心理以相反的形式表現出來。他會對小寶寶格外熱心。當他看到狗的時候，他能想到的話就是：「寶寶喜歡狗。」當他看到小朋友騎腳踏車時，會說：「寶寶也有一輛腳踏車。」在這種情況下，有的父母可能會說：「我們認為根本沒有必要為孩子的嫉妒擔心。約翰非常喜歡新寶寶。」如果孩子表現得很喜歡寶寶，那當然很好，但是，這並不意味著嫉妒已經不存在了。事實上，這種嫉妒很可能會以某種間接的方式表現出來，或者只在某些特殊情況下才顯現。大孩子可能會特別用力地抱寶寶。他也可能只在家裡才假裝喜歡寶寶，而在外面，當看到人們對他的小弟弟或小妹妹表示讚賞時，就可能會變得很粗魯。大孩子可能好幾個月都沒有對寶寶有任何敵意的表示，但是忽然有一天，當寶寶爬過去抓他的玩具時，卻突然改變友好態度。也有的時

候，直到弟弟妹妹開始學走路的那一天，他的敵視態度才會發生轉變。

對寶寶過度熱心是孩子應付緊張情緒的另一種方式。究其根源，這仍然是那種既喜愛又嫉妒複雜情緒的強烈展現。這種強烈的情緒還會使有些孩子要不是表現退步，要不就是不時地發脾氣。對父母來說，不管孩子的情緒是否表現出來，最好還是認真看待這種可能出現的情況，認識到大孩子對寶寶既有愛也有嫉妒。所以，既不能對孩子的嫉妒心理視而不見，也不能強行壓制這種情緒，更不能讓孩子羞愧得無地自容，要幫助孩子，讓他把愛心充分地表現出來。

**處理不同類型的嫉妒。** 當孩子攻擊寶寶的時候，父母自然的反應就是震驚，並且責怪他。這樣做的效果並不好，原因有兩個。首先，他不喜歡寶寶本來就是因為害怕父母只愛寶寶而不再愛他，父母的震驚就成了一種威脅，表示他們不再愛他了，這個孩子會更加擔心，還會變得更狠心。另外，責備雖然會使孩子的嫉妒行為得到收斂，但是受到壓制的嫉妒心要比不受壓制、自然流露的情緒所持續的時間更長，造成的精神創傷也更大。

在這種情況下，父母應該做好 3 件事。首先，要保護寶寶。其次，讓大孩子知道他絕不可以有惡意的舉動。最後，要讓大孩子相信，爸爸媽媽仍然愛他，他也確實是個好孩子。當父母看到他手裡拿著「武器」，滿臉陰沉地朝小寶寶走去的時候，當然應該立刻過去制止他，嚴肅地告訴他不許傷害小寶寶。（事實上，每當他的攻擊行為得逞時，內心深處總會覺得內疚，而且會更難過。）

孩子表現出嫉妒也為父母提供了絕佳的機會，好讓孩子知道，他的情緒是可以被理解，也是可以被接受的，但不能接受的是他在這種情緒之下所採取的行動。父母可以把制止他的方式變成擁抱，還可以對孩子說：「我知道你有時候會想什麼。你希望家裡沒有小寶寶，媽媽爸爸也不用照顧他。但是你不用擔心，我們仍然是愛你的。」這樣孩子就會明白，父母理解他生氣的情緒（但不是他發洩憤怒的行為），父母仍然愛他。這就是最好的證明，告訴他不必擔心父母不再愛他，也不必採取氣憤的行動了。

當孩子故意把花盆裡的土撒到客

廳裡時，父母自然會感到惱怒和氣憤，很可能還要責備他。但是，如果父母能理解孩子這樣做是出於深深的失望和焦慮，或許就會想去安慰他了。要好好想一想，到底是什麼讓他如此難過。

**關注悶悶不樂的孩子。**孩子的本性都比較敏感和內向，因此，那些因為嫉妒而變得悶悶不樂的孩子，要比那些用挑釁的方式釋放情緒的孩子更需要大人關愛和安慰。對於前者，大人還應該有意地引導他們說出自己的不快。所以當孩子不敢直接表現自己的憂慮時，父母可以理解地對他說：「我知道，有時候你會因為我照顧寶寶而感到生氣，而且還生我的氣。」這樣或許能幫助他感覺好一些。如果他對你的話沒有反應，就應該考慮是否要請一個人臨時照顧一下小寶寶。這樣，就可以在這段時間給大孩子多一點關注，看看他是否能夠恢復對生活的熱情。

有的孩子似乎無法擺脫嫉妒心理，他們要不就是不斷惹事，要不就是悶悶不樂，或者又對嬰兒十分著迷。這時候就有必要諮詢一下孩子的醫生或臨床心理師，或者向專精於兒童行為和發展的兒科醫生諮詢，他們能夠發現這種嫉妒情緒，也能夠幫助孩子意識到是什麼讓自己擔心，然後一吐為快。

如果大孩子的嫉妒心在寶寶剛會搶他玩具的時候就強烈地表現出來，那可以單獨給他一個房間，讓他覺得他和他的玩具以及房間都不會受到任何干擾。如果不能給他一個單獨的房間，也可以找一個箱子或小櫃子讓他裝東西，裝上寶寶打不開的鎖。這樣不但保護了他的玩具，還讓他覺得自己很重要。那個箱子只有他才能夠打開，他還會覺得自己掌握了對事物的控制權。（不過要小心那種蓋子很重的玩具箱，還有會把孩子關在裡面的櫃子，以免發生危險。）

**分享玩具。**父母應該鼓勵或強迫孩子和寶寶分享玩具嗎？如果父母強迫孩子和別人分享他的玩具，雖然他會按照父母說的做，但很可能會產生強烈的不滿。因此，可以建議大孩子給寶寶一件他已經不再需要的玩具，這會讓大孩子產生一種比寶寶成熟的優越感，還能讓他展示出對寶寶的大方（實際上還不存在）。但是，要讓這種大方的行動變得有意義，就必須讓孩子發自內心地去做。要做到這一點，首先

大孩子必須有安全感，他要愛別人，也要感覺被別人愛著。當孩子既沒有安全感又自私的時候，強迫他和別人分享自己東西只會讓他覺得自己上當了，還受到了輕視。

一般來說，妒忌新生兒的情況在5歲以下的孩子中表現得最強烈，此時他對父母的依賴感還很強，而且，他們很少對家庭以外的事情感興趣。6歲以上的孩子與父母的關係稍顯疏遠，他們會在朋友和老師之間找到自己的位置。雖然新寶寶取代了他們在家庭裡的中心地位，但這麼大的孩子通常不會感到非常難過。但是，如果父母因此就認為孩子已經沒有嫉妒心，那也錯了。他仍然需要父母的照顧，仍然需要從父母那裡得到關愛，在新寶寶剛來到這個家時尤其是這樣。如果孩子特別敏感，或者尚未在家庭以外找到自己的位置，那他就會需要一般孩子所需要的那種保護。對於已經進入青春期的女孩來說，因為她們當女人的願望越來越強烈，所以看到母親再次懷孕或者又生了寶寶，可能會下意識地產生嫉妒心。青少年常常對父母的性生活反感，典型的態度就是：「我還以為我的父母不會做那種事呢。」

**自責毫無用處。** 我想再加一句聽起來有點矛盾的忠告。用心的父母有時會因為孩子的嫉妒而感到焦慮不安，於是他們想努力制止這種嫉妒，結果大孩子不僅沒能獲得安全感，反倒覺得更不安全了。父母可能因為有了新寶寶而非常內疚，每當大孩子看到父母關注寶寶的時候，父母就會感到慚愧。於是，他們煞費苦心地討好大孩子。當孩子發覺父母不自在，或對他有愧時，也會覺得不自在。父母的內疚表現會讓他更懷疑父母做了什麼不正當的事情，還會讓他對寶寶和父母都更加厭惡。換句話說，父母對待年齡較大的孩子要更注意表達技巧。同時，既不應該感到焦慮不安，也不必抱有歉意，更不應該對孩子百依百順或犧牲自尊。

## 對新生兒的嫉妒

家裡最大孩子的這種敵對情緒會更加強烈，因為大家一直都把注意力放在他一個人身上，他已經習慣了這種沒有競爭對手的狀態。而之後出生的孩子從出生起就已經學會了與別人分享父母的關注，他們明白，自己只是家裡幾個孩子當中的

一個。這麼說並不表示老二和老三對弟弟妹妹沒有敵對情緒，他們也有。問題主要在於父母處理這種敵對情緒的方式，而不在於孩子是不是老大。

### 斯波克的經典言論

想像一下這種情景：有一天，丈夫帶著另一個女人回家。他對你說：「親愛的，我像過去一樣永遠愛你。但是這個人今後也要和我們住在一起。另外，她還會占去我更多的時間和精力，因為我非常愛她，而且她比你更需要幫助。這難道不好嗎？你不為此而高興嗎？」在這種情況下，你覺得你能做到多麼友善呢？我聽過一個孩子在訪視護士要離開他家時，跑到門口對護士喊道：「你忘了帶走你的寶寶了。」

**嫉妒有害也有利。**嫉妒和競爭會帶來強烈的情緒，即使在成年人之間也一樣。但是這些情緒更容易擾亂孩子的心思，因為他們還不知道如何處理這種情感。儘管無法完全預防，但是可以透過大量的努力把這種嫉妒心理減少到最低限度，甚至有可能把它轉化成積極向上的

情緒。如果孩子開始認識到自己不必害怕競爭，他的性格就會得到強化，將來也能更容易處理生活、工作和家庭中遇到的各種敵對情況。

孩子有嫉妒心不要緊，這是正常的。真正重要的是他會怎樣緩解自己的嫉妒心理。讓孩子把自己的情緒說出來有助他學會自我控制。你可以對他說：「我知道你在生小弟弟的氣，而且還在妒忌他。但是你欺負他也沒用啊。」還可以加上一句：「而且我也愛你。你和弟弟我都愛。」比如，一個 2 歲的孩子打了小寶寶 巴掌，父母可以拉著他的手撫摸寶寶，還可以對他說：「寶寶是愛你的。」不管多大的孩子，他的感情都是複雜的，父母可以幫助他表達心裡的愛意。

**最初幾個星期和幾個月。**前面已經討論過如何幫助大孩子調整心態以準備面對新生兒（**請參閱第 40 頁，幫助大孩子適應新生兒**）。在最初幾個星期和幾個月裡，父母也可以透過巧妙的方式幫助大孩子適應新生兒的到來。在最初幾週內，父母要適當地減少對新寶寶的關注，不要表現得過於興奮，不要憐愛地盯著寶寶看，也不要過多談論寶寶。如果方便，盡可能在大孩子

不在的時候照顧小寶寶。父母可以利用大孩子出門或小睡的時間幫小寶寶洗澡和餵奶。

許多大孩子看到母親餵寶寶喝奶，尤其是用乳房餵奶的時候，會非常妒忌。這時，如果孩子願意，也可以給他一個奶瓶，或者讓他喝媽媽的奶。出於對小寶寶的嫉妒，大孩子會試著吸吮奶瓶，這種情景多少會讓人覺得好笑。他會以為那很美好，但是當他鼓足勇氣吸了一口時，臉上的表情卻是失望的。畢竟，那只是牛奶，流得慢騰騰地，還有一種奇怪的橡膠味。所以，他可能一會兒要奶瓶，一會兒又不要，這種情況會持續幾個星期。如果父母很高興地把奶瓶給他，並且做點別的事幫助他學著處理自己的嫉妒心，那他就不會一直那樣。如果媽媽餵寶寶的時候大孩子在附近，應該允許他隨意接近。但是，如果他在樓下玩得正高興，就不必再去分散他的注意力了。這樣做的目的並不是要完全避免孩子產生敵對情緒，因為那是不可能的。我們只是希望在最初幾週內能讓這種心理減少到最低限度。因為在這幾週之內，可怕的現實狀況已經開始深入孩子的內心世界了。

**其他人也在一定程度上激發了孩子的嫉妒心理**。家庭成員走進家門時，都應該控制自己的衝動，不要問大孩子：「小寶寶今天怎麼樣？」大家最好能夠表現得好像已經忘了家裡還有個小寶寶，坐下來先和大孩子聊幾句。過一會兒，等大孩子的興趣轉移到其他事情上時，再隨意地走過去看看小寶寶。

有時候，孩子的祖父母會對新寶寶表示出過分的關心，這也容易帶來問題。祖父會拎著一個繫著緞帶的大盒子，一進門，碰到家裡的大孩子就問：「你那親愛的寶貝妹妹在哪兒呀？我給她帶禮物來了。」這時，這位哥哥見到祖父時的快樂就會變成痛苦。如果父母對客人不太了解，不便告訴客人進門後該怎麼做，可以準備一盒比較便宜的禮物放在架子上。每當客人給小寶寶送禮物時，就從盒子裡取出一件禮物送給大孩子。

**讓孩子感覺自己長大了**。玩布娃娃能為大一點的孩子帶來很大的安慰。不管是男孩還是女孩，當媽媽照料寶寶時，他們也可以在玩布娃娃的過程中獲得很大的安慰。他會像媽媽那樣想幫寶寶溫熱奶水，還想擁有類似媽媽的那種衣服和用

具。但是，絕不能因此就要求孩子幫忙照料寶寶。

新寶寶回到家之後，多數大孩子的反應就是希望自己再變成嬰兒。至少有一段時間他們會這麼想。這種成長過程中出現的倒退現象是正常的。比如，在訓練他們大小便時，他們可能會有所退步。他們會尿濕衣服，把大便弄在身上。說話方式也會退回到嬰兒咿呀學語的階段。做事情時，他們還會表現出什麼都不會的樣子。我認為，如果這種想成為嬰兒的願望變得十分強烈，父母可以用幽默的方式滿足他們。父母可以把滿足大孩子這件事當成一次友好的遊戲，溫柔地把他抱進他的房間，幫他脫衣服。這樣，大孩子們就會明白，父母並沒有拒絕他的這些要求。他本來以為這種體驗會很愉快，但結果卻讓他失望。

只要這種暫時的倒退現象能在父母充滿同情和溫柔的態度下得到正確處理，那麼孩子渴望繼續成長和發展的動力通常都能很快超越倒退的欲望。父母可以試著不要太關注他的倒退表現，多關心他希望長大的一面，以此來幫助他成長。

父母可以提醒他，說他有多麼高大，多麼強壯，多麼聰明，多麼靈巧。要讓他知道，他會做的事情比寶寶多得多。我的意思不是要父母過分表揚孩子，而是告訴父母不應該忘記在適當的時候真心稱讚孩子。如果是我，便不會逼著他長大。但是如果不斷把孩子偶爾想做的事說成是「幼稚」，把他有時不願意做的事說成「像大人一樣」，那這只會讓他覺得還是當個嬰兒比較好。

不要拿小寶寶和大孩子作比較，比如說希望小寶寶快點長大。讓孩子覺得父母偏愛自己可能可以帶來暫時的滿足，但從長遠來看，他和偏心的父母待在一起會覺得更不安，隨時擔心父母再去偏愛別人。當然，父母應該明確地表示對寶寶的愛。但同樣重要的是，父母要給大孩子機會，讓他慢慢體會成熟的自豪感以及嬰兒的許多不利條件。

**讓懷有敵意的孩子變成小幫手。**孩子會用很多辦法擺脫與弟弟妹妹競爭所帶來的痛苦。其中之一就是他不再和寶寶一般見識了，反而成了家裡的第三個家長。當他對寶寶很生氣時，他可能會充當一位嚴厲的家長。但是，當他覺得比較安全的時候，就會成為像你一樣

的家長，教寶寶如何做事，給寶寶玩具，希望幫助父母給寶寶餵奶、洗澡、換衣服，還會在寶寶難過的時候安慰他，保護寶寶不受傷害。

在這種情況下，父母可以幫助大孩子扮演好他的角色。比如，在他不知道該怎麼做的時候告訴他如何幫忙，並對他的努力給予真心的表揚。大多時候，孩子的幫助完全沒有一點假裝的性質。雙胞胎寶寶的父母常常急需別人幫助，他們會驚訝地發現自己 3 歲的孩子竟能幫他們做那麼多事，比如把浴巾或尿片拿給大人，或把奶瓶從冰箱裡取出來等。

孩子總想抱抱寶寶，但父母往往猶豫不決，生怕把寶寶摔著。但是，如果讓孩子坐在地板上（鋪上地毯或毛毯），或坐在一個大椅子上，又或者坐在床中央，那麼即使寶寶摔下來，也不會有太大危險。

採取這些辦法，父母就能幫助孩子的態度從敵對轉變到合作。讓孩子學著處理新弟弟或新妹妹所帶來的緊張和壓力，還可以培養他解決衝突、與人合作以及與他人同舟共濟的能力。讓孩子明白不能孤芳自賞的道理，孩子會因此終生受益。

## 有特殊需要的兄弟姊妹

如果新生兒由於腸痙攣或其他原因需要大量額外的照顧，父母就要做出特別的努力，讓大孩子相信父母仍然像以前那樣愛他。如果父母在家務上能夠分工合作，保證總有一方可以照顧大孩子，那麼情況可能會好一些。父母還要讓大孩子知道，寶寶生病與大孩子的所做所想完全無關。請記住，當孩子幼小的時候很容易認為世界上的每一件事都是因為他們才發生的。

如果孩子的兄弟姊妹有特殊情況，比如有慢性病或者像自閉症這樣的發育問題，需要父母特別關心和照顧。與此同時，父母還要注意，讓沒有特殊需要的孩子也覺得自己是家裡的一員，而且他的要求在父母眼裡同樣重要。身體健康的孩子能夠照顧特殊狀況的兄弟姊妹固然是件好事。但是，他也需要時間和鼓勵去做一般孩子正在做的事情，比如交朋友、打棒球、學鋼琴，或者只是悠閒地待著。健康的孩子也需要父母至少騰出一點時間單獨陪伴。

照顧一個孩子的特殊需要，同時滿足其他孩子的日常需求，這對父

母和父母的婚姻是項極高的考驗。當然總會有些時候某個孩子的要求會得不到滿足。問題是做出犧牲的不能總是健康的孩子。在健康孩子和生病孩子的需求之間找到平衡是一件很有挑戰性的事情。父母也可以在家庭之外尋求幫助，像親戚、朋友、專業人士，以及一些社會團體，都能提供一定的幫助。

如果有特殊需要的孩子總能享有特權，而他的兄弟姊妹卻沒有，這時後者可能會變得憤怒、傷心，進而帶來情感上的壓力，或者導致行為上的失誤。但是，大多數這樣的孩子都會成長為比較成熟、慷慨、堅忍、有責任感的人。這些品質會使他們受益終生。

# 2 行為表現

## 發脾氣

**為什麼發脾氣？** 1～3 歲的孩子都有發脾氣的時候（**請參閱第 129～131 頁**）。他們已經有了個人願望和個性意識。受到挫折時，他們可以認識到失敗，並因此生氣。但是，他們通常不會攻擊干涉他們的父母，這或許是因為他們覺得成年人太了不起也太高大了，也或許因為他們好鬥的天性還沒有充分發展。

取而代之的是，當感到怒不可遏時，他們能想到的就是把怒氣發洩到地板上或自己身上。他們會猛然躺在地上，一邊哭喊，一邊拳打腳踢，甚至會用腦袋去撞地面。孩子發脾氣通常會持續 30 秒到幾分鐘，很少超過 5 分鐘。這段時間感覺起來似乎比實際上還長得多。最後，孩子往往會感到傷心，想得到安慰。然後，這陣不愉快就會被拋到腦後（至少孩子會這樣）。

孩子偶爾發一次脾氣並不是什麼大事，因為他們難免會受到挫折。但是，如果孩子總是發脾氣，就可能是疲勞或飢餓引起的，也可能是父母讓他們做的事情超出了能力範圍（孩子在賣場發脾氣多半屬於這種情況）。如果孩子因為這種原因而發脾氣，父母就應該忽略表面現象，去解決真正的問題。可以對他說：「你累了也餓了，是不是？那我們回家吧，吃點東西，然後睡覺。你就會感覺好多了。」

**無法躲避孩子每一次發脾氣。**有時候，父母可以看得出來孩子就要發脾氣了。這時可以把他的注意

力轉移到不太有挫敗感的活動上去，進而阻止他發脾氣。但是，父母的反應不可能總是那麼快。當孩子的怒火爆發出來時，要盡量泰然處之。要盡量隨意對應孩子的脾氣，但是一定不能屈服，不能溫順地讓孩子隨心所欲。不然，他會總是故意發脾氣。也不要和他爭辯，因為他根本就不想去了解錯誤。如果父母很生氣，只會迫使孩子一直吵鬧下去。所以，應該給他一個機會，讓他體面收場。如果父母輕鬆自然地從孩子身邊走開，像平時一樣去忙自己的事，根本看不出厭煩的情緒，孩子就會很快平靜下來。還有的孩子脾氣很倔強，自尊心也很強。他們會一直哭喊，亂踢亂打，要是父母不做出友好的表示，他們可以哭鬧一個小時。等這場暴風雨的高潮過去以後，他們就會突然提議做一件什麼有趣的事，還會讓父母抱一抱，表示願意和解。

孩子在人來人往的大街上發脾氣是件令人難堪的事情。要是父母做得到，就微笑著把他帶到一個安靜的地方，讓雙方都能慢慢地平靜下來。任何一個在旁觀看的家長都會明白這是怎麼回事，也會深感同情。關鍵在於要有掌控孩子壞情緒

的能力，父母的情緒也不應該變得太差。

**經常發脾氣**。愛發脾氣的孩子通常都是天生就容易產生挫敗感的孩子。比如，他或許對天氣的變化和噪音大小非常敏感，或者對不同衣服接觸皮膚的感覺非常敏感。父母幫他穿襪子時，如果腳趾部位的接縫沒穿對位置，他就會大發脾氣。還有的孩子性格特別執拗，如果他在做自己喜歡的事情，那麼九頭牛都拉不走他。這樣的孩子上學後成績或許會非常突出，因為學習正需要這種執著的精神。但是在他年紀還小的時候，這種固執就會導致他每天在家都要發幾次脾氣。

有些孩子的性格使他們表達感情的方式比較激烈，這也是孩子經常發脾氣的另一個原因。這種孩子的行為舉止通常很戲劇性。高興時，他們就歡呼雀躍。一旦感到不安，就垂頭喪氣。還有一種愛發脾氣的孩子通常對陌生人和陌生地方都非常敏感，他們要過幾分鐘才能適應這種陌生的情況。如果沒等他們準備好就強制把他們加入陌生的群體，他們很可能會因此而發脾氣。

如果孩子經常發脾氣，不妨考慮一下這幾個問題：他是否有很多機

會出去玩？外面有沒有能夠推、拉和可供攀爬的東西？家裡是否有足夠的玩具和日常用品可以擺弄？房間裡的東西是否都不怕孩子動用？是否在無意中引起了孩子的反感，比如要他過來把襯衫穿上，而不是什麼也不說就幫他穿上？發現他想上廁所時，是不是問他上不上廁所，而不是把他直接帶到廁所？必須打斷他的遊戲讓他回家或讓他吃飯時，是否給他一兩分鐘，讓他把手上的遊戲告一段落？是否先讓他把注意力轉移到愉快的事情上去？發現孩子要發脾氣時，是嚴厲地直接處理，還是用別的事情轉移他的注意力？

**學來的脾氣。** 有些孩子已經知道發脾氣是他們達到目的的最好方式。父母很難把這種假裝的哭鬧和挫折、飢餓、疲勞、恐懼導致的壞脾氣區分開來。但是，假裝發脾氣通常會在孩子的要求得到滿足時立即停止，這是一種辨別的依據。假裝發脾氣還有一個特點，就是孩子通常會表現出有要求的哭訴。對待這種假裝的情緒，父母的對策當然是堅持自己的立場。當父母說「現在不能吃點心」時，就算孩子發脾氣，父母也不該妥協。

為了讓這招管用，必須認真選擇什麼時候堅持立場。如果堅決反對飯前吃點心，那麼不管孩子怎麼胡鬧哭泣都不要妥協。如果認為飯前吃幾塊點心沒什麼，就應該在孩子發脾氣之前就同意。因為，如果等到孩子發脾氣以後才給點心，孩子就會認為這是自己發脾氣的結果！

許多父母發現孩子會在要點心這樣的事情上發脾氣，但是很少會對在車上使用安全帶提出抗議。原因是什麼呢？因為父母在後一種情況下的態度非常堅決，孩子知道對這件事情再怎麼耍賴也沒有用。

**發脾氣和語言發展遲緩。** 發脾氣經常伴隨著語言發展遲緩，尤其是男孩。這樣的孩子經常產生挫敗感，因為他們不能及時把自己的需求傳達出去。他們會覺得自己被排除在其他孩子和大人之外，因而倍感孤單無助。他們無法在難受的時候用語言表達自己的失落感，所以只好用憤怒的情緒發洩。

當孩子再大一點時，就會懂得透過自言自語來控制情緒。如果注意一下，也許會發現，在需要冷靜或需要安慰時，人就會自言自語，要不就是大聲說出來，要不就是輕聲念叨。但是，那些在語言技能方面

稍微欠缺的孩子無法口頭表達，也就喪失了這種有效的自我安慰和控制的方式。因此，不良的情緒很可能就會透過發脾氣來釋放。

**發脾氣反映出的其他問題。**四、五歲時，大多數孩子就很少發脾氣了，大概一週一兩次。但是，平均每 5 個孩子就會有 1 個孩子繼續發脾氣，可能一天出現 3 次以上，也可能經常一發起脾氣就會超過 15 分鐘。

大孩子經常發脾氣的原因之一是發育問題，比如智力障礙、自閉症或學習障礙等。有些慢性健康問題也會降低孩子對挫折的忍受能力，比如過敏或濕疹。某些藥物可能會讓孩子煩躁不安。當孩子患上嚴重疾病時，父母常常很難對孩子做出限制。這樣一來，就可能造成孩子經常發脾氣的不良後果。

如果一個孩子在發脾氣時經常打自己或別人，經常咬自己或別人，那就是情緒嚴重不安的表現。如果對此存有疑慮，就要聽從自己的直覺指引。如果覺得孩子發脾氣讓人心煩或很好笑（父母當然不該讓孩子看出這種情緒），那表示問題可能並不嚴重。如果孩子發脾氣讓父母感覺非常憤怒、慚愧或傷心，或者父母擔心自己有可能失去控制，那就真的是個問題了。如果家長的撫慰和時間的轉換都無法解決孩子發脾氣的問題，那就最好找一位有經驗的專業人士，向他尋求幫助（**請參閱第 672 頁**）。

## 罵人和說髒話

**說髒話。**4 歲左右的孩子正在經歷一個以說髒話為樂的階段。他們彼此之間笑嘻嘻地互相侮辱。他們會說：「你這個大笨蛋。」或是：「我要把你從廁所裡沖走。」他們以為這樣做顯得自己很聰明，很勇敢。父母應該把這看成很快就會過去的正常發育階段。

以我的經驗來看，那些年幼的孩子之所以會以說髒話為樂，是因為他們的父母對此公開表示過震驚和驚慌，甚至還威脅他們說，如果繼續說髒話，就會如何如何懲罰他們。父母這樣做常常適得其反。孩子會產生這樣的想法：「嘿，這可是一個惹麻煩的高招。很有趣！我終於有戰勝爸爸媽媽的辦法了！」這種興奮之情會勝過因為讓父母生氣而感到的任何不快。

要讓年幼的孩子不再說髒話，最

簡單的辦法就是忽視這些語言，或者說一些非常平淡的話，比如：「你知道，我不愛聽那樣的話。」如果孩子說出的話沒有引起任何反應，那麼他們很容易就會對此失去興趣。

**小學階段的罵人行為。**隨著年齡增長，所有孩子都會從朋友那裡學會一些罵人的髒話。一開始，他們只知道這些話很下流。很長一段時間以後，他們才會明白這些話的真正含義。出於人的本能，他們寧可讓別人說自己有點壞，也要顯示自己老成，因而會不斷重複這些髒話。那些盡心盡職的父母總以為自己的寶貝單純可愛，所以聽到孩子嘴裡冒出這些髒話時，通常都非常震驚。

那麼，父母該怎麼辦呢？我認為最好還是像對待三、四歲的孩子那樣，不要對他們的髒話感到吃驚。如果父母表現得很驚訝，就會對膽小的孩子造成嚴重影響，他們會很害怕，可能不敢再和說髒話的孩子一起玩了。但是，多數孩子驚擾了父母之後，反而會感到很高興，至少是偷偷得意。有的孩子仍然會在家裡不停罵人，想惹父母生氣。有的孩子雖然在父母威脅下不敢在家裡說髒話，但在別的地方仍然照說不誤。孩子之所以會有這樣的表現，完全是因為父母讓他們知道了他們能讓整個世界都不得安寧。這就好比給他們一串鞭炮，然後說：「看在老天爺的分上，千萬不要放。」

另一方面，我認為父母也不必默默地忍受這一切。完全可以態度堅決地告訴孩子：「大多數人都不喜歡聽到那些髒話，我也不希望你說那樣的話。」然後就不再多說了。如果孩子繼續向你挑釁，就停止他的一切活動（請參閱第579頁），讓他知道這就是必然的結果。

青少年。再來談談青少年。這個年齡的孩子經常在交談中很隨便地夾雜一些髒話。他們使用這些髒話有幾種目的：表達厭惡和鄙視（這是許多青少年的常見心態）、強調話題的重要性、發洩情緒、對武斷而過時的社會禁忌表示公開的蔑視。但是在這個階段，孩子罵人的主要目的就是把它作為一個標記，證明自己屬於某個小群體。

跟孩子爭論罵人是好是壞並沒有任何意義，因為他已經知道有些行為會讓父母不高興。但還是應該要求他不准在可能引起別人反感時罵

人,也不允許因為說髒話而給自己惹麻煩。比如:在父母面前不准罵人,不准當著弟弟的面罵人,也不准在學校裡罵人。和孩子在一起時,如果父母對罵人的行為過分關注,結果或許是輕易為孩子提供一個表現獨立和顯示能力的機會。特別是青春期的孩子,更要注意他們說話的內容,而不是說話的方式。

**頂嘴。** 對於孩子頂嘴的問題,要像對待他們罵人的行為一樣,關鍵是把重點放在他們說話的內容上,而不是他們說話的態度。孩子經常會把頂嘴當成一種突破限制和挑戰權威的方式(**請參閱第 186 頁**)。要讓孩子明白父母已經聽見他說的話了,然後讓他知道規矩不會改變。可以說:「我知道你還想頂嘴,但是你該停住了。」(同時幫助他慢慢停下來。)

如果對孩子保持適度的禮貌,也應該要求孩子對你同樣保持禮貌。孩子有時需要有人指點和提醒,告訴他們那種自我表達方式實際上並不優雅。一句清楚、冷靜的話常常是最有用的。比如:「你說話的口氣讓我覺得你不尊重我,這讓我很生氣。」還有一種方法是詢問孩子他說那樣的話是什麼意思,比如:

「剛才你是不是想故意顯得很諷刺?我只是確認一下我是否明白你想表達的意思。」

 ## 咬人

**咬人的嬰兒。** 1 歲左右的嬰兒有時會咬父母的臉,這是正常現象。他們長牙時就想咬東西,在感到疲倦時更是這樣。就算 1～2 歲的孩子咬了別的小孩,無論是出於友好還是生氣,都沒有什麼。這個年齡的孩子感到氣餒,或者有什麼願望時,他們都無法用語言表達,所以他們會用原始的方式來表達,比如咬人。另外,他們也不會設身處地的為受害者著想,甚至連自己的行為會給對方造成多大的傷害都意識不到。

父母或其他看護人可以嚴厲地對他說:「很痛!輕一點。」同時,把他慢慢放在地上,或者讓他離開一會兒。這樣做的目的只是讓他知道,這種行為讓別人不高興了。即使他太小還無法理解父母的確切意思,也應該這樣做。

**學步期的孩子和學齡前的孩子咬人。** 兩三歲的孩子如果咬人,問題就比較嚴重,必須弄清楚這是

不是一個單純的問題。回想一下孩子多長時間咬人一次，他在其他方面的表現又怎麼樣。如果他多數時間都顯得神經緊張或不高興，而且總是咬別的孩子，那就表示有狀況了。或許是因為他在家裡受的約束或限制太多了，所以變得暴躁又高度緊張。也或許是因為他很少有機會去熟悉其他的孩子，於是認為那些孩子對他有危險或造成了威脅。也可能是因為他妒忌家裡的小弟弟或小妹妹，就把他的擔心和怨恨轉移到其他所有比他小的孩子身上，好像他們也是競爭對手一樣。

如果咬人還伴隨其他挑釁行為和焦慮表現，就意味著更嚴重的問題。在這種情況下，父母要注意的應該是那個大問題，而不僅僅是咬人的問題了。

然而，也有的孩子在其他方面都表現良好，但是卻突然咬起人來，這簡直像晴天打雷一樣令人意外。這種情況是兒童發育過程中一種正常的挑釁行為，並不是什麼心理問題的症狀。儘管如此，大多數父母仍然非常擔心，害怕自己可愛的孩子長大後會變成一個殘酷的人。咬人通常只是發育過程中的暫時現象，即使是最溫順的孩子也可能經歷這樣的階段。

**如何面對咬人的情況？** 首先要做的就是在孩子開始咬人之前做好預防工作。孩子在咬人的時間上有規律嗎？如果有，父母就可以在這段時間對孩子進行監督，通常都能發揮不錯的效果。另外，孩子會不會因為自己是夥伴中最沒有能力的一個而咬人，或者因為父母對他的要求常常前後不一致？如果是這樣，就要考慮一下，是否應該對他的日常活動安排作一些調整。與此同時，當他表現良好的時候，一定要給他熱情的肯定和鼓勵。有的父母只有當孩子打碎東西或咬人的時候，才會給他大量的關注。父母應該更加關注孩子良好的表現，這樣會達到更好的效果。

如果發現孩子的沮喪情緒越來越強，就要想辦法把他的注意力引到別的活動中去。如果孩子已經懂事了，就可以另外找個時間跟他談一談這個問題，讓他想一想咬人有多痛，還要想一想當他想咬人時，是否有別的辦法可以控制衝動。

如果咬人的事情已經發生，最好先把注意力放在被咬的孩子身上，暫時不管咬人的孩子。安慰完受害者之後，應該讓咬人的孩子明確知

道，他咬人的行為讓人多麼生氣，告訴他不准再去咬人。然後，可以陪著他坐幾分鐘，讓他慢慢消化這個教訓。如果他想走開，要握住他的手或緊緊抱著他。千萬不要對他進行長篇大論的說教。

是否應該以牙還牙？有些被嬰兒或 1 歲小孩咬過的父母問我，他們是否也應該反過來咬孩子？我認為，如果父母把自己放在一個友善的領導位置上，就能好好管教孩子，用不著把自己降低到孩子的水準去咬孩子、打孩子和大聲喊叫。另外，對於一個非常小的孩子，如果真的去咬他或打他，他就會把那當成一場打著玩的遊戲，然後和父母對咬或對打。他還會認為，既然父母可以這樣做，他為什麼不可以？有的家長想透過打罵來讓孩子知道挨打的滋味，這種方法通常帶來的不是共鳴，而是憤怒或恐懼。所以，一旦發現他又想咬人時，最好的做法就是往後退，防止再次被咬。讓他明確知道父母不喜歡他的行為，也不讓他咬。

**3 歲以後咬人。**孩子 3 歲時，咬人的現象會明顯減少或完全消失。因為這時他們已經學會運用語言表達自己的願望，或者發洩自己的挫敗感。而且，這麼大的孩子也能更妥善控制自己的衝動了。但是，如果孩子到了這個年齡還繼續咬人，可能意味著更嚴重的發展問題或行為問題。有必要找有經驗的醫生或其他專業人員看看。

## 過動症

**什麼是過動症？**極度活躍對年幼的孩子來說屬於正常現象，因為他們有無窮無盡的精力，卻沒有常識。當人們用過動症這個詞來表示精神病學或神經病學上的障礙時，指的是注意力不足與過動症（Attention Deficit Hyperactivity Disorder，簡稱 ADHD）。按照標準定義，ADHD 包括 3 個主要部分：注意力不集中，容易衝動，以及過度活躍。也就是說，患有過動症的孩子，（1）對於不是特別有趣的任務，集中和保持注意力的能力很差；（2）很難控制衝動，比如在教室裡大聲叫喊或從車庫頂棚上跳下來的衝動；（3）很難安靜地坐下來，在教室裡或餐桌前會坐立不安。

這些問題只有達到非常嚴重的程度才會影響孩子的生活。如果孩子在學校和家裡的表現尚可，就不是

過動症患者。即便他有無窮的精力，在教室裡跳上跳下或者有很多奇怪的想法，也不是過動症。另外，根據過動症的定義，這些問題會在孩子 7 歲以前表現出來。

過動症為孩子和家庭都帶來了很多問題。孩子持續不斷地陷入麻煩中。父母總是因為孩子的行為對著他大喊，懲罰他，即使他們很不想這麼做。孩子的友誼也很短暫。普遍的結果是孩子變得傷心、孤獨、自卑和易怒。

過動症—— 注意力缺失型。有這種情況的孩子，注意力很難集中和持續。他們做事情或思考沒有條理性，很容易分心，不僅僅只是易衝動和好動。他們的症狀和完全的 ADHD 有部分相同，但他們的問題可能更難發現，因為他們沒有造成許多混亂。乖孩子中這種情況較多（有時這種情況也被稱為注意力缺乏症，簡稱 ADD）。

**過動症真的存在嗎？**儘管目前關於這個問題還存在著很大的爭議，但幾乎所有專家都同意，有些孩子大腦本身的構造會讓他們變得非常活潑好動、衝動、不專心。對於這種類型孩子的數量，專家們還存有爭議。根據美國精神病協會（American Psychiatric Association）發表的過動症診斷標準，在美國，有大批的孩子（比例大約在 5%～10%）患有過動症。有這麼多兒童大腦存在異常，真令人難以置信。

問題在於，美國精神病協會發表的標準是以父母和教師對一些比較模糊問題的答案來確定的。比如，其中有一項標準是「孩子在協調任務和組織活動方面經常遇到困難」。但是，這個標準的判斷只是憑藉父母或教師的主觀看法。同時，「經常」、「困難」、「任務」和「活動」這些詞語都沒有明確的定義。「經常」是指一天一次還是一整天呢？修理一臺割草機算不算「任務」或「活動」呢？而這類事情是很多患有過動症的孩子也能做好的。還是說，這裡的「任務」或「活動」指的只是學業呢？這也難怪教師和父母在判斷哪個孩子患有過動症的時候總是意見互相分歧了。

所以，儘管孩子的表現顯而易見（很多孩子有過動症的 3 點基本特徵：注意力不集中、易衝動、過度活躍，他們在學校和家裡也困難重重。）但究竟有多少人大腦存在異常，仍是一件還無法確認的事。我

猜想，他們當中許多人有著健全的大腦，只是在我們認為所有孩子都應該做好的事情上表現欠佳而已，比如老老實實地坐著聽講、整天都能按照老師的要求完成作業等。

不恰當的家庭教育會導致過動症嗎？毫無疑問，那些做事漫不經心、過度活躍、易衝動的孩子讓他們的父母很有壓力。這些過動症孩子的父母有些掌握良好的家庭教育方法，但大部分的水準普通，還有的水準非常有限。但是，沒有證據顯示家庭教育會導致過動症。一個被寵壞的孩子可能受不了拒絕，也受不了等待，他在行為上很可能會有過動症的表現。但是，大多數患兒都是在比較合理的限制和規矩下長大的，卻無法像大多數其他孩子一樣對事情作出正常反應。

**類似過動症的症狀。** 很多孩子看起來好像患有過動症，但實際上並不是。這些問題有的源自於孩子的體質，比如，痙攣會使孩子在一天之中多次昏厥，每次持續幾秒鐘。其他貌似過動症的問題則來自孩子所處的環境，比如學校課程對孩子來說不是太困難就是太簡單。有時候很多困難會同時出現：有些孩子不僅在心理上承受著壓力，在學業上也困難重重，再加上家庭環境比較壓抑，校園的學習氛圍欠佳等。與過動症相似的症狀包括：

● 精神問題，包括壓抑，強迫性的精神紊亂，對於創傷或悲傷的反應。

● 聽覺障礙和視力障礙。

● 學習障礙，對閱讀感到困難的孩子經常會在課堂上做出驚人之舉（**請參閱第 706 頁**）。學習障礙通常和過動症一起發生，而有些時候，學習障礙經常被誤診為過動症。

● 睡眠紊亂，過度疲倦的孩子經常注意力不集中，而且行為衝動。（**請參閱第 631 頁「睡眠問題」**）。

● 健康問題，比如痙攣，或者藥物的副作用。

任何人，即使是技術熟練的醫生，也很難分辨出所有的可能性。人們很容易把某些情況籠統地稱為過動症，然後就開藥治病。但是，不論是否患有過動症，大多數人在使用了治療過動症的常用藥物之後，注意力都會提高。所以說，如果一個孩子用藥以後情況有所改善，也不能證明他一定患有過動症。這些藥物還可能使某些情況惡

化，也可能讓家長和醫生錯誤地認為它們是有效的，因而掩蓋了真正的問題。例如一個孩子患有學習障礙，服用了治療過動症的藥物之後可能會更加安靜地坐在那裡，但是他仍然學不好。因此，很重要的一點就是父母和醫生在診斷過動症時，一定要從容和謹慎。

**過動症還是雙極性疾患**。越來越多的學齡兒童被診斷為雙極性疾患，這種疾病曾被稱為躁鬱症。在成年人裡，這種症狀表現是由精神振奮、精力充沛（狂躁）轉為情緒低落、精力減少（抑鬱），這一系列轉變很明顯。而在孩子裡，這種轉變可能更短暫，狂躁期則可能表現出極端憤怒。實際上，這個問題很難分辨，是孩子在大發脾氣，還是過動症引起了憤怒和攻擊性的爆發，還是真正的雙極性疾患。

治療過動症需要強效的藥物，但也存在嚴重的潛在副作用。比如，維思通（Risperdal）可能導致體重急劇增加，以及增加糖尿病的風險。用藥物來治療精神的方法對那些真正需要的孩子十分有效，但必須是受過專業訓練的醫生才能開出這些藥物，如精神科醫生或發育行為兒科醫生。

**醫生如何診斷過動症？** 診斷過動症不需要驗血和腦部掃描。患有過動症的孩子有時在診所裡會表現得很正常，因為那正是他們最能自律的時候。（患有過動症的孩子行為有時可能很正常，他們只是不能把這種正常貫徹始終。）

因此，醫生必須結合自己的觀察、教師的反應和父母的描述進行分析。根據美國兒科學會 2000 年公布的專業標準，醫生要對一例過動症作出診斷之前，最起碼應該從一位教師和一位家長那裡獲得資訊，可以採訪他們、進行問卷調查，或者請他們做出書面描述。醫生應該考察患有過動症孩子的成長軌跡和心理歷程，研究他的家庭背景，詢問相關問題，然後進行一次徹底的身體檢查。如果一個醫生只花了 15 分鐘和一個孩子相處，然後就由此來判斷他是否患有過動症，這便是過於草率的做法。

一般而言，兒科醫生或家庭醫生會與臨床心理師和精神學家一起，共同考察某個孩子是否患有過動症，還可能用到心理測試和詳細的學習能力評估。

**過動症的治療**。過動症的治療方法很多，而且多數孩子都可以從

綜合治療中受益。也就是說，如果父母和老師只給孩子用藥，而不去改變自己處理孩子挑釁行為的方式，就是一種錯誤的治療方法。

如果一個孩子被診斷患有過動症，並不意味著必須接受藥物治療。雖然很多證據顯示藥物治療對過動症的主要症狀最有效：比如注意力不集中、易衝動、過分活躍等。最近一項較大規模的研究更顯示，同時接受藥物治療和心理治療的孩子（在過動症的主要症狀方面），並不比單純接受藥物治療的孩子恢復得更好。

但是基於兩個理由，心理治療和其他的非藥物療法仍然很重要。首先，這些療法能夠幫助孩子應付過動症引起的問題，比如交友困難和面對挫折。其次，過動症會為孩子帶來學習和行為問題，但這些並不是主要症狀，而非藥物療法對這些問題很有幫助。比如，許多患有過動症的孩子也會有學習障礙。但是，治療過動症的藥物對於先天性的學習障礙沒有作用，對於這些先天性的障礙，必須接受特殊教育。

**治療過動症的藥物。**用來治療過動症的藥物通常都是興奮劑。和咖啡因一樣，興奮劑會在患者集中注意力的過程中激發大腦的某些活躍部位，進而使人的反應更加敏捷。另外，興奮劑也會讓心臟的跳動速度加快，尤其當劑量比較大時，更會讓人產生緊張或興奮的感覺，這一點也和咖啡因一樣。有時，人們會把興奮劑和鎮定劑或麻醉劑混淆，但它們在功能和作用於大腦的方式上非常不同。兩種主要的興奮劑是甲基芬尼特（注①）和苯丙胺（安非他命（注②）、Dextrostat、右旋苯丙胺等藥品中所含的成分）。除了興奮劑之外，其他藥物有時也用於治療過動症。但是，興奮劑用在患有過動症的孩子身上時，10 個案例中大約會有 8 個案例都能獲得療效。

使用興奮劑安全嗎？很多父母不敢用藥物治療孩子的過動症。這種擔心不無道理，因為這些藥物都會影響大腦。如果孩子必須長年服用這種藥物，影響還會更加明顯。然而，許多家長的擔心都來自於錯誤資訊。

---

注①：Methylphenidate，一種在利他能 Ritalin、專思達 Concerta 和 Metadate 等藥物中含有的成分。

注②：amphetamine，一種在右旋苯丙胺等藥物中含有的成分。

比如，沒有證據顯示興奮劑會像海洛因或古柯鹼那樣讓人上癮。突然停止服用利他能的孩子並不會特別依賴這種藥物，也不會出現戒斷症狀。有的人會透過濫用興奮劑來振奮精神，但是當我們用興奮劑來治療過動症時，孩子卻會因此而冷靜下來，不會越來越激動。

患有過動症的孩子的確會比正常孩子更容易酗酒，也更容易對其他一些東西上癮，但對於這是否是服用興奮劑藥物導致的，還是得持保留態度。患有過動症的孩子在學校、家裡以及與同儕相處時都會遇到無止境的問題，於是會產生一種悲傷絕望的情緒。實際上，如果過動症得不到適當的治療，這些孩子就會借助酒精或毒品去擺脫這種痛苦的情緒。因此，用適當的藥物治療過動症還可能減少青少年濫用違禁藥物的比例。

興奮劑的確會產生副作用，比如胃痛、頭痛、食慾下降、睡眠障礙等。但這些副作用通常都很輕微，在藥物的劑量調配合適以後也會很快消失。正在接受興奮劑治療的孩子並不會因此變得過於頑皮搗蛋，也不會變得反應遲鈍，如果出現這樣的副作用，那可能是因為用藥劑量過大而導致的。這種情況應該減少用藥的劑量，或改用另外一種藥物。當你詢問一個孩子感覺如何時，如果他回答：「我感覺很舒服。」那就證明這種藥物發揮作用了。任何一種藥物的安全使用主要依賴於醫師的仔細監測。患有過動症的孩子在用藥期間應該每年去看4次醫生。服藥初期就診應該更頻繁一些，因為那段時間正是調整劑量的關鍵時期。

儘管很多患有過動症的孩子在青春期還會繼續用藥，但並不需要終生服藥。隨著年齡的增長，這些孩子生理上的過動症狀會逐漸減弱，但仍然很難集中注意力，因此應該繼續服藥，這對他們仍有幫助。對於其他情況比較好的孩子來說，只要勤於自律，那麼離開藥物的幫助之後，他們也能做得很好。

### 過動症孩子會出現什麼情況？
透過妥善的醫療護理和良好的教育，患有過動症的孩子也能健康成長。長大以後，那些讓他們在學校四處碰壁的特點也許反而會讓他們在工作中如魚得水。這些特點包括：積極主動、精力十足、能夠同時思考三件事等。除了過動症以外，孩子們還會出現其他問題，比

如憂鬱症或嚴重的學習障礙等。他們面臨著更大的挑戰，也需要更多的幫助。

如果想檢驗一下自己對待過動症孩子的方法是否正確，就多注意他的自尊心，這是個有效的判斷方法。自我感覺良好的孩子會擁有朋友，喜歡學校，表現良好。而自我感覺很差的孩子會經常說自己「很笨」，或者說別的孩子不喜歡自己，這樣的孩子更需要幫助。因為長久下去，較低的自我評價也許會變成比過動症本身更嚴重的問題。

**你能做什麼？**如果覺得孩子可能患有過動症，就跟孩子的醫生談一談，或者找其他專業人士諮詢（**請參閱第** 672 **頁**）。對於任何一種慢性疾病或不斷發展的問題來說，父母知道得越多，與醫生、教師和其他專家的交流就越充分，當然也就越能為孩子的健康發展提供支援。

# 3  傷心、憂慮和恐懼

傷心、憂慮和恐懼是童年生活的一部分。如果母親因為工作而幾天不在家，學步期的孩子就會感到傷心，不愛吃東西。4 歲的孩子會擔心自己的憤怒想法真的會傷害到父親，或者讓父親傷害到他。5 歲的孩子一想到打流感疫苗就會惶恐不安。這些都是正常的緊張情緒，大多數孩子都能克服這些情緒，變得更堅強。

然而有時候，這些情感會過於強烈，以致孩子無法應對。原因可能是一個家長永遠離開了他，可能去了另一座城市，可能進了監獄，也可能是出現了真正令人恐懼的事情，比如一個家長遭到了暴力侵害，遭到了槍擊，或者學校裡發生了暴力事件。雖說這些精神創傷在那些生長於貧困環境中的孩子周遭更常見，但其實在哪裡都會發生。情緒上的其他壓力因素可能不那麼引人注目：比如兄弟姊妹在感情上折磨他、不被察覺的學習障礙、父母因為工作而沮喪或煩惱，一連幾天都對孩子很疏遠等等。

當孩子出於某種原因而難以承受這些傷心、憂慮和恐懼的時候，可能就會出現憂鬱症或焦慮性障礙。雖然這些問題並不罕見，但卻常常找不到原因。

## 憂鬱症

如果父母知道應該注意哪些症狀，那麼兒童和青少年的憂鬱症常常很容易發現。很小的孩子可能會顯得無精打采，也不愛吃東西。學齡時期的孩子則會出現肚子痛或頭

痛的症狀，好幾天都不能上學。（首先當然是讓醫生檢查一下，看看是否患了其他疾病。）患有憂鬱症的孩子表現出的情緒往往不是傷心，而是易怒，他們會因為很小的事情而長時間感到憤怒。就像抑鬱的成年人一樣，患有憂鬱症的孩子會對曾經感覺有趣的事情失去興趣，什麼也不能讓他們興奮。他們還可能無精打采，也無法集中精力學習。成績常常會隨之下降。雖然有時也會吃不好睡不著，但往往都要比平常吃得多，睡得多。如果父母溫和地詢問孩子，他可能會承認，覺得自己應該對所有壞事負責，還覺得情況永遠都不會好轉，甚至可能想到過自殺。

憂鬱症受到家族遺傳。了解這一點很有必要，因為它會提醒父母注意相關的現象。在年紀還小的時候，男孩和女孩患病的機率一樣。在青少年中，憂鬱症更容易出現在女孩身上。而十幾歲的男孩一旦感到抑鬱，自殺的風險就會特別高，尤其當他們喝了酒或吸過毒之後，這種危險更高。他們選擇的自殺方式常常是手槍。把槍和子彈分別鎖起來其實發揮不了什麼作用。足智多謀的青少年通常都能克服這個障礙。事實上，有青少年或兒童的家庭都不應該存放槍支。

在少數情況下，大一點的孩子會時而抑鬱，時而精力極為充沛。在後一種狀態下，他會感覺到超乎常人的快樂、有魅力、智慧和堅強。這就是雙極性疾患。小一點的孩子也可能患上雙極性疾患，只是症狀有些不同，精神科醫師也可能對診斷結果意見不一。

憂鬱症可以治療。兩種特殊形式的會談式療法效果都很好，一種是認知行為療法，另一種是人際療法。藥物也有效果。雖然有人擔心抗憂鬱藥物可能會增加自殺的風險，但是許多專家都覺得事實剛好相反。無論哪種情況，都不需要立刻決定用藥。最重要的事情就是開始一些治療。接受治療的孩子多數都會好轉。但是，憂鬱症常常會捲土重來，需要再次治療。

## 焦慮症

焦慮在兒童身上有著不同的表現形式。學齡前兒童有恐懼感是很正常的。8 歲的男孩可能會擔心在他上學不在家的時候，會有壞事降臨到母親頭上，甚至會因此而無法專

心聽課。10 歲的女孩可能會非常害怕上課時被老師叫到，甚至會因此而嘔吐。12 歲的孩子則會無時無刻地為每一件事情而擔心。他會睡不著覺，身體也會因為這種緊張而疼痛。

其他焦慮症狀還包括恐慌發作和強迫症。在前一種情況下，十幾歲的孩子會突然強烈地感到自己就要死掉或瘋掉，後一種情況則會使孩子表現出習慣性的舉動（比如按照一定次數關燈和開燈，或者反覆洗手）他覺得如果不這樣做就會發生可怕的事情。極度的恐懼會妨礙孩子的正常行為，比如害怕乘坐電梯或在人群中。這就是焦慮所引發的相關障礙。

有兩種因素可以透露出孩子罹患焦慮症的可能。一是家族中的焦慮問題。焦慮的父母可能會把這種基因傳給孩子，使他們也容易出現焦慮問題，這些父母還可能在不知不覺中影響孩子，因而形成焦慮。另一個因素就是出現了其他行為障礙和情感障礙的跡象（比如過動症或憂鬱症）因為焦慮症常常是某種較大問題的其中一部分。

就像憂鬱症一樣，焦慮症也能治療，要不就是採用藥物治療，要不就是採用心理治療，或者同時使用。如果父母自己的焦慮症得到了治療，那麼孩子的情況往往也會跟著好轉。

**害怕說話**。很多孩子在家庭之外的環境講話，或與家庭成員以外的人交談就會感到恐懼，這樣的孩子數量驚人。在家的時候他們可以正常地聊天，但如果有陌生人來訪，他們就會立刻陷入沉默。在學校時，他們可能非常不愛說話，老師甚至會以為他們的反應極為遲緩。患有選擇性緘默症的孩子與容易害羞或慢熱的正常孩子不同，前者永遠都不能完全放鬆地與熟悉範圍之外的人講話或互動。如果父母想透過收買、逼迫或引誘的方法讓這些孩子開口說話，只會讓他們的焦慮雪上加霜，使情況變得更糟糕。但是，專業治療可以奏效。

# 4 邋遢、拖拉和抱怨

## 邋遢

**有時乾脆讓他們髒。**很多孩子喜歡的事都會把他們弄得髒兮兮的，但是這樣做對他們也有好處。他們很愛挖土和沙子，愛在小水坑裡走路，愛用手去攪池子裡的水。他們想在草地上打滾，想用手玩泥巴。當他們在做這些快樂的事情時，就能在精神上得到滿足，對別人也會更友善熱切。這就像美妙的音樂或美妙的愛情能夠改善成年人的心態一樣。

有的孩子經常受到父母的嚴厲警告，不准把衣服弄髒，也不准把東西弄亂。如果孩子嚴格遵守父母的警告，就會變得十分拘謹，還會懷疑自己的喜好是否正確。如果他們真的害怕弄髒衣服，那在別的方面也會變得戒慎恐懼。這樣一來，反而不能像父母所希望的那樣，成為自由、熱情和熱愛生活的人。

這並不是說，只要孩子高興，就應該任由他們胡鬧。但是確實必須制止他們的時候，不要嚇唬他們，也不要讓他們覺得不舒服。只要採取比較實際的折衷辦法就可以了。當他們穿著新衣服時想玩泥巴做「餡餅」，可以先幫他們換上舊衣服再玩。如果他們拿著一把舊刷子想幫房子刷油漆，就讓他們以水代漆在圍欄或廁所的瓷磚上刷。

**雜亂的房子。**當孩子到了可以弄亂房間的年紀，也就能收拾房間了。一開始的時候他們可能需要很多幫助，慢慢地，就能獨立做更多事了。孩子之所以弄亂房間後置之不理，是因為他們知道，別人（也

597

許是母親）一定會收拾好。有的孩子只是不知道該怎麼做而已，需要有人給他們一些指點，幫助他們把任務分成容易操作的幾個步驟：「先找到所有的積木，再把它們放在盒子裡。」

如果孩子不去整理雜亂的房間，父母可以拿走那些亂丟的玩具，不讓他們玩，幾天以後再拿出來（**請參閱第 483 頁，非體罰教育**）。如果把孩子的大部分玩具都收起來，他們就只剩下少量的玩具能夠亂丟了。如果把玩具收起來的時間長一點，那麼當這些玩具被重新拿出來時，它們就又成為「新」的了。孩子又能興致勃勃地玩上一陣子。

**凌亂的臥室。**孩子的臥室就另當別論了。如果孩子有自己的房間，最好讓他自己管理。如果孩子的臥室稍微有點雜亂無章，父母不必過問，只要他不把其他房間弄亂就可以了。如果臥室裡沒有害蟲出沒，沒有火災隱憂，地板也沒有凌亂得讓人沒有立足之地，那麼只要住在裡面的人無所謂，雜亂的房間也礙不著別人的事。如果孩子總要四處尋找自己最喜歡的褲子，總要為了找一雙成對的襪子而翻箱倒櫃，那麼他總有一天會學著將東西放在合適的地方。

給孩子管理自己房間的自主權並不意味著父母不該過問他的起居。有時，也可以溫和地提醒他整理房間，還可以表示願意幫他一把。房間亂到一定程度之後，很多孩子就不知道該從哪裡開始下手整理了。但這個問題是他自己造成的，所以想解決也需要他自己的努力。

## 拖拉

如果見過有些父母在早晨如何讓拖拉的孩子動作快起來，你很可能會發誓絕不讓自己陷入那樣的境地。為了讓孩子起床、洗臉、穿衣服、吃早餐、上學，父母不厭其煩地催促、警告，甚至責備孩子。

在做些沒意思的事情時，所有孩子都容易反應遲緩。有的孩子比別人更容易分神，他們的目標感也比別的孩子弱一些。如果父母不斷地催促，他們就會變成習慣做事拖拉的人。比如：「快點把飯吃完！」「我已經叫過你多少次了，你怎麼還不上床？」父母很容易形成催促孩子的習慣，這會讓孩子養成一種既漫不經心又執拗的態度。正像有些父母說的那樣，孩子非得責罵才能按照要求去做。這樣一來，惡

性循環就開始了。其實,這種惡性循環通常都是父母引起的。孩子們天生都是慢性子,如果父母沒有耐心,不留給他們足夠時間從容做完自己的事情,那麼這種惡性循環就在所難免。

### 斯波克的經典言論

你或許會覺得,我這樣說其實是不贊成孩子承擔任何責任。但事實恰恰相反。我認為吃飯之前孩子必須在餐桌旁坐好,早晨也應該按時起床。我只想說明一點,如果父母多數時候都讓孩子靠自覺去做事,如果孩子自己做不好時父母能就事論事地給予指點,而不總是催促他們,那麼孩子們通常都能找到辦法克服天性中的拖拉。

**早期學習**。按照常規行事時,幼兒的表現最好。對於早上起床或準備出門這樣的日常活動,每次都要引導孩子按照同樣的順序執行同樣的步驟。如果在管理有序的學前教育機構參觀過用餐時間的活動,就會知道當孩子按照熟悉的形式做事時,效率有多高。當孩子自己開始記住常規做法時,父母就要盡快退到一邊。如果孩子出現倒退,忘

了該怎麼做,就要重新引導他。

上學以後,要讓他把按時到校當成自己的責任。最好能默許他遲到一兩次,或者故意允許他錯過校車,上學遲到。讓他自己去體會那種難過的心情。父母都不願意讓孩子遲到,但實際上,孩子自己更不願意遲到。這就是驅使他不斷前進的最大動力。

**應付孩子的拖拉**。大一點的孩子如果總是拖拉磨蹭,可能是做事缺乏條理或精神不集中。孩子本來想穿好衣服,但在走向衣櫃的過程中,發現了一個好玩的玩具,一個應該放到床上的洋娃娃,一本想看的書。15 分鐘過去了,她仍然穿著睡衣,玩得不亦樂乎。在這種情況下,父母可以幫助孩子做一個圖表,用圖形簡單地表示需要完成的任務,如果孩子能看書寫字,也可以寫出這些任務,比如,早上準備上學等。用一層透明的塑膠紙覆蓋在圖表上,讓孩子在完成一項任務之後用可塗改的白板筆做出標記。設置好計時器,讓孩子盡量在鈴響之前把清單上的事情都做好。在他按時完成任務之後給一點小小的獎勵。最好的獎勵是隨之而來的:如果孩子提前穿好衣服做好準備,不

用爸爸媽媽提醒，就表示在她上學之前，還有幾分鐘時間可以大聲地為她讀書，或者讓她玩一會兒遊戲，甚至看看電視。

## 抱怨

**愛抱怨的習慣。**年紀較小的孩子喜歡在疲倦或不舒服時抱怨（**請參閱第 579 頁**）。少數孩子會因為多種不同的原因而養成整天抱怨的習慣：他們因為厭煩或嫉妒，或者因為事情不如所願，想得到特殊待遇或特權。這些孩子看起來似乎總是心懷不滿或鬱鬱寡歡，還會讓周圍的人也很痛苦。他們的抱怨不光讓人難受，還讓人感到被脅迫：只要不滿足他們的要求，他們就會一直抱怨下去。

如果孩子總是針對一位家長（比如母親）長時間抱怨，和父親在一起或在學校時可能會懂事得多。經常有這樣的情況：如果家長有兩個以上的孩子，他們也許只能忍受一個孩子抱怨。在這些情況下，哭鬧反映出來的就不僅是孩子的習慣或情緒問題，而是對這個家長的態度問題。孩子的要求和抱怨，以及家長的抵制、懇求、叫嚷和讓步，都遵循著一個可以預見的模式。任何一方似乎都無法打破這個迴圈。

## 斯波克的經典言論

我記得曾經和這麼一家人待過一天。這個家庭有 4 個孩子，母親是從不多說一句廢話的人。那天，母親和 3 個孩子在家。孩子們都很懂禮貌、樂於合作、獨立又快樂，只有那個 5 歲的女孩不停煩擾她的母親。她不停抱怨無聊、肚子餓、口渴和冷，其實這些小問題她完全可以自己解決。

剛開始母親不想理她。然後，母親讓女孩自己去拿需要的東西，但是說話時帶著猶豫和抱歉的語氣。母親一直沒有表現出家長的權威，甚至容許女兒不停抱怨一個小時。有時候，母親甚至還反過來向女兒抱怨，想以此來終止女兒的抱怨。結果她沒有達到任何預期的效果，反而導演了一場哭哭啼啼的二重唱。

在某種意義上，這樣的抱怨還不算特別煩人，但它一定會讓家人和朋友討厭。父母聽得最多，他們可能因此感到沮喪。

**如何讓孩子停止抱怨？** 如果孩子有抱怨的問題，可以採取一些具體又實用的措施。首先必須弄清楚，父母對孩子的態度是否助長了他抱怨的習慣。比如，說話時是否經常模棱兩可、猶豫不決、逆來順受或內疚？是否為自己受制於孩子而感到惱怒？這種自我審視是最艱難的一步，因為除了孩子不斷提出的要求和自己的不耐煩以外，父母通常意識不到其他的。

如果想不出自己有什麼猶豫不決的表現，就應該看看自己是否有什麼不明智的舉動，助長了孩子抱怨的習慣。比如，是否對孩子的抱怨太過關注？是否最後總是對孩子的抱怨作出讓步？

父母對孩子日常的要求都應該有相應的規定，必須堅決貫徹這些規定。比如，什麼時候必須上床睡覺，什麼電視節目可以看，多長時間可以請朋友吃一次飯，或者多久可以帶朋友在家過一次夜。這些都是家裡的規矩，沒有討價還價的餘地。一開始，當父母不再對孩子的哭鬧讓步時，孩子往往會更頻繁、更劇烈地抱怨。然後，在父母堅持了自己的立場之後，抱怨的現象就會消失。

如果孩子抱怨無事可做，比較聰明的做法就是不理他，不提供各種建議，因為在這種心情之下，孩子會輕視父母的建議，想都不想就把這些建議一個個否絕。如果出現這種情況，不要徒勞地跟孩子爭論，讓他自己解決問題。可以對他說：「我現在有好多事情要做。但是一會兒我還要做點有趣的事。」換句話說就是：「跟我學，為自己找點事做。別想讓我和你爭論，也別想讓我哄著你玩。」

還可以告訴孩子，不會回應他們用抱怨口氣提出的請求。父母可以直截了當地說：「現在請你馬上住口，別再發牢騷了。」如果孩子繼續抱怨，威脅著要讓父母不好受，直到父母妥協為止，那就強制他終止一切活動（**請參閱第 483 頁**）。

跟孩子講道理是可以的，比如「晚餐不能再吃披薩了，我們午餐剛吃了披薩。」或者「我們現在就得回家，要不然就趕不上午睡時間了。」但有時候父母只需要作出決定，孩子只需要服從，不必講太多道理。「今天不買那個玩具，因為我們今天沒打算買玩具。」自信的父母不會在自己已經設置的規定上跟孩子無止境糾纏。如果允許孩子

糾纏不休，他就會不停爭執下去，父母就會在每個問題上都疲於應付。所以，父母要表明自己的看法，設好底線，愉快而堅定地結束爭執。

孩子偶爾提出特別的要求也無可厚非，如果父母認為這些要求合理，爽快滿足他們也沒什麼問題。但是，對於孩子來說，學會接受「不行」或「今天不可以」這樣的答覆也同樣重要。有目的的抱怨表示孩子仍然需要學習這個重要的道理。如果發現自己對孩子嚴厲時會難過，或者發現自己對孩子的要求不予讓步時會擔心傷害到他的感情，就要提醒自己，孩子很堅強（堅強到讓父母的生活很痛苦），而一個嚴厲的家長正是孩子向前發展所必要的條件。說「不」是愛的表現。

# 5 習慣

## 吮拇指

**吮拇指意味著什麼？**嬰兒吮拇指的意義與大孩子不同。很多嬰兒在出生前就吸吮自己的手指或拳頭。吸吮是嬰兒獲得營養的方式，也是幫助他們緩解生理痛苦和心理壓力的方法。喝奶次數比較多的孩子吸吮拇指的現象會少一點，因為他們已經進行過大量的吸吮了。每個孩子天生的吸吮慾望都有所不同。有的嬰兒雖然每次喝奶都不超過 15 分鐘，但從來不把拇指放進嘴裡。還有的嬰兒雖然每次都要用奶瓶喝奶喝上二十多分鐘，還是會沒完沒了地吮拇指。有些嬰兒還沒出產房就開始吮拇指了，以後也一直這樣。還有些嬰兒很早就開始吮拇指，然後很快就會改掉這種習慣。大多數吮拇指的孩子都是在 3 個月之前開始的。

吮拇指的行為與咬手指和啃小手不同，幾乎所有長牙的孩子都會咬手指和啃小手（通常會在 3～4 個月大時）。在長牙這段時間，嬰兒會一會兒吸吮自己的拇指，一會兒又很自然地啃咬起來。

**大一點的嬰兒和兒童吮拇指的現象。**當嬰兒長到 6 個月大時，吮拇指的行為就有了不同的作用。在某些特別的時候，那就是他需要的安慰。當他覺得累、無聊、遭受挫折或獨自睡覺時，就會吮拇指。嬰兒早期的主要快樂就是吸吮。長大一點後，如果因為做不好什麼事情而感到沮喪時，就會退回到嬰兒早期的狀態。很少有孩子在幾個月或一歲大的時候才開始吮拇指。

對此，父母有必要採取什麼措施嗎？如果孩子整體上都很開朗、快樂、活潑，且大多是在睡覺時吮拇指，白天只有偶爾才會這樣，那麼我認為父母什麼也不用做。吸吮大拇指本身並不意味孩子不快樂、不舒服或缺少關愛。事實上，大多數吸吮拇指的孩子都非常快樂，不會吸吮拇指的反而是那些嚴重缺乏關愛的孩子。

有的孩子大部分時間都在吸吮而不是在玩。如果出現這種問題，父母就要問問自己，是否應該做些什麼讓孩子不再那麼需要自我安慰。有的孩子也可能因為不常見到其他孩子，或沒有足夠的東西可玩而覺得無聊，也可能是因為他在遊戲圍欄裡玩的時間太長了，覺得不耐煩。如果母親總是禁止 1 歲半的兒子去做那些讓他著迷的事情，而不是把他的興趣引到可以玩的東西上去，他就可能整天和母親鬧彆扭。有的孩子雖然有一起玩的夥伴，在家裡也可以自由地活動，但是他可能太膽怯，不敢加入到那些活動裡去。於是，當他看著別人玩耍時，自己就會吸吮拇指。我舉這些例子就是想說明一點：如果想採取措施幫助孩子克服吮拇指的毛病，就讓孩子的生活更豐富些吧。

有時候，大一點的孩子吮拇指只是一種習慣，也就是一種沒有什麼理由的重複性行為。孩子雖然希望擺脫這個習慣，但是他的手指似乎總是按照自己的意願跑到嘴裡去。他並沒有清楚地意識到自己正在吮拇指。

**吮拇指對健康的影響。**吮拇指對於孩子身體健康方面的影響並不是特別嚴重：大拇指和其他被吸吮的手指皮膚經常會變厚（這種情況最終會自然消失），指甲周圍也許會有輕微感染，這些問題通常都比較容易處理。最嚴重的問題在於牙齒的發育。吮拇指確實會使嬰兒上排門牙外翻，使下排門牙往裡倒。牙齒錯位的程度不僅取決於孩子吮拇指的頻繁程度，還取決於他吸吮時拇指所在的位置。但是牙醫指出，乳牙的這種歪斜對 6 歲左右長出的恆齒並沒有任何影響。大多數孩子在 6 歲以前就改掉了吮拇指的習慣，所以恆齒不太可能會出現歪斜的問題。

**防止孩子吮拇指。**在喝奶的前幾分鐘，嬰兒可能會吮拇指。不必為此擔心，他們這樣做可能只是餓

了。如果嬰兒剛喝完奶就吮拇指，或者在兩次餵奶中間多次吮拇指，就要考慮可以怎樣滿足他們吸吮的慾望了。

如果寶寶剛開始吮拇指、其他手指或小手，最好不要直接阻止他。而是要給他更多機會喝母乳、用奶瓶或吸吮橡皮奶嘴。如果寶寶不是一出生就有吸吮拇指的習慣，那麼改掉這種習慣最好的方法就是在前3個月裡多讓他吸吮橡皮奶嘴。如果用奶瓶幫孩子餵奶，可以改用開孔較小的奶嘴，讓孩子在吃奶時能更多地吸吮。如果採取母乳餵養，就讓孩子多喝一會兒奶，即使他已經吃飽了也要這樣做。

對吮拇指的孩子來說，斷奶時最好循序漸進。孩子吸吮的需要能否獲得滿足，不僅取決於每次喝奶時間的長短，跟餵奶的頻率也有關係。因此，要是已經盡量延長每次喝奶的時間，但孩子還是吮拇指，那麼，減少餵奶次數的計畫就應該慢慢地進行。例如，即使一個3個月大的嬰兒晚上可以不喝奶，還能一覺睡到天亮，但是如果他不停地吮拇指，我建議還是過一段時間再取消晚上那次餵奶。也就是說，如果把孩子叫醒以後他仍然想喝奶，那就過幾個月再取消這次餵奶。

**無效的措施**。為什麼不把孩子的手綁起來，不讓他吮拇指呢？因為這樣會讓孩子感到非常沮喪並帶來新的問題。另外，把雙手綁起來對克服孩子吮拇指的問題其實沒有多大幫助，因為它不能滿足孩子的吸吮需要。還有少數絕望的父母用夾板把孩子的手臂夾住，或者在孩子的拇指塗上怪味的液體。他們不只堅持幾天，而是幾個月。但一旦拿下夾板或不再往拇指上塗液體，孩子就會把手再次放進嘴裡。

當然，也有父母說他們採用這樣的辦法達到了很好的效果。但是，他們的孩子吮拇指的程度都非常輕微。許多孩子只是不時出現吸吮大拇指的現象。即使不採取任何措施，孩子也能很快克服。所以，從長遠來看，對那些嚴重吸吮手指的孩子來說，夾板、怪味液體和其他的威嚇手段都很少能夠真正解決問題。

**打破這種習慣**。不要在孩子的手臂上夾板子，也不要讓孩子戴手套或在他們的拇指上塗抹怪味液體。這些做法對大孩子和小寶寶都沒什麼效果，反而會引起孩子和父母的較量，進而延長這種習慣。父

母也不應該訓斥孩子，更不要把孩子的拇指從他的嘴裡拽出來，這種做法同樣達不到良好的效果。那麼，每當孩子要吮拇指的時候，就給他一個玩具，這種做法好不好呢？讓孩子有可玩的東西當然是對的，這樣他就不會覺得無聊了。但是，如果一看見孩子吮拇指，就迫不及待地把一個舊玩具塞到他手裡，他很快就會明白你的意圖。

用好處來引誘他，效果又會如何呢？5 歲以後還吮拇指的孩子很少，如果孩子剛好就是這少數孩子中的一個，也擔心這樣下去會影響恆齒的發育，這時，父母很可能透過具有強大吸引力的「利誘」獲得成功。如果一個四、五歲的女孩想克服吮拇指的習慣，讓她像成年女性那樣塗指甲油可能會有效。但是，如果孩子只有兩、三歲，就沒有足夠的毅力去為了獎勵而控制自己的本能。在這種情況下，父母可能會失去耐心，但卻收不到任何效果。

如果孩子經常吮拇指，就要確保他的生活輕鬆愉快。應該告訴他，總有一天會長大，到時候他就不會再吮拇指了。從長遠來看，這種友善的鼓勵會幫助孩子在時機成熟的

時候立刻改掉吮拇指的毛病。但是，千萬不要嘮嘮叨叨催促他。

最重要的是盡量不去想它。如果總是擔心，那麼就算什麼也不說，孩子也會察覺到父母的緊張，還會產生抵觸情緒。別忘了，吮拇指的現象到時候一定會自行消失。絕大多數孩子在長出恆齒之前就不再吮拇指了。不過，孩子的表現可能不穩定。它會在一段時間之內突然減少，繼而在生病或艱難地適應某些事物時，在一定程度上重新出現。這種習慣最終都會永久消失。吮拇指的現象很少在 3 歲之前結束，通常都在 3～6 歲逐漸消失。

有些牙科醫生會把金屬絲纏繞在孩子的上排牙齒上，讓吮拇指變得不舒服且十分困難。但這種辦法應該等到實在無計可施時再使用，因為不僅花費很高，還會在孩子成長的重要階段損害他們的權利，讓孩子覺得無法自主支配自己身體。

## 嬰兒的其他習慣

**撫摸和拉頭髮。**在 1 歲以後還吮吸拇指的孩子當中，多數人同時伴有某種撫摸的習慣。有的男孩喜歡用手捻著或捏著毯子、尿片、絲

綢或毛絨玩具。有的喜歡撫摸自己的耳垂，或扯著一縷頭髮繞來繞去。還有的喜歡拿一塊布貼近自己的臉，或者用閒著的手指觸摸自己的鼻子或嘴唇。看到這些動作父母就會想起來，他們在嬰兒時期喝奶的時候，就是這樣溫柔地撫摸著母親的皮膚或衣服。當他們把某些東西貼在臉上時，似乎在回想靠在母親胸口的感覺。

少數孩子會養成拉頭髮的習慣，結果可能會在頭皮上留下難看的禿痕，父母也會為此而擔心。孩子的這種行為只是一種習慣，不代表心理上的問題，也不代表生理上的不適。最好的辦法就是把孩子的頭髮剪短，讓他抓不到什麼。當頭髮重新長出來時，他的習慣通常都已經改正了。

對於大一點的孩子來說，抓頭髮的強迫行為更可能是精神緊張和心理焦慮的表現。因此，應該找心理學家或其他專家確認一下（**請參閱第 672 頁**）。

**倒嚼。**有時候，嬰兒或年幼的孩子會在下一頓飯之前不停地吸吮和咀嚼，有點像牛的反芻，被稱作「倒嚼」，這種情況很少見。有些吮手指的孩子在手臂被父母綁起來時就開始吸吮自己的舌頭。因此我建議，在孩子還沒有形成倒嚼的習慣之前，趕緊鬆開他們的手，讓他們重新吸吮拇指。另外，一定要確保孩子經常有人陪伴、有東西玩、能得到關愛。當父母和孩子的關係出現嚴重問題時，這種現象也會發生。對此，專業指導通常會有所幫助（**請參閱第 672 頁**）。

## 有節奏的習慣

**搖晃身體，撞擊腦袋。**處在 8 個月到 4 歲之間的孩子經常會時不時搖晃身體或撞擊自己的腦袋。躺在嬰兒床裡的嬰兒可能會左右搖晃自己的腦袋，也可能四肢著地爬起來，用雙腳用力，前後晃動。他的頭可能會隨著每一次向前的動作撞到小床上。這個動作看起來好像很痛，但顯然不是這樣，而且這樣的撞擊不會導致大腦損傷（雖然有時會撞起一個大包）。坐在沙發上的寶寶會很用力地前後搖晃，好讓撞擊靠背的力量把自己彈回去。

這些有節奏的動作意味著什麼呢？它們經常出現在孩子半歲以後，因為這個時候孩子已經產生了節奏感。當孩子累了、睏了或感到

挫折的時候，常會做出這些有節奏的動作。就像吮拇指或撫摸毛絨玩具的習慣一樣，這種搖晃和撞擊似乎是孩子自我舒緩的行為。這些行為通常出現在孩子疲倦、無聊或心煩的時候，也可能是孩子對身體不適所做出的反應，比如長牙或耳部感染等。這些動作是孩子自我安慰的方式，或許還隱含著一種願望，就是他們想重新創造那種很小的時候被父母抱著搖晃的感覺。

同一種運動最容易頻繁而集中地出現在這樣的孩子身上，尤其是撞頭這種動作：情感上被忽視的孩子、身體上受到虐待的孩子，以及自閉症患者，或帶有其他嚴重發展問題的孩子等。如果在孩子身上發現了這樣的行為，而且出現得非常頻繁，最好跟孩子的醫生談談這個問題。

## 咬指甲

**咬指甲意味著什麼？** 咬指甲有時是緊張的表現，有時則沒什麼特別意義，只是一種小毛病。咬指甲在高度緊張的孩子中比較常見，而且還會在家族中遺傳。孩子感到緊張時就會咬指甲，比如等老師提問，或看到電影中的恐怖鏡頭時。

一般來說，較好的解決辦法就是找出孩子壓力的來源，再想辦法緩解這些壓力。孩子是不是受到過多的催促、糾正、警告或責備？父母是不是對他的學習期望太高？父母應該諮詢一下老師，看看他在學校的適應情況如何。如果電影、廣播和電視上的暴力內容讓他很緊張，最好不讓他看這類節目（這樣做對大多數孩子都很有必要）。

**改掉咬指甲習慣的方法。** 上學以後，孩子通常都會主動改掉咬指甲的習慣，要不就是因為同儕的反感，要不就是因為他們想擁有比較好看的指甲。父母可以為孩子提供建議，加強這種積極的動力，但最好還是讓孩子自己努力擺脫咬指甲的壞習慣。這個問題是孩子自己的事，應該讓他們自己解決。

嘮嘮叨叨地責備或懲罰咬指甲的孩子，通常只能讓他們停止一小會兒，他們很少意識到自己正在咬指甲。從長遠來看，責備和懲罰還會使孩子更加緊張，或者讓他們覺得咬指甲是父母的問題，不是自己的問題。如果孩子主動要求幫他的指甲塗上苦味的藥，提醒他糾正這個毛病，那麼這種辦法就會管用。但

要是違背他的意願強行這樣做，孩子就會認為這是對他的懲罰。這樣只會讓他更緊張，讓這種習慣繼續下去。

**要更全面地看待這個問題。** 如果孩子過得輕鬆快樂，就不要過度地起他咬指甲的事。但如果咬指甲成了一種讓人擔心的行為，就要找專業人士諮詢一下（**請參閱第 672 頁**）。總之，最值得關注的是導致孩子焦慮的原因，而不是咬指甲這種行為本身。

## 口吃

**口吃是什麼引起的？** 幾乎每個孩子都會經歷這樣的階段：說起話來很費力，該用的詞語怎麼也說不正確。於是，他就會重複說過的字詞或遲疑一下，然後又一下子說得很快。這是學會正常說話的必經之路。大約有 5% 的孩子會在這個過程中遇到更多困難，他們會重複很多詞語，或者把一些詞語斷開，把另一些詞語拉長，也有一些詞語會受到阻礙，完全說不出來。有些孩子還會顯得非常緊張。幸運的是，這種輕微或不太嚴重的口吃通常會自行消失。只有 1% 的孩子會形成嚴重的長期性口吃。

我們還不能確切知道口吃是由什麼原因所引起的。可能有些孩子天生就有口吃的傾向。像很多其他的語言問題和表達障礙一樣，男孩口吃的情況更普遍，女孩相對較少。口吃的問題還經常在家族裡出現，這表示遺傳因素對口吃的形成也有一定的影響。大腦掃描發現，口吃的成年人大腦某些區域的大小跟正常人有些不同。人們曾經認為口吃是緊張的表現。這種說法有一定的道理，因為口吃的孩子在面臨壓力時通常口吃得更厲害。但是，很多承受著沉重壓力的孩子並不口吃，這就證明壓力不是導致口吃的唯一原因。

「大舌頭」（當舌繫帶，也就是舌下的中部與口腔底部相連的那道皮膚太短，限制了舌頭的自由活動）與口吃沒有任何關係。

**如何面對口吃的問題。** 當孩子跟父母說話時，應當全神貫注地傾聽，這樣他們就不會慌亂不安。讓孩子「說慢一點」或重複說過的話只會增加他的緊張程度，讓口吃更嚴重。反之，應該對孩子說話的內容進行回應，而不是挑剔他的表達方式。父母自己要學會輕鬆、和氣

## 斯波克的經典言論

有的孩子在新出生的小妹妹從醫院回到家裡以後就開始口吃，但他並沒有公開表示他的嫉妒，也沒有想辦法打她或掐她，只是覺得不自在。如果一位親戚到家裡來住了很久，2歲半的女孩對他產生了很深的感情，那麼在他離開時，這個女孩也可能開始口吃。2週以後，她的口吃可能會暫時停止。但是當她搬進新居時，由於非常想念原來的環境，可能又出現一段時間的口吃。2個月後，她的父親應徵入伍，全家人心情都不好，這時，這個女孩也可能再次口吃。

地說話，同時讓家裡其他人也這樣說話（但慢慢說的方式並不管用，最好的方式就是自然。）當孩子感覺他們只有幾秒鐘來表達自己想法時，就會口吃得更厲害。在家裡要形成輪流發言的習慣，讓每個家庭成員都有表達想法的時間。

任何能夠降低孩子心理壓力程度的做法都可能有效。孩子有很多機會跟其他孩子一起玩嗎？家裡和室外有足夠多的玩具和器材嗎？當父母和他一起玩時，要讓他說了算。

有時可以靜靜地玩，做些不用說話的事情。另外，有規律的日常安排、壓力較小的學習計畫、盡量讓他不到處跑，這些都會有幫助。如果孩子因為和父母分開了幾天而難過，那麼父母在幾個月之內就盡量不要再和孩子分開。如果覺得自己一直都在過分說服他或催促他講話，那就應該努力改掉這個習慣。

**何時尋求幫助。** 多數口吃的孩子都會自行好轉，所以很難說什麼時候應該帶孩子去接受特殊的幫助。根據經驗，嚴重的口吃和4～6個月不見好轉的口吃，就應該立即尋求幫助。

嚴重口吃的孩子通常都能非常清楚地感覺到自己的問題，而且不願意開口說話。說話時，他臉上的肌肉會非常緊張，音調也會提高（這是緊張的另一種表現）。即使在放鬆時，他也會結巴。當父母和一個嚴重口吃的孩子在一起時，自己也會不由自主地感到緊張。現在有這麼多的育兒知識，父母應該根據自己的意願決定怎麼做（或者根據直覺）：如果孩子說話很費力，就是應該尋求幫助的時候了。

嚴重口吃的孩子越早求得專業幫助，效果就越好。他們應該去找訓

練有素的語言能力專家診斷和治療。有些技巧可以幫助孩子講話更流暢。雖然語言訓練不能消除口吃的狀況，但是會在一定程度上防止問題的惡化。嚴重口吃對孩子來說非常痛苦，會影響孩子的一生。優秀的醫生能夠幫助口吃的孩子和他的家人理解這個問題，並透過積極健康的方法改善口吃的情況。

# 6 如廁訓練、尿褲子和尿床

## 如廁訓練的準備

**首先，要放鬆。**雖然所有人都在談論孩子是否為如廁訓練做好了準備，但是父母也必須做好準備。許多父母對這個過程感到緊張。父母可能聽說過，有的孩子到四、五歲還拒絕使用馬桶，也有小一點的孩子因為還在用尿片而無法順利入學。一方面，我們會輕易把堅定的如廁訓練看成一次很容易失敗的試驗。另一方面也可能會擔心，萬一訓練過度會引起孩子的反抗，或引發情緒問題。

實際上，父母沒什麼可擔心的。大多數孩子都會在兩歲半到三歲半之間學會使用小馬桶。有的孩子早在一歲半就開始這項學習了，也有孩子必須等到 3 歲。整體看來，那些較早開始練習的孩子不一定學會得更早。一般來說，女孩要比男孩早幾個月。無論什麼時候開始進行如廁訓練，都不要過於極端。嚴厲的懲罰常常會帶來事與願違的結果，而完全袖手旁觀也有可能讓孩子不願意放棄尿片。如果採取中間策略，讓如廁訓練符合孩子的意願和發展程度，那麼長期來看，很可能會達到良好的效果。

### 斯波克的經典言論

很多人都認為教孩子學會上廁所的唯一途徑就是父母的堅持與努力。這種想法不對。整體來說，隨著寶寶的成長，他們自己就會逐漸獲得控制腸道和膀胱的能力。

**重要的一步。** 開始培養孩子大小便習慣的時候通常也是孩子開始確立自我意識的階段，也就是說，孩子開始意識到自己是個獨立於別人的人了。因此，無論做什麼，他們都希望自己有更大的自主權和控制權。他們也開始明白什麼是自己的，能夠決定某件東西是留著還是丟掉。他們對身體裡排出來的東西自然也會很感興趣，還會因為控制排便時間和地點的能力增強而感到高興。

他們身體下面的兩個排泄孔原來是不受控制的。透過如廁訓練，孩子就能逐漸控制它們了。他們為此感到非常自豪，最初甚至會得意過頭，每隔幾分鐘就想「表現」一番。他們接受了一生中被父母賦予的第一項重大責任，在此過程中，他們跟父母的成功配合又增進了彼此的信任。原來對食物和大便漫不經心的孩子，現在也開始追求清潔所帶來的滿足了。

父母可能認為這種轉變的基本意義就是告別了尿片。這當然是很重要的一點。但是，對於 2 歲左右的孩子來說，懂得喜愛並保持清潔的意義比這豐富得多。實際上，這是孩子一生喜愛乾淨的基礎：他們會注意保持雙手衛生、服裝整潔、居室的乾淨整齊，做事也會有條不紊。孩子們後來之所以分得清做事方法的正確與錯誤，就是因為他們在養成大小便習慣的過程中獲得了這樣的觀念。這一點有助於培養他們的責任感，成為一個做事有條不紊的人。由此可見，培養孩子大小便的習慣對他們性格的形成和親子之間基本信任感的建立，都發揮了一定的作用。孩子生來就渴望變得成熟和自信。所以如果能利用他們這種願望，培養孩子大小便習慣的工作對雙方都會容易得多。

**1 歲以內的如廁訓練。** 1 歲以內的嬰兒對大便的排泄幾乎沒有意識，所以也不會主動排便。當他們的直腸充滿糞便以後（尤其是飯後腸道比較活躍時），腸道的運動會對肛門內膜施加壓力，使肛門出現某種程度的開放。這又進一步刺激小腹肌肉的收縮，使之產生向下推擠的動作。換句話說，這個年齡的嬰兒不像大一點的孩子或成年人那樣會主動地用力排便，他們的排泄都是自動進行的。

雖然小寶寶還不能有意識控制何時大小便，但可以被訓練成在預定時間大小便。在世界上很多地方，

早期訓練都是常規做法。早期訓練在那些不太容易取得紙尿褲和母親可以經常抱著嬰兒的地方很有意義。事實上，在幾代人以前，類似的訓練方法在美國和歐洲也很常用。過程很簡單。母親能感覺到寶寶什麼時候要大便了（通常在寶寶喝完奶幾分鐘以後），然後把他放在小馬桶上。隨著時間過去，這個孩子就會逐漸把坐在小馬桶上的行為和放鬆肛門的動作聯結在一起。

也可以用類似方法訓練孩子按照預定的時間小便。當母親感覺到孩子要小便了，就用特定的姿勢抱他到特定的地點（比如水槽上方），同時發出「噓噓」的聲音。這個孩子就會把這種姿勢、聲音和小便的動作聯結起來。從此以後，如果母親用正確的姿勢抱著孩子，同時發出正確的聲音，孩子就會透過反射作用排出小便。

這只是一種訓練，還算不上學習，因為這時的孩子對排便還沒有感覺，也意識不到自己在做什麼。他還不能有意識地配合。訓練孩子這方面的意識需要很多精力和很大的耐性。同時，父母也要保持冷靜和樂觀的態度。如果父母顯得很沮喪或不耐煩，孩子就會把這種消極情緒跟坐在馬桶上聯結在一起，這當然不是父母樂見的結果。

**12 個月～18 個月孩子對大便的控制**。這個年齡階段的孩子已經可以逐漸有意識地排便了。他們可能會突然停下手邊的事情，面部表情也會出現短暫的變化。但是，他們還不懂如何引起父母的注意。

當他們滿懷喜愛地望著拉在尿片上、地上或碰巧接入小馬桶中的大便時，很可能會產生一種強烈的占有慾。他們會把自己的大便當成一種迷人的個人作品，感到自豪。他們可能會像享受花香一樣聞一下。對大便及其氣味表現出來的自豪感，都是這個年齡層的典型表現。

有些父母在孩子剛過 1 歲時就能及時讓他們在指定的地方大便。這些父母發現，孩子們非常不願意把大便拉進小馬桶裡交給父母。這是孩子想占有大便的表現之一。而他們的另一個表現就是當看到馬桶裡的大便被水沖走時，會感到不安。對於一些更小的孩子來說，這種不安很難忍耐，就好像是自己的手臂被吸到馬桶裡一樣。

到了 1 歲半左右，孩子對大便的占有慾才會逐漸消失，慢慢轉化成對潔淨的喜好。父母不必教孩子對

他的身體機能產生反感。孩子們天生對潔淨的喜好最終都會推動他們接受如廁訓練，並保持訓練成果。

**可以接受訓練的間接信號。**從 2 歲開始，有很多現象表示孩子已經可以接受如廁訓練了。但是，這些現象通常都會被我們忽視，根本想不到它們會跟如廁訓練有關係。這個年齡的孩子很願意送別人禮物，還會從中獲得極大的滿足。但是，他們通常還是希望送出去的禮物能很快回到自己手裡。基於這種矛盾的心理，孩子可能會舉著自己的玩具親手送給客人，但卻不鬆開手。他們還特別喜歡把東西放進容器中，看見它們消失，然後重新出現。他們非常願意學習並掌握獨立做事的技巧，也願意接受這方面的表揚，越來越樂於模仿父母和哥哥姊姊的行為。這種主觀動力對孩子接受如廁訓練發揮著重要的作用。

**停止進步。**一歲多就已經能夠使用小馬桶的孩子，有時會突然改變行為習慣。雖然他們願意坐在小馬桶上，但坐上去卻沒什麼「結果」。等他站起來後，不是把大便拉在屋子的角落，就是拉在褲子裡。有時父母會說：「孩子大概是忘了該怎麼做了！」

我不認為孩子會那麼容易忘記。我想，那是他們對大便的占有慾又一次暫時地增強，所以不願意把它排出去。1 歲～1 歲半的孩子會越來越希望用自己的方式做自己的事。但在他們看來，在馬桶上排大便主要是父母的意願。所以他們就盡力憋住，直到最後從馬桶上站起來溜走為止。對他們來說，馬桶簡直就是屈服和放棄的標誌。

如果這種抵制行為持續幾週，孩子不僅在小馬桶上不願排便，如果他應付得了，可能一整天都不願排便。這就是心理原因造成的便祕現象。這種退步幾乎在如廁訓練的每個階段都會出現，但是與 1 歲半～2 歲的孩子相比，1 歲～1 歲半的孩子這種行為的反覆發生率往往比較高。一旦出現這種情況，就說明至少需要再等幾個月才能開始訓練孩子大小便。要讓孩子覺得是他自己決定要控制大小便，而不是屈服於父母的要求。

**18 個月～24 個月的排便準備。**在這個年齡，大多數孩子都明顯地表現出樂於接受如廁訓練。這時，他們能夠認識到自己和父母是彼此獨立的。這種越來越清楚的

自我意識會讓很多孩子變得黏人。他們更願意取悅父母，滿足大人的期望。這種特點非常有助於如廁訓練。這個年齡的孩子還非常樂於學習那些能夠獨立完成的技能，更希望在這方面受到表揚。他們會逐漸形成東西應該各歸其位的意識，願意把玩過的玩具和脫下來的衣服收拾好。

孩子的感知能力在增強，因此，他們能更清楚地感覺到自己是否想要排便，排便時也知道自己在做什麼。在玩耍過程中，他們要不就是暫停幾秒鐘，要不就是表現得不太舒服。還會對父母做出某種表情或發出某種聲音，提醒他們尿片髒了，就好像要求父母幫他們弄乾淨似的。父母可以溫柔地問孩子是不是已經把尿片弄髒了，孩子很可能有所表示。當然，一開始孩子總是在大小便之後才說。但經過不斷的實踐，他們就能注意到大腸裡的壓力，知道自己要排便了。沒有身體上的感知，孩子就很難學會獨立如廁的技能。

另外，孩子此時的活動能力也會有很大的提高。他們幾乎可以爬到或走到任何地方，當然也能自己坐到小馬桶上，還會自己取下尿片或脫下褲子。到了這個階段，孩子很可能已經具備了熟練控制大小便的能力。

## 一種溫和的訓練方式

非強迫式訓練。如果等孩子做好準備再進行如廁訓練，不用催促他們就能自己學著使用小馬桶。還可以使整個過程變得更放鬆和愉快，不會有太多的「權力鬥爭」。用這種方式訓練的孩子，最後經常會感到十分自豪，還會樂於迎接下一個成長的挑戰。在 20 世紀 50 年代，T・貝里・布雷澤爾頓（注①）證明，這些孩子很少出現尿床和遺糞的問題。但是，在他那個年代的孩子中，尿床和弄髒衣物的情況很常見，因為那時的人們大都採用嚴厲的強迫性方法教育孩子。

按照這種方法，大多數孩子到 2 歲半左右就不再需要尿片了，在 3～4 歲時，晚上也不會再尿床了。實際上，孩子總是夢想著長大成人，所以當他們覺得自己能夠做到時，就會自覺地控制大小便。要採用這種方法，父母就必須了解孩

注①：T. Berry Brazelton，美國著名兒科專家。

子渴望長大的心理，耐心等待這一天的到來。

這並不表示父母可以不對孩子抱什麼期望。在孩子 2 歲～2 歲半時，一旦決定對他訓練，父母的態度要始終如一，真心地期待他能像大孩子和成年人一樣使用馬桶。要表達這種期望，父母就要在孩子成功時給予溫柔的表揚，不聽話時給他們鼓勵。不要在孩子出現錯誤時發火或批評他們。

**使用廁所還是兒童馬桶？**可以買一個兒童馬桶，放在普通馬桶上，但它會讓孩子高高地懸在空中，這種姿勢很難受，讓孩子總想站起來。選一個附有堅固腳凳的馬桶，再加上一個踏板，這樣孩子就能自己爬上去了。

還有一個比較好的解決辦法，可以讓孩子使用塑膠兒童馬桶。孩子對這種可以自己坐上去的專用小馬桶有一種親切感。使用時，他們的腳可以碰到地面，這種高度不會讓孩子有不安全的感覺。另外，不要讓男孩使用跟馬桶配套的防尿護板，因為在他站起來或坐下去時，很容易受傷。孩子一旦受傷一次，以後就再也不會用它了。

**第一階段。**一開始要讓孩子熟悉馬桶，不要給他任何壓力。如果讓孩子看著父母使用馬桶，他就會明白那是做什麼用的，可能還想模仿這種成年人的活動。可以使用巧妙的建議和讚揚，但不要對孩子的失敗表現出不滿。如果孩子真的坐在小馬桶上了，也不要勉強他坐太長的時間，否則坐馬桶一定會變成一種懲罰。最好先花上幾週時間讓他熟悉小馬桶，比如，父母可以讓孩子先穿著衣服坐上去，把它當成一件有趣的玩具，不要讓孩子覺得那是父母用來逼他大小便的東西。

**第二階段。**在孩子熟悉了小馬桶以後，父母就可以很隨意地建議他把蓋子打開，像父母使用馬桶那樣坐在上面大小便（對這個階段的孩子來說，如果大人催促或強迫他們嘗試某種不熟悉的事物，他們就很容易產生警覺）。父母可以示範一下怎麼坐在抽水馬桶上排便，同時讓他坐在自己的小馬桶上。

如果孩子想站起來離開小馬桶，父母千萬不要阻攔。不管他在上面坐的時間多短，這種經歷都對他有益。要讓孩子充滿自信地自願往上坐，不要讓他有壓迫感。

如果孩子非得帶著尿片才肯坐上去，那就過一週左右再讓他試試。

可以再跟孩子解釋一下爸爸媽媽使用馬桶的方法，也可以跟他說說大孩子如何使用馬桶。讓孩子看到小夥伴的做法也能幫助他熟悉小馬桶的用法（如果他有哥哥或姊姊，可能早就看懂了）。

為孩子講解幾遍小馬桶的使用方法後，就可以在覺得他想大便的時候拿掉尿片，把他帶到小馬桶前面，建議他試一試。也可以利用誇獎和小小的獎勵鼓勵他。但如果他不願意，一定不要強迫他，改天再找機會。當他真的把大便排到小馬桶裡時，就會明白父母的意圖，也就願意配合了。

除此之外，當孩子把大便排在尿布上時，可以拿著尿片把他領到小馬桶前，讓他看著父母把大便弄到小馬桶裡。同時告訴他，爸爸媽媽都坐在馬桶上排便，他也有自己的小馬桶，也應該像爸爸媽媽那樣把大便排到小馬桶裡。

如果還不能讓孩子把大小便排到小馬桶裡，不妨先等幾週，再耐心嘗試。但是，一定不要小題大作地催促孩子，更不要訓斥他。

在這個階段，要等到孩子的注意力轉移到別的事情上後，再把他排在尿片上的大便沖進馬桶。大多數

1～2 歲的孩子都很喜歡沖掉大便，也很想自己去做這件事。但是後來，有的孩子可能會害怕沖水的猛烈方式，還會因此害怕坐到小馬桶上。他們可能是害怕自己也會被馬桶裡的水捲走。因此在 2 歲半以前，要等孩子不在場時再沖馬桶。

**第三階段。** 如果孩子開始產生興趣並且願意配合，就可以每天讓他在小馬桶上坐兩三次。只要他有一點想大小便的表示，就應該讓他這麼做。哪怕是男孩，哪怕他只想小便，我也建議父母在這個階段讓孩子坐著進行，不要站著。孩子可能在飯後幾小時都不解大小便。如果這時候他要求大人為他準備小馬桶，那父母就應該馬上誇獎他長大了，和爸爸媽媽、哥哥姊姊或他最佩服的朋友一樣會做事了。但是，這種表揚不能過分，因為這個階段的孩子不喜歡別人百依百順。

當父母確定孩子已經能夠進行下一步的訓練，也就是能夠練習獨立排便時，可以讓他光著屁股玩一會兒。同時，不管他在室內還是室外，都可以把小馬桶放在他旁邊，跟他說，這是為了他大小便時方便。如果他沒有反對，可以每隔一小時左右就提醒他一次。如果他表

現出厭煩，或產生抵觸情緒，或坐上小馬桶時出現小意外或不順利，就要幫他重新穿上尿片，過一段時間再來訓練。

**這個辦法對你有用嗎？**現在，關於孩子如廁訓練的書籍已經不少，其中很多都保證可以立竿見影。既然我們能夠馬上達到目標，為什麼還要耐心地等待呢？為什麼不直接告訴孩子你想讓他做什麼，然後期待他那麼做呢？

如果孩子非常聽話，父母只要簡單要求他使用小馬桶，他就會照做不誤。但是，如果孩子經常不聽指揮（兩三歲和學齡前的孩子很容易會這樣），那麼上廁所就會變成一場權力的較量。

在這場較量中，最終敗退的肯定是父母。跟父母相比，孩子顯然在兩方面都享有更多支配權。如果孩子下定決心拒絕面前的食物，或憋著不排便，父母就毫無辦法。當孩子憋著的時候，大便經常會變得又乾又硬，因此排便時就會很痛（請參閱下文）。於是，這個孩子就有了新的理由抵制上廁所，問題將會變得更嚴重。

很多父母認為應該早點對孩子進行這方面的訓練，為上幼兒園做準備。不過以另外一個角度來看，幼兒園老師經常跟孩子打交道，對孩子如廁訓練通常都很在行，對孩子很有幫助。如廁訓練是成長中一項典型的挑戰，只要父母與幼兒園老師通力合作，孩子通常都能比較順利地獲得成功。

在眾多如廁訓練的速成方法中，有一種是真正經過研究證明的方法。心理學家南森‧阿茲瑞恩和理查‧福克斯在《用不了一天的如廁訓練法》一書中，詳細介紹了他們的方法。我懷疑很多父母會發現這些方法很難執行，尤其在現實生活中，孩子並不會像他們預想的那樣作出反應。孩子可能會不聽話，發脾氣，這些都會成為訓練過程中的障礙。比較可行的方法是，在閱讀那本書的同時，再從有經驗的專業人士那裡獲得相對應的指導。

## 小便的自理

**突然學會控制大小便。**前面提到的溫和訓練方法，優點之一在於，當孩子覺得能夠自理的時候，他們幾乎可以一下子學會控制大小便。換句話說，到了 2 歲半左右，無論從自我意識還是身體機能上，

## 害怕大便乾燥的疼痛

有時孩子會突然出現大便乾燥、排便時很痛苦的情況。如果大便是乾燥的顆粒，通常很少會引起疼痛。引起疼痛的經常是一大塊很粗的乾燥糞便。上廁所時，大便可能在肛門的伸縮部位撕開一個小口，或形成肛裂，還可能會流一點血（如果發現孩子的尿片上有血，就要立刻告訴醫生）。如果出現了肛裂，那孩子以後每次排大便時都可能把裂口再次撐開，這種情況不僅很痛，而且傷口在好幾週之內都難以癒合。孩子一旦經歷過這種疼痛的折磨，就會非常害怕再次受罪，還會拒絕大便。如果孩子連續幾天都不排便，就很可能形成惡性循環，大便就會累積得更多，也變得更硬。

如果孩子出現了便秘，就很難進行如廁訓練了，所以首先要解決便祕問題（**請參閱第 422 頁**）。

如果父母知道孩子因為上次排便的疼痛而不敢上廁所，要安慰他，向他保證，他不用擔心，因為現在大便已經變軟了。如果孩子還是害怕，拒絕大便，就表示可能還有疼痛感，應該立刻到醫院接受檢查，看看是否還有尚未癒合的肛裂。

孩子都已經具備了大小便自理的條件。這時，發揮作用的就是孩子想在這些方面成熟起來的願望。他們幾乎不再需要父母為他們做什麼特別的努力。

**對大小便的態度。** 孩子對自己大小便的態度存在著有趣的差別，這種差別或許可以幫助父母理解他們的行為。孩子在白天很少尿褲子。他們並不像對待大便那樣，把小便也當成自己的創造。大多數孩子對大便的自控意識比對小便的意識形成得稍早一些，或是兩者同時形成。因為肛門的括約肌對大便的控制要比尿道對尿液的控制來得容易得多。小便控制功能能夠自行成熟，這與訓練沒什麼關係。在一週歲以前，膀胱都是自行排尿的。但到了 15～18 個月，即使如廁訓練還沒開始，膀胱也可以貯尿幾個小時。實際上有少數嬰兒在滿 1 週歲時，夜裡就已經不尿床了。

在睡眠狀態下，膀胱的貯尿時間比醒著時還要長。當孩子能夠做到在白天小便自理時，他可能已經有

好幾個月都能確保小睡 2 小時不尿床了。

但是，在完全實現小便自理的幾個月後，孩子可能還是偶爾會在白天不自覺地小便。原因多半是太貪玩，忘了停下來小便時，就會出現這種情況。

**訓練穿褲子和脫褲子。**當孩子大小便能自理時，就應該讓他穿能自己穿脫的褲子。這是教孩子邁向自立的另一個步驟，這樣能夠減少孩子在大小便問題上的退步。在孩子能夠熟練地脫褲子之前，不要給他穿有鈕扣或拉鍊的褲子。這種褲子對不會脫褲子的孩子來說不但沒有任何好處，還會損害他們追求獨立的積極性。拉拉褲（pull-ups）也叫褲型紙尿褲，其實就是像內褲一樣的紙尿褲。這種紙尿褲會提供孩子不需要控制身體機能就能擺脫紙尿褲的美好感受，會減緩如廁訓練的進度，又因為它吸收力很強，所以可以去除那種溼答答的感覺，而這種感覺正是促使孩子使用馬桶的正常因素，所以也不建議使用。

**出了家門就不會小便。**這樣的情況時常發生，2 歲左右的孩子在家裡已經能熟練地使用小馬桶或大馬桶，但到了其他地方就不會了。遇到這種情況，不應該催促孩子，也不要訓斥他。即使他最後還是把褲子尿濕了，也不應該責備他。在帶著孩子出門時，一定要牢記這種可能性。必要的話，可以帶著孩子的小馬桶。

如果孩子憋得難受，尿不出來，也沒辦法回家，可以讓他在溫水裡坐半個小時。告訴孩子他尿在浴缸裡也沒關係，這樣可能會奏效。

最好能讓孩子早點習慣在家以外的地方小便。有一種男孩女孩都適用的可攜式尿壺。在家時孩子們很容易習慣它，出門時也可以帶著。有的孩子外出時願意使用尿片，也可以滿足他們的這種選擇。

**站著小便。**如果男孩 2 歲還不會站著小便，父母就會擔心。其實，男孩在完全習慣小馬桶之前可能一直坐著小便，這算不上什麼問題。因為坐著小便時，他們不太容易尿到外面。只要這個孩子看見哥哥和爸爸站著小便，他早晚都能學會這種姿勢。

**夜裡不尿床。**許多父母都認為孩子夜裡不尿床是因為他們臨睡前帶孩子去過廁所。他們問：「既然

孩子白天已經不尿褲子了，那什麼時候才能訓練他晚上不尿床呢？」這是一種錯誤的想法，聽起來好像訓練孩子夜裡不尿床是一件很困難的工作。其實，當他的膀胱發育成熟以後，晚上自然就不尿床了。事實清楚地表明，就算父母不對孩子進行任何訓練，仍有 1% 的孩子從 1 歲開始就經常不尿床了。還有少數孩子儘管在 2 歲半～3 歲半時晚上就已經不尿床，但白天卻控制不好小便。人在安靜睡覺時，腎臟會自動減少尿液的產量，同時讓尿液更加濃縮，所以膀胱能在人的睡眠過程中貯存尿液更長的時間。

大約有 20% 的孩子到了 5 歲還會尿床，但多數孩子到了 3 歲，晚上就徹底不尿床了。

一般說來，男孩不尿床的時間要比女孩晚一些，高度緊張的孩子要比精神放鬆的孩子晚一些。很大了還尿床的情況常常是家族性的（**請參閱第 626 頁「尿床」**）。

## ▌斯波克的經典言論 ◥

我認為，除了充滿信心期待孩子自己不尿床，並不斷地表達這種願望以外，父母沒有必要做什麼特別的事情。孩子的膀胱發育成熟以後，再加上正確排尿意識的形成，自然就能在多數時候照顧好自己。當然，在孩子剛開始不尿床時，父母如果能表現得和孩子一樣自豪，效果會更好。如果孩子能在白天控制小便，6～8 個月以後又希望晚上不穿尿片，父母對此要表現得很高興，還要允許他這樣做。

**教孩子正確地擦小便和洗手。** 當女寶寶對擦小便感興趣時，父母可以跟她商量讓她自己先擦，然後再幫她擦完，直到她能獨立做好這件事情為止。從這時開始，就應該教她從前往後擦，預防尿道感染。男孩也經常需要這樣的清潔。

洗手是上廁所的一部分，放一個附有臺階的凳子就能讓小孩搆到洗手檯。他們的小手只能抓住小塊的肥皂，旅館裡那種肥皂的大小正好合適。

用肥皂把手搓洗乾淨起碼需要 15 秒鐘，這段時間確實很長。為

了使這段時間過得愉快，也為了讓孩子養成認真洗手的習慣，可以在他洗手的時候編一首洗手歌，也可以針對每根手指講一個故事。

## 大小便自理過程中的退步

**做好孩子退步的心理準備。**多數孩子在如廁訓練方面的進步沒有明顯的階段性。在他們學習的過程中，平穩進步和偶爾退步始終並存。心情不好、身體不適、旅途勞累和對初生弟弟妹妹的嫉妒都可能使大小便已經自理的孩子出現退步。如果孩子出現這種情況，父母不要訓斥孩子，也不要懲罰他們，要安慰孩子，幫助他們儘快恢復自理能力。告訴孩子，爸爸媽媽知道他們想在這個方面成熟起來。

**排便的退步。**很多孩子，尤其是男孩，當他們學會排尿之後，就不願意在馬桶上大便了。需要排便時，他們可能躲在一個角落裡，也可能非要帶著尿片。有的孩子是因為害怕廁所，或患有便秘。但很多孩子只不過不願意立刻聽從父母的要求而已。

孩子明知道怎樣使用馬桶卻不願意用，這是讓父母非常沮喪的事。

透過貼紙評分表、獎勵、威脅、收買和央求讓孩子聽話的辦法都可能無濟於事。對家長來說，最有效的做法就是消除所有使用馬桶的壓力，讓孩子重新使用紙尿布或拉拉褲。要讓孩子知道父母很有信心，相信他做好準備以後就一定能使用馬桶，這樣就夠了。這種方法在絕大多數情況下會在幾個月之內達到效果。如果拒絕使用馬桶的情況持續到 4 歲以後，那就最好諮詢兒科醫生或精神科醫生。

## 大便弄髒衣物

**正常的意外情況。**對年齡還小的孩子來說，偶爾弄髒內衣，甚至把大便排在褲子裡都是很正常的事情。孩子也許會忘了擦擦小屁股。也許他玩得太投入了，以至於沒注意到肚子裡的膨脹感，等發現時已經晚了。這些問題的解決辦法非常簡單：父母要溫和地提醒孩子，要他們在便後擦乾淨屁股，養成每隔一段時間就上廁所的習慣。對於一個貪玩的孩子來說，在廁所裡放個雜誌架或放一疊圖畫書也會有幫助，這樣孩子在上廁所時就能找點事做而不無聊了。

### 大孩子也會讓糞便弄髒衣服。

孩子 4 歲以後還排大便在褲子上就是比較嚴重的問題了。典型的例子包括，早就受過訓練的小學男生還經常讓大便弄髒內褲。讓家人感到不解的是，孩子好像並沒有注意到他已經把大便排到褲子裡了，而且自己也說沒有感覺到自己排過大便。更難以理解的是，孩子甚至不承認自己聞到了大便的氣味。

別的孩子當然聞得到臭味，而且可能會無情地嘲笑他，叫他「臭大便」，還會躲著他。大便在褲子裡會遭到歧視，讓孩子產生羞恥感，所以它確實是一種急需處理的心理問題和人際問題。有這種問題的孩子有時會說自己並不在乎，其實他只不過想否認這個問題，逃避這種令人沮喪的現實。這個問題的術語是「大便失禁」。

大便失禁通常是由嚴重的便秘所引起的。因為大便儲存在大腸和直腸中，會形成一種讓大塊乾燥的膠泥似物質，這種物質會擠壓腸道使肌肉擴張。當直腸和關閉肛門的肌肉長期受到過度伸展，就不能有效地收縮了。孩子會失去那種脹滿感，也會失去控制糞便溢出的能力。大便中的液體會穿過比較乾燥的糞塊縫隙，從半開的肛門裡滴漏出來，同時小塊的糞塊也會在孩子不經意的時候排出來。至於聞不到大便味道則是一種正常的反應，兒童和成年人通常都聞不到自己身上的臭味（比如口臭）。

要解決這個問題，首要是治療便祕（**請參閱第 422 頁**）。還要向孩子解釋發生了什麼事情以及為什麼那不是他的錯，這一點也很重要。強化腹部肌肉的運動（以便更有效地推動排便）和有規律地按時上廁所，都有助於孩子每天排便，也將提供他一個對局面有所控制的途徑。家裡的任何人都不應該羞辱、奚落或批評孩子，因為普遍的原則認為，所謂家庭就是互相幫助，永不傷害。要有這樣的信念：「我們都在一起面對這個問題。」孩子、父母和醫生是同一個團隊，這種心態最有幫助。

在極少數情況下，大便在褲子上並不是便秘引起的。有些孩子會把成形的，不太硬的大便排在褲子裡。這種大便失禁的現象更像是潛在情緒問題的反映，也可能是巨大心理壓力的反應。諮詢兒童行為專家（**請參閱第 672 頁**）可以使孩子的問題得到明顯的改觀。

# 尿床

在懂得夜裡控制排尿之前，每個孩子都有過尿床的經歷。大多數女孩學會晚上不尿床是在 4 歲左右，而男孩則是在 5 歲左右。沒有人知道為什麼女孩會比男孩早成熟（她們在語言發展和情緒控制方面也比男孩發育得早，所以答案或許是女孩的大腦發育成熟得更快）。到 8 歲時，還有 8% 的孩子仍然尿床。所以當你看到一個三年級的小學生尿床，可以安慰他說，他們班上至少還有一個小孩也尿床。

**尿床的類型。** 如果孩子從來沒有過夜間長期不尿床的經驗，那就是醫生們所說的「原發性夜間遺尿症」。這是最常見的尿床類型。其原因和治療方法將在下文討論。

較為少見的類型是，已經幾個月不尿床的孩子突然又開始尿床。醫生把這種類型稱為「續發性夜間遺尿症」，原因可能是膀胱炎和糖尿病等醫學問題。有時候，幼兒會因為正常的情緒緊張而再次開始尿床。這種情緒可能來自於弟弟妹妹的出生，搬家或其他變故。在這些情況下，耐心和安慰常常會得到理想的效果。幾週以後，孩子的感覺就會好轉，進而能夠重新在夜間保持乾爽。性虐待等嚴重的心理壓力也可能使孩子開始尿床。記住這一點很重要，但也要明白，尿床的原因更可能是其他不那麼容易被關注的問題。

第三種類型涉及白天遺尿。孩子的內褲可能總是溼答答的，可能在咳嗽或大笑時排尿，可能因為水喝太多而產生大量的尿液，也可能總說自己想小便卻每次都排不出多少。所有這些症狀都需要醫學診斷（請參閱第 434 頁，了解更詳細的內容）。

**尿床的原因。** 在孩子還沒有學會在夜裡保持乾爽時（也就是原發性夜間遺尿症），很少會有需要透過醫學治療的原因。然而，這裡的問題還是醫學性的，基因發揮了一定的作用。如果父母雙方在童年時期都尿床，他們的孩子有 75% 的可能性會尿床。父母通常認為孩子尿床是因為別的孩子睡得更沉，不容易醒來。但是，研究兒童睡眠模式的醫生並沒有發現這方面的證據。尿床的孩子膀胱並不比別的孩子小，但是他們的膀胱傾向於在蓄滿了尿液之前就自動排空。

這種尿床很少是由泌尿道感染等疾病引起的。大多數尿床的孩子都

比較健康。但是，這些孩子有時會有便祕，而且類似的情況並不少見。在骨盆中，膀胱正好與直腸相鄰。如果直腸裡存滿了很硬的大便，就會壓迫到膀胱，造成排尿困難。結果，膀胱只能用力擠壓排出少量的尿液，而不是透過擴張來容納更多的尿液。如果便祕得到治療（**請參閱第 422 頁**），尿床的現象也就隨之消失了。同樣的道理，在治療尿床之前如果不首先解決便祕問題，那也是沒有用的。

但大多數情況是，孩子尿床只是不知道如何在晚上控制排尿。隨著時間過去，每過一年，都會有 14% 本來尿床的孩子學會控制排尿。對於那些仍然學不會的孩子，有很多積極有效的方法可以幫助他們儘早實現這種進步。

**學會及時排尿。** 如果孩子知道怎樣騎腳踏車，他就可以透過這種經驗去理解晚上不尿床的道理。像騎腳踏車一樣，不尿床也需要反覆練習。當大腦學會了如何保持腳踏車平衡時，就不需要再刻意地注意它，你只要跨上腳踏車往前騎就行了。夜裡控制排尿也是這樣，當大腦習慣了有意識地控制時，你就可以安心地睡覺，其他事情就讓各部分器官各司其職就行了。

學會及時排尿的前提就是讓孩子意識到這個問題。人們通常用兩種方法來確保晚上不尿床。要不就是夜裡起床去上廁所，要不就是緊緊憋住等到天亮。憋尿需要兩塊肌肉的共同作用，這兩塊肌肉叫做括約肌。當這兩塊括約肌繃緊時，就封鎖了尿道，尿液就流不出來。當它們鬆弛的時候，尿道口就會打開。兩塊括約肌中有一塊是由意識控制的，可以把它繃緊，在到達下一個高速路休息站之前控制排尿。而內部肌肉則受到無意識的控制：也就是那塊不必時刻想著就能讓人控制排尿的肌肉。當膀胱裡充滿了尿液時，它就會向大腦發送神經信號。然後，大腦要不就是發出指令讓這個內部的「閥門」保持關閉，要不就是產生一種不舒服的感覺，告訴你去找一間廁所或（如果你正在睡覺）醒來。要想在夜裡保持乾爽，孩子必須學會的是，哪怕睡覺時也要注意那些來自膀胱的訊號。

**治療尿床。** 常見的治療措施不少。其中一種辦法就是在客廳裡裝一個燈，讓孩子在夜裡能夠更方便地進出臥室。還可以提醒孩子在睡覺前一兩個小時不要喝太多水。有

的父母不讓孩子在晚飯後喝任何東西，但這種極端的做法會讓人十分難受，也不容易達到成效。另外，不喝含有咖啡因的飲料也非常有用，比如可樂和茶等，因為咖啡因有利尿的作用。

尿床多年的孩子已經習慣睡在潮濕的床上。他們必須適應乾爽床面的感覺，這樣才會有保持乾爽的積極動力。為孩子準備一個「三明治床」是很好的方法，這樣的床不但能讓孩子睡得暖和乾爽，而且能夠幫助他變得獨立起來。先找一塊塑膠墊子鋪在孩子床上，再鋪上一個棉墊，然後鋪上另一條塑膠床單，最後再鋪一層棉墊。早上起床，孩子可以幫忙家長洗床單，還可以為下一個夜晚重新鋪好「三明治床」。透過這種方式讓孩子負起責任，也可以幫助他認識到，尿床是他要解決的問題，而不只是父母的煩惱。

治療尿床的藥物包括丙咪嗪（Imipramine）和去氨加壓素（DDAVP）。這兩種藥物都可以有效地暫時減少尿床。但是也有缺點，一旦過量服用，兩者都可能非常危險。去氨加壓素價格很昂貴。而且這兩種藥物都不能真正地解決

問題。一旦孩子停止服藥，再次尿床的可能性就很大。

比較好的辦法是提高孩子大腦的學習能力。這種能力經常能幫助孩子具體想像出他們盼望的事情。當他們的膀胱充滿了尿液時，大腦就會接到一個訊號，要不就是讓孩子醒來上廁所，要不就是收緊括約肌，阻止尿液排出。想像力豐富的孩子可能會想像出一個站在大腦旁邊的小人。當膀胱已滿的訊息透過電線（神經）傳來時，這個小人就會跳起來，敲響警鈴，或者用其他的方法提醒大腦控制排尿。如果孩子在睡前反覆想像幾次這種場景，晚上就可能更妥善地控制自己不尿床。（日有所思，夜有所夢。所有父母都有陪伴生病孩子入睡的經歷，每一次輕微的咳嗽或噴嚏都會讓他們醒來。）受過催眠療法專業訓練的心理學家和兒童行為專家常常可以利用這種充滿想像的方法幫助孩子控制尿床的問題。

非藥物治療尿床的最後一個好處是能讓孩子在解決自身問題的過程中充分發揮作用。再次遇到挑戰時，父母可以讓孩子想想以前成功的經歷。從這個角度上來看，尿床反而變成了促進成長的養分。

## ★ 尿床警報器

另一個方法是使用「尿床警報器」。這種裝置有一個電子探測器來監測排尿的情況。有些警報器會發出嗡嗡的聲音，有些則會啟動震動裝置。孩子會學著在剛尿床時醒來，然後在尿液流出來之前被喚醒。尿床警報器可以在使用一兩個月以後讓 3/4 的孩子在夜裡保持乾爽，而且在多數情況下，這種改善都是永久性的。

尿床警報器的價格大約是 75 美元，大概相當於服用一個月去氨加壓素的花費。有時候，這種警報器還能與視覺化技術或藥物相結合。你可以在網路上購買這種裝置。

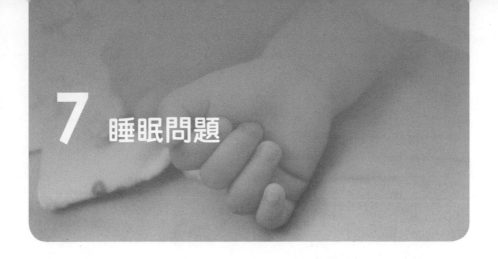

# 7 睡眠問題

## 夜驚和夢遊

**夜驚。**三、四歲的孩子睡覺時可能會突然坐起來，瞪大眼睛，糊裡糊塗地哭泣或說話。當父母安慰他時，他會用力掙扎，哭得也更激烈。10 分鐘或 20 分鐘後，他又會安靜下來。到了早上，他一點都不記得昨天夜裡發生的事情。夜驚通常發生在前半夜，此時正是大部分人處於深度睡眠的時候。夜驚似乎是大腦不成熟所造成的，因為大多數孩子都會在五、六歲時擺脫這個問題。雖然這種現象會讓家長非常苦惱，但沒什麼危險。有時候，夜驚似乎是由壓力引起的，比如在剛進入一個新班級的時候。要盡可能地為孩子去除容易帶來高度心理壓力的來源，這種做法永遠都是明智

的。在嚴重的情況下，藥物可能會有幫助。

**夢遊和說夢話。**這些問題與夜驚有著很多共同之處。它們會在孩子進入深度睡眠時出現，而且當孩子醒來時完全記不得這些情況。雖然夢遊和說夢話本身沒有什麼危險，但是如果孩子絆到什麼東西或摔下樓梯，夢遊就可能帶來傷害。為了確保孩子的安全，可能需要安裝安全防護門，甚至為孩子的臥室裝上門閂。這種情況很少需要服藥，更何況藥物也很少奏效。

## 失眠

**入睡困難。**幼兒經常不願意睡覺，他們很難跟這個世界上所有有趣的事物說再見，或者因為睡覺時

與父母分開會讓他們感到難受（**請參閱第 131 和第 152 頁，了解關於這些典型問題的更多內容**）。對大一點的孩子和青少年而言，失眠的最常見原因就是臥室裡的電視。一開始，電視似乎能夠讓人更容易入睡，但是它很快就會成為一種難以打破的習慣。孩子非但不能放鬆進入安靜的睡眠，反而會保持清醒，直到他實在睜不開眼睛為止，而這時早已過了正常的困倦點。

這個問題的最佳解決辦法就是不要把電視放進臥室，如果它已經在臥室裡了，就把它搬出去。一開始孩子可能會很生氣，但這絕不是動搖或讓步的時候。要讓孩子戒掉對電視的依賴，可以嘗試朗讀出聲或播放有聲讀物。孩子可以閉著眼睛聽，然後伴隨著熟悉的故事或詩歌迷迷糊糊地睡著。

藥物對促進兒童睡眠常常沒什麼作用，或只在一段時間內有效。如果失眠是另一種疾病（比如過動症）的表現症狀，那麼醫生就可能會開出治療失眠的藥物。

**半夜醒來**。半夜醒來就再也睡不著的孩子有著不同形式的失眠。對年幼的孩子來說，問題常常在於習慣（**請參閱第 93 頁**）。如果是大一點的孩子，那麼心情抑鬱就可能干擾睡眠。過敏等慢性病也可能是問題的癥結。兒童則可能是患上令人心煩的腿部不安症候群（Restless leg syndrome），因為腿痛而難以入睡。少數孩子在夜裡醒來會忍不住想吃東西。

**怎麼辦**。檢查白天有沒有新的壓力來源，這些壓力來源常常會妨礙孩子入睡，讓他們容易驚醒。原因可能是在學校裡受到大孩子欺負等嚴重問題，也可能是想和某個人交朋友而對方卻不感興趣等小事。如果可以，幫助孩子減輕壓力。堅持按時睡覺，讓孩子先有心理準備：提前一兩個小時關掉電視、洗澡、換上睡衣、刷牙、講故事，如果家裡有睡前禱告的傳統，就做禱告、親吻。讓孩子遠離令人不安的電視節目，無論這些內容來自恐怖節目、兒童卡通，還是電視新聞。在家裡盡量營造平和的晚間氣氛。如果這些常識性的方法沒有效果，就讓孩子的醫生看一看，確保這個問題不是由疾病引起的。

# 8 進食障礙和飲食失調

## 飲食障礙

問題是怎麼產生的？為什麼有這麼多孩子不肯好好吃飯？最常見的原因就是父母太想讓孩子好好吃飯了！在某些地區，母親不太懂得營養知識，她們也不會為孩子的營養操心。這些地方的孩子也很少出現不愛吃飯的問題。有的孩子一出生就狼吞虎嚥，甚至在不高興或生病時，胃口也絲毫不減。也有的孩子天生胃口就比較小，而且很容易受到情緒或身體狀況的影響。但有一點可以肯定，孩子天生的胃口足以確保他們身體健康，也足以讓他們的體重正常增長。

問題是，孩子生來也具有一種反抗強迫的天性，還有一種對曾經給他們帶來不快的食物感到厭惡的本能。更麻煩的是，孩子的胃口隨時都會變化，幾乎是一分鐘一變。比如，他在一段時間內可能想吃很多南瓜，或者想嘗試一種新的早餐麥片，然而下個月，他卻又開始厭惡這些食品。

明白了這一點，父母就會知道在各個生長階段，孩子都可能出現厭食的問題。出生後頭幾個月，如果父母總是想方設法地讓寶寶多喝奶，他就會有抵制行為。同樣的，在剛開始餵食固體食物時，如果孩子還沒有適應，就讓他吃很多，或者在他情緒不好時強迫他吃飯，他也會拒絕吃東西。許多孩子到了18個月以後會變得更挑剔，這也許是因為他們不打算長得太快，或是因為更有主見了，還可能因為他們在長牙。督促孩子吃東西反而會

破壞他們的胃口，而且很長一段時間都難以恢復。不好好吃飯的情況最容易出現在病後恢復時。如果父母著急，不等孩子恢復食慾就強迫他吃東西，孩子很快會產生反感。

當然，強迫孩子吃飯並不是造成厭食的唯一原因。孩子也可能因為妒忌自己新生的弟弟或妹妹而不吃東西，還可能由於某種焦慮所致。然而，無論最初的原因是什麼，父母的催促和焦急通常都會使問題變得更加嚴重，進而使孩子的食慾無法恢復。

**父母也有壓力。** 當孩子經常不好好吃飯時，父母的壓力就會很大。最明顯的就是憂慮。他們擔心孩子會營養不良，或者對一般的疾病失去抵抗能力。儘管醫生反覆地向父母們保證，吃飯有問題的孩子抵抗力不會比其他孩子弱，但父母還是很難相信（而且，如果吃飯問題持續的時間很長，的確會削弱免疫系統的功能）。這些孩子的父母經常會感到內疚，想像親戚、鄰居和醫生都認為他們是粗心的家長。當然，大家很可能不會這麼想。實際上，這些親戚、鄰居和醫生的家裡很可能也有不肯好好吃飯的孩子，他們能夠理解這種情況的。

另外，父母還會不可避免地在精神上感到焦躁和惱怒。因為孩子可能繼續我行我素，使父母的各種努力付之東流。這是一種最難受的心情，因為它會使那些負責任的父母感到內疚與慚愧。

有一種有趣的現象：很多不愛吃飯孩子的父母都記得，自己在童年時代也有過類似的問題。雖然他們能清楚想起那些被催著或逼著吃飯的感受，但一旦面對自己的孩子，卻想不出其他更好的辦法。此時，父母心裡的焦慮、內疚和惱怒，在某種程度上來說，就是他們童年時期遺留在內心的感覺。

不好好吃飯的孩子不會有什麼危險。一定要記住，孩子天生具有非凡的生存本能，他們知道正常的生長和發育需要多少食物，也知道自己需要哪些食物。我們很少見到有孩子因為挑食而造成嚴重的營養不良、維生素缺乏或傳染病等問題。當然，在為孩子體檢時，應該向醫生詢問一下有關孩子飲食習慣的問題。如果能跟態度積極的醫生共同努力，就可以緩解因為孩子挑食而帶來的壓力和擔憂。每天吃一片複合維生素可以確保孩子獲得身體需要的維生素和礦物質。

**解決飲食障礙**。我們的目的不是強迫孩子吃飯，而是改變他的胃口，讓他想吃東西。吃飯時盡量不要談論孩子吃飯的問題，無論是恐嚇還是鼓勵都不好。不要因為他吃得特別多而稱讚他，也不要因為他吃得少而顯得失望。經過實踐鍛鍊以後，就能做到不去想孩子吃飯的問題了。這就是真正的進步。當孩子感到沒有壓力時，他就會注意到自己的食慾了。

孩子的胃口就像一隻老鼠，而父母著急的催促就像貓，貓會把老鼠嚇回到洞裡。老鼠不會因為貓變換了一種姿態，就變得勇敢起來。貓必須很長時間不管老鼠，老鼠才會再次從洞裡鑽出來。

也許父母會聽到這樣的建議：「把飯放在孩子面前，什麼也不要說。30 分鐘以後無論他吃了多少，都把飯撤走，在下頓飯之前不給他吃任何東西。」這話不假，因為只要孩子餓了，他就會吃東西。所以這種建議是可取的。但是，父母的態度不能是怒氣沖沖的，也不能把它作為一種懲罰手段，應該表現出心情愉快的樣子。也就是說，父母不要對吃飯的問題小題大做，也不要擔心不已，要保持一種寬容

**斯波克的經典言論**

去除孩子的飲食障礙需要時間和耐心。一旦孩子出現了不肯好好吃飯的問題，就必須用時間和理解來解決。父母會十分著急。只要孩子不想吃東西，父母就很難放鬆下來。其實，正是他們的擔心和催促才是孩子食慾下降的主要原因。即使父母盡了最大的努力來改變自己的做法，孩子也要花好幾個星期才能逐漸恢復胃口。他需要機會來慢慢消除一切跟吃飯有關的不愉快記憶。

的態度。但是，因為氣憤，父母常常會用錯誤的態度來實施這個建議。他們可能會氣呼呼地把飯菜甩在孩子面前，嚴厲地說：「聽著！你要是在 30 分鐘之內不把飯吃完，我就把飯端走。晚飯前你什麼也別想吃！」然後就站在一旁盯著他，看他到底吃不吃。這樣做的結果往往適得其反，這種恐嚇會讓孩子變得更加倔強，一丁點食慾都沒有。要知道，一個下定決心不吃飯的倔強孩子，總是能在這種較量中戰勝父母。

其實，無論父母採用強迫的手段還是拿走食物威脅，都不應該讓孩

子覺得因為他拗不過父母所以就得吃飯。應該讓他覺得吃飯是因為他自己想吃。

要想做到這一點，首先應該幫孩子準備他最愛吃的東西。要讓他在吃飯時饞得口水直流，迫不及待地要吃東西。所以，培養這種進食態度的第一步，就是確保在 2～3 個月內提供孩子最愛吃的食物，同時，盡量讓他的飲食保持均衡，不要給他不愛吃的食物。

如果孩子僅僅是不愛吃某一類食物，但是對其他大部分食物都可以接受，那就可以適當地調換食物的種類。比如，用水果代替蔬菜，直到孩子恢復胃口，或吃飯的顧慮和緊張感完全消除為止。

**接受孩子對食物的選擇。**有的父母可能會說：「如果孩子只是不喜歡吃某一種食物，那根本算不上什麼問題。但我的孩子只喜歡花生醬、香蕉、橘子和汽水。偶爾也吃一片白麵包或幾匙豌豆。除此之外，他什麼也不吃。」

雖然這是一個更難解決的進食問題，但解決原則卻完全相同：早餐可以為他準備一些香蕉片和一片塗了醬料的麵包。午餐來一點花生醬、兩茶匙豌豆和一個橘子。晚餐準備一片塗了醬料的麵包和更多香蕉。如果孩子還想吃某一種食物，可以再給他第二份甚至第三份。為了確保營養全面，還要讓他吃複合維生素。連續幾天為他準備這類不同搭配的食物。要堅決控制那些飲料和垃圾食品，因為孩子吃了帶有糖分的東西以後，僅有的那一點對健康食物的慾望也會蕩然無存。

如果幾個月以後孩子想吃飯了，可以增加一種他過去吃過的食物（不是他以前討厭的那種），兩三茶匙（不能太多）就夠了。不要告訴他飯菜加量了。無論孩子吃還是不吃，都不要加以評論。要過兩三週再給他吃一次這種食物，再試著加上另一種。至於要多長時間才能增加新的食物，這取決於孩子胃口改善的情況，以及對新食物的接受程度。

不要幫食物劃分明顯的界限。如果孩子想吃 4 份同樣的食物，而另一種一點也不吃，那麼，只要這種食物對健康有利，隨他的意就好了。假如孩子一道主菜也不想吃，只想吃甜點，也應該按照平常的習慣滿足他的要求。千萬不要說：「把菜吃完才能吃點心。」否則，你只會進一步打消孩子對蔬菜或主

食的興趣，反而增加他對甜食的渴望，事與願違。處理這個問題的最好辦法就是，一週裡至少一兩次晚餐，除了水果之外不要提供別的甜點。如果要吃一種非水果的甜食，就應該讓家裡所有的人都有一份。

這樣做當然不是想讓孩子永遠都吃這種不均衡的飲食。但是，如果孩子存在偏食的問題，而且已經對某些食物感到厭惡。那麼，要想使他們回到均衡合理的飲食上，就應該讓他們覺得父母根本不在意他們吃什麼。

父母不應該強迫偏食的孩子去「嚐一口」他們不愛吃的食物，那是一個巨大的失誤。假如他們被迫吃了厭惡的食物，哪怕只是一點點，也會使他們不吃這種東西的決心更堅定，進而減少今後喜歡這種食物的可能性。與此同時，這麼做還會破壞他們吃飯時的心情，打消對其他食物的食慾。另外，永遠不要讓孩子在吃飯時，吃上一頓拒絕過的食物，那純粹是自找麻煩！

**每次不要給孩子太多。** 對於那些不肯好好吃飯的孩子來說，要給他們小份的食物。如果盤子裡堆了很高的食物，就會提醒他要剩下多少，而且還會破壞他的食慾。如果

第一次給他的量很少，就會讓他產生「不夠吃」的想法，那正是父母所希望的。要讓他有渴望得到某件東西，渴望吃到某種食物的感覺。如果他的胃口確實很小，就應該給他很少的分量：一匙豆類食品、一匙蔬菜、一匙米飯或馬鈴薯就可以了。孩子吃完以後，不要急著問：「你還想吃嗎？」讓他自己主動要求。即使好幾天以後他才可能提出「還想要」的要求，也應該堅持這樣做。另外，用小碟子裝食物是一個非常好的辦法，因為這樣不會像用大盤子盛少量食物那樣，讓孩子產生受到輕視的感覺。

圖 5-1

**留下來，還是離開？** 父母是否應該陪著孩子吃飯？這個問題要依據孩子的習慣和願望來決定，此外還取決於父母控制自己擔憂情緒的能力。如果父母一直都陪著孩子吃

飯，那麼他們突然離開就會讓孩子難過。如果父母能夠很隨意地跟孩子說說話，對孩子吃飯的情況不聞不問，那麼，不管父母自己是否也在吃飯，留在餐廳裡都不會有什麼壞處。但是，如果不管父母怎樣努力，都無法忘記孩子吃飯的事，總是忍不住督促他，那就最好還是在孩子吃飯時離開。但不要突然不高興地離開，而要機智地逐漸延長離開的時間，讓孩子感覺不出來什麼變化。

**不要引誘、收買或威脅孩子吃飯。** 父母絕對不能用收買的方法讓孩子吃飯。比如吃一口飯就為他講一個小故事，或者吃完了菠菜就表演一個倒立給他看等。儘管這種做法在當時看來很管用，能讓孩子多吃幾口飯。但從長遠看，這樣做只會讓孩子吃飯的積極動力越來越低。父母只能在條件上不斷加碼才能讓孩子好好吃飯。結果，孩子吃不了幾口飯，就會讓父母累得筋疲力盡。

**不要用甜點、糖果或其他獎品去引誘孩子吃飯。** 不要讓孩子為了某一個人去吃飯。也不要為了討父母高興而吃飯。不要讓孩子為了長得又高又大，或者不生病而吃飯，更不要僅僅為了把飯菜吃完而吃飯。如果為了讓孩子吃飯而採用體罰或剝奪某些權利的手段來威脅他，就更不應該了。

讓我們重複一下上面的原則：絕對不能用引誘、收買或強迫的手段讓孩子吃飯。不過如果家裡習慣在晚飯時，父母講一個故事或演奏一段音樂，那麼，只要不跟孩子的吃飯問題聯繫起來，就沒什麼害處。

比較適當的做法是這樣的：應該要求孩子按時吃飯，要求他對別的用餐者有禮貌，不能挑剔飯菜，不能說自己不喜歡吃什麼，還應該根據孩子的年齡，要求他在飯桌上的舉止要得體等。這些都是孩子理所當然應該做到的。父母可以在準備飯菜時盡量考慮孩子的喜好（當然也要考慮家裡的其他成員），偶爾也可以問問孩子愛吃什麼，以此作為特殊的關照。但是，如果讓孩子認為一切都是以他為中心，那就糟糕了。父母對某些食物的限制是合理、正確的。比如對糖、糖果、汽水、蛋糕，以及其他不太健康的食品，就是必須限制。只要父母知道該如何去做，就可以在不爭吵的情況下實現這一切。

## 斯波克的經典言論

我遇到過一位母親，她一直因為自己 7 歲女兒的吃飯問題而愁眉不展。

她試過勸說孩子、跟孩子爭論，還試圖強迫孩子吃飯等各種手段，都無濟於事。後來她終於意識到，或許女兒的食慾正常，願意吃營養均衡的食物。她也明白了，讓女兒恢復正常飲食的最好方法就是，不要因為吃飯的問題跟女兒發生衝突。

於是，她又走向了另一個極端，變得充滿歉意。但是，這時女兒已經由於長時間的衝突對母親心存不滿了。一發現母親變得這麼順從，就想利用這一點進行報復。她會把滿滿一碗糖倒在自己的麥片裡，然後從眼角偷看母親吃驚的樣子。每次吃飯之前，母親都要問她想吃什麼。如果女兒說「漢堡」，母親就立刻順從地買回來送到孩子面前。但是，不管喜不喜歡吃，這個孩子都會說：「我不想吃漢堡，我要吃臘腸。」於是，母親只好再到商店去買。

## 吃飯要人餵

孩子不好好吃飯，父母要餵他嗎？在 12～18 個月，如果給予適當的鼓勵，孩子完全能夠自己吃飯。但是，如果父母總是不放心，一直餵他們到 2 歲、3 歲或 4 歲，或許還不斷督促，那麼，這時候僅僅告訴孩子：「從現在開始，你自己吃飯吧！」根本解決不了問題。

孩子現在還沒有自己吃飯的欲望，是因為他覺得讓人餵飯是理所當然的。對他來說，餵飯是父母關心和愛護自己的重要表現。如果突然不餵了，會傷害到他的感情，讓他感到不滿。他很可能會絕食兩三天，而父母又不可能在這麼長的時間坐視不管。等父母再次餵他吃飯時，他就會對父母產生新的怨恨。等父母再一次想要停止餵飯時，孩子就會認識到自己的力量和父母的弱點。

2 歲以上的孩子應該儘早學會自己吃飯。但是，要讓孩子自己吃飯是一個棘手的問題，往往需要好幾個星期才能見效。絕不能讓他覺得你在剝奪他的特權，應該讓孩子覺得，動手吃飯是出於他自己的意願。

父母要每一天、每一頓都給他吃最喜歡的飯菜。把碟子往他面前一放，就去廚房或另一個房間待一兩分鐘，好像忘了什麼東西似的。之後，還要逐漸延長離開的時間。回到孩子旁邊時，就愉快地幫他餵飯。不管在離開時孩子有沒有吃東西，都不要做任何評論。在另一個房間時，要是孩子等得不耐煩了，他可能會喊你。這時候就要馬上回去幫他餵飯，還要心平氣和地向他表示歉意。孩子很可能不會穩定地進步。在一兩週之內，孩子可能會在某頓飯時突然想自己吃飯，但在其他時候仍然堅持要父母餵他。在這種情況下，不要急於看到成效。如果孩子只想吃一種食物，就不要勸他再吃另一種。如果要是他對自己吃飯的能力感到很高興，就應該適當地誇獎他長大了。但不要表現得太誇張，以免引起孩子的警惕。

有時候，當你為孩子端了可口的食物，想讓他自己吃，可是 10 分鐘或 15 分鐘以後他卻什麼也沒吃。假如這種情況持續了一週左右，就應該想辦法讓他再餓一點。可以在三、四天之內，把他平時的飯量逐漸減少一半。只要把問題處理得機智得體，態度友善，就會讓孩子覺得特別想吃飯，並且會不由自主地自己動起手來。

我認為，當孩子能夠有規律地自己吃到半飽時，父母就可以讓他離開飯桌了，不要再去餵他剩下的食物。就算他剩了一些飯也不要在意。他很快就會感到飢餓，然後就會吃得更多。如果接著餵他剩下的飯菜，那他可能永遠也不會自己吃完一整頓飯。所以只要說「我想你已經吃飽」就可以了。如果孩子要求父母繼續餵，你可以愉快地餵他兩三口，然後漫不經心地表示他已經吃飽了。

如果孩子已經自己獨立地吃了一兩個星期的飯，就千萬不要再餵他吃飯了。如果哪一天他覺得很累，要求大人餵他，可以隨便地餵他幾口，然後說一些他並不太餓之類的話。我之所以說這些，是因為有的父母經年累月地擔心孩子的吃飯問題，長期餵孩子吃飯，等到孩子最終能自己吃飯時還是不放心。只要孩子一表現出沒有胃口，或由於生病不想吃飯時，他們就會重新開始幫他餵飯。這樣一來，所有的工作又得從頭開始了。

## 哽噎

有的孩子到 1 歲還只能吃粥狀食物。這是因為他們常常被逼著吃飯，或者至少吃飯時被大人連說帶罵造成的。他們不吃塊狀食物並不是因為無法接受，而是因為他們總是被逼著吃飯的緣故。這類孩子的父母經常說：「真奇怪，如果是他特別喜歡的食物，即使是成塊的，也能很順利地吞進去。甚至還能吞下從骨頭上咬下來的大塊肉片。」

解決孩子不愛吃塊狀食物的問題可以分為 3 個步驟：首先，要鼓勵孩子完全獨立吃飯。第二，要從根本上消除他對某些食物的疑慮。第三，在讓孩子吃質地較粗糙的食物時，要循序漸進。必要時，還可以讓他連續幾週甚至幾個月一直堅持吃粥狀食物，直到完全消除恐懼感，真正想吃塊狀食物為止。比如，在他不喜歡吃絞細的碎肉時，就不要讓他吃肉。換句話說，就是要根據孩子的適應能力隨機應變。少數孩子的喉嚨十分敏感，連吃粥狀食物都可能會噎住。這種情況有時是因為食物太稠所造成的，可以試著用奶或水把它稀釋一下，或者把蔬菜、水果剁碎，但不要搗爛。

大多數醫院都有專門提供口頭指導或講授課程的病理學者或臨床醫生。他們專門研究吞嚥的問題，找他們諮詢會很有幫助。

## 瘦小的孩子

身體瘦小有各種原因。有些孩子是遺傳因素造成的。他們父母的一方或雙方可能屬於體型較瘦小的家族。他們從嬰兒時期開始就有充足的食物，而且沒生什麼病，也沒什麼壓力。他們只是從來都不會吃得太多，尤其不會吃太多油膩食物。

另外一些孩子身體瘦小則是因為父母過分催促，使他們對飯菜失去食慾（請參閱第 633 頁）。還有的孩子是精神緊張而不想吃飯。比如說，害怕怪物、擔心死亡，以及害怕父母離開等。父母之間憤怒的爭吵或動手打架也會讓孩子十分難過，因而失去應有的食慾。羨慕姊姊的小女孩很容易整天跟著姊姊到處跑，這會消耗大量的能量，還會讓她在吃飯時靜不下心來。所以我們可以看到，處於緊張狀態的孩子瘦小的原因有兩個：一是食慾下降，二是體力消耗過多。

**飢餓。** 世界上許多孩子的營養

不良都是因為父母得不到充足的食物，或者無法提供合適的食物造成的。即使在富裕的美國，也有大批孩子（大約占 25%）會不時經歷食物短缺的情況。這種食物短缺不僅會影響孩子的成長發育，還會對他們的學習能力造成嚴重損害。飢餓真是一種恥辱。飢餓的孩子也可能超重，如果家裡提供的唯一食物含大量澱粉、廉價、含熱量高而營養成分少，就可能出現這種情況。

失業和喪失抵押品贖回權讓很多美國家庭陷入困境，這有一個好處，就是人們漸漸不羞於尋求幫助。在當前的社會中，很多自給自足，努力工作的人們需要幫助。

**生病。** 醫生會注意觀察孩子每次體檢的發育狀況，體重增長緩慢可能會引發慢性病。有一些慢性病也會引起營養不良。那些因為生病而消瘦的孩子康復以後，只要父母在孩子恢復食慾之前不催促他們吃飯，體重很快就能恢復。

體重突然下降是個嚴重的問題。如果孩子的體重突然或慢慢地大幅度下降，父母就應該帶他做詳細的檢查，而且要馬上做。體重下降的最常見原因包括糖尿病（還會引起過度飢餓、口渴，以及頻繁排尿）、對緊張的家庭關係的憂慮、腫瘤以及青春期的節食行為等（**請參閱第 646 頁，了解有關神經性厭食症的內容**）。

**關心瘦小的孩子。** 如果每次讓孩子吃飯都彷彿是一場戰爭，那就試著讓自己和孩子都放輕鬆，放下壓力（**請參閱第 634 頁**）。

有些瘦小的孩子屬於少吃多餐的類型。對於他們來說，正餐之間吃點點心很有幫助。但是，不停地吃零食並沒有什麼好處。可以在早餐和午餐以後，睡覺之前，分別幫孩子加一頓有營養的簡單食物。但是千萬不要因為孩子瘦小就讓他吃高熱量、低營養的垃圾食品。既不要把這種食物當作獎賞，也不要貪圖那種看著孩子吃東西的享受。最好讓他們吃更有營養的東西。

有些健康的孩子雖然胃口很大，但就是胖不起來。這可能是他們與生俱來的特質。很多這樣的孩子都更喜歡吃低熱量的食物，比如蔬菜和水果等，而不愛吃油膩的甜食。如果孩子從小就很瘦小，但看起來沒有任何問題，而且他的體重每年都有所增加，那就可以放心，因為他天生就是這樣。

# 肥胖

從本書首次出版到現在的六十多年裡，孩子們的遺傳基因並沒有改變，但是肥胖兒數量的增長卻相當可觀。在美國，嚴重肥胖的孩子比以前多了很多。與此同時，更多孩子患了糖尿病。然而在正常情況下，這種疾病只會困擾體型肥胖的成年人。胖寶寶常常會長成瘦小孩，然後成長為苗條的大人。但是到了上學的年齡，大概六、七歲時仍然嚴重肥胖的孩子，成年後可能還是會很胖。

**什麼是肥胖？**雖然我們很難精確測量體內的脂肪，但有一種測量方法提供了一套相當不錯的肥胖程度判斷標準。那就是身體質量指數（BMI），也就是一種把身高和體重綜合評估的方法。美國疾病控制中心公布了一套圖表，標明了不同年齡的男孩和女孩身體質量指數的正常數值。一個孩子患有肥胖的標準定義是，身體質量指數大於等於第 95，意思就是在同年齡的 100 個男孩或女孩中，這個孩子的身體質量指數高於其中 95 個人。按照這個定義，100 個孩子中會有 5 個孩子患有肥胖症。但在實際生活

中，100 個孩子中大約有 20 個屬於肥胖，甚至在某些地區，這個比例還會更高。

有時候，一個孩子很明顯「背負」了太多重量。也有些孩子只是看起來個頭比較大，只有參照表格才能看出他們比正常情況重了多少。我們現在對於超重的孩子已經見怪不怪了，以至於對正常體重的看法也發生了改變。比如一個 6 歲大的男孩本該看起來很瘦。如果他看起來像 10 歲或 12 歲孩子那樣，十分勻稱或特別健壯，那麼他很可能已經過胖了。有的孩子體重指數比較高並不是因為肥胖，而是因為他們的肌肉十分發達。生活中我們經常可以看到這些「小運動健將」。

**肥胖的原因。**當人們持續吃得太多、運動太少時，就會產生肥胖問題。這看起來很簡單，但潛在原因很複雜。其中包括食品製作及販售的變化、工作和生活方式的改變、學校提供的販售的食物變化、學校減少了體育課的時間、住處附近缺少安全的活動場所和娛樂設施，以及看電視和玩電腦遊戲時間增加等。

很多人認為，肥胖是甲狀腺或其

他內分泌疾病所致。但實際上，屬於這種情況的例子極少。如果孩子的身高正常，他屬於這種情況的可能性就更小了。很多因素都會增加孩子肥胖的可能性，其中包括遺傳、性格、食慾和憂鬱等。如果父母雙方身材都屬於肥胖，那麼孩子肥胖的可能性就會高達 80%。這使得很多人認為基因是肥胖的主要原因。但事實上，某些生活方式也發揮著同樣重要的作用。比如攝取過多的脂肪和不愛運動等。

科學家們也在尋找其他因素，包括化工合成食品。目前為止我們在實驗中了解到，某些化學物質（如雙酚 A）會導致肥胖，但這一點尚未在人類中證實。我猜想不久後有毒化學物質對肥胖及癌症等其他問題的影響將被證實。另外，還有一個重要因素就是電視。孩子看電視的時間如果太長，將會接收大量垃圾食品和速食產品的廣告，可以預見它們的不良影響。某些醫療方式也可能會引發肥胖，包括治療情緒困擾的醫療方式。

**肥胖的害處**。肥胖會大大增加糖尿病、心臟病、高血壓和中風的風險，這一點現在已經是基本常識了。對孩子來說，肥胖還會導致頭痛、由胃酸倒流引起的胸痛、胃痛、便祕和背部、臀部、膝關節、踝關節以及雙腳的疼痛。肥胖的孩子還容易出現障礙性睡眠呼吸暫停，在這種情況下，他們會打呼，儘管在床上躺了好幾個小時，睡眠還是會長期不足。這些孩子中，有些人在白天會明顯地表現出睏倦，也有些孩子容易急躁，或者上課時難以集中精力。肥胖會加重氣喘的症狀，而超重、膝關節疼痛和呼吸短促讓許多肥胖的孩子面臨障礙。他們不能像正常孩子那樣玩耍。他們很容易陷入一種惡性循環，不願活動會導致體重進一步增加，而體重增加又會讓他們更不願意活動。儘管肥胖已經不再罕見，但它還是孩子遭到戲弄、感到羞愧、變得孤立以及喪失自信的原因。即使沒有一長串的身體傷害，這些問題所付出的代價也很高。

**肥胖的預防和治療**。雖然無法改變孩子的基因，但還是有許多選擇可以減少孩子罹患肥胖的機率。可以餵寶寶 6 個月或一年的母乳、為家人安排以植物性食物為主或全素的飲食（**請參閱第 281 頁，了解素食和嚴格素食的好處**）、要限制孩子看電視，或者完全不看電視、

經常享受全家聚餐的快樂、讓家庭變成一個精緻加工食品和高脂肪食品及精製糖食品（尤其是高果糖穀物糖漿）的「禁區」、購買優質的水果和蔬菜、每天都花點時間跟孩子一起做些積極活躍的事情、為孩子找到有趣的課外活動，讓他們運動起來。

如果家族中有肥胖病史，就更有必要為家人和孩子選擇健康的生活方式了。如果許多家庭成員都很瘦，也要記住健康的飲食和運動不只針對超重的孩子，對所有孩子都有益處。在這個問題上，家長的引導十分關鍵，這一點就像在家庭生活的許多方面一樣。

如果孩子已經發胖，首要工作就是在所有家庭成員中都進行同樣的健康生活方式調整。除此之外，還應該找一位醫生或營養師尋求幫助。這些專業人士應該經驗豐富，善於引導孩子及其他家庭成員做出必要的改變，以減緩或扭轉體重的過度增長。如果孩子表現出想要配合大人進行健康生活方式調整的意願，一定要鼓勵他跟醫生談一談，最好單獨交流。與專業人士進行這樣的討論可能會為這個孩子帶來一種像成年人一樣管理自己生活的感覺。任何人都會更願意聽取局外人的飲食建議。兒童減肥不需要任何藥物。治療方法無非就是改變飲食習慣，不吃脂肪過多的食物，改吃健康食品，再加上循序漸進，穩定增加的體育活動。

**節食、用藥和手術。**號稱能夠輕鬆減肥的稀奇古怪飲食和藥物推陳出新，其中有許多都在廣告中聲稱「全天然」。這些東西沒有一種是有良好成效的。從長期效果來看，碳水化合物極低的飲食，效果並不比合理的飲食好。這些飲食以及其他一些斷絕所有營養物質的飲食方案會妨礙正常的生長和發育，這些都存在著現實的危險。

就算是經過最充分研究調查的減肥藥物，最多也只聲稱可以幫助成年肥胖患者減掉 5%或 10%的體重。更何況針對兒童的調查研究現在還不是很多。服用中樞神經興奮劑的孩子常常可以減輕體重。可是一旦停止用藥，體重又會很快回彈。在任何情況下，給沒有過動症的孩子使用這類藥物都是不對的。其他一些降低體重的藥物都被發現有嚴重的副作用。因此，除非在極為罕見的情形之下，否則服用藥物都不是解決肥胖問題的方法。

最後一點，極度肥胖的孩子正面對越來越多減肥手術。但是，這種手術仍然只在非常專業的醫療中心裡才能實施，而且接受手術的孩子必須要能符合各種嚴格的條件。減肥手術十分昂貴，並且存在一定的風險（儘管隨著外科醫生經驗的累積，因手術而造成的死亡率一直都在下降。）最重要的是，為了使手術奏效，接受手術的孩子必須終身嚴格遵守健康飲食和運動的生活法則，不然體重還是會反彈。

## 飲食失調

如今，越來越多孩子遭遇肥胖的困擾，許多女孩希望自己能更瘦，而男孩則希望自己更有肌肉。在10～11歲的女孩當中，有多達60%的人認為自己太胖了，需要節食。大量的青少年患上真正的飲食失調症（神經性厭食症和貪食症）。

厭食症的主要表現就是強迫性的節食行為，同時伴有嚴重的體重下降。貪食症的主要特徵先是不可控制的進食（暴飲暴食），隨後再採取自我催吐、濫用瀉藥，或者其他控制體重增長的極端方式。女性中，厭食症和貪食症的發病率大約占了2%～9%（實際數字很難統計，因為患有飲食失調症的人經常會隱瞞情況）。飲食失調症患者中，只有大約10%是男性。

儘管新的研究認為，這個問題可能存在遺傳和基因上的原因，但是科學家還沒有確切地釐清，為什麼有些人會得飲食失調症，而另一些人卻不會。此外還有童年經歷和文化的影響也是可能的因素。

**苗條上癮**。有一種觀點把飲食失調症看成是一種成癮現象，不是對毒品的上癮，而是對節食或吃東西行為的上癮。跟酒精和毒品的成癮一樣，飲食失調症患者常常是從一些看起來似乎積極的事情開始的（最初減輕一點體重可能是好事）。剛開始，這個方法好像有點用處。然後上癮的感覺就占了上風，逐漸控制了生活的各個方面。就像酒精上癮的人總想著如何喝到下一瓶酒，厭食症患者也總想著如何才能在下一次量體重時減輕幾十克的體重，而貪食症患者則總是想著如何才能避免暴飲暴食。

患有飲食失調症的人無法自行停止這種失常行為，這跟毒品上癮的

情況沒有多大差別。有些女性宣稱，她們靠著自己戰勝了飲食失調症。但在我看來，這種情況簡直是鳳毛麟角。飲食失調症幾乎都需要專業治療，而且通常都必須由一整個專家團隊來進行，其中包括醫生、心理諮商、營養學家和其他專家。恢復的過程幾乎都是緩慢又艱難。但是，隨著治療的進展和艱辛的努力，患有飲食失調症的人最終還是能夠康復。

**心理變化**。神經性厭食症的表現不僅是過度節食。患有神經性厭食症的人多數都是十幾歲的女孩或年輕女性。她們都認為自己太胖了，而事實上，她們很可能是太瘦了。就算父母、朋友和醫生都告訴她們體重已經過低了，就算她們已經（或將要）虛弱得生病了，這種錯覺還是會一直持續。這種對體重增加的極端恐懼占據了她們的頭腦。變胖是她們所能夠想像最糟糕的事，所以，其他的事情似乎都不那麼重要了。

用醫學術語來說，厭食意味著胃口的喪失。但事實上，很多患有神經性厭食症的人總是覺得很餓。他們對飢餓進行持續的抵抗，以獲得

那種不正常，看似營養不良的體型，然而這種體型在他們自己的眼裡卻是正常的。他們可能很喜歡食物，會精心地做飯，但是做好了卻不吃。有些人會進行強迫性鍛鍊，每天 2～3 次。而且如果一不小心吃了含有脂肪的食物，甚至會進行強度更大的鍛鍊，以消耗掉那些熱量。神經性厭食症還經常伴隨著其他的精神失調症狀，比如臨床憂鬱症等。患有飲食失調症的人可能會疏遠他們的朋友和家人，所以親友們雖然可以看到患者的自殘行為，但卻無法說服他們停下來。

**生理變化**。對厭食症患者來說，身體脂肪減少會導致激素下降，進而使年輕女性的月經中止（或者根本不會開始）。男性厭食症患者的性激素也會出現異常。隨著營養不良的情況不斷惡化，骨骼中的鈣質也會減少，骨骼會變得脆弱。同時，全身的肌肉也會受到損害，其中包括心臟和其他器官的肌肉組織。大約 10%的神經性厭食症患者都會因為這些疾病很早過世。而對貪食症患者來說，頻繁地嘔吐則會損壞牙齒的健康，並影響血液化學反應。

**治療方法**。因為厭食症是一種複雜的失調性病症,涉及生理、心理以及營養等許多方面的問題,所以,最好還是請經驗豐富的醫生或醫療小組治療,這個小組可能包括一位臨床心理師或精神科醫生、一位家庭臨床醫生,還可能包括一位營養師。最重要的就是增加體重。體重嚴重不足的人必須住院觀察,以確保他們可以安全地增加體重。不同類型的精神療法可能都有好處。這些療法主要是幫助患者轉變對自己身體的看法,也轉變對魅力和成功的定義。患者要學著從其他活動(交友、藝術或只是找點樂子)中尋求滿足,還要學會用非自殘的方式來抒發自己的感受。藥物可以幫助治療憂鬱症或飲食失調帶來的其他心理問題。

**預防飲食失調**。重視健康的飲食,經常鍛鍊,不要只關注身材是不是苗條。過度追求苗條可能會導致貪食症和厭食症。不僅如此,對很多兒童來說,被父母督促著減肥不但收不到效果,反而會導致飲食過度和體重的增加。

要尊重孩子天生的體型。如果孩子是中等身材(不太瘦也不太胖),要讓他知道父母覺得他很好。如果遺傳了胖嘟嘟的體型,那麼即使想重塑孩子的體型也達不到什麼效果。相反的,要更注重適當的鍛鍊和合理的飲食。

不要嘲笑孩子身材矮胖。父母的本意當然不是想傷害他們,但孩子會對這類玩笑格外敏感。他們會把這種資訊烙印在心裡,因而產生必須節食的想法。如果孩子天生就很苗條,那很好,但不要反覆地對他們說苗條有多好。天生瘦小的孩子患上神經性厭食症的風險可能會更高,因為他們的身體更容易消耗熱量。如果因為苗條而獲得了許多稱讚和羨慕,那麼想要更瘦並且瘦到極點的欲望就會更加強烈了。

跟孩子談談,告訴他們電視、電影和廣告是怎樣追捧纖瘦體型。跟孩子一起看電視時父母可以說:「看看這個女演員,她真瘦啊!現實生活中,大多數健康的人都不會瘦得那樣只剩皮包骨頭的。」既然商家總是為了銷售商品而宣傳那種「瘦就是美」的不健康觀念,那麼要想抵消這些誤導,就得全靠自己了。即使孩子們看的卡通片,也常常會推崇某種體型(女性角色豐乳細腰,男性角色肩寬背闊,顯出誇張的「倒三角」)。孩子一小時又

一小時地看著這樣的卡通片，當然就可能吸收這樣的審美觀。因此，這又是一個限制（或阻止）孩子看電視的好理由。

多觀察孩子的細微表現，看他們是不是過分關心體重問題。如果他們好像特別喜歡時尚模特兒，或者迷上了像電線杆一樣瘦的名人，就要試著鼓勵他們發展其他的興趣，比如藝術或音樂，那些不會太注重體型的喜好。當他們開始提到節食的時候，父母要試著改變他們的想法，讓他們關注健康，而不是一味減肥。即使對那些矮胖的孩子來說，節食也不是最佳方案。最好的辦法還是合理飲食，並確保每天都有時間進行體育鍛鍊。

如果孩子從事芭蕾或其他注重身材的運動，譬如體操或摔角（因為這些項目必須限制體重），就要特別注意了。對兒童和青少年來說，教練的當務之急就是確保年輕運動員和藝術家們身體健康。教練不應該建議孩子節食減肥，並且要跟父母站在一起，關注那些不健康的節食跡象。

研究已經顯示，患有飲食失調症的孩子通常都是完美主義者。這樣的孩子往往比同班同學更成功，但也更不快樂。對於這些孩子來說，首要的任務就是盡量減輕他們對成功的心理壓力。如果孩子開始上舞蹈班或音樂課，不要找那種一味追求完美技巧的老師，找一個更看重快樂地抒發情感的老師。要表揚孩子取得的好成績，但一定還要公開表示，他身上的其他方面也同樣優秀，比如，良好的判斷力或對友情的忠誠，這樣他就會明白，考高分並不是最重要的事情。

父母也要反省自己的行為。如果持續節食，就是在教育孩子應當控制體重。如果確實需要減肥，最好能把飲食作為引領健康生活的一部分來思考和談論，而不是認為節食只是為了看起來更漂亮。對孩子來說，關注良好的健康狀況對他們更有好處。從長遠來看，這對父母也可能更有益。

# 9 有特殊需要的兒童

## 一段意想不到的旅程

一個身心障礙或患有慢性病的孩子通常會讓整個家庭踏上意想不到的旅程。這條道路歷程艱險，指標隱蔽，目的地也十分陌生。這條道路也許是從擔心有些事情不太對勁開始，或者以突如其來的可怕症狀為起點。不管哪種開端，都會把父母帶進一種暗淡的殘缺景象：他們失去了本來健康或如意的孩子。這種缺失所帶來的具體表現因人而異。很多父母表現出超乎尋常的憤怒、強烈的內疚、難以名狀的悲傷和顯而易見的麻木。

從這片沙漠一路走來的父母，無論在實際生活，還是在個人情感，大多數都會遭遇新的困難。在實際生活方面，為家裡那個有特殊需要的孩子尋醫問藥，讓他接受良好的教育，同時支付各種費用，這些都非常艱難。從情感方面來看，既要全心全意地照顧這個特殊的孩子，又要投入感情和精力去照顧其他的孩子，還得照顧伴侶、關心自己，這又是另一個巨大的挑戰。

這段旅程看起來也許非常孤單，但是並不盡然。美國大約有 33% 的孩子患有慢性病或長期性疾病，至少有 10% 的孩子問題比較嚴重，1% 的孩子有嚴重的殘疾。1% 這個數字也許聽起來並不龐大，但這意味著成千上萬的孩子和家庭已經走上了這個艱難的旅程。這些家庭和幫助他們的專家組成了一個強大又寬容的群體，他們分享知識，分享智慧，也分擔責任。對於任何一位身心障礙孩子的父母來說，到群體裡去尋求幫助和支持是一個確實可

行又大有好處的辦法。每個家庭都只能沿著自己的道路走下去，但是讓有過類似經歷的家庭提供一些指引，道路將會更加平坦。

關於這條道路，有一句話很值得被記住：「這條道路可能很荒涼，也可能很崎嶇，但是你會發現幾處驚人的美景和深深的甘泉，它們會支持著身心障礙兒童的家長繼續前進。他們很可能會發現，家庭有著出乎意料的力量。」

**身心障礙兒童指的是哪些孩子？** 過去，談論身心障礙兒童時，人們通常會用他們的身體狀況來稱呼他們，比如罹患唐氏症的孩子或得了自閉症的孩子。新的思維方式則更尊重孩子。因此我們把功能殘缺或需要特殊醫療護理的孩子（child special health-care needs，簡稱 CSHCN），統稱為「身心障礙兒童」。

這樣的孩子很多。他們當中有的患有常見疾病，像是哮喘、糖尿病等。有的患有不太常見的疾病，像唐氏症、囊性纖維化等。還有的患有非常罕見的疾病，比如苯酮尿症。身心障礙兒童還包括患有各種早產併發症的孩子，比如腦性麻痺、耳聾或失明，還有因為外傷或感染而使大腦受到損傷的孩子，以及身體畸形的孩子，比如唇裂、齶裂、侏儒，或破壞容貌的胎記。整體來說，大約有 3000 種不同的身心障礙情況組成了全世界需要特殊健康護理孩子的群體。

每種身心障礙都會帶來一系列獨特的問題和專門的治療方式。所以，患有這些疾病的孩子和他們的家庭都有獨一無二的強勢和弱點。因此，在討論身心障礙兒童的問題時，僅把他們當成一個單一的大群體並不切實際。不過儘管如此，還是有一些普遍適用的規律。

## 家庭的對策

**不同的父母有不同的應對方式。** 有的父母會變得善於分析，願意學習可能跟孩子健康問題有關的所有資訊。有的父母則滿足於讓別人成為這方面的專家。有的父母表現出強烈的情感。有的父母則表現得很自制，似乎沒什麼感覺。有的父母不斷自責，因而變得很壓抑。有的父母則會責備別人和整個世界，而且變得非常暴躁。有的父母覺得希望渺茫，還有的會投身到政治或社會運動中。

在一個家庭中，父母的不同反應

可能會形成互補，也可能增加彼此的焦慮。雖然人們的觀念已經有所改變，但在我們的文化傳統中還是存在「男兒有淚不輕彈」的看法。母親們通常會非常焦慮，會覺得孩子的父親不在乎孩子。也就是說當發現孩子有缺陷時，父親並沒有流露出太多情感。與此同時，在父親看來，孩子的母親也許太過情緒化了，只會使局面越來越糟糕。所以，父母雙方都應該認識彼此面對問題的方式不同，還要透過這種差異看到深層的事實，就是父母都很關心孩子。當父母理解並接受了彼此不同的應對方式，雙方都會感到倍受鼓舞，也會更有力量。

**接受悲傷。**所有父母都會因為自己的孩子有缺陷而感到難過。這完全正常，也可以理解。父母在學著接受現實生活中的孩子之前，都不得不哀悼他們過去對於孩子的完美想像。父母的痛苦心情通常可以分為這樣幾個階段：震驚、否認事實、悲傷、憤怒。對大多數父母來說，所有這些痛苦的階段都一直存在著，雖然程度時輕時重，但內容卻從未改變。所以父母會發現自己有時候很憤怒，有時候又會沒來由地感覺憂鬱。比如在超市裡意識到

悲傷因為某種原因而突然降臨了。

當父母沉浸在悲傷中不能自拔時，將會做出令人擔心的舉動。他們可能會對所有人發脾氣，或者由於心情沮喪而起不了床，或者拒絕接受孩子有缺陷的現實。雖然這種反應在一開始時很常見，但如果影響到他們的正常生活，或者持續幾個月不見好轉，就應該格外注意。

有一部分的悲傷會轉向內心，所以父母可能需要獨處一段時間。但是，把自己孤立起來並不是正確的做法。如果有人分擔，這種悲傷就會逐漸過去，能與伴侶、朋友、家人、教友，或專家分擔憂愁，是一種達觀的表現。人們不應該獨自承受不幸。

**提防內疚心理。**另一種常見的反應就是內疚。父母會認為「這一定是因為自己做錯了什麼。」雖然專家已經告訴他們，這種情況只是一個不幸的意外而已，但父母還是會不停地檢討自己。有一位母親深信，孩子的手部畸形是由於她在懷孕期間服用了阿斯匹靈所造成的（這兩者之間其實毫無關聯）。另一些人則會重複回憶事故發生的情景，並且嚴厲地自責：「要是我沒有讓他在那條路上騎腳踏車，這個

意外就永遠都不會發生。」

罪惡感讓人無法繼續前進。對過去耿耿於懷會逐漸侵蝕掉父母面對現實問題所必須具備的精力。罪惡感甚至會變成一個很好的藉口：「這都是我的錯，所以我對這些事情無能為力。」不要落入悲傷的陷阱，如果伴侶已經深陷其中，要幫助他（她）面對現實，並把他（她）解救出來。

### ▶ 斯波克的經典言論 ◀

> 身為身心障礙兒童的父母，沒有一條十全十美的道路可走。他們總是免不了要做出取捨：有時候想離開一會兒，讓腦袋靜一靜。有時候又覺得因為專心滿足一個孩子的要求而忽略了另一個家庭成員。也有時候覺得自己好像無法勝任這項工作。這些都很正常，因為人們不可能面面俱到。幸好父母也不必真的面面俱到，沒有人能做到這一點。

**避免單獨行動。**在照顧身心障礙兒童的過程中，某個家長會擔負起領導的作用，這種情況很常見。這位家長會約見醫生等專業人士，參加父母互助組織的會議，並學習所有跟孩子病情有關的資訊。這種單獨行動的問題在於，另一位家長（通常是父親）會覺得自己越來越被排斥在外，照顧孩子時也覺得不那麼舒服。這個「非專家」還會發現他跟那個「專家」越來越沒話說，「專家」已經完全投入到身心障礙兒童的世界裡去了。如果這種不健康的情況繼續下去，也許會毀掉一樁婚姻。

避開這個陷阱的最好辦法就是，父母雙方輪流照顧有特殊需要的孩子。如果一個家長白天待在家裡照顧孩子，另一個家長就應該確保下班後或週末能花一些時間照顧孩子，還要不時地抽出工作時間去會見專家，參加相關會議。這似乎不太公平，畢竟有工作的家長整天都在努力工作，也應該放鬆一下。但不管公不公平，只要父母雙方都希望同舟共濟、齊心協力，那麼這些付出就都是必須的。

**為其他孩子留出一些時間。**無論在生理上還是情感上，身心障礙兒童都需要格外的關懷。但是，如果某個孩子的障礙成了全家唯一的中心，那麼其他兄弟姊妹就會產生不滿情緒。他們會感到疑惑，為什麼一定要出了問題才會引起父母關

注？有些孩子甚至會故意惹麻煩，好像在說：「嘿，我也是你的孩子，我怎麼辦？」有的孩子會變得有高度責任心，好像他們必須透過保持完美，才能在某種程度上彌補兄弟姊妹的不足之處，進而贏得父母的歡心。長遠來看，這兩種反應對孩子的心理健康都沒有好處。

雖然大多數孩子的需求並不「特殊」，但所有孩子都有需求。他們每天都需要愛護和關注。這並不是說父母必須為此花很多時間，只要能讓孩子覺得自己在父母心目中是重要的，那就足夠了。很多時候，學校的演出或足球比賽不得不因為醫院的臨時安排而退讓。但有時候，如果父母能將身心障礙孩子的常規治療重新安排一下，去參加健康孩子的學校活動，那將會是最好的選擇。

如果健康的孩子願意，還可以讓他們跟著父母一起，帶著身心障礙兒童到醫院檢查和治療。這樣，他們就會明白為什麼父母那麼關心這個身患殘疾的孩子，也能讓他們親身體會一下這些程序的乏味和單調。但是，如果某個孩子不想跟著父母去醫院或診所，就要盡量尊重孩子的意願。一個在這種事情上擁有一定發言權的孩子，未來在父母需要幫助時將會更熱心，更自如。

做一個身心障礙兒童的兄弟姊妹並不容易。但也會變成一種積極的生活經歷，這將教會他們懂得什麼是同情和憐憫，如何包容人們之間的差異，以及什麼是勇氣和韌性。

不要忽視與成年人的關係。夫妻之間的關係也需要維護和關注。這些統計資料很值得我們思考：當孩子出現嚴重殘疾時，大約有 1/3 的婚姻在壓力之下瀕臨崩潰，1/3 的婚姻保持如初，另外 1/3 的婚姻則因為夫妻雙方共同面對挑戰而得到了更好的鞏固和豐富。夫妻關係的成長需要開誠布公的交流和彼此的信任。最重要的是，它需要積極的行動，夫妻雙方都要投入額外的精力，還要主動承擔義務。

和朋友以及街坊鄰居之間的關係也會發生變化。如果聽天由命，家裡的身心障礙孩子就可能讓父母倍感孤立。如果處理得好，這件事也可能擴大你的朋友圈。許多父母透過這件事情了解誰是真正的朋友，是那些向他們奉獻愛心、提供幫助的人，而不是那些覺得丟臉而躲避他們的人。只有不忽視生活中其他的重要面向，才能成為最優秀的父

母。身心障礙兒童的父母需要朋友，也應該擁有朋友。身心障礙兒童的父母需要和朋友一起出去開心放鬆，朋友能夠幫助這些父母從繁雜的日常事務中暫時解脫。

**稍事休息等於放鬆。**在一項調查中，當問到生活中最需要什麼時，身心障礙兒童的父母回答：「短暫的休息。」他們希望有人替他們照顧孩子，讓他們看一場電影，逛逛賣場，或拜訪一下親戚朋友。他們可以在專業機構、朋友、教會，或家人的幫助下獲得短暫的調節。不要覺得孩子離不開你，他和別的孩子一樣，需要適應與父母分開，父母也應該學會理所當然地把孩子暫時交給別人照顧。

**關心你自己。**要當優秀的父母，就要先做一個優秀的人。那些勉強自己作出犧牲的人最終不僅會抱怨自己所作出的犧牲，還會怨恨帶來這些犧牲的原因。所以，只有當父母感到幸福和滿足時，才能為孩子提供最好的照顧。但是沒有人能告訴父母們如何做到這一點。對部分父母來說，最好的辦法就是幫孩子找到優秀的看護者，然後自己重返工作崗位。還有些父母願意在

孩子身上多投入點時間。無論把精力重點放在哪裡，都會有家人或朋友認為這些做法不合適。要想取悅所有人，獲得所有人的認同是不可能的，所以不必太在意他們的態度。這種選擇並沒有正確與錯誤之分，只要最適合你的家庭就行了。

## 採取行動

家裡有個身心障礙或需要特殊護理的孩子，很容易讓父母覺得無助和絕望。消除這些感覺的方法就是採取行動。父母能做的事情很多。

**了解有關孩子病情的所有資訊。**了解的資訊越多，那種疾病就變得越不神秘，就越能理解醫生的行為，也就越能配合專家的治療。可以寫信給治療這種疾病的全國性組織，可以從圖書館尋找資料，還可以跟孩子的醫生或社會工作者溝通。

**有條不紊。**身心障礙兒童的父母要做的事情可能多得讓人難以承受。約見醫生、進行各種治療、接受各種檢測、拜訪孩子的學校等。為了不讓這些工作變成生活的全部，父母要提高做事的效率。很多父母隨身帶著一個活頁文件夾，上

面記錄著完成的事情和出現的情況。他們每次都帶著這個檔案夾與醫生面談。把必要的會面盡量安排在同一天。他們還會尋找合適的診所或醫院，盡量把多次治療安排在就近的地點和比較集中的時間（類似於一站式購物）。

**尋找家庭醫師。** 對於需要特殊健康護理的孩子來說，找一個專門的家庭醫師很有好處。這種醫生通常是初級保健醫生，他們能夠了解孩子的病情，熟悉有價值的醫療資訊和社會服務資訊，還能夠對孩子的護理進行調整和完善的安排。他們能夠妥善了解小患者及其家庭情況，知道他們的優勢和不足之處，還能夠幫助父母採取適當的措施，支持整個家庭的健康發展。近年來，美國兒科學會和其他的專業組織把這樣的形式稱為「醫療之家」（Medical Home）。當然，每個孩子都有權利得到單獨的、得力的、以家庭為中心的護理。對於有特殊健康護理需要的孩子，這樣的家庭護理是必要的。

能夠並願意擔任家庭保健醫生的人員通常都是經過特殊訓練的。他們也許是「發展和行為兒科學會（Society for Develo pmental and Behavioral Pediatrics，簡稱 SDBP）」的成員。如果孩子已經有了自己的醫生，就可以開誠布公地問他，是不是可以做孩子的家庭醫師。如果不行，他很可能也會提供其他一些經常做這種護理工作的醫生資訊。

**參加家長互助團體。** 家長團體不僅能夠提供一些教育資訊、找到最好的醫生和治療專家的經驗，還能提供私人幫助。大多數疾病和發育問題都有國家性的組織。另一個獲得支持的重要來源就是《非常父母》（Exceptional Parent）雜誌。他們定期刊登一些可靠的、內容充實又很有啟發性的文章。這本雜誌的網址是：www.eparent.com，想了解更多相關資訊，這會是一個很好的開始。

**為孩子而呼籲。** 父母可能會發現自己不得不周旋於一些大型官方機構和各式各樣的專家之間。有時候，學校提供的管理系統並不能充分滿足孩子的特殊需求。保險公司可能會逃避某項檢查或治療款項。有的社區可能無視身心障礙者的需要，無法提供應有的支援。

在這種情況下，如果父母不斷提出有見解的意見，情況可能得到改

善。很多社區都有這樣的組織，他們的主要目的就是引導父母進行積極的呼籲，為這些父母提供支援。你可以向孩子的醫生詢問這方面的情況。

如果最初的努力遭到了拒絕，也不要洩氣。透過不斷的實踐，父母會變得越來越有影響力。父母不一定非得獨自行動。一位家長堅定的呼聲固然有力，但比它更有力的聲音就是一群這樣家長的共同呼聲。可以加入全國性的父母聯盟，讓個人的意見匯入眾人之聲，並以此來影響立法機構和法庭。

**參與社區生活。**許多社區和宗教團體都為他們的殘疾成員提供支持。可以把孩子介紹給鄰居、常去的教堂以及整個社區，讓他們了解身心障礙兒童的需要。當社區裡的人們得知孩子的情況並且認識他之後，大多數人們都會慷慨地給予支持，身心障礙兒童的父母也會因此而感到欣慰。

## 早期療育和特殊教育

**早期療育。**聯邦法律規定，每個州都必須配備一套系統，為身心障礙兒童提供早期療育服務。這些服務包括工作療法、身體療法、會話和語言療法等。早期療育還包括幫助有需要的家庭尋找這樣的服務。同時，透過個人保險，或透過社會基金專案幫助這些家庭支付治療費用。每一個孩子的父母都應該與州立基金協會一起制訂出個別家庭服務計畫（IFSP：Individual Family Service Plan），列出孩子及其家庭的需求，同時寫出執行此一計畫的可行方案。很顯然，如果醫生是家庭醫師，那麼他就能參與制訂這個計畫，並加入治療的過程。

最令人興奮也是最棒的一點在於，這條法規明確承認，孩子是為了成為家庭成員而存在的，所以要滿足孩子的需求，首先就必須考慮整個家庭的問題。對於 3 歲以下的孩子來說，這種早期療育系統是一個至關重要的資源。孩子的醫生應該能夠幫助父母跟他們取得聯繫。

**特教法和特殊教育。**美國聯邦法律的另一部分條文對各州作出了規定，要求他們如何教育 3 歲以上的身心障礙兒童。身心障礙兒童的父母曾經發起過一次運動，他們希望自己的孩子不再遭受教育制度的忽視和不公平對待。 隨後，美國

頒布了「殘障人士教育法案」
（IDEA：the Individuals with
Disabilities Education Act）。該法案
指出，所有孩子都擁有在「限制最
少的環境」下獲得「自由又適當的
公共教育」的權利。根據這條標
準，學校應該盡量提供必要的支
持，確保身心障礙兒童盡量廣泛地
參加正常的學習活動和社會活動。
比如，如果一個孩子的聽力有問
題，那麼學校就應該提供助聽器，
確保他能夠參與所有學校活動。

殘障人士教育法案授予父母一種
權利和一種責任，讓他們確保自己
孩子的特殊需要得到滿足。父母有
權要求學校為自己的孩子作出評
估，如果發現孩子有特殊的需要，
學校就應該制訂出個別教育計畫
（IEP：Individual Education
Plan）。這個計畫要說明這個孩子
的教育需求，以及學校將採取怎樣
的措施來滿足這些需求。父母要在
這些計畫上簽字，如果有異議則有
權提出自己的要求（**請參閱第719
頁，閱讀更多關於特殊教育法案的
內容**）。

**融入主流社會。** 過去人們認
為，如果孩子的缺陷（比如視力問
題或聽覺問題）影響他們正常上
課，那麼，從一開始就應該把他們
送到當地的特殊教育學校去。

如果附近沒有這類學校，就應該
送到專門的寄宿學校去。在最近
20 年裡，讓身心障礙兒童參加主
流學校活動的呼聲越來越高。

這項工作如果處理得當，對所有
孩子都有好處，不管是身心障礙兒
童還是正常孩子，都會從中受益。
如果處理不好，沒有對身心障礙兒
童的特殊需求提供應有的滿足，他
們就會因此學不到什麼東西。前面
提到的「殘障人士教育法案」（**請
參閱第 119 頁「殘障人士教育法
案」**）賦予父母一種權利，確保他
們的孩子受到良好的教育。

## 智能障礙

**成見和恥辱。** 相對於所有其他
身心障礙情況而言，智能障礙更帶
有一定的羞恥感。這些年來，人們
用了很多不同的詞語來指代智力標
準低於平均標準的孩子和成人。比
如發育遲緩、發育停滯、認知能力
受損等諸如此類的說法。這些詞語
更是累積了一個恥辱的大包袱，沉
重到現在已經成了一種侮辱的程
度。新的術語是「智能障礙」，它
把羞辱的感覺減到了最小。除了改

變使用的詞語之外，我們還要改變自己思考這個問題的方式。智力缺陷是一種殘疾，跟失明或失聰一樣，使人一旦離開了特殊的幫助就很難在社會中正常生活。不過一旦有了這些幫助，這些人也可以生活得很充實、很滿足、很有成就感。他們可以愛別人，也能被人所愛。他們也可以對自己的社區做出許多貢獻。

**發育遲緩和智能障礙。**很多正常的孩子在獨自行走或使用完整的句子等指標性進步上也發育得比較晚。而發育非常緩慢的孩子就會被貼上發育遲緩的標籤。這種標籤並不能說明出現這種落後的原因，更不能說明這種落後對孩子的將來會有什麼影響。年幼的孩子在成長過程中發育經常表現得很不平衡，而且很多發育遲緩的孩子最終都能迎頭趕上，通常也不太需要醫生和其他專業人士的幫助。

但也有一些孩子的發育會始終落後，不見改觀。他們在學習和其他技巧的掌握上明顯落後於大多數孩子。這些孩子最後都會被診斷為智能障礙。發育嚴重落後的孩子，或患有影響大腦發育疾病的孩子，可能在出生後一兩年就被診斷為智能

障礙。但也有很多孩子直到上學後才被診斷出有智能障礙。

**智能障礙如何確診。**標準智力測試是由接受過專門訓練的專業人士進行的，患有智能障礙的孩子得分會很低。同樣重要的是，患兒會表現出能力殘缺，無法進行日常活動，比如照顧自己（吃飯、梳洗、穿衣服），向別人表達自己的需要和想法，上學和工作等。過去，我們會根據智商得分把孩子分成輕度智能障礙、中度智能障礙和重度智能障礙。儘管專業人士很難完全摒棄這些詞語，但是他們現在更把注意力集中在一個孩子在生活中需要多少幫助。智力有缺陷的孩子是僅僅在某些時候和某些情況下需要特殊的幫助（比如在學校裡），還是在大多數時間和大多數情形之下都需要幫助？這樣一來，對智力缺陷的診斷就不僅僅是一種標誌，反而是對孩子需求的類型和數量的一種描述，進而幫助孩子不斷成長，幫助他們更好地生活。

**引起智能障礙的原因。**當智能障礙很嚴重時，人們通常都能發現某種潛在的原因。其中包括先天性無腦迴畸形，一種大腦無法正常工作的疾病。或者風疹，一種病毒性

感染，在兒童時期症狀比較輕微，但如果孕婦感染了這種病毒，就可能導致發育中的胎兒大腦受損。很多遺傳疾病也會導致智力缺陷，像唐氏症（**請參閱第 667 頁**）。

但是，當智能障礙的症狀還比較輕微時，通常不太可能找得到原因。我們知道，很多因素都可能影響大腦的發育，比如接觸到鉛或汞，或生命初期營養不良等。眾所周知，孕婦在懷孕期間飲酒將會導致孩子的智力缺陷，事實顯示，母親在懷孕期間吸菸也會帶來類似的影響，只不過不像飲酒的結果那麼嚴重罷了。大致說來，上述這些原因都可能導致孩子智商低下，但是在針對某個特定孩子時，我們並不能斷定究竟哪一種原因使他的智力出現缺陷。很多智能障礙仍被看作是先天的，這只能說明我們還不清楚帶來這種問題的原因。

輕度智能障礙的孩子通常都沒有接受過家庭的智力開發。我們還很難斷定缺少智力開發就是他們智力缺陷的原因，因為很可能是若干因素的共同作用。但是很明顯的是，高品質的學前教育能夠提高那些缺少家庭智力開發孩子的智力。鼓勵父母為孩子大聲朗讀，給孩子一些圖畫書，幫他們養成閱讀習慣，這些都可以刺激幼兒語言能力發展。要知道，語言能力是智商的重要內容。額外的培養會有幫助，但這並不表示孩子的智能障礙都是父母的責任，這只能說明大腦是一個適應性非常強的器官，只要給予正確引導，它的發育就會非常驚人。

智力有缺陷的孩子需要什麼？被人接受並喜愛能讓所有孩子都發揮出自己最大的潛能。像所有孩子一樣，智力有缺陷的孩子也需要適合他們能力程度的引導和挑戰，即使那只是一些低於他們年齡程度的挑戰，也會很有幫助。比如，一個七八歲的孩子可能需要玩一些假裝的遊戲，即使他那些正常的同齡夥伴也許已經開始在玩下棋的遊戲了。智力有缺陷的孩子需要有自己喜歡的小夥伴，這些夥伴的年齡可能比自己要小很多，但是他們的發展程度一定要旗鼓相當。在學校裡，應該被安排在讓他們有歸屬感的班級裡，在那裡他們要能做一些能力所及的事情。像所有孩子一樣，當他們遇到與自身能力相匹配的挑戰時，就會在學習中感到快樂。有智力缺陷的孩子在學習的時候也會感到快樂，這一點跟其他孩子一樣。

## 斯波克的經典言論

如果孩子的智力一般，父母也不必為了找到孩子的興趣而去請教醫生或查閱書籍。只要觀察孩子玩自己的玩具以及鄰居孩子的玩具時的情景，就會了解他還可能喜歡什麼東西。父母還可以觀察孩子願意學習什麼，再用巧妙的方法去幫助他。對待智力有缺陷的孩子也是這樣。可以透過觀察發現他喜歡什麼，為他買一些適合的玩具，找到和他玩得來的孩子，可能的話，最好每天如此。還可以教他一些他想學的自理技能。

**選擇學校。**為孩子尋找一所合適的學校非常關鍵。最好能夠徵求臨床心理師或兒童精神科醫師的意見。這種諮詢可以在私底下進行，也可以透過兒童指導診所或學校的管理部門進行。不應該把孩子放進超出他能力程度的班級。如果他每天都覺得跟不上班上學習的腳步，那麼自信心就會一點點地減少。如果屆時還必須留級，那將會使他感到非常洩氣。不應該因為孩子的智力有缺陷就延遲他們上學的時間。事實上，幼兒園可以為發育落後或者智力有缺陷的孩子帶來非常大的幫助。

**智力缺陷比較嚴重的孩子。**如果孩子到了 1 歲半～2 歲還不能坐起來，而且對周圍的人和事都表現得沒什麼興趣，那問題就比較複雜了。這樣的孩子會在很長的時間內像嬰兒一樣需要別人的照料。是繼續留在家裡照顧他，還是委託寄宿機構照顧他，這取決於孩子的智力缺損程度、孩子的性情、他對家裡其他孩子的影響，以及他到了一定的年齡後能否找到讓他快樂的夥伴和活動，還取決於當地學校是否有適合他、能夠接受他的特殊班級。最重要的是，這取決於父母是否能夠承受照料他的繁重任務，能否從中獲得足夠的滿足感，進而年復一年地堅持下去。過去，人們認為智力有缺陷的孩子應該送到特殊學校，或編入專門的班級。現在的觀念則是，智力有缺陷的孩子應該住在家裡，同時定期去學校學習一些必須的知識和技能。

**青春期和走向成年的過渡時期。**智力有缺陷的孩子會慢慢長

大。在青春期，他們也會像其他青少年一樣面臨同樣矛盾的欲望和恐懼，這些情感也會為他們帶來痛苦和歡愉，只是這些特殊孩子面臨的挑戰會更加艱巨。因為他們有限的獨立性，那些社交技能（比如到電影院看電影，跟朋友出去玩等）可能會更加困難。同時，對這些青少年來說，要理解主宰男女交往的那些社會規則也很困難。很多人認為智力有缺陷的人不會有或者不應該有男女之情，這種觀點不能解決問題。孩子早期和隨後的性教育以及人際關係的教育對他們的正常發展也很重要（**請參閱第 506 頁**）。對於認知方面有困難的孩子來說，這些教育尤其重要。

很多父母都擔心，那些智力有缺陷的孩子將如何在成人的世界裡找到自己的位置？學校正向那些年齡在 21 歲以內的學生提供越來越多的特殊教育，同時提供相應的服務，幫助他們適應未來的工作和生活環境。在整個青少年時期，確立教育目標和生活目標並對其進行評估的過程有雙重作用。既能確保患有智力缺陷的孩子得到需要的幫助，又能鼓勵他們盡其所能地掌控自己的命運。

## ▮ 斯波克的經典言論

智力低於平均標準的人也可以勝任很多有益又有尊嚴的工作。在成長過程中得到良好的調教和訓練，以便能夠從事智力所及的最佳工作，這是每一個人與生俱來的權利。

## 自閉症

充滿希望和關注的時期。自閉症正受到前所未有的關注。現在人們知道，自閉症是由於大腦非正常發育所引起的，與不正常的家庭教育無關。如果早期接受高強度的特殊教育，患有自閉症的孩子就能學會較靈活的交際和思考。由於目前對治療方案有了更多了解，所以人們的態度也更加積極，再加上更多可供選擇的高品質療法，專家們為孩子作出確診的時間也在不斷提前，進而大大增加了治癒的機會。

但是另一方面，患有自閉症孩子的數目似乎正在增長。這裡說「似乎」是因為我們還無法確定，這種增長在多少程度上是人們提高了認識的結果，又在多少程度上是孩子自身變化的結果。有一種流行的理論認為，自閉症是由於注射疫苗所

引起的,這種觀點很不可信(**請參閱第 325 頁**)。還有很多其他因素可能導致自閉症,但是並非所有的因素都被仔細地研究過。當早期強化教育幫助更多孩子逐漸獲得進步時,很多父母仍然寄望於某種神奇的療法能夠立即治癒他們的孩子。那些希望總是因為遙不可及而落空,隨之而來的失落感可能會非常沉重。比較現實的一種可能性就是,患有自閉症的孩子會在往後的生活中繼續遭遇特別的挑戰。

我們現在對自閉症的了解比以往都多,但是我們還有很多事情必須了解。下面的段落只是一個簡單的介紹。如果孩子或你愛的人患有自閉症,你會想要了解更多這方面的知識。

**什麼是自閉症?**患有自閉症的孩子會在 3 個重要的方面發展異常:思想交流、人際關係和行為舉止。大部分的孩子在成長中都會在其中某個方面遇到困難,他們遇到困難時的表現可以作為是否患有自閉症的參考標準。下面有一些例子提供參考。

**思想交流:**患有自閉症的孩子可能不會在正常的年齡牙牙學語(6~12 個月時),會說單一字詞的時間通常也比較晚。即使他們能夠說話,通常也只是重複一些沒什麼意義的詞語。他們也很難與別人進行交談。有自閉症的孩子也會遇到非言語交流的障礙。他們不會用目光的交流來表示他們正在傾聽,也不會指著什麼東西來表示他們覺得那很有趣。

**人際關係:**有自閉症的嬰兒可能不會正常地擁抱別人,也不會伸出雙手要求別人的擁抱。有的孩子在別人逗弄他們時會不高興,而大多數孩子則會喜歡那樣的逗弄。有自閉症的孩子經常忽視自己的夥伴。他們還會作出錯誤的反應,因為他們看不懂別人表示「我現在可以玩了」或者「別理我」的行為暗示。他們可能對自己的父母充滿感情,但表達方式卻是奇怪的,比如用後背倒向一個人來要求擁抱。

**行為舉止:**患有自閉症的孩子經常會特別喜歡一兩個動作,還會一遍又一遍地重複這個動作。有的孩子會把玩具車按照相同的順序擺成一排,或者不停地打開電燈再關上。有的孩子會把光碟放進播放機裡再把它拿出來,再放進去,再拿出來,每次持續好幾個小時。如果有人想改變他們的行為習慣,他們

就會發脾氣。旋轉的東西對他們來說似乎具有特別的吸引力。自閉症的孩子會經常旋轉自己的身體，拍打，或扭動手腕，或不停地前後搖晃。他們也許會對聲音、氣味、觸摸做出出人意料的反應。比如，很多這樣的孩子喜歡被人緊緊抱住，卻不喜歡被輕輕地觸摸。

**自閉症問題的範圍。**專家們將自閉症從輕微到非常嚴重，劃分出不同等級範圍。「廣泛性發展障礙」這個詞語也許有點讓人困惑，這個詞語有時會被用來泛指自閉症的所有等級，也可以用來指稱一種特殊的自閉症，有時又被稱為「高功能自閉症」，這種自閉症並不會表現出全面自閉症的所有症狀。

亞斯柏格症是自閉症的一種類型，患有這種自閉症的孩子能夠正常說話，但通常無法領會交談語言裡的微妙含義。舉個例子來說，他們說話的語調會很平淡，很單調，有的孩子說起話來就像小教授一樣，但幾乎不能進行輕鬆的交談。越來越多的孩子被確診患有亞斯柏格症，而他們只是具有輕微異常的人際關係和其他怪癖。在程度較輕的確診患者中，是真的患有障礙還是僅僅和其他人有差異的界限其實

十分模糊。

更糟糕的是，自閉症通常還伴隨嚴重的智力缺陷、聽力障礙，或頑固的強迫症等。雖然這樣的孩子可能永遠都學不會用語言交談，但是細心的教師和醫生通常都能幫助他們建立起其他的交流和交往方式。

與自我表達、人際關係和興趣等核心問題相伴的情況是，患有自閉症的孩子也常常出現憂鬱、焦慮、憤怒或注意力缺陷等附帶症狀。治療時既要針對核心問題，也要針對附帶的問題。

**自閉症會帶來生埋問題嗎？**這方面的理論很多。我認為頗有道理的一種說法是，自閉症會影響大腦處理透過神經傳來的資訊，就像一臺訊號接收不良的電視機一樣。有的訊號接收得還可以，有的訊號會有點失真，還有的訊號會完全遺失。自閉症的核心障礙可能就是思想交流、人際關係和行為舉止，孩子在這幾方面的障礙正是對這種混雜訊號的回應，也就是孩子為了應付這個混亂又令人驚恐的世界而作出的努力。

還有一些更嚴重的症狀可能是一種宣洩。孩子由於被迫與別人隔絕而感到極度的灰心和痛苦，於是他

們可能暴躁地發脾氣。另一種常見的症狀是喜歡旋轉。這種表現可能反映出孩子的前庭覺發展得不正常，因為前庭覺是掌握平衡的能力。這個孩子也許會迴避眼神接觸，只喜歡看著一小部分非常熟悉的東西，因為人臉在一瞬間所提供的資訊實在太多了，患有自閉症的孩子會覺得承受不了，因而感到不舒服。也可能是患有自閉症的孩子缺乏能力去理解那些透過臉部表情所傳達的資訊，而這種能力是其他正常發展的孩子很小就已經掌握的（也許他們生下來就已具備了這種能力。）在這種情況下，患有自閉症的孩子迴避目光接觸不是因為這件事讓他不舒服，而是因為這件事並不有趣。目光交流對他們來說並未傳達出任何意義。最新的研究顯示，這很可能才是真正的原因。

如果自閉症扭曲了孩子的視覺、聽覺、觸覺和味覺的感知方式，那麼那些本來可以增進孩子和父母感情的日常事物，比如對視、餅乾、音樂等，就反而會使患有自閉症的孩子陷入孤立。治療自閉症的難處在於要繞過這些混雜的感覺與孩子交流，消除他的防禦（比如逃避眼神接觸等），再教孩子一些表達想法和感情的技巧。

**自閉症的早期表現。**如果自閉症能夠在早期發現，就可以在很大程度上改善狀況。在孩子還很小的時候，父母也許會隱隱約約感覺到有什麼地方不太對勁。事後再回頭想想，可能會意識到自己的孩子並不像別的孩子那樣看著他們的眼睛，或者從來沒有真正喜歡過大人的逗弄。其他的早期表現還包括：孩子到了 12 個月時還不會指著東西讓父母看。到 15 個月時還不會用任何詞語來表達需求或簡單的想法。或者到 2 歲時，還不會把兩個詞彙連在一起組成簡單的句子。上述這些情況並不一定就是自閉症的徵兆（有時聽力缺損、其他發育問題和正常發育的種種表現看起來是一樣的。）但是如果在孩子身上發現了上述任何一種情況，都應該對孩子的發育作一次審慎評估，不要想當然地認為他「長大一點就會好了」。

**自閉症的治療。**治療自閉症的主要方法就是針對人際交往進行早期的強化教育。提高孩子語言能力和交流技巧的活動通常都需要每天幾小時的練習，而且一天都不能間斷。應用行為分析是經過研究的最

佳治療方法。接受過專業培訓以提供這種專門療法的專家必須經過認證，他們被稱為應用行為分析師（BCBA）。孩子在這套療法中可能必須參加不止一個治療項目，同時在不同標準的訓練中擁有指導教師或助理教師。大量的訓練科目有助於整套治療方案的實施，包括正音和語言障礙治療、物理治療，以及職業治療等。

因為這種努力強度的太大，幾乎總會有一位家長不可避免地將自己全部的時間投入在照顧和教育自閉症孩子的工作中。關鍵的挑戰在於找到一種平衡，讓家庭中的其他成員也能參與其中，同時增進家人之間的關係。

至今還沒有發現治療自閉症潛在問題的藥物。但是，很多藥物都被用來緩解自閉症的症狀，像是減輕患者的憤怒、焦慮或強迫行為，進而使家庭生活不至於那樣難以忍受，也不至於妨礙患病孩子的教育。很多家長在尋找治療途徑時會轉而求助於輔助藥物和替代療法。在這個過程中，他們常常會發現令人困惑的龐雜理論和治療方法，有些可能比別的更有道理。但是到現在為止，還沒有一種方案可以經得

起科學的考驗。許多孩子都被迫吃了不含麩質和牛奶的飲食，還服用了大劑量的 B 群維生素。這種飲食模式很難堅持，但至少沒有危險。

更有爭議的治療方法還包括讓孩子服用旨在去掉體內重金屬（比如汞）的藥物。螯合療法就像它的名稱一樣，很昂貴，常常很痛苦，具有潛在的危險，而且療效完全沒有經過科學證實。我可以理解家長想要為患有自閉症的孩子嘗試所有可能有效的辦法，這種努力本身沒有錯，但應該在那句醫學格言的原則之內採取行動，那就是：「首先，不要造成傷害。」

自閉症孩子的父母還必須了解許多資訊，以便安排孩子的教育。

## 唐氏症

天生患有唐氏症的孩子不僅面臨著發育的困難，還要面對疾病所帶來的風險。一開始，哺乳困難和發育遲緩的情況比較常見。大多數患有唐氏症的孩子都有智力缺陷，有的比較輕微，有的比較嚴重。他們發育遲緩，而且很可能有聽力障礙和視力障礙，或者耳部感染和鼻竇感染、睡眠不規律、甲狀腺激素低

下、心臟病、嚴重的便祕、關節疾病，以及其他一些問題。但針對某個特定的唐氏症者來說，他可能完全沒有上述症狀，可能有幾種，也可能有很多。

儘管如此，患有唐氏症的孩子及其家庭的生活仍然可以很充實、令人滿意。在很大的程度上來說，這種積極的效果來自於患兒父母的勇氣。這些父母不但沒有把孩子封閉起來，反而向整個社會提出請求，希望他們給予患有唐氏症的孩子和成人，以及其他身心障礙人士正常生活的權利。

**定義和危害**。所謂綜合症就是指一系列症狀經常一起出現的情況。「唐氏」指的是發現這種疾病的人，約翰‧朗頓‧唐（John Langdon Down），早在 1865 年，他就首次描述了這種綜合症。差不多 100 年之後，人們才找到了這種綜合症的病因：第 21 號染色體的遺傳分裂錯誤導致了多餘遺傳物質的產生。大多數患有唐氏症的人都有 3 組第 21 號染色體，而正常情況下是兩組。「21 三體」這個術語就是表示有 3 組第 21 號染色體，也就是唐氏症的別名。在罕見的情況下，第 21 號染色體多餘的

一小部分遷移到了另一條染色體上。用基因學的術語來說，就是「易位」。易位會增加這個家庭中第二個孩子罹患唐氏症的機率。

有 1.25 的孩子生下來就患有唐氏症，遺傳問題使得這種症狀比較常見。女性年齡越大，某個卵細胞包含另一條 21 號染色體的機率就越大，這便增加了她們的孩子罹患唐氏症的風險。35 歲以上母親生下患有唐氏症孩子的機率是 4%。

**唐氏症的診斷**。對唐氏症的診斷可以在母親懷孕的前 3 個月進行，透過檢查羊膜液（羊水診斷）或部分胎盤（絨毛膜取樣，簡稱 CVS）得出結論。大多數產科醫生都會建議 35 歲以上的孕婦至少進行上述的一項檢查（注①）。產前的超音波檢查也能顯示出這種疾病的某些特徵。

出生後，孩子的臉部特徵和其他體檢結果也能顯示出患有唐氏症的可能性，但最終確診還要靠血液化驗。化驗結果大概需要一兩週。

**治療**。目前還沒有藥物、飲食、營養補充劑或其他治療方法能

---

注①：設籍台北市之孕婦可享有每胎 1
　　　次的唐氏症篩檢補助。

夠治癒唐氏症。貌似神奇的藥物和突破性的治療方式層出不窮，但直到目前為止，沒有一個能夠經得起科學研究的考驗。父母應該在決心嘗試每種可行的治療方法時調整自己的心態，以避免精力的過度消耗和接二連三的失望。在父母努力改善孩子生活狀態的過程中，接受孩子的現實狀況，這一點也同樣的重要。

家庭醫師對患有唐氏症的孩子是很有幫助的。一個有責任心的醫生能夠幫助父母面對各種必將遇到的健康問題，還能幫助父母找到需要的專家或醫學專業。找一位技術精良、經驗豐富的醫生是非常值得的，這對患有唐氏症的孩子尤其有幫助。這樣一位醫生更可能可以規劃孩子的特殊成長過程，進而幫助預測患有唐氏症的孩子在成長中遇到的問題（他們的成長跟正常的孩子不同）。

教育計畫應該根據孩子的興趣、性情、學習類型來制訂。這種方法當然對所有孩子都非常可行，但是對患有唐氏症的孩子來說尤其重要。將患有唐氏症的孩子融入正常的班級經常會獲得不錯的效果，但這也常常需要知識淵博的教育專家或學校心理師的特別幫助。

唐氏症患兒的護理在各方面的共同努力下成效最為顯著，這就要求父母、醫生和教師要同心協力地為孩子考慮。這個團隊領導者的重擔會責無旁貸地落在孩子父母身上。參加父母互助組織可以獲得必要的資訊和支援，幫助父母在照顧孩子的過程中當好領導者。

## 10 尋求幫助

### 為什麼要尋求幫助

許多不同領域的專家都經過專業訓練，能夠理解和治療兒童的行為問題和心理問題。在 19 世紀，精神科醫師主要只為精神病患者服務，有些人還會為了要不要諮詢臨床心理師而猶豫不決。但是我們已經知道，嚴重的問題通常從輕微的症狀發展而來，所以，現在臨床心理師已經開始更關注日常生活中的問題，這樣一來，就能夠在最短的時間裡獲得最好的效果。我們都知道，不能等孩子的肺炎變得非常嚴重了才去看醫生，心理問題也一樣，不能等孩子的精神已經受到嚴重影響的時候才去找兒童臨床心理師診治。

### 最初的步驟

需要幫助時，也許很難找到合適的求助對象。父母們可以先向孩子的醫生求助，因為可以仰賴他的判斷力。也可以打電話給附近的醫院，請求總機幫你聯繫相關部門。

針對個人需求，某一方面的專業人員可能比另一方面好。下面的內容簡單地介紹了最可能幫得上忙的專家。

**家庭社會福利機構。** 大多數城市都有至少一個家庭社會福利機構，大一點的城市有更多。這些機構可能以某種宗教命名，但他們的服務不分信仰。這些組織由社會工作人員組成，他們受過專業的訓練，可以幫助父母解決常見的家庭問題，比如孩子的管理、婚姻調

解、家庭預算、慢性病、居住、找工作、醫療服務等。他們通常會有顧問，像是精神科醫師或心理學家，這些人能夠幫助處理比較困難的情況。

許多父母都是伴隨著這樣一種想法長大的。他們認為社會機構主要提供救濟，只為窮人服務。事實上，現代家庭社會福利機構既願意幫助人們解決重大問題，也願意幫助人們解決小問題，既願意幫助那些付不起費用的家庭，也願意協助那些付得起費用的家庭。

## 治療的種類

**治療的方法各式各樣。**比較老套的做法是，躺在長沙發上談論自己的夢境，蓄著鬍子的精神科醫師會記下筆記（這是老掉牙傳統做法了）。以深入考察為主的治療方法試圖讓患者更深入地了解自己的經歷和動機，包括童年時的經歷。而其他治療方式則投注更多心力在關注患者當前的情況和狀態，透過改變患者對自身和他人的看法來改變他的行為，這種方法就是所謂的「認知行為療法」（CBT：Cognitive- Behavioral Therapy）。過去幾年的研究顯示，認知行為療法可以獲得顯著的效果。舉個例子來說，一個精神憂鬱的孩子也許會透過看到自己不斷重複的消極念頭和過於挑剔的習慣，轉變成更加實際和更有期待的孩子。

不善於用語言表達感受的孩子經常可以受益於遊戲療法。大一點的孩子也許可以透過藝術療法或故事療法獲得改善，他們能夠從中學會講述事情或講故事的方法，進而提高自己的語言表達能力。對於有行為障礙的孩子來說，行為療法可能比較有效。這種療法著重於分析良好的表現和不當行為的原因和結果。大多數行為療法都包括對父母的訓練，也就是幫助父母有效參與孩子的治療，提供一些能改善孩子行為的具體指導和訓練。

家庭療法通常很有幫助，有時會與其他療法結合使用，家長可以有很多選擇。 如果考慮與一位治療專家合作，那麼可以諮詢一下是否有更舒服的治療方法。

## 選擇專家

諮詢朋友和家人是否有推薦的專家。也可以透過與專家交談來了解

相關資訊。治療過程應該讓父母和孩子都感到舒服，這點很重要。有一些社區服務提供了免費或收取一定費用的幫助。最好在治療之前了解計畫可以獲得多大的改善。

**發育和行為方面的兒科醫生。** 這些醫生都受過兒科醫生必要的訓練，同時還有 2～3 年研究和護理有發育和行為障礙兒童的經驗。有些醫生在發育障礙方面頗具專長。還有些醫生則在行為障礙方面更為擅長。如果覺得這種分類讓人很困惑，那也不必過於緊張。最好的辦法就是打聽一下醫生受過的訓練和專長。

大多數發育和行為兒科醫生在評估和診治兒童常見行為和心理問題方面都有一定的經驗。和精神科醫師一樣，他們都受過專門的訓練，能夠用藥物治療行為方面的問題（有些非常嚴重的問題，比如精神分裂症，最好還是讓精神科醫師來處理）。

**精神科醫師。** 這些人都是專門診治心理失衡和情緒失調的醫學博士。他們的介入對問題嚴重的孩子最有效，比如患有精神分裂症的孩子。少年兒童精神科醫師在處理兒童和青少年的具體問題方面都受過

特殊的訓練。他們經常在團隊中工作，主要負責開立藥方，而其他的專家（比如心理諮商師和社會工作者）主要則是進行諮詢服務和交談療法。

**臨床心理師。** 研究兒童問題的臨床心理師在許多方面都受過專業的訓練，比如智力測試，還有學習問題、行為問題和情感問題的病因和治療等。有的臨床心理師專門研究患有慢性病並且反覆住院的孩子，經常跟兒童生活專家合作。臨床心理師常常是透過認知行為療法治療兒童焦慮或憂鬱的最佳人選。要獲得臨床心理師的資格認證，必須有博士學位（在台灣至少為心理碩士以上學位，還要具備臨床實習醫生的資格在正式醫師的監督下為患者服務）。

**社會工作者。** 這些專業人員在大學畢業以後至少還要接受 2 年的課堂學習和臨床訓練，才能獲得碩士學位。要想得到臨床認證社會工作（LCSW：Licensed Clinical Social Work）的學位，一個碩士學歷的申請者必須在監管之下為患者提供諮詢和治療，還要透過一個州級的認證考試。社會工作者可以對一個孩子、他的家庭和學校環境做出評

估，再從孩子和家庭兩方面來治療行為問題。

**精神分析學家。** 這些人包括精神病學家、心理學家和其他心理健康專家。他們透過探測潛意識裡的矛盾和防衛心理，以及患者與精神分析學家的關係來解決精神問題。很多精神分析醫師也採用其他治療方法和藥物。兒童精神分析學家（跟心理學專家相似）除了跟小患者談話以外，還經常透過遊戲和藝術與他們溝通。同時，他們也經常與父母們一起展開工作。正規的精神分析學家都具有高級學位，已經對心理分析作過研究或正在進行這方面的研究，他們還必須在監管之下工作幾年。但是，這些專家並沒有獲得國家的認證，他們中的任何人都可以合法地稱自己是個精神分析學家。所以，在進行精神分析療法之前應該仔細檢核這位專家的各種證件。美國精神病協會的網站上詳細又清楚地介紹了各種精神分析療法，並列舉了美國精神分析學家的名單。

**家庭治療專家。** 家庭療法的主要特色就是每個家庭成員都要參與其中。一個孩子的行為障礙通常會為整個家庭帶來麻煩，而家庭問題又經常會導致某個孩子的行為失常。改善孩子行為的最好方法通常是要幫助整個家庭更妥善運轉。

家庭治療專家可以是心理諮商師、精神科醫師、社會工作者，或其他已經完成家庭療法額外訓練的專業人士。大多數的州都規定了獲得此方面認證的條件，其中包括碩士以上學位、兩年嚴格監管之下的家庭療法實習經驗，以及透過一項標準化考試。

**獲得認證的專業諮商師和學校輔導教師。** 美國大多數州的專業諮商師資格都包括諮商學碩士學位和 2～3 年的監管實習，大約 2000～4000 小時。學校輔導教師都經過專業訓練，能夠在學校裡提供諮詢服務。(台灣取得專業諮商師資格需心理碩士畢業，碩士期間需通過一年實習。畢業後考取國家「心理師執照」高考。)對於執業心理諮詢師（LPC：Licensed Professional Counselor）或學校輔導教師的培訓，跟很多家庭治療專家或碩士程度的心理學專家接受的訓練範圍差不多。

**語言治療師、職能治療師和物理治療師。** 對於有發展困難和行

為困難孩子的評估和治療，這些療法可能格外有效。所有療法都要運用各種技巧，包括教育、特殊的鍛鍊，以及親自動手操作。最好的治療專家也要和家長配合，以幫助他們長期繼續這些治療。在所涉及的問題和採用的技術方面，這些專業之間有著相當數量的重疊。這種情況可以理解，因為一旦涉及到兒童的問題，所有系統都是相互聯繫著的。比如身體活動、玩耍、觸摸物體、集中注意力、吃東西和思想交流等。這些專業的業務訓練至少必須達到碩士學歷程度，還要透過州委員會考試，很多人還會接受進一步的高級培訓。

## 起努力

父母應該做好計畫，跟自己選擇的專業人士一起努力。有的醫生會限制父母的介入，不贊成他們把孩子送來之後再帶回家去。但是，大多數醫生都會鼓勵父母發揮更積極的作用。在家庭療法中，整個家庭都是醫生的患者。

父母應該儘早跟專業人士商量好治療的主要目標，對什麼時候會出現什麼變化進行預測，然後不時檢查自己是否正在做著預期中的事情。對於具體的情況，比如尿床或發脾氣，只要幾個療程就可以解決，但其他問題可能會花費更長的時間。一般來說，如果能夠在幾年的時間裡堅持和同一位專業人士配合治療，那麼孩子和父母都會從中受益。

早點確定自己的期望值有很多好處，其中之一就是能在進展不理想的時候幫助父母作出決定。對於長期以來形成的問題，不能奢望會有立竿見影的解決辦法，而且病情在好轉之前，通常會有惡化的表現。一旦選定了一個與你共同努力的專家，就最好可以堅持一段時間，儘管有時候你會覺得心裡不太踏實。不過從另一方面來說，如果幾個月過去了還看不到任何起色，父母也覺得早該見效了，那你可以和醫生談一談，看看是否需要換一種新的方法或換一名臨床醫生。這樣做很有必要。

哪怕是病情出現了反覆，或者換了醫生，也都不是世界末日。最重要的是父母和孩子都能保持樂觀，相信情況一定會好起來。我認為長期來看，這種態度往往是決定成敗最關鍵的因素。

PART **6**

# 學習與學校

# 1　學習與大腦

## 腦科學最前線

我們現在對大腦已有了足夠認識，可以逐漸了解嬰兒和兒童是如何學習的。例如，我們知道為什麼當寶寶有機會利用感官學習的時候效果最好。為什麼他們會不停重複某種行為，卻又在突然之間失去興趣，比如搖波浪鼓，聽過去聽過的故事。為什麼在某個年齡更容易掌握某種技能，比如 10 歲之前學習一種外語。我們也開始運用對大腦變化的既有認識，為有學習障礙的孩子設計新的治療方法。

腦科學的新發展可以歸結為幾條原理。所有的思維活動都是大腦的運動，大腦會透過運動變得更有效率。雖然大腦不會停止這種變化，但是隨著人的年齡增長，大腦會越來越不靈活。因此，生命最初幾年的經驗非常重要，它可以使大腦的運動有一個良好的開端，為終生的學習奠定良好基礎。

**基因和經歷**。幾十年來，科學家一直認為嬰兒大腦的發育是按照基因所攜帶的詳細資訊進行的。但現在我們知道，基因只是勾勒出一個大致輪廓，而細節則由個人經歷填補。孩子的經歷決定大腦的構成，進一步決定大腦的功能。

之所以說大腦神經相互的連接方式是由個人經歷而不是基因所決定的，原因之一就是因為大腦的結構太複雜了。人類大腦包含著大約 1000 億個神經細胞（神經元），每個神經細胞都與大約 10000 個其他神經細胞相連。如果把這兩個數字相乘，結果就是 1000 萬億個連接。構成人類基因的 23 對染色體

不可能容納每一個連接的資訊。

基因的責任是建立一個整體結構。在孩子發育的早期階段，基因使神經細胞以飛快的速度分化和生長，移動到合適的地方，然後開始建立彼此的連接。大腦中控制身體基本功能的區域會發育得比較早，例如控制呼吸和心跳的部分，它們必須早一些發育。但是控制其他功能的區域則發育得晚多了，比如理解語言和說話的能力，這些功能和複雜的神經迴路會在個人經歷的控制下開始發育。

換句話說，我們出生時大腦並還沒有發育完全。這是件好事。如果我們的大腦在出生時就已經發育完全了，那麼大腦就無法輕鬆適應不同的環境。例如，對於一個聽著中文長大的孩子來說，他的大腦就會形成能夠處理中文發音的神經迴路，而對於一些中文所沒有的英語發音，早在 12 個月之前，他就已經在很大程度上喪失了辨別能力。同樣的，一個聽著英語長大的孩子，即使他越來越善於辨別英語發音，也會喪失辨別那些未曾出現在英語中的中文語音的能力（也就是神經迴路）。這種適應性在其他的感覺器官中也會出現，比如，從小在現代住宅中長大的孩子，會比在圓頂小屋中長大的孩子更善於辨別直線和直角。

**用進廢退**。為什麼大腦會有這麼好的適應性？重點在於一條很簡單的規則，這條規則決定了神經細胞之間的連接，就是用進廢退。許多神經細胞之間是由細小的空隙連接起來的，這些小空隙就是突觸，所有思考活動都仰賴於這些連接起來的神經細胞。每當兩個神經細胞發生資訊傳遞，突觸就會變得更加有力。強壯的突觸會保留下來，弱一些的就會被剪除掉，就像園丁修剪玫瑰花枝一樣。

起初，大腦會建立超過實際需要的突觸。但在不斷學習的過程中，很多突觸都會被剪除掉。一個 22 歲的大學畢業生突觸的數量要少於 2 歲的嬰兒。大腦透過減少沒有使用，不必要的突觸，使自己變得更有效率。但與此同時，這也使大腦更難適應全新的東西。舉例來說，儘管大學畢業生可以很快掌握歷史學的複雜概念（這是他曾經學過的東西），卻要費很大的力氣去學習外語發音，因為這需要他的大腦用一種完全不同的方式學習（而 2 歲的嬰兒卻可以很輕鬆地完成）。

用進廢退的原則之所以對寶寶的培養非常重要，是因為寶寶必須體驗各種經歷，使他們的大腦在發育過程中變得更有適應性。他們需要各種不同的體驗，比如觸摸、敲打和嘗試各種不同的東西。以及畫圖、搭建、參與、跳上跳下、抓取、投擲等。他們需要聽到大量的語言，也需要被傾聽。隨著他們不斷長大，透過早期經歷獲得加強的神經元連接會使孩子更易於接受各方面的新資訊。

**再做一次！再做一次！** 用進廢退的原則解釋了為什麼嬰兒和幼兒總是喜歡起勁地做某些事情，一次次不停重複。比如在 10 個月時，寶寶會抓住嬰兒床的欄杆，用盡小胖手臂和小肉腿的全部力量，扒著自己站起來。他不知道接下來該做什麼，所以就鬆開手，一屁股坐下，一分鐘後又重新把自己拉起來。他會不停地重複這件事情，直到因為厭煩開始吵鬧，或者因為疲倦想要睡覺為止。

嬰兒鍛鍊的不僅是肌肉，也在鍛鍊大腦。每當他重複向上拉和站立的動作時，某一組神經突觸就會變得更有力一些，這些神經突觸最終會帶給他走路必須的平衡能力和協調能力。當然，一旦嬰兒掌握獨自站立技能的時候，就會對向上拉的運動失去興趣，然後轉向下一個目標。

父母會在嬰兒成長的各個方面看到這種重複。嬰兒對學習有著強烈的內在動力。他們會不停把積木放進桶子裡，或者把同樣的故事聽上 500 遍，這都是大腦正在發育的證據，父母如果能了解這一點，那對孩子會很有好處。

**學習和情感。** 我們曾經認為情感和邏輯是大相徑庭的兩件事。其實它們的關係非常緊密。學習時，嬰兒會非常專注、投入和快樂，積極的情緒會增強他探索和學習的能力。實際上，無論積極的還是消極的情緒都能促進學習。孩子只會關注新鮮的事物，然後從中學到知識經驗，因為新鮮事物能激發積極情緒或消極情緒（我們會因為某件事情的重要性而去主動關注它，但是學習的效果就不會像我們在積極投入情感時那麼好）。大腦中產生情感的神經系統與產生邏輯思維的系統連接得非常緊密。當這種連接被切斷時（這種情況很少發生），這個人將只能單純進行邏輯思考，這將會造成嚴重學習障礙。

判斷嬰兒和幼童是否在學習的指標，就是他們是否開懷大笑、微笑或輕聲低語，或是否目不轉睛凝視什麼東西。父母給予孩子所有的愛，包括晃動、擁抱、搔癢癢、哼歌和談話，都有助於他的感情成長，同時還會增強他學習的欲望和能力。

## 孩子的思維方式

**皮亞傑的觀點。** 嬰兒和兒童是如何認識和理解這個世界的？最早也是最好的一些答案來自瑞士一位心理學家讓・皮亞傑（Jean Piaget）。皮亞傑在認真觀察了他的 3 個孩子之後，開始形成自己的理論。後來，他把自己畢生時間都用在科學研究上，試圖想證明這些理論。也正是對孩子成長這種日復一日的觀察觸動了他的靈感。所以，父母也可以透過這樣的觀察來獲得啟示。

皮亞傑認為從階段上來說，每個人的發展過程都是一樣的。透過對這些過程進行的仔細描述，他解釋了一個幾乎沒有抽象思維能力的嬰兒最終如何實現邏輯推理，如何推測事物的發展，又是如何創造出他聞所未聞、見所未見的新想法和新舉動。

**小科學家。** 皮亞傑把嬰兒和兒童看成「小科學家」。他相信我們生來就有想去認識事物的願望，而且還會透過不停的實驗去實現這種願望。比如一個 4 個月大的孩子會不停扔東西，再到處找。這就是他在檢驗自己對重力的想法。他還可能會想，即使一個東西看不見了，它仍然存在著，於是會試著把東西扔在地上。這一個概念被心理學家稱為「物體恆存」。

在孩子一遍又一遍地進行這種試驗之前，對他而言，除了當時看到、聽到和摸到的東西以外，什麼也不存在。離開了視線的東西也就離開了他的意識。嬰兒在第一個月裡，透過一次又一次的試驗，開始理解物體恆存的概念。3 個月時，孩子可能偶然把奶嘴或奶瓶掉到地上，1 秒鐘後，他驚訝地發現，掉的東西就在地上。這種事情可能一次又一次地發生，並且逐漸在他腦海裡留下印象，原來地上的那個東西就是原本在他手裡的那個東西。

當他滿意地完成了往地上扔東西的「研究」之後，就會得到這樣的結論：「如果看到過的東西現在不見了，就一定是在地上。如果不在

地上,就很可能不再存在了。」直到下一個階段,也就是大約 8 個月大時,孩子對於物體恆存性的認識才會變得更加複雜,才會開始到其他地方去尋找失蹤的物體。

嬰兒喜歡玩「躲貓貓」的遊戲也是出於這個道理。一張臉忽隱忽現,一會兒看得見,一會又看不見了。孩子對於這種遊戲的興趣是無窮的,因為這是他在這個成長階段正在「思考」的問題之一。一旦他完全確信,就算他看不到,這張臉也仍然存在,他就會把「躲貓貓」的遊戲扔到一邊,再開始另一個符合他成長階段的新遊戲。

**感官動作期。**皮亞傑把孩子 2 歲前的時間稱為感官動作期(sensory-motor period)。意思是,這個年齡階段孩子的知識,是透過運用他們的感官和運動能力(也就是肌肉)學習獲得的。如果孩子學會抓住波浪鼓,他就會知道波浪鼓是拿著玩的。當他搖著波浪鼓,用力砸在高腳凳上,或者放在嘴裡時,就證明了他對波浪鼓有了更多想法。如果把波浪鼓拿走,藏在一塊布下面,他會把布掀開拿走波浪鼓嗎?如果會,他就有了物品(至少是波浪鼓)可以被藏起來然

後被找到的概念(這時,當父母不再想讓他玩什麼東西,要想試著把它藏起來,就沒那麼容易了。)

嬰兒將要學習的另一個重要概念就是原因和結果。四、五個月大時,如果把細繩一端繫在寶寶腳踝上,另一端繫在嬰兒床上方懸掛的玩具上,寶寶很快就能學會移動自己的腿來牽動玩具(要記住,離開時要把繩子拿走,否則會有勒住孩子的危險)。皮亞傑在一項著名實驗中就做過這件事。隨後,孩子就能學會如何使用物品達到想要的結果,比如用棍子去搆拿不到的玩具。在其後的發展階段中,他們會發現有些可以導致某些結果的原因是隱藏著的,帶有發條的玩具就是很好的例子,它們運轉的原因就是隱藏著的。1 歲半~2 歲大時,大多數寶寶就都能明白如何讓這樣的發條玩具運轉了。

在感官動作期,嬰兒們開始理解詞語,並學會用它們來指稱事物和表達自己的需要。但是只有到了學步期,孩子才能學會把詞語放在一起,變成有趣的組合,這時詞語才會變成靈活思考的工具。比如,他們會說「畫一張畫」,或「餅乾沒有了」等。至此,感官動作期就結束了。

父母必須知道，思維是按照階段發展的。企圖加速正常的過程，想要跳過感覺運動的學習，直接進入更高級的語言學習階段是一個錯誤。所有的亂敲亂打、亂塗亂抹和胡鬧對於嬰兒大腦的進一步發展都是必要的。

**前操作期。** 皮亞傑使用「操作」這個詞來代表建立在邏輯原則上的思考，他認為 2～4 歲的學齡前兒童處於思維的嘗試操作階段，因為孩子這時還不能進行邏輯思考。比如說，一個 3 歲的孩子很可能認為下雨是因為天空傷心了。如果他生病了，可能會認為這是因為自己不乖。處於前操作期（preoperational period）的孩子只會用自己的方式看待事物，他不一定自私，但是以自我為中心。如果爸爸不開心，他可能會拿來自己最喜歡的動物玩具，想要安慰爸爸（因為至少他知道這個玩具對自己是有用的。）

年幼的孩子對於數量的概念還沒有發展完善。皮亞傑也在他一項著名實驗中證明了這一點。實驗中，他在一些孩子面前拿出一個裝滿水的寬口淺盤子，然後把盤子裡的水倒在一個又細又高的杯子裡。幾乎所有孩子都會認為杯子裡裝的水比盤子裡更多，因為它看起來大一點。雖然事實是同樣多的水在盤子和杯子之間倒來倒去，但這並不能改變孩子們的想法。如果一位醫生試過讓 2 歲的孩子相信平常使用的針真的非常小，他就會知道，對一個處於前操作期的孩子來說，一個東西的實際大小根本不像它看起來那樣。同樣的迷惑使許多孩子都害怕會被沖到浴缸下水道裡去。

**具體操作期。** 大多數孩子在入學的前幾年，大概是從 6 歲到 9 歲或 10 歲的時候，已經可以進行邏輯思考了，但還是不能進行抽象思維思考。皮亞傑把這種早期的邏輯思考稱為具體操作期（concrete operation period），也就是對於能夠看到和感覺到的事物使用的具體邏輯思維。這種思維出現在孩子想判斷對錯的時候。例如，6 歲的孩子很可能認為一種遊戲只能有一套規則。即使所有參與者都同意，改變規則也是錯誤的，因為這樣會打破原先的規則。9 歲的孩子可能會認為玩棒球時打碎了玻璃比偷吃一塊糖果還要嚴重，因為玻璃的價格更加昂貴。在具體操作期，孩子不會想到打破玻璃完全是個意外，而

偷吃糖果的行為則是故意的。

圖 6-1

　　處於具體操作期的孩子可能很難分辨別人的動機。當你講完故事給已經上學的孩子聽之後，再讓他解釋為什麼某個人物會這樣做，是一件非常有意思的事情。成年人很快就會發現，對大人來說很明顯的答案對 8 歲聰明的孩子來說其實非常困難。我建議父母可以用比較經典的故事書講故事給孩子聽，並向他們提問。E.B.懷特（E. B. White）的《夏綠蒂的網》或羅伯特的《霍默的價格》都是不錯的選擇。

　　**形式操作期。**在小學快畢業時，孩子會更常思考比如公正、命運等抽象的概念。他們的思維會變得靈活許多，可以針對一個自然問題或社會問題想出很多不同的解決方法。他們能夠把理論應用到具體實踐中，也能夠從實踐中總結出理論。這個時期便稱為形式操作期（formal operation period）。這種抽象思維常常讓十幾歲孩子對父母的教育和價值觀產生疑問，有時甚至會在一起用餐時引發激烈爭論。它也會使青少年形成高度的理想主義觀念，進而產生強大的政治衝動。

　　正如皮亞傑所說，不是所有的青少年思維都能達到這種正式運行階段。他們在某些領域可以使用抽象思維，在另一些方面則不能。例如，一個喜愛電腦的 15 歲孩子也許可以對防火牆和檔案共用的模式進行抽象思考，但在處理跟女孩相處的關係方面卻只能使用具體的思維。在某些方面，他可能還處於具體操作期。例如，他可能懷有青少年中常見的，完全不合邏輯的觀念，所以才會抽菸，還會跟那些嗜酒的同儕一起駕車玩耍，但他不一定會真的變成壞孩子。

　　作為父母，要注意孩子正處在哪個認知發展階段。是前操作期、具體操作期還是形式操作期，這將有助於父母與孩子進行有效的交流與溝通。

　　**孩子與成人是不同的。**對認知發展的理解讓我們形成了一個重要的認識，那就是孩子不只是「小

號」的大人而已。他們理解世界的方式跟多數成年人有著根本上的差異。根據認知階段的不同，他們可能更以自我為中心，更固執，或者更理想主義。對我們來說非常合理的事，對孩子來說卻很可能沒什麼道理，甚至一點道理都沒有。

### 斯波克的經典言論

依我的經驗而言，父母之所以會覺得孩子難以管教，是因為父母並沒有真正認識到自己和孩子對世界的認識有著多麼大的差異。於是，父母就會認為，自己的孩子本來可以更加善解人意。正因為如此，父母有時候會長篇大論地跟 2 歲孩子解釋，為什麼應該和別人分享一些東西。儘管這階段的孩子還不能理解分享的含義，但這並不意味他以後也不會和人分享。由於這種類似的誤解，有些成年人會對十幾歲的孩子說，抽菸可能導致肺癌，抽菸的人會因此活不到 40 歲，所以不應該抽菸。其實，如果跟孩子說一些更直接的利害關係，效果要好得多。比如，抽菸會帶來口臭、使耐力減弱，而且看起來也很蠢之類的實際影響，這些才是這個年齡孩子真正在乎的事。

## 多樣化的智力

上述皮亞傑的理論解釋了兒童認知思考的很多問題，但這些理論討論得並不全面。我們從一些非常巧妙的實驗中得知，很小的嬰兒就具有記憶能力，甚至有簡單的數學能力，雖然我們一直認為這不可能。

另一方面，我們認識到皮亞傑提到的語言分析能力，也就是由標準智商測試檢驗出來的能力，只是很多智力中的一種。事實上，每個人的智慧都是多方面的。其他的智商包括空間感、樂感、身體肌肉的運動知覺（運動感）、人際交往能力（與他人的關係）、自察能力（自我了解與洞察）和自然力（理解和辨識大自然中的事物）。

圖 6-2

**智力水準不均等。**理解多樣化智力的關鍵，就是了解了智慧源於大腦對資訊的處理。各種資訊不間

斷地通過大腦，比如說話的語調和節奏的訊息、音樂方面的資訊，以及個人空間位置的資訊等等。大腦的不同區域會分別處理這些不同資訊，並透過不同方式把它們結合在一起。大腦某個區域可能運轉得很好，而另一部分可能不那麼好。大腦控制語言區域受到損傷的人也許會喪失說話能力，但仍然可能唱出歌詞，因為他們的音樂能力受另外一個區域的控制，而這個區域並沒有損傷。

即使是大腦沒有損傷的人，各種智力水準也不是均等的。有些孩子透過聽的方式學習效果最好，有些孩子最適合的學習方式則是看，有的孩子最好把實物拿在手中，還有的需要用全部感觀同時體驗一個概念。有些人可能天生能言善辯，但卻怎麼也算不清楚午餐時該給服務生多少小費。當同一個人的各種智力水準差別很大的時候，就可能導致學習障礙（**請參閱第714頁**）。

想一想自己，你會明顯感覺到自己的某些方面比其他方面更有天分。拿我來說，我很善於講話，但打棒球就可能要我的命。我能演奏樂器，但卻從沒畫出過一匹像樣的馬（有一次，我還為此練習了好幾個月）。

注意觀察孩子各種不同的能力就會發現，有些父母認為他因為懶惰而不做的事情，事實上對他來說可能比想像的還要困難。父母還會發現孩子在某些方面具有天賦，雖然這些天賦可能不會發展到更高的階段。開始重視各種智力，就更能好好欣賞和培養孩子的強項，也更能好好發揮父母的優勢。

## 為入學做好準備

任何對安全和健康有益的事情都可以幫助孩子成功地度過校園生活，比如教孩子得體的行為方式，與其他孩子共享快樂的時光等。孩子必須有機會和夥伴們一起玩耍，同時也要有能力自然面對父母以外的成年人。除此之外，孩子入學前必須具備在聽說方面的基本能力，擁有探索事物的動力，熟悉字母及其發音，喜歡聽故事，還要有掌握印刷文字的強烈欲望。有的孩子在5歲之前完全待在家裡，然後直接進入幼兒園。但大多數孩子的學前準備都必須靠父母和幼兒園老師共同努力，充分的準備可以讓孩子有一個良好的開端。

## 朗讀

教育的目標不只是讓孩子學會讀寫，而是讓他們成為有文化的人。有文化的成年人透過閱讀去了解他們感興趣的東西，透過書寫來交流思想。有讀寫能力的孩子會認為閱讀和寫作是令人興奮的，而且對他們有益。他們會擁有豐富的想像力和廣泛的喜好。讀寫能力可以拓寬孩子的視野。一般來說，讀寫能力的培養是從父母的朗讀開始的。

如果在年幼時很幸運聽過父母朗讀，父母可能也會跟自己的孩子分享這種樂趣。即使沒聽過父母的朗讀，也可能聽說過朗讀是一件有益的事情。但是，父母對一些具體的問題可能還不太清楚，比如為什麼要朗讀，什麼時候朗讀，以及怎麼朗讀。

**為什麼要朗讀？**有些孩子沒聽過父母朗讀也可以在學校中表現出色，這是事實。但是，如果孩子在入學時已經有了豐富的閱讀經歷，而且非常喜歡書籍，那麼他就更容易具備較高的讀寫能力。

當父母跟孩子一起坐下來讀書時，會發生很多美妙的事情。舉個例子來說，透過討論插圖，可以讓孩子接觸很多新鮮有趣的詞彙。透過閱讀和重複閱讀，可以為孩子提供大量的機會，讓他了解各種詞語如何組成有趣的句子，逐漸培養他的聽力和注意力。父母會幫助他了解看到的字母和聽到的單詞之間的聯繫。最重要的是，當充滿愛意的父母把圖畫書帶進孩子的生活，並且透過朗讀影響孩子的時候，就形成了愉快的互動體驗。

圖 6-3

**雙語家庭。**成長過程中聽過兩種語言的孩子確實具有優勢。雖然一開始他會需要較長的時間才能學會清晰地表達自己，但此後，他很快就能熟練地使用兩種語言說話。

在美國居住但說不好英語的父母應該先用母語跟孩子交談，為孩子朗讀。對孩子來說，先聽到某種道地的語言，然後再接觸不道地的英語，是大有裨益的。在家裡學習西

班牙語或俄語的孩子，一進入幼兒園或托兒所就能很快學會英語。但是從來沒有正確學習過任何語言的孩子（因為他沒有機會聽到正確的說法），以後學習將會困難得多。

很多翻譯成西班牙文或其他文字的圖畫書現在都能買到。同樣地，很多英文書每一頁都有對照的西班牙文，可以幫助父母和孩子有效地學習。

**為新生兒閱讀。**如果對著寶寶閱讀，他就會喜歡朗讀者的嗓音和被人抱著的感覺。如果父母常常在懷孕期間就開始出聲朗讀，這樣一來，他們的寶寶一生下來就已經了解並愛上母親朗讀時的嗓音。這種嗓音和日常講話時是不同的。許多父母從寶寶一出生就開始為他讀書，而且在此後幾年一直保持這個習慣。雖然我並不確定這種剛出生時的經驗有多大影響，但這些孩子長大後往往都很喜歡閱讀。

可以肯定的是，對寶寶朗讀可以讓他更常接觸人類的語言。聽父母對他說話是孩子開始學習語言的重要途徑之一。出色的語言技巧是未來讀寫能力的重要指標之一。另外，傾聽還可以使寶寶安靜下來。

如果想為新生寶寶朗讀，讀什麼並不太重要。只要選擇父母自己感興趣的書籍就好，比如園藝、帆船，或一部小說。選擇夫妻雙方都喜歡的書籍更好，這樣你們就可以在抱著寶寶時輪流為彼此朗讀。

**與孩子分享讀書的樂趣。**大約6個月大時，一本嶄新的、色彩鮮豔的圖書可以讓寶寶立刻興奮起來。他會伸手去拿，輕輕拍打，或者低聲咕噥。他可能想去抓住它，拿在手裡搖晃或摔打，或者用嘴咬它。他還會興奮地「說」起話來。不要因為孩子總是很粗暴地對待他的讀物就喪失信心，當寶寶開始意識到書的特殊價值時，他就會逐漸學會尊重和愛護書籍。

要選擇那些圖畫簡單、色彩鮮豔的硬皮精裝書。寶寶很喜歡帶有其他小孩照片的書。還可以選一些韻律簡單的詩歌。如果寶寶喜歡（很多寶寶都喜歡），父母也可以大聲為他朗讀成人書籍，其間可以不時停下來與他交談。這個年齡的寶寶還聽不懂話，但他喜歡那些聲音。

9個月大左右，嬰兒就開始有自己的意志了。就像他想自己吃飯一樣，常常想自己拿著書看。如果看書的時間變得像一場你爭我奪的拉鋸戰，父母就要改變策略了。你可

以拿兩本書，一本給寶寶，一本自己讀。縮短每次閱讀的時間。有時不妨讓孩子把書當成玩具擺弄，讓他拿著書，翻翻書頁，敲打敲打。與此同時，父母可能不時會發現某些特別的圖片。指給孩子看的時候，父母聲音中最好能傳達出興奮的情感。

還可以用圖片玩躲貓貓的遊戲。先把嬰兒最喜歡的人物遮蓋起來，然後問他：「狗狗到哪裡去了？」如果配有詩歌的話，就可以抑揚頓挫地朗讀出來。隨著詞語晃動身體（和懷裡的寶寶）。如果書裡有嬰兒的圖片，可以先指一下圖片，再指指孩子身體的同一個部位。

很多嬰兒喜歡長時間傾聽（5～10 分鐘，或者更長）。活潑一些的寶寶也許只能集中 1 分鐘的注意力，甚至更短。時間的長短並不重要，重要的是你們共同度過了愉快的時光並且喜愛這本書。如果孩子開始不耐煩（或者父母不耐煩），就另選一本書或做些別的事。

**學步兒童的閱讀。**9～12 個月大時，有些嬰兒開始明白事物是有名稱的。一旦堅定地樹立了這個觀念，他就想聽到每件事物的名稱。圖畫書是了解名稱的最好工具。拿一本孩子已經熟悉的書問他「這是什麼」，停頓一下，然後說出答案。如果孩子喜歡這個遊戲，就證明他的頭腦正處於學習的開放狀態。父母不會馬上聽他說出這些新詞語，但是一兩年後，你可能會對他的詞彙數量感到驚訝。

隨著時間過去，到了學步期，孩子會更加注意圖片的內容。12～15 個月的寶寶可能會倒著拿書。大約從 18 個月開始，許多孩子會把書轉過來，這時圖片就是正立著了。

許多剛開始學步的孩子都喜歡運動。那些還不會走路的孩子也會喜歡一邊聽父母朗讀一邊被輕輕地晃動、搔癢癢和抱著。那些會走路的孩子每次只能安靜地坐上幾分鐘，但他們還是喜歡站在房間的另一頭聽父母讀書。已經走得很好的寶寶會拿著書到處溜搭，或者把書拿給父母讓他們朗讀。已經有了個人願望的寶寶可能會堅持要求讀同一本書，如果父母選了別的書，他就會表示抗議。

為了避免拿書的困難，要把書放在低矮的架子上，讓孩子可以自己取書，再自己放回去。一次只拿出 3～4 本書放在低處，太多的話，選擇起來會比較複雜，父母也不得

不撿起更多被隨手扔在地上的書。

到了 18 個月大的時候，許多孩子都能穩穩當當地走路了。這時孩子最喜愛的運動就是拿著東西到處走，通常都是一本書。如果他知道拿著書可以引起父母的注意，就會逕自走到父母跟前，把書放到他們的大腿上，常常還會說：「讀！」

**跟會走路的孩子一起讀書。**孩子快兩歲時，語言能力會突飛猛進。書籍可以幫助孩子學習語言，因為它能提供很多指認事物的機會，還能讓父母做出很多回饋。父母會指著圖片問，「這是什麼？」然後，父母會根據寶寶的不同反應說出物體名稱，或者稱讚他一番，又或者和藹地糾正：「不對，這個不是狗，是馬。」

因為不斷重複，所以這種一問一答的學習方式非常有效。對於年幼的孩子來說，重複是學習的關鍵。同樣的圖片隨著同一頁書上的同一個詞語重複出現，就可以讓孩子對書產生一種控制感。孩子期待著下一頁會出現某個圖片或某個詞語，而它就真的出現了！

在孩子掌握新詞語的同時，他也逐漸明白了詞語是如何組成句子，句子又是如何組成故事的。幾個月內可能還看不出學習效果。但是當孩子到了 2 歲半～3 歲時，父母就會注意到孩子在玩耍時開始使用複雜的、類似於故事中的語句了，比如：「很久很久以前」、「接下來會發生什麼事呢」等等。這是因為在早期與書本和故事的接觸中，豐富的語言種子早已種下了。

**破壞小狂人。**嬰兒和學步期的孩子可能對書非常粗魯，很多孩子都會折書，甚至到處撕扯。幾乎每個學步期的寶寶都會在書頁上亂寫亂畫，這種情況在他們學習讀寫的過程中至少會發生一兩次。雖然看起來很有破壞性，但這往往是寶寶想要進入書本，成為作者的一種表達方式。

溫和提醒寶寶，書本要輕輕拿取輕輕放下，要給予它們特殊愛護，這比批評更有效果（批評會讓孩子覺得，書本就是一種麻煩）。如果能拿一些廢紙和蠟筆讓孩子按照自己的想法在上面塗寫就更好了。學習書寫的第一步就是亂塗亂畫。孩子塗寫了一段時間之後，父母很可能會發現一些很像文字的圖形。

**多樣的學習方法。**善於用視覺

感知世界的寶寶會花好幾分鐘去研究書本裡的圖畫。所以不妨利用那種特別設計了隱藏形象的書。如果一個視覺型的寶寶能在每一頁都發現同一隻小鴨子，那他就會感到非常欣喜。

聽覺型的寶寶更喜歡聽到朗讀詞語的聲音。因為詩歌帶有韻律，所以格外有吸引力。故事中重複的歌謠可以讓很多寶寶感到開心。因為它們是可以預測的，所以孩子們也可以加入讀書的行列。如果知道接下來會讀到什麼，他們就會有一種「書是我的」的感覺。

對許多孩子來說，觸摸和身體的活動都是最好的學習方式。如果故事帶有一些動態（比如小船隨著波浪輕輕搖動，寶寶坐在鞦韆上，馬在飛奔，或者媽媽在攪拌湯汁）的情節，就可以帶著孩子做出這些動作。說話、觸摸、移動和玩耍都能讓書本變得生動。

孩子積極參與時的學習效果最好。他們喜歡有機會把自己聽到的內容表演出來。所以，如果讀到了阿拉伯神話中魔怪或飛毯的故事，就可以翻出舊茶壺和毯子（或床單），孩子會知道該做什麼。

**學齡前兒童的閱讀。** 學齡前兒童擁有豐富的想像力。在他們的頭腦中，魔法真的能夠發生，愉快的心情能讓太陽出現。因為兒童對實際生活缺乏經驗，他們會相信很多大孩子不相信的事情（比如聖誕老人）。從某種角度上來說，他們生活在一個由自己的想像力創造出來的世界裡。

因此，學齡前兒童喜歡故事書是很自然的事。聽故事的時候，有的孩子會瞪大眼睛，臉上的神情非常專注。有的孩子必須不停走來走去（有些學齡前兒童充沛的精力真是大自然賦予的），卻仍然能夠聽到每一個詞句。當孩子投入真實情感到故事情節中的時候，父母就該知道他陷入了書本的想像世界中。書裡的人物會在他的遊戲中出現，書中的詞語也會溜進他的詞彙庫。

跟我們所有人一樣，學齡前兒童也喜歡控制的感覺。其中一種獲得控制感的方式就是選書的權利。雖然有的孩子能夠順利地從書架的書裡挑出一本，但是很多孩子都需要小一點的選擇範圍（比如在 3 本書裡選擇）。學齡前兒童享受控制感的另一個途徑就是記住書裡的內容。他們也許記不住每個詞彙，但能夠記住一句話最後的那個詞，當

這些句子押韻時，他就更容易做好這種「填空」遊戲了。

當孩子一次又一次選擇同一本書時，可能暗示著這本書裡有對他意義重大的東西。可能是一個問題（比如克服障礙的問題，像《三隻山羊嘎啦嘎啦》（注①）裡描述的那樣），一個生動的形象（也許是巨人站在大橋下面的圖畫），或許只是一個詞彙。無論這個東西是什麼，當孩子徹底明白以後，通常就會轉向另一本新書了。

**和大孩子一起朗讀。** 孩子慢慢長大以後，朗讀不一定要停止。如果這是你們都喜歡做的事情，那就更有理由堅持下去。共享愉快、有趣的朗讀時光能夠增進親子關係，儲存積極的情緒，有利於父母和孩子解決成長中不可避免的分歧和其他問題。

朗讀可以幫助孩子保持濃厚的興趣。在一年級到三、四年級之間，孩子仍然在發展他們的基本閱讀能力。於此期間，他們能夠自己閱讀的大部分書籍內容都過於簡單，不能引起他們的興趣。和父母一起朗讀有利於孩子欣賞更難懂的書籍。這樣一來，孩子也不至於在閱讀能力跟上閱讀興趣之前喪失對書籍的興趣。

如果孩子學習閱讀有困難，那麼朗讀就很重要了。有的孩子閱讀起來非常輕鬆，而有些同樣聰明的孩子卻在開始閱讀時覺得有些吃力。這常常是因為他們的大腦需要更長時間才能使控制閱讀的部分發展得足夠完善。隨著時間過去，通常到了大約三年級結束時，他們就會趕上來，而且同樣出色。但是在此之前，閱讀也許會是一個大問題，這使得很多孩子認為自己不適合讀書。但如果父母朗讀給他們聽，他們就更容易接受書籍為生活帶來的樂趣。他們會堅持讀書，努力學習，最終獲得獨立閱讀的能力。

大聲朗讀還可以增強聽力。不時停下來跟孩子談論一下故事的內容

注①：《三隻山羊嘎啦嘎啦》（Three Billy Goats Gruff），中文版由遠流出版社出版，是挪威民間童話，內容是有3隻都叫「嘎啦嘎啦」的山羊想到草原上吃草，但是路上有一隻可怕的大妖怪。「小山羊」和「中山羊」都說再過不久，有一隻更胖的山羊會來，於是大妖怪便放走了它們。最後「大山羊」來了，它把大妖怪打得落花流水，和另外兩隻山羊順利去了草原吃草。

## ★ 和學齡前孩子共享讀書樂趣的方式

- 在家裡各處都放著書，客廳裡、洗手間、餐桌旁，尤其是在孩子的臥室裡。

- 把睡覺前或起床後的時間變成一起讀書的固定時間，或者把這兩個時間都變成固定的讀書時間。讓孩子告訴你他什麼時候看夠了（同樣地，在父母開始覺得厭煩時就停下來）。孩子喜歡看書是非常好的現象，但是跟其他事情一樣，父母在閱讀方面也應該為孩子設定必要的限制。

- 限制孩子看電視的時間。我個人認為不安排看電視的時間對學齡前兒童是最好的。電視裡生動的畫面（尤其是動畫片）會淹沒他們敏感的想像力，因此不會為相對安靜但卻同樣引人入勝的書籍留下空間。

- 利用公共圖書館。許多圖書館都設有講故事時間和集體遊戲場所，有小號的兒童桌椅，還有可供選擇的大量圖書。即使每週都去圖書館，仍然能為孩子帶來新鮮感。

- 不要認為一定得把書讀完，如果孩子沒興趣了，那就最好停下來或換一本書。也許書中的內容已經超過孩子情感所能承受的限度。躁動不安或酣然入睡也許是孩子表達「我已經聽夠了」的方式。

- 讓孩子一起朗讀。孩子透過朗讀可以學到最多東西。如果他們主動參與，還可以在情感上獲益最多。他們可能會發表看法，甚至中斷閱讀來談論剛剛產生的想法或感受。朗讀不應該是一種表演，更應該是一場討論。

- 自己編故事，也鼓勵孩子幫你編。如果想出一個特別喜歡的故事，就把它寫下來。可以編一本屬於你們的故事書，然後大聲朗讀出來。

是個很好的方法。首先，要確定孩子是否真的聽懂了。如果沒有，可以為他說明一下故事的情節、人物的動機、新的詞彙，或者任何他有疑問的事情。也可以問一些開放性的問題，這樣可以提高孩子的理解能力，讓他更善於思考聽到的內容，並且融會貫通。可以問他為什麼某個角色會那麼做，或讓他猜測下一步會發生什麼。

朗讀還能增加詞彙量。有些詞語在日常對話中是永遠用不到的。

《夏綠蒂的網》是一本出色的童書，基本上是用平實直白的語法寫成的。即便如此，書中也能找到類似於「不公正」、「超乎尋常」、「謙卑」這類有趣的詞語。如果孩子說出這些書面詞彙，千萬別感到驚訝。很多孩子喜歡用新詞玩遊戲。在這個過程中，他們掌握了幫助他們度過學習生涯的技能。

故事就像是想像力的積木。孩子們會把聽到故事中的片段拼湊在一起，再運用在自己編造的故事裡。要想讓孩子有豐富的想像力，就要讓他聽大量的好故事。孩子看電視也是這樣。他們會把這些故事放到自己的遊戲中。但是由於電視畫面的生動性遠遠超過書籍，孩子幾乎不需要使用想像力。所以，他們很可能只是重複電視中的情節，而不去創造屬於自己的新故事。

書籍可以塑造孩子的性格。許多教育專家和心理學家相信，書籍是幫助孩子辨別是非的最佳途徑之一。當他們看到不同人物的行為時，就能清楚知道怎麼做是值得讚賞的，怎麼做是不對的，比如書中的不同人物是如何對待朋友的，當他們想得到不屬於自己的東西時會怎麼做等等。書中那些引人入勝又

令人愉快的資訊可以強化平時教導孩子的價值觀念。

**選擇沒有種族偏見和性別歧視的書籍。**書籍包含的資訊具有強大力量，它的內容和表達內容的方式都很重要。如果書裡用平等的態度去描寫不同的膚色、文化和種族，並且沒有對不同性別的成見，就會讓孩子對自身和他人形成一種充滿包容的積極觀念。越來越多的兒童書籍都反映著社會多元文化共存的現實。

評價一本書時，要仔細審視故事情節，比如有色人種或女性是否充當重要角色？文化信念和文化行為描述是否準確？是否從正面角度描述不同的生活方式？此外還要看看人物設定，比如人物的個性如何表現？什麼人擁有權力？誰是故事裡的英雄？誰是壞人？最後要看插圖，比如人物形象的描畫是否避免了老套的成見？除了不同膚色之外，人們是否還有著各式各樣的臉部特徵和其他身體特徵？

故事傳達了怎樣的含義？它推崇暴力和復仇嗎？空有蠻力的主角設定不利於孩子看重自己的優秀品質。相反的，如果故事的主角表現

出同情心、過人的智慧和勇氣，那麼孩子還會覺得自己在某些方面有點像他呢！

## 幼兒園

**幼兒園的理念。** 幼兒園的宗旨並不只是照管孩子的生活起居，也不只是打好進入小學的各項基礎，它的目標是帶給孩子有價值的多樣體驗，幫助孩子全面成長，讓他們變得更加敏銳，更有能力，更富創造性。它首先要為孩子提供美妙的第一體驗，讓他們願意在以後的生活中不斷學習。

好的幼兒園會讓孩子體驗到一系列的經歷，這些經歷能夠培養他們的靈敏性、創造力和技能。這些體驗包括跳舞、創作有節奏感的音樂、畫畫、手指塗鴉、捏泥人、疊積木、戶外遊戲、玩伴家家酒等。最理想的環境還應該具備一些安靜的角落，讓孩子可以自己玩一會兒或休息一下。幼兒園希望培養孩子多方面的能力：學習、社交、藝術、音樂和體育。培養的重點是創造力、獨立性、合作能力（商量和分享遊戲設備，而不是爭搶）和把孩子自己的觀點融入遊戲中的能力。

圖 6-4

「幼兒園」通常被認為是進入小學之前學習的地方。但幼兒園並不意味著只有入學之前才能去，因為它本身就是學校。幼兒園不應該把重點放在為孩子以後進入「真正」的學校作準備上，而是應該關注他現階段的教育需求。

幼兒園教育不同於照看孩子。照看孩子是指從出生到 3 個月大，再到大一點的某個階段對孩子的照顧，這時培養的重點不在教育。而幼兒園則意味著一天中的部分時間主要用來進行程度相當的教育。其差異就在於理念，這種理念把童年的早期階段視為高密度學習的時期，而不只是一個等待真正學習開始的空閒階段。

**孩子在幼兒園學什麼？** 許多三、四歲大的孩子早已習慣了幼兒園的常規，而有的孩子卻還得學著

適應離開家的生活。不管是否接受過家庭之外的照顧，孩子進入幼兒園以後還是要面對同樣的挑戰。他們不僅要學會控制自己的情緒，還要學習適當地表達情緒。他們要在群體中與人相處，還要實踐自我的想法和意願。他們需要機會做個小小領導者，同樣也必須懂得接受別人的領導。不同年齡的孩子所組成的幼兒園尤其有利於這種自然而然的學習過程。

三、四歲大的孩子會很自然地對周遭世界產生好奇，他們也善於學習這個世界的很多規律，比如種子是如何發芽的，水是如何流動的，黏土捏起來感覺如何，顏料混在一起時顏色會發生什麼變化，為什麼有些積木疊成的塔很穩而另一些卻會倒塌，諸如此類的問題。好的幼兒園教育可以為孩子提供很多動手操作的機會，讓他們去發現世界和探索世界。

根本的原則在於，孩子能夠在幼兒園裡學會如何學習。好的教育會讓孩子認識到學習是具有創造性的探索活動，而不光是枯燥的記憶，他們會逐漸認為學校是舒適安全的地方。

**為幼兒園做好準備。**好的幼兒園是兼容並蓄的。不是每個孩子都要有超前的讀寫能力和藝術才能，或者表現得格外有禮貌。每個孩子在成長中都要面對不同的挑戰。有教育經驗的幼兒園老師都經過專業訓練，能夠教育優點不同、需求各異的孩子。

剛進入幼兒園時，很多孩子使用的都是包含 3～5 個詞彙的簡單句子。他們可以表達自己的需要，也能講述剛剛發生的事情。能夠理解聽到的大部分語言，還能執行比較複雜的指令。可以聽幾分鐘長短的故事，然後用自己的話說出來。但是，有些大人覺得非常清楚易懂的詞語，他們卻很容易誤解。比如，如果說：「餓得可以吃下一匹馬。」3 歲的孩子可能會很嚴肅地指出這裡根本沒有馬。

3 歲的孩子很容易說錯單詞的發音。整體來說，大人至少應該明白他們說的 75% 的詞語。對於發音有問題或口吃（**在這個年齡很常見，請參閱第 609 頁**）的孩子來說，如果人們不明白他們說什麼，就會讓他們產生挫折感。一個善解人意又有耐心的老師會幫上很大的忙。

有一部分幼兒園要求孩子上學前

能夠習慣在洗手間大小便。對還在使用尿片的孩子來說，看到周圍的同儕夥伴都能像大人那樣去洗手間上大小便，會是一種巨大的激勵。大部分孩子在幾星期的努力學習之後都可以掌握使用洗手間的方法，但很多孩子仍然需要別人幫他們擦屁股，至少需要有人提醒他們擦乾淨後洗手。幼兒園的老師都知道，能夠獨立使用洗手間對孩子來說具有里程碑似的意義，所以老師都很樂於跟父母合作，幫助孩子達到這個目標。

幼兒園每天都有固定的用餐時間。到了3歲大的時候，孩子通常都能夠用手拿食物，也會用杯子喝水，還能理解基本的用餐規矩。有發育障礙的孩子，比如患有腦性麻痺的孩子，吃飯時可能需要專門指導，這也是孩子們教育內容裡的一部分。

如果孩子對基本的穿衣服和脫衣服感興趣，例如穿外套，套靴子，就會容易一些。老師通常需要協助他們繫扣子、拉拉鏈和按緊鈕扣。如果有些孩子一開始需要更多的幫助，也是正常的。

**優秀的幼兒園應該是什麼樣子？** 一個好的幼兒園老師要能同時勝任很多角色，包含照顧孩子的看護人、播下學習種子的教導員、體育教練、創造性的藝術、音樂和文學的引導者。父母對幼兒園老師工作了解得越多，在自己教育孩子的過程中就越能夠發現和欣賞這些老師的優秀之處。在孩子接受某位老師的教育之前，應該對這位老師的能力和水準進行評估，其中一項重要的參考標準就是教室的布置。

幼兒園的教室應該跟大一些的孩子所用的教室不同。不應該將桌椅整齊排放，而要為不同活動設置專門的區域，比如畫畫、疊積木、編故事、看書和玩伴家家酒等。

在標準的幼兒園裡，孩子會有足夠機會依照他們的喜好在不同區域活動。他們教育的重要內容就是學會如何選擇一項活動，然後在一段時間內堅持這項活動。好的老師會密切注意每一個學生，知道他們在什麼地方，活動進行得怎麼樣了。如果孩子難以決定做什麼，老師就要引導他作出選擇。如果孩子一直在進行同樣的活動，老師就要幫助他作出其他的選擇。

教室的許多地方要每天變換花樣。如果這一天藝術區主要是手指塗鴉，一兩天後就要換成用馬賽克

材料創作的作品。下一次又是裝訂成書的幾頁紙張。一項內容要持續多久則依據孩子的興趣而定。

除了普通的活動區域，教室的某些部分還可以反映與課堂內容相關的活動和特殊的主題。比如，這個月是一間雜貨店，孩子們可以購物、改建店面或列出財產清單。下個月又可以換成郵局，之後還可以是麵包店等。

不同的區域可以和課堂內容相關。例如，去過披薩店以後，孩子們就可以把教室的一角改成一家小餐廳。這些特別區域反映出孩子正在形成的價值觀和想法，比如對環境的關注，他也許會設置一個室內花園，還會在附近散步時收集一些物品擺在裡面。

在做計畫和實現這些改變的時候，老師會聽取孩子的想法，明白教室不是他的，而是孩子們的。當孩子思考和討論如何利用空間時，他們會學到如何協商與合作，這非常重要。

老師還可以布置一些教室之外的活動場地。學齡前兒童需要在室外活動。一個精心設計的場地應該有可供跑步、攀爬、騎車和進行想像力遊戲的安全區域。老師要注意到每個孩子，了解他們在做什麼，已經做了多久。必要時，老師要為孩子提供指導，有時還要參與到孩子的遊戲裡去，有時則是在旁邊靜靜觀察。

老師還可以利用附近的大環境安排一些有創意的活動。繞著街區散步，孩子就有機會觀察不同形狀的葉子，各種建築材料，或者街道上的標誌和它們的含義。這些觀察都可以作為課堂討論和其他室內活動的內容。這樣一來，周圍地區就成了幼兒園可供利用的有趣延伸。

**離開家的第一天。**一個外向活潑的 4 歲孩子到幼兒園可能會像鴨子下水一樣自如，不需要溫柔的引導。但如果一個敏感而又對父母有依賴感的 3 歲孩子，情況就大不相同了。第一天，當母親把他留在學校時，他可能不會立即發作。但是卻很快就開始想念媽媽。發現媽媽不在身邊的時候，會開始產生恐懼感。第二天，他可能就不願意離開家了。

如果孩子如此依賴父母，那麼適應學校的過程最好放慢一些。最初幾天，母親可以待在周圍看他玩耍，過一段時間就把他領回家。這

樣,逐漸增加每天待在學校的時間。在這段時間內,孩子會建立起與老師和其他同學的聯繫,當母親不再陪著他時,這種聯繫能讓他產生安全感。

有時候,孩子在剛開始的幾天內會很開心,哪怕母親離開了,也能獨自待在學校。但是,一旦他受了傷,就會立刻要找媽媽。在這種情況下,老師可以幫助母親作個決定,看看是否有必要再回來跟孩子待幾天。即使陪在學校,母親也應該待在孩子注意不到的地方。因為這會培養孩子融入群體的動力,進而讓他忘記自己對母親的需要。

有時候,母親的憂慮比孩子還要嚴重。如果媽媽說了 3 次再見,每次臉上都帶著憂慮的表情,孩子就會想:「如果媽媽走了,把我一個人留在這兒,好像會發生什麼糟糕的事情。我最好別讓她走。」母親擔心的是,她的小寶貝第一次離開媽媽會有何感受。這種心理很正常。在這種情況下,老師常常可以提出很好的建議,因為他們有很多經驗。開學前的家長會可以讓老師提早了解孩子,還能幫助你和老師彼此建立信任,以便從一開始就融洽地合作。

如果孩子離開父母時表現出嚴重的焦慮,他可能就會發現這樣能控制富有同情心的父母,然後就會逐漸利用這種控制力。

如果孩子不願意去上學,或者害怕回到學校和體貼的老師在一起,那麼我認為,父母最好能表現出堅定的態度和信心,告訴孩子說,每個孩子每天都要去上學。從長遠來看,讓孩子克服他的依賴感比屈服於這種依賴要更有好處。如果孩子的恐懼達到了極端的程度,那麼父母最好與兒童心理健康方面的專家討論一下。

**回家後的表現。**有些孩子在開學前幾天或幾週內會感到很吃力。大群體、新朋友和新事物讓他應接不暇,疲憊不堪。如果孩子起初很累,並不代表他無法適應學校,這只不過表示他在適應新環境之前,要暫時做一些妥協。跟老師談談,看是否需要暫時縮短孩子上學的時間。在 9～10 點去學校是最妥當的方法,把容易疲勞的孩子提前接回家的效果比較不佳,因為孩子通常不願意在玩到一半的時候離開。

在全天制的學校裡,那些一開始過於興奮或緊張而無法睡午覺的孩

子，在最初幾週的疲勞問題會更加複雜。針對這種暫時的問題，可以讓孩子每週有一兩天的時間待在家裡。有些剛開始上幼兒園的孩子儘管勞累，也會努力控制自己的情緒，回家以後，他們就會放縱地發脾氣。對這種孩子要格外有耐心，還要跟老師說明一下。

經過良好訓練的幼兒園老師通常都非常善解人意。無論孩子的問題是否與學校有關，父母都應該跟老師討論一下。老師可能會有不同的見解，而且很可能有解決類似問題的經驗。

**幼兒園的壓力。**教育是競爭性的，幼兒園也無法避免。雄心勃勃的父母常常把選擇一所合適的幼兒園當成拿到常春藤聯盟文憑的第一步。一些幼兒園在這樣的壓力下加入了更多的學習內容、課程設置和教學實踐。老師教孩子背字母表，拼寫一些簡單的詞語。孩子們被要求練習一套套數學題。每天都會有一段做功課的專屬時間，這段時間常被稱作「座椅功課」（長時間坐在椅子上，集中注意力完成一項功課）。這些努力都是為孩子登上下一個教育階梯做準備。

這種方法有什麼問題嗎？大多數孩子都渴望取悅老師。給他們一張字母表去背誦，他們會很認真地完成這項工作，很多孩子真能因此學會這些東西。經過不斷重複的訓練，甚至能在看到某些單詞時認出它們。一些程度比較高的孩子還能讀出簡單的詞語。很多孩子在剛上幼兒園時就表現得非常出色。

但是研究顯示，到了二年級結束時，這些孩子的閱讀能力會跟其他孩子差不多。他們之前付出的大量時間和努力並不會取得長期的優勢。此外，很多孩子還會覺得讀書和算術是極端無聊、非常艱難的事情，於是不會再主動學習了。

這並不是說幼兒園不應該教孩子字母和數學，而是說這些學習內容必須跟對孩子有意義的活動結合在一起。比如，最好聽老師朗讀故事然後討論，而反覆記憶單詞卡片就沒那麼好，因為前者可以自然地引起孩子對字母和單詞的興趣。

在鼓勵之下，孩子會在生活中注意到各種圖示和標籤，讓他們感到有趣又重要。他們還會編故事。老師可以把這些故事寫下來，再讀給孩子聽，這能讓孩子更積極地參與其中，並且為他們帶來成就感。

幼兒園的老師知道如何把孩子的

注意力集中在寫字和算數上，這幾乎是所有活動的組成部分。比如，如果教室裡養了一隻寵物倉鼠，孩子就能從籠子下面的標籤學會讀出這種動物的名字。老師可以讓孩子們輪流負責餵養它，然後製作一個日曆，在上面標出餵食的時間，讓孩子們算算還有多久會輪到自己。透過真實的生活體驗，孩子會建立起對文字和數字的概念。

幼兒園進行過多學習教育的另一個弊端是會占用孩子們玩耍的時間。玩耍是孩子學習知識和經驗、發展社交能力、開發創造力的最佳途徑。技能加訓練的幼兒園教育方式會讓孩子們認為，學習是一種痛苦的責任，他們只能服從安排，而以玩為中心的教育方法會讓孩子們熱愛學習。

# 2 學校和學校裡的問題

一個相當投入工作的校長曾對我說：「每個孩子都有某種天賦，我們的任務是幫助他們發現自己的天賦，並培養這種天賦。」我認為這與教育的本質非常接近。事實上，「教育（education）」一詞源自拉丁語，意為「引導」，也就是激發孩子的內在特質和優點。還有一種觀點認為，老師必須把知識灌輸給學生，而學生就像等待被填滿的空罐子。前後兩種說法截然不同。一個世紀前的著名教育家約翰·杜威（John Dewey）說過：「真正的教育可以解放人類的靈魂。」我一直堅信這點。

## 學校的宗旨是什麼

孩子在學校學習的主要內容應該是如何適應這個世界。學校的不同課程只不過是為了達到這一個目的而採取的手段而已。學校的任務之一就是要讓學習變得有趣和真實，讓孩子願意學習，並且能夠記住這些知識。

如果人們不開心，無法跟他人相處，或者不能把握自己喜歡的工作，那麼博學多聞是沒有意義的。優秀的教師會努力了解每個學生，幫助他們改善自己的不足之處，成為一個全面發展的人。缺乏自信的孩子需要機會體驗成功。總是製造麻煩的孩子必須學會透過好的表現得到大家的認可。不知道如何結交朋友的孩子需要得到相應的幫助，讓他們變得更加合群，更有魅力。看起來懶惰的孩子則需要有人來激發他們的熱情。

## 斯波克的經典言論

過去，人們曾經認為，學校的責任就是教孩子如何讀書、寫字和算術，同時傳授大量關於世界的知識。我曾聽一位老師說過，他自己在求學的時候，甚至必須記住介詞的定義，大概是這樣的：「介詞通常表示位置、方向、時間或其他抽象關係的意義，用來把名詞或代詞與其他詞連接在一起，發揮形容詞或副詞的作用。」當然，在背誦這個定義時，他並沒有學到什麼。因為只有在所學的東西有意義的時候，才能學得好。

**教師如何讓學校生活變得有趣？** 如果學校按照固定的方式教學，那就只能在課堂上讓每個孩子閱讀相同的內容，再做同樣的練習題。這種方式對一般的孩子來說還是很有效的。但是，對很聰明的孩子會顯得過於單調，對智力稍差的孩子來說又顯得太難了。不僅如此，還會為討厭讀書的孩子提供搗亂的機會，讓他們把紙條黏在前面女同學的辮子上。而且這種教學方法對孤僻的孩子，或不太會與人合作的孩子來說沒有任何幫助。

如果老師談到了一個學生們感興趣的話題，那麼，他還可以把這個話題帶到其他科目中去。以三年級的一個班級為例，學生們這個學期的學習內容是圍繞著印第安人展開的。孩子們對各種部落了解得越多，他們就越想多了解一些。課本上講述了一個故事，孩子們就會想要知道故事中到底說了什麼。在數學方面，他們會學到印第安人如何計算，以及把什麼物品充當錢幣使用。這樣一來，數學就不再是一個孤立的科目，而是生活中一個有用的組成部分。地理也不再是地圖上標出的一些點，而是印第安部落生活過和走過的地方。在自然科學方面，孩子們會從漿果中提取染料，用它來染布，或討論印第安人部落如何適應不同的生態環境。

有時候，如果學校的功課趣味性太強，人們就會覺得不踏實，認為孩子應該把時間花在學習如何做那些不愉快和困難的事情。但是，如果冷靜地想一想自己認識的那些成功人士，你就會發現，那些人通常都熱愛著自己的工作。無論什麼工作都包含著大量乏味的事情。但人們之所以願意做這些乏味的事，是因為知道它聯繫著工作中很有吸引

力的一面。達爾文上學的時候成績並不好，後來他對博物學產生了興趣，開始從事前所未聞，最辛苦的研究工作，最終得出了進化論。一個上高中的男孩可能認為幾何沒什麼意義所以討厭它，結果學得很差。但如果他要學習駕駛飛機，就會明白幾何學的用處，意識到它可以挽救全部機組人員和乘客的生命，也就會拚命學習幾何了。

出色的老師都知道每個孩子必須培養自律能力，才能成為有用的人。但是，不能像幫孩子戴手銬一樣，讓他們從外在行為一下子學會自我約束。這是一種逐漸培養的內在意識。孩子首先必須理解自己行為的目的，認識到自己做事的方式會影響到別人。當產生這種責任感時，才能獲得自我約束的能力。

**把學校和外界聯結。**學校應該讓學生直接了解外面的世界，這樣他們就會知道自己的功課與現實生活是有聯結的。學校可以安排學生到附近的工廠參觀，邀請社區的人到學校為學生講課，還可以鼓勵學生在課堂上展開討論。可以讓學習食品的班級去觀察蔬菜的生長、收穫、運輸和銷售等具體過程。讓正在學習政府職能的班級去參觀市政機關、讓他們列席議會的會議等。

好學校的另一個重要職責就是教導學生懂得民主，但並不是作為一種愛國主義來灌輸，而是一種生活方式和做事方法的教育。優秀的老師都懂得，如果上課時表現得像一位獨裁者，就不可能單靠書本教學生懂得民主。老師會鼓勵學生自己決定如何完成某些課題，如何克服以後遇到的困難。優秀的老師會讓學生自己決定由誰來完成某項工作的某一部分，而誰來負責另一部分。學生就是這樣學會了互相肯定，也是這樣學會了做事的方法。不只是在學校如此，在別的地方也一樣。

如果老師把一項工作中的每一步驟都作了交代，那麼當老師在教室時，孩子就會按照老師說的去做。但是，一旦老師離開教室，許多學生就會開始到處胡鬧。原因在於，這些學生會覺得上課是老師的事，而不是他們的事。但是，如果讓學生參與選擇和計畫，讓他們在實施計畫的過程中互相配合。那麼，無論老師在不在，學生都會認真地完成作業。因為他們清楚這項工作的目的，也知道完成這項工作所需的步驟。每個學生都為自己是群體中

受尊重的一員而感到自豪,每個人都感到了對別人的責任,所以他們都想分擔這項工作。

這是紀律很高的表現形式。這種訓練方式和精神狀態能夠培養出最好的公民和最有價值的勞動者。

**學校如何幫助學習困難的孩子?** 要制訂靈活有趣的教學計畫。這樣做不僅能讓學習內容富有吸引力,還能針對個別孩子的情況進行調整。以一個二年級的女孩為例,她所在的學校採用的是分科教學的方式。她在閱讀和寫作方面有很大的困難,成了全班最差的學生,她也因此感到非常丟臉。但是除了表示自己討厭上學以外,她什麼也不願意承認。她和其他孩子一直相處得不好,即使在她的學習問題出現之前也是這樣。她總覺得自己在別人眼裡很愚蠢,這使她的問題越來越嚴重。她變得很好鬥,偶爾也會神氣活現地在班上炫耀自己,老師可能會以為她是想自暴自棄,但事實上她只是想用這種不恰當的方式贏得同學的注意。這是她不想脫離群體的一種自然表現。

後來她轉學到了另一所學校。這所學校不但幫助她學習閱讀和寫作,還幫助她在群體中找到了位置。透過和她母親談話,老師得知她很善於使用工具,而且非常喜歡畫畫。這樣一來,老師就找到了讓她在班上發揮長處的途徑。當時,學生們正在畫一張反映印第安人生活的大幅圖畫,畫完以後要掛在牆上。同時,他們還在集體創作一個印第安人村子的模型。於是,老師安排這個女孩參與這兩項工作,做一些她不必緊張就能做好的事情。

日子一天天過去了,這個女孩對印第安人越來越著迷。為了把她負責的那部分畫好,把她承擔的那部分村子模型做得準確,就必須從書裡查閱更多關於印第安人的資訊。於是她開始想看書了,她變得越來越努力上進。她的新同學從來不會因為她不會閱讀就把她當成傻瓜。他們更常注意到的是她在創作那幅畫和村莊模型上投注了多大的幫助。有時候他們會誇獎她做得好,還會請她幫忙。這個女孩開始有了熱情。畢竟,她已經因為得不到認同和友情痛苦很長時間了。當她覺得自己更受人喜歡時,隨之也變得更友善更開朗了。

## 學習閱讀

關於教孩子閱讀的問題一直飽受爭議。20 世紀初，大多數人都認為孩子不應過早學習閱讀，以免影響他們還未發育成熟的大腦。20 世紀 60 年代，研究者們發現，即使是很小的孩子也會透過對父母的觀察獲得許多讀寫能力。另外，如果給孩子蠟筆和紙，他們通常會嘗試畫一些字母和單字。早在正式入學以前，他們可能已經從麥片盒和街道標示牌學會了很多常見單字。有些教育者過於青睞這種自然獲得的讀寫能力，甚至認為全部的語言能力都可以透過這種方式培養，所以正式的教育完全沒有必要。

但是，在過去 10 年中，教育研究又回到了原先的觀點，就是孩子必須學習字母表的用法。直接的教育讓孩子受益，但這種教育不是枯燥的技能加練習式的記憶，而是學習字母如何發音，這些發音又如何組成單字。這種重新重視基礎語音教學的觀點可貴之處在於，它沒有否定孩子能夠自然獲得讀寫能力的看法，而是認為兩種學習方式都是孩子需要的。他們需要聽別人念書，需要自己編故事，把這些故事念給父母和老師聽，然後再復述一遍，還需要花很多時間玩字母和單字的遊戲。

這些都是美國國家科學研究委員會（The National Research Council）在 1998 年發表的一份具有里程碑意義的報告，《避免幼兒閱讀困難》（Preventing Reading difficulties in Young Children）的經驗教訓。我們有理由希望這份報告可以終結關於讀寫教育長期困擾老師的爭論，讓更多的孩子掌握讀寫能力。

## 體育課

增強體質不止意味著預防疾病。它的目標是擁有強壯、靈活和協調性強的身體，學會享受運動的快樂。許多三、四歲大的孩子已經展示出這些基本的體適能。但是隨著年齡逐漸增長，他們要花上更多時間坐在教室裡讀書或寫作業，於是體適能通常也會隨之減弱。

過去，公立學校普遍要求每天都要安排體育課。但是近年來，每天都上體育課的學生數量大大減少。現在幾乎沒有幾所高中的學生還能每天都上體育課，只有不到半數的中學會在 3 年內都安排體育課。

**體育課的好處。** 過去體育課的

主要內容是訓練孩子參加競爭性的體育項目。然而近年來，關注點已經變成培養健康的習慣和保持健康，目的是希望孩子們能把體育活動變成生活的一部分。經常進行體育鍛鍊還可以提高注意力，這對有過動症的孩子尤其有幫助。經常鍛鍊身體是一種治療輕度憂鬱，安全又有效的方法，它似乎還可以提高情緒正常者的正面情緒。進行各種體育活動，例如游泳、跑步、健身操或其他項目，可以幫助孩子找出他們最喜歡的運動。由於協調能力和耐力的提高，他們會越來越能享受體育運動，也更容易堅持下去。

孩子還可以學習體育精神、團隊合作，同時學會包容那些技能不如自己的人，甚至還能幫助孩子接受自己的弱點。對那些有學習障礙的人來說，體育課提供了超越自我和建立自尊的機會。對很多孩子來說，有活力又需要技能的體育運動是自我表達的重要途徑。有些孩子透過畫畫或寫日記來宣洩情感，另一些則透過身體上的運動來獲得同樣的效果。如果體育老師或教練能夠理解體育活動對孩子情感產生的作用，孩子們就會從中受益，還會跟他們建立良好的關係。

## 父母和學校

如果父母能和老師互相配合，孩子的學習效果會是最好的。如果孩子看到父母對老師十分尊敬，他們也會尊重老師。如果孩子在學校表現良好，父母就很容易和學校保持一種正面的關係，但是，如果孩子正在辛苦地努力學習，或者學校在有些方面需要改進，那麼家庭和學校之間的正面關係將更為重要。

**父母在學校。**除了參加家長會以外，父母還要努力了解孩子的老師。要主動參與班級事務，參與孩子的校外教學和特殊活動。老師通常比較容易和積極參與班級事務的家長溝通。如果孩子有任何學業、行為或人際交往方面的困難，學校就會早早地告訴父母。這些問題在最初階段最容易解決。除此之外，有父母和老師共同參與的解決方案幾乎總是更加有效。

各種父母組織，例如家長教師聯合會（PTA）都為學校教育做出很大貢獻。父母的共同努力可以為學校提供孩子生活的重要回饋資訊。比如，孩子在家裡提到了哪些擔心的問題？學校教育哪些方面很出色？哪些還需要改進？當你在家長

教師聯合會投入時間和精力時，就會在學校這個團體中贏得一定的位置。老師和校長就更容易把你視為夥伴，並盡量滿足孩子的需要。

父母與老師和管理部門合作時，會獲得自信，較容易分享重要的個人資訊。如果家裡發生了不愉快的事情，比如孩子的祖父母去世或父母離婚了，那麼讓校長和老師了解這些情況是有好處的。他們可以為孩子提供支持，還能留意孩子出現心理壓力的跡象。

**父母要做積極的推動者。**面對看來龐大又缺乏人情味和責任心的教育體制，有些父母可能會感到無助，另一些父母則感到自己在孩子的教育問題上被賦予了領導者的角色。領導並不一定要全權負責。優秀的父母都知道，他們要跟老師和校長合作，有時也要跟醫生和治療專家配合。雖然這些父母態度溫和，也懂得為別人著想，但是他們堅信自己的孩子要接受最好的教育。他們清楚自己的權利，並且願意與其他優秀的父母合作。這樣一來，他們就成了促進孩子接受積極教育的動力。並不是所有學校工作人員都喜歡這些激進的父母（畢竟他們會提出很多要求，還會問很多問題），但是管理者通常會尊重他們，還會透過努力工作來滿足他們的要求。

**做一個學習的好榜樣。**看到父母努力地繼續學習，孩子會更積極參與學習活動。這個原理不僅適用於擁有高學歷的家長，對那些沒有高學歷的家長也同樣適用。期望可以高一些，但必須現實。就像一個同事所說：「我的孩子知道他們必須盡其所能。因為他們可以得「優」，他們知道我期望他們得「優」。」對其他孩子來說，這種可以達到的目標也可能是得「甲」，或者在特殊教育課程中努力學習。不論孩子的能力水準如何，當他們有了嚴格卻實際的目標時，就更容易成功。

**父母的教育經驗。**父母參照的標準往往是自己學生時代的經驗。當然，很多事情已經發生了改變，但父母這樣的比較是很自然的。如果過去曾幸運進入了一所好學校，就可能對孩子的學校要求很嚴格。我認為很多成年人都傾向於對校園生活的記憶理想化，於是他們孩子所處的環境無論如何也達不到他們的理想標準。另一種情況是，父母的學校經驗可能很不如意，讓他們

對教育體系產生了消極的看法。重要的是要保持開明和樂觀的態度，相信孩子一定會擁有更好的教育，而父母與學校主動、投入、周全的合作就可以使之成真。

## 家庭作業

**為什麼要做家庭作業？**低年級學生做家庭作業的主要目的，就是讓孩子熟悉在家裡學習的概念。家庭作業還可以幫助他們培養時間管理能力和組織能力。隨後，家庭作業就具備了三大目的，分別是讓孩子學會運用在課堂上學習的技能或概念、讓他們為下一次課程做好準備，以及有機會完成一個任務。這個任務要不就是很耗費時間，要不就是需要外界資源的支援（比如圖書館、網路或家長）。

在標準化測試中，孩子做的作業越多，成績就越好。顯而易見的是，當老師對學生的學習期望值較高時，孩子就會學到更多東西，而這種期望就包含著相對較高的作業要求。

**應該規定多少作業？**應該規定多少作業並沒有硬性和統一的標準。美國國家教育協會（The National Edu- cation Association）和家長教師聯合會已經對家庭作業的時間提出了這樣的建議：對剛進入小學的學生（一年級～三年級）來說，每晚作業時間建議大約 20 分鐘，四年級～六年級大約 40 分鐘，七年級～九年級則約 2 個小時。

有些學校規定的作業比其他學校多，這並不能保證得到更好的成績，尤其是在小學和國中階段。超過一定的限度後，作業不但會增加學生的壓力，還會擠壓其他有益活動的時間，例如做遊戲、進行體育活動、上音樂課、發展個人喜好和休息。數量多並不一定表示效果好。如果孩子做作業的時間總是大大超出父母的預期，可能就需要跟老師談一談。原因可能是父母的期望不太符合實際，也可能是孩子正經歷著特殊的困難，需要個別輔導與處理。

**輔導孩子做作業。**如果孩子詢問父母關於作業的問題，父母應該怎麼做？如果他因為看不懂題目而希望解釋清楚，那麼為他講解一下也沒什麼害處。（沒有什麼比向孩子證明自己確實知道點什麼更能讓父母滿足了。）但是，如果孩子因

為不會做而要求父母幫他完成作業，就應該先向老師諮詢。優秀的老師更願意幫助孩子理解題目，然後讓他們自己找出答案。如果老師太忙了，沒有時間為孩子進行額外的輔導，那麼父母就只好挺身而出了。但即使在這時候，父母也只能幫助他理解題目，而不是直接告訴他答案。孩子會有很多老師，父母只有一對。所以，履行父母的職責更加重要。

有時老師會告訴父母，他們的孩子在某個科目上成績下降，建議父母聘請私人輔導。有時候父母也會察覺孩子成績的下降。這是個必須謹慎處理的問題。如果學校可以推薦一個優秀的私人輔導，父母也付得起費用，那就最好聘請他。因為一般說來，父母都無法勝任私人輔導的角色，不是因為他們對知識掌握得不夠或者不夠努力，而是因為他們太在乎學習的成果。如果孩子無法理解課程，父母很容易就會灰心喪氣。

如果孩子已經被功課搞糊塗了，不耐煩的父母還可能讓孩子雪上加霜。另外，父母的方法可能不同於老師的方法，如果孩子已經對學校的功課感到困惑了，那麼當父母用另一種方法重複這些內容時，孩子很可能會變得更加困惑。

這並不是說父母永遠都不應該幫孩子輔導功課，有時候父母的輔導也可以達到很好的效果。先徹底跟老師談一下這個問題，如果輔導得不夠順利，可以作出一些調整。無論是誰輔導孩子的功課，都要定期與老師聯繫溝通。

## 學校裡的問題

在學校裡發展各項能力是我們給孩子的第一項責任。對待學業問題，要像對待高燒一樣具有警覺性，只要出現問題，就必須迅速採取措施找出原因，讓事情朝好的方向發展。無論原因是什麼，如果問題持續下去，孩子就會把自己想像得很差勁。一旦孩子認定自己很愚蠢、很懶惰或很壞，再想讓他們改變想法會很困難。

**學校問題的原因**。一般來說，原因可能不止一個，很多問題會共同導致孩子在學校表現不佳。智力水準一般的學生可能在精力旺盛、壓力過大的班級中表現得很差，而聰明的學生則會在節奏緩慢的班級中感到無聊和缺乏動力。被人欺負

的孩子也許會立刻對學校產生厭惡，同時成績下滑。聽覺問題和視力缺陷、慢性病、學習障礙（**請參閱第 714 頁**）和過動症（**請參閱第 586 頁**）都會引發嚴重的問題。有睡眠障礙的孩子可能長期處於疲勞狀態，因而無法集中精力。不吃飯就上學的孩子數量多得令人難以想像。其他的心理原因還包括對疾病的憂慮、對壞脾氣父母的恐懼、父母離異或身體虐待和性虐待等。

孩子單純因為懶惰而表現不佳的情況很少見。放棄努力的孩子並不是懶惰。孩子天生具有好奇心而且充滿了熱情。如果他們沒有了學習的動力，那就表示存在某些問題，而且這個問題亟待解決。

學校問題不只是分數問題。優等生可能會對自己過於苛求，因此時刻處在焦慮之中，這樣的孩子會胃痛，並且害怕走動，這也屬於學校問題。那些努力想要拿到「優」的學生可能沒有時間交朋友和做遊戲，他們同樣需要幫助，需要學會平衡學習和休息的時間。

**找出問題。**可以跟孩子友善又心平氣和地談談他在學校遇到的問題。要採取溫和而鼓勵的態度。問問他自己覺得可能是什麼問題，詢問一下事情的具體情況，他是怎麼想的，感受如何。跟老師和校長見個面。最好把他們當成合作者，而不是敵人。就算老師或學校可能是問題的來源之一，開始時也要把他們看成是與自己同一邊的。諮詢一下孩子的醫生、發育和行為方面的兒科專家、兒童心理學家或者對存有學校問題的孩子有研究的專家（**請參閱第 672 頁**）。還應該找一位醫生確認一下，比如對孩子治療最重要的醫生或專家，把所有資訊匯整起來，再根據這些資訊更有效地判斷問題出在哪裡，決定下一步該做什麼。

**學校的干預。**教育者和父母可以用很多方法盡量減少，甚至避免學校問題。如果問題在於學業壓力過大，可以把孩子安排在一個不分等級、壓力較小的班級。如果問題在於同學的取笑或欺負，老師就要介入其中，告訴全班同學要互相關心、互相幫助，絕不要傷害其他同學的身體和感情，如果發現有別人在傷害自己的同學，一定要告訴老師。這種積極的教育會有極大的幫助，如果能在整個學校的範圍內共同徹底實行，效果絕對會更加明顯。對於學習障礙，特殊教育通常

都會很有幫助。對於過動症，要把藥物治療和行為治療結合起來（**請參閱第 586 頁**）。父母和老師之間更好的交流常常可以促進行為問題的解決。

如果孩子還不夠成熟，那麼再上一次幼兒園或一年級會有幫助。但此後，單純的重讀某個年級並不是解決嚴重學校問題的有效方法，甚至會引起一場痛苦的災難。社交關係和情感上的變動，以及對自尊心的打擊常常會導致孩子最後放棄學業，國中階段尤其容易這樣。

**校外幫助。** 在校外環境中，父母可以做很多事情幫助有嚴重學業問題的孩子。大多數孩子都對周圍的世界充滿了好奇，當父母分享並鼓勵這種好奇的時候，孩子學習的興趣就會增長。要經常到公園、圖書館和博物館參觀遊覽。可以查閱當地的報紙，查看圖書館裡的公告欄或附近大學的布告欄，留意免費音樂會和講座的資訊。要聆聽孩子說話，注意他的興趣與喜好，然後按照這些興趣進行更深入的探索。如果學校生活讓孩子感到失望，那麼讓孩子熱愛學習就更加關鍵了。

**老師和父母的關係。** 如果兒子很討老師喜歡，是老師的驕傲，而且他在班上的表現也很好，那麼父母就會很容易和老師相處。但如果孩子總是惹麻煩，情況就很複雜了。優秀的父母和優秀的老師都非常有人情味，他們都為自己的工作感到自豪，也對孩子懷有責任感。但是無論哪一方，也無論他有多麼通情達理，都會在心裡暗暗地想，只要對方改變一下對待孩子的方法，孩子就會表現得更好。父母應該在一開始就意識到，老師和他們一樣敏感。父母還應該知道，如果自己能夠友善一些、合作一些，他們就能從學校獲得更多幫助。

有些父母害怕面對老師，他們忘了，老師其實也常常害怕見到父母。父母的主要工作是向老師清楚介紹孩子的成長經歷、興趣愛好、對什麼比較敏感、會作出什麼反應。然後，父母要和老師一起研究一下，看看怎樣才能在學校充分利用這些資訊。如果老師在課堂上成功地利用了這些資訊，父母也不要忘了稱讚老師。

有時候，無論孩子和老師作出多大的努力，雙方就是無法配合。在這種情況下，校長就應該插手解決這件事情，看看是否應該讓孩子轉到另一個班級去。

父母不應該因為孩子在班級裡學習成績不好而責怪老師。如果孩子聽見父母說老師的壞話，他就會學著去怪罪別人，推卸自己應該承擔的責任。但即使孩子真的成績不好，父母也應該對孩子表示同情，可以對他說：「我知道你有多麼努力。」或者說：「我知道，當老師對你不滿意的時候，你會有多麼難過。」

## 學習障礙

學校生活比較失敗的孩子常常以為自己很笨，他們的父母和老師也容易以為他們很懶。但最大的可能性是，他們既不是笨也不是懶。學習障礙（Learning disabilities）是神經病學領域的一種情況，會影響特定的學習功能，包含閱讀、寫作、計算等。多達七分之一的孩子存在這個問題。對學習障礙的確診，為適應、矯正和最終取得成功打開了大門。

**什麼是學習障礙？** 學習障礙就是一些與兒童大腦發育有關的問題，影響了孩子完成學習任務。有一種方法可以幫助理解這種情況，就是孩子的才能本來就是參差不齊

的（請參閱第 686 頁）。有的孩子可能寫作很棒，數學比較差。也有些孩子可能理科很強，外語較弱。各方面能力差異極大的孩子可能在某些科目上，或在某些學習過程中表現得特別差，甚至達不到最基本的要求，這樣的孩子是有缺陷的。

他們各方面能力的巨大差異可能會讓你聯想到許多患有學習障礙的孩子，在他們缺陷以外的其他領域可能非常有天賦。事實正是如此。比如我們經常會看到這樣的情況：一個數學很棒，也很有藝術眼光的孩子，閱讀能力卻很差。

重要的是，要明白學習障礙和智力缺陷是不同的問題。患有學習障礙的孩子，智商得分可能很高，可能一般，也可能低於平均水準。在許多關於學習障礙的法律定義中仍有一種比較老舊的概念，以指定特殊的學校教育。這個概念就是，如果一個人在智商和能力或個別科目的成績之間存在差距，就是學習障礙。這種概念的問題在於，對那些智商得分較低的孩子來說，雖然他們的智商和學習成績沒有差距，卻仍然可能患有學習障礙。這些孩子有時會被否認需要專業的幫助，因為他們的測試分數不符合對學習障

礙的老式定義。

患有學習障礙時，專門負責學習的腦部功能會受到阻礙。還有許多別的原因可能使孩子面臨學習困難。視力和聽力存在嚴重問題的孩子、肌肉或運動失調的孩子（比如肌肉萎縮症或腦性麻痺），以及帶有嚴重心理問題的孩子。他們雖然也可能在學習能力方面存在嚴重困難，但都不屬於學習障礙患者。

**學習障礙的表現。** 有學習障礙的孩子知道自己有某些問題，卻不知道問題出在哪裡。老師和父母都告訴他們要再努力一些。有時候，他們付出極大的努力後也可以有所成就。比如，一個孩子可能會花 5 個小時去做定量為 30 分鐘的家庭作業。他雖然成績良好，但就是無法日復一日這樣刻苦地學習（沒有人能夠在精疲力竭之前長時間全力以赴地工作。）雖然老師可能會很高興，但不明白為什麼他的成績不能始終保持在他能夠達到的水準上。老師非但看不出這個孩子非凡的努力，反而容易認為他很懶。於是可以預期的是，這個孩子很可能會變得討厭這個老師，因為他永遠都不能讓這位老師滿意。

我相信父母已經發現學習障礙的問題會發展成情感和行為問題。有些孩子會下定決心做班上的小丑，或者違反老師的規則，藉此讓大家把注意力從自己的缺陷上轉移到別處。他們認為，做壞孩子至少比做蠢孩子好。其他孩子則會默默忍受。他們會故意忘記交作業，也不積極參與班級裡的活動。還會在操場上打架，以此來發洩自己受挫的情緒。

**閱讀障礙。** 到目前為止，最常見的學習障礙涉及閱讀和拼寫。這種情況常常被稱作閱讀障礙（也稱為失讀症）。閱讀障礙在所有學習障礙的病例中占了 80%，有多達 15%的兒童受到影響，這的確是一種非常普遍的問題。閱讀障礙是遺傳性的，如果家長雙方都存在這個問題，那麼孩子出現同樣問題的機率超過 50%。男孩更容易出現閱讀障礙，患者的男女比例為 2：1。

閱讀障礙的表現會隨著時間變化，而且每個孩子都會有所不同。如果很小的孩子開始咿呀學語的時間比正常孩子晚，或者發出聲音的種類比正常孩子少，那麼他們長大後就可能患上閱讀障礙，這一點和說話較晚的學步期孩子一樣。如果一個孩子到了 5 歲還說不好話，那

麼他出現閱讀障礙的機率就很大。

在幼兒園和小學低年級時，患有閱讀障礙的孩子很難把字母和聲音聯結起來。他們可能知道字母歌怎麼唱，但說不出不同字母構成的聲音（他們也常常很難記住那些字母的名稱）。由於押韻需要孩子對構成詞語的聲音極為敏感，所以對閱讀障礙的孩子來說，押韻是很困難的。如果他們終於學會了讀幾個詞，那是因為他們把這些詞當成整體記了下來。他們沒有能力讀出每個字母的發音，然後再把這些聲音還原在一起，構成詞語。

患有閱讀障礙的孩子經常會把字母顛倒過來，還會把字型相似的字母弄混（比如 b、d 和 p）。但是，有一種常見的誤解，認為顛倒字母是閱讀障礙的主要特徵。其實 7 歲之前，顛倒字母是所有孩子都常犯的錯誤。有閱讀障礙的孩子說話時還容易把詞語的意思弄混，或者想不起常見物體的名字（比如門的把手或鼻孔）。

大多數患有閱讀障礙的孩子最終都能學會如何閱讀。但還是容易遇到困難，因而閱讀速度緩慢。他們常常無法掌握所讀內容的要領，因為必須花費大量精力去理解那些詞

語。各種測試對他們來說尤其艱難，因為他們要花很長時間去閱讀題目要求。如果按照自己的速度答題，就只能完成前半部的問題，然後時間就到了。如果很快做完了整套試題，就會出現很多錯誤，因為他們根本還沒有讀懂題目。然而，如果參加的是口頭測試，往往就可以看出他們對該科目的知識掌握很確實（患有閱讀障礙的孩子應該接受沒有時間限制的測試，以此作為個人教育計畫的一部分）。即使是成年以後，他們也很少為了消遣而閱讀，儘管在對什麼事情特別感興趣時，也可能強迫自己讀下去。

有閱讀障礙的兒童和成年人常常擁有特殊的能力，這也是我在第 706 頁描述，大腦發育不平衡的另一種表現。他們經常具有極強的創造力，還可能是優秀的影像思考者。許多傑出的科學家、企業家和藝術家都被認為患有閱讀障礙，其中包括愛因斯坦和畢卡索。（在我居住的地方，有一位世界知名的心臟外科醫生，他是克里夫蘭醫學中心的經營者。大家都知道他有閱讀障礙，但他的專業卻連孩子們都對他有很深的印象。）有一本很精美的圖畫書，講的是一個患有閱讀障

礙的女孩如何在學校裡刻苦學習的故事，書名是《謝謝您，福柯老師！》（注①）作者和繪者都是波翠西亞・波拉蔻（Patricia Polacco），她本人就患有閱讀障礙。閱讀障礙並不一定會限制孩子生活中的發展機會，有時反而會帶來更多機會。

大多數科學家都同意，閱讀障礙帶來的潛在問題主要是大腦裡處理語言聲音的區域。雖說閱讀需要視覺，但大多數具有閱讀障礙的孩子視力都非常好。（最近，有越來越多的驗光師聲稱，自己能夠透過眼部運動治癒閱讀障礙，但至今還沒有有力的證據可以證明這一點。）已經證實有效治療閱讀障礙的方法包括對大腦的訓練，讓孩子把聲音和字母聯結起來，把單個聲音組合成詞語。這些訓練項目中最有名的可能是奧頓－吉林翰（Orton-Gillingham）和琳達暮・貝爾（Lindamood-Bell）了，還有其他幾個也不錯，所有訓練項目採用的方法都是相似的。如果孩子患有閱讀障礙，就有必要找一位指導老師，或者找一個訓練項目，運用這些經過檢驗確實可靠的方法來獲得幫助。

面對閱讀障礙，就像面對其他學習障礙一樣，最重要的第一步很可能就是發現問題，給它一個名稱，然後讓孩子明白那不是他懶惰或遲鈍的問題，而是一個透過努力就能夠戰勝的困難。醫學博士莎莉・雪薇芝（Sally Shaywitz）撰寫的《戰勝讀寫障礙》（注②）是一本易讀又權威的指南。

**學習障礙的評估。** 對學習障礙的評估要從釐清幾個問題開始，包含孩子對特定的科目了解多少、他的閱讀準確性和閱讀速度怎樣，以及數學程度如何。針對這些問題所做的測試稱為成就測驗（achievement test）。

學習障礙評估也試圖確定孩子在學習過程中的強項和弱項，為了達到這個目的，心理學家會對孩子進行智商測試。廣泛應用的智商測試有好幾種：比如，魏氏智力測驗（Wechsler）、史丹佛—比奈智力測試（Stanford-Binet）和考夫曼測

注①：原文書名為《Thank You, Mr. Falker》，中文版由和英出版社出版。
注２：原文書名為《Overcoming Dyslexia》，中文版由心理出版社出版。

## 其他學習障礙

每一種學業成功必備的能力都有可能產生與之對應的障礙。下面列出了一部分學習能力，以及缺少這些能力所帶來的影響：

- **閱讀能力**：孩子必須能夠將書面符號（字母和字母組合）與它們代表的發音聯繫起來，再把這些發音連結在一起，最後將其與單詞建立聯繫。無法處理單詞發音的問題是很多孩子發生讀寫困難的原因。

- **書寫能力**：孩子必須能夠自動拼寫出字母，無需思考它們的形狀。如果停下來回想每一個字母，書寫速度就會降低，書寫的內容也會不連貫，導致無法按時完成任務。

- **數學能力**：解決基本數學運算（加法和減法）的能力，與空間想像能力和測量數量的能力存在潛在的關係。這方面有困難的孩子可能患有計算障礙，一種數學方面的學習障礙。

- **記憶能力**：記憶能力包括吸收資訊、儲存資訊以及在回答問題（例如「誰發明了電燈泡」）時能提取資訊。任何一個階段（吸收、儲存、回溯）出現問題都可能造成學習障礙。

- **其他能力**：還有很多具體的能力也可能出現問題，比如理解和表述口頭語言、讓物品保持整齊（排序）、快速記憶、支配身體的活動等。在一般情況下，孩子都會存在不止一方面的問題（當然也可能在不止一方面具有優勢）。

試（Kaufmann）。這些測試都包括智力遊戲和問題。從理論上說，這些測試方案可以顯示出孩子利用視覺資訊和口頭資訊解決問題的能力。不過，把智力作為唯一一種可測量指標的觀念還存有爭議，心理學家還警告我們，不要把某一次測試分數當成是對兒童思維能力的完整描述。

事實上，智商測試只是個開始。

神經心理學致力於測試人們如何利用不同類別的資訊。最好的學習障礙評估可能包括由神經心理學家進行的幾個小時測試，這著重於諸多心理過程，比如短時記憶和長時記憶、排序、注意力的保持和轉移、推理性思維、動作計畫、對複雜語法的理解等等。這種成套測試的目的在於，準確找到遲緩或薄弱的具體學習過程，以便強化它們，或者

幫助孩子透過其他學習方法來彌補這些不足。

**美國殘障人士教育法案。**自 20 世紀 70 年代以來，有一系列的法規陸續問世，明確規定學校在教育有特殊需要的孩子時應承擔的責任。1997 年修訂的殘障人士教育法案就是最近的例子。殘障人士教育法案針對所有患有殘疾和發育問題的孩子，其中包括過動症、閱讀障礙、說話和語言障礙等常見的問題。這項法規也包括了一些比較少見的情況，包括嚴重的視力和聽覺損傷、腦性麻痺等神經系統方面的問題，以及很多精神和情感問題，任何嚴重影響孩子在正常課堂上學習的問題都包括在此項法律當中。

殘障人士教育法案的宗旨是，每個孩子都有權利「在最不受限制的環境下接受免費和適當的教育」。我們有必要仔細琢磨這句話。「免費」，就是說學費由國家、州政府或者聯邦政府支付（通常都是三者的結合）。「適當」，意味著要確保孩子得到必要的學習條件。即使孩子需要的是一臺昂貴的助聽器，他也有權得到。如果他學習時需要一把特製的椅子來支撐他的身體，他就能得到。如果他需要一名助手才能完成課堂學習，那麼按照法律的規定，學校就必須配備一位這樣的輔導人員。「最不受限制的環境」意思就是，孩子不能因為某種殘疾被隨便安插到獨立的空間，跟同學們分開。把「不正常」的孩子安排在獨立的「特殊班級」曾經是普遍的做法，但現在是違法的。

根據殘障人士教育法案的規定，如果父母認為孩子患有學習障礙，那就有權利要求評估。這項評估必須在 90 天之內由學校完成。這種評估被稱作多元評估（MFE）或教育團隊報告（ETR），報告中包含了對身體機能的多方面評估。它會由一個團隊進行，其中包括一名學校心理師、孩子的老師和其他專業人士，如語言矯正與恢復專家，以及聽覺病矯治專家等。如果這個團隊得出結論，認為這個孩子符合學習障礙的標準，便會撰寫一份為他量身訂製的教育計畫（IEP）。這份計畫會為這個孩子確定一些教育目標，指定學校提供專門的教育服務，還會安排學校對這些措施的成效進行評估。根據法律，父母必須參與這個過程，還必須認同這些決定，如果他們在任何階段產生異議，隨時都可以上訴。

根據一項獨立的聯邦法案，那些資格不符合，無法接受特殊教育的兒童，在學校裡仍然可能享有特殊待遇的權利。比如說，一個患有過動症（**請參閱第 586 頁**）的孩子，如果不符合學習障礙的認定標準，那麼根據第 504 節的輔助計畫（簡稱為「504 計畫」），他仍然可能獲得特殊援助。

**學習障礙的治療。**治療學習障礙的第一步也是最重要的一步，就是每個人都要承認問題確實存在。然後，老師和父母才會認識到孩子是多麼努力地學習，才可能會表揚他們好學，而不是挑剔他們的成績。孩子需要別人承認他們不愚蠢，他們只不過有著必須克服的問題。他們不應該獨自面對這種問題，而要在父母和老師的幫助下，讓情況慢慢改善。

具體的教育治療取決於學習障礙的類型。治療閱讀障礙最有效的方法是強化字母和它們所代表的讀音對孩子的影響。孩子可以運用他所有的感官，像是摸一摸木製的字母，用紙把它們剪出來，或者把麵團做成字母的形狀，烘烤之後嚐一嚐。近年來，實驗性的新療法層出不窮，而且許多都很有成效。除了

直接面對問題，特殊教育者還要教孩子學會避開這些學習障礙。所以，有閱讀障礙的孩子就可以透過聽 CD 的方法讀書，書寫不佳的孩子也可以利用電腦完成作業。老師還要幫助這些孩子多關注自己的強項，發揮優勢。

## 不合群的孩子

從孩子的角度來看，得高分遠不及被同伴們喜歡來得重要。每個孩子都可能有過這種經歷，他會在放學一回到家就大聲說：「沒人喜歡我。」如果孩子總是有這樣的感覺，那就是個問題了。不合群的孩子每天都要經受新的考驗，如果孩子不合群，就可能受到同儕的輕視、嘲笑，甚至被學校的「小霸王」欺負，玩遊戲時，也沒有人願意跟他一組。他容易感到孤立無援，沒有自信，心情鬱悶。

不合群的孩子不知道該如何融入群體，或者根本做不到。他很可能意識不到自己的行為該如何讓別的孩子感到舒服。他交朋友的方式常常很笨拙，同齡的孩子因此會遠遠躲開他。別的孩子會說他是「古怪的」或「不友善的」（儘管他真的極度渴望朋友），不是迴避他，就

是想方法折磨他。不合群的孩子經常有發展問題，比如自閉症（**請參閱第 667 頁**）或過動症（**請參閱第 586 頁**）。其他孩子當然不理解這種情況。從他們的角度來看，他只是不知道怎麼玩，不遵守規則，或者總是堅持用自己的方式處理事情。其他孩子可能很殘酷，但是醫生和心理學家已經知道應該尊重他們的判斷，因為那是不合群的孩子存在嚴重問題的表現。

**幫助不合群的孩子。** 如果孩子特別不受歡迎，父母不要不當一回事。要觀察他和其他孩子的互動情況。客觀判斷自己孩子的行為可能很痛苦也很不容易。父母可以跟孩子的老師和其他照顧他的大人們談一談，這些人要能夠坦誠地對待父母。如果父母很擔心，那可以找孩子的精神科醫師或臨床心理師做一下專業評估，宜早不宜遲。全面評估不僅可以準確找出孩子存在困難的方面，也會找到他的強項。

作為一個與時俱進的家長，可以做很多事情來幫助自己的孩子結交朋友。你可以積極參與學校活動，認識一些孩子和家長。請老師在班上找一個比較友善的同學，讓他和孩子坐同一桌。邀請這個孩子到家裡玩，或者邀請他一起去公園，一起看電影，或者一起去兩人都感興趣的地方。只選一個朋友就好，這樣可以避免孩子成為古怪的局外人。剛開始幾次的遊戲時間要短一點，免得時間一長會出現什麼差錯。要提前提醒孩子怎麼玩。比如可以說：「要記住，問問約翰想玩什麼，那樣他就會玩得很高興，以後還願意再來。」觀察孩子，如果他有任何好的表現，事後要好好表揚他。在萬不得已時，也可以插手干預一下，以便讓遊戲回到正確的軌道上。

在跟別的孩子一起玩的時候，如果不合群孩子的父母就在旁邊，那麼其他孩子就會對這個孩子友善一些，任何年齡的孩子都是這樣。所以，可以幫孩子報名參加一些團體活動，比如體育運動或舞蹈班等。

把孩子的困難跟負責人解釋清楚，請他給孩子一些額外照顧。這樣如果這個人將與孩子有密切接觸，就不容易發生什麼問題。如果孩子非常不容易被別的孩子接受，就要跟在他身邊，充滿理解地聽他傾訴。不要訓斥他，也請不要責怪他。

每個孩子都需要安慰、愛和支

持，不合群的孩子更需要這樣的幫助。有經驗的醫生或心理專家可以幫助父母弄清楚孩子是否患有過動症或憂鬱症等需要特別治療的疾病。臨床醫生也可以幫助不受歡迎的孩子發展那些結識朋友和保持友情所需要的技能。

## 逃避上學

如果媽媽想把孩子留在幼兒園裡，有的孩子就會開始哭個不停。有些大一點的孩子每天早晨都會肚子痛，但只要允許他們待在家裡不去上學，疼痛很快就會緩解。有的孩子經常會在學校裡嘔吐，但是他們在家裡就會感覺好很多。還有的孩子會表現得特別糟糕，因此被送回家去，他們甚至可能想辦法讓自己被除名。在家裡待了幾天的孩子，一聽說要回學校上課就會開始煩躁和抱怨。如果大人逼迫他去，他就會大發脾氣。學校對某些孩子來說可能成為痛苦和可怕的地方，待在家裡則會讓他們感覺舒服許多。逃避上學的現象可能從某個季節開始，然後形成習慣延續下去，其程度也會與日俱增。

**幼兒園。** 對幼兒來說，逃避上學的最普遍原因就是分離焦慮。許多孩子在嬰兒時期就開始上日間托嬰中心，但是對另一些孩子來說，開始上學可能是一個巨大的挑戰。學校大樓裡充滿了壓迫感，走廊就像個迷宮，新教室裡坐滿了不認識的孩子和大人，日子也好像永遠都過不完（對於 5 歲大的孩子來說，時間過得很慢）。對這些孩子而言，首要的教育目標就是讓他們在學校裡感到自在。

不習慣分離的孩子可能反映著不同的情況。有部分孩子天生真的就比較慢熟，因此任何新情況都會讓他花較多的時間去適應。有的孩子本來或許可以很妥善地處理一些情況，但是因為母親急切地想去安慰他，所以自己也跟著變得焦慮起來。有時候，家長可以坐在教室裡，直到孩子感到自在了再離開，這個過程可能需要好幾天的時間。還有些時候，家長應該放下孩子，高興地揮手再見，然後轉身就走（偷偷地溜走絕不是好辦法，這樣只會讓孩子更加焦慮，因為現在他不得不去擔心爸爸媽媽會在他看別處的時候突然消失）。

**小學。** 學齡兒童可能會擔心受人欺負或被人嘲笑，還可能害怕自

己的朗讀能力不佳，萬一被老師叫起來朗讀課文會很丟臉。在學校餐廳和在操場時，特別不合群的孩子可能覺得非常痛苦和孤獨，因而待在家裡就成了一種解脫。因為生病而缺了幾天課的孩子可能會擔心自己落後太多，沒辦法趕上同學。

孩子也可能因為擔心家裡發生事情而逃避上學。原因可能是家庭暴力，也可能是其中一位家長心情抑鬱。在另一些情況下，孩子的擔心就不那麼實際了。比如說，有的孩子總是擔心，如果自己不在場阻止事情的發生，母親就會出車禍。他的恐懼會在離開母親時不斷增加。這種沒道理的擔心可能是孩子對家長懷有敵意卻又不能公開表達時的反應。這個解釋聽起來雖然不太可能，但精神病理學家已經發現，這種情況其實相當普遍。技術熟練的臨床醫生可以透過一種更直接又不那麼有害的方式，幫助孩子處理他們自己也無法接受的情感。

**中學。**青少年擁有令人不快的自我意識是正常現象，許多孩子也會因此感到痛苦。較早發育的女孩和較晚發育的男孩尤其容易產生這樣的感覺，身體超重或體重不足的青少年，以及跟別人有其他外貌差異的青少年也會這樣。如果一個男老師隨意提到一個 12 歲的大個子女孩比他還高，這個女孩可能會感到羞辱。這句話證實了她對自己的感覺，就是自己很不好看且怪異，於是每天上學就成了一種折磨。

每到有體育課的日子，曠課率就可能升高。有些正處於青春期的孩子還會受到其他情感問題的困擾。這些困擾可能會損害他們的自信心和自尊心。一想到要當著別人的面穿衣服和脫衣服，一想到自己必須去做一些動作，暴露出自己的缺陷或想像中的弱點，就覺得無法忍受。對他們來說，唯一的辦法就是不去上學。

青少年也會厭學。最常見的原因包括過度肥胖或其他自己無法接受的身體特徵、缺少朋友、嚴重的學習障礙所帶來的羞愧感、害怕受到異性的排斥等。

**怎麼辦？**如果孩子一再翹課，無論多大年齡，都是一件急需解決的事情。父母、教育者以及學校的諮詢專家都必須盡可能找到問題的原因。許多情況都需要專業人士的幫助。在所有這些情況出現的同時，最重要的一件事就是讓孩子繼續上學。孩子在家裡的每一天都會

增加他返校的難度。只有直接面對，逃避上學的情況才會好轉。這並不是說父母應該強迫孩子去單獨面對難以控制的局面。而是說，除了父母要堅定地相信他們最終一定會克服恐懼之外，孩子們也必須提供支援。

# 3 為大學制訂計畫

## 大學的意義

理想來說，上大學就是年輕人舒展智慧的翅膀、探索知識世界和發現自我的機會。大學文憑雖不是成功的保證，卻是許多人提升經濟水準的關鍵。有越來越多具挑戰性的職業要求碩士學位。與此同時，學生們也有越來越多機會接受具體的技術培訓或職業培訓。

即使學費讓人越來越難以承受，大學入學資格的競爭似乎還是越發激烈。對許多人來說，大學教育看起來似乎越來越難以企及，而對另一些人來說，為入學資格做準備的過程則要花去更多的青春。當然，一個學生真正得到的教育不僅取決於學校和老師，至少在同等程度上還是取決於學生本身，許多高學歷的人士都畢業於不出名的學校（或者根本沒有畢業）；相反的，有些在名校取得學位的人，也並沒有得到更好的成就。

## 選擇大學

**做選擇的步驟。**作為父母，一定非常關心選擇學校的結果，父母都希望孩子進入一所好學校。在那裡，孩子既能過得快樂又能獲得成功。做出這個決定的過程也同樣重要。對大多數青年而言，選擇一所大學是第一個重大的人生決定，對此，他們應該擁有發言權。這是他們確定個人目標，衡量自我意願的機會。雖然父母不想讓孩子因為太沉重的壓力而變得過度緊張，但還是希望他們認真對待這次選擇。

先幫孩子理清頭緒。第一步是在日曆上標示學校接受申請的最後期限。這樣，孩子就可以清楚看到剩餘的時間，然後標出什麼時候要做些什麼。找到美國任何一所大學的任何訊息通常都不成問題。許多高中的輔導室和大部分公立圖書館都能找到標準大學指南，它提供有關兩千多所大學的課程、學生、師資和經濟援助的資訊。（購買這種指南的意義不大，因為其中的資訊很快就會過時。）此外，幾乎每個學院和大學都設有網站。

如果孩子選擇失誤怎麼辦？選擇正確的學校可能帶來一段更愉快、更成功的大學經歷，但萬一選錯了學校可能也是一個學習的過程。事實上，許多學生都發現，最初選擇的大學並不能滿足他們的要求，所以，他們會在另一所大學完成學業並拿到學位。轉學並不容易，但轉不了校也不是世界末日。了解這一點有利於讓孩子減輕一部分壓力。

**必須考慮的因素。** 選擇大學時首先必須考慮的問題是：「我想在大學得到什麼？」把這個大問題分解成更容易駕馭的小問題很有幫助。以下所列的清單介紹了選擇大學時必須考慮的問題，幫助父母跟孩子討論（但是要記住，最終作出決定的應該是孩子）。

**哪種大學？** 大部分學生選擇四年制的大學，最終可以獲得文科學士學位或理科學士學位。但還有其他選擇，比如許多社區大學和職業學校提供了短期課程。雖然四年制的大學為未來教育和就業提供了最大的選擇空間，但也不見得就是每個學生的最佳選擇。另外還要牢記，孩子的決定也不是斬釘截鐵，永遠不變的。有些學生在修滿兩年課程，拿到大專畢業證書後可能會決定轉到一所四年制的大學裡去。

**學校的規模：** 規模較大的學校提供了豐富的學習科目和課外活動。雖然很多規模較大的大學裡都有頂尖的教授，但是普通學生也許只能在演講大廳裡見到他們。絕大多數面對面的教育課程都是由研究生負責的。規模較小的學校裡著名教授的數量會少一些，但學生們也許會有更多機會接近他們。大學校能夠提供很多課外活動和社會活動的機會，但是在小一點的校園中深入認識同班同學會更容易一些。很多學生在名校中都感到很失落，也有很多學生覺得自己在小學校裡無法施展才能。

**學費：**大致上來說，學費補助的目的是讓所有的學生都有接受大學教育的機會，但現實情況卻是，進入一所更加昂貴的大學需要更多的經濟條件。從嚴格的經濟角度上看，跟許多私立學校相比，公立大學明顯可能是「經濟之選」，因為私立學校可能要花費 3 倍以上的學費。但是，如果私立學校的學生取得了足夠的獎學金或者其他經濟上的資助，最終還是能夠付得起學費，甚至比公立學校還要便宜。

**地理位置：**許多學生因為來到大城市而歡呼雀躍，有些則想埋頭苦學，對課堂以外的世界極少關注。孩子可能十分明確地知道自己想去國內的什麼地方。比如，要是他喜歡滑雪，那麼很多地方的學校就會被排除掉。如果他的情緒比較容易受季節的影響，那麼冬天漫長又陰冷的地方就可以排除。學校與家的距離同樣是個關鍵問題。每年不止一兩次地頻繁聚在一起對父母和孩子來說都很重要。

**主修專業：**有些年輕人入學時還沒有明確的專業方向，而且很多學生都在大學過程中改換了主修專業，但是大部分學生至少對自己感興趣的方向有個大致的想法。對於一個著迷於文藝復興時期詩歌的學生來說，人文學科較強的學校可能是最完美的選擇。當然從另一方面來看，一個熱愛詩歌的學生也可能突然對物理和化學產生興趣，因而轉換主修專業，這種情況也不是沒有。所以一所發展全面的學校可以提供學生更加靈活的選擇，他們只需要更換主修而無需更換學校。

**課外活動：**希望參加某種體育活動或課外活動的學生，常常會選擇在這方面非常出色的學校。如果學校的優勢領域能夠與孩子的興趣相吻合，那當然更好。否則，當孩子無法參加最喜愛的活動時，就可能每天都有幾個小時不開心。

**宗教團體：**如果某一所學校有具體的宗教成分，有些學生會毫不猶豫地選擇它。有些學生則希望宗教培養能夠與非宗教內容的學習相結合。他們可能認為某個非宗教學校裡活躍的宗教團體比較適合他們。也有些學生根本不會將宗教因素考慮在內。

**多樣性：**大學教育的優點之一就是能為學生提供互相學習和相互了解的機會。與價值觀和世界觀相

同的同儕相處可以幫助孩子在多樣化的環境中獲益。這一點同樣適用於多種宗教或多個種族共存的環境、地域多樣和政治多樣的環境，以及性別多樣的環境（男女同校而不是男女分校，或者校內有一個相當規模的同性戀團體）。

**聲望：**有一些大學以自由著稱，也有一些大學自認為是嚴肅的學府或政治進步推動者。從大學概況手冊上很難看出這些特點，但是，前面提到的大學指南會標注每所學校的特殊風格，這當然也是參觀校園的重點考察內容。

**其他問題：**除了以上這些個人權衡的問題，還應該考慮其他一些實際因素：

● 申請學生的數量以及錄取學生的數量。

● 這些大學對平均成績的要求是多少？或者對學術性向測驗（SAT）或美國大學入學考試（ACT）的平均（或最低）分數的要求是多少？

● 有多少申請人可以拿到學費補助，最常見的補助內容是什麼？

● 常見補助的撥款、貸款和勤學獎分別包括什麼內容？

● 校園環境安全嗎？學校有義務提供校園犯罪的統計資料。

● 校園環境怎麼樣？有些建築會讓一些人感到鼓舞和振奮，卻會讓另一些人感到壓抑。

● 學校的住宿條件如何？有些學校要求大一新生必須住學生宿舍，有些學校還有強制性的飲食安排。除非親自去看一看，否則這些要求都很難從宿舍大樓的外觀上看出來，更別說管理系統了。

● 男生聯誼會和女生聯誼會是校園生活的重要組成部分嗎？

● 住在校外的可能性和花費開銷是多少？

● 有多少學生就讀？平均來說，有多少人在多少年內完成學業？

● 那些想在選定的領域中工作的人中，有多少人找到了工作？具體的工作內容又是什麼？

● 那些想申請研究生的學生有多少被接收了？問清楚具體的專業。

**指導顧問。**優秀的高中輔導老師可以幫助孩子分析他的人生目標，並據此來計畫他的學業選擇。基於孩子的未來目標，輔導老師可以幫助他選擇合適的課程和課外活動，幫助他提出一些問題，分析一些情況，作出最佳的選擇。這可能

正是父母準備給予孩子的幫助，這些幫助的確有效。大學前的諮詢活動不能代替父母的參謀，而是為父母提供支援。

與此同時，父母的任務就是幫助孩子確保整個過程順利進行。事先考慮清楚並制訂計畫十分重要。但同樣重要的是享受生活的過程。一個高中生必須聽從自己的興趣，哪怕這些興趣不會豐富他的個人簡歷，他還必須過得開心。而不是把自己的青少年時代犧牲在考取大學的祭壇上。

## 大學入學考試

美國文化的競爭性導致我們非常重視高分。難怪大學入學考試，比如學術性向測驗和美國大學入學考試等，常會引起年輕學生的焦慮。很多父母投入成百上千美元去聘請私人輔導，希望孩子能取得高分。

各種名目的考試名稱可能令人迷惑。SAT 原意是學術性向測驗（Scholastic Aptitude Test），ACT 原意是美國大學入學考試（American College Testing）。但最近，提供這種考試的非營利性機構決定測試的正式名稱就是 SAT 或是 ACT，它們不代表任何縮寫形式。

更讓人迷惑的是，現在又出現了 SAT I 和 SAT II 兩種考試。SAT I 和 ACT 是能力測試，而 SAT II 是學習成果測試（在改名之前，正式的名稱就是學習成果測試）。

**能力和學習成果。** 能力測試的目的是了解學生在沒有具體背景參照的情況下進行文字推理和數學思考的能力。例如，能力測試常常要求學生理解兩個單詞之間的關係（比如「娛樂」和「笑聲」的關係），然後選出一組以同樣方式彼此相關的詞（比如「悲痛」和「眼淚」）。

學習成果測試衡量的是學生在某個學科上的知識程度，比如數學、西班牙語或者歷史等。例如，學生是否知道「蓋茲堡演說」的主要內容是什麼？越來越受學生和招生辦公室歡迎的跳級考試（AP：Advanced Placement test）也是一種學習成果測試。

**這些考試存在什麼問題？** 儘管各種考試指南迅速增加，測試本身還是受到了嚴厲的批評。很多專家指出 SAT 和 ACT 都存在歧視女性和少數人群的問題。例如，整個女性群體的 SAT 分數要低於男性，但是大學一年級時的考試成績卻高

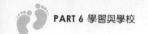

於男性。

許多招生辦公室的工作人員更看重高中成績而不是標準測試的成績。他們同樣會考慮高中課程的難易程度、申請論文和個人陳述，以及老師和指導員的評價。如果招生工作人員考慮了所有的因素，那麼標準測試的參考值能占多大的比重就值得討論了。

已經有 400 所以上的大學不再要求 SAT 和 ACT 成績（www.fairtest.org 可以找到明確的學校名單）。取而代之的是，學生可以提交一份有關高中課程的報告或論文，幫助錄取辦公室來衡量學生作業的品質和學校評分的嚴格程度。

但是，大部分大學仍然要依靠標準測試。儘管父母理論上反對那些考試，但孩子可能還是得要參加。可以透過大學概況手冊、大學指南或上網了解哪些大學要求參加哪些考試的資訊。

**準備考試。**大學委員會（The College Board，組織 SAT I、SAT II、ACT 和跳級考試的機構）堅持認為，輔導對於提高 SAT I 成績的作用不大，平均只能提高 25～40 分。但是，SAT 的反對者認為，可以支付高額輔導費用的學生，分數將會得到極大的提高，這等於他們獲得了不公平的優勢。

雙方都同意，多次參加考試確實可以極大地提高成績（參加考試的費用大約是 25 美元，很多學生都付得起兩次考試的費用）。對於積極的學生來說，公共圖書館可以提供免費和便宜的練習應試技能的機會。有學習缺陷的孩子也可以有資格獲得追加的時間或其他便利條件。如果父母認為這很重要，就要早做計畫，向大學委員會和其他測試機構提出申請。

## 為大學存錢

經濟援助的目的確實是讓每個人都付得起大學教育的學費。但是，大約 60%的經濟援助都是以貸款的形式提供，因此很多學生畢業之後，雖然得到了文憑，也背上了一大筆債務。

為大學存錢的關鍵是儘早開始，充分利用複合利息。在衡量學生經濟需要的時候，聯邦政府會按照大學學費每年花掉父母儲蓄的約 5%來計算，因此，被評估的經濟需要就會隨著這個數字的增加而降低。也就是說，是否可以接受經濟援助取決於這個數字。政府不會把家庭

財產式的儲蓄計算在內，也不會把年收入低於 5 萬美元的家庭的任何儲蓄計算在內。

從某種角度上講，即使有資格得到經濟援助，花銀行裡的錢也不划算，因為聯邦政府會因此認為父母的經濟壓力得到了緩解。另一方面，如果不提前存錢，最終就不得不使用學生貸款。如果這麼做了，父母或孩子就必須支付較高的利息，這比提前存錢的壓力更大。

把錢存在孩子名下可以少納些稅，因為孩子的稅率比成人低。但是，存在孩子名下的錢會極大地降低經濟援助的可能性。因為聯邦政府認為，學生存款的 35%可以用來支付大學學費。所以，除非父母肯定自己的收入高出了規定的標準，不可能獲得助學貸款，那麼把錢存在孩子名下才可能會有益處。

還有一些政府發起的存款計畫可以為大學存款提供稅率優惠。這些計畫都有助於解決大學存款、獎學金和貸款問題。大學教育是昂貴的，但是經濟援助和貸款應該讓每個學生都上得起大學。

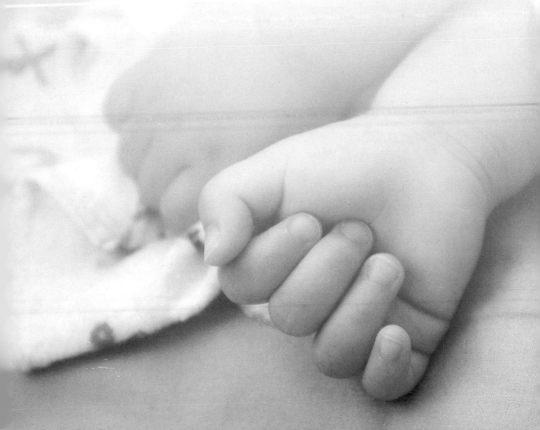

附錄

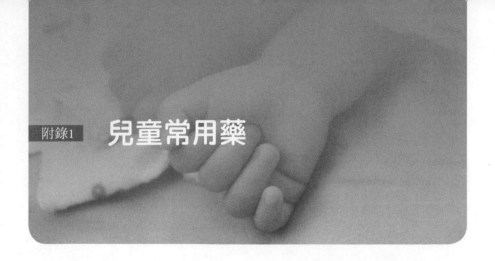

附錄1 **兒童常用藥**

　　差不多每個孩子都會發燒、出疹子、咳嗽，或是出現一些其他症狀，因而需要用藥。掌握一部分常用藥物的基本知識可以幫助父母自信應對這些常見問題。但是，讓孩子用藥也可能是一件令人困惑的事。藥物公司為藥品標注了多種名稱，因此把事情弄得十分複雜。父母很可能知道藥物的商品名稱，比如泰諾。還有通用名稱（往往不太容易讀出來，表示的是藥品的有效成分。）比如對乙醯氨基酚。很多非處方藥都含有多種有效成分。諾比舒冒鎮咳液（Robitussin）就含有溴敏、右旋美沙酚（dextromethorphan），以及偽麻黃城，每一種成分都有不同的作用。當你為孩子餵一些藥時，不可能總是輕鬆地弄懂其中的成分。

　　為了把情況弄清楚一些，下面這份指南列出了一些最常用藥物的通用名稱，告訴大家某種藥物的功效，也指出了最常見的副作用。多數處方都包含這些通用名稱，所有非處方都會在包裝盒的「有效成分」下面列出這些通用的成分。許多常用藥都可以分成幾大類，比如抗生素、抗組織胺藥和消炎藥。我們把有關藥物的資訊分成了實用的類別。

　　這份指南的目的並不是要取代醫生或藥劑師的建議，而是幫助父母更容易與他們溝通。如果醫生說：「給她吃一點布洛芬吧，可以緩解肩部疼痛。」這時父母就會想：「哦，摩特靈，我們已經試過那種藥了。」

　　特別需要提醒的是，這份指南只

包括一部分最常見的副作用。處方藥的包裝盒裡附帶的用藥說明會列出更多不良反應的症狀。但是任何藥品都無法把每一種可能出現的副作用都羅列出來，因為個別患者可能出現很罕見的反應。比如說，任何藥物都有可能引起十分嚴重的過敏反應。用藥之後如果出現任何意料之外的不適症狀都屬於副作用，除非證明另有原因。

## 用藥安全

所有藥物都應該慎重對待。處方藥可能帶來強烈的副作用。但是，非處方藥也可能有危險，尤其在孩子過量服用時更是如此。特別需要注意的是，有些常用的咳嗽藥和感冒藥已經被發現對兒童不安全，甚至是致命的。然而這些藥物卻不需要處方，幾乎唾手可得，甚至還換了包裝給大孩子和成年人使用。這時若能有些常識性的用藥原則就可以降低這種危險：

● 無論是處方藥還是非處方藥，都只在醫生的建議下服用。
● 把藥物放在上了鎖的櫥櫃或抽屜裡。經驗證明，即使是膽小怕羞的孩子也會在好奇心的驅使下爬

上高高的櫥櫃或架子。
● 不要過分信賴防止兒童打開的藥瓶蓋子。它們只能讓一個堅持不懈的孩子慢一些得逞，但無法讓他放棄探索。
● 要特別注意那些可能隨身攜帶藥物的客人。另外，當孩子到別人家裡做客時，也要特別留心。遺忘在矮桌子上的手提包對一個學步期孩子而言，就是個很有誘惑力的目標。
● 要告訴孩子，藥物就是藥物，不是糖果。

在壓力大或日常生活規律發生變化的時候，就要想到藥物、清潔用品和其他有毒的化學製品，以及家裡其他危險物品可能造成的意外。生活發生變化的時候就是容易發生危險的時候。

## 關於術語的一點說明

當醫生開立藥方的時候，他們的速記法可能會帶來誤解。醫生說每天兩次，每次服用一片（用醫學術語表示就是BID），意思是每12小時服用一片。比如，可以在早上8點服用一劑，晚上8點再服用一劑。一天3次（TID）的意思是每8

小時服用一次（例如早上8點、下午4點和半夜12點各服用1次。）一天4次（QID）就是每6小時服藥1次（例如早上8點、下午2點、晚上8點和夜裡2點各服用1次。）PRN的意思是「根據需要服用」。PO的意思是「口服」。如果處方中寫著「PRN PO QID服用1片」，意思就是可以每6小時服用1片，但不是必須如此。

藥物的用量可能也需要換算一下。非處方藥的說明書上用茶匙、大匙、盎司表示，偶爾也說一瓶蓋。但醫生處方上很可能寫成毫升（ml）和毫克（mg）。一茶匙的標準劑量相當於5毫升，一大匙相當於15毫升，一盎司則相當於30毫升。如果醫生告訴你「每天3次，每次服用一茶匙」，就是每8小時讓孩子服用5毫升。家裡的茶匙可能無法準確地盛滿5毫升，為了使服藥劑量準確無誤，更可靠的方法還是使用藥杯或口腔注射器。

熟悉這些術語的好處在於可以提出問題。如果醫生說每天3次，每次服用1片，然後在處方上寫了BID，那就應該把這個情況問清楚。如果醫生寫了QID，但不確定是否應該嚴格按照每6小時一次給

孩子服用，甚至不確定是否有必要在夜裡把孩子叫醒服藥，也應該問一下。一定要確保離開診療室前弄清楚醫生的意思。對藥劑師也要問清楚。在用藥問題上，怎麼仔細都不為過。

附錄2　# 普通藥物名稱指南

以下這份指南只包含了現在使用的一小部分藥物。要想看到更完整的列表，請上網查看，網址是www.medlineplus.gov，點擊「藥物和營養補充劑」（Drugs and Supplements）。該網站的線上指導可以幫助父母理解醫生的術語、醫學用詞和許多其他方面的有用資訊。以下清單中的許多藥品在銷售時都會使用多種不同的商品名稱，在這裡我們只列舉了一些例子。

像這樣一份簡短的清單無法將每一種可能出現的副作用都囊括進去，還有許多副作用沒有羅列出來。如果要購買非處方藥，就一定要遵照包裝上的用量說明。僅憑某種藥物不經過醫生處方就可以販賣這一點，並不能保證它的安全。總之，孩子年齡越小，就越要小心謹慎。最明智的做法就是在醫務人員的指導下用藥。

### ■對乙醯氨基酚（Paracetamol）

（非處方藥）商品名稱。泰諾（Tylenol）、撲熱息痛（Tempra）。

藥效：請參閱「非類固醇抗炎藥物」。對乙醯氨基酚可退熱和緩解疼痛。

副作用：如果大規模過量服用，會導致嚴重的肝臟疾病。如果要讓孩子服用好幾天，得事先要諮詢醫生。

### ■乙醯水楊酸（阿斯匹靈）（Aspirin）

（非處方藥）商品名稱。拜爾（Bayer）、Ecotrin等多種。

739

藥效：請參閱「非類固醇抗炎藥物」。

副作用：必須在醫生的指導下服用。對兒童來說，阿斯匹靈可能會導致危及生命的肝臟疾病（雷氏症候群）。

■布洛芬（Ibuprofen）

（非處方藥）請參閱「異丁苯丙酸」。

■沙丁胺醇（salbutamol）

（在美國必須經處方使用）商品名稱：舒喘靈（Proventil）、泛得林（Ventolin）。

藥效：請參閱「支氣管擴張藥物」。

■阿莫西林（Amoxicillin）

（在美國必須經處方使用）商品名稱：Amoxil、Trimox。

藥效：請參閱「抗生素」。阿莫西林常常是耳部感染的首選藥物。

■阿莫西林克拉維酸鉀

（Amoxicillin and Clavulanate Potassium Tablets）

（在美國必須經處方使用）商品名稱：安滅菌（Augmentin）。

藥效：請參閱「抗生素」。如果對阿莫西林產生抗藥性而沒能奏效，這種藥物就是第二選擇。

副作用：比阿莫西林更容易引起胃部不適和腹瀉。

■抗生素

（在美國必須經處方使用）

藥效：抗生素可以殺滅細菌（請參閱第314和第395頁），對常見的病毒性感染無效，比如感冒。

副作用：尤其對嬰幼兒來說，要特別注意可能出現鵝口瘡或念珠菌性尿片疹的症狀（請參閱第113頁），另外也經常出現胃部不適和皮膚疹。

■抗組織胺藥物

（主要為非處方藥）

藥效：這類藥物會限制組織胺的活性，而組織胺則是產生過敏反應的要件。此類藥物常用於治療花粉熱、蕁麻疹和其他一些過敏性皮膚疹。

副作用：對幼兒來說，此類藥物經常會引起亢奮或刺激反應。大一點的孩子會產生鎮靜作用或令其困倦。比較新比較貴的藥物（比如開瑞坦Claritin或驅特異Zyrtec）引起的此類反應可能會少一些。抗組織胺藥物經常被當作組合藥物的一部分，與解充血劑和其他藥物同時銷售，但這些藥物對幼兒並不安全。

■抗病毒藥物

（多數為處方藥）

藥效：可以縮短某些病毒性感染的症狀，比如口腔皰疹（唇皰疹）和流行性感冒。

副作用：各式各樣，包括胃部和腸道的不適，以及可能十分嚴重的過敏反應。

■安滅菌（Augmentin）

（在美國必須經處方使用）請參閱「阿莫西林克拉維酸鉀」。

■阿奇黴素（Azithromycin）

（在美國必須經處方使用）商品名稱。日舒（Zithromax）。

藥效：請參閱「抗生素」。此藥品雖然與紅黴素十分相似，但是每天需要服用的次數比較少一些（不過花費也高很多）。

副作用：主要是胃部不適。

■桿菌肽軟膏（Bacitracin Ointment）

（非處方藥）商品名稱：新斯波林（Neosporin），Polysporin。

藥效：是一種溫和的抗生素，可以用於皮膚（局部塗抹）。

副作用：罕見。

■丙酸倍氯米鬆氣霧劑（Beclomethasone Dipropionate Aerosol）

（在美國必須經處方使用）商品名稱：Vancenase、伯克納（Beconase）。

藥效：請參閱「吸入性皮質類固醇」。鼻內皮質類固醇可以減輕花粉熱的症狀。

副作用：按照說明使用時，罕見副作用。

■苯佐卡因（Benzocaine）

（非處方藥）商品名稱：Anbesol。

藥效：減輕痛覺（麻醉劑）。但是當重複用藥時，效果會逐漸減弱。

副作用：有刺痛或灼熱感。過量使用可能導致心律不整。

■比沙可啶（Bisacodyl）

（非處方藥）商品名稱：秘可舒（Dulcolax）。

藥效：促進腸道收縮，推動排泄物下行。

副作用：痙攣，腹瀉。

■溴苯那敏（Brompheniramine）

（非處方藥）商品名稱：止咳露（Dimetapp）、Robitussin。

藥效：請參閱「抗組織胺藥

物」。

■**支氣管擴張藥物**

（在美國必須經處方使用）

藥效：改變支氣管因哮喘而導致的收緊狀態。

副作用：加速心跳節奏，血壓升高，令人緊張、激動、焦慮、做惡夢，還可能造成其他一些行為上的變化。

■**撲爾敏（Chlorpheniramine）**

（非處方藥）商品名稱：鼻福（Actifed）、速達菲（Sudafed）、Triaminic。

藥效：請參閱「抗組織胺藥物」。

■**克立馬丁（Clemastine）**

（非處方藥）

藥效：請參閱「抗組織胺藥物」。

■**克霉唑霜劑或膏劑（Clotrimazole）**

（非處方藥）商品名稱：Lotrimin。

藥效：既可以殺滅引起腳癬的真菌，也可以殺滅引起皮膚癬和某些尿片疹的真菌。

副作用：罕見。

■**吸入性皮質類固醇**

（在美國必須經處方使用）

藥效：吸入性皮質類固醇是治療由哮喘引起的肺部炎症的最好藥物。

副作用：在過量使用或錯誤使用，且足量的皮質類固醇被吸入體內的情況下，會產生嚴重的副作用，所以要向醫生了解預防這些情況的方法。

■**局部外用的皮質類固醇**

（非處方藥或處方藥）

藥效：皮質類固醇的霜劑、膏劑和洗劑可以緩解皮膚瘙癢和發炎，對濕疹和一些過敏反應尤其有效。此類藥物有很多好處。

副作用：會使皮膚變薄，顏色變淡，還會把藥物吸收到體內。使用藥品的效力越強，用藥面積越大，用藥時間越長，這些情況就越嚴重。短期使用效力低一點的製劑通常都是安全的。

■**複方磺胺甲噁唑（sulfamethoxazole）**

（在美國必須經處方使用）商品名稱：新諾明（Bactrim）。

藥效：是一種抗生素，常用於治療膀胱感染，不再用於治療耳部感

染（請參閱「抗生素」）。

副作用：胃部不適。如果出現了皮膚蒼白、皮膚疹、瘙癢或其他新症狀，就要找醫生診治。

### ■色甘酸鈉（Sodium Cromoglycate）

（在美國必須經處方使用）商品名稱：咽達永樂（Intal）。

藥效：治療哮喘時出現的肺部炎症，效力不像吸入性皮質類固醇那樣強大。

副作用：罕見。

### ■解充血藥物

（非處方藥）商品名稱：鼻福、Triaminic、速達菲，任何標有「解充血劑」的藥物。

藥效：這些藥物可以使鼻腔裡的血管收縮，進而減少鼻子裡分泌的黏液。

副作用：對4歲以下的幼兒來說，可能產生嚴重甚至是致命的副作用。由於這類藥物並非對任何病例都有效，所以最好不要使用，或者在醫生的建議下使用。這類藥物經常會使心律加快，血壓升高。還可能引起緊張、激動、焦慮、做惡夢和其他一些行為改變。幾天以後，身體常常會產生適應性，這些藥物也就不再有效了。如果與可能產生興奮等相似副作用的其他藥物同時服用，就一定要特別小心。

### ■右旋美沙酚（Dextromethorphan）

（非處方藥）商品名稱：小兒諾比舒咳（Robitussin Pediatric Cough），其他多種藥物。

藥效：應該可以抑制咳嗽反射，但效果甚微，或者有可能無效。

副作用：對幼兒來說，可能出現嚴重的副作用。對4歲以下的兒童並不安全，必須在醫生的指導下才能給兒童使用。還要注意含有鎮咳劑的其他藥物，所有這類藥物都可能產生嚴重的副作用。

### ■苯海拉明（DIphenhydramine）

（非處方藥或處方藥）商品名稱：苯那君（Benadryl）。

藥效：請參閱「抗組織胺藥物」。

### ■多庫酯鈉（Docusate）

（非處方藥）商品名稱：秘可舒、Colace。

藥效：是一種大便軟化劑，不會被身體吸收。

副作用：腹瀉、嘔吐、過敏反

應。

## ■紅黴素（Erythromycin）

（在美國必須經處方使用）商品名稱：EryPed。

藥效：是一種抗生素，常用於治療青黴素過敏。

副作用：主要是胃部不適。

## ■富馬酸亞鐵（Ferrosi Fumaras）、葡萄糖酸亞鐵（Ferrous Gluconate）、

硫酸亞鐵（Ferrous Sulfate）

（非處方藥或處方藥）商品名稱：多種。

藥效：鐵劑，用於治療缺鐵導致的貧血。

副作用：如果過量服用，鐵劑極其危險，會導致潰瘍和其他一些問題。因此服用此類藥物要十分謹慎。

## ■氟尼縮松（Flunisolide）

（在美國必須經處方使用）商品名稱：氟尼縮松噴霧吸入劑（AeroBid Inhaler）。

藥效：請參閱「吸入性皮質類固醇」。

## ■氟替卡松鼻用吸入劑（Fluticasone Nasal Spray）

（在美國必須經處方使用）商品

名稱：氟替卡松（Flonase）。

藥效：請參閱「吸入性皮質類固醇」。

## ■氟替卡松口腔吸入劑

（在美國必須經處方使用）商品名稱：Flovent。

藥效：請參閱「吸入性皮質類固醇」。

## ■愈創甘油醚（Guaifenesin）

（非處方藥）商品名稱：諾比舒冒鎮咳液、速達菲。

藥效：是一種祛痰藥，應該可以稀釋黏液，使其更容易咳出。

副作用：罕見，但常與其他藥物（比如解充血藥物）聯合使用，而後者可能產生嚴重的副作用。

## ■氫化可的松霜劑或膏劑（Hydrocortisone）

（非處方藥）商品名稱：可的松（Cortizone）。

藥效：請參閱「局部外用的皮質類固醇」。0.5%和1%的氫化可的松效果非常微弱，對輕微的發癢皮膚疹很有用，幾乎沒有什麼副作用。

副作用：與所有皮質類固醇一樣，使用的劑量越大，用藥時間越長，副作用就越大。具體影響請詢

問醫生。

## ■異丁苯丙酸（布洛芬）（Ibuprofen）

（非處方藥）商品名稱：艾德維爾、摩特靈、Pediaprofen。

藥效：請參閱「非類固醇抗炎藥物」。異丁苯丙酸對緩解各種疼痛效果很好。

副作用：胃部不適，劑量較大時尤其如此。過量用藥會有危險。

## ■克多可那挫洗劑或霜劑（Ketoconazole）

（非處方藥）商品名稱：仁山利舒（Nizoral）。

藥效：可以殺滅引發癬菌病和某些尿片疹的真菌。

副作用：罕見。

## ■洛哌丁胺（Loperamide）

（非處方藥）商品名稱：樂必寧（Imodium）。

藥效：透過減弱腸道的收縮而緩解腹瀉。

副作用：脹氣、胃痛。

## ■樂雷塔定（Loratadine）

（非處方藥）商品名稱：開瑞坦。

藥效：請參閱「抗組織胺藥物」。樂雷塔定可能比老式的抗組織胺藥（相當便宜）帶來的困倦感要少一些。

副作用：頭痛、口乾、困倦或行為亢奮，但少見。

## ■甲氧氯普胺（Metoclopramide）

（在美國必須經處方使用）商品名稱：滅吐靈（Reglan）。

藥效：透過強化閉合胃部上端的括約肌來減少胃酸從胃裡倒流的症狀。

副作用：困倦、煩躁、噁心、便秘、腹瀉。

## ■咪康唑（Miconazole）

（非處方藥）商品名稱：Desenex。

藥效：殺滅引起腳癬和其他皮膚疹的真菌。

副作用：罕見。

## ■孟魯司特（Montelukast）

（在美國必須經處方使用）商品名稱：欣流（Singulair）。

藥效：患哮喘時減少肺部炎症。

副作用：頭痛、眩暈、胃部不適。

## ■摩特靈（Motrin）

（非處方藥）請參閱「異丁苯丙酸」。

■莫匹羅星（Mupirocin）

（在美國必須經處方使用）商品名稱：百多邦（Bactroban）。

藥效：殺滅經常引起皮膚感染的細菌。

副作用：罕見。

■萘普生（Naproxen）

（非處方藥或處方藥）商品名稱：Aleve。

藥效：請參閱「非類固醇抗炎藥物」。萘普生可以有效地緩解各種疼痛。

副作用：胃部不適，用量較大時尤其如此。過量使用會有危險。請隨食物一起服用，如果用藥超過一兩天，請諮詢醫生。

■非類固醇抗炎藥物（NSAIDs）

（非處方藥或處方藥）相關藥品包括對乙醯氨基酚、異丁苯丙酸、萘普生及其他一些品種。

藥效：這類藥物可以減少肌肉和關節部位的炎症，退熱，緩解疼痛。

副作用：每種藥品都可能帶來胃部不適，在用藥量較大的時候尤其如此，過量服用可能非常危險。如果需要大劑量服用或者長時間用藥，請諮詢醫生。

■口服電解質液

（非處方藥）商品名稱：Pedialyte、Oralyte、Hydralyte及其他藥品。

藥效：用於防止因嘔吐和腹瀉流失水分的兒童出現脫水症狀。這些溶液的主要成分是比例合適的水、鹽、鉀和不同種類的糖，以便水分能盡可能地被腸道吸收，進入血液。不同口味和冰棒型的電解質液效果也很好。

副作用：沒有副作用。但是，如果孩子嘔吐和腹瀉得很嚴重，就應該有醫生的監護。即使正在服用這類電解質液中的某一種，孩子也可能出現脫水。

■盤尼西林（PEN）

（在美國必須經處方使用）商品名稱：Pen VK。

藥效：請參閱「抗生素」。口服Pen VK或盤尼西林注射劑是治療鏈球菌性喉炎的方法之一。

副作用：比較常見的過敏反應通常是帶有又小又癢小突起的皮膚疹。嚴重的過敏反應比較罕見，但的確曾有發生。如果出現了過敏症狀，就要告知醫生。

## ■苯腎上腺素（Phenylephrine）

（非處方藥）商品名稱：新辛內弗林（Neo-Synephrine）、Alka-Seltzer Plus。

藥效：請參閱「解充血藥物」。

副作用：對幼兒來說並不安全，必須在醫生的建議下使用。

## ■多粘菌素B（Polymyxin B.）

（非處方藥）商品名稱：新斯波林。

藥效：是一種溫和的抗生素，可以用於皮膚（局部外用）。

副作用：罕見。

## ■偽麻黃城（Pseudoephedrine）

（非處方藥）商品名稱：Pediacare產品、迪達非及其他。

藥效：請參閱「解充血藥物」。

副作用：對幼兒不安全，必須在醫生的建議下使用。

## ■除蟲菊（Pyrethrum）、除蟲菊酯（Pyrethrin）

（非處方藥）商品名稱：RID、NIX及其他。

藥效：這些藥物可以殺滅頭蝨。

副作用：罕見。

## ■雷尼替丁（Ranitidine）

（非處方藥）商品名稱：善胃得（Zantac）。

藥效：減少胃酸，緩解胃部灼熱（胃酸倒流的症狀）。

副作用：頭痛、眩暈、便秘、胃痛。

## ■去炎松口腔吸入劑（Triamcinolone）

（在美國必須經處方使用）商品名稱：曲氨奈特（Azmacort）。

藥效：請參閱「吸入性皮質類固醇」。

## ■泰諾（Tylenol）

（非處方藥）請參閱「對乙醯氨基酚」。

## 全方位育兒教養聖經：
育兒博士 0-18 歲孩子的健康照護、心理關懷、學習建議
DR. SPOCK'S BABY AND CHILD CARE, 9th Edition

| | |
|---|---|
| 作　　者 | 班傑明·斯波克／Benjamin Spock, M.D |
| | 羅伯特·尼德爾曼／Robert Needlman, M.D |
| 譯　　者 | 哈澍、武晶平 |
| 總 編 輯 | 陳郁馨 |
| 副總編輯 | 李欣蓉 |
| 編　　輯 | 陳品潔 |
| 封面設計 | 比比司設計工作室 |
| 行銷企畫 | 童敏瑋 |
| 社　　長 | 郭重興 |
| 發行人兼出版總監 | 曾大福 |
| 出　　版 | 木馬文化事業股份有限公司 |
| 發　　行 | 遠足文化事業股份有限公司 |
| 地　　址 | 231 新北市新店區民權路 108-3 號 8 樓 |
| 電　　話 | （02）2218-1417 |
| 傳　　真 | （02）8667-1851 |
| E m a i l | service@bookrep.com.tw |
| 郵撥帳號 | 19588272 木馬文化事業股份有限公司 |
| 客服專線 | 0800221029 |
| 法律顧問 | 華洋國際專利商標事務所　蘇文生律師 |
| 印　　刷 | 成陽印刷股份有限公司 |
| 二版一刷 | 2018 年 01 月 |
| 定　　價 | 599 元 |

國家圖書館出版品預行編目（CIP）資料

全方位育兒教養聖經 / 班傑明·斯波克，羅伯特·
尼德爾曼著；哈澍，武晶平譯. -- 二版. -- 新北
市：木馬文化出版：遠足文化發行，2018.01
　　面；　　公分
譯自：Dr. Spock's baby and child care, 9th ed.
ISBN 978-986-359-489-5（平裝）

1.育兒 2.親職教育

428　　　　　　　　　　　　　　　　　106024430